"十二五"普通高等教育本科国家级规划教材

制浆造纸污染控制
(第二版)

Pollution Control of Pulping and Papermaking
Second Edition

韩　颖　主编

刘秉钺　王双飞　马乐凡　韩　颖　编著

中国轻工业出版社

图书在版编目（CIP）数据

制浆造纸污染控制/韩颖主编；刘秉钺等编著. —2 版. —北京：中国轻工业出版社，2025. 1
“十二五”普通高等教育本科国家级规划教材
ISBN 978-7-5184-0732-3

Ⅰ. ①制…　Ⅱ. ①韩…　②刘…　Ⅲ. ①造纸工业－污染控制－高等学校－教材　Ⅳ. ①X793

中国版本图书馆 CIP 数据核字(2015)第 278871 号

内 容 提 要

本书是对 2008 年 3 月出版的内容进行补充、修改后的第二版。本书不仅介绍生态学和环境的基本知识，而且对造纸行业废水、废气、固体废物和噪声的产生机理和控制措施进行了较为详尽的介绍。本书立足于国内已有的技术，同时介绍了国际上先进的技术，还把目前清洁生产、资源化利用、循环经济、零排放、节能减碳及碳资产管理的新观念、新理论、新技术在本书中充分地表现出来。本书不仅可以供国内高校轻化工程专业(造纸方向)使用，而且还适合于造纸专业、环保专业的技术人员、生产操作人员、管理人员阅读、使用。

责任编辑：林　媛　　责任终审：滕炎福　　封面设计：锋尚设计
版式设计：宋振全　　责任校对：晋　洁　　责任监印：张　可

出版发行：中国轻工业出版社(北京鲁谷东街 5 号，邮编：100040)
印　　刷：北京君升印刷有限公司
经　　销：各地新华书店
版　　次：2025 年 1 月第 2 版第 5 次印刷
开　　本：787×1092　1/16　　印张：22.5
字　　数：510 千字
书　　号：ISBN 978-7-5184-0732-3　　定价：55.00 元
邮购电话：010-85119873
发行电话：010-85119832　010-85119912
网　　址：http://www.chlip.com.cn
Email：club@chlip.com.cn

250084J1C205ZBW

前言（第二版）

造纸工业是一个与国民经济发展和社会文明建设息息相关的重要产业，纸和纸板的消费水平是衡量一个国家现代化和文明程度的重要标志之一。造纸工业是资金技术密集，规模效益显著，具有较大的市场容量和发展潜力，而且产业关联度高，对林业、农业、环保、印刷、包装、化工、机械制造、自动控制、交通等相关产业的发展具有明显的拉动作用。经过改革开放后30多年的发展，尤其是“十一五”的黄金发展期，我国造纸工业已步入世界先进大国行列，进入了低消耗、低污染、低排放的快车道。由于严格的废水排放标准的颁布，造纸行业普遍采用废水三级处理工艺以及大量西方国家没有采用的工艺和技术。如化学絮凝工艺和针对废水生物处理后残余有机物的深度氧化处理，废水处理残余营养盐的控制，制浆和生物污泥的资源化处理等。

我国纸及纸板的生产量和消费量均居世界第一位，随着世界经济格局的重大调整和我国经济社会转型的明显加速，我国造纸工业发展面临的资源、能源和环境的约束日益突显，我国造纸工业必须坚定不移地践行科学发展观，走新型工业化道路，实现绿色发展。绿色纸业的核心是依靠发展循环经济，走新型工业化道路，通过“节能、降耗、减排”实现以最少的资源消耗创造最大产出和效益目标。通过清洁生产，实现与环境、社会协调发展，真正使造纸工业成为资源节约型、环境友好型，造福社会，造福人民。

发达国家对环境保护的认识，从传统环保理念逐渐发展到实施清洁生产，生态工业和循环经济的新理念。传统环保工作的重点和主要内容是治理污染、达标排放；清洁生产、生态工业、循环经济和节能减碳突破了这一界限，大大提升了环境保护的高度、深度和广度，提倡并实施将环境保护与生产技术、产品和服务的全部生命周期紧密结合，将环境保护与经济增长模式统一协调，将环境保护与生活和消费模式同步考虑。

自1980年以来国内开设制浆造纸专业的高等院校相继开设“造纸环保”（或类似名称）的课程，当时各院校大部分采用自编讲义。在1992年由中国轻工业出版社出版了第一部统编教材《造纸工业环境保护概论》；于2000年进行了第一次修订，由中国轻工业出版社出版了第2部教材《造纸工业污染控制与环境保护》；2008年中国轻工业出版社出版了第三部教材《制浆造纸污染控制》，这些教材都反映了当时造纸工业国内外发展的趋势。

该门课程由开始的选修课也逐渐变成了必修课。目前国内各轻化工专业（造纸方向）的院校均把该门课程列为必修课，学时一般在32～40学时。该门课程不仅介绍生态学和环境的基本知识，而且对造纸行业废水、废气、固体废物和噪声的产生机理和控制措施进行较为详尽的介绍。通过本课程的学习，使学生能树立正确的环保意识，建立清洁生产的观念，对于指导毕业设计、毕业论文和就业将起到积极的作用。

由中国轻工业出版社2008年3月出版的《制浆造纸污染控制》是普通高等教育“十一五”国家级规划教材。该教材被评选为教育部高教司的精品教材。根据《教育部关于“十二五”普通高等教育本科教材建设的若干意见》（教高〔2011〕5号），在中央部（委）直属高校、省级教育行政部门推荐以及出版社补充推荐的基础上，经专家评审、网上公示，教育部确定1102种教材入选第一批“十二五”普通高等教育本科国家级规划教材（以下简称“十二五”规划教材）。《制浆造纸污染控制》（第二版）即为其中之一。

《制浆造纸污染控制》（第二版）的作者大部分仍由曾经编写过该教材第一版的作者担任。第一章生态学及环境保护，由大连工业大学刘秉钺教授编著；第二章制浆造纸废水的污染与控制由广西大学王双飞教授编著；第三章造纸工业大气污染控制由长沙理工大学马乐凡教授编著，第四章制浆造纸固体废弃物的污染与控制、第五章噪声污染与控制由大连工业大学韩颖教授编著。该书由大连工业大学韩颖教授主编，刘秉钺任副主编。

本教材第一章生态学及环境保护，第二节补充、更新了造纸工业对环境的污染及治理现状；由于国家环境保护总局升格为国家环境保护部，补充了相关内容。第三节补充了2008年以来制浆造纸清洁生产的新材料，生态工业园补充了新内容；循环经济重新组织编写，增补了新内容。同时增补低碳经济，重点介绍了低碳经济的基本概念、碳交易与碳资产管理以及世界及我国的碳交易、制浆造纸行业的碳交易与碳资产管理等内容。

本教材第二章制浆造纸废水的污染与控制，除了相关的数据、法规标准和有关内容的更新外还增补了一些新内容：在第四节增加了超声技术、砂滤、磁力分离法和离心分离法；在第五节增加了Fenton技术；在第七、八节增加了一些好氧、厌氧处理废水的最新方法；同时新增补了第九节制浆造纸废水的深度处理和第十一节废水深度处理两个实例。

本教材第三章造纸工业大气污染控制，第一节新增了“PM2.5、雾霾、空气质量及其评价”等内容，更新了大气质量相关标准；第四节补充了备料粉尘污染控制，对KP法制浆臭气防治的相关内容做了较多的修改；第五节全部为新增内容。重点阐述了动力锅炉烟气粉尘、硫氧化物、氮氧化物污染物的产生和控制技术。

本教材第四章制浆造纸固体废弃物的污染与控制，除了相关的数据、法规标准和有关内容的更新外，还删减了一些内容：第二节固体废物的处理中删减了有关预处理技术的详图；第三节删除了纸品回收利用中回收纸品的分类和美国部分回收废纸和纸板的技术要求；新增补了有机废弃物资源化利用、动力锅炉炉渣的综合利用、有机废物的焚烧处理、无机废物的资源化利用的实例；同时新增补了第四节固体废物的处置实例。

本教材第五章噪声污染与控制，除了更新有关数据和法规标准外；第三节噪声控制中补充了不同控制方法、材料、设备及它们的特点和使用条件，并新增补了造纸厂噪声的防治措施。

本教材的特色就是在介绍生态学和环境的基本特点基础上，着重结合行业特点，介绍废水、废气、固体废物及噪声产生的机理、控制方法。尤其重点介绍废水的产生及控制。本教材立足于国内已有的技术，同时介绍国际上先进的技术。要把目前清洁生产、资源化利用、循环经济、节能减碳及碳资产管理的新观念、新理论、新技术在本教材中充分地表现出来。

本教材的参编者，都尽可能地收集了国内外有关造纸工业环境保护、清洁生产、生态工业、循环经济、废水的零排放、节能减碳及碳资产管理等方面的知识和成果，并尽可能的列入教材中。但由于学时的限制，本教材的篇幅限制，因而有些机理、应用、设计计算等方面的内容未能编入；或虽已经编入，但论述不细或不够充分。本书编写组的成员，经过一年多的努力，克服了许多困难，按时完成了本书的编著任务，但其中还难免存在问题。我们衷心希望各位专家和广大师生对本书提出宝贵的意见和建议，以便再版时进一步修正和完善。

编著者

2015 年 10 月

目　录

第一章　生态学及环境保护 …… 1
第一节　生态学基础 …… 1
一、生态学及其发展 …… 1
二、生态系统 …… 2
三、生态平衡 …… 9
第二节　环境问题和环境保护 …… 11
一、环境问题 …… 11
二、环境污染与人体健康 …… 17
三、环境保护 …… 21
第三节　清洁生产与可持续发展 …… 29
一、清洁生产的内涵 …… 29
二、实施清洁生产的途径 …… 30
三、制浆造纸行业清洁生产概况 …… 33
四、清洁生产与可持续发展 …… 35
五、清洁生产与生态工业和循环经济 …… 37
六、低碳经济 …… 41
思考题 …… 49
参考文献 …… 50
第二章　制浆造纸废水的污染与控制 …… 51
第一节　概述 …… 51
一、自然界的水 …… 51
二、水质和水质标准 …… 51
三、水体污染及自净 …… 53
四、制浆造纸工业废水常用检测项目 …… 56
第二节　废水的来源及特征 …… 59
一、备料工段废水 …… 59
二、化学法制浆废液 …… 60
三、高得率制浆废液 …… 60
四、废纸制浆车间废水 …… 61
五、洗涤、筛选工段废水 …… 62
六、漂白工段废水 …… 62
七、污冷凝水 …… 63
八、造纸车间废水 …… 64

第三节　制浆废液的资源化利用 …… 66
一、制浆废液在农业上的利用 …… 68
二、制浆废液在建筑业上的利用 …… 71
三、制浆废液在石油工业上的利用 …… 72
四、制浆废液在高分子材料领域的利用 …… 73
五、制浆废液在其他行业上的利用 …… 74
第四节　物理法处理废水 …… 75
一、均和调节 …… 75
二、过滤法 …… 77
三、重力沉降法 …… 79
四、气浮法 …… 83
五、超声技术 …… 88
六、砂滤 …… 89
七、磁力分离法 …… 91
八、离心分离法 …… 91
第五节　化学法处理废水 …… 91
一、中和法 …… 91
二、化学氧化法 …… 92
三、混凝法 …… 94
四、化学沉淀法 …… 97
五、Fenton 技术 …… 99
第六节　物理化学法处理废水 …… 102
一、吸附法 …… 102
二、膜分离法 …… 107
第七节　好氧生物法处理废水 …… 116
一、活性污泥法 …… 117
二、生物膜法 …… 127
第八节　厌氧生物处理技术 …… 137
一、厌氧生物处理的基本流程及其特征 …… 137
二、厌氧消化微生物 …… 139
三、厌氧生物处理的影响因素 …… 141
四、厌氧生物处理沼气产量的估算 …… 143
五、厌氧处理工艺的主要运行方式 …… 143
第九节　制浆造纸废水的深度处理 …… 165
一、深度处理的概念 …… 165
二、深度处理的必然性 …… 165
三、深度处理的方法技术 …… 166
第十节　废水处理方法的选择 …… 169
一、废水的厂内治理 …… 169

二、废水的厂外治理 …… 170
三、废水处理程度的分级 …… 171
第十一节　废水深度处理的实例 …… 173
一、实例一 …… 173
二、实例二 …… 180
思考题 …… 182
参考文献 …… 182
第三章　造纸工业大气污染控制 …… 185
第一节　大气污染及其综合防治 …… 185
一、大气的组成和结构 …… 185
二、大气污染和污染物 …… 187
三、大气污染物的来源及其危害 …… 189
四、影响大气污染的因素 …… 194
五、大气污染综合防治 …… 194
六、大气质量控制标准 …… 197
七、空气质量及其评价 …… 198
第二节　粉尘控制技术基础 …… 201
一、除尘器的分类与性能 …… 201
二、机械式除尘器 …… 203
三、湿式除尘器 …… 205
四、电除尘器 …… 208
五、过滤式除尘器 …… 211
六、除尘设备的比较和选择 …… 213
第三节　气态污染物净化技术基础 …… 215
一、吸收法净化气态污染物 …… 215
二、燃烧法净化气态污染物 …… 220
三、微生物法净化气态污染物 …… 224
四、气态污染物的其他净化方法 …… 226
第四节　造纸工业大气污染及其控制 …… 230
一、硫酸盐法制浆的大气污染及其控制 …… 230
二、亚硫酸盐法制浆的大气污染及其控制 …… 241
三、制浆造纸厂其他废气的污染与控制 …… 242
第五节　动力锅炉烟气大气污染控制 …… 243
一、燃烧与大气污染 …… 243
二、烟尘污染控制 …… 246
三、硫氧化物污染控制 …… 248
四、氮氧化合物污染控制 …… 256
思考题 …… 261
参考文献 …… 262

第四章　制浆造纸固体废物的污染与控制 …… 263
第一节　固体废物的概论 …… 263
一、固体废物的来源、特征及分类 …… 263
二、固体废物的污染危害 …… 264
三、固体废物的管理 …… 266
第二节　固体废物的处理 …… 266
一、固体废物处理技术 …… 266
二、固体废物处理的原则 …… 267
三、固体废物的预处理技术 …… 268
四、化学处理 …… 271
五、生物处理 …… 271
六、焚烧处理 …… 272
七、热解处理 …… 278
八、固化处理 …… 281
第三节　造纸工业固体废物的资源化 …… 283
一、资源化概述 …… 283
二、纸品的回收利用 …… 285
三、有机废弃物的资源化综合利用 …… 286
四、废塑料的回收利用 …… 292
五、动力锅炉灰渣的综合利用 …… 293
六、有机废物的焚烧处理 …… 302
七、无机废物的资源化利用 …… 306
第四节　固体废物的处置 …… 308
一、处置方法的分类 …… 308
二、固体废物的最终处置 …… 308
思考题 …… 313
参考文献 …… 313
第五章　噪声污染与控制 …… 315
第一节　噪声基础 …… 315
一、噪声及其污染 …… 315
二、噪声源及其分类 …… 316
三、噪声的危害 …… 316
第二节　声学基础 …… 318
一、声音的物理量度 …… 318
二、噪声叠加的分贝计算 …… 319
三、噪声的主观评价 …… 319
四、噪声的频谱分析 …… 320
五、噪声标准 …… 321
第三节　噪声控制 …… 324

一、噪声控制的基本途径 …… 324
二、环境噪声评价 …… 325
三、隔声 …… 328
四、吸声 …… 332
五、消声 …… 336
六、隔振与阻尼 …… 340
七、造纸厂噪声的防治措施 …… 342
思考题 …… 346
参考文献 …… 346

第一章　生态学及环境保护

近半个世纪以来，随着社会生产力的发展，科学技术的突飞猛进，人类改造自然的规模空前扩大，从自然获取的资源也越来越多，与此同时，排放废弃物也与日俱增。对环境的污染和破坏也不仅局限在某些工业发达国家和地区，已经发展成为全球性的环境问题。诸如耕地面积减少、森林资源过度砍伐、水资源的短缺、物种的消失、酸雨危害、臭氧层破坏、温室效应引起的全球气候变暖以及厄尔尼诺、拉尼娜现象等造成的环境危害和破坏。所有这些已引起当今人们极大的关注。

1992年联合国环境与发展大会（UNCED）的《里约宣言》《21世纪议程》等文件充分体现了当今人类社会关于可持续发展的新思想，反映了环境与经济协调发展已达到全球共识。中国对此作出了积极的响应，并制定了《中国21世纪议程——中国21世纪人口、环境与发展白皮书》，其内容包括中国可持续发展的战略与对策，可持续发展的经济政策、费用与资金机制、自然资源保护与可持续利用、生物多样性保护、荒漠化防治、固体废物的无害化管理和大气层保护，等等。由此可见，中国已确实将环境保护作为一项基本国策，坚定不移地走可持续发展的道路。为了更好地理解环境保护的理论，有必要了解和学习一些生态学的基本知识。

第一节　生态学基础

生态学的基本原则不仅是环境科学的重要理论基础，而且也是社会经济持续发展的理论基础。生态学正以其旺盛的生机在发展，并肩负着解决一系列世界性问题的历史使命。

一、生态学及其发展

“生态学”一词是由德国生物学家赫克尔（Ernst Haeckel）于1869年首先提出的。我国著名生态学家马世骏把生态学定义为“研究生物与环境之间相互关系及其作用机理的科学”。这里所说的生物包括植物、动物和微生物，而环境是指各种生物特定的生存环境，包括非生物环境（由光、热、空气、水分和各种无机元素组成）和生物环境（由作为主体生物以外的其他一切生物组成）。

1. 生态学的初期发展

初期的生态学主要是以各大生物类群与环境相互关系为研究对象，因而出现了植物生态学、动物生态学、微生物生态学等。进而以生物有机体的组织层次与环境的相互关系为研究对象，出现了个体生态学、种群生态学和生态系统。

个体生态学是研究各种生态因子对生物个体的影响。各种生态因子包括光照、温度、大气、水、湿度、土壤、地形、环境中的各种生物以及人类的活动等。各种生态因子对生物个体的影响，主要表现在引起生物个体新陈代谢的量和质的变化，物种繁殖能力和种群密度的改变，及对种群地理分布的限制等。

种群是在一定的空间和时间内同种个体的组合，是具有一定组成、结构和机能，并通过种内关系组成的一个有机的统一体。一个自然种群一般都具有一定的区域分布，数量随时间而变动，具有一定的遗传特征。种群生态学主要是研究在种群与其生存环境相互作用下，种群空间分布和数量变动的规律。

2. 生态学的综合发展

近代系统科学、控制论、电脑技术和遥感技术的广泛应用，为生态学对复杂系统结构的分析和模拟创造了条件，为深入探索复杂系统的功能和机理提供了更为科学和先进的手段，这些相邻学科的“感召效应”也促进了生态学的高速发展。

随着现代科学技术向生态学的不断渗透，生态学被赋予了新的内容和活力，突破了生物科学的范畴，成为当代最为活跃的科学领域之一。生态学在基础研究方面，已趋向于向定性和定量相结合，宏观与微观相结合的方向发展，并进一步探索生物与环境之间的内在联系及其作用机理，使生态学原有的个体生态学、种群生态学、群落生态学、生态系统生态学等各个分支学科，均有不同程度的提高，达到了一个新的水平。此外，由于生态学与相邻学科的相互交融，也产生了若干新的生长点，诸如生态学与化学相结合，形成化学生态学。化学生态学不仅可以揭示生物与环境之间相互作用关系的实质，而且在探索对有害生物防治方面，也提供了更有效的手段。

随着经济建设和社会发展，一些违背生态学规律现象的出现，引起资源浪费，环境污染，水土流失等一系列经济问题和社会问题，迫使人们在运用经济规律的同时，也去积极主动的探索对生态规律的运用。生态学与经济学、社会学相互渗透，使生态学出现了突破性的新进展。生态学不仅限于研究生物圈内生物与环境的辩证关系及其相互作用的规律和机理的范畴，也不仅限于研究人类活动（主要是经济活动）与生物圈（自然生态系统）的关系，而是扩展到了研究人类与社会圈或技术圈的关系。

研究人类与其生存环境的关系及其相互作用的规律，形成了人类生态学。当前，我国对环境污染与破坏的控制，仍然以城市环境综合整治与工业污染防治为重点，运用城市生态学和工业生态学理论制定城市和工业污染防治规划，制订城市生态规划和制订工业生态规划方案。

生态学正以前所未有的速度，在原有学科理论与方法的基础上，与环境科学及其他相关学科相互渗透，向纵深发展并不断拓宽自己的领域。生态学将以生态系统为中心，以生态工程为手段，在协调人与自然的复杂关系，探求全球走可持续发展道路的战略，做出重要贡献。

二、生 态 系 统

生态系统是指在自然界的一定空间内，生命系统与环境系统构成的统一整体，在这个统一整体中，生命系统与环境系统之间相互影响，相互制约，不断演变，并在一定时期内处于相对稳定的动平衡状态。生态系统具有一定的组成、结构和功能，是自然界的基本结构单元。对自然生态系统而言生命系统就是生物群落；对社会生态系统、城市生态系统、工业生态系统而言，生命系统就是人类。如：城市居民与城市环境在特定空间的组合就是城市生态系统，工业生产者及管理人员与工业环境在特定空间的组合就是工业生态系统。

生态系统是生态学研究的中心。生态学以自然生态系统为中心，研究生态系统的生态特征、结构、功能、生态流及生态规律，以便维护生态平衡，促进生态良性循环，保证可更新资源的持续利用。各种人类生态系统（也称为人工生态系统）比自然生态系统更为复杂，下面主要是介绍自然生态系统。

（一）生态系统的组成

生态系统的组成成分可分为两大类：一类是生物成分，一类是非生物成分。

1. 生物成分

生物成分可分为生产者、消费者和分解者。

（1）生产者 生产者主要是绿色植物，包括一切能进行光合作用的高等植物、藻类和地衣。这些绿色植物体内含有光合作用色素，可利用太阳能把二氧化碳和水合成有机物，同时放出氧气。除绿色植物以外，还有利用太阳能或化学能把无机物转化为有机物的光能自养微生物和化能自养微生物。生产者在生态系统中不仅可以生产有机物，而且也能在将无机物合成有机物的同时，把太阳能转化为化学能，贮存在生成的有机物中。生产者生产的有机物及贮存的化学能，一方面供给生产者自身生长发育的需要，另一方面，也用来维持其他生物全部生命活动的需要，是其他生物类群以及人类的食物和能源的供应者。

（2）消费者 消费者属异养生物，主要是指动物。它们以其他生物或有机质为食。其中以植物为食的食草动物，称为一级消费者；以食草动物为食的食肉动物，称为二级消费者；以二级消费者为食的食肉动物，称为三级消费者。消费者在生态系统中的作用之一，是实现物质与能量的传递。如草原生态系统中的青草、野兔与狼，其中，野兔就起着把青草制造的有机物和贮存的能量传递给狼的作用。消费者的另一个作用是实现物质的再生产，如食草动物可以把草本植物的植物性蛋白再生产为动物性蛋白。所以，消费者又可称为次级生产者。

（3）分解者 分解者主要是指细菌和真菌等微生物。分解者的作用，就在于把生产者和消费者的残体和排泄物分解为简单的物质，再供给生产者。所以，分解者对生态系统中的物质循环，具有非常重要的作用。

分解者的分解作用可分为三个阶段：第一阶段，物理的或生物的作用阶段。分解者把动植物残体分解成颗粒状的碎屑；第二阶段，腐生生物的作用阶段，分解者将碎屑再分解成腐殖酸或其他可溶性的有机物；第三阶段，腐殖酸的矿化作用阶段。从广义角度可以认为，参与这三个阶段的各种生物都应属于分解者。蚯蚓、蜈蚣、马陆以及各种土壤线虫等土壤动物，在动植物残体和排泄物分解过程的第一阶段，起着非常重要的作用。另一些动物，如鼠类等啮齿动物也会把植物咬成大量碎屑，残留在土壤中。所以，虽然分解者主要是指微生物，同时也应包括某些小型动物。

2. 非生物成分

非生物成分是指各种环境要素，包括温度、光照、大气、水、土壤、气候、各种矿物质和非生物成分的有机质等。非生物成分在生态系统中的作用，一方面是为各种生物提供必要的生存环境，另一方面是为各种生物提供必要的营养元素。以上构成了一个有机的统一整体。在这个有机整体中，能量与物质在不断地流动，并在一定条件下保持着相对平衡。

不同的生态系统，其具体的组成成分也会各不相同。如陆生生态系统的生产者是各种陆生植物，消费者是各种陆生动物，分解者主要是土壤微生物；而水生生态系统，其生产者则是各种水生植物，消费者则是各种水生动物，分解者则是各种水生微生物。不同生态系统的非生物成分，也存在着一定的差异。

（二）生态系统的结构和类型

对生态系统结构的研究，目前多着眼于形态结构和营养结构

1. 形态结构

生态系统的生物种类、种群数量、种的空间配置和时间变化等，构成了生态系统的形态结构。例如，一个森林生态系统，其中植物、动物和微生物的种类与数量基本上是稳定的。它们在空间分布上具有明显的成层现象，即明显的垂直分布。在地上部分，自上而下有乔木层、灌木层、草本植物层和苔藓地衣层；在地下部分，有浅根系、深根系及其根际微生物。在森林中栖息的各种动物，也都有其各自相对的空间分布位置，许多鸟类在树上营巢，许多兽类在地面筑窝，许多鼠类在地下掘洞。在水平分布上，林缘、林内植物和动物的分布也有明显不同。

形态结构的另一种表现是时间变化。同一个生态系统，在不同的时期或不同季节，存在着有规律的时间变化。如长白山森林生态系统，冬季满山白雪覆盖，到处是一片林海雪原；春季冰雪融化，绿草如茵；夏季鲜花遍野，五彩缤纷；秋季又是果实累累，气象万千。不仅在不同季节有着不同的季相变化，就是昼夜之间，其形态也会表现出明显的差异。

2. 营养结构

生态系统各组成部分之间，通过营养联系构成了生态系统的营养结构，生产者可向消费者和分解者分别提供营养，消费者也可向分解者提供营养，分解者又可把营养物质输送给环境，由环境再供给生产者。这既是物质在生态系统中的循环过程，也是生态系统营养结构的表现形式。不同生态系统的成分不同，其营养结构的具体表现形式也会因之各异。

3. 生态系统的类型

自然界中的生态系统是多种多样的，为研究方便起见，人们从不同角度，把生态系统分成若干个类型。按环境中的水体状况，可把地球上的生态系统划分为水生生态系统和陆生生态系统两大类群。水生生态系统又可以划分为淡水生态系统和海洋生态系统。淡水生态系统包括江、河等流动水生态系统和湖泊、水库等静水生态系统；海洋生态系统，包括滨海生态系统和大洋生态系统等；陆生生态系统分为荒漠生态系统，草原生态系统，稀树干草原生态系统和森林生态系统等。

按人为干预的程度划分，又可以分为自然生态系统，半自然生态系统和人工生态系统。自然生态系统指没有或基本没有受到人为干预的生态系统，如原始森林，未经放牧的草原、人迹罕至的沙漠等；半自然生态系统指受到人为干预，但其环境仍保持一定自然状态的生态系统，如人工抚育过的森林，经过放牧的草原，养殖湖泊和农田等；人工生态系统指完全按照人类的意愿，有目的、有计划地建立起来的生态系统，如城市、工厂、矿山、宇宙飞船和潜艇的密封舱等。

生态系统的大小，也可以根据人们研究的需要而划定。所以，有人说小到自然界中的一滴水，大到地球表面的生物圈，都可以称之为是一个生态系统。也可以说，整个生物圈就是由无数个大大小小的生态系统所组成，每个生态系统则是自然界的基本结构单元。

（三）生态系统的功能

生态系统的功能主要表现在生态系统具有一定的能量流动、物质循环和信息联系。食物链（网）和营养级是实现这些功能的保证。

1. 食物链（网）和营养级

食物链是各种生物以食物为联系建立起来的链索。按生物间的相互关系，一般食物链可分为下述三种类型。

（1）捕食性食物链　捕食性食物链是以生产者为基础，其构成形式是：

植物→食草动物→食肉动物，后者可以捕食前者。如在草原上，青草→野兔→狐狸→狼；在湖泊中，藻类→甲壳类→小鱼→大鱼。

（2）腐食性食物链　腐食性食物链以动植物遗体为基础，由细菌、真菌等微生物或某些动物，对其进行腐殖质化或矿化。如，植物遗体→蚯蚓→线虫类→节肢动物。在这种食物链中，分解者起主要作用，故也称为分解链。一般，初级生产者的生产量高、转化效率低的生态系统，如森林生态系统等，即以腐食性食物链为主。在森林生态系统中，90%的净生产量是以腐食性食物链消耗的。

（3）寄生性食物链　寄生性食物链以活的动植物有机体为基础，再寄生以寄生生物，前者为后者的寄主。这是食物链中一种特殊的类型。如：牧草→黄鼠→跳蚤→鼠疫病菌。

在各种类型的生态系统中，三种食物链几乎同时存在，各种食物链相互配合，保证了能量流动在生态系统内畅通。

食物链在各个生态系统中都不是固定不变的。动物个体发育的不同阶段，食性会发生改变；某些动物在不同季节中，食性也会发生改变；由于自然界食物条件的改变而引起主要食物组成的改变，等等，都会引起食物链的改变。因此，食物链往往具有暂时性。食物链上某一环节的变化，往往会引起整个食物链的变化，甚至影响生态系统的结构。

此外，生态系统中各种生物的食物关系，都是十分复杂的。例如，一个草原生态系统有很多种青草，食草动物除野兔外，还会有鼠、鹿等，狼既吃野兔，也吃鹿。所以，任何一个生态系统的食物链也都是很复杂的，并且交织在一起，成为网状，即形成了所谓食物网。

食物链上的各个环节叫营养级。生产者为第一营养级，一级消费者为第二营养级，依次为第三营养级、第四营养级。食物链的加长不是无限制的，营养级一般只有4~5级。各营养级上的生物不会只有一种，凡在同一层次上的生物都属于同一营养级。由于食物关系的复杂性，同一生物也可能隶属于不同的营养级。

低位营养级是高位营养级的营养及能量的供应者，但低位营养级的能量仅有10%左右能被上一营养级利用。

2. 生态系统中的能量流动

所有生物的各种生命活动，都需要消耗能量。能量在流动过程中也会由一种形式转变成另一种形式，能量在转变过程中遵循能量守恒定律，能量既不会消失，也不会增加。能量的传递是按照热力学第二定律，即能量从集中到分散，从能量高到能量低的方向进行的，在传递过程中又总会有一部分成为无用的能释放。

生态系统中全部生命活动所需要的能量最初均来自太阳。太阳能被生物利用，是通过绿色植物的光合作用实现的。光合作用的化学方程式为：

$$6CO_2 + 6H_2O \xrightarrow{\text{光合作用色素}} C_6H_{12}O_6 + 6O_2 + 2817.8kJ$$

在合成有机物的同时太阳能也转变成化学能，贮存在有机物中。绿色植物体内贮存的能量，通过食物链，在传递营养物质的同时，依次传递给食草动物和食肉动物。动植物的残体被分解者分解时，又把能量传给了分解者。此外，生产者、消费者和分解者的呼吸作用都会消耗一部分能量，消耗的能量被释放到环境中去。图 1－1 给出了生态系统中的能量流动和物质循环。

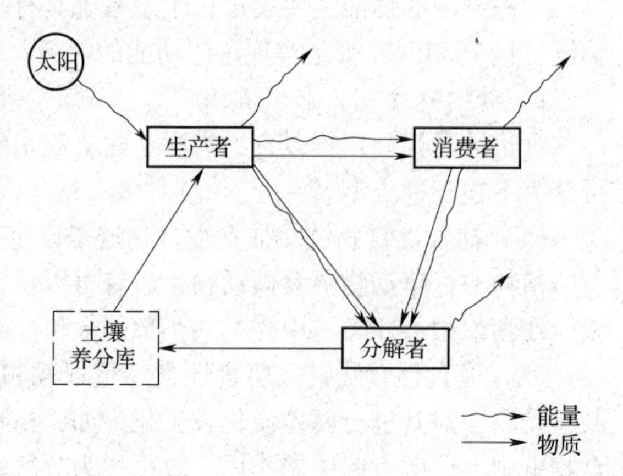

图 1－1　生态系统中的能量流动与物质循环

3. 生态系统中的物质循环

在生态系统的各个组成部分之间，不断进行着物质循环。碳、氢、氧、氮、磷、硫是构成生命有机体的主要物质，也是自然界中的主要元素，因此这些物质的循环是生态系统基本的物质循环。镁、钙、钾、硫、钠等是生命活动需要的大量元素，而锌、铜、硼、锰、钼、钴、铝、铬、氟、碘、溴、硒、硅、锶、钛、钒、锡、镓等是生命需要的微量元素。它们在生态系统中也构成各自的循环。

各种元素在环境中都存在一个或多个贮库。元素在贮库中的数量大大超过结合于生物体中的数量，从贮库向外释放的速度往往很慢。某物质的库量与流通量之比，称为该物质周转时间，表示其在该库中更新一次所需要的时间，水在大气库中的周转时间是 10.5d，氮在大气库中的周转时间是近 100 万年，硅在海洋库中的周转时间是 8000 年，钠在海洋库中的周转时间是 2.06×10^8 年。

物质在库与库之间的转移，就是物质流动，这种物质流动构成的循环，即称为物质循环。参与生命活动的各种元素的循环，可在三个水平上进行：第一级水平是在个体水平上进行的，即生物个体通过新陈代谢，与环境不断进行物质交换；第二级水平是在生态系统中进行的，即在生产者、消费者、分解者及环境之间进行的物质循环，这种循环也称为营养循环或生物循环；第三级水平是在生物圈中进行的，即在生物圈范围内的各个层圈中进行的物质循环，这种循环又称为生物地球化学循环。根据贮库性质的不同，地球化学循环又可分为三种类型即水循环、气态型循环和沉积型循环。气态型循环的主要贮库是大气，元素在大气中也以气态出现，如碳、氮的循环。沉积型循环的主要贮库是土壤、岩石和地壳，元素以固态出现，如磷的循环。

（1）水循环　水由氢和氧组成，是生命过程氢的主要来源，一切生命有机体的主要成分都是由水组成的。水又是生态系统中能量流动和物质循环的介质，整个生命活动就是处在无限的水循环之中。水循环的动力是太阳辐射。水循环主要是在地表水的蒸发与大气降水之间进行的。海洋、湖泊、河流等地表水通过蒸发，进入大气；植物吸收到体内的大部分水分通过蒸发和蒸腾作用，也进入大气。在大气中水分遇冷，形成雨、雪、雹，重新返回地面，一部分直接落入海洋、河流和湖泊等水域中；一部分落到陆地表面，渗入地下，形成地下水，供植物根系吸收；另一部分在地表形成径流，流入河流、湖泊和海洋。水循环如图 1－2 所示。

（2）碳循环　碳存在于生物有机体和无机环境中。碳是构成生物有机体的主要元素之一，约占生活物质的25%。在无机环境中，碳主要以CO_2和碳酸盐的形式存在。在地球表层碳主要以碳酸盐的形式存在，碳的贮量约为2.7×10^{16}t，大气中的碳主要以CO_2的形式存在，其中碳贮量约为7×10^{11}t。大气圈、水圈和生物圈（包括生物体）中的碳含量虽然较小，但很活跃，交换迅速，被称为碳循环的交换库或循环库。碳循环就是在这些贮库之间进行的。

绿色植物在碳循环中起着重要作用，大气中CO_2被生物利用的唯一途径是绿色植物的光合作用。被绿色植物固定的碳以有机物的形式供消费者利用。生产者和消费者通过呼吸作用又把CO_2释放到大气中。生产者和消费者的尸体被分解者分解，把蛋白质、脂肪和碳水化合物分解成CO_2、水和无机盐，CO_2重新返回大气。在地质年代，动植物尸体长期埋藏在地层中，形成各种化石燃料；人们燃烧燃料时，其中的碳氧化成CO_2被释放到大气中。另外，海洋中的碳酸钙沉积在海底，形成新的岩石，使一部分碳较长时间贮藏在地层中。相反，在火山爆发时，又可使地层中的一部分碳回到大气层。碳的循环途径可归纳如图1－3。

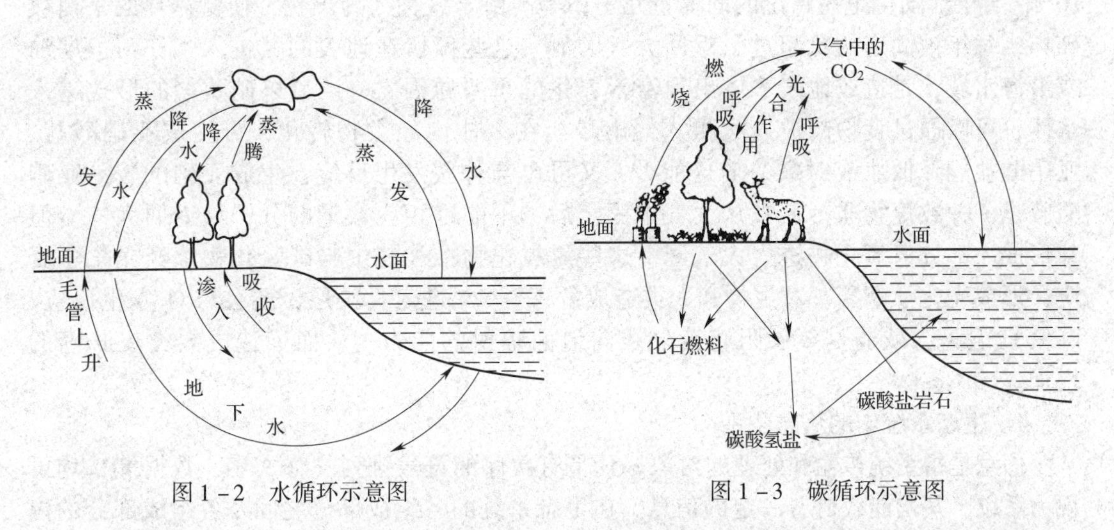

图1－2　水循环示意图　　图1－3　碳循环示意图

由于人为活动向大气中输入了大量的CO_2。而森林面积又不断缩小，大气中被植物利用的CO_2量越来越少，结果使大气中CO_2的浓度有了显著增加。如不采取有效措施，由此将产生全球气候变暖的“温室效应”。

（3）氮循环　氮是生物的必需元素，是各种氨基酸和蛋白质的构成元素之一，氮也是大气的主要组成成分，在大气中占79%。

氮循环主要是在大气、生物、土壤和海洋之间进行。大气中的氮进入生物有机体主要有四种途径：一是生物固氮，豆科植物和其他少数高等植物能通过根瘤的固氮菌固定大气中的氮。二是工业固氮，是人类通过工业手段，将大气中的氮合成氨或铵盐，即合成氮肥，供植物利用。三是岩浆固氮，火山爆发时喷出的岩浆，可以固定一部分氮。四是大气固氮，雷雨天气发生的闪电现象而产生的电离作用，可以使大气中的氮氧化成硝酸盐，经雨水淋洗带入土壤。土壤中的氨或铵盐，经硝化细菌的硝化作用，形成亚硝酸盐或硝酸盐，被植物利用。氨在植物体内与复杂的含碳分子结合，形成各种氨基酸，由氨基酸构成蛋白质、核酸等的主要成分。动物直接或间接从植物中摄取植物性蛋白，作为自己蛋白质组成的来源，并在新陈代谢过程中将一部分蛋白质分解成氨、尿素和尿酸等排出体外，渗入土壤。动植物残体在土壤微生物的作用下，分解成 NH_3、CO_2 和 H_2O，这些氨也进入土壤。土壤中的氨形成硝酸盐后，一部分为植物利用，另一部分在反硝化细菌的作用下，分解成游离氮，进入大气，完成氮的循环。见图 1－4。

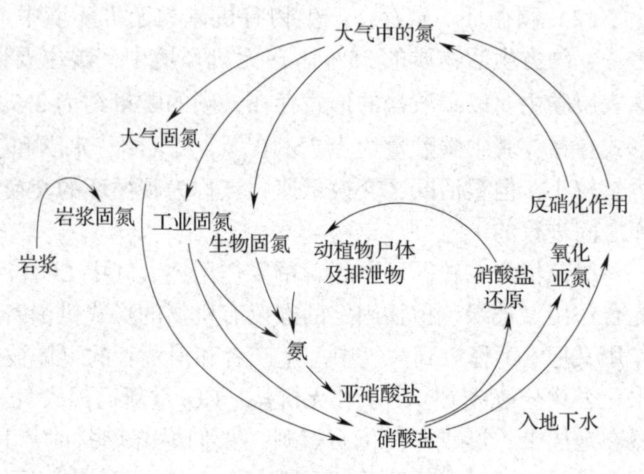

图 1－4　氮循环示意图

在氮循环中，工业固氮量是很大的，据统计，1968 年全世界工业固氮总量约为 3×10^6t，与全部陆生生态系统的固氮量几乎相等。由于这种人为干扰，使氮循环的平衡被破坏，每年被固定的氮超过了返回大气的氮。这些停留在地表的氮进入了江河、湖泊或沿海水域，是造成地表水体出现富营养化的重要原因之一。氮以硝酸盐的形式进入水体，可以通过食物链被人类摄入，硝酸盐在人体内经生物转化，可生成亚硝酸盐。亚硝酸盐能降低血液对氧的输送能力，又可以与仲胺发生反应，生成亚硝酸胺，亚硝酸胺是一种致癌物质。氮被从大气中固定后，不能以相应数量的分子氮返回大气，但却形成一部分氮氧化物进入大气圈。这些氮氧化物在大气中与碳氢化物等经光化学反应，形成光化学烟雾，对生物和人类造成危害。NO_2 进入臭氧层，还会与 O_3 发生反应，降低 O_3 含量，减弱臭氧层阻止紫外线向地面辐射的能力，从而又造成人类皮肤癌的增加。

4. 生态系统中的信息联系

信息是指系统传输和处理的对象。凡是有次序的符号排列（如文字、数据等）均可视为系统，并均能载荷着一定的信息。在生态系统的各组成部分之间及各组成部分的内部，存在着各种形式的信息联系，以这些信息使生态系统联系成为一个有机的统一整体。生态系统中的信息形式主要有营养信息、化学信息、物理信息和行为信息。

（1）营养信息　通过营养交换的形式，把信息从一个种群传递给另一个种群，或从一个个体传递给另一个个体，即为营养信息。食物链（网）即可视为一个营养信息系统。以草本植物、鼠类、鹌鹑和猫头鹰组成的食物链为例，可表示为：当鹌鹑数量较多时，猫头鹰大量捕食鹌鹑，鼠类很少受害；当鹌鹑数量较少时，猫头鹰转而大量捕食鼠类。这样，通过猫头鹰对鼠类捕食的轻重，向鼠类传递了鹌鹑多少的信息。

（2）化学信息　生物在某些特定的条件下，或某个生长发育阶段，分泌出某些特殊的化学物质，这些分泌物对生物不是提供营养，而是在生物的个体或种群之间起着某种信息的传递作用，此种物质即称为化学信息素。蚂蚁可以通过自己的分泌物留下化学痕迹，以便后者跟随。猫、狗等可通过排尿标识自己的行踪和活动区域。化学信息对集群活动的整体性和集群整体性的维持，具有极重要的作用。

(3) 物理信息 通过声音、颜色和光等物理现象传递的信息，称为物理信息。鸟鸣、兽吼可以传达惊慌、安全、恫吓、警告、嫌恶、有无食物和要求配偶等各种信息。大雁迁飞时，中途停歇，总会有一只“哨兵”担任警戒，一旦“哨兵”发现“敌情”，即会发出一种特殊的鸣声，向同伴们传达出敌袭的信息，雁群即刻起飞。昆虫可以根据花的颜色判断食物——花蜜的有无。以浮游藻类为食的鱼类，由于光线越强，食物越多，所以，使光可以传递有食物的信息。

(4) 行为信息 动物可以通过自己的各种行为向同伴们发出识别、威吓，求偶和挑战等信息。燕子在求偶时，雄燕会围绕雌燕在空中做出特殊的飞行形式。

尽管现代的科学水平对这些自然界的“对话”之谜尚未完全解开，但这些信息对种群和生态系统调节的重要意义，是完全可以肯定的。

三、生 态 平 衡

如果某生态系统各组成成分在较长时间内保持相对协调，物质和能量的输入输出接近相等，结构与功能长期处于稳定状态，在外来干扰下，能通过自我调节恢复到最初的稳定状态，则这种状态可称为生态平衡。也就是说，生态平衡应包括三个方面，即结构上的平衡，功能上的平衡，以及输入和输出物质数量上的平衡。

生态平衡是相对的平衡。任何生态系统都不是孤立的，都会与外界发生直接的联系，会经常受到外界的冲击。生态系统的某一个部分或某一个环节，经常在允许限度内有所变化，只是由于生物对环境的适应性，以及整个系统的自我调节机制，才使系统保持相对稳定状态。所以，生态系统的平衡是相对的，不平衡是绝对的。

生态平衡是动态平衡，不是静态平衡。生态系统的各组成成分会不断地按照一定的规律运动或变化，能量会不断地流动，物质会不断地循环，整个系统都处于动态之中。

(一) 保持生态平衡的因素

生态平衡之所以能保持相对的平衡状态，是因为生态系统本身具有自动调节的能力。如在森林生态系统中，若由于某种原因森林害虫大规模发生，在一般情况下不会使森林生态系统遭到毁灭性的破坏。因为当害虫大规模发生时，以这种害虫为食的鸟类获得了更多的食物，这就促进了该食虫鸟的大量繁殖并捕食大量害虫，从而抑制了害虫的大规模发生。但是任何一个生态系统的调节能力都是有限的，外部冲击或内部变化超过了这个限度，生态系统就可能遭到破坏，这个限度称为生态阈值。掌握各生态系统的生态阈值，才能更充分、更合理地利用自然和自然资源。

生态系统的自动调节能力，与下列因素有关：

1. 结构的多样性

生态系统的结构越复杂，自动调节能力越强；结构越简单，自动调节的能力越弱。如一个草原生态系统，若只有青草、野兔和狼构成简单食物链，那么，一旦由于某种原因野兔的数量减少，狼就会因食物的减少而随之减少；若野兔消失，这个系统就可能崩溃。如果这个草原生态系统食草动物不仅限于野兔，还有山羊和鹿，那么当野兔减少时，狼可以去捕食山羊或鹿，生态系统还能继续维持相对平衡的状态；在狼去捕食山羊或鹿时，野兔又可以得到恢复。所以生态系统自动调节能力的大小与其结构的复杂程度有着密切的关系。

2．功能的完整性

功能的完整性是指生态系统的能量流动和物质循环在生物生理机能的控制下能得到合理的运转。运转的越合理，自动调节的能力就越强。如一个淡水生态系统——河流中排入了大量的酚，若该系统生存着许多对酚有很强降解能力的微生物和水葱等高等植物，酚就会很快得到降解，那么平衡不会遭到破坏；若该生态系统不具有这些对酚降解能力很强的生物，其他的自然净化因素又很弱，那么这个系统的平衡就可能失调或遭到破坏。

（二）生态平衡的破坏

生态平衡的破坏，有自然因素和人为因素。

1．自然因素

自然因素指自然界发生的异常变化，如水灾、旱灾、地震、台风、山崩、海啸等，都可能破坏一个地区的生态平衡。由这类原因引起生态平衡的破坏，称为第一环境问题。

2．人为因素

人为因素是引起生态平衡失调的主要原因。由人为因素引起的生态平衡破坏，又称为第二环境问题。具体表现在以下三个方面。

（1）使环境因素发生改变　人为活动使环境因素发生改变，一个重要方面是人们向环境中输入大量的污染物质，使环境质量恶化，产生近期效应或远期效应，使生态平衡失调或破坏。另一个方面是对自然和自然资源的不合理利用，如不合理地毁林开荒，不合理地围湖造田等。

（2）使生物种类发生改变　在一个生态系统中增加一个物种，有可能使生态平衡遭受破坏。如美国在1929年开凿的韦兰运河，把内陆水系与海洋沟通，八目鳗进入内陆水系，使鳟鱼年产量由2×10^7kg减少到0.5×10^4kg，严重破坏了水产资源。在一个生态系统中减少一个物种，也可能使生态平衡遭受破坏。我国20世纪50年代曾大量捕杀过麻雀，致使有些地区出现了严重的虫害，这就是由于害虫的天敌——麻雀被捕杀所带来的直接后果。

（3）信息系统的破坏　各种生物种群依靠彼此的信息联系，才能保持集群性，才能正常的繁殖。如果我们人为的向环境中施放某种物质，破坏了某种信息，就有可能使生态平衡遭受破坏。有些雌性昆虫在繁殖时将一种体外激素——性激素，排放于大气中，有引诱雄性昆虫的作用。如果人们向大气中排放的污染物与这种激素发生化学反应，性激素失去引诱雄性昆虫的作用，昆虫的繁殖就会受到影响，种群数量会下降，甚至消失。

（三）生态平衡的恢复与再建

掌握生态平衡失调的标志，对于生态平衡的恢复、再建和防止生态平衡的严重失调，都是至关重要的。生态平衡失调的主要标志有以下两点：

1．结构上的标志

生态平衡的失调，首先表现在结构上，包括一级结构缺损和二级结构变化。

生态系统的一级结构是指生态系统的各组成成分，即生产者、消费者、分解者和非生物成分组成的生态系统的结构。当组成一级结构的某一种或几种成分缺损时，即表明生态平衡失调。如一个森林生态系统由于毁林开荒，使原有生产者消失，造成各级消费者栖息地被破坏，食物来源枯竭，必将被迫转移或消失；分解者也会因生产者和消费者残体大量减少而减少，甚至会因水土流失加剧被冲出原有生态系统，则该森林生态系统随之崩溃。

生态系统的二级结构是指生产者、消费者、分解者和非生物成分各自的组成结构，如各种植物种类组成生产者的结构，各种动物种类组成消费者的结构，等等。二级结构变化即指组成二级结构的各种成分发生变化，如一个草原生态系统经长期超载放牧，使嗜口性的优质草类大大减少，有毒的、带刺的劣质草类增加，草原生态系统的生产者种类改变，即二级结构发生变化，并导致该草原生态系统载畜量下降，持续下去，该草原生态系统将会崩溃。

2. 功能上的标志

生态平衡失调表现在功能上的标志，包括能量流动受阻和物质循环中断。

能量流动受阻是指能量流动在某一营养级上受到阻碍。如森林生态系统的森林遭到破坏后，生产者对太阳能的利用会大大减少，能量流动在第一营养级上受到阻碍，该系统将因对太阳能利用的减少，而导致生态平衡失调。

物质循环中断是指物质循环在某一环节上中断。在草原生态系统中，枯枝落叶和牲畜粪便被微生物等分解者分解后，把营养物质重新归还给土壤，供生产者利用，是保持草原生态系统物质循环的重要环节。但如果把枯枝落叶和牲畜粪便用做燃料烧掉，就使营养物质不能归还土壤，造成物质循环中断，长期下去，土壤肥力必然下降，草本植物生产力随之降低，生态平衡失调。

第二节　环境问题和环境保护

一、环境问题

所谓环境问题是指由于人类活动作用于人们周围的环境所引起的环境质量变化，以及这种变化反过来对人类的生产、生活和健康的影响问题。

1. 环境问题的产生与发展

人类社会是在同环境的斗争中诞生和发展起来的。人类在诞生以后很长的岁月里，只是自然食物的采集者和捕食者，人类对环境的影响和动物区别不大。“生产”对于自然环境的依赖性十分突出。它主要是以生活活动，以生理代谢过程与环境进行物质和能量的交换，主要是利用环境，而很少是有意识地改造环境。如果说那时也发生所谓“环境问题”的话，那主要是因为人口的自然增长和像动物那样的无知，乱采乱捕，滥用资源，从而造成生活资料缺乏引起的饥荒。为了解除这一环境威胁，人类曾被迫学会吃一切可能吃的东西，或是被迫扩大自己的生活领域，学会适应在新的环境中生活的本领，逐步认识到发展生产力、改革生产方式、提高生产率的必要，开始有意识地改造环境，以创造更加丰富的物质财富。

随后，人类学会了培育植物和驯化动物，开始了农业和畜牧业，人类改造环境的作用也越来越明显地显示出来，但与此同时也产生了相应的环境问题。如大量砍伐森林、破坏草原，往往引起严重的水土流失，水旱灾害频繁发生和沙漠化。又如兴修大规模的水利事业的同时，往往也可能引起土壤的盐渍化、沼泽化，以及血吸虫病的大传播。

随着生产力的发展和近代大工业的出现，在生产发展史上出现了一次革命，使建立在个人才能、技巧和经验之上的小生产逐步为基于科学技术成果之上的大生产所代替，大幅度地提高了劳动生产率，增强了人类利用和改造环境的能力，大规模地改变了环境的组成和结构，从而也改变了环境中物质的循环系统，扩大了人类的活动领域，丰富了人类的物质生活条件。但与此同时也带来了新的环境问题。如果说，农业生产主要是生活资料的生产，它在生产和消费中所排放的“三废”是可以纳入物质的生物循环而迅速净化、重复利用的，那么工业生产则主要是生产资料的生产，它使大量深埋在地下的矿物资源被开采出来，投入环境之中。许多工业产品在生产和消费过程中排放的“三废”，都是生物和人类所不熟悉、难以降解、难以同化和忍受的。因而，相对于农业来说，工业所造成的环境问题是以环境污染为主的，是范围较广、影响较深远的前所未有的新问题。并在20世纪50至60年代，形成了环境问题的第一次高潮。有代表性的就是如表1－1所示的国外八大恶性污染事件。

表1－1　　20世纪中叶国外八大公害事件

事件名称	主要污染物	发生地	发生年份	危害情况	公害原因
马斯河谷烟雾	烟尘，SO_2	比利时	1930	几千人病，60人亡	山谷厂多，逆温天气
多诺拉烟雾	烟尘，SO_2	美国	1948	40%人病，17人亡	厂多、逆温、雾日
伦敦烟雾	烟尘，SO_2	英国	1952	5天内4000人亡	烟煤取暖，逆温
洛杉矶光化学烟雾	石化尾气，汽车尾气	美国	1943	多数病，400老人亡	尾气在紫外线作用下生成光化学烟雾
水俣病	甲基汞	日本	1953	180人病，50人亡	氮生产中的催化剂
富山骨痛病	镉	日本	1931—1972	280人病，34人亡	炼锌厂含镉废水
四日市哮喘	SO_2，烟尘，重金属粉	日本	1955	500人病，36人亡	工厂排放量多
米糠油	多氯联苯	日本	1968	上万人病，16人亡	有害有机物多氯联苯进入食油

与大工业化相伴而来的是都市化，以及交通运输和农业的现代化，它们在发挥积极作用的同时，也给环境带来了消极的副作用。如都市汽车排气、光化学烟雾、超音速飞机排气等对高空大气产生污染，农药化肥的污染更是如此广泛，以致从南极地区的企鹅到北极地区苔原地带的驯鹿都受到了影响。在不少国家和地区，水体的富营养化也已成为相当严重的问题。

2. 人类当前面临的环境问题

进入20世纪80年代，特别是80年代中期以来，出现了又一次环境问题高潮，环境问题有了新的变化。原来的环境问题仅仅表现为地区性或区域性的环境污染与生态破坏，近年来这些问题在局部地区，尤其是在发达国家得到了较好的解决。但是，从世界范围和从整体上来看，环境污染与生态破坏问题并未得到解决，仍在不断恶化，并且打破了区域和国家的界限，演变为全球性的问题。引起了世界各国的普遍关注。

当前人类面临的新的全球性和广域性的十大环境问题：

（1）全球变暖　由于大量排放温室气体，全球气温上升了0.6℃。全球变暖是一种大规模的环境灾难，它会导致海洋水体膨胀和两极冰雪融化，使海平面上升，危及沿海地区的经济发展和人民生活，影响农业和自然生态系统，加剧洪涝、干旱及其他气象灾害，并会影响人类健康，加大疾病危险和死亡率，增加传染病。

（2）大气污染　主要污染物有悬浮颗粒物、一氧化碳、臭氧、二氧化硫、氮氧化物、碳氢化物、铅等。大气污染会导致气候变暖、雾霾、酸雨、臭氧层破坏，对动植物产生危害，对人类健康也会产生有害影响。

（3）水体污染　全世界多数河流都受到不同程度的污染，其中约有40%的河流稳定流量受到较为严重的污染。全球每年水污染导致10亿人患各类病，300万儿童因腹泻死亡。

（4）酸雨蔓延　被称为“空中恶魔”的酸雨目前已成为一种范围广、跨越国界的大气污染现象。酸雨会破坏土壤，使湖泊酸化，危害动植物生长；会刺激人的皮肤，诱发皮肤病、肺水肿、肺硬化；会腐蚀金属制品、油漆、皮革、纺织品和含碳酸盐的建筑。我国目前已有30%的地区有降酸雨的现象，主要集中在长江以南。

（5）海洋污染　目前，全球每年都有数十亿吨的淤泥、污水、工业垃圾和化工废物等直接流入海洋，河流每年也将近百亿吨的淤泥和废物带入沿海水域。海洋污染造成赤潮频频发生，使近海鱼虾锐减。

（6）臭氧层破坏　1985年，英国科学家观测到南极上空出现臭氧空洞，并证实其同氟利昂分解产生的氯原子有直接关系。臭氧层耗损使大量紫外线直接辐射到地面，导致人类皮肤癌、白内障发病率增高，并抑制人体免疫系统功能；农作物受害而减产；破坏海洋生态系统的食物链，导致生态平衡的破坏。高空中臭氧虽在减少，但低空中臭氧含量的增加还会引起光化学烟雾，危害森林、农作物、建筑物等，并会造成人类的机体失调和中毒。

（7）生物物种减少　当前地球上生物种类多样性损失的速度比历史上任何时候都快，鸟类和哺乳动物现在的灭绝速度可能是它们在未受干扰的自然界中的100～1000倍。大面积地砍伐森林，过度捕猎野生动物，工业化和城市化发展造成的污染、植物破坏，无控制的旅游，土壤、水、空气的污染，全球变暖等人类的各种活动是引起大量物种灭绝或濒临灭绝的原因。这将逐渐瓦解人类生存的基础。

（8）森林锐减　20世纪50年代后，全球森林面积减少。1980年至1990年期间全球平均每年损失森林995万公顷，约等于韩国的面积。

（9）土地荒漠化　这是目前世界上最严重的环境与社会经济问题，全球每年有600万公顷的土地变为荒漠。亚太地区是荒漠化比较突出的一个地区，中国、阿富汗、蒙古、巴基斯坦和印度是受荒漠化影响较重的国家。荒漠化是引起沙尘暴的原因。

（10）固体废物污染　固体废物堆放侵占大量土地，对农田破坏严重；严重污染空气和水体；垃圾传播疾病；危险废物诱发癌症。

环境问题主要有三类：一是全球性、广域性的环境污染；二是大面积的生态破坏；三是突发性的严重污染事件（如表1－2所示的十大公害事件）和化学品的污染及越境转移。第二次环境问题高潮出现的这些全球性、广域性的环境问题，严重威胁着人类的生存和发展，不论是广大公众还是政府官员，不论是发达国家还是发展中国家，都普遍对此深感不安。1992年6月，里约热内卢环境与发展大会正是在这种背景下召开的。

表1－2　20世纪70至80年代的十大公害事件

事件名称	发生年份	发生地点	危害情况	公害原因
维索化学污染	1976	意大利	多人中毒，居民搬迁，几年后婴儿畸形多	农药厂爆炸，二噁英污染
阿摩柯卡的斯油轮泄油	1978	法国	藻类、湖间带动物、海鸟灭绝，工农业生产、旅游业损失大	油轮触礁，22万t原油入海
三哩岛核电站泄漏	1979	美国	周围80km范围200万人口极度不安，直接损失10多亿美元	核电站反应堆严重失水
威尔士饮用水污染	1985	英国	200万居民饮水污染，44%的人中毒	化工公司将酚排放入河
墨西哥气体爆炸	1984	墨西哥	4200人伤，400亡，300栋房毁，10万人被疏散	石油公司1个油库爆炸
博帕尔农药泄漏	1984	印度	1408人伤，2万人严重中毒，15万人接受治疗，20万人逃离	45t异氰酸甲酯泄漏
切尔诺贝利核电站泄漏	1986	前苏联	31人亡，203人伤，13万人疏散，直接损失30亿美元	4号反应堆机房爆炸
莱茵河污染	1986	瑞士	事故段生物绝迹，160km河段鱼类死亡，482km段水不能饮用	化学公司仓库起火，磷、汞、硫、剧毒物流入河
莫农格希拉河污染	1988	美国	沿岸100万居民生活受严重影响	石油公司油罐爆炸，350万t原油流入河
埃克森·瓦尔迪兹油轮漏油	1989	美国	海域严重污染	漏油26.2万桶

前后两次高潮有很大的不同，有明显的阶段性。

其一，影响范围不同。第一次高潮主要出现在工业发达国家，重点是局部性、小范围的环境污染问题，如城市、河流、农田等；第二次高潮则是大范围乃至全球性的环境污染和大面积生态破坏。这些环境问题不仅对某个国家、某个地区造成危害，而且对人类赖以生存的整个地球环境造成危害。这不但包括了经济发达的国家，也包括了众多发展中国家。发展中国家不仅认识到全球性环境问题与自己休戚相关，而且本国面临的诸多环境问题，特别是植被破坏、水土流失和沙漠化等生态恶性循环，是比发达国家的环境污染危害更大、更难解决的环境问题。

其二，就危害后果而言，前次高潮人们关心的是环境污染对人体健康的影响，环境污染虽也对经济造成损害，但问题还不突出。第二次高潮不但明显损害人体健康，每分钟因环境污染而死亡的人数全世界平均达到28人；而且全球性的环境污染和生态破坏已威胁到全人类的生存与发展，阻碍经济的持续发展。

其三，就污染源而言，第一次高潮的污染来源尚不太复杂，较易通过污染源调查弄清产生环境问题的来龙去脉。只要一个城市、一个工矿区或一个国家下决心，采取措施，污染就可以得到有效地控制。第二次高潮出现的环境问题，污染源和破坏源众多，不但分布广而且来源杂，既来自人类的经济再生产活动，也来自人类的日常生活活动；既来自发达国家，也来自发展中国家，解决这些环境问题只靠一个国家的努力很难奏效，要靠众多国家、甚至全球人类的共同努力才行，这就极大地增加了解决问题的难度。

其四，前次高潮的“公害事件”与第二次高潮的突发性严重污染事件也不相同。一是带有突发性，二是事故污染范围大、危害严重，经济损失巨大。例如：印度博帕尔农药泄漏事件，受害面积达40km^2，据美国一些科学家估计：死亡人数在0.6万～1万人，受害人数为10万～20万人，其中有许多人双目失明或终身残疾。

3. 造纸工业对环境的污染及治理的现状

造纸工业是国民经济的重要基础原材料工业，是资金密集型、技术密集型产业，是耗能耗水大户，也是对环境污染比较严重的行业。制浆造纸工业的整个生产过程，包括从备料到成纸、化学品回收、纸张的加工等都需要大量的水，用于输送、洗涤、分散物料及设备冷却等。虽然生产过程中也有回收、处理、再用，但仍有大量的废水排入水体，造成了水环境严重污染。这种污染的原因，在于纸浆生产过程中溶解出来的有机物、残余化学药品的pH，废纸处理时废水中的有机物和悬浮物以及纸机白水。

造纸工业对大气的污染主要是因为燃烧化石燃料而产生的SO_x、NO_x和烟尘；此外在制浆过程中发生的恶臭、禾草类原料备料过程的粉尘也是重要的大气污染物。固体废物对环境的污染主要是在备料过程中产生的树皮、草屑、蔗髓、浆渣，苛化工序的无机污泥，废纸脱墨过程中产生的脱墨污泥以及综合废水处理工序的污泥等。虽然这些固体废物的产生量并不算多，但日积月累对环境的污染就不能不引起足够的重视。此外，制浆造纸生产过程，从备料、磨浆、打浆、碱回收炉燃烧废液以及纸页抄造的全过程，都会发生很高分贝的噪声，所以对噪声的污染也不可轻视。造纸工业对环境的污染包括对水体的污染、大气的污染、固体废物的污染和噪声的污染，其中对水体的污染是最为严重的。

我国造纸工业在30多年的高速发展历程中，经历了两个阶段，2000年前是以缩小供需量差距为目标的产量扩张模式，忽视了对环境的保护，导致污染问题十分严重。2000年至今，在产业发展的同时，开始关注污染控制与减排，并取得了明显进展，但由于环境的纳污能力已基本丧失，产业污染现状虽未恶化但也并未得到明显改善，行业发展面临发展瓶颈，超标排污的企业已无生存之路。

“十一五”期间，我国造纸工业加大环境治理力度，扎实推进节能减排，重点对草浆生产企业和较大污染源点和重点流域造纸企业进行综合整治。关停制浆造纸企业2000多家，淘汰落后产能1000余万吨。2010年，造纸废水中主要污染物化学耗氧量（COD_{Cr}）排放95.2万t，比2005年的159.6万t降低40.4%，排放强度由万元产值69kg降至18kg，降幅为73.9%。“十一五”期间，吨纸浆平均综合能耗（标准煤）由550kg降至450kg，吨纸及纸板平均综合能耗（标准煤）由830kg降至680kg；吨纸浆、纸及纸板平均取水量由103m^3降至85m^3；吨纸及纸板平均消耗原生纸浆由427kg降至340kg。已建成的先进的产能，其质量、消耗定额、污染物排放负荷均达到国际先进水平。据统计我国工业在2010年废水排放情况：在统计的39个工业行业中，废水排放量位于前4位的行业依次为：造纸与纸制品业、化学原料及化学制品制造业、纺织业和农副食品加工业。这4个行业的废水排放量为109.1亿t，占重点调查统计企业废水排放量的51.5%。

2010年我国工业行业COD_{Cr}的排放位于前4位的行业依次为：造纸与纸制品业，农副食品加工业、化学原料及化学制品制造业和纺织业。这4个行业的COD_{Cr}排放量为219.5万t，污染贡献率占60.0%。其发展变化趋势见表1-3。

表1-3　　重点行业 COD_{Cr} 污染贡献率变化趋势　　单位：%

	2003年	2004年	2005年	2006年	2007年	2008年	2009年	2010年
造纸与纸制品业	34.5	33.0	32.4	33.6	34.7	32.8	28.9	26.0
农副食品加工业	14.4	13.3	13.7	12.8	12.8	14.9	13.9	13.6
化学原料及制品业	10.8	11.2	11.5	11.7	10.3	10.6	11.3	12.2
纺织业	5.6	6.7	6.1	6.8	7.6	8.0	8.3	8.2
合计	65.3	64.2	63.7	64.9	65.4	66.3	62.3	60.0

我国纸及纸板的生产量和消费量现在均居世界第一位，随着世界经济格局的重大调整和我国经济社会转型的明显加速，我国造纸工业发展面临的资源、能源和环境的约束日益突显。在造纸工业发展“十二五”规划中，提出的指导思想是“以结构调整为主线，以建设科技创新型、资源节约型、环境友好型现代造纸工业为目标，充分发挥造纸工业绿色、低碳、循环的特点，提升自主创新能力，节约资源，保护环境，提高增长的质量和效益，推动产业优化升级，增强国际竞争力，在造纸大国向现代造纸强国转变中迈出实质性步伐。”

我国2008年10月1日起施行的《GB 3544—2008 制浆造纸工业水污染排放标准》比2001年的标准提出了更严格的要求：

（1）增加了控制排放的污染物项目，并提高了污染物排放控制要求；增加了pH、色度、氨氮、总氮、总磷的排放要求，这些项目的限值均与《GB 8978—1996 污水综合排放标准》相关内容匹配。

（2）大幅度降低了 COD_{Cr} 和 BOD_5 的排放限值，不再区分本色浆和漂白浆的出水排放要求，也不再区分木浆和非木浆原料对废水的影响。例如 COD_{Cr} 的排放限值由350～450mg/L下降到90～100mg/L；BOD_5 的排放限值由30～50mg/L下降到20mg/L。

（3）严格限制了废水排放量，制浆企业的废水排放量由100～300t/t浆下降到40～50t/t浆。这就要求制浆造纸企业必须通过采用先进的清洁生产工艺，实现制浆造纸废水的封闭循环利用，以达到节约用水，减少废水排放量的目的。

（4）将可吸附有机卤化物（AOX）和二噁英指标调整为强制执行项目。二噁英属于持久性有机污染物（POPs），是国际POPs公约中首批规定控制的12种有机污染物中的一种。

我国造纸工业中技术装备比较落后的产能约占35%左右，物耗、水耗、能耗高，是造纸行业的主要污染源，其 COD_{Cr} 排放量约占行业排放量的47%，难以达到《GB 3544—2008 制浆造纸工业水污染排放标准》的要求，节能减排任务艰巨。

在造纸工业发展“十二五”规划中，提出了降低资源消耗和污染排放下降的目标：

到2015年年末，吨纸浆、纸及纸板的平均取水量由2010年的 $85m^3$，降至 $70m^3$，减少18%；吨纸浆平均综合能耗（标准煤）由2010年的0.45t降至0.37t，比2010年降低18%；吨纸及纸板平均综合能耗（标准煤）由2010年0.68t降至0.53t，比2010年降低22%。

通过管理减排、过程减排、结构减排三项措施，2015年主要污染物 COD_{Cr} 排放总量比2010年降低10%～20%，氨氮排放总量比2010年降低10%，实现增产减排。

二、环境污染与人体健康

生命是以蛋白质的方式生存着，并以新陈代谢的特殊形式运动着。人体通过新陈代谢和周围环境进行物质交换。物质的基本单元是化学元素。人体各种化学元素的平均含量与地壳中各种化学元素含量相适应。例如，人体血液中的60多种化学元素含量和岩石中这些元素的含量有明显的相关性。自然界是不断变化的，人体总是从内部调节自己的适应性来与不断变化的地壳物质保持平衡关系。

环境污染使某些化学物质突然地增加和出现了环境中本来没有的某些合成化学物质，破坏了人与环境的对立统一关系，因而引起机体疾病，甚至死亡。空气、水、土壤与食物是环境中的四大要素，都是人类和各种生物不可缺少的物质。环境污染首先影响到这些要素，并直接或间接地造成对人体健康的危害。

（一）环境污染及其对人体的作用

1. 环境污染物及其来源

人们在生产生活过程中，排入大气、水、土壤中，并引起环境污染或导致环境破坏的物质，叫做环境污染物。当前主要的环境污染物及其来源有以下几个方面。

（1）生产性污染物　工业生产所形成的“三废”，如果未经处理或处理不当即大量排放到环境中去，就可能造成污染。农业生产中长期使用的农药（杀虫剂、杀菌剂、除草剂、植物生长调节剂等）造成了农作物、畜产品及野生生物中农药残留；空气、水、土壤也可能受到不同程度的污染。

（2）生活性污染物　粪便、垃圾、污水等生活废弃物的处理不当，也是污染空气、水、土壤及孳生蚊蝇的重要原因。随着人口增长和消费水平的不断提高，生活垃圾的数量大幅上升，垃圾的性质也发生变化，如生活垃圾中增加了塑料及其他高分子化合物等成分，使无害化处理增加了很大困难。粪便可用作肥料，但如果无害化处理不当，也可造成某些疾病的传播。

（3）放射性污染物　对环境造成放射性的人为污染源主要是核能工业排放的放射性废弃物，医用及工农业用放射源，以及核武器生产及试验所排放出来的废弃物和飘尘。目前，医用放射源占人为污染源的很大一部分，必须注意加以控制。放射性物质的污染波及空气、河流或海洋水域、土壤以及食品等，可通过各种途径进入人体，形成内照射源；医用放射源或工农业生产中应用的放射源还可使人体处于局部的或全身的外照射中。

2. 环境污染的特征

影响人体健康的环境污染物种类繁多，大致可分为三类：化学性因素、物理性因素及生物性因素。其中以化学性因素最为重要。当这些有害因素进入大气、水、土壤中，并且种类和数量超过了正常变动范围时，就可以对人体产生危害。

从影响人体健康的角度来看，环境污染一般具有以下一些特征：

（1）影响范围大　环境污染涉及的地区广、人口多，而且接触的污染对象，除从事工矿企业的健康的青壮年外，也包括老、弱、病、幼，甚至胎儿。

（2）作用时间长　接触者长时间不断地暴露在被污染的环境中，每天可达24h。

（3）污染情况复杂　污染物进入环境后，受到大气、水体等的稀释，一般浓度很低。

但由于环境中存在的污染物种类繁多，它们不但可通过生物或理化作用发生转化、代谢、降解和富集作用，从而改变其原有的性状和浓度，产生不同的危害作用，而且多种污染物同时作用于人体，往往产生复杂的联合作用。例如，有的产生相加作用，有的产生独立作用，也有的产生拮抗作用或协同作用。

（4）污染治理难　环境一旦被污染，要想恢复原状，不但费力大，代价高，而且难以奏效，甚至还有重新污染的可能。有些污染物，如重金属和难以降解的有机氯农药，污染土壤后，能在土壤中长期残留，短期内很难消除，处理起来十分困难。

3. 人体对环境致病因素的反应

人类环境的任何异常变化，都会不同程度地影响到人体的正常生理功能。但是人类具有调节自己的生理功能来适应不断变化着的环境能力。这种适应环境变化的正常生理调节功能，是人类在长期发展过程中形成的，如果环境的异常变化不超过一定限度，人体是可以适应的。如人体可以通过体温调节来适应环境中气象条件的变化；通过红细胞数和血红蛋白含量的增加，在一定程度上适应高山缺氧环境等。如果环境的异常变化超出人类正常生理调节的限度，则可能引起人体某些功能和结构发生异常，甚至造成病理性的变化。这种能使人体发生病理变化的环境因素，称为环境致病因素。

人类的疾病，多数是由生物的、物理的和化学的致病因素引起。造成环境污染的物质，如有毒气体、重金属、农药、化肥以及其他有机及无机的化合物，这些都是化学性因素；还有的是生物性因素，如细菌、病菌、虫卵等；也有的是物理性因素，如噪声和振动、放射性物质的辐射作用、冷却水造成的热污染等。这些因素和反应达到一定程度，都可以成为致病因素。在环境致病因素中，环境污染又占最重要的位置。

疾病是机体在致病因素作用下，功能、代谢及形态上发生病理变化的一个过程，这些变化达到一定程度才表现出疾病的特殊临床症状和体征。人体对致病因素引起的功能损害有一定的代偿能力，在疾病发展过程中，有些变化是属于代偿性的，有些变化则属于损伤，二者同时存在。当代偿过程相对较强时，机体还可能保持着相对的稳定，暂不出现疾病的临床症状，这时如果致病因素停止作用，机体便向恢复健康的方向发展。但代偿能力是有限度的，如果致病因素继续作用，代偿功能逐渐发生障碍，机体则以病理变化的形式反应，从而表现出各种疾病所特有的临床症状和体征。

疾病的发生发展一般可分为潜伏期（无临床表现）、前驱期（有轻微的一般不适）、临床症状明显期（出现某疾病的典型症状）、转归期（恢复健康或恶化死亡）。在急性中毒的情况下，疾病的前两期可以很短，会很快出现明显的临床症状和体征。在致病因素（如某些化学物质）的微量长期作用下，疾病的前两期可以相当长，病人没有明显的临床症状和体征，看上去是“健康”的。但是在效病因素继续作用下终将出现明显的临床症状和体征；而且这种人对其他致病因素（如细菌、病毒等）的抵抗能力减弱，其实这种人是处于潜伏期或处于代偿状态。因此从预防医学的观点来看，不能以人体是否出现疾病的临床症状和体征来评价有无环境污染及其严重程度，而应当观察多种环境因素对人体正常生理及生化功能的作用，及早地发现临床前期的变化。所以，在评价环境污染对人体健康的影响时，必须从以下几个方面来考虑：① 是否引起急性中毒；② 是否引起慢性中毒；③ 有无致癌、致畸及致突变作用；④ 是否引起寿命的缩短；⑤ 是否引起生理、生化的变化。

4．环境化学污染物在人体内的转归

（1）毒物的侵入和吸收　毒物主要经呼吸道和消化道侵入人体，也可经皮肤或其他途径侵入。空气中的气态毒物或悬浮的颗粒物，可经呼吸道进入人体。水和土壤中的有毒物质，主要是通过饮用水和食物经消化道被人体吸收；整个消化道都有吸收作用，但以小肠更为重要。

（2）毒物的分布和蓄积　毒物经上述途径吸收后，由血液分布到人体各组织，不同的毒物在人体各组织的分布情况不同。毒物长期隐藏在组织内，其量又可逐渐积累，这种现象叫作蓄积。如铅蓄积在骨内，DDT蓄积在脂肪组织内。蓄积在某些情况下（如毒物蓄积部位不同）具有某种保护作用，但同时仍是一种潜在的危险。

（3）毒物的生物转化　除很少一部分水溶性强、分子量极小的毒物可以原形被排出人体外，绝大部分毒物都要经过某些酶的代谢（或转化），从而改变其毒性。毒物在体内的这种代谢转化过程，叫生物转化作用。肝脏、肾脏、胃肠等器官对各种毒物都有生物转化功能，其中以肝脏最为重要。

（4）毒物的排泄　毒物的排泄途径主要经过肾脏、消化道和呼吸道，少量可随汗液、乳汁、唾液等各种分泌液排出，也有的在皮肤的新陈代谢过程中到达毛发而离开机体。能够通过胎盘进入胎儿血液的毒物，可以影响胎儿的发育和产生先天性中毒及畸胎。毒物在排出过程中，可在排出的器官造成继发性损害，成为中毒表现的一部分。

机体除了通过上述蓄积、代谢和排泄的三种方式来改变毒物的毒性外，还有一系列的适应和耐受机制。一般说来，机体对毒物的反应，大致有四个阶段：机能失调的初期阶段；生理性适应阶段；有代偿机能的亚临床变化阶段；丧失代偿机能的病态阶段。

5．环境污染物对人体作用的影响因素

环境污染对人体的危害性质和程度，主要取决于以下一些因素：

（1）剂量　环境污染物能否对人体产生危害及其危害的程度，主要取决于污染物进入人体的剂量。以化学性污染为例，剂量和反应的关系有两种情况：第一种是人体非必需元素，由环境污染而进入人体的剂量达到一定程度，即可引起异常反应，甚至进一步发展成疾病。对于这一类元素主要是研究制订其最高允许限量的问题。第二种是人体必需的元素。一方面，当环境中这种必需元素的含量过少，不能满足人体的生理需要时，会使人体的某些功能发生障碍，形成一系列病理变化；另一方面，如果由于某种原因，使环境中这类元素的含量增加过多，也会作用于人体，引起程度不同的中毒性病变。因此，对这类元素不仅要研究环境中最高允许浓度，而且还要研究最低供应量的问题。

（2）作用时间　很多环境污染物具有蓄积性，只有在体内蓄积达到中毒阈值时，才会产生危害。因此随着作用时间的延长，毒物的蓄积量将加大。污染物在体内的蓄积是受摄入量、污染物的生物半衰期（即污染物在生物体内浓度减低一半所需的时间）和作用时间三个因素影响的。

（3）多种因素的联合作用　环境污染物常常不是单一的，而是经常与其他物理、化学因素同时作用于人体的，因此必须考虑这些因素的联合作用和综合影响。

（4）个体敏感性　人的健康状况、生理状态、遗传因素等，均可影响人体对环境异常变化的反应强度和性质。

（二）环境污染对人体健康的危害

环境污染对人体健康的危害，是一个十分复杂的问题。现就近几十年来，由于环境污染造成的对人体的急性、慢性和远期危害，分述如下：

1．急性危害

当人体一旦接触污染物时，就发生急性或亚急性中毒。例如大气污染引起的急性烟雾事件，多汽车城市的光化学烟雾事件，以及表1－2所示的突发性严重污染事件。

2．慢性危害

（1）大气污染对呼吸道慢性炎症发病率的影响　大气污染物对呼吸系统的影响，不仅使上呼吸道慢性炎症的发病率升高，同时还由于呼吸系统持续不断地受到飘尘、SO_2、NO_2等污染物刺激腐蚀，使呼吸道和肺部的各种防御功能相继遭到破坏，抵抗力逐渐下降，从而提高了对感染的敏感性。

（2）水体和土壤污染对人体造成的慢性危害

① 汞对人体的危害：1956年发生在日本熊本县水俣湾地区的汞中毒事件，也称水俣病，这是一种中枢神经受损害的中毒症。重症临床表现为口唇周围和肢端呈现出神经麻木（感觉消失）、中心性视野狭窄、听觉和语言受障碍、运动失调。这种病是生产乙醛的化工厂，用硫酸汞作催化剂（每生产1t乙醛，需用1kg硫酸汞），副产品甲基汞随废水排入水俣湾海域。甲基汞在水中被鱼类吸入体内，通过食物链使大量吃这种含甲基汞鱼的居民即可患此病。病情的轻重取决于摄入的甲基汞剂量。

② 铬对人体的慢性危害：我国某地区的铁合金厂，因排出含铬废水而污染附近的地下水，使有的井水含铬量最高超过我国生活饮用水卫生标准达400倍。该厂附近的居民，由于长期饮用被铬污染的井水，发生口角糜烂、腹泻、腹痛和消化道机能紊乱等病症。

③ 铅污染对人体的危害：在采矿、冶炼、铅制品制造使用过程中，铅随着废气、废水、废渣排入环境而造成大气、土壤、蔬菜等污染；此外，汽车尾气的排放，也是铅污染的原因之一（汽车用含四乙基铅的汽油作燃料）。铅不是人体必需的元素，是对健康有害的金属。被铅污染了的大气、蔬菜等食物，经呼吸道或口腔侵入体内，再由血液输送到脑、骨骼及骨髓等各个器官。铅损害骨髓造血系统，能引起贫血。铅对神经系统也将造成损害。铅能引起末梢神经炎，出现运动和感觉异常。常见有伸肌麻痹。幼儿大脑受铅的损害，比成年人敏感得多。儿童经常吸入或摄入低浓度的铅，能影响儿童智力发育和产生行为异常。铅还可透过母体的胎盘，侵入胎儿脑组织，危害后代。

此外，环境污染引起的慢性危害，还有镉中毒、砷中毒等。

3．远期危害

所谓远期危害是指这种危害作用不是在短期表现出来的（如癌症的潜伏期一般在15年以上），甚至有的不是在当代表现出来（如遗传变异）。这就是通常所说的“三致”问题，即致癌、致突变、致畸。

（1）致癌作用　据一些研究资料分析，人类癌症由病毒等生物因素引起的不超过5%；由放射线等物理因素引起的也在5%以下；由化学物质引起的约占90%。经实验室研究确定致癌的化学物质有221种。有些是药物，例如：氯霉素、已烯雌酚、环磷酰胺、4－双氯乙胺－L－苯丙胺酸、睾丸甾酮、非那西丁等。有些是由于经常的职业接触的化学物质，例如：联苯胺、苯、双氯甲醚、异丙油、芥子气、镍、氯乙烯、铬（铬酸盐工业）、氧化镉等。经常随着工业污染物进入城乡居住环境的致癌物有石棉、砷化合物、煤烟等。

① 砷化物：砷矿开采和冶炼或经常使用含砷农药，会使砷化物通过废气、废水、废渣排入环境，污染空气、水、土壤以及食物，通过呼吸、饮食或皮肤侵入体内。长期饮用被砷污染的水，可使皮肤发黑，手掌、足底皮肤角化，皮肤癌、肝癌等发病率升高。

② 石棉：石棉纤维（以温石棉为重要）呈结晶状，有锐利的尖刺。进入人体内，能刺入肺泡或胸、腹膜，使膜纤维化、并逐渐变厚，形成间皮瘤或癌，这是石棉致癌的特点。

③ 煤烟：煤烟的煤焦油中含有苯并（a）芘，已经证明是致癌物质。迄今又从煤烟和焦油中提取的多环芳烃有苯并（a）蒽、二苯并（a，h）蒽、二苯并（a，e）芘、茚并芘等20多种，这些物质属间接致癌物，必须经体内转化才具有致癌活性。

（2）致突变作用　能引起生物体细胞的遗传信息和遗传物质发生突然改变的作用，称为致突变作用。致突变作用引起变化的遗传信息或遗传物质，能够在细胞分裂繁殖过程中，传递给子细胞，使其具有新的遗传特性。具有致突变作用的物质称为致突变物。

突变本是生物界的一种自然现象，是生物进化的基础。然而对大多数生物个体来说，则往往是有害的。如果哺乳动物的生殖细胞发生突变，可能影响妊娠过程，导致不孕或胚胎早死等；如果体细胞发生突变，则可能是形成癌肿的基础；环境污染物中的致突变物，有的可通过母体的胎盘作用于胚胎，也会引起胎儿畸形或行为异常。由此可见，环境污染物中的致突变物，作用于机体时，即认为是一种毒性的表现。

生物细胞内的遗传物质主要是染色体，它是一种复杂的核蛋白结构，主要成分是脱氧核糖核酸（DNA）与核糖核酸（RNA）。染色体上排列着成千上万个基因，即在染色体上占有一定位置的遗传单位。污染物中的致突变物进入人体，在一定条件下可能改变DNA上由4个碱基（C、G、T、A）中任意3个所组成的“遗传密码”，导致遗传变异，不但可使个人的遗传基因发生不良变化，而且可能导致人类社会“基因库”的不良变化，造成人类社会整体素质的下降。

（3）致畸作用　致畸因素有物理、化学和生物学因素。物理因素如放射性物质，可引起眼白内障，小头症等畸形（日本广岛、长崎原子弹爆炸区调查资料证实）。现已证实，生物学因素对母体怀孕早期感染的风疹等病毒，能引起胎儿畸形等。化学因素是近30年来研究比较多的。已经查明，有些污染物对人有致畸作用，如甲基汞能引起胎儿性水俣病，多氯联苯（PCB）能引起皮肤色素沉着的“油症儿”等。此外，农药由于种类多，使用量大，在使用过程中对环境的污染和食物上的残留问题都较大，且多具有胚胎毒性，因此，国内外对农药致畸作用的研究也较多。动物实验证明致畸作用的农药有敌枯双、螟岭畏、有机磷杀菌丹、灭菌丹、敌菌丹、五氯酚钠等。

三、环境保护

环境保护工作主要包括自然保护与环境污染防治两个方面，这是两个既不相同又密切相关的领域。本书主要介绍环境污染防治。

（一）环境管理概述

环境管理的目的是达到既要发展经济满足人类的基本需要，又不超出环境的容许极限。环境管理包含着下列三层意思。

（1）对损害环境质量的人的活动施加影响　这层意思可理解为利用法律、经济、行政和教育等手段，控制人类的排污活动以及合理开发利用资源。

（2）协调发展与环境的关系　环境管理是通过全面规划，协调发展与环境的关系；运用法律、经济、技术、行政和教育等手段，限制或禁止人类损害环境质量的活动，达到既要发展经济，又不超出环境的容许极限。

（3）环境管理的主要对象是人　环境管理运用各种手段就是促使人类调整自己的经济活动和社会行为，实现经济与环境协调发展。

1. 环境管理的内容

环境管理的内容可以从管理的范围和管理的性质方面来划分。

从环境管理的范围来划分：

（1）资源环境管理　主要是自然资源的保护，包括不可更新资源的节约利用和可更新资源的恢复和扩大再生产。为此要选择最佳方法使用资源，尽力采用对环境危害最小的发展技术，同时根据自然资源、社会、经济的具体情况，建立一个新的社会、经济、生态系统。

（2）区域环境管理　区域环境管理主要是协调区域社会经济发展目标与环境目标，进行环境影响预测，制订区域环境规划等。包括整个国土的环境管理，经济协作区和省、市、自治区的环境管理，城市环境管理以及水域环境管理等。

（3）部门环境管理　部门环境管理包括能源环境管理、工业环境管理、农业环境管理、交通运输环境管理、商业和医疗等部门的环境管理以及各行业、企业的环境管理等。

从环境管理的性质来划分：

（1）环境计划管理　环境计划管理首先要制定好各部门、各行业、各区域的环境保护规划，使之成为社会经济发展规划的有机组成部分，然后用环境保护规划指导环境保护工作，并根据实际情况检查和调整环境规划。通过计划协调发展与保护环境的关系，对环境保护加强计划指导是环境管理的重要内容。

（2）环境质量管理　环境质量管理是为了保护人类生存与健康所必需的环境质量而进行的各项管理工作。主要是组织制定各种环境质量标准、各类污染物排放标准、评价标准及其监测方法、评价方法，组织调查、监测、评价环境质量状况以及预测环境质量变化的趋势，并制定防治环境质量恶化的对策措施。

（3）环境技术管理　环境技术管理主要是制定防治环境污染和环境破坏的技术方针、政策和技术路线，制定与环境相关的适宜的技术标准和规范，确定环境科学技术发展方向，组织环境保护的技术咨询和情报服务，组织国内和国际的环境科学技术协调和交流等，并对技术发展方向、技术路线、生产工艺和污染防治技术进行环境经济评价，以协调技术经济发展与环境保护的关系，使科学技术的发展既能促进经济不断发展，又能保护好环境。

2. 环境管理的基本手段

（1）行政手段　行政手段主要指国家和地方各级行政管理机关，根据国家行政法规所赋予的组织和指挥权力，制定方针、政策，建立法规、颁布标准，进行监督协调，对环境资源保护工作实施行政决策和管理。主要包括环境管理部门定期或不定期地向同级政府机关报告本地区的环境保护工作情况，对贯彻国家有关环境保护方针、政策提出具体意见和建议；组织制定国家和地方的环境保护政策、工作计划和环境规划，并把这些计划和规划报请政府审批，使之具有行政法规效力；运用行政权力对某些区域采取特定措施，如划分自然保护区，重点污染防治区，环境保护特区等；对一些污染严重的工业、交通、企业要求限期治理，甚至勒令其关、停、并、转、迁；对易产生污染的工程设施和项目，采取行政制约的方法，如审批开发建设项目的环境影响评价书，审批新建、扩建、改建项目的“三同时”设计方案，发放与环境保护有关的各种许可证，审批有毒有害化学品的生产、进口和使用；管理珍稀动植物物种及其产品的出口、贸易事宜；对重点城市、地区、水域的防治工作给予必要的资金或技术帮助等。

（2）法律手段　法律手段是环境管理的一种强制性手段，依法管理环境是控制并消除污染，保障自然资源合理利用，维护生态平衡的重要措施。环境管理一方面要靠立法，把国家对环境保护的要求、做法，全部以法律形式固定下来，强制执行；另一方面还要靠执法。环境管理部门要协助和配合司法部门对违反环境保护法律的犯罪行为进行斗争，协助仲裁；按照环境法规、环境标准来处理环境污染和环境破坏问题，对严重污染和破坏环境的行为提起公诉，甚至追究法律责任；也可依据环境法规对危害人民健康、财产，污染和破坏环境的个人或单位给予批评、警告、罚款或责令赔偿损失等。

（3）经济手段　经济手段是指利用价值规律，运用价格、税收、信贷等经济杠杆，控制生产者在资源开发中的行为，以便限制损害环境的社会经济活动，奖励积极治理污染的单位，促进节约和合理利用资源，充分发挥价值规律在环境管理中的杠杆作用。其方法主要包括各级环境管理部门对积极防治环境污染而在经济上有困难的企业、事业单位发放环境保护补助资金；对排放污染物超过国家规定标准的单位，按照污染物的种类、数量和浓度征收排污费；对违反规定造成严重污染的单位和个人处以罚款；对排放污染物损害人群健康或造成财产损失的排污单位，责令对受害者赔偿损失；对积极开展“三废”综合利用、减少排污量的企业给予减免税和利润留成的奖励；推行开发、利用自然资源的征税制度等。

（4）技术手段　技术手段是指借助那些既能提高生产率，又能把对环境污染和生态破坏控制到最小限度的技术以及先进的污染治理技术等来达到保护环境目的的手段。运用技术手段，实现环境管理的科学化，包括制定环境质量标准；通过环境监测、环境统计方法，根据环境监测资料以及有关的其他资料对本地区、本部门、本行业污染状况进行调查；编写环境报告书和环境公报；组织开展环境影响评价工作；交流推广无污染、少污染的清洁生产工艺及先进治理技术；组织环境科研成果和环境科技情报的交流等。许多环境政策、法律、法规的制定和实施都涉及许多科学技术问题，所以环境问题解决得好坏，在很大程度上取决于科学技术。没有先进的科学技术，就不能及时发现环境问题，而且即使发现了，也难以控制。

（5）宣传教育手段　宣传教育是环境管理不可缺少的手段。环境宣传既是普及环境科学知识，又是一种思想动员。通过报刊、电影、电视、广播、展览、专题讲座、文艺演出等各种文化形式广泛宣传，使公众了解环境保护的重要意义和内容，提高全民族的环境意识，激发公民保护环境的热情和积极性，把保护环境、热爱大自然、保护大自然变成自觉行动，形成强大的社会舆论，从而制止浪费资源、破坏环境的行为。环境教育可以通过专业的环境教育培养各种环境保护的专门人才，提高环境保护人员的业务水平；还可以通过基础的和社会的环境教育提高社会公民的环境意识，来实现科学管理环境以及提倡社会监督的环境管理措施。例如，把环境教育纳入国家教育体系，从幼儿园、中小学抓起，加强基础教育，搞好成人教育以及对各高校非环境专业学生普及环境保护基础知识等。

3. 环境管理的基本职能

环境管理部门的基本职能，概括起来包括宏观指导、统筹规划、组织协调、监督检查、提供服务。

宏观指导指加强宏观指导的调控功能，环境管理部门宏观指导职能主要是政策指导、目标指导和计划指导。统筹规划的职能主要包括环境保护战略的制订、环境预测、环境保护综合规划和专项规划。组织协调包括环境保护法规方面的组织协调、环境保护政策方面的协调、环境保护规划方面的协调和环境科研方面的协调。监督检查的内容包括环境保护法律法规执行情况的监督检查、环境保护规划落实情况的检查、环境标准执行情况的监督检查、环境管理制度执行情况的监督检查。提供服务的内容有技术服务、信息咨询服务和市场服务。

（二）中国的环境管理

1. 环境保护是我国的一项基本国策

在1983年12月召开的全国第二次环境保护会议上，把环境保护确定为中国的一项基本国策，这说明了我国政府对环境保护事业的高度重视。这项基本国策是指导我国环境保护工作的重大方针政策，推动了我国环境保护事业的发展。

2. 我国环境保护的基本方针

（1）环境保护的“三十二字”方针　在1973年第一次全国环境保护会议上正式确立了我国环境保护工作的基本方针：全面规划、合理布局、综合利用、化害为利、依靠群众、大家动手、保护环境、造福人民。

（2）“三同步、三统一”的方针　在1983年第二次全国环境保护会议上提出来的：经济建设、城乡建设和环境建设要同步规划、同步实施、同步发展，实现经济效益、社会效益和环境效益的统一。它是“三十二字”方针的重大发展，也是环境管理理论的新发展。

（3）环境与发展的十大对策　结合我国进一步改革开放的形势，为了适应经济制度转轨过程中强化环境管理的需要，国家批准出台了中国环境与发展的十大对策，这也是我国在新形势下进一步强化环境管理的十大对策。

① 实行持续发展战略。

② 采取有效措施，防治工业污染。

③ 开展城市环境综合整治，治理城市“四害”（即废气、废水、废渣和噪声）。

④ 提高能源利用效率，改善能源结构。

⑤ 推广生态农业，坚持不懈地植树造林，切实加强生物多样性的保护。

⑥ 大力推进科技进步，加强环境科学研究，积极发展环保产业。

⑦ 运用经济手段保护环境。

⑧ 加强环境教育，不断提高全民族的环境意识。

⑨ 健全环境法规，强化环境管理。

⑩ 参照联合国环境与发展大会精神，制订我国行动计划。

3. 我国环境保护的基本政策

（1）预防为主　其主要内容是：把环境保护纳入国民经济与社会发展计划中，进行综合平衡；实行城市环境综合整治，把环境保护规划纳入城市总体发展规划，调整城市产业结构和工业布局，建立区域性“生产地域综合体”，实现资源的多次综合利用，改善城市能源结构，减少污染产生和排放总量；实行建设项目环境影响评价制度，避免产生新的重大环境问题；实行污染防治措施必须与主体工程同时设计、同时施工、同时投产的“三同时”制度。

（2）谁污染谁治理 其基本思想是治理污染、保护环境是生产者不可推卸的责任和义务，由于污染产生造成的损害以及治理污染所需要的费用，都必须由污染者承担和补偿，从而使“外部不经济性”内化到企业的生产中去。“谁污染谁治理”政策的主要内容包括：要求企业把污染防治与技术改造结合起来，技术改造资金要有适当比例用于环境保护措施；对工业污染实行限期治理；实施污染物排放许可证制度和征收排污费。

（3）强化环境管理 依据我国的国情，以强化环境管理为核心，以实现经济、社会与环境的协调发展战略为目的，走具有中国特色的环境保护道路。

4．我国现行的环境管理制度

（1）环境影响评价制度 环境影响评价是对拟建设项目、区域开发计划及国际政策实施后可能对环境造成的影响进行预测和评估。环境影响评价制度是我国规定的调整环境影响评价中所发生的社会关系的一系列法律规范的总和，它是环境影响评价的原则、程序、内容、权利义务以及管理措施的法定化。

（2）“三同时”制度 所谓“三同时”是指新建、扩建、改建项目和技术改造项目、自然开发项目，以及可能对环境造成损害的工程建设，其防治污染及其他公害的设施，必须与主体工程同时设计、同时施工、同时投产。

（3）排污收费制度 对于向环境排放污染物或者超过国家排放标准排放污染物的排污者，根据规定征收一定的费用。这项制度是运用经济手段有效地促进污染治理和新技术的发展，又能使污染者承担一定污染防治费用的法律制度。

（4）环境保护目标责任制 这项制度确定了一个区域、一个部门乃至一个单位环境保护的主要责任者和责任范围，运用目标化、定量化、制度化管理方法把贯彻执行环境保护这一基本国策作为各级领导的行动规范，推动环境保护工作全面、深入地发展。

（5）城市环境综合整治定量考核制度 运用系统工程的理论和方法，采取多功能、多目标、多层次的综合战略、手段和措施，对城市环境进行综合规划、综合管理、综合控制，以最小的投入，换取城市环境质量优化，做到“经济建设、城乡建设、环境建设同步规划、同步实施、同步发展”。

（6）排污许可证制度 是一项具有法律含义的行政管理制度，以污染物总量控制为基础，对排污的种类、数量、性质、去向、方式等的具体规定。我国首先推行的是水污染物排放许可证制度，近些年又推行了以硫氧化物和氮氧化物为主的大气污染物的排放许可证制度。

（7）污染集中控制制度 是指污染控制走集中与分散相结合，以集中控制为主的发展方向，以便充分发挥规模效应的作用。

（8）污染限期治理制度 在污染源调查、评价的基础上，以环境保护规划为依据，突出重点，分期分批地对污染危害严重、群众反映强烈的污染物、污染源、污染区域采取限定治理时间、治理内容及治理效果的强制性措施。

5．我国的环境管理体制

根据有关政策与法律的规定，在我国中央一级的环境管理机构实行统一监督和分工负责的组织原则，主要环境管理机构的职责分工如下：

（1）国务院环境保护委员会　国务院环境保护委员会是我国环境管理的最高领导机构和决策机构，是国务院环境保护工作中的议事和协调机构。国务院环境保护委员会是由国务院领导成员和有关部、委、局、直属机构及有关事业单位的领导成员组成。主任由国务院领导成员兼任，副主任和委员由委员会成员单位的部长、副部长或主要领导成员兼任。其具体工作由国家环境保护部承担。

（2）全国人大环境与资源保护委员会　全国人大环境与资源保护委员会是全国人大设立的专门委员会之一，受全国人民代表大会领导；在全国人民代表大会闭会期间，受全国人大常委会领导。其主要职责包括：负责拟定并提出有关环境与资源保护方面的法律草案；负责审议有关环境与资源保护的议案；协助全国人大常委会进行有关环境与资源保护方面的法律实施与监督等。

（3）国家环境保护部　环境保护部的发展沿革是：在1973年开始成立国务院环境保护领导小组办公室（简称国环办）属于国家级机构；1982年经过第一次机构改革，成立环境保护局，归属当时的城乡建设环境保护部；1988年国务院机构改革时从城乡建设环境保护部中独立出来更名为国家环境保护局，是国务院直属机构（副部级）；1998年升格为国家环境保护总局（正部级）。国家环保总局只是国务院的直属单位，而不是国务院的组成部门，尽管在行政级别上也是正部级单位，但在制定政策的权限，以及参与高层决策等方面，与作为国务院组成部门的部委有着很大不同。2008年根据第十一届全国人民代表大会第一次会议批准的国务院机构改革方案和《国务院关于机构设置的通知》，设立环境保护部，是国务院组成部门。环保部负责拟订并实施环境保护规划、政策和标准，组织编制环境功能区划，监督管理环境污染防治，协调解决重大环境保护问题，还有环境政策的制订和落实、法律的监督与执行、跨行政地区环境事务协调等任务。

（4）国务院其他部门的环境管理机构　根据国务院的规定或有关法律的授权，国务院其他部门的环境管理机构在其职权范围内分工负责本部门或与本部门有关的环境保护工作。在地方各级人民政府和人民代表大会设立的环境管理机构，其主要职责由地方政府或人大具体规定。一般来说，它们的职责分工与中央一级环境管理机构的职责分工相类似，但行使职权的范围限于行政管辖区域内。

（三）环境法规与标准

环境法通常包含两方面的法律规范：一是污染防治，二是自然环境与自然资源保护。因此，环境法可以概括为由国家制定或认可，并由国家强制执行的关于保护环境和自然资源、防治污染和其他公害的法律规范的总称。

1. 环境法体系

根据国内外环境立法现状，有关环境保护的法律规范主要包含以下几种类型，它们之间却存在着内在的联系，从而形成了环境法体系。

（1）宪法　宪法是国家的根本大法。宪法有关环境保护的规定是环境法的基础。包括我国在内的许多国家在宪法中都对环境保护作了原则性规定。例如，《中华人民共和国宪法》第26条规定："国家保护和改善生活环境和生态环境，防治污染和其他公害。"这一规定明确了国家的环境保护职责，为国家的环境保护活动和环境立法奠定了基础。

（2）环境保护基本法　美国的《国家环境政策法》、日本的《环境基本法》、中国的

《中华人民共和国环境保护法》等都是关于环境保护的综合性法律。这些法律通常对环境法的基本问题，如适用范围、组织机构、法律原则与制度等做出了原则规定。因此，它们居于基本法的地位，成为制定环境保护单行法的依据。

（3）环境保护单行法　环境保护单行法是针对特定的环境保护对象（如某种环境要素）或特定的人类活动（如基本建设项目）而制定的专项法律法规。这些专项法律法规通常以宪法和环境保护基本法为依据，是宪法和环境保护基本法的具体化。因此，环境保护单行法的有关规定一般都比较具体细致，是进行环境管理、处理环境纠纷的直接依据。在环境法体系中，环境保护单行法数量最多。在我国，环境保护单行法大体分为以下几个类型：土地利用规划法；污染防治法；自然保护法；环境管理行政法等。

（4）环境标准　环境标准一般包括环境质量标准、污染物排放标准、环境保护基础与方法标准等三大类。在环境法体系中，环境标准的重要性主要体现在，它为环境法的实施提供了数量化基础。

（5）其他法中关于环境保护的法律规定　如民法、刑法、经济法、行政法等部门法，通常也包含了一些有关环境保护的法律规范，它们也是环境法体系的重要组成部分。

2．环境标准

为防治环境污染和保护人群健康及生态平衡，世界各国根据各自实际情况制定了名目繁多、形式不一的环境标准。但按其性质主要为环境质量标准和污染物排放标准两大类。

（1）环境质量标准　环境质量标准是以保障人体健康和维护生态平衡为主要目标，而对环境中有害物质或因素所做的限度性规定。按环境要素的不同，有大气环境质量标准、水环境质量标准和土壤环境质量标准。

（2）污染物排放标准　污染物排放标准是为了实现以环境质量标准为目标，而对污染源排入环境的污染物或有害因素的排放量或排放浓度所做的限度规定。污染物排放标准是实现环境质量标准的必要手段，其作用在于直接控制污染源，从而达到防止环境污染的目的。污染物排放标准按污染物形态的不同，通常分为废气（气态污染物）排放标准、废水（液态污染物）排放标准和废渣（固态污染物）排放标准三种。

（四）环境质量评价

环境质量评价的类型，依区域来分则有城市环境质量评价、流域环境质量评价、风景游览区环境质量评价等；依环境要素来分，有大气质量评价，水体质量评价、土壤质量评价、生物圈质量评价、环境噪声评价等；依发展阶段来分，有环境质量回顾评价、环境质量现状评价、环境质量影响评价。

1．环境质量回顾评价

环境质量回顾评价也称事后评价，一般在环境污染发生以后进行。通过回顾评价调查污染危害的程度和原因，提出亡羊补牢的补救措施。这种回顾评价还可以揭示区域环境污染的发展变化过程，为今后的环境保护工作提供经验和教训。这种回顾评价，实际上就是根据历史资料和数据，对某地区过去一定时期的环境质量进行评价。

2．环境质量现状评价

环境质量现状评价是要阐明某区域当前环境污染的现状，为进行环境污染综合治理提出控制途径和防治方案。同时，通过这种评价，还可以明了过去已采取的环境工程措施技术的经济效果和效益。环境质量现状评价的程序可按图1－5进行。

3. 环境影响评价

环境影响评价也称事前评价或预断评价，一般是在新建、扩建、改建工程之前进行。环境影响评价是在事前对该工程将给环境或生态平衡可能造成的影响，进行充分调查研究，做出科学的预测，为制订防治对策和选用最优施工方案提供依据。

自1969年美国首先建立起环境影响评价制度以来，目前世界上有100多个国家和地区在开展环境影响评价工作。我国1979年9月颁布的《中华人民共和国环境保护法（试行）》中规定：一切企业、事业单位的选址、设计、建设和生产，都必须注意防止对环境的污染和破坏。在进行新建、改建和扩建工程中，必须提出环境影响的报告书，经环境保护部门和其他有关部门审查批准后才能进行设计。建立起了我国的环境影响评价制度。环境影响评价工作程序如图1－6所示。

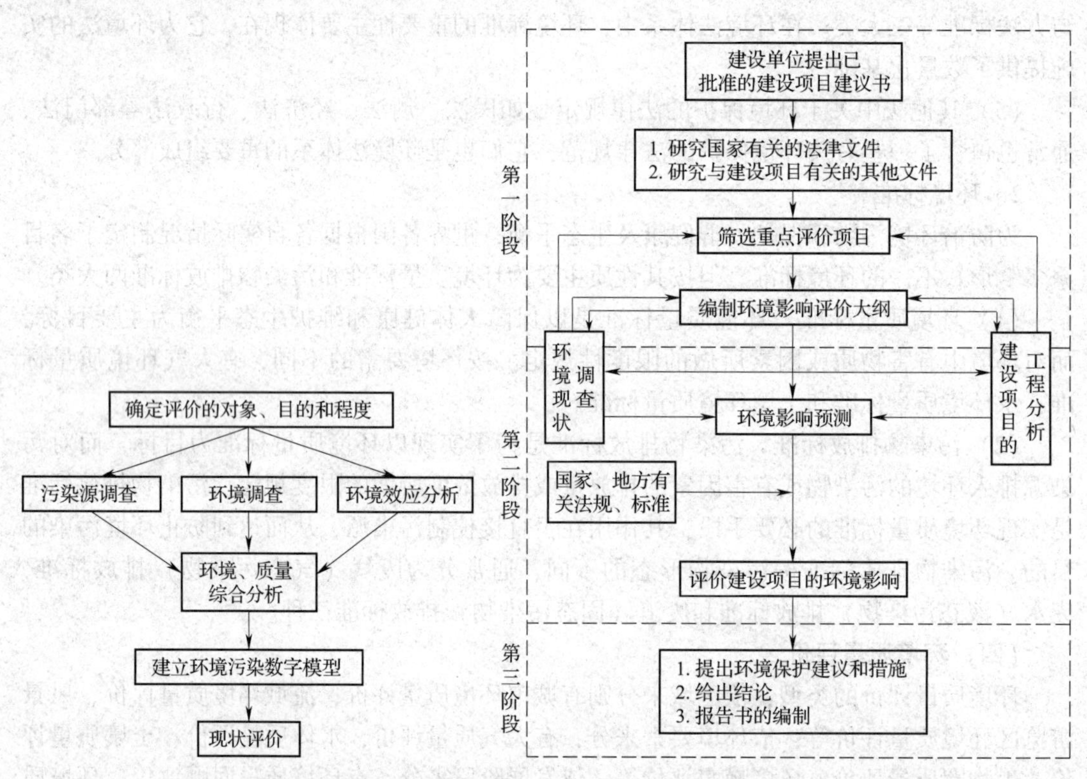

图1－5　环境质量现状评价的工作程序

图1－6　环境影响评价的工作程序

环境影响评价的类型有：

（1）单个建设项目的环境影响评价，诸如钢铁、化工、造纸、煤炭、电力、矿山、油田、航空、公路、铁路及建材等。不同建设项目的性质不同，其环境影响也不一样。

（2）区域开发的环境影响评价，包括新经济开发区、高新技术开发区、旅游开发区及老工业开发区等。其重点是论证区域内未来建设项目的布局、结构及时序，建立合理的产业结构及污染控制基础设施，以协调开发活动与保护区域环境的关系。

（3）战略环境影响评价是指对发展战略进行环境影响评价。发展战略是对未来发展目标的预期与谋划，该类评价侧重于比较不同发展战略间的环境后果，以选择环境影响小的，并具有显著社会经济效益的发展战略作为区域备选发展战略。

第三节 清洁生产与可持续发展

一、清洁生产的内涵

高消耗是造成工业污染严重的主要原因之一，也是工业生产经济效益低下的一个至关重要的因素。在工业生产过程中，原料、水、能源等的过量使用，导致产生更多的废弃物，它们以水、气、渣的形式排放环境，到了一定的程度就会造成对环境的污染。若是对废弃物进行末端处置，将要进行生产之外的投入，增加企业的生产成本。假如通过工业加工过程的转化，原料中的所有组分都能够变成我们需要的产品，那么就不会有废物排出，也就达到了原材料利用率的最佳化，达到经济效益和环境效益统一的目的。从生产工艺的观点来看，原料、能源、工艺技术、运行管理是对特定生产过程的投入，它是影响和决定这一特定过程产品和工业废物产出的要素，改变过程的投入，可以影响和改变产出，即产品和工业废弃物的收率、组成、数量和质量，从而减少废弃物的产生量。

1．清洁生产的定义

为了保证在获得最大经济效益的同时使工业的工艺生产过程、产品的消费、使用以及处理对社会、生态环境产生最小的影响，1989 年联合国环境署率先提出“清洁生产”，也被称为“无废工艺”“废物减量化”“污染预防”，得到国际社会普遍响应，是环境保护战略由被动转向主动的新潮流。《中国 21 世纪议程》对清洁生产的定义表述如下：清洁生产是指既可满足人们的需要又可合理使用自然资源和能源并保护环境的实用生产方法和措施，其实质是一种物料和能耗最少的人类生产活动的规划和管理，将废物减量化、资源化和无害化，或消灭于生产过程之中。同时对人体和环境无害的绿色产品的生产也将随着可持续发展进程的深入而日益成为今后生产的主导方向。

清洁生产是时代的要求，是世界工业发展的一种大趋势，概括地说就是：低消耗、低污染、高产出，是实现经济效益、社会效益与环境效益相统一的工业生产的基本模式。

清洁生产主要体现在以下几个方面。

（1）尽量使用低污染、无污染的原料，替代有毒有害的原材料。

（2）采用清洁高效的生产工艺，使物料能源高效益地转化成产品，减少有害于环境的废物量。对生产过程中排放的废物实行再利用，做到变废为宝、化害为利。

（3）向社会提供清洁的产品，这种产品从原材料提炼到产品最终处置的整个生命周期中，要求对人体和环境不产生污染危害或将有害影响减少到最低限度。

（4）在商品使用寿命终结后，能够便于回收利用，不对环境造成污染或潜在威胁。

（5）完善的企业管理，在保障清洁生产的规章制度和操作规程，并监督其实施。同时，建设一个整洁、优美的厂容厂貌。

（6）要求将环境因素纳入设计和所提供的服务中。

2．清洁生产的内容

清洁生产包括以下四方面内容：

（1）清洁能源　包括新能源开发、可再生能源利用、现有能源的清洁利用以及对常规能源（如煤）采取清洁利用的方法，如城市煤气化、乡村沼气利用、各种节能技术等。

（2）清洁原料　少用或不用有毒有害及稀缺原料。

（3）清洁的生产过程　生产中产出无毒、无害的中间产品，减少副产品，选用少废、无废工艺和高效设备，减少生产过程中的危险因素（如高温、高压、易燃、易爆、强噪声、强振动声），合理安排生产进度，培养高素质人才，物料实行再循环，使用简便可靠的操作和控制方法，完善管理等，树立良好的企业形象。

（4）清洁的产品　节能、节约原料，产品在使用中、使用后不危害人体健康和生态环境，产品包装合理，易于回收、复用、再生、处置和降解。使用寿命和使用功能合理。

3．清洁生产的特点

执行清洁生产是现代科技和生产力发展的必然结果，是从资源和环境保护角度上要求工业企业采用的一种新的现代化管理的手段，其特点有如下四点：

（1）清洁生产是一项系统工程　推行清洁生产需企业建立一个预防污染、保护资源所必需的组织机构，要明确职责并进行科学的规划，制定发展战略、政策、法规。是包括产品设计、能源与原材料的更新与替代、开发少废无废清洁工艺、排放污染物处置及物料循环等的一项复杂系统工程。

（2）重在预防和有效性　清洁生产是对产品生产过程产生的污染进行综合预防，以预防为主，通过污染物产生源的削减和回收利用，使废物减至最少，以有效地防止污染的产生。

（3）经济性良好　在技术可靠前提下执行清洁生产、预防污染的方案，进行社会、经济、环境效益分析，使生产体系运行最优化，即产品具备最佳的质量价格。

（4）与企业发展相适应　清洁生产结合企业产品特点和工艺生产要求，使其目标符合企业生产经营发展的需要。环境保护工作要考虑不同经济发展阶段的要求和企业经济的支撑能力，这样清洁生产不仅推进企业生产的发展而且保护了生态环境和自然资源。

二、实施清洁生产的途径

清洁生产是一个系统工程，是对生产全过程以及产品的整个生命周期采取污染预防的综合措施。工业生产过程千差万别，生产工艺繁简不一，因此应该从各行业的特点出发，促进清洁生产的实施。实施清洁生产主要途径有如下几种。

1．资源的综合利用

资源的综合利用是推行清洁生产的首要方向。如果原料中所有组分通过工业加工过程的转化都能变成产品，这就实现了清洁生产的主要目标。应该指出的是，这里所说的综合利用，有别于所谓的“三废的综合利用”，这里是指并未转化为废料的物料，通过综合利用，就可以消除废料的产生、资源的综合利用也包括资源节约利用的含义，物尽其用意味着没有浪费。资源综合利用，不但可增加产品的生产，同时也可减少原料费用，降低工业污染及其处置费用，提高工业生产的经济效益，是全过程控制的关键。

资源综合利用的前提是资源的综合勘探、综合评价和综合开发。对原料的每个组分列出清单，明确目前有用和将来有用的组分，制定利用的方案。对于目前有用的组分考察它们的利用效益；对于目前无用的组分，应将其列入科技开发的计划，以期尽早找到合适的用途。在原料的利用过程中应对每一个组分都建立物料平衡，掌握它们在生产过程中的流向。

实现资源的综合利用，需要实行跨部门、跨行业的协作开发，一种可取的形式是建立原料开发区，组织以原料为中心的利用体系，按生态学原理，规划各种配套的工业，形成生产链，使在区域范围内实现原料的“吃光榨尽”。

综合利用的一个新发展，是将工业生产过程中的能量和物质转化过程结合起来考虑，使生产过程的动力技术过程和各种工艺过程结合成一个一体化的动力——工艺过程。该过程主要有两个发展方向：一是提高电站或工业动力装置所用燃料的利用效率，使燃料的有机组分和无机组分都能得到充分利用；二是在重要工业产品的生产过程中，充分利用反应放出的热量、高温物流和高压气体所载带的能量，以降低能耗，甚至维持系统的能量自给。

2. 改革工艺和设备

(1) 简化流程　减少工序和设备是削减污染排放的有效措施。

(2) 变间歇操作为连续操作　这样可减少开车、停车的次数，保持生产过程的稳定状态，从而提高成品率，减少废料量。

(3) 装置大型化　提高单套设备的生产能力，不但可强化生产过程，还可减低物耗和能耗。

(4) 适当改变工艺条件　必要的预处理或适当工序调整，往往也能收到减废的效果。

(5) 改变原料　原料是不同工艺方案的出发点，原料改变往往引起整个工艺路线的改变。可采取的措施有：① 利用可再生原料，诸如农业废弃物、人工建造速生林等；② 改变原料配方，革除其中有毒有害物质的组分或辅料；③ 保证原料质量，采用精料；④ 对原料进行适当预处理；⑤ 利用废料作为原料，例如利用废纸再生造纸。

(6) 配备自动控制装置　实现过程的优化控制。

(7) 换用高效设备　改善设备布局和管线。例如，顺流设备改为逆流设备；优选设备材料，提高可靠性、耐用性；提高设备的密闭性，减少泄漏；设备的结构，安装和布置更便于维修；采用节能的泵、风机、搅拌装置。

(8) 开发利用最新科技成果的全新工艺　例如，生化技术，高效催化技术，电化学有机合成，膜分离技术，光化学过程和等离子化学过程等。

3. 组织厂内的物料循环

“组织厂内物料循环”被美国环保局作为与“源削减”并列的实现废料排放最少化的两大基本方向之一。在这里强调的是企业层次上的物料再循环。实际上，物料再循环作为宏观仿生的一个重要内容，可以在不同的层次上进行，如工序、流程、车间、企业乃至地区，考虑再循环的范围越大，则实现的机会越多。

厂内物料再循环可分为如下几种情况：

（1）将流失的物料回收后作为原料返回原工序中。例如，造纸废水中回收纸浆；印染废水中回收染料；收集跑、冒、滴、漏的物料等。

（2）将生产过程中生成的废料经过适当处理后作为原料或原料替代物返回原生产流程中。

（3）将生产过程中生成的废料经过适当的处理后作为原料返用于本厂其他生产过程中。例如，某一生产过程中产出的废水经过适当的处理后，可用于本厂另一生产过程。

在厂内物料再循环中，应特别强调生产过程中气和水的再循环，以减少废气和废水的排放。废气一般体积流量大，无法存放，而净化处理的能耗大、费用高。因此，在流程中应考虑废气的复用，尽量用废气代替新鲜空气。水在工业生产中占有特别重要的地位，它可以是生产中的一种原料，也可以作为原料有用组分或杂质的浸出溶剂，或是作为反应的介质。此外，大量的水还作为冷却剂、水力输送的介质和动力系统的组成部分。通过建立闭路用水循环，实现无废水排放，不但可以消除工业废水的污染，减少新鲜水的用量，还能大大节省净水的费用。目前，几乎所有的工业部门中，都有了闭路用水循环的实例。

4. 加强管理

在企业管理中要突出清洁生产的目标，从着重于末端处理向全过程控制倾斜，使环境管理落实到企业中的各个层次，分解到生产过程的各个环节，贯穿于企业的全部经济活动之中，与企业的计划管理、生产管理、财务管理、建设管理等专业管理紧密结合起来。

近年来，对于企业的环境管理又有了新的发展，国际标准化组织推出了 ISO 14000 系列标准，要求建立系统化、程序化、文件化的环境管理体系并通过审核和论证。

5. 改革产品体系

在当前科学技术迅猛发展的形势下，产品的更新换代速度越来越快，新产品不断问世。人们开始认识到，工业污染不但发生在生产产品的过程中，也会发生在产品的使用过程中，有些产品使用后废弃、分散在环境之中，也会造成始料未及的危害。例如，低效率的工业锅炉，在使用过程中不但浪费燃料，还排出大量的烟尘，本身就是一个污染源。不少电器产品用作绝缘材料的多氯联苯，虽然具有优良的电器性能，但是属于强致癌物质，对人体健康会造成严重的威胁。作为冷冻剂、喷雾剂和清洗剂的氟氯烃是破坏臭氧层的主要人造物质之一，已被“蒙特利尔协定书”所限制生产和限期禁用。

6. 必要的末端处理

在推行清洁生产所进行的全过程控制中同样包括必要的末端处理。清洁生产本身是一个相对的概念，一个理想的模式，在目前的技术水平和经济发展水平条件下，实现完全彻底的无废生产，还是比较罕见的，废料的产生和排放有时还难以避免。因此，还需要对它们进行必要的处理和处置，使其对环境的危害降至最低。此处的末端处理与传统概念中的末端处理相比具有以下一些区别：

（1）末端处理只是一种采取其他预防措施之后的最后把关措施，而不应像以往那样处于实际上优先考虑地位。

(2) 厂内的末端处理可作为送往厂外集中处理的预处理措施。例如工业废水经预处理后送往污水处理厂，废渣送往集中的废料填埋场等。在这种情况下，厂内末端处理的目标不再是达标排放，而只需要处理到集中处理设施可以接纳的程度。

(3) 末端处理应重视从废物中回收有用的组分。如焚烧废渣回收热量，有机废水通过厌氧发酵，使其中的有机质转化成甲烷等。在很多情况下有机废水经过厌氧生物处理后，即可直接排往城市污水处理厂进行集中处理，从而可以省却厂内的好氧生物处理。即使仍然保留原来的好氧生物处理装置，也因污染负荷大大降低而可以减少运行费用。

(4) 末端处理并不排斥继续开展推行清洁生产的活动，以期逐步缩小末端处理的规模，乃至最终以全过程控制措施完全代替末端处理。现阶段“必要的”末端处理，并不是一成不变的，随着技术水平和管理水平的提高，有可能变成“不必要”而革除。

7. 组织区域内的清洁生产

创建清洁生产的基本原理是按生态原则组织生产，实现物料的闭合循环。所谓按生态原则组织生产，就是地域性地将各个专业化生产（群落）有机地联合成一个综合生产体系（生态系统）。针对当地的资源条件，联合不是同一类型的，而是性质上不同类型的各种生产，使整个系统对原料和能量的利用达到很高的效率。

由于工业生产有明显的层次性，所以在不同层次上都有可能实现物料的闭合循环。一般希望在尽量低的层次上完成闭合，这样物料的运输路程缩短，额外的处理要求低，经济代价小。但是为了达到综合利用原料的目的，往往需要跨行业、跨地区的共同协作。随着层次的提高，物料闭合的可能性也相应扩大。在地区范围内削减和消除废料是实现清洁生产的重要途径之一。为此，可采取如下的具体措施：

(1) 围绕优势资源的开发利用，实现生产力的科学配置，组织工业链，建立优化的产业结构体系。

(2) 从当地自然条件及环境出发进行科学的区划，根据产业特点及物料的流向合理布局。

(3) 统一考虑区域的能源供应，开发和利用清洁能源。

(4) 建立供水、用水、排水、净化的一体化管理体制，进行城市污水集中处理并组织回用。

(5) 组织跨行业的厂外物料循环，特别是大吨位固体废料的二次资源化。

(6) 生活垃圾的有效管理和利用。

(7) 合理利用环境容量，以环境条件作为经济发展的一个制约因素，控制发展速度和规模。

(8) 建立区域环境质量监测和管理系统，重大事故应急处理系统。

(9) 组织清洁生产的科技开发和装备供应。

三、制浆造纸行业清洁生产概况

和造纸技术不同，我国造纸行业的清洁生产在发展中国家始终保持在前列，和发达国家基本同步，而且正在走向规范化，这是十分值得骄傲的。

1994年国家环保局启动了我国造纸企业的清洁生产行动，有6家造纸企业作为第一批清洁生产审核示范试点，并开展一系列的活动相配合。1996年8月至1997年4月，为了配合淮河流域治理，我国第二批造纸企业清洁生产审计示范在淮河流域的河南、安徽的9个试点企业开展。1998年初至1999年3月开始了我国第三批造纸企业清洁生产审核试点。此外由国家经贸委牵头的中国—加拿大清洁生产合作项目也在1996年至2000年选择了7家造纸企业进行清洁生产审核试点。三批造纸企业清洁生产审核试点，为全面开展造纸行业清洁生产做好了宣传、理论的实践、人员培训等系列准备工作，具有决定性的推动意义。许多企业纷纷主动实施清洁生产工艺、技术或主动要求进行清洁生产审核，同时各级地方政府也在环境管理中切实做到了从末端排放管理转变到生产过程的管理。

在20世纪90年代中我国清洁生产实施的主要特点是清洁生产审核、清洁生产技术和清洁生产政策（包括政府的推动）的研究和实践。进入21世纪，随着知识经济、经济全球化的快速发展，清洁生产也具有市场化操作的需求。截至目前，国家发展改革委在全国已发布30项工业行业清洁生产评价指标体系，用于评价工业行业企业的清洁生产水平，作为创建清洁生产先进企业的主要依据，并为企业推行清洁生产提供技术指导。根据《中华人民共和国清洁生产促进法》的要求，国家发展和改革委员会2006年12月1日发布2006年第87号公告，制定了《制浆造纸行业清洁生产评价指标体系（试行）》。该评价指标体系适用于制浆造纸行业，包括木浆、非木浆、废纸浆等制浆企业，新闻纸、印刷书写纸、生活用纸、涂布纸、包装纸及纸板等造纸企业及浆纸联合企业。该评价指标体系依据综合评价所得分值将企业生产划分为两级，即代表先进水平的“清洁生产先进企业”和代表国内一般水平的“清洁生产企业”。随着技术的不断进步和发展，该指标体系每3~5年修订一次。

环境保护部（前国家环保总局）在造纸工业方面也开展了大量的清洁生产工作：

（1）在全国范围内启动了清洁生产审计机构的试点工作。编制造纸行业清洁生产审计指南和行业清洁生产技术要求，诸如：《HJ/T 317—2006 清洁生产标准造纸工业（漂白碱法蔗渣浆生产工艺）》《HJ/T 339—2007 清洁生产标准造纸工业（漂白化学烧碱法麦草浆生产工艺）》《HJ/T 340—2007 清洁生产标准造纸工业（硫酸盐化学木浆生产工艺）》《HJ 468—2009 清洁生产标准造纸工业（废纸制浆）》；并规范清洁生产审核机构和程序。

（2）建立清洁生产公告制度，该制度是清洁生产市场化的最重要的形式。对通过规范的清洁生产审核，达到行业清洁生产要求（标准）的企业或组织，将由国家环保部向全国公告其为清洁生产组织，同时公告其资源消耗和排污信息。在行业内部树立典范，提高声誉，扩大影响，调动企业开展清洁生产的积极性。

（3）为保证企业长期稳定达标，提高企业环境绩效。清洁生产将从三个层次上推行：

第一个层次：已建成且效益欠佳、污染严重企业。对于这类企业，要大力推行清洁生产审计，重点是培养企业清洁生产意识，帮助企业发现和实施无/低费方案。为这类企业在加强管理、积累资金、提高资源利用率、减少污染物排放等方面的发展奠定基础。

第二个层次：新建、扩建、改建或效益较好的企业。此类企业的环境污染相当一部分为结构性污染，工作重点是大力推行清洁生产技术，在严格环境标准的同时，结合现行的环境管理制度，采用中/高费清洁生产审计方案。推动企业产业、产品升级，技术含量提升。

第三个层次：区域清洁生产。重点是积极推动生态工业园区的建设，根据区域性环境污染综合治理的需要，把园区结构性污染和产业结构调整结合起来；把治理粗放型发展模式产生的大量污染和帮助企业采用高新技术结合起来；把控制小规模企业产生的大量污染和推动企业资产重组结合起来。

四、清洁生产与可持续发展

我国在1995年召开的“全国资源环境与经济发展研讨会”上将“可持续发展”定义为：可持续发展的根本点就是经济社会的发展与资源环境协调，其核心就是生态与经济相协调。

可持续发展理念有两个基本要求：一是资源永续利用；二是环境容量的承载能力。这两个基本要求是可持续发展的基础，它们支撑着生态环境的良性循环和人类社会的经济增长。可持续发展包括生态持续、经济持续和社会持续，它们之间相互关联而密不可分，因此孤立地追求经济持续必然导致经济崩溃；而孤立地追求生态持续也不能遏制全球环境的衰退。在三个“持续”中，生态持续是基础，经济持续是条件，社会持续是目的。人类共同追求的应该是自然—经济—社会复合系统的持续、稳定与和谐的发展。

联合国1992年在巴西里约热内卢的“环境与发展大会”上通过的《里约热内卢环境与发展宣言》中，世界各国首次共同提出，人类应遵循可持续发展的方针，既符合当代人的要求，又不致损害后代人满足其需求能力的发展。

1. 可持续发展的宗旨

（1）可持续发展追求公平性　应该承认在满足人类需求方面存在着很多不公平的因素，种族、地域、经济、文化、贫富……，可持续发展则强调各类人都应满足其争取美好生活愿望的公平权利，不仅在同代人中应坚持公平性，还要实现后代公平，要给世世代代以公平享用自然资源的权利。

（2）可持续发展强调可持续性　因为自然界的很多资源是有限的，而人类却持续不断地在地球上生存繁衍，可持续发展的核心就是要求人类经济和社会的发展不能超越环境与资源的承载力，只有不损害支持地球生命的自然系统（大气、水、土壤、生物），发展才有可能持续永久。

（3）可持续发展坚持共同性　地球是全人类的共同家园，可持续发展必须是全人类的共同行动。尽管世界各国还存在着发展水平、文化、历史的差异，各国实施可持续发展战略的步骤和政策不可能完全一样，但必须坚持共同的认识、共同的目标和共同的责任感。在此基础上加强合作，缓解矛盾，减少冲突，促进和平。

2. 清洁生产是实现可持续发展的必由之路

作为一个战略，清洁生产有其理论概念、技术内涵、实施工具和推广战略。清洁生产的概念是在多年污染管理实践的基础上，随着人们对工业和经济活动的环境影响的认识不断提高而形成的。接受这个概念，需要一个不断更新的思维方式，并认识到用末端治理污染的方式不但不经济、效益低，而且不可能完全解决工业污染问题。清洁生产引导人们脱离传统的思维方式，通过改变管理方式、产品设计及生产工艺等途径来减少资源消耗和污染物排放。

清洁生产是通过对生产过程控制达到废物量最小化，也就是如何满足在特定的生产条件下使其物料消耗最少而产品产出率最高的问题。实际上是在原材料的使用过程中对每一组分都需要建立物料平衡，掌握它们在生产过程中的流向，以便考察它们的利用效率、形成废物的情况。清洁生产是从生态经济大系统的整体出发，对物质转化的工业加工工艺的全过程不断地采取预防性、战略性、综合性措施，目的是提高物料和能源的利用率，减少以至消除废物的生成和排放，降低生产活动对资源的过度使用以及减少这些活动对人类和自然环境造成破坏性的冲击和风险，是实现社会经济的可持续发展、预防污染的一种环境保护策略。其概念正在不断地发展和充实，但是其目标是一致的，即在制造加工产品过程中提高资源、能源的利用率，减少废物的产生量，预防污染，保护环境。

对工业生产污染环境的过程进行分析，可看出工业性环境污染的主要来源：在原料及辅料开采及运输中的泄漏、生产过程中的不完全反应和不完全分离造成的物料损失和中间体形成，以及产品运输、使用过程中的损失和产品废弃后对环境产生的不良影响。

强调末端治理的战略能够收到一定的成效，但需要很大的投资和运行费用，本身也要消耗能源和资源，因此并不符合可持续发展的方针。相反，可持续发展的方针正呼唤一场新的科技革命，要求工业彻底地改变其与环境的关系。新世纪的工业应该是保护环境而不损害环境，保护资源而不浪费资源，因而应是促进可持续发展的。清洁生产就是这样一种全新工业发展战略。

要实现良性的经济持续发展，必须遵循其自身需要的清洁生产工艺，原因为：

（1）社会经济持续发展客观上要求经济发展的速度、质量、数量必须符合、服务于社会的长远利益的需要，靠落后、陈旧的生产工艺浪费大量的能源、资源从事生产经营活动，既难获取高质量的社会消费产品，又会造成资源、能源巨大消耗，最终导致环境效益和社会效益综合性矛盾的发生和发展。

（2）经济的持续发展除了社会生产力中的重要因素——技术进步标志的清洁生产工艺外，还必须有足够的资源、能源作保证，离开足够的资源、能源去实现经济的持续发展必然是无源之水、无本之木。而采用清洁生产工艺，不断增加生产经营中的科技含量，就会有效地发挥现有资源、能源的最佳效益，就能极大地减少和避免资源、能源的浪费，为实现经济的持续发展准备充足的、长期的、坚实的后备基础。

（3）经济持续发展的本身，要求其与环境、资源、能源高度统一和协调。有效地发展经济，提供丰富健康的环保社会产品，同时推行清洁生产，减少环境污染，优化环境，是人类幸福生存的重要组成部分。经济发展以改善人民的生活质量为目标。发展不仅表现为经济的增长，国民生产总值的提高，人民生活的改善，它还表现为文学、艺术、科学的昌盛，人民生活水平的提高，社会秩序的和谐，国民素质的改进等。所以在实现可持续发展战略的同时，强化清洁生产工艺的推行和使用，不断生产出高质量的社会消费产品，最大限度地保证人类自然生态环境的质量，才能实现清洁生产和可持续发展的有机协调和统一。

总之清洁生产是实施可持续发展战略的重要组成部分，和国民经济整体发展规划应该是一致的。开展清洁生产活动，可以使发展规划更快、更好、更健康地得以实现。

五、清洁生产与生态工业和循环经济

（一）工业生态学

工业生态学主要研究社会生产活动中自然资源从源（初始源头）、流（流通过程）到汇（最终汇集）的全代谢过程及其组织管理体制，以及生产、消费、调控行为的动力学机制、控制论方法及其与生命支持体系的相互关系。工业生态学按照自然生态系统的模式，强调实现工业体系中物质的闭环循环，其中一个重要的方式是建立工业体系中不同工业流程和不同行业之间的横向共生。通过不同企业或工艺流程间的横向耦合及资源共享，为废物找到下游的“分解者”，建立工业生态系统的“食物链”和“食物网”达到变污染负效益为资源正效益的目的。工业生态学是自然生态学的一种模仿。与自然生态学一样，工业生态学所研究的生态系统其基本组成部分除了非生物物质和能量外，包括生产者、消费者和分解者。但是工业生态学不是、也不应该是自然生态学的简单模仿。

工业生态学涉及科学生态学、自然科学和工程科学等多个科学领域，研究的范围是工业体系整体和长远的发展。工业生态学以全新的视角来审视工业经济、工业技术的发展与进化，运用生态学的物质循环、能量流动等基本原理阐释一个企业内部和生态工业园区内不同企业间的资源与废物之间的矛盾与联系，根据可持续发展的原则来设计和构建全新的工业系统。

工业生态学研究的内容可归纳为：

（1）研究工业活动与生态环境的关系　包括对资源和能源的利用，废料和污染物的排放，工业污染物在环境中的扩散、迁移和转化；工业毒理学，工业污染物的环境检测和评价。

（2）探索工业生态化的途径　包括开发利用可再生资源，开发与环境相容的工业生产技术，如生物技术、资源综合利用技术、提高能效和减少物料消耗技术、拒绝废料和物料再循环技术等。

（3）运用生态原则进行工业规划和管理　包括组织符合生态原则的工业供需链，保持不同行业、企业间适当的相互比例，与周围环境相容的工业区选点、布局以及结构调控，在区域范围内组织工业生态系统如建立工业生态园等。

生态工业的组合、孵化及设计原则主要有横向耦合、纵向闭合、区域整合、柔性结构、功能导向、软硬结合、自我调节、增加就业、人类生态和信息网络。

（二）生态工业园

生态工业园是按照工业生态学原理设计和构建的一种新型的工业组织形态，是实现生态工业的重要途径之一。它通过工业园区不同工业企业间以及企业、社区（居民）与自然生态系统之间的物质与能量流进行优化，合理高效地利用当地的自然生态资源和社会人力资源，从而实现低消耗、低污染、环境质量优化和经济可持续发展。生态工业园由一系列的制造型和服务型的企业组成。成员企业通过协同管理资源与环境而寻求环境、经济和社会的协调和统一。生态工业园通过模拟自然生态系统，建立工业系统中的“生产者—消费者—分解者”的循环途径，建立互利共生的工业生态网，利用废物交换、循环利用和清洁生产等手段，实现物质闭路循环和能量多级利用，达到物质和能量的最大利用以及对外废物的零排放。

1. 各国建立的生态工业园

目前世界上有几十个生态工业园在规划或建设，美国建得最多。加拿大、日本、德国、奥地利、瑞典、爱尔兰、荷兰、法国、英国、意大利都建成了一批生态工业园。这些发达国家同时加强了工业生态学的理论研究，在大学里开办了专业学课，创办了一批杂志，集中讨论工业生态学和生态工业。近几年来，越来越多的发展中国家意识到发展生态工业的重要性，印度尼西亚、菲律宾、泰国、印度等国家都在积极建设生态工业园。

2. 中国的生态工业园

我国自1999年开始已经启动生态工业园的试点建设工作，拟建立一批国家级生态工业示范园区，为我国“走出一条科技含量高、经济效益好、资源消耗低、环境污染少、人力资源优势得到充分发挥的新型工业化路子”提供实践经验。例如：

（1）广西贵港生态工业园是我国目前规模最大、进展最快的生态工业园之一。贵糖集团利用甘蔗榨糖，在此基础上成功地建设了一个生态工业园的雏形，该雏形生态工业园现由两条主链组成：甘蔗→制糖→废糖蜜制酒精→酒精废液制复合肥→复合肥回施甘蔗田，以及甘蔗→制糖→蔗渣造纸→碱回收。2002年贵港市的甘蔗种植面积达到51.8万亩，第一期年产3万t生活用纸技改工程已于2003年8月建成投产，第二期年产10万t生活用纸的造纸厂，并规划生产车用酒精和其他产品，这样做不但可以做大做强现有工业，而且可使生态链形成生态网络。

（2）天津开发区国家生态工业示范区。该示范区以盐田开发区为基础，规划通过10～15年的建设，将开发区建成以工业共生、物质循环为特征的新型高新技术产品生产基地，为使之成为我国北方的加工制造中心、科技成果转化基地和现代化国际港口大都市标志区提供生态经济保障。到2010年，初步建成生态工业园的运行机制和框架；逐步形成以电子、食品、生物制药、机械、汽车制造和精细化工为主，对资源消耗较小的产业结构。

（三）循环经济

循环经济的萌芽始于20世纪60年代。到了20世纪末，随着人类对生态环境保护和可持续发展理论的认识和深入发展，循环经济得到重视和快速发展。

1. 循环经济的内涵

循环经济是对物质闭环流动型经济的简称。从物质流动的方向看，传统工业社会的经济是一种单向流动的线性经济，即“资源→产品→废物”。线性经济的增长，依靠的是高强度地开采和消耗资源，同时高强度地破坏生态环境。循环经济的增长模式是“资源→产品→再生资源”的反馈式流程，实现“低开采、高利用、低排放”，以最大限度利用进入系统的物质和能量，提高资源利用率，最大限度地减少污染排放和提升经济运行质量和效益。

“减量化、再利用、再循环”（即3R）是循环经济最重要的实际操作原则：其中减量化（Reduce）原则属于输入端方法，旨在减少进入生产和消费过程的物质量，从源头节约资源使用和减少污染物的排放；再利用（Reuse）原则属于过程性方法，目的是提高产品和服务的利用效率；再循环（Recycle）原则是输出端方法，通过把废物再次变成资源以减少末端处理负荷。

循环经济不是简单地通过循环利用实现废弃物的资源化，而是强调在优先减少资源消耗和减少废物产生的前提下运用“3R”原则，因此上述“3R”原则在循环经济中的重要性不是并列的。“3R”原则的优先顺序是：减量化—再利用—再循环。

循环经济正逐渐成为许多国家环境与发展的主流，越来越多的政府官员、学者、企业家加紧了对循环经济的研究。一些发达国家已把循环经济看作实施可持续发展的重要途径。

2. 循环经济的三个循环层面

循环经济通过运用“3R”原则实现物质的闭环流动，其具体实践体现在经济活动的三个重要层面上。

(1) 企业层面，一般称之为小循环。主要要求企业根据生态效率的理念，推行清洁生产，减少产品和服务中物料和能量的使用量，实现污染物排放的最小化。

(2) 区域层面，一般称之为中循环。该层面要求按照工业生态学的原理，通过企业之间的物质集成、能量集成和信息集成，形成企业之间的工业代谢和共生关系，建立工业生态园区。

(3) 社会层面，是循环经济中的最高层面，依次称之为大循环。该层面通过废旧物资的再生利用，实现消费过程中和过程后物质和能量的循环。

目前在一些发达国家中，循环经济已经成为一种趋势和一股潮流，在循环经济的三个层面上都取得了实践成功。

3. 我国的循环经济

我国从20世纪80年代开始重新重视工矿企业的废物综合利用，从末端治理的思想出发，通过回收利用达到节约资源、治理污染的目的。进入20世纪90年代后，开始注重源头治理的理念。从1993年在上海召开的第二次全国工业污染防治会议开始，以循环经济理论指导的清洁生产得到了迅速的发展，并于2002年通过了我国第一部《清洁生产促进法》。

近年循环经济在我国开始引起人们的关注，在理论上进行了探索，并以此指导清洁生产的实践，主要表现之一是建设生态工业园示范区。其中典型的范例有广西贵港国家生态工业示范园区。该园区以广西贵糖股份有限公司为核心，以蔗田系统、制糖系统、酒精系统、造纸系统、热电联产系统和环境综合处理系统为框架，各系统之间通过中间产品和废弃物的相互交换和相互衔接，实现园区内资源的最佳配置、废弃物的有效利用，使环境污染减少到最低水平。

此外，河南省南阳市也是循环经济的地方试点城市之一。该市以酒精总厂建立源头投料进行酒精生产，下游废料在循环系统之间交换，如图1－7所示。该循环系统在保证酒精生产质量的同时，每年可用废料生产饲料2万t、工业沼气3000万m^3、有机肥料120万t，再用于原料种植，可使谷物、薯类增产20%～35%。如此循环，不但将废弃物以负熵流的形式输入生产系统，延缓了熵值增加的过程，减少了对环境的压力，而且又创造了物质财富。

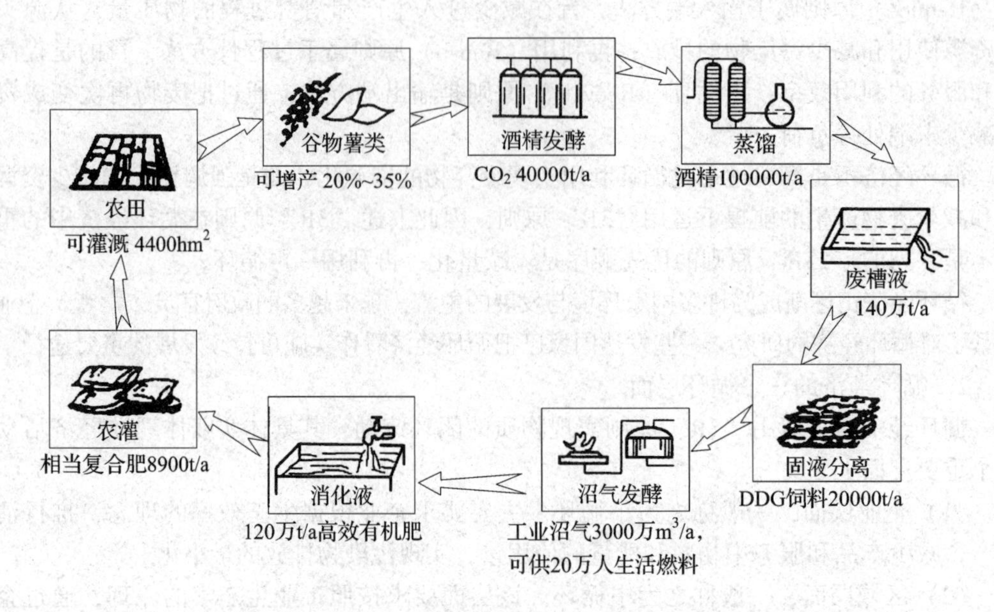

图1－7　河南南阳酒精总厂的企业层面循环经济示意图

4．发展循环经济是保持和提高国际竞争力的重要手段

循环经济的标志，是优质资源总量包括优质生态和环境总量不减少或增加。所谓优质资源，一是资源的质量要好，二是资源的可使用性要好。

未来国际竞争的一个重要方面，是资源之争。美国、德国、日本等工业发达国家在发展循环经济方面又一次走在了发展中国家的前面，他们的资源能源利用效率在进一步提高，他们在努力保持和增加自己的优质资源总量、优质生态和环境总量。发展中国家如果不抓紧按循环经济指导经济增长，本身既无技术优势，又无经济优势，如再丧失资源优势，则强者愈强、弱者愈弱的局面是有可能出现的。但我国在当前的经济发展过程中，单位产品资源能源消耗量过大的现象还很严重，有的地方甚至明显高于其他发展中国家的消耗量，优质生态和环境总量的保有量急剧下降。如不尽快走循环经济道路，则资源、生态、环境的问题必然造成生产成本上升，直接影响我国经济的国际竞争力。

（四）清洁生产、生态工业、循环经济的共同点

清洁生产、生态工业和循环经济都是对传统环保理念的冲击和突破。循环经济与清洁生产的发展是互不可分的，循环经济的形成和发展得益于大规模的清洁生产实践活动的广泛开展，而清洁生产活动在循环经济理论指导下又得到了进一步的发展和完善。

传统上环保工作的重点和主要内容是治理污染、达标排放；清洁生产、生态工业和循环经济突破了这一界限，大大提升了环境保护的高度、深度和广度，提倡并实施将环境保护与生产技术、产品和服务的全部生命周期紧密结合，将环境保护与经济增长模式统一协调，将环境保护与生活和消费模式同步考虑。

清洁生产、生态工业和循环经济的共同点之一，是提升环境保护对经济发展的指导作用，将环境保护延伸到经济活动中一切有关方面。清洁生产在企业层次上将环境保护延伸到企业的一切有关领域，生态工业在企业群落层次上将环境保护延伸到企业群落一切有关领域，循环经济将环境保护延伸到国民经济的一切有关的领域。

清洁生产、生态工业和循环经济不约而同地这一选择的出现，绝不是偶然的。这说明只有将环境保护延伸到经济活动中才能可持续发展，也体现了人类对环境保护和可持续发展认识的深入和成熟。

生态工业和循环经济的前提和本质是清洁生产，这一论点的理论基础是生态效率。生态效率追求物质和能源利用效率的最大化和废物产量的最小化，不必要的再用意味着上游过程物质和能源的利用效率未达最大化，而废物的再用和循环往往要消耗其他资源，且废物一旦产生即构成对环境的威胁。

六、低碳经济

（一）应对气候变化，推行低碳经济

随着世界工业经济的发展、人口的剧增、人类欲望的无限上升和生产生活方式的无节制，世界气候面临越来越严重的问题，CO_2排放量越来越大，地球臭氧层正遭受前所未有的危机，全球灾难性气候变化屡屡出现，已经严重危害到人类的生存环境和健康安全。全球层面应对气候变化的努力，最早始于政府间气候变化专门委员会（IPCC）。该委员会1990年发表的《第一次评估报告》，确认了对有关气候变化问题的科学基础，促使联合国大会作出制定联合国气候变化框架公约的决定。

1. 联合国气候变化大会

1992年6月在巴西里约热内卢举行的联合国环境与发展大会上通过了《联合国气候变化框架公约》（简称《公约》），并于1994年3月21日正式生效。中国于1992年6月11日签署该公约。截至2009年8月，已有192个国家批准了《公约》。该公约由序言及26条正文组成，常设秘书处设在德国波恩。从1995年开始每年举行一次《公约》缔约方大会，简称“联合国气候变化大会”。

该公约是应对气候变化领域第一个有法律约束力的国际协定，旨在控制大气中CO_2、甲烷和其他温室气体的排放，将其浓度稳定在使气候系统免遭破坏的水平上。这奠定了应对气候变化国际合作的法律基础，是具有权威性、普遍性、全面性的国际框架方案。该公约敦促人们转变发展观念，并逐步对生产和生活方式做出调整，促使人们增加对共同利益的考虑。由于全球气候变化与能源、工业土地利用、森林等重要基础经济资源密切相关，因此它也促进了全球气候问题与国际能源、贸易、投资等重大问题的相互渗透和相互影响。

“共同但有区别的责任”是《公约》的核心原则，即发达国家率先减排，并向发展中国家提供资金技术支持。发展中国家在得到发达国家资金技术的支持下，采取措施减缓或适应气候变化。这一原则在历次气候大会上均为决议的形成提供依据。

1997年12月在日本京都举行的《公约》缔约方第三次大会上，149个国家和地区的代表在这里通过了里程碑式的《京都议定书》，首次为发达国家设立强制减排目标，也是人类历史上首个具有法律约束力的减排文件。在2008年至2012年的《京都议定书》第一承诺期内，发达国家的温室气体排放量应在1990年的基础上平均减少5.2%。这是国际社会第一次在跨国范围内设定具有法律约束力的温室气体减排或限排额度，

它和市场交易机制的结合，成为《京都议定书》革命性的制度创新，开启了用市场机制解决环境问题的新时代。2005 年 2 月 16 日，《京都议定书》作为《公约》的补充协议正式生效。

2007 年 12 月在印度尼西亚巴厘岛上举行的《公约》缔约方第 13 次会议上，通过了"巴厘路线图"，建立以《京都议定书》特设工作组和《公约》长期合作特设工作组为主的双轨谈判机制。一方面签署《京都议定书》的发达国家应承诺 2012 年以后的大幅量化减排指标，另一方面发展中国家和未签署《京都议定书》的发达国家应采取应对气候变化的举措。

2009 年 12 月在丹麦哥本哈根举行的《公约》缔约方第 15 次会议达成了无约束力的《哥本哈根协议》。协议维护了《公约》及其《京都议定书》确立的"共同但有区别的责任"原则，就发达国家实行强制减排和发展中国家采取自主减缓行动做出了安排，并就全球长期目标、资金和技术支持、透明度等焦点问题达成广泛共识，但会议没有取得预期的成果。

2010 年 11 月在墨西哥坎昆举行的《公约》缔约方第 16 次会议上，通过了两项应对气候变化决议，推动气候谈判进程继续向前，向国际社会发出了积极信号。决议对棘手问题"《京都议定书》第二承诺期"采用了较为模糊的措辞。决议还决定设立绿色气候基金，帮助发展中国家适应气候变化。

2011 年 11 月在南非德班召开的《公约》缔约方第 17 次大会取得五个成果：① 坚持了"巴厘路线图"授权，坚持了双轨谈判机制，坚持了"共同但有区别的责任"原则；② 就发展中国家最为关心的《京都议定书》第二承诺期问题做出了安排；③ 在资金问题上取得了重要进展，启动了绿色气候基金；④ 在坎昆协议基础上进一步明确和细化了适应、技术、能力建设和透明度的机制安排；⑤ 深入讨论了 2020 年后进一步加强公约实施的安排，并明确了相关进程，向国际社会发出积极信号。

2012 年在卡塔尔多哈举行的《公约》缔约方第 18 次会议通过了《京都议定书》第二承诺期修正案，为相关发达国家设定了 2013 年至 2020 年的温室气体量化减排指标。目前欧盟、澳大利亚等宣布加入第二承诺期，日本、加拿大等宣布不加入第二承诺期。

2013 年 12 月在波兰华沙举行的《公约》缔约方第 19 次大会上为新协议的谈判奠定基础，经过加时一天后就主要议题达成一致。会议在德班平台、资金、损失损害三个核心议题上都做出决定，取得了"大家都不满意，但是大家都能接受的结果"。

2. 低碳经济的提出

从应对气候变化到低碳经济应运而生。所谓低碳经济，是低碳发展、低碳产业、低碳技术、低碳生活等一类经济形态的总称，以低能耗、低排放、低污染为基本特征，通过技术创新、制度创新、产业转型、新能源开发等多种手段，尽可能地减少煤炭石油等高碳能源消耗，减少温室气体排放，达到经济社会发展与生态环境保护双赢的一种经济发展形态。其实质在于提升和应用能效技术、节能技术、可再生能源技术、温室气体减排和储存技术，以促进产品的低碳开发和维持全球的生态平衡。这是从高碳能源时代向低碳能源时代演化的一种经济发展模式。

"低碳经济"最早见诸政府文件是在 2003 年的英国能源白皮书《我们能源的未来：

创建低碳经济》。作为第一次工业革命的先驱和资源并不丰富的岛国，英国充分意识到了能源安全和气候变化的威胁，它正从自给自足的能源供应走向主要依靠进口的时代，按当时的消费模式，预计2020年英国80%的能源都必须进口。

2006年，前世界银行首席经济学家尼古拉斯·斯特恩牵头做出的《斯特恩报告》指出，全球以每年GDP的1%投入到节能减排，可以避免将来每年GDP的5%～20%的损失，呼吁全球向低碳经济转型。

2007年7月，美国参议院提出了《低碳经济法案》，表明低碳经济的发展道路有望成为美国未来的重要战略选择。2007年12月26日，联合国环境规划署确定2008年"世界环境日"（6月5日）的主题为"转变传统观念，推行低碳经济"。

（二）关于低碳经济的基本概念

1. 碳足迹

碳足迹是人类活动对于环境影响的一种量度，以其产生的温室气体量，按CO_2的重量计。它包括两部分：一是燃烧化石燃料（如家庭能源消费与交通）排放出CO_2的直接（初级）碳足迹；二是人们所用产品从其制造到最终分解的整个生命周期排放出CO_2的间接（次级）碳足迹。一个国家的碳足迹可以通过存量和流量两个方面进行衡量，其大小同工业发展的历史有关，同过去与现在的能耗方式密切相关。从存量看，它反映出富裕国家多年累积的沉重"碳债务"，这是对地球大气的过度剥削。例如，从工业化时代起所排放的每10tCO_2中约有7t是发达国家排放的。英国和美国的人均历史排放量约达1100tCO_2，而中国和印度的人均水平分别为66t和23t。从流量看，2004年中国的人均碳足迹为3.8t，只有美国的1/5；印度的人均碳足迹还不到高收入国家的1/10。

2. 碳中和

碳中和是现代人为减缓全球变暖所做的努力之一。人们算出自己日常活动直接或间接产生的CO_2排放量，并算出为抵消这些CO_2所需的经济成本或所需的碳"汇"数量，然后个人付款给专门企业或机构，由他们通过植树或其他环保项目来抵消大气中的CO_2量。例如你用了100kW·h的电，相当于你排放了78.5kg CO_2，按照冷杉30年吸收111kg CO_2来计算，那么需要植一棵树。如果不以种树来补偿，则可以根据国际一般碳汇价格水平，每排放1tCO_2，补偿10美元。用这部分钱，可以请别人去种树。以上估算公式不一定准确，也难执行，但重要的是倡导一种责任理念。

3. 碳汇和碳源

《公约》将碳汇定义为从大气中清除CO_2的过程、活动或机制。它主要是指森林吸收并储存CO_2的多少，或者说是森林吸收并储存CO_2的能力。碳源定义为向大气中释放CO_2的过程、活动或机制。碳源与碳汇是两个相对的概念。

森林碳汇是指森林植物通过光合作用将大气中的CO_2吸收并固定在植被与土壤当中，从而减少大气中CO_2浓度的过程。林业碳汇是指利用森林的储碳功能，通过植树造林、加强森林经营管理、减少毁林、保护和恢复森林植被等活动，吸收和固定大气中的CO_2，并按照相关规则与碳汇交易相结合的过程、活动或机制。

4. 碳交易：CO_2排放权交易

1997年《京都议定书》首先提出了"碳交易"的概念，并设立三种借助"市场"而运行的排放交易（ET）、联合履行机制（JI）和清洁发展机制（CDM）。

（1）排放交易（ET）又称“遵约机制”或“约束机制”，是附件一国家（发达国家）之间可以将其超额完成的减排义务指标，以贸易的方式转让给另一未完成减排义务的附件一国家，并同时扣减转让方的分配到的减排数量单位，以实现其减排承诺。

（2）联合履行机制（JI）也是附件一国家间的遵约机制，它是指附件一国家之间通过项目合作，其所实现了的减排单位，可以转让给另一附件一国家，同时扣减转让方“分配数量”配额的相应额度。

（3）清洁发展机制（CDM）是发生在附件一国家与非附件一国家（发展中国家）之间的“合作机制”，指允许附件一国家的投资者从其所在非附件一国家实施的并有利于非附件一国家可持续发展的减排项目中获取的核证减排量。换句话说，是附件一国家提供资金和技术，帮助非附件一国家减排温室气体，而减排量在经过国际机构核证后，便可用于抵减发达国家承诺的约束性义务的一种合作方式。

尽管这三种机制在实施过程中充满弊端，但作为解决CO_2为代表的温室气体减排问题的新路径，《京都议定书》提供的三种机制还是一种制度创新，把CO_2排放权作为一种商品，从而形成了碳交易市场，为促进节能减排或低碳经济的发展提供了政策支持和制度保障。上述三种机制中，发展中国家可以直接从中获益的是CDM。

5．碳税和碳关税

碳税，是以减少CO_2排放为目的，对化石燃料（如煤炭、汽油、柴油和天然气等）按照其碳含量或碳排放量征收的一种税。1990年芬兰最早开征碳税，目前丹麦、荷兰、挪威、意大利、瑞典等国家已相继开征。我国预期在2014年之后择机开征碳税。碳税除了有助于解决能源环境，特别是CO_2排放问题外，作为一种直接有效的经济手段，还有能够带来可观的财政收入、征收可操作性强且成本低等特点。

碳关税是指对高耗能的进口产品征收特别的CO_2排放关税。这个概念最早是由法国总统希拉克提出的，用意是希望欧盟国家针对未遵守《京都议定书》的国家征收特别的进口碳关税，否则在欧盟碳排放交易机制运行后，欧盟国家所生产的商品将遭受不公平竞争，但目前尚未实施，世界上也没有征收范例。从世界经济发展面临气候变化和能源有限的客观角度看，碳关税的实施有一定的合理性，但其出发点是建立在国内法权的基础上来实现国际治理，带有霸权主义的味道，也可以说是贸易保护主义的一种方式。

6．碳资产管理

碳资产管理通俗地讲就是对二氧化碳排放权这一特殊的商品进行管理。CO_2排放权是一种特殊的商品，即碳资产。它与有形商品一样具有价值，并且价格受供求关系的影响，从而为企业带来预期的收益或形成企业的义务。一家企业，特别是有大量能源生产或者消费的企业，只要有碳排放，就会形成潜在的碳资产或者碳负债，管理好就是潜在的资产，管理不好就可能是隐藏的负债，未来会对企业带来不利影响。《京都议定书》根据“共同但有区别的责任”原则，对其中附件一的国家提出了温室气体减排义务，非附件一国家不受此约束。同时，创造性地引入市场机制，允许各国开展碳排放权的交易。碳交易也成为继行政手段、财政手段之后最有效率、最低成本、效果较好的减排手段之一。

（三）碳交易与碳资产管理

1. 世界范围内的碳排放交易体系

（1）欧盟排放交易体系（EU－ETS），不仅是欧盟成员国每年温室气体许可排放量交易的支柱，也是当今主导全球碳交易市场的引领者，在世界碳交易市场中具有示范作用，其主要内容见表1－4。

表1－4　欧盟碳排放交易体系

时间	2005—2007	2008—2012	2013—2020
实施阶段	第一阶段	第二阶段	第三阶段
地理范围	欧盟27个成员国	增加冰岛、挪威、列支敦士登	
配额分配	无偿分配，配额过剩	无偿分配，配额趋紧	拍卖为主
行业范围	电力、供暖、炼油、钢铁、水泥、石灰、玻璃、制浆造纸		增加航空业

（2）美国排放交易体系，尽管美国曾于2001年3月单方面退出《京都议定书》，但其许多区域性碳排放贸易体系业已形成，碳排放贸易异常活跃。目前，美国地区较活跃的碳交易机构有四家：区域温室气体倡议（RGGI）、西部气候倡议（WCI）、芝加哥气候交易所（CCX）和加州气候行动注册处（CCAR）——气候行动储备（CAR）。

（3）其他地区局部排放交易体系，除欧盟碳交易市场、美国RGGI等之外，新西兰碳交易体系（NZETS），以及正在建设的澳大利亚碳交易市场和我国碳交易市场，墨西哥与韩国也都通过了综合性的气候法案，为未来的市场化机制打下了基础。尽管目前国际碳市场十分低迷，但从长远来看，应对全球气候变化、持续推进国际碳市场发展的大趋势是不变的。

2. 中国的碳交易概况

我国的碳交易项目开发主要依据《京都议定书》和《中国清洁发展机制管理办法》。2011年10月底，国家发改委发布《关于开展碳排放权交易试点工作的通知》，北京、天津、上海、重庆、广东、湖北、深圳7个省市在2013年启动碳交易试点，国内碳交易进程就此拉开帷幕。2012年6月18日，国家发改委发布了《关于温室气体自愿减排暂行管理办法》，该办法明确了自愿减排交易的交易产品、交易场所、新的方法学申请程序以及审定和核证机构资质的认定程序，解决了国内自愿减排市场缺乏信用体系的问题。中国碳市场由碳排放权配额市场和自愿减排市场构成。自愿减排市场产生的减排额度，称为"CCER"。

CCER（China Certified Emission Reduction）为中国核证自愿减排量，单位以"吨二氧化碳当量（tCO_2e）计。1t CCER可以抵消1t碳排放，通过国家发改委备案的温室气体自愿减排项目所产生的CCER可以面向中国目前实行的国内碳交易试点省市相关机构出售，用来抵消其碳排放配额的不足。CCER交易实际是国内碳交易中作为配额交易中的一种抵消机制。与清洁发展机制（CDM）项目相比，CCER全部为国内流程，只需要在国家发改委备案，而CDM则需要到联合国注册，二者开发流程基本相近。也可以通俗地说CDM项目产生的经核证减排量（CER）的交易是国际碳交易，CCER交易是国内碳交易。国内自愿减排（CCER）碳指标申请流程比较复杂，需要许多的附件支持。其主要步骤见图1－8所示。

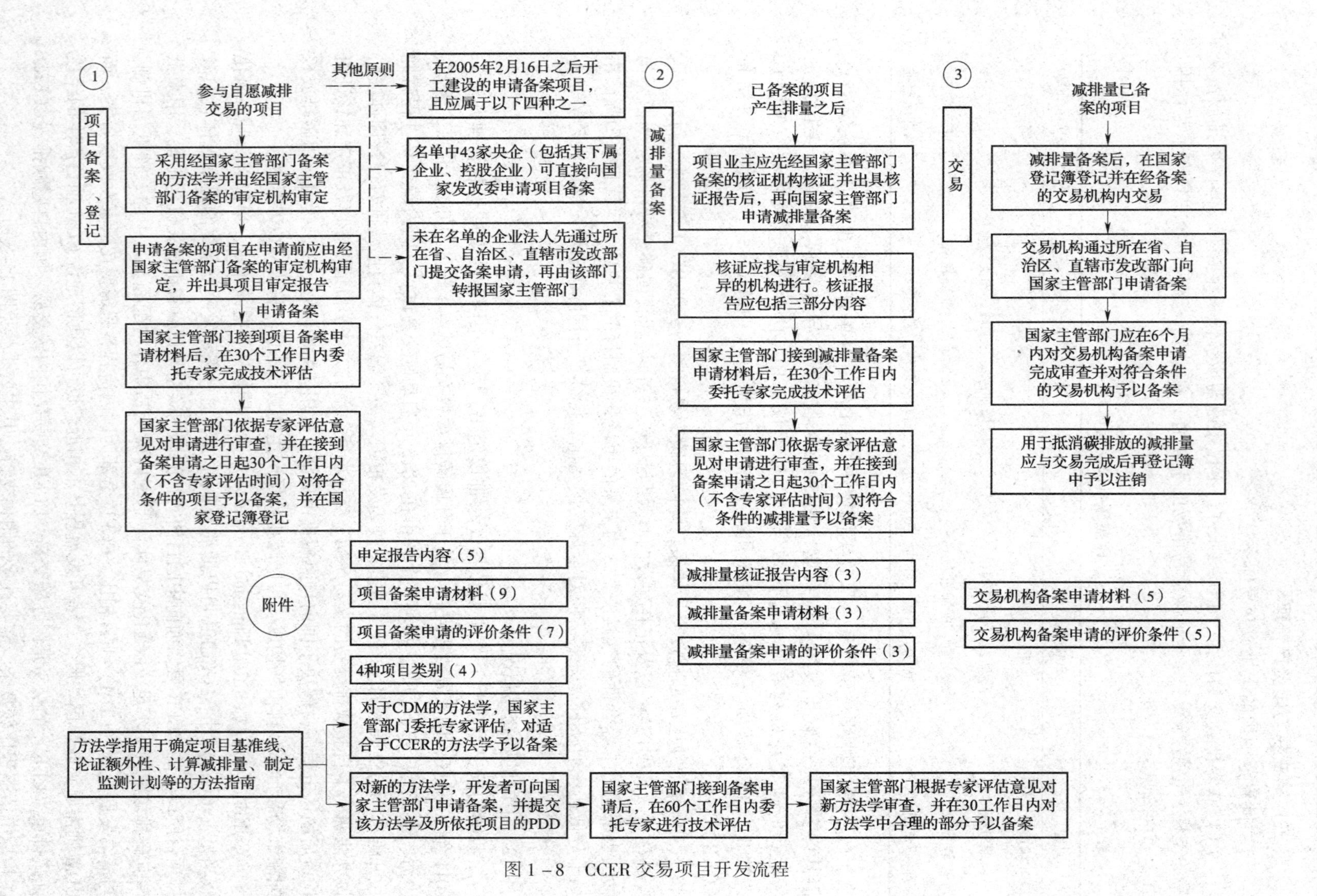

图1－8　CCER交易项目开发流程

2013 年是中国节能减排的重要一年，被业界称为碳交易元年。这一年在深圳碳交易开启 5 个月后，上海和北京碳交易仅隔一天纷纷破茧而出。当人们还沉浸在蛇年的回味中，广东省和天津市两个碳交易试点也在岁末相隔一周，相继鸣锣开市。从项目类型上看：公示的项目以可再生能源发电项目居多，其中风电、水电和光伏项目的数量合计占到总数的约 80%。

3. 制浆造纸行业的碳交易

据国际能源组织统计结果显示，2010 年全球共排放温室气体 486.29 亿 t，其中制造业对全球温室气体的贡献最大，占全球总排放的 29%。尽管造纸工业在所有制造业中具有最低的温室气体排放比例，仅占全球总排放的 1%，但应对气候变化，减少温室气体排放的相关政策已成为这个行业如何可持续发展的中心议题。制浆造纸行业正处在如何应对温室气体减排政策、可再生能源政策和能效提高政策，转向可持续发展的十字路口。

（1）加拿大的制浆造纸行业　2003 年加拿大制浆造纸行业与政府就减少温室气体排放签订了备忘录，制浆造纸行业承诺《京都议定书》的第一个承诺期内（2008—2012 年），平均减少温室气体排放 15%。此外加拿大政府还制定了温室气体排放行业减排方法，针对制浆造纸行业出台了制浆造纸绿色转型计划。自 2009 年开始加拿大政府共计投资 10 亿美元用于制浆造纸行业的能效提高和可再生能源生产，对 98 个项目给予了资金支持，提供了 1.4 万个工作岗位，改善了空气质量，降低了化石燃料消耗，减少了温室气体排放，一些工厂增加了足够的可再生能源电力，将绿色电能输送到国家电力网。该计划的投资真正提高了加拿大制浆造纸行业的环保效果，在 2009 年基础上，减少温室气体排放超过 10%，相当于每年减少 54.3 万 t CO_2，使加拿大制浆造纸行业在林业生物质可再生能源生产领域成为领导者，并为在国际市场上利用其强大的绿色资质创造了条件。

（2）美国的制浆造纸行业　美国联邦政府在温室气体减排问题上一直坚持“自愿”而不是强制减排的立场，以推动工业提高能源效率和温室气体减排工作。2003 年 2 月，小布什总统宣布 12 个主要工业部门及商业圆桌会议成员承诺与美国环保署、能源部、交通部及农业部合作，进行未来年的减排工作，其中林业和造纸业被覆盖在其中。自 2002 年 2 月，美国环保署鼓励各公司发展长期碳全面的气候变化策略，设立温室气体减排目标，并建立温室气体清单以掌握计划实行成效。目前已有超过 50 个主要公司参与此计划，其中纸业公司以国际纸业代表。

（3）欧盟的制浆造纸行业　欧盟是迄今最积极投入温室气体减排的组织，在 2005 年 1 月 1 日正式挂牌营运的欧盟排放贸易体系（EU - ETS）涵盖包括制浆造纸在内的 1.2 万个固定源，约占欧盟全部 CO_2 排放量的 45%。已有 1000 多家符合如下条件的造纸和纸板生产装置被 EU - ETS 要求减少 CO_2 排放。从 2013 年起，这些生产设施需通过部分免费和部分拍卖的方式获得配额来抵消其温室气体排放。2013 年上半年，欧盟委员会及其成员国又制定了一个新的配额分配方法，在 EU - ETS 第三期（2013—2020 年）制浆造纸行业的 CO_2 配额将通过设定行业基准线方式决定，制浆造纸每一子类的前 10% 的生产装置平均值将作为基准线。

（4）中国的制浆造纸行业　中国制浆造纸行业发展是完全受市场需求推动的，目前行业面临资源和环境的严重制约，必须加快可持续发展转型。2012 年 5 月 20 日国家发改委根据《关于印发万家企业节能低碳行动实施方案的通知》的要求，公布了“十二五”

期间“万家企业节能低碳行动”企业名单及节能量指标。其中涉及的造纸行业企业共有500家，节能总量达到标准煤531万t。如果按照1t标准煤排放二氧化碳2.7t计算，“十二五”期间造纸行业将要减排二氧化碳1433.7万t。据国务院公布的《造纸工业“十二五”发展规划》，造纸业的产业结构优化、提高纤维资源利用率；节能减排、提升行业技术水平，实现造纸业的低碳绿色可持续发展是造纸业今后发展的战略目标。

（5）制浆造纸行业主要节能技术　因制浆和造纸工艺水平、原料来源及能源使用情况的差异，各国制浆造纸工业温室气体的排放情况差异较大。根据可得数据，美国制浆造纸工业温室气体排放占总排放的18%，中国占3%，泰国占1%。这也意味着各国制浆造纸工业节能潜力和温室气体减排潜力的不同。表1-5给出制浆造纸行业相对最可行技术的理论节能潜力。

表1-5　制浆造纸行业相对最可行技术的理论节能潜力

地区	经合组织北美	经合组织欧洲	经合组织亚洲	巴西	中国	俄罗斯
节能潜力/（GJ/t）	5.2~7.0	0.6~2.0	0.2~0.5	2.4	0.9	11.6

制浆造纸的节能技术主要是新型蒸煮技术、余热回收、热电联产以及废纸利用，同时还要考虑污染物减排。化学制浆采用连续蒸煮或低能间歇蒸煮，发展高得率制浆技术和低能耗机械制浆技术，高效废纸脱墨技术、多段逆流洗涤、全封闭热筛选、中高浓漂白技术和设备，造纸机采用新型脱水器材、真空系统优化设计和运行、宽压区压榨、全封闭式汽罩、热泵、热回收技术等，制浆、造纸工艺过程及管理系统计算机控制技术。提高木浆比重，扩大废纸回收利用，合理利用非木纤维。

根据《中国2050年能源需求暨碳排放情景分析》，废物利用率2030年提高到85%以上。到2030年节能技术在造纸行业基本普及见表1-6。

表1-6　造纸主要节能技术

技术	技术指标	技术比例/%		
		2020年	2030年	2050年
连续蒸煮	450kg标准/t浆，节能46%	80	100	100
余热回收	2.5t/h蒸汽	60	90	100
废纸利用	360kg标准/t纸	44	50	60
热电联产		56	75	90

（6）制浆造纸行业节能减碳项目的开发　制浆造纸行业清洁发展机制（CDM）项目开发主要集中在余热回收、热电联产、变频改造、沼气发电、污泥燃烧发电、秸秆造纸等。但是目前发展并不乐观，与其他行业相近项目相比成功率低，具有明显的滞后性。截至2013年9月1日在全球注册的7217个CDM项目中，制浆造纸类CDM项目只有40个，不到总注册项目数量的1%；在总计签发的近13.7亿t CERs（核证减排量）中，制浆造纸类CDM项目仅签发150万t CERs，占总签发量的0.1%。

全球制浆造纸行业CDM项目主要集中在印度和中国。印度共注册25个该类CDM项目，其中 15 个已获得签发。中国仅次于印度，共注册 10 个该类项目，其中 2 个获得签发。另外还有 10 个项目已获得国家发改委的批准。这几个项目将来可以考虑申请中国温室气体自愿减排项目，获得中国核证减排量（CCER）。

对于国内温室气体自愿减排交易的现状；国内制浆造纸企业应充分认识到国内碳市场的前景并把握住此次机遇。我国制浆造纸企业目前参与碳交易的项目极其有限，作为碳资产巨大的一个行业，还是有很大的发展潜力，应积极参与到自愿减排交易当中并获得应有的收益。

中国在全球 CDM 市场上占据 60% 多的市场份额。中国的碳资产规模之大，对于碳资产潜在所有者的企业来说，如果不能高度关注，将可能丧失重大机遇，或者遭受隐性风险。目前世界范围内对碳减排已形成了共识，国内碳交易市场也已起步。全球制浆造纸行业的低碳发展已成为不可逆转的趋势，如何寻求“可持续发展”之路，如何成为中国乃至全球“可持续发展”路上的中流砥柱，是中国制浆造纸企业不得不及时面对和考虑的问题。

（7）制浆企业今后的发展趋势　由于电价的升高以及用生物质如木材、秸秆生产电能、化学品、运输燃料的利益驱动，新的制浆厂正在往综合性木材－生物精炼厂（integrated wood bio－refineries）方向发展。其目的是从木材中提取半纤维素并将其转化为高附加值的产品，如乙醇、多聚物等，从而增加硫酸盐制浆中电能以外的收入。

如图 1－9 所示，数量相同的木片（114 单位），以传统工艺可生产 57 单位的纸浆，而按新的工艺（VPP 工艺），不仅能生产出数量相同的纸浆，还可以额外生产出 14 单位的半纤维素，可用于乙醇等的生产。此外按新的工艺，蒸煮器负荷可由 114 单位降低到 100 单位，回收锅炉负荷可由 57 单位降低到 43 单位，这样，如果做投资对比不考虑生物精炼设备的投资，现有浆厂的产能可以增加，投资新的浆厂则可以降低投资成本。上述发展方向虽然目前仍处于研发阶段，但由于其巨大的经济收益潜力，预计用不了几年时间即将成为现实。

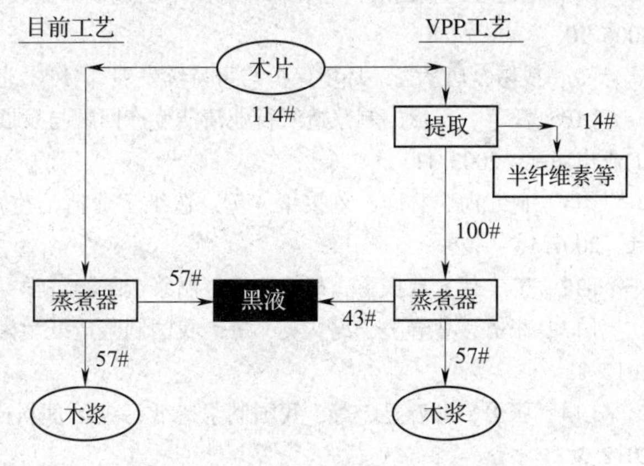

图 1－9　未来生物精炼厂示意流程

思考题

1. 解释名词：生态系统，生态平衡，三同时原则，清洁生产
2. 生态系统的组成及作用是什么？
3. 生态系统的各组成之间是如何进行能量和质量交换的？
4. 当前人类面临的环境问题有哪些？
5. 环境污染的特征是什么？对人体健康的危害有哪些？
6. 我国环境管理的基本政策有哪些？现行的环境管理制度是什么？

7．环境质量评价有几种？各自的作用是什么？

8．清洁生产的内容及特点是什么？

9．实施清洁生产的途径有哪些？

10．可持续发展的宗旨是什么？

11．举例阐述生态工业园。

12．请论述一下循环经济的内涵及三个循环层面。

13．解释名词：碳足迹，碳中和，碳汇，碳交易，碳税。

14．试述中国制浆造纸行业如何进行碳资产管理。

参考文献

[1] 周中平，赵毅红，朱慎林．清洁生产工艺及应用实例 [M]．北京：化学工业出版社，2002.5.

[2] 林肇信，刘天齐，刘逸农．环境保护概论 [M]．北京：高等教育出版社，1999.6.

[3] 刘秉钺，高扬，刘秋娟，等．造纸工业污染控制与环境保护 [M]．北京：中国轻工业出版社，2000.1.

[4] 杨学富．制浆造纸工业废水处理 [M]．北京：化学工业出版社，2001.5.

[5] 黄润斌．2003 年全国纸业废水主要污染物排放及处理情况．2005 年中国造纸年鉴 [M]．北京：中国轻工业出版社，2005.11.

[6] 日本制浆造纸技术协会编．制浆造纸工业的污染与防治 [M]．北京：轻工业出版社，1985.2.

[7] 张珂，俞正千．麦草浆碱回收技术指南 [M]．北京：中国轻工业出版社，1999.4.

[8] 肖建红，施国庆，毛春梅，等．中国造纸工业废水排放强度降低的因素分析 [J]．中国造纸，2006.10.

[9] 钱易，唐孝炎．环境保护与可持续发展 [M]．北京：高等教育出版社，2001.9.

[10] 汪苹，王斌．制浆造纸行业清洁生产回顾与发展．2003 年中国造纸年鉴 [M]．北京：中国轻工业出版社，2003.11.

[11] 何北海，林鹿，刘秉钺，等．造纸工业清洁生产原理与技术 [M]．北京：中国轻工业出版社，2007.1.

[12] 姜丰伟，曹振雷，胡楠，等．制浆造纸经济学 [M]．北京：中国轻工业出版社，2012.4.

[13] 张勇，曹春昱，冯文英，等．我国制浆造纸污染治理科学技术的现状与发展 [J]．中国造纸，2012.2.

[14] 张勇，曹春昱，等．我国制浆造纸污染治理科学技术的现状与发展（续）[J]．中国造纸，2012.3.

[15] 造纸工业发展“十二五”规划．2012 年中国造纸年鉴 [M]．北京：中国轻工业出版社，2012.8.

[16] 2010 年我国造纸工业主要污染物排放及处理概况．2012 年中国造纸年鉴 [M]．北京：中国轻工业出版社，2012.8.

[17] 乔维川，洪建国．制浆造纸工业水污染物排放标准的特点及企业应对策略 [J]．中国造纸，2011．增刊.

[18] 孟早明，刘秉钺，张伟德，等．国内碳交易背景下中国制浆造纸企业面临的机遇与挑战 [J]．华东纸业，2013.1.

[19] 戚振玉，孟早明，刘秉钺．制浆造纸行业碳资产管理 [J]．黑龙江造纸，2012.4.

[20] 孟早明，张丽．全球制浆造纸行业的温室气体排放简况 [J]．中华纸业，2013.10.

第二章　制浆造纸废水的污染与控制

第一节　概　　述

一、自然界的水

水是人类维系生命的基本物质，是工农业生产和城市发展不可缺少的重要资源。随着人口的膨胀和经济的发展，水资源短缺的现象正在很多地区相继出现，排放废水造成的水污染，加剧了水资源的紧张，并对人类的生命健康形成了威胁。切实防治水污染、保护水资源已成了当今人类的迫切任务。

地球上水的总量约有 $1.4\times10^9km^3$ 之多，应该说是十分丰富的。但地球上的水以各种不同的形式，分布于不同的地方，如表 2－1 所示。其中宽广的海洋覆盖了地球表面的 70% 以上，海水是含有大量矿物盐类的咸水，不宜被人类直接使用。人类生命活动和生产活动所必需的淡水水量有限，只占总水量的 3% 不足，其中还有约 3/4 以冰川、冰帽的形式存在于南北极地，人类很难使用。与人类关系最密切、又较易开发利用的淡水贮量约为 $4\times10^2km^3$，仅占地球上总水量的 0.3%。这部分淡水在时空上的分布又很不均衡。

表 2－1　　　地球上的水量分布

水的类型	海洋水	淡水湖	盐湖和内海	河流	土壤	地下水	大气水	冰冠和冰川	总计
水量/ $\times10^8km^3$	13200	12.5	10.4	0.1	6.7	835	1.3	2920	135786
比例/%	97.3	0.009	0.008	0.0001	0.005	0.6	0.001	2.1	100

二、水质和水质标准

（一）水质指标

水质，即水的品质，是指水与其中所含杂质共同表现出来的物理、化学和生物学的综合特性。水质指标用来衡量水质的好坏。水质指标项目繁多，可以分为三大类。

第一类，物理性水质指标，包括：

（1）感官物理性指标　如温度、色度、臭和味、浑浊度、透明度等。

（2）其他物理性指标　如总固体、悬浮固体、溶解固体、可沉固体、电导率（电阻率）等。

第二类，化学性水质指标，包括：

（1）一般的化学性水质指标　如 pH、碱度、硬度、各种阳离子、各种阴离子、总含盐量、一般有机物质等。

（2）有毒的化学性水质指标　如重金属、氰化物、多环芳烃、各种农药等。

（3）有关氧平衡的水质指标　如溶解氧（DO）、化学需氧量（COD）、生化需氧量（BOD）、总需氧（TOC）等。

第三类，生物学水质指标。包括：细菌总数、总大肠菌群数、各种病原细菌、病毒等。

（二）水质标准

水的用途十分广泛。不同用途的水，均应满足一定的水质要求，也就是水质标准。水质标准是环境标准的一种。以下介绍几种与水污染防治密切相关的水质标准。

1．地面水环境质量标准

2002 年国家环保局修订并颁布的《GB 3838—2002 地面水环境质量标准》明确指出："本标准适用于中华人民共和国领域内江、河、湖泊、水库等具有使用功能的地面水域。"该标准依据地面水水域使用目的和保护目标将其划分为五类。

Ⅰ类：主要适用于源头水、国家自然保护区。

Ⅱ类：主要适用于集中式生活饮用水水源地一级保护区、珍贵鱼类保护区、鱼虾产卵场等。

Ⅲ类：主要适用于集中式生活饮用水水源地二级保护区、一般鱼类保护区及游泳区。

Ⅳ类：主要适用于一般工业用水区及人体非直接接触的娱乐用水区。

Ⅴ类：主要适用于农业用水区及一般景观要求水域。

同一水域兼有多类功能的，依最高功能划分类别。有季节性功能的，可分季节划分类别。

2．污水综合排放标准

为了保护水环境质量，控制水污染，除了规定地面水体中各类有害物质的允许标准值之外，还必须控制地面水体的污染源，对各类污染物允许的排放浓度作出规定。1996 年国家环保局颁布的《GB 8978—1996 污水综合排放标准》就是为此目的而修订的。

该标准根据污染物的毒性及其对人体、动植物和水环境的影响，将工矿企业和事业单位排放的污染物分为两类。

Ⅰ类污染物系指能在环境或动植物体内蓄积，对人体健康产生长远不良影响者。对此类污染物，不分其排放的方式和方向，也不分受纳水体的功能级别，一律执行严格的标准值。

Ⅱ类污染物系指其长远影响小于Ⅰ类的污染物质，其允许排放浓度可略宽，并按其排放水域的使用功能以及企业性质（如新建、扩建、改建企业或现有企业）分为一级标准值、二级标准值和三级标准值。

《GB 8978—1996 污水综合排放标准》还对矿山、钢铁、焦化、石油化工、农药、造纸等 26 个行业规定排放标准，包括最高允许排水定额和相关的污染物最高允许排放浓度。

3．生活饮用水水质标准

饮用水直接关系到人民的日常生活和身体健康，保证供给人民安全卫生的饮用水，是水环境保护的根本目的。世界卫生组织（WHO）曾颁布了饮用水水质标准，对各项化学成分规定了允许限度、极端限度和最大限度三个浓度值。目前很多国家的饮用水标准都已超过了这个国际标准。我国已经在 1985 年颁布了《GB 5749—1985 生活饮用水卫生标准》、现已修订为 GB 5749—2006。

4．造纸工业水污染物排放标准

自 1983 的年制定第一个《GB 3544—1983 造纸工业水污染物排放标准》以来，其后的20多年又多次进行修订补充。1983年初次制定的《造纸工业污染物排放标准》，按照制浆工艺划分为8个部分，按照新、老企业分为两类，每级又按照产量分为三档。原料按木浆和草浆来区分。对于最高允许排水量的指标偏严。1992年对标准GB 3544—1992进行第一次修订，按照生产工艺和废水去向，分年度规定了造纸工业水污染物最高允许排放浓度，吨产品最高允许排放量。该标准对工艺的划分比GB 3544—1983简化了许多，而且对最高允许排放量的指标有较大的松动，更接近于国内制浆造纸厂的实际，便于执行。

2001年对标准GB 3544—1992进行了第二次修订，《GB 3544—2001造纸工业水污染物排放标准》修订的主要原则是：以吨产品负荷为控制基点，以碱回收加二级生化，并辅助以适当的物化处理为技术依托，确定造纸工业吨产品最高允许污染物排放（吨产品负荷）和日均最高水污染物排放浓度。该标准不再分级，对GB 3544—1992的指标值进行了调整，BOD_5、SS加严，COD_{Cr}基本保持不变，排水量加严，并把AOX（可吸附有机卤化物）首次列入参考指标。

在2003年9月22日又发布公告，主要是针对标准GB 3544—2001中对废纸制浆的最高允许废水排放量过于宽泛，按照漂白木浆和本色木浆执行（220、150m^3/t浆），进行了补充修订。新修订的标准对本色浆和脱墨废纸浆的最高允许排水量一律规定为60m^3/t浆。

2008年对标准GB 3544—2001进行第三次修订，《GB 3544—2008造纸工业水污染物排放标准》修订的主要内容包括：调整了排放标准体系，增加了控制排放的污染物项目，提高了污染物排放控制要求；规定了污染物排放监控要求和水污染排放基准排水量；将可吸附有机卤素指标调整为强制执行项目。该标准将制浆造纸企业的水污染物排放值分为现有企业水污染排放值，新建企业水污染物排放限值及水污染物特别排放限值三种标准。水污染物特别排放限值是根据环境保护工作的要求，在国土开发密度较高、环境承载能力开始减弱，或水环境容量小、生态环境脆弱，容易发生严重水环境污染问题而需要采取特别保护措施的地区的企业，需要执行的标准。

《GB 3544—2008造纸工业水污染物排放标准》对标准GB 3544—1992的指标值进行了调整，BOD_5、COD_{Cr}、SS、AOX及排水量更加严格，并将色度、氨氮、总氮、总磷、二噁英首次列入指标。

三、水体污染及自净

（一）水体污染

水体是指地球表面被水所覆盖区域的自然综合体系，不仅包括江河、湖泊等地表水域，而且包括水中生活的鱼类和浮游生物等动植物和底泥。

水体污染也叫水污染，按照《中华人民共和国水污染防治法》确定的定义为：水污染是指水体因某种物质的介入而导致其化学、物理、生物或放射性等方面特性的改变，从而影响水的有效利用，危害人体健康或者破坏生态环境，造成水质恶化的现象。

环境科学中对于水体受到污染的概念，就是指整个水体系受到污染，生态平衡遭到破坏的现象。在环境科学研究中，水体的概念十分重要，例如重金属污染物进入水体之后，易于以吸附和螯合等形式从水中转移到底泥中，仅从水质分析，污染状况似乎并不严重，但从整个水体来看，污染状况则不言而喻。污染物质中危害最严重的是有毒污染物，当这类物质被直接或者间接摄入生物体内之后，通过累积、转运，导致严重后果。

造成水体污染的主要污染源有工业废水、生活污水和畜禽养殖业废水。

根据污染物的性质及其形成污染的机理，可以将水污染分成以下几类。

1. 物理性污染

（1）悬浮物污染　各类废水中均有悬浮杂质，排入水体后影响水体外观，增加水体的浑浊度，妨碍水中植物的光合作用，对水生生物生长不利。悬浮物还有吸附凝聚重金属及有毒物质的能力。

（2）感官性污染　废水中能引起异色、浑浊、泡沫、恶臭等现象的物质，虽无严重危害，但能引起人们感官上的极度不快，被称为感官性污染物。对于供游览和文体活动的水体而言，感官性污染物的危害则较大。

异色、浑浊的废水主要来源于印染厂、纺织厂、造纸厂、焦化厂、煤气厂等。恶臭废水来源于炼油厂、石化厂、橡胶厂、制药厂、屠宰厂、皮革厂等。当废水中含有表面活性物质时，在流动和曝气过程中将产生泡沫，如造纸废水、纺织废水等。

（3）热污染　热电厂、核电站及各种工业都使用大量冷却水，当温度升高后的水排入水体时，将引起水体水温升高，溶解氧含量下降，微生物活动加强，某些有毒物质的毒性作用增加等，对鱼类及水生生物的生长有不利的影响。

（4）放射性污染　主要由原子能工业及应用放射性同位素的单位引起，对人体有重要影响的放射性物质有^{90}Sr、^{137}Cs、^{131}I等。

2. 化学性污染

（1）酸碱污染　矿山排水、黏胶纤维工业废水、钢铁厂酸洗废水及染料工业废水等，常含有较多的酸。碱性废水则主要来自造纸、炼油、制革、制碱等工业。酸碱污染会使水体的 pH 发生变化，抑制细菌和其他微生物的生长，影响水体的生物自净作用，还会腐蚀船舶和水下建筑物，影响渔业，破坏生态平衡，并使水体不适于作饮用水源或其他工、农业用水。

（2）无机毒物污染　包括重分属和非金属。电镀工业、冶金工业、化学工业等排放的废水中往往含有各种重金属。重金属对人体健康及生态环境的危害极大，如汞、镉、铅、铬等。重金属排入天然水体后不可能减少或消失，却可能通过沉淀、吸附及食物链而不断富集，达到对生态环境及人体健康有害的浓度。重要的非金属毒物有砷、硒、氰、氟、硫、亚硝酸根等。如砷中毒时能引起中枢神经紊乱，诱发皮肤癌等。亚硝酸盐在人体内还能与仲胺生成亚硝胺，具有强烈的致癌作用。

（3）有机毒物污染　各种有机农药、有机染料及多环芳烃、芳香胺等，往往对人及生物体具有毒性，有的能引起急性中毒，有的则导致慢性病，有的已被证明是致癌、致畸、致突变物质。有机毒物主要来自焦化、染料、农药、塑料合成等工业废水。这些有机物大多具有较大的分子和较复杂的结构，不易被微生物所降解，因此在生物处理和自然环境中均不易去除。

（4）需氧性有机物污染　也称耗氧性有机物污染。碳水化合物、蛋白质、脂肪和酚、醇等有机物可在微生物作用下进行分解，分解过程中需要消耗氧，因此被统称为需（耗）氧性有机物。生活污水和很多工业废水，如造纸工业、食品工业、石油化工工业、制革工业等废水中都含有这类有机物。大量需氧性有机物排入水体，会引起微生物繁殖和溶解氧的消耗。当水体中溶解氧降至4mg/L以下时，鱼类和水生生物将难于在水中生存。水中的溶解氧耗尽后，有机物将由于厌氧微生物的作用而发酵，生成大量硫化氢、氨、硫醇等带恶臭的气体，使水质变黑发臭，造成水环境严重恶化。需氧有机物污染是水体污染中最常见的一种污染。

（5）营养物质污染　又称富营养污染。生活污水和某些工业废水中常含有一定数量的氮、磷等营养物质。这类营养物质排入湖泊、水库、港湾、内海等水流缓慢的水体，会造成藻类大量繁殖，这种现象被称为“富营养化”。大量藻类的生长覆盖了大片水面，减少了鱼类的生存空间，藻类死亡腐败后会消耗溶解氧，并释放出更多的营养物质。如此周而复始，恶性循环，最终将导致水质恶化，鱼类死亡，水草丛生，湖泊衰亡。

3. 生物性污染

主要指致病菌及病毒的污染。生活污水，特别是医院污水，往往带有一些病原微生物，如伤寒、副伤寒、霍乱、细菌性痢疾的病原菌等。这些污水流入水体后，将对人类健康及生命安全造成极大威胁。

（二）水体的自净作用

水体具有消纳一定量的污染物质，使自身的质量保持洁净的能力，人们常常称之为水体的自净。水体的自净过程十分复杂，它包括了物理过程，如稀释、扩散、挥发、沉淀等；化学和物理化学过程，如氧化、还原、吸附、凝聚、中和等反应；以及生物和生物化学过程，如微生物对有机物的分解代谢，不同生物群体的相互作用等。这几种过程互相交织在一起，可以使进入水体的污染物质迁移、转化，使水体水质得到改善。

从水体污染及其控制的要求分析，最值得注意的水体自净作用有以下三个方面。

1. 废水在水体中的稀释

稀释作用的实质是污染物质在水体中因扩散而降低了浓度。稀释并不能改变，也不能去除污染物质。污染物质进入水体后，存在两种运动形式，一种是水流沿着前进方向的运动，称为推流或平流；另一种是污染物质从高浓度处向低浓度处的迁移，这种运动被称为扩散。推流和扩散是两种同时存在而又相互影响的运动形式，其综合的结果是污染物浓度由排放口至水体下游逐渐减低，即发生了稀释。废水排入水体后并不能与全部河水完全混合。影响混合的因素很多，主要有：

（1）河水流量与废水流量的比值。比值越大，达到完全混合所需的时间就越长，或者说必须通过较长的距离，才能使废水与整个河流断面上的河水达到完全均匀的混合。

（2）废水排放口的形式。如废水在岸边集中一点排入水体，则达到完全混合所需的时间较长，如废水分散地排放至河流中央，则达到完全混合所需的时间较短。

（3）河流的水文条件。如河流水深、流速、河床弯曲情况，是否有急流、跌水等，都会影响混合程度。

2. 水体的生化自净

有机污染物进入水体后在微生物作用下氧化分解为无机物的过程，可以使有机污染物的浓度大大减少，这就是水体的生化自净作用。

生化自净作用需要消耗氧，所消耗的氧如得不到及时的补充，生化自净过程就要停止，水体水质就要恶化。因此，生化自净过程实际上包括了氧的消耗和氧的补充（恢复）

两方面的作用。氧的消耗过程主要决定于排入水体的有机污染质的数量，也要考虑排入水体中氨氮的数量，以及废水中无机性还原物质（如 SO_3^{2-}）的数量。氧的补充和恢复一般有以下两个途径：① 大气中的氧向含氧不足的水体扩散，使水体中的溶解氧增加；② 水生植物在阳光照射下进行光合作用放出氧气。

3. 水体中细菌的衰亡

水体中细菌的衰亡也是一种重要的自净作用。当水体受到有机物的污染时，水中细菌数量会大量增加，但如果污染负荷没有超过水体的自净能力，就可以观察到细菌数量逐渐减少的现象。促使水中细菌数量减少的主要作用有：① 水体的生物净化作用使水中有机物量日渐减少，细菌将因缺少食物及能源而逐渐衰亡；② 水体中生长的纤毛类原生动物、浮游动物等不断吞食细菌，使细菌数量减少；② 其他作用，如日光的杀菌作用，对细菌生长不利的温度、pH 等，均可使细菌数量减少。

一般情况下生活污水或与生活污水性质相近的工业废水排入河流后，在 12～24h 内流过的距离是细菌污染最严重的地带，以后细菌数量就会逐渐减少。如没有新的污染，三四天后细菌的数目就将少于细菌最大量的 10%。当污染负荷超过了水体的自净能力时，就会出现细菌污染严重的长距离河段。一般细菌污染的严重程度与有机污染的严重程度是相应的。

（三）水环境容量

水体所具有的自净能力就是水环境接纳一定量污染物的能力。一定水体所能容纳污染物的最大负荷被称为水环境容量。正确认识和利用水环境容量对水污染控制有重要的意义。

水环境容量与水体的用途和功能有十分密切的关系。如前所述，我国地面水环境质量标准中按照水体的用途和功能将水体分为五类，每类水体规定有不同的水质目标。显然，水体的功能越强，对其要求的水质目标也越高，其水环境容量必将减小。反之，当水体的水质目标不甚严格时，水环境容量可能会大一些。

当然，水体本身的特性，如河宽、河深、流量、流速，以及其天然水质水文特征等，对水环境容量的影响很大。污染物的特性，包括扩散性、降解性等，也都影响水环境容量。一般，污染物的物理化学性质越稳定，其环境容量越小；耗氧性有机物的水环境容量比难降解有机物的水环境容量大得多；而重金属污染物的水环境容量则甚微。

四、制浆造纸工业废水常用检测项目

1. 生化耗氧量（Biochemical Oxygen Demand，BOD）

表示进入水体的有机污染物质，通过微生物生化降解过程，所需要消耗的溶解的氧气量。单位为 mg/L。

废水中有机物的分解，一般可分为两个阶段。第一阶段（碳化阶段）是有机物中的碳氧化为二氧化碳，有机物中的氮氧化为氨的过程。第二阶段（硝化阶段），氮在硝化细菌作用下，被氧化为亚硝酸根和硝酸根。

上述有机物生化耗氧过程与温度、时间有关。在一定范围内温度越高，微生物活力越强，消耗有机物越快，需氧越多；时间越长，微生物降解有机物的数量越多，深度越大。需氧越多。在实际测定生化需氧量时、温度规定为 20℃，此时，一般有机物需 20d 左右才能基本完成第一阶段的氧化分解过程，其需氧量用 BOD_{20} 表示。在实际测定时，20d 嫌太长，一般采用5d 作为测定时间，称为 BOD_5。对于生活污水 $BOD_5 = 0.68BOD_{20}$。因此把20℃，5d 测定的 BOD_5 作为衡量废水的有机物浓度指标。

对于制浆造纸废水，BOD_5 主要是指纤维素和半纤维素的降解产物（多糖类）。BOD_5 作为有机物浓度指标，基本上反映了能被微生物氧化分解的有机物的量，较为直接、确切地说明了问题。但仍存在一些缺点：① 当污水中含大量的难生物降解的物质时，BOD_5 测定误差较大；② 反馈信息太慢，每次测定需 5d，不能迅速及时指导实际工作；③ 废水中如存在抑制微生物生长繁殖的物质或不含微生物生长所需的营养时，将影响测定结果。

2. 化学耗氧量（Chemical Oxygen Demand，COD）

化学需氧量是指在酸性条件下，用强氧化剂将有机物氧化为 CO_2、H_2O 所消耗的氧量。单位为 mg/L。常用的氧化剂为 $K_2Cr_2O_7$ 和 $KMnO_4$。

由于重铬酸钾氧化作用很强，能够较完全地氧化水中大部分有机物和无机性还原物质（但不包括硝化所需的氧量），此时化学需氧量用 COD_{Cr} 表示。如采用高锰酸钾作为氧化剂，则写作 COD_{Mn}，表 2－2 示出几种耗氧量的比较。

表 2－2　　几种耗氧量的比较

名称	BOD_{20}	BOD_5	COD_{Cr}	COD_{Mn}
所需时间	20d	5d	2～3h	1h
被氧化物质	全部有机物	70% 有机物	全部有机物及部分还原性物质	70% 有机物及部分还原性物质
氧化剂	好氧微生物	好氧微生物	$K_2Cr_2O_7$	$KMnO_4$
影响因素	水质	水质	无	无

注：还原性无机物为低价金属，如硫化物，亚硫酸盐，亚硝酸盐等。

制浆造纸废水导致 COD_{Cr} 的主要是木素及衍生物。通常情况下，$COD_{Cr} > BOD_{20} > BOD_5 > COD_{Mn}$。$COD_{Cr}$—$BOD_5$ 的差值，可以粗略地表示不能被生物氧化的有机物，BOD/COD 的比值可作为是否适宜生化处理的衡量指标，当其大于 0.3 时，才适合于采用生化处理。

与 BOD_5 相比，COD_{Cr} 能够在较短的时间内（规定为 2h）较精确地测出废水中耗氧物质的含量，不受水质限制。缺点是不能表示可被微生物氧化的有机物量，此外废水中的还原性无机物也能消耗部分氧，造成一定误差。

3. 总悬浮固形物（Total Suspended Solid，TSS）

表示废水中不能溶解的所有的物质，导致浑浊。《GB/T 11901—1989　水质　悬浮物的测定　重量法》定义为水样通过孔径为 0.45μm 的滤膜，截留在滤膜上并于 103～105℃烘干至恒重的固体物质。这些物质的含量和粒度不同，导致水体呈现不同的浑浊程度。制浆造纸工业废水中的悬浮物质主要是细小纤维，其次是胶料、填料、涂料。

4. 总有机碳（Total Organic Carbon，TOC）

表示废水中各种有机污染物含碳的总量，能够比较直接地反映废水中污染物的总量。BOD 测定烦琐费时，COD 不能准确表示废水中的有机物，而 TOC 测定仅需几分钟时间。

TOC 测定原理：水样酸化，再通过压缩空气吹脱水中的碳酸盐，消除干扰。向氧气含量已知的氧气流中注入定量水样，并将其送入以铂为触媒的燃烧管中，在900℃高温下燃烧，用红外气体分析仪测定在燃烧过程中产生的CO_2量，再折算出其中的含碳量，就是TOC。

5. 总有机结合氯（Total Organically Bound Chlorine，TOBCl）

表示有机氯化合物中氯含量的度量，一般对生物体有毒。其毒性大小根据化合物的种类不同存在差异。在制浆过程中采用氯化、次氯酸盐漂白往往产生这类物质。表示总有机结合氯，还可以采用可吸附有机卤化物（Absorbable Organically Bound Halogen AOX）和总有机卤化物（Total Organic Halides TOX）来表示，其中AOX的使用更为普遍。

AOX用来表征造纸漂白废水中可吸附有机氯化物，《GB/T 15959—1995 水质 可吸附有机卤素（AOX）的测定微库仑法》规定了AOX标准分析方法，水样经硝酸酸化（必要时需对水样进行吹脱，挥发性有机卤化物经燃烧热解直接测定），用活性炭吸附水样中有机化合物，再用硝酸钠溶液洗涤、分离无机卤化物，将吸附有机物的炭在氧气流中燃烧热解，最后用微库仑法测定卤化氢的质量浓度。

6. 溶解氧（Dissolved Oxygen，DO）

溶解于水中的氧气含量。单位为mg/L，与水温、大气压有关。采用溶解氧测定仪检测，在20℃，0.1MPa，水中DO = 9.17mg/L。

溶解氧是水生生物生存的必要条件，也是水质分析的重要参数之一。当DO < 4mg/L时，影响水生生物；当DO < 0.5mg/L时，好氧菌无法生活。

7. pH

pH反映了水的酸碱性的强弱。测定和控制水样的pH，对于维持废水处理设施的正常运行，防止废水处理及输送设备的腐蚀，保护水体的自净功能和水生生物的生存繁衍，具有十分重要的意义。

8. 色度（Colour Units，C.U.）

色度表示废水的颜色，色度的测定有三种。

（1）铂钴比色法　适用于测定轻度污染并略带色调的水，如造纸白水。用氯铂酸钾和氯化钴配制颜色标准溶液，与被测样品进行目视比较，以测定样品的颜色强度，即色度。色度的标准单位为：在1L溶液中含有2mg六水合氯化钴和1mg铂（以六氯铂酸的形式存在）时产生的颜色为1度。样品的色度以与之相当的色度标准溶液的度值表示。

（2）稀释倍数法　适用于测定污染较严重的工业废水。将样品用光学纯水稀释至用目视与光学纯水相比较，以刚好看不见颜色时的稀释倍数作为表达颜色的强度，单化为倍。同时用目视观察样品，检验颜色的深浅（无色、浅色或深色），色调（红、橙、黄、绿、蓝和紫等）。如果可能包括样品的透明度（透明、浑浊或半透明），用文字予以描述。结果以稀释倍数和文字描述相结合表达。

（3）CPPA标准方法　是加拿大制浆造纸协会标准方法。水样的颜色是其在465nm波长时吸收光波情况的反映。一个色度单位等于465nm时1mg/L铂的铂—钴标准液对于光线的吸收，500色度单位对应于465nm时0.14吸收值（即70%的光线透射）。

9. 毒性（Toxicity or Poisonousness）

当某些物质进入动物体内，积累达到一定数量时，会使肌体组织或者体内液体出现生物化学和生理功能的变化，从而引起暂时性或者永久性的病理状态，直至危及生命，这类物质称之为毒性物质。利用动物对有毒物质的这种病理反应可以测定某种物质的毒性，确定相应的最高容许浓度，这种毒性实验称为生物监测。鱼类是水体中的重要生物，对环境和污染物质非常敏感，通常采用某些特定的鱼类作为毒性试验对象，检测废水中污染物质的毒性，作为水质评价的依据。利用鱼类判断废水毒性的标准如下：

（1）半致死浓度 LC_{50}（Median Lethal Concentration）　96h 内用作毒性试验的鱼群死亡一半的浓度。

（2）半致死时间 LT_{50}（Median Lethal Time）　在一定浓度下，鱼群死亡一半的时间。

第二节　废水的来源及特征

制浆造纸工业的废水及其污染负荷，随着原料种类、生产工艺以及产品品种的不同，存在很大的差异。即使采用同样的原料、同样的生产工艺，生产同样的产品，由于技术和管理水平的差异，不同工厂的废水排放量以及其中的污染物质含量等，都会存在很大的差异。由制浆造纸工业的性质所决定，即使对于技术装备先进、操作管理完善的企业，废水及其污染物质的排放，依然是必须予以重视的问题。

制浆造纸整个生产过程的各个车间和工段都有废液和废水的产生排放，必须采用相应的回用和处理措施。由于不同车间和工段所产生废液或者废水的排放量、污染物质构成不同，因而需要采用的处理方法也有所不同。

一、备料工段废水

1．原木备料废水

制浆造纸厂必须储存一定数量的原料，以满足生产工艺和连续生产的需要。一般来讲，原料储存对于环境没有危害。但是，采用水上储木的方式，原木的湿法剥皮、切片的水洗都会产生污水。备料工段的废水含有一定量的木材抽出物成分，它们以溶解胶体物质的形式存在，是废水重要的毒性来源。

采用干法剥皮可以大大减少废水的发生量。另外尽量使备料系统的用水处理之后回用，或者利用造纸系统的多余白水作为调木作业和湿法剥皮用水，都可以使污水的产生和排放量大为减少。

2．非木材原料的备料废水

在我国制浆造纸行业广泛应用的非木材原料有芦苇、麦草、稻草、蔗渣、竹子等，与木材相比，在备料工段有其特殊性。

草类原料的备料多采用干法备料流程。为了防止大量尘土和草屑飞扬造成大气污染，同时改善工作条件，多数工厂在集尘和除尘设备中增设对排风的喷淋装置，以达到降尘的目的。这样做的结果，减轻了大气的污染，但大量的悬浮物转入水中，即由对大气的污染转为对水体的污染。当草类原料含有大量杂质和泥土时，采用干、湿法相结合的备料工艺可改进成浆质量。其用水量决定于水回用程度，一般为 $2 \sim 50m^3/t$ 绝干草。

草类备料废水主要含有草屑、泥沙等固体悬浮物，同时草屑及原料中的部分水溶性物质进入备料废水中，增加了废水中 BOD_5 和 COD_{Cr} 的含量，因此对备料工段的喷淋等废水应进行澄清、净化，并对分离出来的污泥进行填埋处理。同时对废水中 BOD_5 和 COD_{Cr} 含量进行必要的处理。

蔗渣备料的主要目的在于尽可能多地除去蔗髓。我国蔗渣的除髓多采用干法，蔗渣经过疏解，在一定型式筛选机上进行除髓。干法除髓过程一般不对水体产生显著污染。

湿法除髓一般是在经过贮存后进行。质量浓度为20～40g/L的蔗渣在疏解机内分离筛选，使其质量浓度达到150g/L，以便进行蒸煮。湿法除髓的效果最好，可获得非常干净的蔗渣纤维原料，但会造成相当的水污染。湿法除髓所造成的污染主要是SS，同时也有水溶性物质进入废水，增加了BOD_5和COD_{Cr}的含量。如果将湿法除髓用水系统封闭循环，则可显著降低排污量，减少污染。

竹子的备料与木材相似，在竹子的削片、洗涤和筛选过程中，一部分溶出物溶解于水中，造成水污染。竹子备料的用水量变化较大，可达2～30m^3/m^3实积竹材。竹子备料废水的污染负荷较低，除去水小的砂石、碎屑等之后，可以回用。

二、化学法制浆废液

化学法制浆废液是制浆造纸行业的主要污染源之一，其化学构成根据原料品种、蒸煮工艺以及化学药品的种类和用量不同，存在着很大的差异。化学法制浆废液是制浆蒸煮过程中产生的超高浓度废液，包括碱法制浆的黑液和酸法制浆的红液。我国目前大部分造纸厂采用碱法制浆，所排放的黑液是制浆过程中污染物浓度最高、色度最深的废水，呈棕黑色；它几乎集中了制浆造纸过程90%的污染物，其中含有大量木素和半纤维素等降解产物、色素、戊糖类、残碱及其他溶出物。每生产1t纸浆约排黑液10m^3，其特征是pH为11～13，BOD_5为34500～42500mg/L，COD_{Cr}为10600～157000mg/L，SS为23500～27800mg/L。

亚硫酸盐法制浆主要指酸性亚硫酸盐法和亚硫酸氢盐法，所用盐基为钙或镁，废液呈褐红色，故又称红液。它也集中了制浆造纸过程90%的污染物，其中含有大量木素磺酸盐、半纤维素降解产物、色素、戊糖类及其他溶出物。每生产1t纸浆约排红液10m^3，其特征是pH在5以下，BOD_5为170～345kg/t浆，COD_{Cr}为1106～1555kg/t浆。

亚铵法制浆废液呈红褐色，杂质约占15%，其中钙、镁盐及残留的亚硫酸盐约占20%，木素磺酸盐、糖类及其他少量的醇、酮等有机物约占80%。

碱法制浆废液一般采取碱回收或综合利用的方法处理，否则直接排放将对接受水系产生巨大的污染。

三、高得率制浆废液

高得率浆包括机械浆（SGW）、化学机械浆（CMP）、木片热磨机械浆（TMP）、化学预处理热磨机械浆（CTMP、BCTWP）及碱性过氧化氢化学机械浆（APMP）等。高得率制浆废水主要来自木片洗涤、化学预处理残液及浆料的洗涤、筛选等工艺过程。废水中的污染物质，主要是生产过程中溶出的有机化合物和流失的细小纤维。溶解的有机化合物含量，取决于制浆方法和原料种类。一般来说，化学机械法制浆过程的废液排放量为20～30m^3/t浆，BOD_5和COD_{Cr}分别为40～90kg/t浆和65～210kg/t浆，并且含有大量的悬浮物和较深的色度。BOD_5和COD_{Cr}的主要成分是木素降解产物、多糖类和有机酸类等，其中木素降解产物占30%～40%，多糖类占10%～15%，有机酸类占35%～40%。显然，如果不加以处理就直接排放，必然会对水体造成严重的污染。

表2-3比较了机械法制浆和化学机械法制浆废水的污染负荷，从表中数据可以看出：由于制浆方法的不同，废液的污染负荷存在着很大的差异。SGW、RMP和TMP在制浆过程中产生的溶解性有机化合物为2%~10%，主要构成是低分子量的木素降解产物、碳水化合物降解产物和水溶性抽出物等。由于使用化学药品进行预处理，CMP制浆废液的COD显著提高，产生的溶解性有机化合物一般在5%~10%或者更高，这是木材中某些组分如木素、树脂等，在化学药品作用下更多地降解和溶出的结果。

表2-3　机械法制浆和化学机械法制浆废水的污染负荷　单位：kg/t浆

制浆方法	SGW（针叶木）	RMP（针叶木）	TMP（针叶木）	CMP（阔叶木）	木片洗涤	漂白处理
BOD_5	10~20	12~25	15~30	40~90	1~4	10~25
COD_{Cr}	22~50	23~55	25~70	65~210	2~6	15~40
SS	10~50	10~50	10~50	10~50		

四、废纸制浆车间废水

废纸再生过程产生的最大量的污染物是废水，其物理化学特性与一般制浆车间排出的废水相比有很大的不同。废纸制浆废水因废纸的种类、来源、处理工艺、脱墨方法及废纸处理过程的技术装备情况的不同，所排放的废水特性差异很大。

废纸再生过程所产生的废水主要来自废纸的碎解、疏解，废纸浆的洗涤、筛选、净化，废纸的脱墨、漂白以及抄纸过程。来自废纸制浆车间的废水，其中的固体悬浮物（SS）是由纤维、细小纤维、粉状纤维、矿物填料、油墨微粒、胶体状的有机物或无机物组成的混合物。根据回收废纸的不同，其各组成比例会改变，例如包装类的废纸，由于加填量较低，所以它们的固体负荷就较低。相反，由于涂布纸有较高的固体负荷，所以在废纸再生工艺过程中，总损失可高达40%。其矿物填料包括碳酸钙、高岭土、滑石粉和二氧化钛等。

废水中的有机物组分也随着废纸的种类而变化，其主要成分是碳水化合物，它们或者是来自纤维素或半纤维素的降解，或者是来自淀粉，主要构成废水的BOD_5。另外还含有木素的衍生物，不仅会造成废水的COD_{Cr}，而且会加深废水的色度。其他还有一些有机物组分包括蛋白质、黏合剂、涂布胶黏剂、食物残渣等。它们也会产生BOD_5、COD_{Cr}或色度。通常情况下废水的BOD_5/COD_{Cr}的比值大于0.3，这说明废纸再生的废水还是比较容易由生物法来处理。废水的实际有机物负荷还受下述四个因素的影响：① 废纸的地域，例如欧洲的废纸比北美洲的含有更多的淀粉；② 废纸的种类，例如废杂志纸比旧新闻纸有更多的BOD_5；③ 废纸内部处理系统，例如废水通过澄清处理可以去除大部分SS和一部分COD_{Cr}；④ 废纸再生的单位水耗。

一般情况下，无脱墨工艺的废纸再生浆，其废水排放量及废水的BOD、COD排放负荷均比有脱墨工艺的废纸制浆要低得多。洗涤法脱墨由于其工艺特点决定了用水量远高于浮选法脱墨，但废水的COD、BOD、SS排放总量比浮选法高。对于同种脱墨方式而言，用于生产薄页纸等高档纸的脱墨浆的废水，其COD、BOD、SS以及溶解性胶体物质等污染物排放量要高于生产新闻纸用脱墨浆的废水。

五、洗涤、筛选工段废水

多段逆流洗浆的工艺流程，如果管理状况良好，用水系统是封闭操作的，基本上不排放废水。但是，在工厂实际操作中，由于工艺管线长，浆泵和黑液贮槽多，容易发生跑冒滴漏的现象。另外，正常检修时的停机开机清洗也需要用水，这是洗浆废水的主要来源。并且洗涤工段的废水量波动较大。

浆料经洗涤提取蒸煮液，再经筛选后，可以去除大部分杂质。但是不管是化学法、机械法，还是化学机械法，所得粗浆中都会含有生片、木节、纤维束及非纤维素细胞，甚至还有砂粒、金属屑等，因此都要进行筛选和净化。这一工艺环节需要大量的水，而且筛选后还要浓缩排水，它们是筛选废水的主要来源。对化学浆及化学机械浆，洗涤与筛选废水的主要污染物同相应的蒸煮液一样，其浓度高低与蒸煮液提取率直接相关。此外，还会有一定量的细小悬浮纤维。对于机械浆，洗涤与筛选废水中的主要污染物是细小悬浮纤维以及纤维原料中的溶解性有机物。筛选系统用水的封闭是提高洗涤效率、减少废水排放量的有效措施：浆料筛选开放系统和封闭系统排放废液的水量及其污染负荷如表 2 - 4 所示。筛选后浓缩排水及尾浆净化排水，一般称为“中段废水”。

表 2 - 4　　开放式和封闭式筛选洗浆系统吨浆废液量及污染负荷

项目	废水量/m^3	BOD_5/kg	色度（C. U.）	SS/kg
开放系统	30 ~ 100	10	30 ~ 50	5 ~ 10
封闭系统	6 ~ 8	5	10 ~ 20	0

六、漂白工段废水

化学法制浆过程的本质是脱木素，而漂白是将残余木素由未漂浆中分离出去。传统漂白工艺是由氯化（C）、碱抽提（E）、次氯酸盐漂（H）等几段组成。现代漂白工艺着眼于减少氯代有机物的形成，漂白废水可以分为传统漂白废水（元素氯用量占总用氯量10% 以上）、无元素氯漂白（ECF）废水和完全无氯漂白（TCF）废水。漂白废水的基本特性如下。

（1）色度　在针叶木硫酸盐浆和阔叶木硫酸盐浆传统漂白废水中，氯化与碱处理段废水色度含量占漂白废水总颜色的 90% 以上，仅仅碱处理段废水就占漂白废水总颜色的70% ~80% 。废水色度随着氯化段二氧化氯取代率的增加而降低。氧气预漂白降低漂白废水的颜色达 63% ~80% ，而在 ECF 漂白工艺中，若第一段用臭氧取代二氧化氯，则可以显著降低漂白废水的颜色。

（2）化学耗氧量（COD）　纸浆漂白废水中的 COD 值取决于未漂浆的卡伯值。采用二氧化氯漂白时，由于二氧化氯漂白的氧化程度比元素氯高，其漂白废水的 COD 负荷随二氧化氯取代率的增加而降低，当二氧化氯完全代替元素氯漂白时，废水 COD 负荷可降低 20% ~25% 。采用氧脱木素同样可降低漂白废水的 COD 负荷，其 COD 负荷的降低程度与氧脱木素后纸浆卡伯值的降低程度成比例，一般可降低 40% ~50% ，TCF 纸浆漂白废水中 COD 负荷在 30～50kg/t 浆。

（3）生化耗氧量（BOD）　由于在漂白过程中，浆中残余木素及残余黑液中的成分溶出，使漂白废水的 BOD 与未漂浆的卡伯值与洗涤程度密切相关。漂白工艺中二氧化氯取代率对 BOD 的影响不大，即便采用 100% 的二氧化氯代替氯气，漂白废水 BOD 的变化并不显著。在常规的漂白工艺和采用二氧化氯代替部分元素氯的漂白工艺中、在漂白工艺前采用氧气脱木素预处理，可降低 BOD 到 70%，在 TCF 漂白工艺中，每吨纸浆所排放的 BOD 负荷为 12～39kg/t 浆。一般情况下，由于未漂阔叶木硫酸盐浆的卡伯值较未漂针叶木浆低，因此，阔叶木硫酸盐浆漂内废水的 BOD 负荷比针叶木硫酸盐浆漂白废水低。

（4）可吸附有机卤化物（AOX）　由于环境保护与市场两个方面的压力，最大限度地限制漂白工艺中元素氯的使用已成为纸浆漂白发展的主题。各国科学家投入很大的精力来研究纸浆漂白过程中 AOX 的形成这一棘手的课题。研究表明，纸浆中的木素是纸浆漂白厂废水中 AOX 的来源。采用预漂工艺，例如延时脱木素制浆新技术和氧脱木素预处理技术，可大大降低待漂浆的卡伯值，从而降低漂白废水的 AOX。

典型漂白废水的 AOX 负荷为 3.7～6.8kg/t 浆，而 ECF 漂白的 AOX 负荷仅为 0.9～1.7kg/t 浆。在传统漂白工艺和采用氧脱木素的漂白工艺中，漂白废水 AOX 负荷与氯化段二氧化氯取代率的增加呈线性下降关系。当用二氧化氯完全代替元素氯时，废水中 AOX 的发生量很小。AOX 的形成是复杂的，取决于漂白工艺中漂白剂的种类、有效氯在各漂白段的分配情况、氯的加入形式等。减小有效氯用量及采取分步加入的漂白工艺可降低漂白废水中 AOX 的负荷。TCF 漂白废水中基本上检测不到 AOX 的存在。

（5）pH　传统漂白氯化段废水的 pH 很低，呈很强的酸性；而碱处理段废水的 pH 很高，呈很强的碱性。各不同漂段的 pH 均有不同的要求。所以在浆料逆流洗涤时，应当充分考虑废水的 pH。

降低漂白车间废液的污染负荷可以通过以下途径：① 采用强化脱除木素的制浆工艺，达到深度脱除木素的目的，以降低漂白处理的化学药品消耗；② 采用氧碱漂白工艺，废液可以和蒸煮工段废液一起送碱回收车间处理；③ 采用浆料逆流洗涤工艺，减少废液总体积和增加固形物浓度；④ 漂白工艺采用二氧化氯取代氯，减少废液中 AOX 的含量；⑤ 后续漂白工段采用氧、过氧化氢、臭氧等处理工艺，进一步降低废液的污染负荷。

七、污 冷 凝 水

化学制浆过程中，蒸煮锅小放气和蒸煮结束时放锅排出的蒸汽，经直接接触冷凝器或表面冷凝器冷却产生的冷凝水，是污冷凝水的来源之一。碱法蒸煮过程中产生的污冷凝水，主要含有萜烯化合物、甲醇、乙醇、丙酮、丁酮及糠醛等污染物；硫酸盐法制浆过程中，还有硫化氢及有机硫化物。制浆原料是针叶木时，冷凝液表面还会漂有一层松节油。

黑液与红液在综合利用或送碱回收炉燃烧前，都要通过多效蒸发器浓缩，蒸发浓缩过程中产生的污冷凝水是浆厂污冷凝水的另一来源。黑液蒸发工序中，一般多效蒸发器中第一效的冷凝水是新蒸汽冷凝水，应该回送动力系统或者供洗涤或苛化工序利用。其余各效的二次蒸汽污冷凝水都或多或少带有甲醇、硫化物，有时还会有少量黑液。碱法制浆产生的污冷凝水，经过汽提法处理之后，方能回用或者排放。

在亚硫酸盐法浆厂中，红液蒸发污冷凝水是重要污染源，具有很高的污染负荷，可以达到30kg BOD_5/t浆以上。其中主要成分是乙酸，其次是甲醇及糠醛。可以通过中和的方法，在蒸发前的稀红液中加入与蒸煮相同盐基的碱性化学药品，降低冷凝水中的乙酸含量。也可以将冷凝水用于可溶性盐基的制酸工段。采用汽提处理污冷凝液的方法，可以使得甲醇和糠醛挥发除去，但是不能除去乙酸。综合利用也是亚硫酸盐法制浆废液的重要处理途径。

八、造纸车间废水

造纸车间排出的废水习惯上称之为造纸白水。造纸白水的成分主要以固体悬浮物为主，包括纤维、填料、涂料等，还有添加的施胶剂、增强剂、防腐刘等。其中添加的防腐剂（如醋酸苯汞等）具有一定的毒性。

1. 造纸车间废水特性

从纸机不同部位脱出的白水的浓度和组成是不同的。例如，长网纸机网下白水的浓度最高，真空部位脱出的白水浓度次之，而伏辊部位脱出的白水浓度更小。从其组成来看，网下白水所含纤维中的细小纤维量约为上网浆料的1.5～2.0倍，而真空箱部位白水所含纤维中的细小纤维量约为上网浆料的3倍。

白水的数量和性质随纸张的品种、造纸机的构造及车速、浆料的件质、化学添加物（如胶料、填料、染料、化学助剂等）的种类及用量等条件的不同而异。表2－5给出了几家制浆造纸企业造纸车间排出的剩余白水的一些基本特性。造纸白水中所含的物质较复杂，因浆料来源、造纸工艺、机械设备、生产纸种等不同而有较大差异。白水中的主要物质和来源归纳于表2－6中。

表2－5　造纸车间排出的剩余白水的基本特性

造纸用浆种	生产纸种	废水pH	总COD_{Cr}/（mg/L）	BOD_5/（mg/L）	总SS/（mg/L）
废纸浆＋商品木浆	牛皮箱纸板	8～9	1100～1400	300～400	1000～1200
100% ONP与OMP脱墨浆	新闻纸	7.5～8.5	3900		3210
化木浆＋化苇浆＋机木浆	胶版纸	6～7	860～950	210～250	630～850
商品木浆	薄页纸	6.2～7	196		213
商品木浆	生活用纸	6.6～6.9	622～670	150～158	180～207

表2－6　造纸车间白水中的主要物质和来源

物质形式	化学组成	来源
纤维	纤维素、半纤维素、木素、抽出物等	机械和化学制浆过程
细小纤维	纤维素、半纤维素、木素、抽出物等	机械和化学制浆过程
	硅酸盐	填料、涂布颜料
矿物质	碳酸钙	脱墨废纸浆
	硅、膨润土	助留剂

续表

物质形式	化学组成	来源
表面活性剂	脂肪酸及其皂化物	机械和化学制浆、脱墨浆
	树脂酸和盐	机械浆、树脂、施胶
	非离子型表面活性剂	分散剂
	烷基硫酸盐、硫化物	涂布损纸
	烷基胺	消泡剂
溶解的聚合物	半纤维素	机械和化学制浆
	木素	机械制浆
	CMC、PVA	涂布损纸
	阳离子聚合物	助留剂
	硅酸盐	漂白化学品
分散颗粒	不溶性脂肪酸和树脂酸	抽出物、施胶剂
	苯乙烯－丁二烯、丙烯酸盐	涂布损纸、脱墨废纸浆
	PVAc（聚醋酸乙烯酯）胶乳、乳化油	消泡剂、抽出物
无机物	金属阳离子、各种阴离子	水、矿物质、硫酸铝、纸浆

2. 造纸白水中的溶解及胶体物质（DCS）

造纸白水中的总固体 TS（Total Solids）是由总悬浮固体 TSS（Total Suspended Solids）和总溶解固体 TDS（Total Dissolved Solids）构成。总溶解固体可以看成是白水系统中的全部溶解与胶体物质（Dissolved and Colloidal Substances，简称 DCS）。

实际上 DCS 在内涵上的界定是不清晰的，DCS 中既有无机物，也有有机物，它是一个在物理和化学性质上有很大差异的微细物质组群。且由于所谓“肢体”状态的不稳定性，均给其分析检测带来一些不确定性，全面检测 DCS 的方法还有待于进一步的发展和完善。对 DCS 含量的检测，关键是如何将其包含物质进行分离和定量分析。

DCS 物质主要来源于纸浆、填料、原水和制浆造纸过程的化学品等，其中绝大部分为有机物。木材原料中的有机物质是 DCS 的主要来源，且随着木材材种和制浆方法的不同，纸浆滤液中的 DCS 含量也有较大的差异。

在各种纸浆中，机械浆系统白水中的 DCS 含量最大。在机械制浆过程中，有 2～5kg/t 浆的 DCS 物质溶解或分散到水相中，且随着机械作用的强化而增加。由于磨石磨木浆受机械作用较强，所以其浆料悬浮液中的 DCS 含量也最高。化学机械法制浆废水及废纸脱墨废水中 DCS 的主要组成与含量及其对造纸用水封闭循环的影响已成为目前国外研究的热点之一。

化学浆的 DCS 含量取决于浆料洗涤的程度。由于洗涤不充分，疏水的抽出物和蒸煮、漂白的化学品很难被完全洗净，或多或少地会带进造纸系统，使之在造纸过程中溶出。此外，漂白方法对 DCS 含量的影响较大。经过氧化物漂白后的纸浆其 DCS 含量较高。对造纸白水中 DCS 物理化学特性进行分析研究的意义在于揭示造纸白水封闭循环对纸机湿部抄造性能等方面的影响。

第三节 制浆废液的资源化利用

在化学法制浆过程中，原料中50%以上的物质经过化学反应后溶入到蒸煮废液中，是化学法制浆废水的主要污染源。在蒸煮废液中有机物约占70%，无机物占30%多；随制浆的方法不同废液的组成也有不同，不同制浆方法废液的组成见表2-7。

表2-7 **不同制浆方法废液的组成** 单位：%

硫酸盐松木浆（得率47% Na基）		烧碱法麦草浆（得率43% Na基）		亚硫酸钙枞木浆（得率51% Ca基）		亚硫酸铵稻草浆（得率54% NH_4基）	
碱木素	30.4	碱木素	23.9	木素磺酸盐	49.4	木素磺酸盐	45.4
挥发酸	8.0	挥发酸	9.4	挥发酸	9.5	挥发性有机物	14.8
其他有机物	30.9	其他有机物	35.7	总糖	17.1	糖类有机物	30.2
钠	24.1	钠	23.5	糖类衍生物	19.0	灰分	9.5
硫	3.2	硅	6.4	钙	5.0	总计	100
硅	0.6	其他无机物	1.1	总计	100		
其他无机物	2.8	总计	100			总氮	15.4
总计	100					铵态氮	14.1

制浆废液的资源化综合利用技术是指利用物理方法、化学方法或物理、化学、生物相结合的方法，将废液中的木素、低聚糖与单糖、挥发性有机物等有机物分离并加以综合利用的工艺。资源化综合利用制浆废液，不仅有效地治理了制浆废水的污染，而且对天然资源实现了梯级利用。

1. 工业木素的分离与提纯

从碱法制浆黑液中分离木素的方法，概括起来主要有三种：降低黑液的pH，使碱木素沉淀出来；在黑液中加入电解质，破坏木素的胶体性质，使其沉淀；采用超滤法分离。

（1）酸沉淀法　由于碱木素不溶于水和酸，在黑液中通入CO_2（烟道气）、SO_2或直接加入无机酸降低pH，碱木素便会沉淀出来。酸沉淀法的主要缺点是分离木素的纯度低，废酸易造成二次污染，对于草浆黑液沉淀木素的颗粒细小，加上硅胶体的干扰，木素的洗涤、过滤和分离都较困难。

（2）电解质沉淀法　采用$FeCl_3$、$AlCl_3$，$Al_2(SO_4)_3$等作絮凝剂或利用粉煤灰、铝矿及其他原料、辅料与无机酸混合加热精制而得絮凝剂，虽然也可以沉淀分离麦草黑液中的碱木素，但化学絮凝沉淀与酸沉淀过程不同，木素沉淀率较低，沉淀木素的纯度也较低（小于38%），且木素沉淀疏松，分离操作困难。

（3）超滤法　超滤的基本原理是，由于分离膜对溶剂或溶质的透过表现出一定的选择性，在压力差的作用下，溶剂、无机盐和低分子有机物有选择性地通过分离膜，从而实现溶液的浓缩或不同溶质的分离。超滤分离过程无相变化，因而能量消耗少；将黑液固含量由8.5%提高到23.0%，其能耗仅为四效蒸发浓缩的30%；超滤处理运转费用低。超滤分离提纯的木素纯度高，表面活性和分子量均得到较大的提高。废液经超滤处理后，污染负荷大幅度下降，色度、BOD、COD 可减少 70% ~80%，还可除去大部分 SiO_2。但超滤处理存在水通量小，截留率低和处理量不大等问题。

2. 工业木素的特性与分类

木素是苯基丙烷单元以碳碳键和醚键联结的高度取代的复杂的天然高分子聚合物。制浆过程中产生的工业木素，其特性取决于纤维原料、制浆方法、工艺条件以及木素的分离提取方式。评价工业木素的指标主要有纯度、溶解性、分子量分布情况、热塑性和活性基团含量（化学反应活性）等。工业木素按照来源可分为四类。

（1）水解木素　来源于天然植物酸水解的残渣；水解木素的溶解性和反应活性很低，大部分已发生缩合，其用途也受到限制，主要用作填料和燃料。全世界每年约有 150 万 t 水解木素产生，主要分布在俄罗斯等国。

（2）碱木素　来自硫酸盐法、烧碱法、烧碱－AQ 法等制浆过程；碱木素可溶于碱性介质，含硫量较低，不超过 1.5%。碱木素的反应性较好，全世界每年约产生 4500 万 t 碱木素，绝大多数在碱回收中被燃烧，仅有约 10 万 t 碱木素用作各种化工原料。

（3）木质素磺酸盐　主要来自传统的亚硫酸盐法制浆和其他改性的亚硫酸盐制浆过程，其硫含量高达 10% 左右，有很好的水溶性和广泛的应用途径，全世界每年约有 500 万 t。

（4）来源于其他新制浆工艺的木素　如溶剂法制浆、乙酸溶剂木素（来源于乙酸蒸煮）、蒸汽爆破木素等，纯度高，反应活性好，但产量不多。

上述不同种类的工业木素，虽然品种很多，但具有许多共性：都具有甲氧基、酚羟基、烷羟基、羧基等官能团，可利用这些活性基团进行化学改性；工业木素具有很好的吸附性、黏结性、流变性和胶体性等物理特性。但作为化工原料，工业木素还具有许多不利因素，如分子量分布的均一性很差、功能基分布差异很大、碳碳键联结较难打开等。尤其是草类原料的碱木素平均分子量较低，甲氧基含量高，反应活性也相对较低。从制浆黑液中提取的碱木素理化性能差异较大，产品稳定性差，纯度也不够理想，应用途径受到限制。

3. 工业碱木素的改性

由于工业碱木素本身的缺欠，使其直接利用受到限制。通过对碱木素进行羟甲基化、磺化、烷基化、部分脱甲基化、温和降解等化学改性后，可望在石油化学品、合成工程塑料、木材黏合剂、缓释肥料、各种工业助剂和化工原料等方面得到广泛的应用和较大的发展。

（1）羟甲基化和磺化　工业碱木素可溶于碱性介质，在 pH≥9 时，苯环上的游离酚羟基可发生离子化。同时，酚羟基的邻、对位两个反应点活化，可与甲醛反应引入羟甲基。经羟甲基化后的碱木素，可作黏合剂或酚醛塑料。

经甲基化的碱木素还可以进一步与 Na_2SO_3、$NaHSO_3$ 或 SO_2 发生磺化反应，碱木素的碳化包括侧链的磺化和苯环的磺甲基化。磺化后木素有很好的亲水性、分散性和低的表面活性，可用作染料分散剂、石油钻井泥浆稀释剂、水泥减水增强剂等。

（2）烷基化接枝改性　碱木素的酚羟基在碱性条件下，可与环氧乙烷、环氧丙烷、卤代烷烃（如溴代十二烷）及工业 RX 试剂等发生醚化反应。侧链的羟基也会发生醚化接枝反应。碱木素经环氧化物醚化改性后可形成线性柔性链，再用异氰酸酯交联，可制备黏合剂或硬泡沫塑料等。木素烷基化改性的另一个意义是在木素酚羟基上引入不同链长的烷烃，使改性产品具有良好的亲水、亲油性，合成木素基表面活性剂。

（3）脱甲基化　工业木素在高温（180～300℃）下和 Na_2S 或单质硫在碱性介质中反应，可使木素苯环上甲氧基发生脱甲基反应，生成二甲硫醚副产物，在原甲氧基（$—OCH_3$）的位置上形成具有较高反应活性的酚羟基。同时木素发生降解反应，平均分子量降低。反应温度越高，时间越长，脱甲基越完全，但同时也会加剧产物的交联化反应。控制适当的反应温度、时间和甲基脱除率，形成的脱甲基木素含较多的愈疮木酚和儿茶酚，其反应活性接近间苯二酚，高于苯酚，可完全代替苯酚生产木材黏合剂。

（4）温和氧化降解　控制一定的反应条件，工业碱木素在 $KMnO_4$、$NaIO_4$、MnO_2、O_2 等氧化剂作用下，可发生温和氧化降解反应。碱木素大分子被部分降解，改善了碱木素分子量的均一性，可赋予其较强的反应活性。温和降解后的碱木素，再经烷基化等化学改性后，表现出更为理想的物理化学性能。

一、制浆废液在农业上的利用

木素是自然界中能从再生资源获得的高聚合度的芳香有机原料，具有无毒、价廉、能被微生物降解的特性。木素是一种含有许多负电基团的多环高分子有机物，对土壤中的高价金属离子有较强的亲和力；木素的反应活性强，还具有螯合性和胶体性质。它是土壤腐殖质的前体物质，在土壤中降解过程非常缓慢。正是木素的这些特性，使其在农业上有着广泛的用途。

1. 木素长效缓释/控释氮肥

氮是植物营养的重要元素，而作物可以直接吸收的只是无机态氮素。以木素作为肥料的载体，利用木素比表面积较大、吸附性强的特点，用木素吸附、包囊营养元素，或者直接让木素与营养元素发生化学反应，使得肥料中的营养物质固定在木素上，利用木素的迟效性，达到肥料缓释/控释的目的。由于木素是天然高分子化合物，无毒，随着土壤中微生物降解木素生成腐殖酸，营养元素逐渐释放出来，为作物吸收利用；木素降解生成腐殖酸，可以改善土壤理化性质，提高土壤通透性，防止板结。利用木素生产缓释/控释肥料，可以达到环境保护和对生物资源的综合利用，是一种比较理想的生产肥料的方法。

经过特定化学反应和物理吸附工艺，在木素上接上植物生长所需要的营养元素（如N、P、K 和微量元素等）时，由于植物只能吸收游离态的营养成分，且由于木素是一种迟效成分，需要经过微生物降解，随着木素本身的降解而使得其上营养元素得以释放，为作物吸收利用。正是这种缓慢释放的特性使木素可以成为一种含有多种营养元素，并且能较好地控制淋失的完全肥料。肥料释放平缓，肥效稳长，其养分利用率可达 80% 以上，肥效可以持续 20 周之久。木素缓释肥料是一种无污染、无害化、适应现代农业生产要求的生态型新肥料。

Flaig 等人介绍，通过氧化氨解反应可以很容易地将氮引入木素结构中制成木素缓释放氮肥。氧化氨解是一种有价值的利用工业木素的方法。在 NH_4OH 溶液中，用分子 O_2 氧化木素可把氮引入到木素结构中，生成氨氧化木素。这些氮改性后的木素即是一种可逐渐向土壤释放出其含氮养分的缓释放肥料。Flaig 在中试规模下用木素磺酸钙反应制得含氮高达18%～22%的木素产物。他认为木素含氮量随着氧气消耗量的提高而提高，当每千克干木素吸收了10～13mol氧气时，总氮中有60%为有机态氮。

国内许多学者对利用氧化氨解方法制备木素缓释放氮肥的机理和工艺做了研究，发现木素的氨化反应是一种瞬时反应历程，在此过程中，木素分子的碎裂化现象明显，木素大分子表面基团发生了氧化性修饰，但木素分子内部的高度缩合性没有明显改变。实验表明，氨化反应与木素分子中羧基和羰基的含量密切相关。

李淋等人研究了稻草亚硫酸铵法制浆全部废液进行氧化氨解反应，在最优化的反应条件下，氮含量达到15.15%，有机氮占总氮的34.82%，C/N比为5.03。该实验采用十二胺与正辛醇制备液体离子交换剂，把木素磺酸盐萃取进入有机相，半纤维素降解产物、糖类、有机酸等留在水相。分析氧化氨解前后的变化，发现氧化氨解前，氮主要集中在水相，而且以铵态氮为主；经过氧化氨解反应后，有机相的氮含量大大提高，而且是以有机氮为主，水相萃取物不仅氮含量下降，而且约有10%的铵态氮转化为有机氮。红外光谱分析表明有机氮多以胺、酰胺和酰亚胺的形式存在。

2. 木素缓释放微量元素整合肥料

木素的分子中存在1/3的游离酚羟基和邻苯二酚基，因此具有螯合能力，能与盐类和金属离子（Fe^{3+}，Zn^{2+}，Cu^{2+}，Mn^{2+}，Co^{2+}，Mg^{2+}，Mo^{2+}等）作用，生成多种螯合物和络合物。在硫酸盐法蒸煮中，木素发生碱性降解和硫化反应，还发生一定程度的缩合反应，反应中生成的酚羟基和羧基有一定的螯合能力。先把硫酸盐浆废液的碱木素磺化，制得水溶性的木素磺酸盐的阳离子交换剂，然后与金属无机盐在特定条件下发生螯合作用制得螯合肥料。文献表明，磺化木素螯合肥料表现出较高的肥效作用。

磺化硫酸盐木素在一定条件下可与Fe^{2+}进行螯合反应，制得木素Fe^{2+}螯合物，可以直接施入土壤，将可溶性铁供给植物，防止植物的缺铁症。还可利用碱木素的螯合特性制得木素螯合锌肥，按最优化条件可制得含Zn^{2+} 18.60mg/g的木素磺酸锌。盆栽实验显示，木素磺酸锌处理样的生物量高于无机锌化合物处理样。施加2mg/kg木素磺酸锌玉米生物量相当于施加20mg/kg无机锌化合物玉米的生物量。盆栽试验表明：木素锌肥是一种高效的有机微肥。

为了研究木素螯合微肥对生菜硝酸盐污染与土壤肥力的影响，进行了土培、沙培盆栽试验。结果表明：在相同施肥水平下，与无机微肥或EDTA微肥相比，木素螯合微肥均能降低生菜硝酸盐含量，其中木素螯合微肥对沙培生菜有较好的增产效果。土培施木素螯合微肥盆栽生菜后，土壤硬化程度低，盐分下降，铵态氮、有效磷、有效钾及有机质均有一定程度提高，土壤肥力增强。

在一定条件下，碱木素经稀硝酸氧化制得硝化木素，其水溶性好，离子交换能力及酸性基团含量都有较大提高。然后在特定条件下与无机盐作用制得螯合肥料（Zn/Mg）。在碱性土壤条件下，用玉米（金银1号）作试验对象，分别施加硝化木素螯合锌肥和硫酸锌，进行空白实验。结果表明：硝化木素锌对玉米生长的促进作用比硫酸锌大得多，表明硝化木素具有较高的肥效作用，这可能主要归功于硝化木素对金属离子Zn^{2+}有较强的螯合作用，抵抗了碱性土壤对Zn^{2+}的固定作用。

3. 木素作为缓释农药的载体

木素比表面积大、质轻，能与农药充分混合，尤其是木素分子结构中有众多的活性基团，能通过简单的化学反应与农药分子产生化学结合，即使不进行化学反应，两者之间也会产生各种各样的次级键结合，使农药从木素的网状结构中缓慢释放出来。碱木素能吸收紫外线，对光敏及氧敏农药有稳定作用，且具备无毒、能够生化降解、不残留污染物等优点，可用作农药缓释剂。

把干燥粉碎的碱木素与农药及助剂混合均匀、造粒、再干燥，制成颗粒缓释农药，在贵州、浙江等地进行了多次试验，效果较为理想。利用木素磺酸钠与苯磺隆、尿素、无水碳酸钾（钠）等的混合物制成的农用除草剂——苯磺隆可溶性粉剂，有明显的除草、增产作用。

将木素磺酸盐与十二烷基磺酸盐及甲醇按照一定比例混合，搅拌均匀，即可得到中性农药助剂。这种木素硝酸盐中性农药助剂增加了农药的表面活性作用，即润湿性、渗透性、成膜性、悬浮性、扩散性和黏着性等理化性能。农药1605加入此助剂，对桃子食心虫卵杀灭率由不加助剂的71%提高到81%；对卷叶虫杀灭率由不加助剂的81%，提高到加助剂的94%。

4. 木素的成膜性

木素是一种可溶于碱的天然高分子化合物，有一定的成膜性，也有一定的强度，且此碱性地膜对于土壤和农作物无害。如果再添加少量甲醛和少量短纤维以增强其强度和成膜性，再添加一些表面活性剂和起泡剂，通过喷雾器喷到土壤表面，即可成为液体地膜。这种液体地膜在降解前，覆盖土壤表面，具有保墒、防止水分蒸发和杂草生长的作用；被微生物降解变成腐殖酸，可以改善土壤理化性质，提高土壤通透性，防止板结。

木素为热塑性高分子物质，无确定的熔点，具有玻璃态转化温度。通过木素的改性和接枝共聚，调节其玻璃化特性，使其能用通用塑料机械吹塑成膜，同时具有优良的透光、保温、保墒性能，满足使用要求。由于木素是天然高分子化合物，在自然环境（光、热、微生物等）条件下可完全降解，无有害成分残留。降解后的改性木素成分可转化为土壤腐殖酸，增强肥力并能改善土壤团粒结构。可降解木素地膜的研究应用，不仅为木素的大量使用找到了一条途径，又为解决“白色污染”找到了一个替代材料，并为降低农业生产成本提供了新技术。

利用木素的成膜性，把禾草制浆废液改性制备成新型木素固沙材料。其有机质含量超过80%，并含有可促进植物生长的植物生长调节剂及一定比例的氮、磷和其他微量元素。木素固沙剂可用于各种风成流动沙丘，特别是那些由于“沙进人退”而新形成的沙漠边缘地带，如毗邻农田、居民点、交通干线的沙丘。具体做法是：在此类沙丘上播撒沙生植物（如沙米、沙蒿等）和栽植沙生耐旱小灌木如沙柳、柠条、红柳、梭梭等的同时，喷洒木素固沙剂水溶液，木素固沙剂可迅速形成“沙结皮”。喷洒后即可形成5～10mm厚的沙结皮（厚度与木素固沙剂溶液浓度及用量有关），之后有自然降水时逐渐下渗增厚，并可长期维持，厚度最大可达50mm。沙结皮可以有效防治风蚀，同时起到固沙和减少土壤水分蒸发的目的。在有降水发生时，固沙材料形成的沙结皮“软化”，自然降水可迅速渗透到沙层中，供植物种子吸收利用；天晴后经太阳照射，“软化”的固沙材料又重新形成“沙结皮”。如此反复多次，有效“沙结皮”至少可以维持150d以上，保持较好的表面强度。在此期间，沙生植物种子有充分的水分和时间发芽、生根、成长。一旦植被形成，流动沙丘就可进入“自我恢复”的良性循环阶段，植物凋落物增加，沙丘表面小生态环境改变，各种地衣、真菌、袍子类植物得以繁殖、生长，从而形成“生物沙结皮”。最后达到固定、绿化沙丘，改善生态环境的目的。

二、制浆废液在建筑业上的利用

制浆废液中的木素及其聚糖，由于具有黏结性和分散性，所以在建筑业有着广泛的用途。可作为制作耐火砖的黏结剂，碎石路的黏结剂，陶瓷坯的黏结剂；并可作为水泥减水剂，沥青铺路时的乳化剂。

1. 混凝土减水剂

随着建筑施工技术的快速发展，高性能、大流动性混凝土、商品混凝土得到了迅速推广，全世界商品混凝土的年使用量估计有 7 亿 m^3。因此对高效减水剂的需求日益增大。混凝土减水剂就是在混凝土施工时加入少许即可明显改善其操作性能，用很少的水即可得到优良的混凝土结构。

目前国内常用的木素型减水剂大多以木素磺酸盐或其改性产品为主要成分。用黑液木素制木素磺酸盐型减水剂的方法有以下三种：① 化学改性法，即在木素中引入磺酸基或改变其活性基团，使其与单体（甲醛）接枝共聚；② 复配法，即通过机械混合方法，将不同的减水剂或外加剂均匀地混合为一体，可克服单一应用一种木素磺酸盐减水剂时在某些性能上的不足；③ 联合法，就是采用化学改性和复配相结合的方法。通过这些方法制得的减水剂均具有较高的减水性和良好的透气度，且对水泥的凝固无不良影响。

木素磺酸盐用作混凝土减水剂已有五十多年的历史了。木素磺酸钙减水剂是传统的木素类减水剂，其中含有木素磺酸钙 60%，糖小于 12%，水不溶物约 2.5%，在坍落度不变的情况下，可减水 10% ~15%，但它使混凝土的凝结时间延缓 1 ~3h，这与木素磺酸盐在水泥表面的吸附以及还原物（如脂、糖醛、甲醛）使水泥颗粒表面的溶剂化膜变厚有关。这两个因素使水泥颗粒之间的凝聚力下降，从而延长诱导期。

木素硝酸盐类减水剂的减水作用机理，是因为木素磺酸盐是一种阴离子表面活性剂，其分子带有多个阴离子基团，可吸附在带正电荷的水泥颗粒表面上，引起水泥颗粒表面的双电层结构变化，增大其静电斥力，阻碍水泥颗粒的凝聚，从而达到减水的目的。通过对减水剂的结构分析，得出减水剂分子结构分为两部分：一部分是锚固基团，可以紧紧地吸附在水泥颗粒表面，防止减水剂的脱落；另一部分为溶剂化链，与分散介质有很好的相容性，能够在水泥表面形成保护层，通过增加溶剂化链的相对分子质量保证其在水泥颗粒表面形成足够的厚度，当吸附了减水剂的水泥颗粒相互靠近时，由于保护层之间的相互作用使颗粒相互排斥，从而体现出对水泥颗粒的稳定分散作用。

2. 化学灌浆材料

亚硫酸盐纸浆废液内含有木素磺酸盐，与铬盐反应生成稳定的木素凝胶体，这种木素凝胶体可用于软弱地基的加固和防渗堵漏。在基础灌浆或帐幕灌浆中，浆液耗量大，要求原材料成本低、固化物凝胶能堵水且有一定的强度，木素刚好具备这些优点。木素浆材对固沙和控制流沙还有独特的能力，经木素浆材处理后的基础和断层帐幕不仅能增强其耐水性和不透水性，同时还起到加固补强的作用，从而可提高大坝和建筑物基础的抗渗、抗形变和抗破坏力的能力。

此外，木素与其磺酸盐作为一种阴离子表面活性剂，可以增加矿渣水泥、硅酸盐水泥等在水中的胶体的稳定性。湿法水泥生产中，在浆料中加入少量木素磺酸盐可以使矿浆易泵入燃烧炉中，且在保持相同的流动性的情况下，加入木素磺酸盐可以使矿浆中的水分减少4% ~10%，从而节约了燃烧时所消耗的热能。

三、制浆废液在石油工业上的利用

制浆废液在石油工业上有着广泛的运用，其中有一大部分集中在木素油田化学品上，通过木素的改性制成一系列的木素磺酸盐石油开采助剂：泥浆稀释剂、堵水剂等，改性木素磺酸盐还用在稀表面活性剂驱油体系中，可减少石油碳酸盐的吸附损失。

1. 稠油降黏剂

黑液中的碱木素及其降解产物为活性物质，可降低油水的界面张力。稠油与黑液可形成乳状液，降低了稠油的黏度，使稠油易于采出。黑液的黏度大于水，在驱油过程中可降低水油的流度比，且黑液的表面张力低于水，对地层岩石有良好的湿润性，这些都是提高石油采收率的有利因素。

2. 高温调剖剂

草浆黑液中含有一定量的碱木素，而碱木素分子上的酚型结构基团可与甲醛反应，生成类似于酚醛树脂高温调剖剂，用在蒸汽开采石油中可提高蒸汽的驱扫效率。

3. 油水混凝剂

碱法制浆黑液提取的碱木素与酚醛反应可制取木素酚醛树脂，再与通过油脂水解制得的皂化物进行复配，可制成油膏状黑褐色的油水混凝剂。此产品是一种优良的乳化剂和表面活性剂，可用作输油管道的清洗剂、油田采油的稠油降黏剂及注水乳化剂等，以增加采油量。

4. 双效堵水剂

在注水采油中，为了控制油田含水上升速度，减少油井的产水量，增加产油量，可用化学堵水技术封堵出水层。当草浆黑液用酸酸化时，碱木素生成不溶性沉淀物。同时，硅化物生成胶状物沉淀。黑液中的碳酸钠在加酸过程中又可生成CO_2，在黑液中产生泡沫。沉淀物的封堵作用和泡沫效应，可以改变非均质地层中的渗透规律，起到良好的堵水效果。

5. 泥浆降滤失剂

将碱法制浆黑液浓缩至固体含量（质量分数）为35%左右，与甲醛、苯酚和亚硫酸钠按一定质量比混合，在一定温度下反应一定时间后，以低于60℃的温度干燥、研磨，可制得通用型钻井泥浆降滤失剂，再与适量六次甲基四胺复配，制得性能较优的降滤失剂，具有抗钙、抗盐和耐高温的性能。

6. 木素铁铬盐

木素铁铬盐俗称铁铬盐，是一种性能优良的钻井泥浆处理剂，特别是泥浆在高温和遇到石膏、岩盐、海水等侵入时能够稳定泥浆的性能，适用于各种类型的钻井液体系，数十年以来其用量一直很大。因为木素铁铬盐具有较强的热稳定性和抗盐性，用作高温深井泥浆的降黏剂的效果较好，是迄今为止用量最大的钻井液处理剂之一。它担负着拆散钻井液黏土的结构、降低黏度、减小流动阻力及降低压耗，从而有利于提高钻速的重任。它在钻井液处理剂中处于较为重要的地位，其最高年用量达28622t，占油田泥浆处理剂总用量的

20%（不包括土和重晶石），仅次于页岩稳定剂和降滤失剂。

木素铁铬盐是一种棕黑色粉末状、水溶性好的高分子化合物，长期保存不变质。它的制备方法是：按一定的质量比在反应釜中加入溶解的重铬酸盐、硫酸亚铁、浓硫酸和酸性亚硫酸盐法制浆废液（主要成分是木素磺酸盐）；然后在一定的温度下反应一段时间后，烘干，粉碎后即得到木素铁铬盐产品。化学反应的目的是使木素磺酸盐变换盐基，引入 Fe^{3+}，Cr^{3+} 等离子，同时通过控制氧化，使木素磺酸盐产生内聚合，从而制得木素铁铬盐。

四、制浆废液在高分子材料领域的利用

1. 黏合剂

制浆废液用作黏合剂主要用于铸造行业的型砂、冶炼行业的矿粉成型和制板行业的胶合板、刨花板、木屑板、稻壳板以及纤维板的黏合。

木素是一种非晶体物质，无固定的熔点（在 130 ~ 140℃开始软化融熔），是一种热塑性的三维网状多聚体。一般认为它是苯丙烷基 C_9 单元通过碳碳键和碳氧键联结成的高分子化合物，木素磺酸盐分子中含有酚羟基、醇羟基和甲氧基等多种官能团，还有游离的 5 号空位，这说明木素磺酸盐具有制胶黏剂的可能性。同时木素磺酸盐分子可以和金属矿粉很好地吸附在一起，这就是酸性亚硫酸盐法制浆废液可以作炼锌矿粉成型黏合剂的主要原因。木素磺酸盐和酚醛树脂都是分子中包含许多苯环的大分子化合物，苯环间由化学键联结着，苯环上都有可反应的游离空位（—OH 的邻对位），可以进一步交联，这就是木素磺酸盐具有黏胶性能的主要原因。但是，木素磺酸盐分子苯环上的取代基较多，又是三维聚合物，故羟基和可发生交联反应的游离空位较少，所以木素磺酸盐类黏合剂的固化温度和固化时间都比酚醛树脂的高和长，且需加交联剂，或者与酚醛树脂、脲醛树脂混合使用才能使其较好地成为三维交联的不溶整体性结构。

将亚硫酸盐制浆废液，先经中和，再过滤、浓缩等处理得到具有一定黏接作用的产品，这便是传统的钙盐基废液黏合剂。这种黏合剂用于铸造工业中，具有表面张力大、工艺样品强度高、烘烧温度低、干得快等特点。解决了许多传统黏合剂（如植物油、合成树脂）成本高或质量不稳定的问题。目前，我国炼锌行业使用的锌矿粉成型黏合剂主要都是应用造纸厂的酸性亚硫酸盐法制浆废液。基于木素磺酸盐的黏合性能，将其应用于胶合板生产上，不仅能生产产品质量符合国际标准要求的胶合板，而且由于木素磺酸盐黏合剂成本较低，可给生产企业增加效益。

碱木素具有类似愈疮木酚与焦儿茶酚的化学结构，应用这一特性可以用碱木素代替酚类化合物合成线性酚醛树脂，其性能几乎与一般酚醛树脂相当。先提取木素，利用其与氢氧化钠溶液、甲醛按一定比例配料的方法，在一定温度和反应时间下，进行木素羟甲基化改性，然后将改性木素与酚醛树脂按比例复配，制得酚醛型胶黏刑，用其压制成的胶合板，可达到一类酚醛胶合板的质量指标。以造纸黑液回收的木素取代价格昂贵、污染环境的苯酚原料，其取代量可达到约 50%。但经甲基化后的碱木素制成的黏合剂缺点是抗水性、流动性较差，固化温度高。相比之下用脱甲基化改性后的木素制成的木素基酚醛胶则性能较好，原因是脱甲基木素含较多的愈创木酚和儿茶酚，其反应活性接近间苯二酚，高于苯酚，可完全代替苯酚生产木材黏合剂。

木素—脲醛树脂主要用于室内、颗粒板的黏合上，硫酸盐木素可代替 10% ~15% 的酚醛树脂。氧化硫酸盐木素在缩合过程中会发生高度的交联。当氧化硫酸盐木素在木材黏合剂中代替酚醛树脂时，对树脂硫化有促进作用，其高表面活性可减少黏合剂溶液的表面张力，促进其在木材粒子上分散，从而提高黏合的力学性质。

2. 塑料与橡胶的填充剂

塑料工业每年需使用几亿吨填充物和增强剂，它们可大大减少树脂在产品中的比例，提高经济效益。木素填充剂以其优良的性能引起了塑料工业界的关注，主要原因是它不仅使塑料尤其是乙烯共聚物具有良好的力学性能，而且其本身可被光、氧和微生物分解，使塑料具有较强的降解性。

近年来，研究较多的是碱木素与天然橡胶、丁苯橡胶、氯丁橡胶等各种橡胶以任意比例进行混合，作为这些橡胶的改性剂或填充剂等。木素填充剂的特性是粒子均匀并且细微，这对抗张强度等指标是有利的，但是与耐磨度之间有什么关系还看不出来。所以木素作为增强剂，与由石油制造的炭黑性质大体相仿，但是从经济上或耐磨性上看，还有研究的余地。因此应该将木素的特性用于特殊的弹性体方面。

五、制浆废液在其他行业上的利用

1. 生产低分子化学试剂

由于木素及木素磺酸盐具有芳香族和脂肪族的特性，故可作为原料代替石油和天然气以制造低分子量的化学试剂，如碱性氧化或水解可以生产香兰素、香草酸等，碱溶可以制得酚或取代酚，对木素或木素磺酸盐进行亲核的脱甲基反应，生产二甲基硫醚等。

在食用香精调配中，香兰素是应用最多的一种广谱型香料。以香兰素和香兰酸为基质，经化学改性可生成各种精细化学品，在化妆品、医药等行业应用非常广泛。近年来，香兰素的市场需求正迅速上涨，这为合成香兰素在价格、市场等方面提供了发展机遇。将木素磺酸盐在碱性条件下通入空气氧化，再经水解制得反应液。经测试，其中香兰素含量达到 5.0 ~7.8g/L，再经过丁醇或苯萃取、精制得到成品，其熔点为 81 ~82℃。

2. 碱木素絮凝剂

草类碱木素是以稻草、麦秸为原料，经碱法制浆后，从黑液中分离出来的产物。它具有阴离子型高分子混凝剂的性能，即良好的反应活性，在酸性状态下易脱稳凝聚等，特别适用于处理酸性废水，如味精废水、某些化工废水等。对酸性废水中带电的蛋白质、菌体、染料等胶体和悬浮物，碱木素是一种有效的絮凝剂。

3. 高分子表面活性剂

由于木素磺酸盐具有吸附分散性、黏结性、流变性和胶体性质等表面物化特性，木素磺酸盐及其改性产品在表面活性剂工业上也得到了较为广泛的应用。可作为偶氮及硫化染料的分散剂、鞣革的代鞣剂、球磨的助研剂、选矿的分散剂等。

4. 生产酵母

亚硫酸法制浆废液中，溶解性碳水化合物主要是糖类，可经好气性发酵，制造酵母。全世界约产酵母 100t/年，其中大多数用作饲料。碱法制浆废液中的糖类已被氧化，不能制酵母，且碱性废液常具有毒性物。从亚硫酸盐废液制造酵母已有很长历史，而且可以认为是无毒的。

有两种方法制造蛋白质：一种使用球状菌种，以 Candida 和 Torula utilis 为主要菌母，另一种使用丝状真菌类菌种，即 Pekilo 方法。将废液先经汽提去除 SO_2，冷却后，接入菌种。采用氨中和并当作营养盐（营养盐还有 KCl 和 H_3PO_4）。然后用泵送至发酵罐，同时罐内通风。废液在罐内停留 4～5h，发酵反应所生成热能用罐内冷却管吸收以维持发酵罐温度。所产生丝状菌易于用压力过滤机分离、洗涤和脱水。滤液送回蒸发系统，蛋白产品进一步脱水到 30%～40% 干度，然后干燥到 90%。最终所得产物中的蛋白质约为 55%。一个年产 6.5 万 t 浆的亚硫酸法浆厂，一年可产 7500t 酵母。

5. 生产酒精

亚硫酸盐制浆废液经好氧性发酵，其中己糖可转变为酒精。葡萄糖和甘露糖可直接发酵，而半乳糖需要经过一个时期才能发酵，戊糖不能生产酒精。废液中的含糖量决定于蒸煮条件，大致为废液中固形物的 20%～30%。

废液中的糖有 70%～80% 可发酵制酒精，反应式如下：

$$C_6H_{12}O_6 \rightarrow 2C_2H_5OH + 2CO_2$$

根据反应式计算，酒精产量是己糖的 51%。酒精车间与酵母车间相同，但酒精车间需在酵母车间之前。西方国家年产废液酒精约为 10 万 t。

生产方法是：废液需先经蒸汽汽提，除去二氧化硫。发酵前先用两效蒸发器将糖浓缩到最适于发酵的浓度，预蒸发器一般将废液蒸浓到 20% 固形物。pH 应调到 5，使用氨水中和，同时用作营养盐。废液温度应先冷却到 35℃，这是发酵的最高温度。发酵罐一般使用 3 个以上，废液流经每个罐，共停留 16～20h。发酵后，用离心机分离出酵母回用于发酵槽，多余酵母连续排出，经干燥可用作饲料酵母。发酵后废液用两个酒精蒸馏塔蒸出酒精，第一塔汽提出酒精，第二塔精馏分出 94% 酒精，这种酒精中含有少量木醇，如要分离出来需用另一个蒸馏塔。汽提塔底部排出的废液含 10%～12% 固形物，可送酵母车间生产酵母或送蒸发器。一个年产 6.5 万 t 浆的亚硫酸法浆厂一年可产 4500t 酒精（94%）。

第四节　物理法处理废水

物理法即采用各种筛网、滤网、斜形筛、格栅等预处理中段水，主要阻截滤出水中较大的废纸浆纤维，回用于生产普通板纸或油毡原纸。物理处理方法主要用于厂内治理、厂外治理的一级处理，或作为二级相三级处理的预处理。它的设备简单、操作方便、处理成本低，并可减轻二级或三级处理的负荷。其处理对象是废水中的固体悬浮物和油脂，如制浆造纸厂废水中的木节、树皮、浆渣、砂砾以及纤维、填料、涂料和胶料等。它利用悬浮物颗粒的大小、形状、相对密度不同，借助物理作用将其分离或回收。物理法种类很多，现将造纸工业废水处理中常用的几种方法分述如下。

一、均和调节

不论何种废水，在送入主体处理构筑物之前，通常需要先进行水质水量的均和调节，为后续主体处理构筑物的正常运行创造必要的条件。一般把均和调节操作作为预处理操作。

1. 均和调节的作用

工业企业由于生产工艺与所用原料的不同，使其排出的废水水质和水量在 24h 内是不均衡的。对于城市污水，由于用水量和排入污水中杂质的不均匀性，使污水的水质与水量在一日内也是不均匀的。一般说来，工业废水的波动比城市污水大，中小型工厂的水质、水量的波动就更大。制浆造纸厂的各生产工序，通常都有废水排放。不同生产工序排放的废水不仅数量不同，其中的污染物的性质、浓度、pH 及水温等也都有很大的差别。制浆造纸厂的许多生产环节是间歇式的，因此就同一工序而言，排放的水量与水质也是随时间变化的。人为因素也常引起排水的质和量的变化，生产事故的发生，会造成排水水质和水量的剧烈变化。而水处理装置，尤其是生物水处理装置，需要废水的水质与水量是稳定或基本稳定的。因此废水处理厂内要设置调节池。实际上调节池也是水的预处理设施，通过这一设施，酸、碱废水可以中和，不同温度的废水可以温度均一，不同浓度的废水可以混合均匀，然后，根据水质情况或进一步处理或直接排放。

总之，为使水处理装置中的管道、设备及构筑物正常工作，不受废水的水质与水量变化的影响，常需在工厂内或废水处理厂内设置调节池。

调节池具有下列作用：① 减少或防止冲击负荷对处理设备的不利影响；② 使酸性废水和碱性废水得到中和，使处理过程中的 pH 保持稳定；调节水温；③ 当处理设备发生故障时，可起到临时的事故贮水池的作用；④ 当前我国一些工厂所设置的废水处理厂，因未设调节池或其容积偏小，已从实践中认识到设置必要容积的调节池是保证后续处理构筑净化效果稳定的一个重要因素；⑤ 防止高浓度有毒物质泄漏而进入生物处理系统。

2. 调节池的形式

调节池的形式很多，可根据调节要求来选定调节池形式，如果调节池作用只是调节水量，则只需设置简单的水池，保持必要的调节池容积并使出水均匀即可。如果调节池作用是使废水水质能达到均衡，则应使调节池在构造上和功能上考虑达到水质均和的措施。采用的措施和方法如下：① 调节池构筑物造得较特殊，使不同时间流入调节池的水能得到相互混合，取得随机均质的效果，穿孔导流槽式调节池属于此类。② 增加人工搅拌设备，可在调节池内增设空气搅拌、机械搅拌、水力搅拌等设备。这类设备的混合效果较好，但需消耗动力。设有空气搅拌的调节池，是在池底或池一侧装设空气曝气管，起混合作用以及防止悬浮物下沉，还有预除臭作用以及一定程度的生化作用。机械搅拌是在池内设搅拌机，其优点是混合效果好，占地小，但动力消耗大。

制浆造纸废水的调节池结构形式选择，应适应该废水的水质水量变化较大以及含悬浮物多的特点。对角线式调节池和折流式调节池是两种常见的调节池。

(1) 对角线式调节池　对角线式调节池的结构如图 2-1 所示。这种形式调节池的出水槽是沿池的对角线方向设置的。池内往往还设有若干纵向隔板。废水经左右两侧的水槽进入池内。由于隔板之间形成的水流通道长度不同，同一时间进入池内的废水，需要停留不同的时间才能达到出水槽。反而言之，出水槽内，某一时刻的废水是不同时刻流入池内的，在槽中相遇并混合，实现水质均一。

如图 2-1 所示，调节池有充分的容积，使池内液面可以上下自由波动，当进水量大于出水量时，池内应能贮存盈余，反之，应能补充短缺，从而可以实现水量调节。

池底可以设置压缩空气搅拌系统，以防有沉淀产生；或者池底设置沉渣斗，通过排渣管定期排渣。

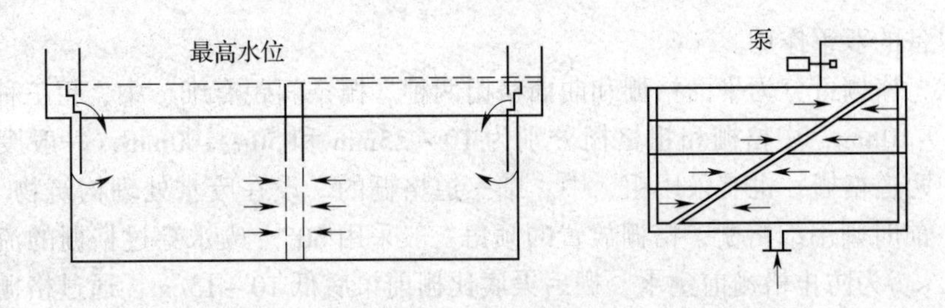

图 2－1　对角线式调节池

当处理系统为重力流时，调节池出水口应高于后续处理设施的最高水位，可以采用定量设备，以保持出水量一定；如果高程布置上有困难，可以采用集水井，由水泵提升出水。

（2）折流式调节池　折流式调节池如图 2－2 所示。池内设置折流隔墙，配水槽设置在调节池上面，水由槽的溢流孔出来，流入到池的各个位置上。在池内折流过程中得到混合、均一。池起端流入量为总水量的 1/4～1/3，其余水量通过溢流孔流入池内。

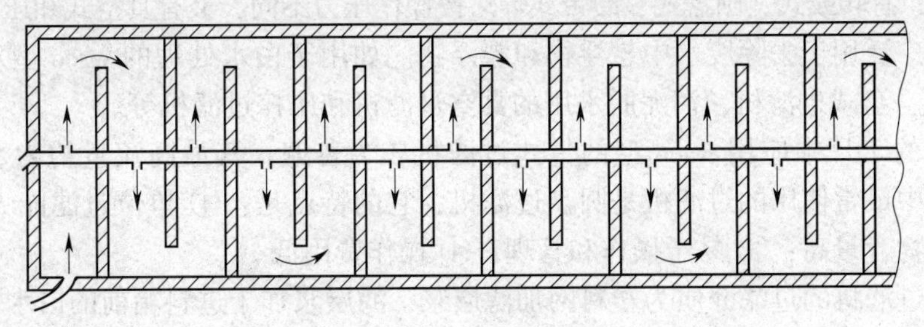

图 2－2　折流式调节池

3．调节池的设计计算

调节池设计计算的主要内容是池容积的计算。其计算公式为：

$$V = q_v t$$

式中　V——调节池容积，m^3

t——废水在调节池内的停留时间（根据经验选取），h

q_v——t 小时内废水平均流量，m^3/h

如果设计采用对角线式调节池，则：

$$V = \frac{q_v t}{1.4}$$

式中　1.4——经验参数

二、过　滤　法

过滤法是分离废水中悬浮物的方法之一，当废水通过一层有孔眼的过滤介质或装置时，尺寸大于孔眼的悬浮物颗粒则被截留。当使用一段时间滤水阻力增大时，需用反冲洗或机械方法将截留物从过滤介质中除去。过滤装置或介质有：格栅、筛网、石英砂、尼龙布、微孔管等，应按废水中悬浮物的性质来选择，才能收到良好的效果。

1．格栅

格栅通常倾斜地设在其他处理装置构建物之前或泵站集水池进口处的渠道中，以防止漂浮物堵塞构建物的孔道、闸门和管道，或损坏水泵等机械设备。因此，格栅起着净化水质和保护设备的双重作用。

按形状，格栅可分为平面格栅和曲面格栅两种。栅条间距有细、中、粗三种。细格栅的间距为 3 ~ 10mm，中格栅和粗格栅分别为 10 ~ 25mm 和 50 ~ 100mm；一般废水处理厂采用粗、中两道格栅，也有采用粗、中、细三道格栅的。设在废水处理构筑物（调节池、沉淀池等）前时则用细格栅，格栅放置的倾角一般采用 60°。废水穿过格栅的流速一般为 0.8 ~ 1.0m/s。为防止格栅前壅水，栅后渠底比栅前渠底低 10 ~ 15cm，通过格栅的水头损失主要是由栅间截留物堵塞所造成。一般采用 100 ~ 150mm 水柱。

截留在格栅上的污物可用人工或用机械方法自动清除。每日栅渣量大于 1t 的，还应附设破碎机，以便将栅渣就地粉碎后再与污泥一并处理。

2. 过滤机

在制浆过程中使用过滤操作较为普遍，如洗浆时用圆网过滤机除去黑液中的纤维，以便于蒸发。真空洗浆机、压力洗涤机就是洗涤加过滤的装置。过滤机是一种筛网过滤装置。它的种类很多，有转鼓式、圆盘式、履带式等。按操作压力不同，又有真空式和压榨式等。

过滤机广泛用于去除废水中悬浮物和漂浮物。如用于白水处理的 waco 型双鼓（履带式）过滤机、盘式过滤机，污泥脱水用的真空过滤机和压榨过滤机等。

在较小的工厂中应用 waco 型的带式过滤机较为普遍，其最高流量约为 5000L/min。而流量大者中最常使用的过滤机是圆盘过滤机，它的特点是：① 单位过滤能力高；② 回收物中干固物含量高；③ 易于操作和管理；④ 操作费用低。

多圆盘过滤机的过滤介质为塑料网加滤层浆，滤层浆加于进料箱前的白水中，一般使用未经打浆的长纤维浆作滤层浆。进入过滤机前废水的浓度在 3 ~ 5g/L，若废水中细小纤维和填料含量高时会影响过滤机的能力。

3. 筛网

一般制浆造纸厂废水（特别是纸机废水）中含有不少纤维，它们不能用格栅截留，也难以用沉降法除去，用筛网分离，具有简单、高效和处理费用低廉的优点。筛网主要用于截留粒度在数毫米至数十毫米的细碎悬浮态杂物，尤其适用于分离和回收废水中的纤维类悬浮物和食品工业的动、植物残体碎屑。筛网的去除效果，可相当于初次沉淀池的作用，其作用机理与格栅类似，目前普遍采用生物脱氮除磷工艺处理废水，其中大都存在碳源不足的问题，采用细筛网或网格代替初次沉淀池既可以节省占地，又可以保留有效的碳源。

目前，筛网常应用于小型污水处理系统。污水由渠道流在振动筛网上，在这里进行水和悬浮物的分离，并利用机械振动，将呈倾斜面的振动筛网上截留的纤维等杂质卸到固定筛网上，进一步滤去附在纤维上的水滴。

筛网有转动式、振动式、固定式斜筛等多种，纸厂最常用的是固定式斜筛。不论何种形式，其结构要既能截留污物，又便于卸料和清理筛面。筛网尺寸可根据需要由 0.15mm 至 1.0mm 不等。转动筛网呈截顶圆锥形，中心轴呈水平状态，椎体侧呈倾斜状态，污水从圆锥体的小端进入，水流在小端到大端的流动过程中，纤维状污染物被筛网截留，水则从筛网的细小孔中流入集水装置。由于整个筛网呈圆锥体，被截留的污染物沿筛网的倾斜面卸到固定筛上，以进一步滤去水滴，这种筛网利用水的冲击力和重力作用产生旋转运动。固定式斜筛的筛面用 60 ~ 100 目尼龙丝网或铜丝网张紧在金属框架上制成，一般都由工厂自行制造，以 60° ~ 75°的倾角架设在支座上。白水由配水槽经溢流堰均匀地沿筛面流下，截留物被留于筛面上，并沿筛面落入滤水槽，浓缩后回收。这种斜筛也多用于回收浆厂废水中的纤维，效果很好。

三、重力沉降法

密度比废水大的悬浮物质，借助重力作用，从废水中沉降下来，使其与水分离，这一过程称为重力沉降法。所用设备一般称为沉淀池。

（一）沉降类型

按照水中悬浮颗粒的浓度、性质及其絮凝性能的不同，在沉淀池中的沉降有 4 种可能的类型，即离散颗粒沉降、絮凝颗粒沉降、区域沉降和压缩沉降。

（1）离散颗粒沉降　离散颗粒沉降也称自由沉降。在离散颗粒沉降中，沉降颗粒之间没有相互作用。在沉降过程中，沉降颗粒的形状、粒径及密度均不变；一个颗粒在下沉运动过程中不受器壁及其他颗粒的影响；颗粒在运动开始后，瞬间就达到等速运动的状态。在离散颗粒沉降中，有决定性影响的参数是微粒直径，其次是水的密度和黏度，提高废水的温度、将降低水的密度和黏度，从而会提高沉降速度。

（2）絮凝颗粒沉降　在絮凝颗粒沉降中，絮凝物之间存在有限的相互作用，絮凝颗粒之间互相碰撞、聚集；因为较高密度和较大直径的絮凝物沉降较快，在其沉降过程中，可能与较缓慢沉降的絮凝物作用，改变了颗粒原来的大小、形状及密度，颗粒沉降速度也随之改变。

（3）区域沉降　二沉池污泥、混合污泥及高浓度水在沉降柱中浓缩、澄清时，往往会出现区域沉降的特性。所谓区域沉降，就是絮凝物形成连续网络结构，在沉降开始后，立即出现清水层，它与下面的悬浮层之间有一个明显的界面，称为浑液面，浑液面匀速下沉。悬浮层称为受阻沉降层，该层内浓度是均匀的；同时，在沉降柱底部出现密实层，其中悬浮物浓度也是均匀的；悬浮层与密实层之间是过渡层，过渡层的悬浮物浓度由上向下逐渐增加。

（4）压缩沉降　一般发生在高浓度的悬浮颗粒的沉降过程中，颗粒相互接触并部分地受到压缩物支撑，下层颗粒间隙中的液体被挤出界面，固体颗粒群被浓缩。浓缩池中污泥的浓缩过程属此类型。

在常规的沉淀池中，一般来说，在上部发生离散颗粒沉降和絮凝颗粒沉降，在下部发生区域沉降和压缩沉淀。

（二）沉降曲线

废水中的悬浮物实际上是大小、形状及密度都不相同的颗粒群，其沉淀特性也因废水性质不同而异。因此，通常要通过沉淀试验来判定其沉淀性能，并根据所要求的沉淀速率来取得沉淀时间和沉降速度这两个基本的设计参数。按照试验结果所绘制的各参数之间的相互关系的曲线，统称为沉降曲线。对于不同类型的沉降，它们的沉降曲线的绘制方法是不同的。

图 2－3 为自由沉降型的沉降曲线，其中，图 2－3（a）为沉降效率 E 与沉降时间 t 之间的关系曲线；图 2－3（b）为沉降效率 E 与沉降速度 u 之间的关系曲线。

若废水中的悬浮物浓度为 c_0，经 t 时间沉降后，水样中残留浓度为 c，则沉降效率为

$$E=\frac{c_0-c}{c_0}\times 100\%$$

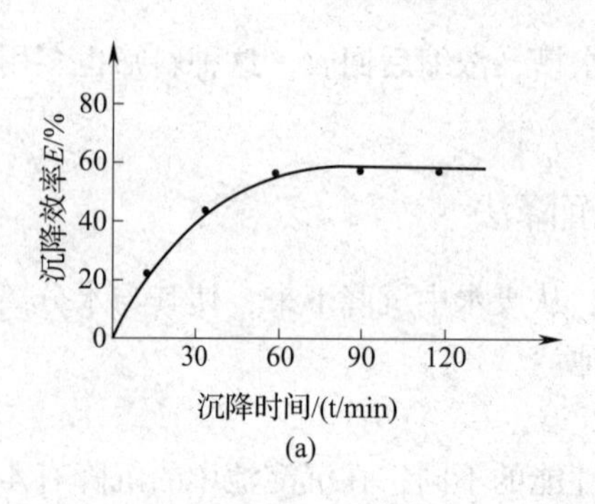

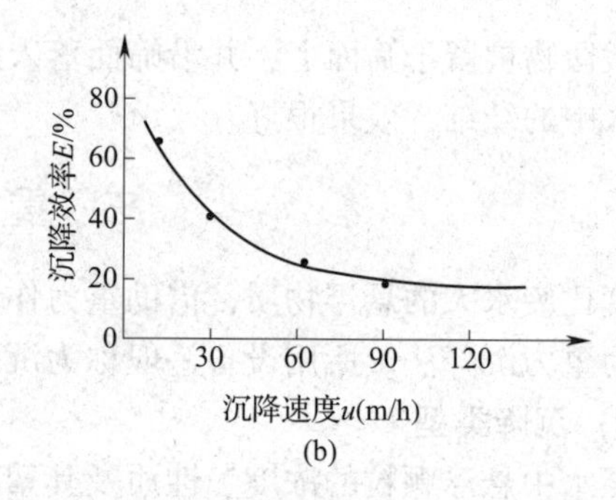

图2－3　自由沉淀型的沉降曲线

（三）沉淀池类型与特征

同许多其他工业废水处理一样，大多数制浆造纸废水处理厂都设有一级沉淀池。在一级沉淀池前，一般设有格栅和沉砂池，这对整个水厂运行是至关重要的。因为它关系到整个水厂的正常运转。格栅用来去除大块悬浮物与漂浮物，保证管道、阀门及泵的通畅无阻。栅条间距为16～25mm，最大不超过40mm。沉砂池可以预先除砂，防止沉淀池和配水渠道内严重积砂，污泥泵堵塞、磨损。为防止沉砂中夹带有机物，引起后续处理上的麻烦，常采用曝气沉砂池。

按照沉淀池内水流方向的不同，沉淀池可分为平流式、竖流式、辐流式和斜流式四种。

1．平流式沉淀池

平流式沉淀池池型呈长方形，水在池内按水平方向流动，从池一端流入，从另一端流出（图2－4）。按功能区分，沉淀池可分为流入区、流出区、沉淀区、污泥区以及缓冲层五部分。流入区的任务是使水流均匀地流过沉淀区，流入装置设有挡板，其作用一方面是消除入流废水的能量，另一方面也可使入流废水在池内均匀分布。入流处的挡板一般高出池水水面0.1～0.15m，挡板的浸没深度在水面下应不小于0.25m，并距进水口0.5～1.0m。

流出区设有流出装置（多采用自由槽形式），出水槽可用来控制沉淀池内的水面高度，且对池内水流的均匀分布有着直接影响，安置要求是沿整个出水槽的单位长度溢流量相等。锯齿形三角堰应用最普遍，水面宜位于齿高的1/2处。为适应水流的变化或构筑物的不均匀沉降，在堰口处设有能使堰板上下移动的调节装置，使出口堰口尽可能平正。堰前也应设挡板或浮渣槽。挡板应高出池内水面0.1～0.15m，并浸没在水面下0.3～0.4m。

沉淀区是可沉颗粒与水进行分离的区域。污泥区用于贮放与排出污泥，在沉淀前端设有污泥斗，其他池底设有0.01～0.02的底坡。收集在泥斗内的污泥通过排泥管排出池外，排泥方法分重力排泥与机械排泥，重力排泥的水静压力应不小于1.5m，排泥管的直径通常不小于200m。为了保证已沉入池底与泥斗中的污泥不再浮起，有一层分隔沉淀区与污泥区的水层，称为缓冲层，其厚度为0.3～0.5m。

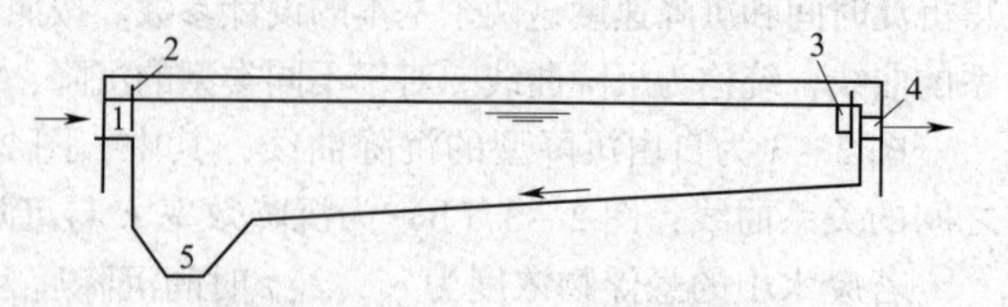

图2－4　平流式沉淀池示意图

1—进水槽　2—挡板　3—浮渣槽　4—出水槽　5—污泥斗

为了不设置机械刮泥设备，可采用多斗式沉淀池，在每个贮泥斗单独设置排泥管，各自独立排泥，互不干扰，以保证污泥的浓度。为了保证废水在池内分布均匀，池长与池宽比以4~5为宜。

平流式沉淀池的沉淀区有效水深一般为2~3m，废水在池中停留时间为1~2h，表面负荷1~3m³/（m²·h），水平流速一般不大于5mm/s。

平流式沉淀池的主要优点是：有效沉淀区大，沉淀效果好，造价较低，对废水流量的适应性强。缺点是：占地面积大，排泥较困难。

2. 辐流式沉淀池

辐流式沉淀池如图2-5所示，一般都是混凝土结构的圆形池。在中心轴下方装有旋转的污泥耙齿机构。废水通常经过装在池中心的进水上升管进入池内，沿径向流动，经溢流堰流出，这种配置称为“中心进料，四周排出”。与此相反的另一种配置称为“四周进料，中心排出”，但较少使用。用耙齿将沉降的污泥推向位于池中央的污泥坑或污泥池，然后用污泥泵送出，作进一步处置。污泥耙齿必须有足够的扭矩，以确保在重负载条件下运行。耙齿机构必须靠近池底，以防止污泥滞积而产生厌氧分解。池底部坡度约为1∶12，向中心倾斜。用与中心转轴相连的表面集沫器收集水面上的漂浮物质，并通过直径至少为150mm的管道将其排入贮斗。为防止沉淀池的池体下沉，牢固的沉淀池基础结构是极重要的，必要时，应采用重型桩基。地下水位高的地区也要小心处理设备基础问题，因为当沉淀池空载时，地下水也许会将其托起。

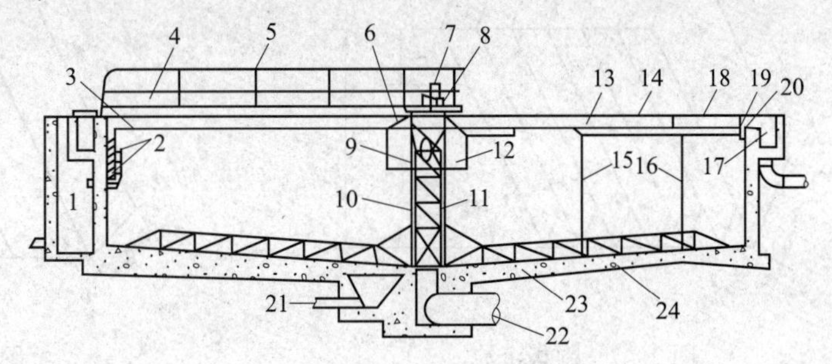

图2-5 辐流式沉淀池示意图

1—浮渣坑 2—浮渣管 3—浮渣槽 4—过桥 5—栏杆 6—支架 7—传动装置 8—转盘 9—带出水孔的支架顶盖 10—中心支架和进水上升管 11—传动器罩 12—进水挡板 13—表面撇渣板 14—池顶 15—撇渣器支架 16—桁架式耙架 17—出水流槽 18—旋转式撇渣板 19—浮渣挡板 20—出水堰 21—排泥管 22—进水管 23—刮泥板 24—可调节橡皮刮板

3. 竖流式沉淀池

竖流式沉淀池在平面图形上一般呈圆形或正方形，原水通常由一设在池中央的中心管流入，在沉淀区的流动方向是由池的下面向上作竖向流动，从池的顶部周边流出（图2-6）。池底锥体为贮泥斗．它与水平的倾角常不小于45°，排泥一般采用静水压力。

竖流式沉淀池的直径或边长一般在8m以下，沉淀区的水流上升速度一般采用0.5~1.0mm/s，沉淀时间1~1.5h。为保证水流自下而上垂直流动，要求池子直径与沉淀区深度之比不大于3∶1。中心管内水流速度应不大于0.03m/s，而当设置反射板时，可取0.1m/s。

污泥斗的容积视沉淀池的功能而各异。对于初次沉淀池，泥斗一般以贮存的污泥量来计算，而对于活性污泥法后的二次沉淀池，其停留时间以取2h为宜。

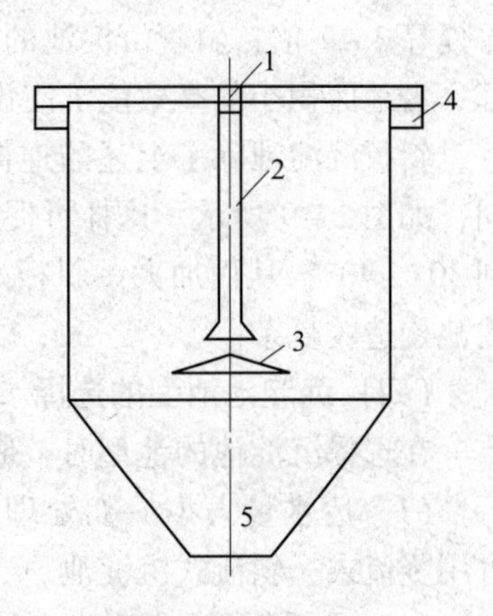

图2-6 竖流式沉淀池示意图

1—进水槽 2—中心管 3—反射板 4—出水槽 5—污泥斗

竖流式沉淀池的优点是：排泥容易，不需设机械刮泥设备，占地面积较小。其缺点是造价较高，单池容量小，池深大，施工较困难。因此，竖流式沉淀池适用于处理水量不大的小型污水处理厂。

4．斜板（斜管）式沉淀池

平流式沉淀池是使废水通过沉淀区得到澄清，但是池的过水断面大，水流处于紊流状态，水流短路，不利于废水中悬浮物下沉。因此，它的生产能力不大，而设备比较庞大，处理效率低。为了克服这些缺点，出现了斜板（斜管）沉淀池，即在沉淀区倾斜地装设一组平行板或方形管，互相平行重叠在一起，水流从平行板或管道的一端流到另一端。每两块斜板间相当于一个很浅的沉淀池，每一根方管相当一个小沉淀池，如图2－7和图2－8所示。

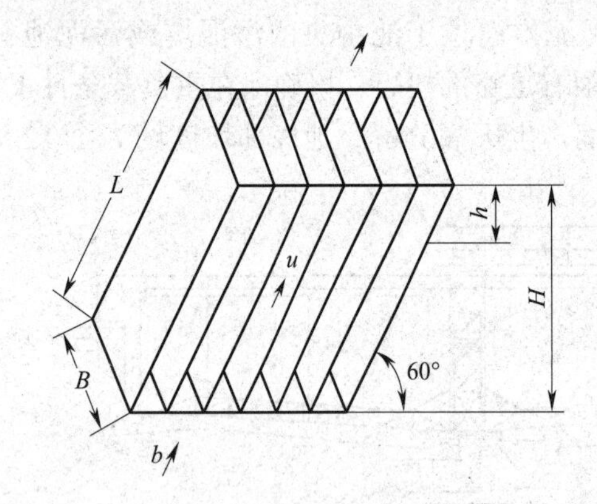

图2－7　斜板沉淀

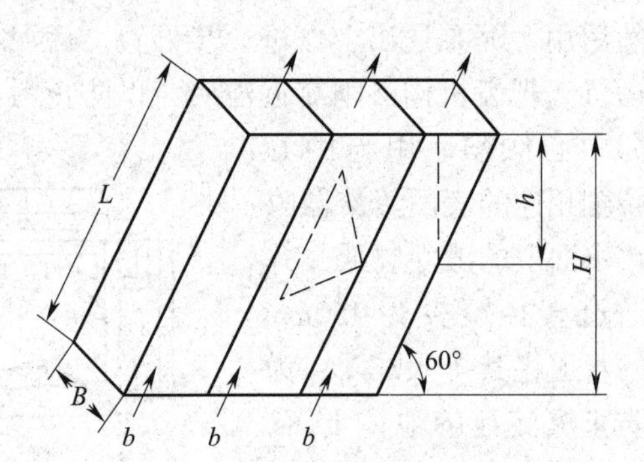

图2－8　斜管沉淀

从理想沉淀池 $u_0 = Q/A$ 可知，如果废水量 Q 不变，增大沉淀面积 A，u_0 即减小，就有更多的悬浮物沉淀下来，而提高沉淀效率；$u_0 = H/t$，如保持 u_0 不变，随着沉淀有效水深 H 的减小，沉淀时间 t 则按比例缩短。因此斜板（斜管）沉淀池与一般沉淀池相比，具有如下优点：利用了层流原理，水流在板间或管内流动，具有较大湿周，较小的水力半径，所以雷诺数小，对沉淀很有利；极大地增加了沉淀池的沉淀面积，因此，沉淀效率高；缩短了颗粒沉降距离，使沉淀时间大为缩短。据国内某些资料指出，斜板沉淀池能使处理能力提高3～7倍，斜管沉淀池的处理能力可提高10倍以上。因此，这是一种投资省、效果好、占地面积小的高效能沉淀设备。

斜板沉淀池除了上述的逆向流之外，还有同向流，即进水水流和泥渣的滑动方向相同，如图2－9所示。这样可促进泥渣向下滑动，保持板面清洁，并可减小斜板的倾斜角到30°～40°，从而加大了斜板水平断面投影的面积，提高了沉淀效率，但是同向斜板沉淀池构造较复杂。

（四）沉淀池池型的选择

在选择沉淀池的池型时，应考虑以下主要因素。

（1）废水量大小　如处理水量大，可考虑采用平流式、辐流式沉淀池；废水量小，可用竖流式、斜流式沉淀池。

（2）悬浮物质的沉降性能与泥渣性能　流动件性差、相对密度大的污泥，不能用水静压力排泥，需用机械排泥，则不宜采用竖流式沉淀池，而可考虑用平流式、辐流式沉淀池。对于黏性大的污泥，不宜用斜板（管）沉淀池，以免堵塞斜板。

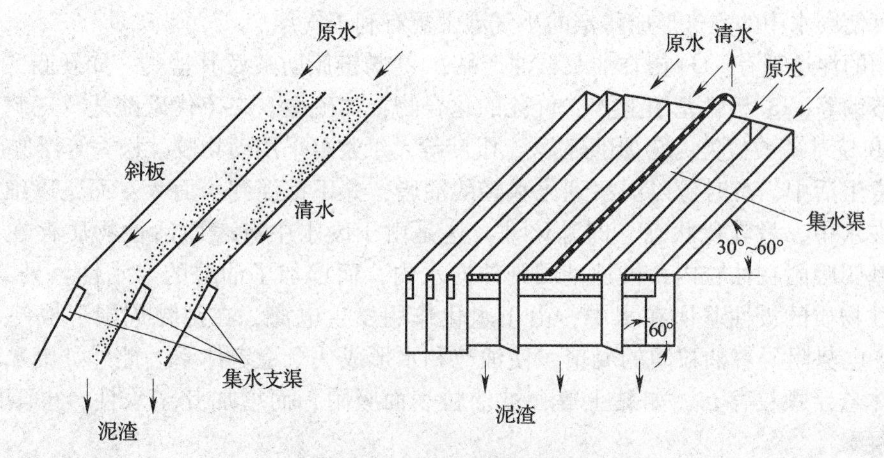

图2-9　同向流斜板沉淀装置

(3) 总体布置与地质条件　用地紧张的地区，宜用竖流式、斜板式沉淀池。地下水位高、施工困难的地区，不宜用竖流式沉淀池，宜用平流式沉淀池。

(4) 造价高低与运行管理水平　平流式沉淀池的造价低，而斜板式、竖流式沉淀池造价较高。从运行管理方面考虑，竖流式沉淀池的排泥较方便，管理较简单；而辐流式沉淀池、因排泥设备复杂，要求具有较高的运行管理水平。

如果需要设置多段沉降设施，可选用矩形平流式沉淀池，这种沉淀池较适合于并列布置，中间距离较小，占地较少。采用多段沉降设施时，即使一台设施需要维修而停止运行，而系统仍能继续操作。

在实际生产中，沉淀池的效率为8~50m^3/(d·m^2)，而通常设计采用值为25~32m^3/(d·m^2)。在一般工厂，进入一级沉淀池的悬浮固形物为350~600mg/L，按90%去除效率计，沉淀池溢流水仍有35~60mg/L悬浮固体。

一级沉淀池后的废水往往还要进行二级生物处理。如果从工厂排出废水的水量或水质波动很大，则应在一级沉淀池和生物处理系统之间增置一个调节池，可有效地解决这一问题，如果二级处理系统是高效生物处理系统，这样做尤其必要。根据出现浓度波动的频率，尽可能使废水在调节池内的停留时间长些。

四、气　浮　法

(一) 气浮的基本原理

废水中相对密度大于1的悬浮物在重力作用下，能自然沉降而被分离。而相对密度接近于1，难于沉降或上浮的悬浮物颗粒，可以被废水中无数分散的微小气泡附着，随同气泡一起上浮至水面而被分离。但这仅对疏水性的悬浮颗粒有效，因为固体的疏水性越大，则越易被空气所润湿，就越易附着于气泡上。可是有些相对密度较小的悬浮物，如直径小于0.5~1.0mm的纸浆、纤维、煤粉等，亲水性很强，整个表面能被水润湿，在水中不易黏附到气泡上。要使这些粒子附着在气泡上，必须改变它们的亲水倾向，即进行疏水化处理，其办法之一是向废水中加入一种称为浮选剂的表面活性物质。这种物质大多数是极性分子化合物，溶于水后，其极性基团选择性地被亲水性粒子吸附，非极性基团则向着水，这样亲水性粒子的表面转化成疏水性表面就能附着于气泡上，同时浮选剂还有促进起泡的作用，可使废水中的空气形成稳定的小气泡，更有利于气浮。

常用的浮选剂有：① 松香油及石油产品；② 长链脂肪酸及其盐类，如硬脂酸、环烷酸、油酸钠等；③ 极性基团上含二价硫的化合物，如硫酸、二硫代碳酸盐、三硫代碳酸盐等；④ 烷基硫酸盐类；⑤ 脂肪胺酸、吡啶等。纸浆可采用动物胶、松香等浮选剂。

日常生活中，有时可以观察到比水轻的油脂，并不都浮到水面大，而是以细小的油粒分散在水中，呈乳化状态，即乳化油。这是由于废水中有表面活性物质存在。它的非极性基团吸附在油粒内，极性基团则伸向水内，而增加了油粒的亲水性；另一方面，表面活性物质的极性基团在水中，由于水化作用发生电离，在油粒周围形成一个双电层，其 ξ 电势阻碍着油粒间的凝聚，使油粒和水形成一个稳定体系。此外，废水中有亲水性固体悬浮颗粒存在，如黏土等，被油粒表面吸附，而增加其亲水性，也阻障油粒的相互凝聚。

因此，要使油水分离，必须破坏乳化，一是向废水中投加石灰，使亲水性的钠皂转化成疏水性的钙皂，以促使油粒互相黏聚。二是向废水投加电解质，以压缩油粒的双电层，使其达到电中性，而使油粒互相黏聚。例如，投加硫酸，当废水的 pH 为 3～4 时，即可产生强烈的凝聚现象。气浮时投加的混凝剂，如硫酸铝、明矾、三氯化铁、聚合氯化铝［$Al_2(OH)_nCl_{0-n}$］等，既可压缩油粒的双电层，又可吸附废水中的悬浮固体颗粒，使其凝聚，并随气泡上浮，油粒附着于气泡上以后，上浮速度将大为增加。例如 d = 1.5μm 的油粒单独上浮时，速度小于 0.001mm/s，黏附到气泡上后，由于气泡的平均上浮速度可达 0.9mm/s，即油粒上浮速度约增加 900 倍。

气浮时单位体积的废水中气泡的比表面积越大，则气浮效率越高。即要求气泡的分散度越大越好。一般认为直径为 50μm 左右的气泡最好，它轻、细、浓，稳定性好。在一定条件下，气泡在废水中的分散程度是影响气浮效率的直接因素。

（二）气浮分类

根据产生气泡的方法可分为：加压气浮、射流气浮、叶轮气浮、曝气气浮等。常用的是加压气浮和射流气浮。

1. 加压气浮

加压气浮是用水泵将废水加压到 0.3MPa、0.4MPa，同时注入空气在溶气罐中，使空气溶解于废水中。废水经减压阀进入气浮池，由于突然减压，溶解于废水中的空气便形成许多细小的气泡逸出，而进行气浮。

根据亨利定律，空气在水中的溶解度与所受压力呈正比，因此气浮时需加入的气量为：

$$V_T = 7500K_T \cdot p$$

式中 V_T——溶气量，mL/L

p——溶气罐内气体的相对压强，MPa

K_T——溶解系数，mL/（L·MPa）；各种温度下的 K_T 值见表 2－8

表 2－8　各种温度下的 K_T 值

温度/℃	0	10	20	30	40	50
K_T/［mL/（L·MPa）］	0.038	0.029	0.024	0.021	0.018	0.016

据资料介绍，空气需要量以 $V=10\sim15\text{mL/g}$ 时悬浮为宜。空气量可按过量 25% 计算。

溶气罐可以是空罐式，溶气率为 70% ~80%；或者填充瓷土填料，其溶气率可高达 98%。气浮池常用平流式，也可以用斜板式和竖流式。

气浮系统有非循环式（图 2－10）和循环式（图 2－11）两种形式。造纸工业废水处理广泛采用循环式气浮系统，循环式气浮池处理的水质好，所耗动力费用少，处理凝聚性悬浮固形物或投加混凝剂时，絮凝体不会被破坏。采用循环式气浮池浓缩膨胀的污泥或沉降性差的污泥，可使污泥浓度由 0.5% 提高到 4% 左右，污泥体积减小到原体积的 1/10 ~1/8。尤其是当投加了凝聚剂时，其脱水时间短、效率高、设施小和处理的水质好。

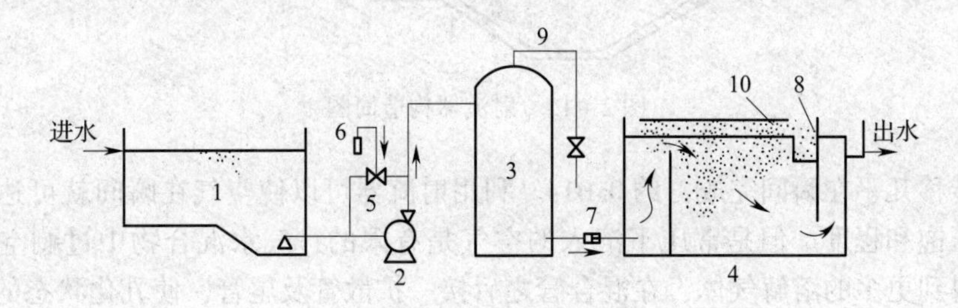

图 2－10　非循环式加压气浮流程

1—集水池　2—水泵　3—溶气罐　4—气浮池（浮选池）　5—水射器　6—流量计
7—减压阀　8—收集槽　9—放气管　10—刮沫器

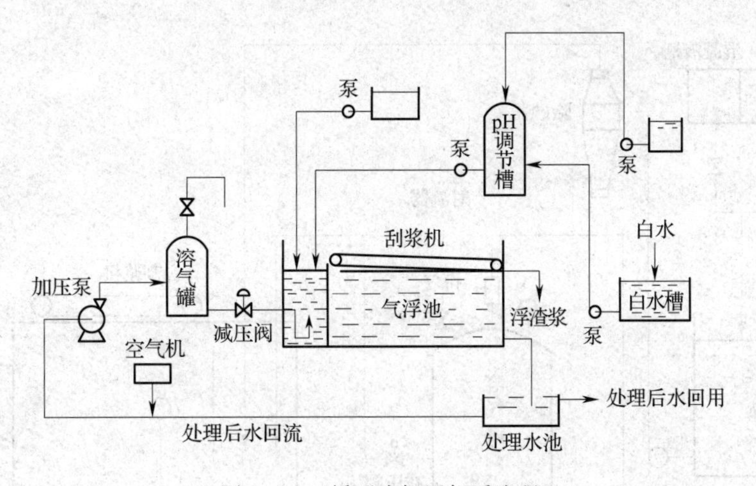

图 2－11　循环式加压气浮流程

2. 射流气浮

射流器（空气注射器）是应用较多的一种进气方法，其特点是设计制造简单，没有空压机的噪声，它由喷嘴、气室、混合管等部分组成，如图 2－12 所示。工作介质（清水、处理后水、原白水）通过射流器的喷口时，以很高的速度从喷口喷射出来，形成一股高速射流束（流速 30 ~40m/s）。高速射流束穿过气室时，由于工作介质的黏滞作用产生负压，吸入大量空气，被高速紊动的射流束挟带至混合管内，这时气室呈负压状态，外界空气在大气压力作用下源源不断地补充进来，射流器起着空气供给的作用。气、液混合物在混合管内，由于剧烈的紊动、搅拌和水力剪切，液体和气体间充分混合，气体被“切割”成极微小的气泡而呈乳化状态，然后进入扩散管。

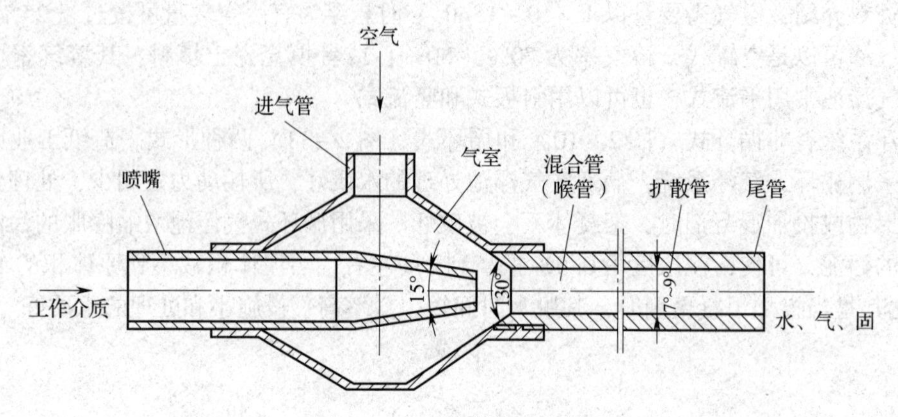

图2-12 射流器构造简图

空气转移几乎在瞬间完成，约0.01s。利用射流器可以使空气在瞬间就可达到当时温度下的常压饱和程度。但是常压下溶入的空气是有限的，气水混合物中过剩空气还会散失。为了得到更多的溶解气体，在混合管之后接一扩散管及尾管，使乳化状态的空气按亨利定律，即在一定压力下溶入水中。扩散管及尾管的作用是将混合管中高速紊动的气、水混合物的动能转化为静压能，使呈乳化状态的空气溶解到水中去，并进入溶气罐，在一定压力下，剩余的空气与溶气水分离。其流程如图2-13所示。

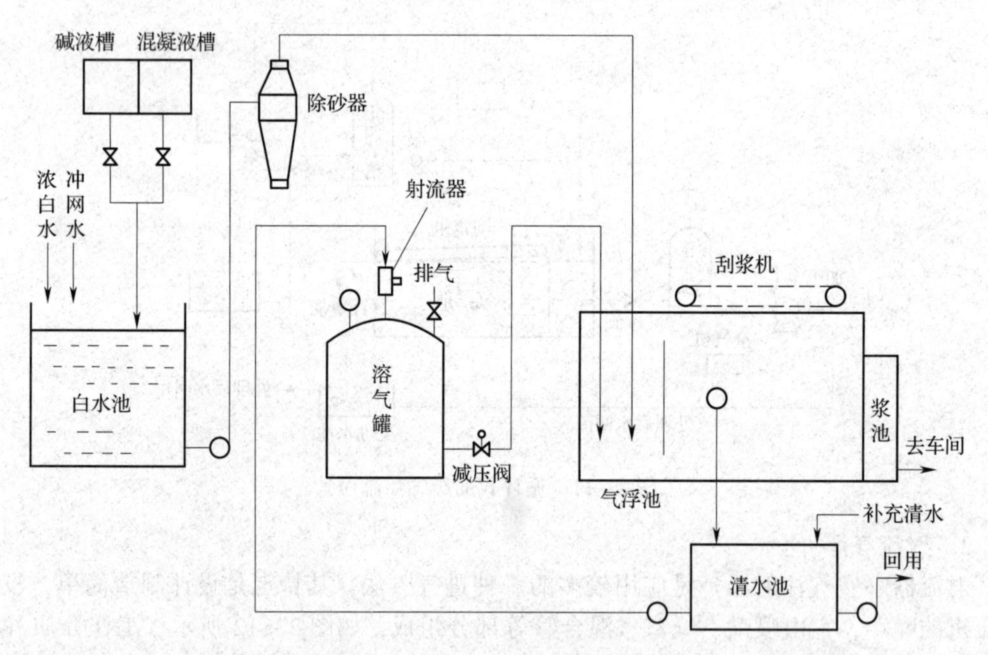

图2-13 纸机白水射流气浮工艺流程

pH的调节控制是影响气浮效果的重要因素，用处理后的水作溶气水，循环时间长后，水温升高可达47℃，其次还可发生结垢和腐蚀问题，因此必须适当补充新鲜清水。

目前有一种与射流气浮法相似的插管式加气法（泵吸入法），它利用泵的吸入管借高速流动的水流产生的负压吸入空气，经过泵内高速紊动混合，送入溶气罐溶解，其特点是设备简单、投资省、动力消耗低。

3. 超效浅层气浮

超效浅层气浮池是目前在国内用来处理造纸白水，使用比较广泛而且效果较好的一种气浮设备。这种设备是美国 KROFTA 公司 20 世纪 70 年代发明的技术，90 年代进入我国。该设备的结构及工作原理见图 2-14 所示。

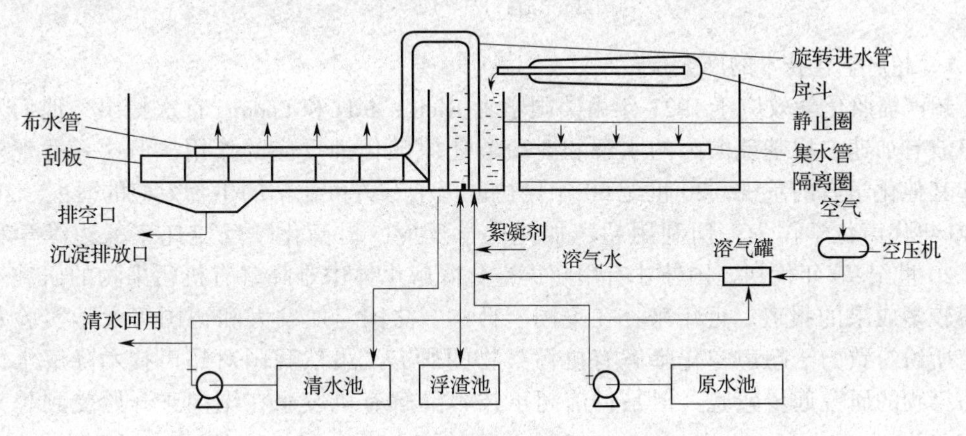

图 2-14　超效浅层气浮池的结构及原理

超效浅层气浮池的工作原理是：

(1) 进水　原水及加压水（絮凝剂）混合后，由池中心的旋转进水管进入，通过旋转布水管（径向）沿气浮池圆周布水。布水管移动速度和进水速度相同，从而产生了零速度，即所谓"零速原理"。这样布水不会对池水产生横向扰动，使颗粒的悬浮和沉降在相对静止状态下进行。

(2) 收浆　上浮至池面的浮渣，出螺旋浮渣戽斗收集，然后借助重力作用，排放至池中央进水管外的静止圈内，由排渣口送入浮渣槽。螺旋戽斗是专利产品，在一根轴上装 1~3 个戽斗，视处理量的大小而定。

(3) 回收清水　集水管与隔离圈连接并与其一起旋转。经气浮处理的清水经由集水管进入到隔离圈与静止圈之间，一部分回送溶气罐溶气，大部分送清水池。集水管与布水管之间由旋转布水机构隔开。原水气浮的时间，就是中央旋转部分回转周期。

(4) 刮泥　进水中密度大的沉淀，由安装在移动的旋转布水机构上的刮泥板将池底和池壁上的沉泥刮集到泥斗中，间歇地从排空口排放。

(5) 溶气系统　溶气管内的特殊结构——微孔布气板也是 KROFTA 公司的专利产品，它把压缩空气切割成微细气泡，然后在扰动非常剧烈的情况下与加压水溶解、混合，气泡直径小至 10μm 左右。

超效浅层气浮池性能及特点：① 超效浅层气浮池是依据"浅池理论"及"零速理论"设计，强制布水，进、出水都呈静态，消除横向干扰；② 废水在池内停留时间很短，仅 3~5min（传统气浮池 15~20min）；③ 表面负荷高 8~12m^3/（m^2·h）[传统气浮池为 2~5m^3/（m^2·h）]；④ 气浮池池深不超过 650mm（传统气浮池深 2.0~2.5m）；⑤ SS 去除率高达 99%，出水 SS 小于 30mg/L；⑥ 运转过程中自动清除池底和池壁的沉泥；⑦ 浮渣瞬时清除，隔离排除，水体扰动小，浮渣浓度高（3%~5%）；⑧溶气管设计独特，体积小，停留时间短，溶气效率高；⑨设备轻巧，结构合理，拆装容易，便于运输安装；而且可以多层重叠安装（最多钉重叠3层）从而节省了占地和投资；⑩具多项调节功能，能随水质、水量变化而变化。

五、超声技术

1. 超声空化技术的产生

超声辐照化学效应于1927年由美国学者Rich－ards和Loomis首次提出，他们发现超声波有加速二甲基硫酸酯的水解和亚硫酸还原碘化钾反应的作用，但这一发现未能引起其他化学者的重视。20世纪60年代初进行了有关声化学的生物效应的研究。20世纪80年代声化学作为一门利用超声加速化学反应，提高化学反应速率的边缘学科兴起。20世纪90年代初，国外才有用超声空化降解水体中难降解有机污染物的研究工作取得较多成果的报道。近年来，在美国、日本、法国、加拿大和德国等大学实验室和研究所纷纷致力于超声空化降解有机污染物的研究。虽然我国对超声技术降解水中有机污染物的研究起步较晚，但是目前超声技术降解有机废水在国内正开始受到越来越多的关注。

2. 超声空化降解机理

超声波指频率在15kHz以上的声波，在溶液中以一种球面波的形式传递，一般公认的频率范围在15kHz到1MHz的超声辐照溶液会引起许多化学变化。超声波是由一系列疏密相间的纵波构成，并通过液体介质向四周传播。当声能足够高时，在疏松的半周期内，液相分子间的吸引力被打破，形成空化核，空化核的寿命约为0.1Ls，它在爆炸的瞬间可以产生大约4000K和100MPa的局部高温高压环境，并产生速度约110m/s具有强烈冲击力的微射流，这种现象成为超声空化。这些条件足以使有机物在空化气泡内发生化学键断裂、水相燃烧、高温分解或自由基反应。

超声降解有机物的机理可主要归结为如下三个方面：

（1）热分解　热分解发生在空化泡内，可以将进入空化泡中的液体分子或溶于水的有机物汽化，聚集在空化泡内的能量足以将难断裂的化学键打断。

（2）·H和·OH自由基氧化　在水溶液中主要的热反应是将水分子分解，空化泡内产生具有较高活性的·H和·OH自由基，它们进入水溶液与水中的有机物进行接触并将有机物氧化。在空化泡内主要是热分解，而在空化泡外的主要是自由基氧化。

（3）等离子化学和高级氧化　在空化泡的内表面上，其温度和压力都超过了临界条件，超临界流体具有类似气体的良好的流动性，同时又有远大于气体的密度，因此具有许多独特的理化性质。在临界状态下，废水中所含的有机物被分解成水、二氧化碳等简单无害的小分子。

3. 超声技术的优点及应用现状

超声空化技术利用声降解将水体中有毒、难降解的有机污染物转化成二氧化碳、水或毒性更低的小分子物质，对各类有机物具有广泛的适应性，而且具有能耗低、少污染或无污染、设备简单、操作方便、高效等优点，同时伴有杀菌消毒功效。它既可以单独使用，又可以与其他水处理技术联合，是一种环境友好的水处理技术，与传统技术相比有着强大的生命力，具有良好的发展和应用前景。

然而，任何一种先进技术的研究与应用其最终的目的都必须是既能达到我们的目标要求，又能达到工业化生产水平，同时还要保证生产成本不能过高。本文有关超声空化技术在造纸废水处理上的应用，同样也必须考虑工业化生产和处理成本的问题。到目前为止，超声技术大多还处于实验室间歇处理阶段，存在着生产成本相对偏高、处理量小的问题。要想实现超声空化技术的工业化，必须进一步研究超声降解有机物的反应机理和动力学、优化反应器、优化工艺参数、寻求提高其空化效率的有效途径，从而减少成本，变间歇式处理的实验室阶段为连续性的大规模处理阶段，这是促进超声空化技术的推广与应用中必须要解决的一个问题。

六、砂　　滤

砂滤是以天然石英砂（通常还有锰砂和无烟煤）作为滤料的水过滤处理工艺过程。该法让水通过一个0.5～1.2mm厚的砂滤床，以除去水中的大分子固体颗粒和胶体，使水澄清，而锰砂则可去除水中的铁离子。砂滤所用砂的规格为0.8～2mm，不均匀系数为2。常用于经澄清（沉淀）处理后的给水处理或污水经二级处理后的深度处理。根据原水和出水水质要求可具有不同的滤层厚度和过滤速度。

砂滤传统上都是分段进行的，实际的过滤持续期从几小时到一天。当滤床效率下降时，应进行反洗，此阶段大约15min。一般来说，砂滤最适合于处理低固体物含量的废水。在生物处理段后使用时，砂滤可除去残余的固体物，从而也除去与固体粒子结合在一起的有机物和营养物。砂滤也可以用于气浮处理后的后处理中。传统砂滤器不仅可获得很低固体物含量的处理水，而且还可除去与固体粒子结合在一起的COD、BOD和营养物。但是其不适宜处理高固体物含量的废水，在清洗砂滤床时需要耗费大量的水，过滤器等设备需经常保养，增加了一定的管理维护费用。

连续砂滤装置一般多用于原水过滤。在芬兰，连续砂滤装置已部分成功地应用于处理纸机白水。连续式砂滤是使过滤与部分过滤器滤床的清洗同时进行，砂滤本身仍按常规方法进行。有些砂滤器中有若干小隔板加以间隔，在每个间隔中的滤床可根据预设程序依次进行冲洗。还有一种砂滤器，可以从滤床底部连续排出砂子，通过一个单独的洗涤区，然后再返回到砂滤器。

气浮式过滤器是将砂滤器和气浮式澄清器结合起来的一种形式，它在同一个池内进行气浮和过滤。气浮除去了废水中绝大多数的固体物质，使得过滤器滤床上的固体物负荷非常稳定。气浮式过滤器可以经得起废水中固体物含量的长期波动。用于气浮式过滤器的表面载荷与砂滤器相类似。通过使用适当的化学药剂，可使效率更高。气浮式过滤非常适合于废水固体物含量波动很大和处理水质量要求较高的场合。

逆流连续砂滤器是一种新型高效过滤设备，该设备利用了气提循环洗砂技术、箱式布水微絮凝技术，可实现过滤与洗砂同时连续进行，无需停机反冲洗，有效解决了传统砂滤器运行不连续、操作复杂及出水不稳定等问题，使整个净化处理过程连续、稳定运行。整个连续逆流砂滤器主要由布水系统、水过滤系统、循环洗砂系统、监控系统组成。废水通过进水管进入箱式布水器进行均匀布水，并利用独特流体设计可实现废水的微絮凝，提高过滤效果；废水自下而上通过滤床，水中的悬浮物被滤料截流下来，过滤后清水经集水槽收集后由出水口排出，实现达标排放或回用；砂滤器的中部设置提砂管，在压缩空气通入时，砂滤器底部形成负压，根据气提原理将砂滤器底部的脏砂提升至上部洗砂器，外部清水在压差的作用下进入洗砂器，在上升过程中与下落的脏砂接触，将石英砂洗净，洗砂水由排污管排出，石英砂落入砂床完成砂循环过程。

关于砂滤有关问题如下。

（1）该技术的技术特点　① 过滤与洗砂同时、连续进行，无需停机反冲洗；② 滤速8～12m/h，单位面积的处理能力大，设备占地面积小；③ 无反冲洗设备，能耗小，运行成本低；④ 系统简单，操作控制方便，运行稳定、过滤效果好；⑤ 设备内部无运转部件、维护方便。应用范围：市政污水和工业废水的深度处理；给水的过滤处理；工业和城市污水的回用处理；超滤、反渗透等精密过滤前端的预处理；冷却循环水的净化处理。

（2）逆流连续式砂滤器净化过程　① 连续过滤过程：原废水经过进水管，进入均匀旋流布水器装置，水流在从布水支管的孔口流出时，遇到均匀槽形消能、布水板，减少了上升压力，从而起到均匀布水的作用；原水中的悬浮物在由下而上通过滤层过程中，被滤料截流下来；过滤水上升到集水槽，经出水管进入清水池。② 逆流洗砂过程：在砂滤器的中部设置提砂管，在密度小的压缩空气通入时，砂滤器底部形成负压，通过气提作用带动滤器底部的脏砂一同上升，被提升的混合物从提砂管升至洗砂器，在过滤后清夜出水与洗砂出水的水位差的作用下，洗砂浓缩水从洗砂水管排除；洗干净的砂子在重力的作用下回到滤层，在滤池内部完成滤料循环清洗过程。

（3）连续洗砂过滤器主要组成部分　① 水过滤系统：原废水通过进水管从布水器进入砂床，水在向上通过砂床的过程中被净化，过滤后清水从出水口排出，进入清水池。② 砂循环系统：在水向上流动的同时，砂床连续向下移动，脏的砂子在压缩空气的推动下，从砂床底部通过提砂管提到洗沙器并清洗，洗净后的砂落回砂床顶部。③ 压缩空气系统：通过空气压缩机将气通入储存罐，然后通入提砂管底部，将脏的砂子和水的混合物通过提砂管向上推动，强烈的摩擦作用将脏的悬浮物和砂粒分离。在上升管的顶部释放，脏水被排出。④ 洗砂器：在提砂管的顶部，砂子通过洗沙器的环形空间下落，被与砂子下落方向相反滤清水清洗干净。滤清水的流动由过滤后清水和洗砂水出水的液位差驱动。⑤ 监控及控制系统：主要控制要点为压缩空气压力、进水量、砂循环量等，通过装备在线监测系统，达到稳定的工艺运行目标。

（4）逆流连续式砂滤器工艺特点　① 设备占地面积小，节省空间，连续式砂滤净水器滤速可达10～12m/h，提高单位面积滤池的处理能力，减少滤池数量，节约占地面积；② 设备投资低、能耗低、运行费用低，无需配备大功率反冲洗泵、鼓风机，以及铺设反冲洗管道，只需配备小功率空气压缩机，用电电压仅为220V，大大节省设备投资和运行费用；③ 运行稳定、过滤效果好，滤层不断被摩擦清洗，始终处于清洁状态，清洗排水量连续且处理简单，保证了运行的稳定性和过滤效果的稳定性；④ 设备运行效率高，进水采用上流式，截污后的滤料在滤层底部，被不断提升反洗，使得所有滤料都能发挥作用；⑤ 操作简单、自动化程度高、不需要停机反冲洗；⑥ 管理维护简单安全，连续式砂滤净水器内采用单一的特制滤料，安装、拆卸方便，辅助设备少。

七、磁力分离法

磁力分离法是一种由外加非均匀磁力使液体中带有磁性悬浮物分离的方法。与传统的固液分离方法相比，磁力分离具有处理能力大、效率高和设备紧凑等优点。它不但已成功地应用于钢铁工业废水中磁性悬浮物的分离，而且经过适当的辅助处理之后，还能用于其他工业废水、城市污水和地面水的处理。按产生磁场的方法不同，磁分离设备可分为永磁型、电磁型和超导型三类。目前，超导磁分离器还处于试验阶段，但是随着新型超导磁体的不断开发和零电阻温度的迅速提高，进入实用性阶段已为期不远，其应用前景十分广阔。

八、离心分离法

离心分离法是指含有悬浮物的废水在受到高速旋转作用时，利用离心力分离水中密度与水不同的悬浮物，在离心力的作用下使污染物得以分离的方法。按照离心力产生的方式，离心设备可以分为两种类型：设备器体固定不动，由水流本身旋转产生离心力的旋转式分离机；由高速旋转的设备旋转带动液体旋转产生离心力的离心式分离机。

在废水作高速旋转时，密度大于水的固体悬浮物被抛向外围，而密度小于水的悬浮物则被推向内侧。如将水和固体悬浮物从不同的出口分别引出，即可使二者得以分离。废水在高速旋转过程中，悬浮颗粒同时受到两种径向力的作用，即离心力和向心力。

第五节　化学法处理废水

化学法是指利用化学药品产生的化学作用使废水中污染物的形态发生变化，从而转化、分离和回收处理废水中的污染物质。这类方法以调节废液 pH、降低和消除色度为主，同时兼有去除部分生化耗氧量和化学耗氧量，以及固体悬浮物的作用。化学处理法包括中和法、化学氧化法、混凝法、化学沉淀法等。

一、中　和　法

中和法就是向酸性废水中加入碱性物质，或向碱性废水中加入酸性物质，调节废水的 pH 到所需要的程度。该方法既可以作为主要的处理单元，也可以作为其他单元的预处理措施。

酸含量大于 5% ~10% 的高浓度含酸废水，常称为废酸液；碱含量大于 3% ~5% 的高浓度含碱废水，常称为废碱液。对于这类废酸液和废碱液，可因地制宜地采用特殊的方法回收其中的酸和碱，或者进行综合利用。对于酸含量小于 5% ~10% 或碱含量小于 3% ~5% 的低浓度酸性废水或碱性废水，由于其中酸、碱含量低，回收价值不大，常采用中和法处理，使其达到排放标准或所需程度。现简单介绍几种方法如下。

1. 酸碱废水互相中和

一般是酸性废水和碱性废水引入中和池进行中和。因为生产过程中排出的酸性或碱性废水的水量和浓度变化幅度大，同时排出口的位置相距较远，管道连接不便等，此法用得较少。

2. 投药中和

碱性废水常用工业硫酸中和，酸性废水常用石灰、石灰石、电石渣等，以溶液或粉末状态投加到废水中去，经过充分反应使酸性废水得到中和。选用中和药剂时，应注意废水中所含酸类物质的种类和性质，以及中和后的盐类在水中的溶解度的大小。一般应避免中和后生成大量的沉渣，影响处理效果和对沉渣不易处理等问题。

3. 过滤中和

酸性废水通过具有中和能力的滤料层，如石灰石、白云石等，产生中和反应，以去除酸性物质。当中和硫酸时，所生成的石膏溶解度低，为了避免生成的石膏附于滤料表面或堵塞滤料孔隙，要求废水中硫酸浓度不超过2g/L（理论上不超过1.14g/L），如超过时则需采用白云石作滤料。

采用过滤中和法要求废水比较洁净，应进行必要的预处理，防止废水中的悬浮物、油脂等惰性物质以及铁盐等堵塞滤料层或附在滤料表面上，影响化学反应的进行。处理酸性废水的构筑物、管道等必须使用耐酸材料或防腐处理。

4. 烟道气处理碱性废水

用烟道气处理碱性废水，是利用烟道气中的 CO_2，SO_2 和 H_2S 等中和废水中的碱。其处理是同消烟除尘同时进行的，既可将碱性废水泵送到中和塔作喷淋水；也可用鼓风机将烟道气送到水膜除尘器下部，把碱性废水泵送至水膜除尘器上部作喷淋用水。但是，经烟道气中和处理后的废水，硫化物、耗氧量、色度等往往有所增加，这是此法所产生的新问题。

二、化学氧化法

化学氧化法是降解制浆造纸废水中污染物的有效方法。这类方法是指利用强氧化剂的氧化性，在一定条件下与水中的有机污染物发生反应，通过氧化剂的化学反应达到将污染物去除的目的。常见的强氧化剂有 Fenton 试剂、氯、二氧化氯、臭氧、双氧水、高锰酸钾、高氯酸和次氯酸盐等。

有大量自由基参加的化学氧化处理工艺称为高级化学氧化法，此处理工艺可使废水中有机污染物彻底分解，是近年来备受重视的水污染治理新技术，如废水处理采用的 Fenton 试剂，臭氧和紫外线（UV）、超声波、催化剂等联合使用，大大提高了氧化脱色性能。这些辅助手段所提供的能量不仅催化产生具有极强氧化性的氢氧自由基，而且能激发水中的物质，使其成为激发态加速氧化反应的速率。

广西大学的陈楠等人采用 Fenton 法深度处理造纸中段废水，中段废水流经有持续加料的 Fenton 氧化塔处理后，进入中和池，经用碱液中和成中性后，流入脱气池，曝气搅拌去除残余的过氧化氢，之后进入混凝池，加入 PAM 絮凝后，在沉淀池中固液分离，沉淀池流出的水经过检测后即可排放，其排放水质标准达到了《（GB 3544—2008）造纸工业水污染物排放标准》的要求。

去除制浆造纸废水色度的有效方法很多，其中包括化学氧化法、吸附法（树脂吸附、离子交换吸附、活性氧化铝吸附、活性炭吸附等）、沉降法、膜分离法（反渗透与超滤）

等。生化法处理效果较差，据文献报道，二级生化法中最多可去除废水中30%的色度。而且，也有一些生物处理法实际上还会增大废水的色度。

据文献介绍，每吨纸产品去除废水中的有色物质的费用为10～20美元，相当于每吨纸产品价值的10%。可见，选择出适应某一废水的脱色方法是相当重要的。

为使工艺过程经济可行，往往把化学氧化处理放在生物处理的前边，作为预处理，去除那些不易生物降解的物质，从而减少色度和有毒物质。

臭氧是一种强氧化剂，能有效地对水中的污染物进行氧化、分解、除臭、脱色、杀菌、灭藻、杀病毒，除Fe、Mo、CN^-、C_6H_6、NO_2及SO_2，降低BOD、COD以致消除表面活性剂等。由于臭氧的氧化能力特别强，反应极快，并且无二次污染；臭氧能用电和空气就地制造（工业上常用无声放电法制取臭氧），避免运输和贮存的麻烦以及易于管理等优点，因此臭氧法成为一种很有发展前途的处理方法，尤其是作为废水的深度处理将得到广泛的应用。但设备费高，不适于量大的废水处理。臭氧的投加方法有喷射法和扩散法，前者利用文丘里管接受压水流，流经喷射器时造成负压吸人臭氧化空气，使臭氧与处理废水迅速搅拌混合后流入接触池内。它适用于污染物浓度低或臭氧与污染物反应迅速的废水。扩散法适用于反应速度慢和浓度高的废水。

废水中有时会存在一些难以生物降解或对生物有毒害作用的有机污染物，这些污染物不仅难以生物降解，也很难用一般的氧化剂加以氧化、去除。1987年，Glaze等提出了以自由羟基（·OH）作为主要氧化剂的高级氧化工艺（advanced oxidation processes，AOPs）。这种工艺采用两种或多种氧化剂联用发生协同效应，或者与催化剂联用，提高·OH的生成量和生成速率，加速反应过程，提高处理效率和出水水质。

·OH是最具有活性的氧化剂之一，在高级氧化工艺中起主要作用。·OH作为氧化反应的中间产物通常由以下反应产生：自由基链式反应分解水中的O_3；光分解H_2O_2；水合氯、硝酸盐或溶解的水合亚铁离子；Fenton反应或离子化辐射反应等。

高级氧化工艺的特点有：

（1）高氧化性　·OH是一种极强的化学氧化剂。它的氧化电位要比普通氧化剂，如氯气、过氧化氢和臭氧等高得多。因此，·OH的氧化能力明显高于普通氧化剂。

（2）反应速率快与普通化学氧化法相比，·OH的反应速率很快。据测定，一些主要有机污染物与O_3的反应速率常数为0.01～1000L/（mol·s），而·OH与这些污染物的反应速率常数达到10～10L（mol·s）。因此，氧化反应的速率主要是由·OH的产生速率决定。

（3）提高可生物降解性，减少三卤甲烷（THMs）和溴酸盐的生成　在高级氧化工艺中，如H_2O_2/UV、O_3/UV和γ/O_3辐射等比单用臭氧更能有效地提高污染物的可生物降解性。而且可以避免和减少用氯气氧化可能产生的三卤甲烷以及用臭氧氧化可能产生的溴酸盐等有害化合物。

目前主要高级氧化工艺有：

（1）Fenton试剂　具体内容见本节五。

（2）电化学氧化技术　电化学氧化，又称电化学燃烧。其基本原理是在电极表面的电催化作用下或在由电场作用而产生的自由基作用下使有机物氧化。据此，可将电化学氧化分为直接电化学氧化和间接电化学氧化两个过程。

直接电化学氧化是使难降解有机污染物在电极表面发生氧化还原反应。间接电化学氧化是指利用电化学反应所产生的氧化剂或还原剂使污染物降解而转化为无害物质的一种方法。

（3）湿式氧化技术　湿式氧化，又称湿式燃烧，是处理高浓度有机废水的一种行之有效的方法，其基本原理是在高温高压条件下通入空气，使废水中的有机污染物被氧化。按处理过程有无催化剂可将其分为湿式空气氧化和湿式空气催化氧化两类。

湿式空气氧化法—最早开发湿式空气氧化法（Wet Air Oxidation，WAO）并实现工业化的是美国的 Zim - pro 公司。该公司已将 WAO 工艺应用于烯烃生产废洗涤液、丙烯腈生产废水及农药生产废水等有毒有害工业废水的处理。WAO 技术是在高温（125 ~ 320℃）、高压（0.5 ~ 20MPa）条件下通入空气，使废水中的高分子有机物直接氧化降解为无机物或小分子有机物。

湿式空气催化氧化法—湿式空气催化氧化法（Catalytic Wet Airoxida - tion，CWAO）是在传统的湿式氧化处理工艺中加入适宜的催化剂，使氧化反应能在更温和的条件下和更短的时间内完成。该法的关键问题是高活性易回收的催化剂。

（4）超临界水氧化技术　超临界水氧化技术是湿式空气氧化技术的强化和改进，其原理是利用超临界水作为介质来氧化分解有机物。它同样以水为液相主体，空气中的氧为氧化剂，在高温高压下反应。但其改进与提高之处就在于利用水在超临界状态下的性质，水的介电常数减少至近似于有机物与气体，从而使气体和有机物能完全溶于水中，相界面消失，形成均相氧化体系，消除了在湿式氧化过程中存在的相际传质阻力，提高了反应速率；又由于在均相体系中氧化态自由基的独立活性更高，氧化程度也随之提高。

（5）UV/H_2O_2工艺　UV/H_2O_2体系对有机物的去除能力比单独用 H_2O_2更强。UV/H_2O_2体系中，每一分子 H_2O_2可产生两分子·OH。有研究认为，这一工艺具有比 Fenton 试剂更佳的费用效益比。它不仅能有效地去除水中的有机污染物，而且不会造成二次污染。UV/H_2O_2（紫外光 + 过氧化氢）氧化反应的基本原理为：H_2O_2受到一定能量紫外光的照射，被激发形成 HO·自由基。实验证明，UV/H_2O_2系统对有机污染物质量浓度的适用范围很宽。但从处理效率和成本来看，并不适合处理高浓度工业有机废水。

除此之外，铁氧体法处理含重金属离子的废水，对高浓度和浓度变化较大的场合都适用，而且能在同一条件下处理多种重金属，效果好，易于分离，无二次污染，处理剂硫酸亚铁来源方便，是一种很有发展前途的处理技术。

三、混　凝　法

（一）混凝法简介

1. 废水中胶体微粒及其稳定性

废水中粒度在 1nm ~ 1μm 的微粒都属胶体颗粒，含有 10^3 ~ 10^9 个原子的线型高分子物质也都属胶体颗粒。

就制浆造纸废水而言，其中备料工段废水中微细的原料粉末及泥土微粒，浆料的洗选工段废水中的高分子有机物及细小纤维，漂白工段废水中大分子有色物质及细小悬浮颗粒，抄纸工段废水小的细小浆料，一般都是以胶体形态存在于废水中。

上述胶体物质，多是带负电的，它们分散在水中，形成水的色度与浊度，其中有部分胶体物质也属于水中的耗氧物质。胶体在水中能长时间保持分散状态，称之为胶体的稳定性。

对憎水性胶体，简单地说，是由胶核与双电层组成的。所谓双电层是指电位离子层及其周围的异性离子层，异性离子中紧靠电位离子的部分被牢固吸引着，当胶核运动时，也随之一起运动，形成固定离子层，其他的异性离子受电位离子吸引力较小，不随胶核一起运动，形成所谓的扩散层。这两层间的交界面称为滑动面，如图 2－15 所示。

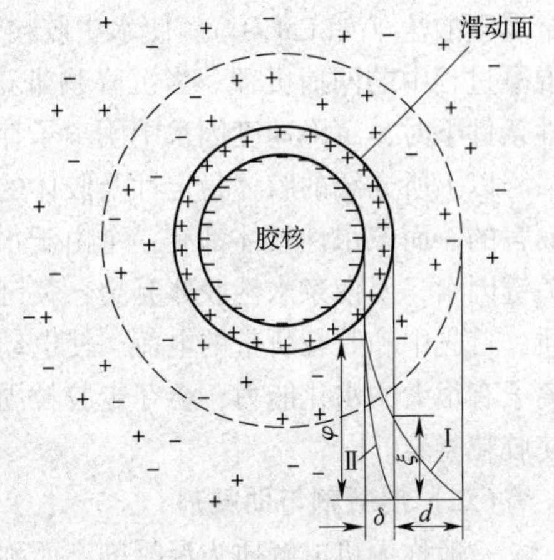

图 2－15　胶体结构示意图

滑动面以内部分称为胶粒，滑动面与扩散层外缘之间的电位差称为胶体的电动电位，或称 ξ 电位，而胶核表面与扩散层外缘之间电位差称为 φ 电位。

带有相同的电荷的胶粒之间形成斥力，且 ξ 电位越高，斥力越大；同时，胶体微粒在水中也作不规则运动，即布朗运动。胶粒所以能保持稳定，原因在于作布朗运动的胶粒所具有的动能不足以克服两个胶粒接近过程中所遇到的最大斥力或排斥能峰。

2．混凝作用机理

要使胶体微粒脱稳，一般采用两种方法：一是提高胶粒的动能，胶粒的布朗运动具有的动能只与温度有关。但是温度提高 10℃，动能只能提高 4% 左右，作用不大，而且在水处理中没有实际应用价值；二是降低排斥能，而排斥能峰取决于排斥势能与吸引势能的差值。由于范德华引力是人为难以改变的，可见吸引势能也不容易改变；而静电斥力与胶粒的电荷量有关，电荷量减少时，胶黏间斥力变小，排斥能峰也下降，这样，胶粒依靠动能就有可能越过排斥能峰，进一步接近，最后聚集在一起。

向水中加入电解质——混凝剂，一般是 3 价的铁盐或铝盐，电解质解离出来的金属离子进入胶体的扩散离子层，甚至进入固定离子层，进行离子置换，使双电层变薄，即被压缩，ξ 电位下降，进而使胶体失去稳定性，胶粒间互相聚结，通常称这一过程为凝聚。

胶粒表面对异性离子、异性胶粒或线型高分子带异性电荷的部位有强烈的吸附作用，由于这种作用中和了它的部分电荷，减少了胶粒之间静电斥力，使胶粒凝聚。这是异性电荷之间的静电引力起主要作用，但在某些情况下也可能是一个小的带电胶粒被另一个带异性电荷的大的胶粒表面所吸附，这是胶粒表面上分子间范德华力起主要作用。基于上述的吸附电中和作用，可以解释在生产实践中，加入混凝剂量过多，为什么往往会出现胶粒再稳定的现象或电荷变性的现象。

两个大的同性电荷胶粒中间由一个异性电荷胶黏连结在一起，一般称为架桥作用；高聚物分子链节上某些部位与胶粒之间相互作用，使一个高聚物链上可以吸附两个或多个胶粒，这种使胶粒聚结作用也称架桥作用。由高聚物的吸附作用使胶粒相互聚结的过程称为絮凝。

上述凝聚与絮凝作用总称为混凝。

当金属盐（如铁盐或铝盐）或金属氧化物（如CaO）或氢氧化物作混凝剂时，在一定条件下，将产生迅速沉降的金属氢氧化物［如 $Fe(OH)_3$、$Al(OH)_3$、$Ca(OH)_2$］或金属碳酸盐（如 $CaCO_3$），使水中胶粒被这些沉降物吸附并夹带，从水中沉降出去，这是混凝过程中的网捕机理。当沉降物带正电荷［$Al(OH)_3$ 及 $Fe(OH)_3$］在中性或偏强酸性条件下时，沉降速度因水中阴离子存在而加快。

以上所介绍的胶体稳定性及胶体的凝聚机理，都是针对具有双电层结构的疏水性胶体而言的。而亲水性胶体都有一个由于水化作用而形成的水壳，水壳厚度是决定其稳定性的关键因素，要使亲水性胶体凝聚，关键是要压缩和去除其周围的结合水壳。一般加入电解质，首先中和胶粒所带的电荷，使电动电位下降，接着是脱水作用，因电解质解离产生的离子有很大的水化能力，会夺走胶粒周围的水分子，而去除水壳，即破坏了溶剂化作用，使胶粒凝聚。

（二）混凝剂与助凝剂

一般称无机电解质为混凝剂，而称高分子聚合物为絮凝剂。这是根据它们在混凝过程中的作用不同而命名的。也有一些文献上将上述两类物质统称为凝聚剂。

造纸废水处理中常用的凝聚剂主要有：硫酸铝、2价或3价的铁盐、氧化铝、硫酸、磷酸、聚酰胺类有机高聚物（如聚丙烯酰胺）等。它们通过对水中胶体物质的去除，从而对水的浊度、色度、BOD，COD及有毒物质含量等水质指标的改善有重要作用，对污泥脱水也有极好的效果。

助凝剂本身可以起凝聚作用，也可以不起凝聚作用。但它与混凝剂同时使用时，可以提高混凝效果。助凝剂可以调节或改善混凝条件，例如当原水碱度不足时，可以投加石灰或重碳酸钠等。当用硫酸亚铁作混凝剂时，可以投加氯气将 Fe^{2+} 氧化成 Fe^{3+}；助凝剂也可以改善矾花结构，以利于沉降；也可以利用高分子助凝剂的吸附架桥作用，使细小矾花变得粗大。常用助凝剂为聚丙烯酰胺、石灰、酸类物质等。

（三）混凝法在制浆造纸废水处理中的应用

制浆造纸废水混凝处理时的混凝剂加入量，由于水质不同会有很大差异。一般硫酸铝加入量为200～1000mg/L，高分子絮凝剂加入量为0.3～1.0mg/L。

Stone Container公司利用铝盐及聚酰胺，以混凝法处理漂白废水，同时与加压溶气气浮法结合，取得了很好的效果。Stone工艺流程如图2－16所示。

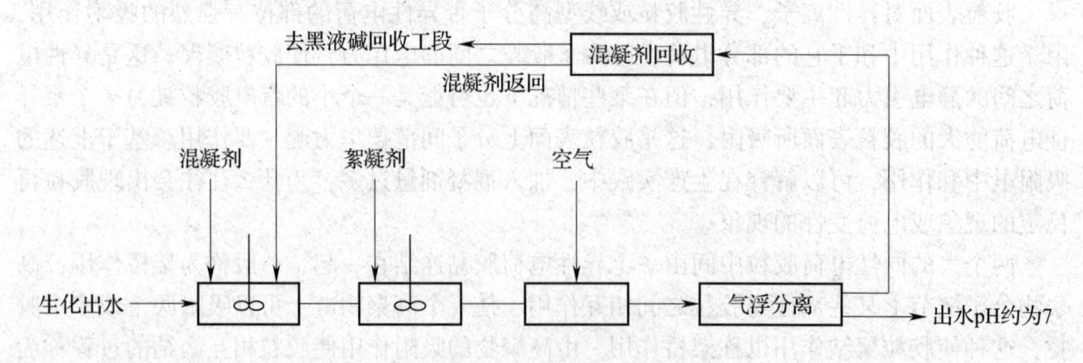

图2－16　Stone法脱色工艺流程

二级生化处理后，带有色度的水经化学混凝后，在絮凝反应设备中形成絮体，经加压溶气气浮后，出水 pH 约为 7.0，浮渣中的混凝剂回收再用，含有色物质的污泥去黑液碱回收工段焚烧。此工艺已在一些工厂内投入生产运行，并申请了专利。

Stone 系统投资费用低，作为三级处理，出水“返色”（Color reversion）可能性很小，混凝剂用量也少，但却大大改善了出水水质。

四、化学沉淀法

化学沉淀是向废水中投加某些化学药剂，使与废水中的污染物发生化学反应，形成难溶的沉淀物，然后进行固液分离，从而除去废水中污染物，此法称为化学沉淀法。采用化学沉淀法，可以把水中重金属离子（如汞、镉、铅、锌、铬等）、碱土金属（如钙、镁）及某些非金属（砷、氟、硫、硼等）予以去除。对于危害性很大的重金属废水，化学沉淀法是常用的一种主要处理方法。

化合物在水中的溶解能力可用溶解度表示，一个化合物在它的饱和溶液中的浓度叫饱和浓度，习惯上称作溶解度。例如硫化锌药液的饱和浓度是 3.47×10^{-12}mol/L，它的溶解度也就是 3.47×10^{-12}mol/L。如果化合物在溶液中浓度超过饱和浓度，该化合物就会从溶液中析出，称此过程为沉淀过程。在化学中把在 100g 水中最大溶解量在 1g 以上的列为“可溶”物质；在 0.1g 以下的列为“难溶”物质，介于两者之间的列为“微溶”物质。

用化学沉淀法处理废水时，涉及的沉淀几乎都是难溶的电解质，难溶的无机化合物溶液都是稀溶液，电离度可作为100%，即溶解的电离质可作为全部以离子状态存在于溶液中。例如，在硫化锌的饱和溶液中，固态的硫化锌和溶解的硫化锌必呈如下平衡关系：

$$ZnS\text{（固体）} = Zn^{2+} + S^{2-}$$

$$[Zn^{2+}][S^{2-}] = K_{sp}$$

而 $[Zn^{2+}]$ 与 $[S^{2-}]$ 等于硫化锌的溶解度，即 3.47×10^{-12}mol/L。上式中，K_{sp} 为溶度积常数，简称溶度积。$K_{sp} = (3.47\times10^{-12})^2 = 1.2\times10^{-23}$。

在一个有多种离子的溶液中，如果其中两种离子 A^+ 和 B^- 能化合成难溶化合物 AB，则可能出现下列三种情况之一：

（1）$[A^+][B^-] < K_{AB}$，溶液未饱和，A^+，B^- 全溶解在水中。

（2）$[A^+][B^-] = K_{AB}$，溶液饱和，但不产生沉淀。

（3）$[A^+][B^-] > K_{AB}$，溶液过饱和，必有难溶化合物 AB 从溶液中沉淀析出。

可见产生沉淀的条件是离子积大于溶度积。若去除的污染物是 $[A^+]$，则把 $[B^-]$ 物质称为沉淀剂。化学沉淀法就是投加沉淀剂以降低水中某种离子浓度的方法。废水的很多种无机化合物的离子，可以采用上述原理，使从水中去除。至于其一种具体的离子可否采用化学沉淀法与废水分离，首先决定于是否找到适宜的沉淀剂。沉淀剂的选择可参看化学手册中的溶度积表。表 2－9 列出了一些难溶物质的溶度积。

表 2－9　　某些难溶物质的溶度积（未标注温度者，均为 25℃）

分子式	溶度积 K_{sp}	分子式	溶度积 K_{sp}
AgCl	1.56×10^{-10}	$CaCO_3$	4.8×10^{-9}
CdS	3.6×10^{-29}	$PbCO_3$	1.5×10^{-13}

续表

分子式	溶度积 K_{sp}	分子式	溶度积 K_{sp}
Ag_2S	1.6×10^{-49}	$Al(OH)_3$	1.9×10^{-33}
CuS	6×10^{-36}	$Ca(OH)_2$	3.1×10^{-5}
ZnS	1.1×10^{-28}	$Cd(OH)_2$	2.4×10^{-13}（18℃）
PbS	1.1×10^{-29}	$CaSO_4\cdot2H_2O$	6.1×10^{-5}
FeS	3.7×10^{-19}	$CdCO_3$	2.5×10^{-14}
HgS	4×10^{-53}（18℃）		

注：表中数据摘自丘星初编的《化学分析手册》，化学工业出版社出版。

化学沉淀法按照使用沉淀剂的不同可分为氢氧化物沉淀法、硫化物沉淀法、碳酸盐沉淀法和铁氧体沉淀法等。对漂白有色废水，常用石灰沉淀法，其实质是，使以木素为主的弱有机酸色度成分与 Ca^{2+} 生成不溶性钙盐。

在硫酸盐浆厂中一般都有化学品回收系统，这就为脱色所用石灰的回收提供了有利条件，并且在石灰窑内，由于高温氧化作用去除的有色有机物可以被氧化分解。

沉淀脱色后的石灰泥很难脱水。起初解决这一问题的方法是使用大剂量的石灰，这样有色物质在脱水沉渣中只占很小一部分。在这种过量石灰法中，所用的全部石灰都是消化石灰，与高色度小体积碱抽提废水反应，反应体系内石灰浓度为20g/L。其中石灰沉淀与脱水后，再用于苛化绿液。于是有色物质使溶于白液中，最终将进入碱回收炉。已脱色的废液通过碳化澄清器，其中石灰被沉淀去除，沉淀污泥进入洗涤器，最后进入石灰窑。用大量石灰法色度去除率可达94% ~95%，这就相当于全厂废水中色度削减了约70%。这个方法的缺点是不能处理全厂废水，蒸煮废液量增加15%从而导致回收设备和化学沉淀设备的容积增大。

为了克服这些缺点，先后出现了三种其他石灰处理工艺，并都在工厂里完成了试验，图2－17是其中一个运行历史最长的工艺流程。

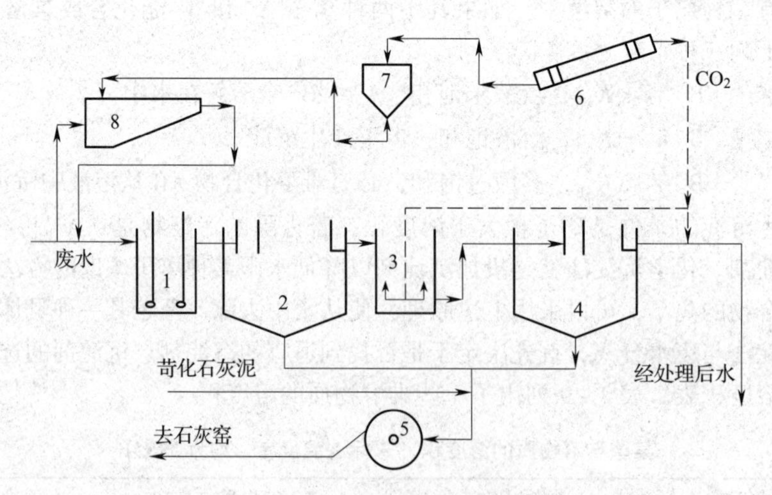

图2－17　脱色工艺

1—反应器　2—初级澄清器　3—碳化器　4—澄清器

5—真空过滤器　6—石灰窑　7—石灰仓　8—消化器

造纸废水中，纤维细粒的存在可以促进色度的去除。在图 2－17 所示的初级澄清器内可去除约 60% 的石灰、大部分的有色固体及几乎所有的可沉固体，因物料沉降快，所以澄清器的设计负荷为 $4m^3/(m^2 \cdot d)$，大约是传统设计能力的 2 倍。初级澄清器的沉淀污泥被去除后，经浓缩，去石灰窑内燃烧。来自此澄清器的溢流，用来自石灰窑的 CO_2 处理，使石灰成为不溶性碳酸盐，在二级澄清器内沉淀后，用泵将其打入泥浆贮罐，过滤脱水，最后在石灰窑内燃烧。此法达到 85% ～93% 色度去除率，COD 也有相当高的去除率，缺点是产生泡沫，使澄清器出水中悬浮物带出量较多，所以目前小剂量石灰法正在研究中。

五、Fenton 技术

1894 年法国科学家 H. J. Fenton 发现了 Fe^{2+} 能通过 H_2O_2 有效地催化苹果酸的氧化反应，后来的研究表明，二者的结合对许多种类的有机物都是一种有效的氧化剂。后人为纪念这位伟大的科学家，将 Fe^{2+} 和 H_2O_2 组成的试剂命名为 Fenton 试剂，使用该试剂的反应称芬顿反应。随后芬顿试剂主要运用于酶反应和羟基自由基（·OH）对细胞影响的研究中。

在实际中，Fenton 技术一般用于制浆造纸行业、制药废水、垃圾渗滤液等难降解废水的深度处理。随着国家废水排放标准的不断提高，Fenton 技术将得到广泛的应用。

（一）Fenton 技术原理

Fenton 技术人们已经用了一个多世纪，但是其反应机理尚未完全阐明。Fenton 试剂［H_2O_2 和 Fe（Ⅱ）］和高浓有机废水的反应较复杂，其中二价铁水和络合物和 H_2O_2 间的反应是关键步骤。对于该关键步骤的经典解释为：H_2O_2 在 Fe（Ⅱ）催化作用下能产生具有高反应活性的羟基自由基（·OH）等中间体［见式（2－1）］。研究显示，羟基自由基等中间体是真实存在的，如铁的高价络合物［如 Fe（Ⅳ），见公式（2－2），写为 $Fe(OH)_2^{2+}$］。按照 Fenton 反应的机理，可将 Fenton 反应划分为两步：第一步是 Fe^{2+} 被氧化成 Fe^{3+} 并释放出羟基自由基和 OH^- 的反应，生成的自由基在氧化 Fe^{2+} 的同时又生成 OH^-［反应见式（2－2）、式（2－3）］。第二步是以 Fe（Ⅲ）为控制条件的过氧化氢的分解过程，在生成各种自由基的同时也生成 H^+ 和 OH^-。在没有有机物存在时，其最终的分解产物是 H_2O 和 O_2［反应见式（2－4）至式（2－7）］。加入硫酸亚铁和 H_2O_2 的 Fenton 系统，除形成羟基自由基外，还伴随许多其他竞争反应。其中，羟基自由基的产生、Fe（Ⅲ）与 Fe（Ⅱ）的循环反应、Fe（Ⅱ）和 H_2O_2 的链引发、链终止反应如下所示。

$$Fe^{2+} + H_2O_2 \rightarrow Fe^{3+} + \cdot OH + OH^- \quad (2-1)$$

$$Fe^{2+} + H_2O_2 \rightarrow Fe(OH)_2^{2+} \rightarrow Fe^{3+} HO^- + \cdot HO \quad (2-2)$$

$$Fe^{3+} + HO_2 \cdot \rightarrow Fe^{2+} + O_2 + H^+ \quad (2-3)$$

$$Fe^{2+} + OH \cdot \rightarrow Fe^{3+} + OH^- \quad (2-4)$$

$$\cdot OH + H_2O_2 \rightarrow HO_2 \cdot + H_2O \quad (2-5)$$

$$H_2O \cdot + Fe^{2+} + H^+ \rightarrow Fe^{3+} + H_2O_2 \quad (2-6)$$

$$2H_2O_2 \rightarrow 2H_2O + O_2 \quad (2-7)$$

Fenton 试剂在水处理中的作用主要包括对有机物的氧化和混凝两种作用。对有机物的氧化作用是指 Fe^{2+} 与 H_2O_2 作用，生成具有极强氧化能力的羟基自由基·OH 而进行的游离基反应；另一方面，反应中生成的 Fe（OH）$_3$胶体具有絮凝、吸附功能，也可去除水中部分有机物。

$$Fe^{2+} + O_2 + 2H^+ \rightarrow Fe(OH)_2$$

$$4Fe(OH)_2 + O_2 + 2H_2O \rightarrow 4Fe(OH)_3 \text{（胶体）}$$

$$Fe^{3+} + 3HO^- \rightarrow Fe(OH)_3 \text{（胶体）}$$

以往的研究大部分都着眼于 Fenton 反应体系的氧化功能，而对在混凝吸附过程中起到重要作用的铁的水解形态变化过程涉及甚少。实际上，在 Fenton 反应体系中，铁离子无论是在价态上还是在形态上都会发生较大的变化。一些学者认为，反应中由 Fe（Ⅱ）氧化产生的 Fe（Ⅲ）的水解过程与一般铁盐的水解过程类似，即由自由离子态或单核羟基络合物逐步水解成低级聚合态，随后继续水解成高聚合度的多核 Fe（Ⅲ）聚合物，其中有一部分继续水解并以沉淀形式析出。高迎新、张昱等通过研究反应过程中铁的形态和羟基自由基产生规律的变化来探讨 Fenton 反应的氧化及混凝吸附作用，进而增进对 Fenton 反应机理及其处理效果的全面认识具有重要意义。研究结果表明，Fenton 反应生成的 Fe（Ⅲ）比一般铁盐具有更强的水解能力。

（二）Fenton 技术研究进展

1．均相催化 Fenton

Fenton 法在处理难生物降解或一般化学氧化难以奏效的有机废水时，具有操作简单、反应迅速，无二次污染等优点。普通 Fenton 法虽然具有自身的优越性，但它在实际运行时存在以下几个缺点：

（1）不能充分矿化有机物　在反应过程中有部分初始反应物转化成某些中间产物，这些中间产物或与 Fe^{3+}形成络合物，或与·OH 的生成路线发生竞争，并可能对环境的危害更大；

（2）Fe^{2+}和 H_2O_2的利用率不高　反应过后易产生铁污泥以及催化剂无法循环使用；

（3）适应 pH 范围窄（一般在 2～3）　容器必须耐强酸。

这些在都会在一定程度上增加 Fenton 体系的运行成本。

2．非均相催化 Fenton

为了解决均相 Fenton 的局限问题，20 世纪 90 年代以来，一种以含铁的固体物质作为催化剂的多相 Fenton 体系得到了广泛研究，已成为国内外高级氧化技术应用在水处理领域的研究热点。研究者将 Fe^{3+}、Mn^{2+}、Cu^+ 等均相催化剂及铁粉、石墨、铁锰的氧化物等非均相催化剂引入体系中，同样可使 H_2O_2分解得到·OH，因其机理与 Fenton 试剂类似而称之为类 Fenton 体系，同时利用现代技术将光、电、声等方法引入 Fenton 法，以便改善其应用条件和范围，提高处理效率，降低成本。

非均相催化剂留有均相催化剂的优点，且增加了 pH 适用范围、无铁泥、色度低。非均相体系中，催化剂是以固体的形态参与反应的，有关非均相反应的发生机制仍无明确定论，很多研究表明具体的反应机理与目标污染物、催化剂种类、溶液 pH 等参与反应的各组分密切相关。目前推断的均相催化氧化反应机理为：有机物和过氧化氢分子首先扩散到催化剂内表面的活性中心被吸附，然后 H_2O_2在铁物质的催化作用下产生 HO·，HO·引发自由基反应并氧化降解有机物，降解产物从催化剂内表面脱附后扩散到水溶液中。然而不论催化剂以怎样的方式发生作用，多相体系的催化剂表面大都要经历铁循环过程，而起氧化作用的活性物质就在该过程中产生。

与均相 Fenton 反应一样，多相体系也受各种条件的影响，主要有溶液 pH、试剂投加量、溶出铁离子以及其他外加条件（光照、波辐射、高温等）等。非均相催化剂在使用的过程中存在铁离子的溶出问题，溶出的铁离子所起的均相催化作用对非均相体系也有一定的促进作用，但大量的离子溶出也会造成反应后铁污泥的形成。

非均相 Fenton 体系在一定程度上克服了传统 Fenton 体系适应 pH 范围窄、易产生铁污泥以及催化活性较低等缺陷，一些大粒径的载体催化剂还能满足反应后催化剂分离回收的需要。为了能更清楚的认识非均相体系的作用机理，应加强催化剂表面的微观动力学、界面效应以及外界条件协同效应的研究。另外，对非均相 Fenton 技术的研究大多还处于实验室阶段，工业应用很少，主要是因为大多数体系在外界条件的协同下才能表现出较高的活性，这样势必会增大工业运行的成本和难度，而如何大规模开发出活性高、稳定性好、易回收利用的催化剂也是实际应用过程中的一个难题。

3．光—Fenton

光—Fenton 法是在 Fenton 反应的基础上产生的一种新的氧化技术，其基本原理类似于 Fenton 试剂，所不同的是反应体系在紫外光的照射下三价铁与水中氢氧根离子的复合离子可以直接产生羟基自由基并产生二价铁离子，二价铁离子可与 H_2O_2 进一步反应生成羟基自由基，从而加速水中有机污染物的降解速度。其特点体现在：

（1）降低了 Fe^{2+} 的用量，保持 H_2O_2 较高的利用率；

（2）紫外光和 Fe^{2+} 对 H_2O_2 的催化分解具有协同效应；

（3）UV/Fenton 系统可使有机物矿化程度更充分；

（4）有机物本身可以在紫外光作用下部分分解；

（5）Fe^{2+} 与 H_2O_2 反应可以产生 ·OH 和 Fe^{3+}，维持了 Fe^{2+}/Fe^{3+} 的循环。

4．电—Fenton

电生成 Fenton 试剂可以分为两种形式：一种是在微酸性溶液中利用阴极上生成的 H_2O_2 与投入的可溶性亚铁盐进行 Fenton 反应，从而实现了电化学与 Fenton 试剂的结合。这种方法所用的电极多为石墨、网状玻璃碳、碳 – 聚四氟乙烯等；另一种方法是在阳极生成亚铁离子（Fe^{2+}），然后投放 H_2O_2 进行 Fenton 反应，文献报道以前者居多。

其特点体现在：

（1）导致有机物降解的因素较多，除 ·OH 的氧化作用外，还有阳极氧化、电吸附等；

（2）Fe^{2+} 与 H_2O_2 可在电解现场产生，省去添加的麻烦，而且产生的污泥量少。

5．超声—Fenton

超声波是物质介质中的一种弹性机械波，其频率范围为 $2\times10^4\sim1\times10^{13}$ Hz，这种含有能量的超声振动与媒质相互作用，能产生一些物理或化学效应。空化现象是其物理效应的一种表现，是指在超声波作用下，液体内部产生的空穴或含有的小气泡振动、膨胀、压缩和崩溃闭合过程。每个空化泡都可以看作一个微型反应器，当空化泡崩溃的瞬间产生局部高温、高压等；当气泡压缩急剧闭合时，在液体中产生强烈的冲击波和微射流等特殊的物理条件，并释放出自由基 ·OH、HO_2 · 和 ·H 等，超声波和 Fe^{2+} 同样对 H_2O_2 产生的 ·OH 自由基具有协同作用，大大提高了 ·OH 的产生速率，同时节省了 H_2O_2 和 Fe^{2+} 用量。

Fenton试剂对难生物降解废水、有毒废水和生物抑制性废水有着稳定、有效的去除功能，如单独使用则处理费用往往会很高，所以在实践应用中，通常将Fenton氧化技术与其他处理方法（如生物法、混凝法等）联用，作为难降解有机废水的预处理或深度处理方法。这样既可以降低废水处理成本，又可以提高处理效率。

（三）Fenton技术的影响因素

（1）pH　溶液pH对Fenton试剂的影响较大，按照经典的Fenton试剂反应理论，pH过高或过低都不利于·OH的产生。当pH过高时，使生成·OH的数量减少，当pH过低时，Fe^{3+}很难被还原为Fe^{2+}，从而使Fe^{2+}的供给不足，也不利于·OH的产生。研究表明，Fenton反应的pH范围在3~5。

（2）H_2O_2投加量　采用Fenton试剂处理废水的有效性和经济性主要取决于过氧化氢的投加量。一般随着过氧化氢用量的增加，废水COD去除率先增大，而后出现下降。当H_2O_2的浓度过高时，反而不利OH·的产生，从而导致去除率的下降。

（3）催化剂投加量　一般情况下，随着Fe^{2+}用量的增加，废水COD的去除率先增大，而后呈下降趋势。其原因是：在Fe^{2+}浓度较低时，Fe^{2+}的浓度增加，单位量H_2O_2产生的OH·增加，所产生的·OH全部参与了与有机物的反应；当Fe^{2+}的浓度过高时，部分H_2O_2发生无效分解，释放出O_2。

（4）反应时间　Fenton试剂处理难降解废水，一个重要的特点就是反应速度快。一般来说，在反应的开始阶段，COD的去除率随时间的延长而增大，一定时间后COD的去除率接近最大值，而后基本维持稳定。Fenton试剂处理难降解废水的反应时间主要与催化剂种类、催化剂浓度、废水pH及其所含有机物的种类有关。

（5）反应温度　温度升高，·OH的活性增大，有利于·OH与废水中有机物的反应，可提高废水COD的去除率；温度过高会促使H_2O_2分解为O_2和H_2O，不利于·OH的生成，反而会降低废水COD的去除率。

第六节　物理化学法处理废水

一、吸　附　法

（一）吸附的概念和原理

如果在含有某种颜色的水中，放入活性炭，经搅拌后放置，就会发现水的颜色逐渐消失，这是由于具有某种颜色的物质从水中转移到活性炭上去了，因此水的颜色消失了。这种利用多孔性固体吸附剂，使水中一种或多种物质被吸附在固体表面上，从而予以回收或去除的方法称为吸附法。被吸附物质称为吸附质，具有吸附能力的多孔性固体物质称为吸附剂。吸附是一种表面现象，吸附过程能否发生与此过程中的表面张力、表面能的变化有关。

吸附作用由两方面因素促成，其一是溶剂（水）对憎水溶质的排斥作用，其二是固体对溶质的亲和吸附作用。在水处理中，吸附往往是由这两方面因素综合作用的结果。

吸附剂表面的吸附能力分为三种，即分子引力（范德华引力）、化学键力和静电引力，因此吸附可分为三种类型：物理吸附、化学吸附和离子交换吸附。

1．物理吸附

由吸附质与吸附剂分子之间的引力（即范德华力）所决定的吸附称为物理吸附。它为放热反应，且吸附热小。因无化学反应，低温下就能进行。吸附质并不固定在吸附剂表面的专门格点上，在界面范围内可自由移动。吸附速度较快。另外吸附的选择性不强，也容易解吸。

2．化学吸附

化学吸附是吸附质和吸附剂之间通过化学键力结合而引起的吸附。此时吸附质由于某种化学键使之牢固地附着于吸附剂表面上而不能自由移动，吸附速度较慢。化学吸附的特点是：吸附热大，有选择性。当化学键力大时，吸附不可逆。

3．离子交换吸附

吸附质的离子由于静电引力聚集到吸附剂表面的带电活性中心上，同时吸附剂放出一个等当量离子的过程，称为离子交换吸附；离子交换属此范畴。离子所带电荷越多，吸附越强。

在水处理中几种吸附作用往往是同时存在的，在具体的吸附处理中由于吸附剂、吸附质等因素的影响，可能其中某种作用是主要的。一般温度低时发生物理吸附，温度升高时发生化学吸附。

吸附剂的吸附效果用平衡吸附量和吸附速率两个指标衡量。吸附量决定了再生周期的长短，从而影响吸附剂的再生费用及其再生消耗量；吸附速率决定着被处理水和吸附剂接触时间的长短，从而影响到吸附设备容积的大小。

（二）各类吸附剂及特性

吸附剂的种类很多，有活性炭、活化煤、腐殖酸系吸附剂以及吸附树脂等。

活性炭一般制成粉末状或颗粒状。粉末状活性炭的吸附能力强，制造容易，价格较低，但再生困难，通常不能重复使用。颗粒状活性炭虽价格较贵，但机械强度高。可再生后重复使用，并且使用时劳动条件好，操作管理方便，因此在废水处理中大多采用颗粒状活性炭。其比表面积可达 800～2000m^3/g，有很高的吸附能力。

活性炭本身是非极性的。但在活性炭制造过程中，在炭的微晶边缘会形成含氧基团，即所谓表面氧化物。水解时能放出 H^+ 的表面氧化物称为酸性氧化物；水解时能放出 OH^- 的表面氧化物称为碱性氧化物。表面氧化物水解后，活性表面上局部带有电荷，具有微弱的极性。随着这些表面氧化物的增加，极性也有增加的趋势。带负电荷的炭，在液体中呈现出非常弱的酸性，当在碱性条件下，由于 H^+ 的游离得到加强，使炭本体带负电性也强，所以活性炭在碱性条件下，对带负电荷的有机物吸附能力较差；而在酸性条件下则相反。由此可见，适当调节 pH，对含表面氧化物的炭吸附作用是会有影响的。

活化煤的价格较低，但吸附能力与机械强度不如活性炭，从而限制了它的应用。吸附树脂的吸附能力低于活性炭，但比活性炭容易再生。

腐殖酸系吸附剂因其含有活性基团（如酚羟基，羧基，磺酸基等），对废水中重金属离子具有良好的吸附作用，但存在机械强度低、交换容量不高，使用 pH 范围窄等问题。细孔提供的表面积最大，对小分子有机物的吸附量有决定性影响。但大孔是内扩散通道，对大分子污染物的吸附量影响很大，此时有机物的吸附主要是靠过渡孔完成。所以比表面积或孔隙容量可表示一种吸附剂的潜在吸附能力，而不同孔径的表面积或孔隙率的分布以及吸附质分子大小的分布对吸附能力都有很大的影响。因此要根据吸附质的直径与吸附剂的孔分布情况选择恰当的吸附剂。

不同种类的吸附剂吸附能力不同。目前在水处理中，大孔吸附树脂的使用相当广泛。大孔吸附树脂是有机高分子合成物质，是一种不溶于水的直径为1nm左右的球状大孔吸附剂。它能发生吸附—解吸作用，孔隙半径为5nm或以上，比表面为$5m^2/g$以上。大孔树脂既具有类似活性炭的吸附能力，又具有比离子交换剂更易再生的特点，它吸附有机大分子能力强，再生简便，稳定性高，机械强度好。

（三）影响吸附的因素

1. 吸附剂种类

前面已经提到吸附剂的种类有活性炭、活化煤、腐殖酸系吸附剂以及吸附树脂等。吸附树脂可分为非极性、中极性、极性、强极性4种类型。不同的吸附剂，其吸附量有所不同。例如表2－10示出了苯乙烯型大孔树脂NKA与ZJ－15型活性炭吸附含苯酚废水（25℃）的平衡数据。

表2－10　　NKA树脂与ZJ－15型活性炭吸附苯酚的平衡数据

NKA树脂	平衡浓度/（mg/L）	516.9	472.9	370.2	316.2	—
	平衡吸附量/（mg/L）	29.92	26.62	21.37	17.95	—
ZJ－15活性炭	平衡浓度/（mg/L）	1225.5	949.8	753.4	570	492.1
	平衡吸附量/（mg/L）	161.1	149.5	132.3	122.2	111.9

从表2－10可以看到，ZJ－15型活性炭，在平衡浓度为492.1mg/L时，苯酚的平衡吸附量为111.9mg/L，而苯乙烯型大孔树脂NKA，平衡浓度为516.9mg/L时，平衡吸附量仅为29.92mg/L。显然，活性炭吸附苯酚的能力远大于NKA。但前者具有再生容易等诸多优点，而往往被人们所看中。

2. 吸附剂的性质

吸附剂比表面积、孔径分布及表面化学性质是影响平衡吸附量的重要因素。表2－11是一个典型的活性炭孔隙分布特性。

表2－11　　活性炭孔隙分布

孔隙种类	平均孔径/nm	孔隙容量/（mL/g）	表面积占总表面积的比例/%
大孔	100～10000	0.2～0.5	1
过渡孔	10～100	0.02～0.1	<5
微孔	1～10	0.15～0.9	>95

3. 吸附质的性质

对于一定的吸附剂，由于吸附质性质的差异，吸附效果也不一样。通常吸附质在废水中的溶解度越低，越容易被吸附。吸附质的浓度提高，吸附量也随之增加，但浓度提高到一定程度后，吸附量增加很慢。如果吸附质是有机物，其分子尺寸越小，吸附反应就进行得越快。

4．操作条件

（1）pH　废水的pH对吸附质在废水中的存在形态（分子、离子、络合物等）和溶解度均有影响，因而对吸附效果也就相应的有影响。废水pH对吸附的影响还与吸附剂性质有关。例如活性炭一般在酸性溶液中比在碱性溶液中有较高的吸附率。

（2）温度　吸附反应通常是放热过程，因此温度越低对吸附越有利。但在废水处理中一般温度变化不大，因而温度对吸附过程影响很小，实践中通常在常温下进行吸附操作。

（3）共存物质　共存物质对主要吸附质的影响比较复杂。有的能相互诱发吸附，有的能独立地被吸附，有的则能相互起干扰作用。但许多资料指出，某种溶质都以某种方式与其他溶质争相吸附。因此，当多种吸附质共存时，吸附剂对某一种吸附质的吸附能力通常要比只含这种吸附质的吸附能力低。此外，悬浮物会阻塞吸附剂的孔隙，油类物质会浓集于吸附剂的表面形成油膜，它们均对吸附有影响。因此在吸附之前，必须将它们除去。

（4）接触时间　吸附质与吸附剂要有足够的接触时间，才能达到吸附平衡，充分利用吸附剂的吸附能力。吸附平衡时间取决于吸附速度，吸附速度越快，达到吸附平衡所需的时间就越短。

（四）吸附工艺

1．静态吸附

在废水不流动的条件下进行的吸附操作称为静态吸附操作。静态吸附操作的工艺过程是把一定数量的吸附剂投加到预处理后的废水中不断地进行搅拌，达到吸附平衡后，再用沉淀或过滤的方法使废水和吸附剂分开。如经一次吸附后，出水的水质达不到要求时，往往采取多次静态吸附操作。多次吸附由于操作麻烦，所以在废水处理中采用较少。静态吸附常用的处理设备有水池和桶等。

2．动态吸附

动态吸附是在废水流动下进行的吸附操作。废水处理中常用的动态吸附设备有固定床、移动床和流化床。

（1）固定床　常采用多柱串联。吸附剂的总厚度为3～6m，分成几个柱串联工作，每个柱的吸附剂厚度为1～2m。废水从上往下流动，流动空塔速度在4～15m/h，接触时间一般不大于30～60min。为防止吸附剂层的堵塞，含悬浮物的废水一般应先经过砂滤柱进行过滤预处理。吸附柱在工作过程中，上部吸附剂层的吸附质浓度逐渐增高，达到饱和而失去继续吸附的能力。随着运行时间的推移，上部饱和区高度增加，而下部新鲜吸附层的高度则不断减小，直至全柱吸附剂都达到饱和，出水与进水浓度相等，吸附柱全部丧失工作能力。在实际操作中，吸附柱达到完全饱和及出水浓度与进水浓度相等是不可能的。

固定床根据处理水量、原水的水质和处理要求可分单床、多床串联和多床并联等方式。

固定层吸附装置根据水流方向又可分为升流式和降流式两种，后者出水水质好，但吸附层的水头损失较大，特别是预处理不好的废水，含悬浮物较多，为防止悬浮物堵塞吸附层，需定期反冲洗，有时还可设表面冲洗设备。升流式固定层吸附装置在水头损失增大时，可适当提高进水流速，使填充层稍有膨胀（以控制上下层不相互混合为度）而达到自清的目的。

（2）移动床　移动床中废水由塔底进入，与吸附剂层逆流接触，处理后的水从塔顶流出，饱和炭从塔底连续或间歇地卸出，送往再生装置，同时从塔顶补充等量的新炭或再生炭。其构造见图2－18。采用间歇式移动床，每天从塔底卸炭1～2次，卸炭量为塔内总炭量的5%～10%。连续式移动床随时有饱和炭从塔底卸出。由于卸炭量要随水质变化而变化。所以设备要求自动化程度较高。一般移动床吸附塔进水悬浮物要求小于30mg/L。

移动床比固定床能更充分地利用吸附剂的吸附容量，水头损失小，被截留的悬浮物随饱和的吸附剂间歇从塔底排出，所以不必反冲洗。但这种操作要求吸附层上下不能混合，操作管理要求高。目前较大规模废水处理时，采用这种方式较多。

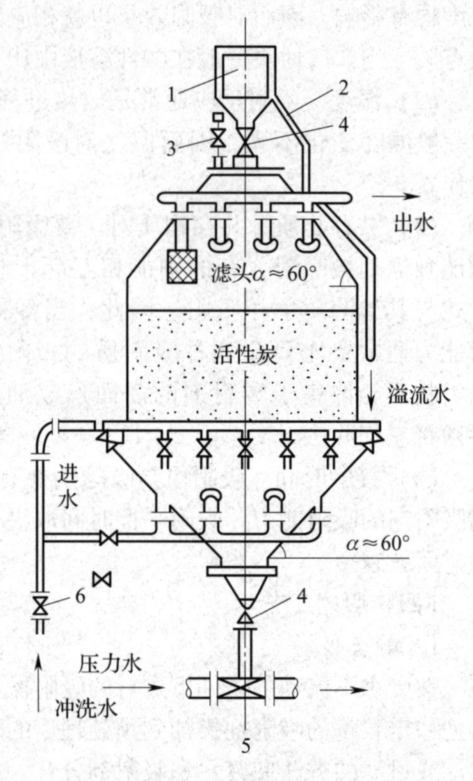

图2－18　移动床吸附塔的构造示意图

1—进料斗　2—溢流管　3—通气阀
4—直流式衬胶阀　5—水射器　6—截止阀

（3）流化床　流化床的特点是水从下往上流动，使吸附床呈膨胀或流化状态，致使吸附剂颗粒与被处理的水中污染物有更多的接触机会，这种操作较复杂，在废水处理中较少使用。吸附剂在吸附装置中保持流动状态，与水逆流接触。多层流化床每层上的吸附剂保持流动状态，但整个塔内吸附剂由最上层移动到最下层。塔内的层数根据原水及处理水的水质、吸附剂的吸附容量、水量及吸附剂的回流比（卸出的饱和吸附剂中有一部分重新回吸附塔）等来决定。每层多孔板的开孔率、孔径、分布形式及下降管的大小，是影响多层流化床运转的重要因素。流化床吸附装置很适于悬浮物量较大的废水。

（五）吸附法在制浆造纸废水中的应用

某些合成树脂对于吸附有机物是很有效的，特别是用来吸附制浆造纸废水中的有色物质。人们已经对各种树脂及处理方法进行了不同规模的实验室研究。提出了一种连续接触法，即在吸附处理中利用反应器和一种沉降器，使吸附了的树脂能很快地被沉降分离开来。

Feldmuhle公司的氧化铝（γ—Al_2O_3）吸附法，已用于处理亚硫酸盐浆厂废水，水量为280m^3/h，图2－19是吸附处理的流程图。漂白废水先除去纤维和其他固形物，用稀盐酸溶液调至pH为3。然后把废水用泵从吸附器的底部送入，器内填充粗颗粒的活性氧化铝。处理后废水通过溢流堰板从吸附器的顶部排除。

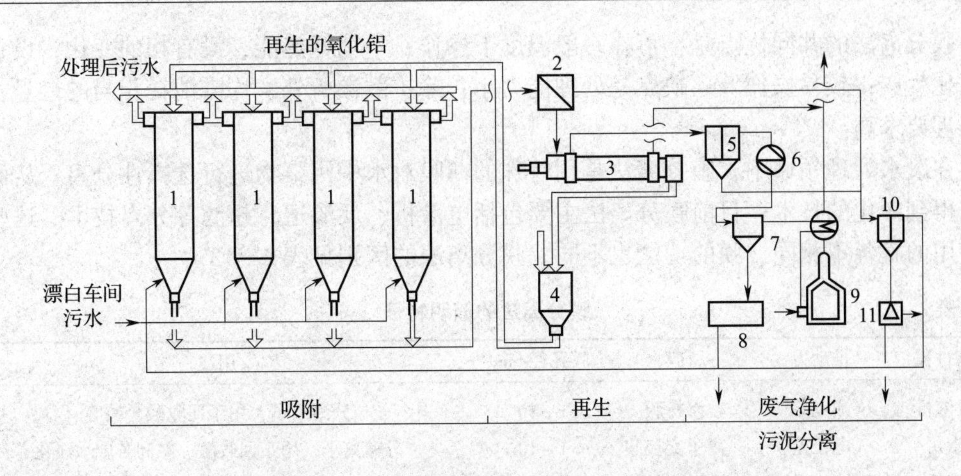

图 2－19　用氧化铝吸附法处理漂白废水流程

1—吸附器　2—Al_2O_3　3—回转窑　4—Al_2O_3储仓　5—气体洗涤器

6—冷凝器　7—闪蒸器　8—HCl 贮槽　9—燃烧设备　10—污泥分离器　11—离心机

吸附了污染物的 Al_2O_3，定期从吸附器底部排出，送至分离器，与大量的水分离开来。在间接加热的回转窑中再生，在约 600℃下把有机物烧掉。从窑中出来的再生 Al_2O_3 冷却至约 70℃，贮存在仓中以备再用。

在 Al_2O_3再生产生出的蒸汽被冷却时，有 HCl 被冷凝下来，把蒸汽与冷凝液在闪蒸器中分离，将 HCl 收集在贮槽中，再用于调整废水的 pH。此法色度去除率为 96%，BOD 去除率为 35%，COD 去除率为 71%。

化学磨木浆废水经过好氧生物处理、混凝、沉淀及砂滤后出水进入活性炭吸附装置，进行深度处理，其工艺流程如下，处理效果列于表 2－12。

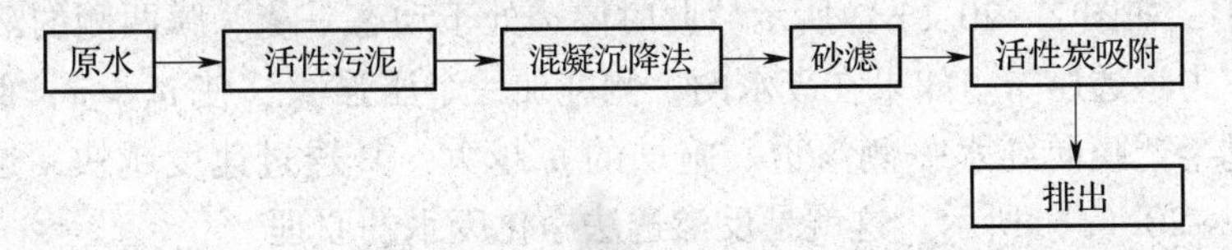

表 2－12　　化学磨木浆废水处理数据

污染物	原水	活性污泥法出水	混凝沉淀法出水	活性炭出水
COD_{Mn}/（mg/L）（去除率）	1100	500（55%）	200（82%）	<10（99%）
BOD/（mg/L）（去除率）	1000	80（92%）	40（96%）	<10（99%）
S/（mg/L）	50	50	<10	微量

吸附在制浆造纸废水的深度处理中有重要作用。活性炭吸附法去除废水中有机氯化物是最有效的。随着排放标准的不断提高，吸附法将成为制浆造纸废水不可缺少的处理单元。

二、膜分离法

（一）膜分离法及其分类

膜分离法是利用一种特殊的半透膜把溶液隔开，使溶液中的某些溶质或水渗透出来，从而达到分离溶质的目的。什么叫半透膜？凡是把溶液中一种或几种成分不能透过，而其他成分能透过的膜，都叫作半透膜。

膜分离法的共同优点是：可在一般温度下操作；不消耗热能，没有相的变化；设备可工厂化生产；较易操作等。缺点是处理能力小；除扩散渗析外，均需消耗相当的能量；对预处理要求高。

在废水处理领域中，膜分离法是用特殊的薄膜对水中污染物进行选择性分离，从而使废水得到净化的技术。目前膜分离法主要包括电渗析、反渗透、超滤等分离技术。这些方法使用的膜各不相同，膜的功能也不同。膜分离法的区别见表2-13。

表2-13　膜分离法的简明特征

分离过程	推动力	膜	膜孔径/nm	用途
扩散渗析	浓度差	渗析膜	1~10	分离离子，用于回收酸、碱等
电渗析	电位差	离子交换膜	1~10	分离离子，用于回收酸、碱和苦咸水淡化
反渗透	压力差（大）	反渗透膜	<10	分离小分子，用于海水淡化，去除无机离子或有机物
超滤	压力差（小）	超滤膜	1~40	截留大分子，去除颜料、油漆、微生物等

在制浆造纸工业废水处理中，应用较多的是反渗透法与超滤法。可以认为，如果反渗透法和超滤法能实现生产规模大型化，那时，无论是把这种方法用作制浆造纸废水的处理方法，还是用作制浆造纸废水的净化回用技术，都将有划时代的意义。

（二）反渗透法

1. 反渗透法的原理

图2-20（a）为一张半透膜将一个水槽分隔为彼此不通的两部分。槽的右侧装有纯水，左侧装有废水，根据热力学理论，纯水的化学位高于废水化学位，化学位之差使纯水通过透膜向废水方向渗透。渗透的结果，使右侧的废水液面不断上升，直到膜两侧的液面差为π时为止，如图2-20（b）所示。此时渗透处于动态平衡。膜两侧的液面差π所产生的静压强称为渗透压π。如果在废水的一侧施加一个压强p_0，使$p_0>\pi$，此时废水中的水分子会通过半透膜向纯水一侧渗透。施加的p_0越大，其透过速度越快，这种现象叫反渗透，如图2-20（c）所示。这就是反渗透法净化废水的原理。

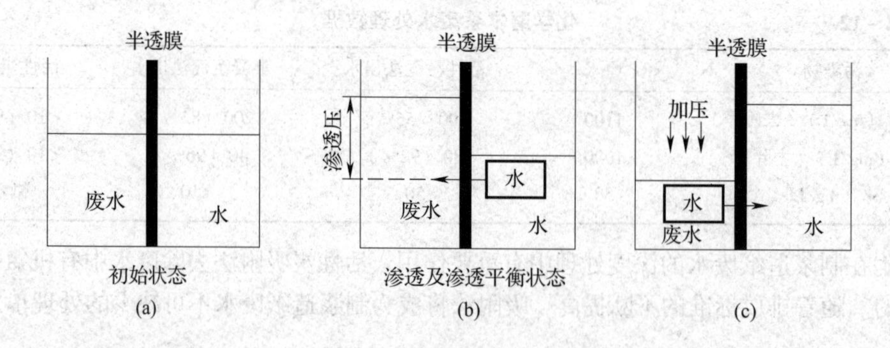

图2-20　反渗透的作用原理

2. 膜分离理论

实验表明，膜的分离特性是复杂而又有规律的。例如醋酸纤维素膜对无机盐能获得正分离，有的分离率接近100%，并且透水率与分离率随着压力增加而上升；醇或酚的分离率很低，甚至是负分离；氯苯酚的分离率可为正也可为负，异丙苯的分离率虽然为正，但随着膜平均孔径的减小，分离率有一个极小值与极大值。膜分离理论研究，是为了科学地揭示膜的分离规律，预测膜的分离特性，有助于选择膜材料与研制开发新型膜。目前，膜分离理论研究工作大多数是针对醋酸纤维素膜而进行的。因此许多工作尚待深入。

（1）氢键机理　这是最早提出的反渗透膜透过理论。该理论认为，水透过膜是由于水分子和膜的活化点（或极性基团，如醋酸纤维素膜的羟基和酰基）之间形成氢键及断开氢键之故。即在高压下分子继续和下一个活化点缔合，又解离出下一个结合水。这样水分子通过一连串的缔合—解离过程（即氢键形成—断开过程），依次从一个活化点转移到下一个活化点，甚至离开表皮层，进入膜的多孔层。多孔层中除结合水外主要含有大量的毛细管水。水分子便能由此通过。

（2）优先吸附—毛细孔流机理　索里拉金等人提出了优先吸附—毛细孔流理论。以氯化钠水溶液为例，溶质是氯化钠，溶剂是水。膜的表面能选择性吸水，因此水被优先吸附在膜表面上，而对溶质氯化钠排斥，在压力作用下优先吸附的水通过膜，就形成了脱盐过程。这种模型同时给出了混合物分离和渗透性的一种临界孔径的概念，临界孔径显然是选择性吸着界面水层的两倍。

当废水与膜接触时，如果膜对污染物负吸附，对水优先吸附，那么在膜与废水界面附近就会形成一层被膜吸附的纯水层。在外界压力下，如果将该纯水层通过膜表面的毛细孔，这就有可能从废水中获得纯水。

根据计算，纯水层厚度为1～2个水分子层，水分子的有效直径约为0.5nm，则纯水层厚0.5～1.0nm。当膜表面毛细孔有效孔径为纯水层厚度的2倍时，对一个毛细孔而言，能够得到最大流量的纯水，该毛细孔的孔径称为“临界孔径”。当毛细孔径大于临界孔径时，就会产生污染物的泄漏。

但实际上，预测膜的选择吸附特性还需要膜与废水之间的界面张力数据，膜表面上的纯水层的厚度 d 也不容易由实验测出。可见优先吸附—毛细孔流理论，只给出了确定膜材料的选择和反渗透膜的制备的指导原则，即膜材料对水要优先吸附，对溶质要排斥，膜的表面层应当具有尽可能多的有效直径为 $2r$ 的细孔，这样的膜才能获得最佳的分离率和最高的透水速率。这个理论与氢键理论比较有相似之处。

（3）溶解扩散机理　Lonsdale 和 Riley 提出了溶解扩散模式来解释反渗透膜的选择透过机理。他们认为水与溶质透过膜的机理是出于水与溶质在膜中的溶解，然后在化学位差的推动下，从膜的一侧向另一侧进行扩散，直至透过膜。溶质与水在膜中的扩散服从 Fick 定律。在给定的温度下，溶质与水在膜中的溶解度和扩散系数应当恒定，则溶质与水的透过速率以及溶质的分离率也应当恒定。

醋酸纤维素内的分子扩散系数随醋酸纤维膜的乙酰基含量而变更，在乙酰基含量为33.6%～43.2%时，水分子的扩散系数为 $13.3\times10^{-6}\sim5.7\times10^{-5}cm^2/s$，溶质的透过系数为 $3.9\times10^{-11}\sim2.9\times10^{-8}cm^2/s$，而溶质的扩散系数要比水的扩散系数小得多，因此水分子快速透过膜，而溶质透过的很少或者还没有来得及透过，从而实现了膜的分离作用。

目前一般认为，溶解扩散理论较好地说明膜透过现象，当然氢键理论、优先吸附—毛细孔流理论也能够对反渗透膜的透过机理进行解释。此外，还有学者提出扩散—细孔流理论、结合水—空穴有序理论以及自由体积理论等。也有人根据反渗透现象是一种膜透过现象，因此把它当作是非可逆热力学现象来对待，总之，反渗透膜透过机理还在发展和继续完善中。

3. 反渗透膜参数

（1）截留率　反渗透膜对被去除物质的截留率按下式计算：

$$R = \frac{\rho - \rho_0}{\rho} \times 100\%$$

式中　R——截留率,%

ρ——被截留物质的浓度，mg/L

ρ_0——被截留物质透过反渗透膜的浓度，mg/L

反渗透膜种类不同，对各种物质有不同的截留率。

（2）水通量　水通量是指在一定操作压力下，单位膜面积在单位时间内透过的水量。水通量不仅与膜性质和操作压力有关，还与被处理废水的温度、性质、浓度以及水流状态等因素有关。计算水通量的公式如下：

$$F = A(\Delta p - \Delta\pi)$$

式中　F——反渗透膜的水通量，mL/（cm^2·h）

Δp——压力差，Pa

$\Delta\pi$——膜两侧的溶液渗透压力差，Pa

A——膜对水的渗透常数，mL/（cm^2·h·Pa）

（3）压实效应　反渗透膜的压实效应的大小是指膜在运行中，由于长期处于受压状态，致使膜结构中的过渡层被压实的程度以及由此而引起的膜的水通量衰减状况。不同膜材料和成膜工艺，膜被压实的程度不同。

表示膜水通量衰减的公式为：

$$m = \frac{\lg F - \lg F_1}{\lg t}$$

式中　m——水通量下降斜率

F和F_1——膜运行1.0h及膜运行t（h）的水通量，mL/（cm^2·h）

t——膜运行的时间，h

（4）特殊性能　不同性质的膜使用范围不同。如要求膜具有能抗酸碱、抗氧化、抗氯化、抗生物降解以及耐热等方面的性能，就要选择适合要求的膜。相关的手册上可以查到常见的反渗透膜的适用范围。

（5）机械强度　膜的机械强度越高，使用寿命会越长。对于膜的机械强度，一般是用拉伸强度与爆破强度来表示。能够正常运行的反渗透膜的拉伸强度为（90～110）×10^5Pa，爆破强度为（1.5～2.0）×10^5Pa。

4. 各类反渗透膜

（1）醋酸纤维素膜（CA膜）　CA膜是由乙酸基含量为39.8%的醋酸纤维素材料作为骨架制成的反渗透膜，简称CA膜。该膜的外观呈乳白色、半透明，属于不对称结构。通常认为表皮的孔隙直径从1nm到几纳米，过渡层孔径约20nm，支撑层的孔径为100～400nm。

（2）聚酰胺膜（PA）　20世纪70年代以前研究的聚酰胺膜主要是脂肪族聚酰胺膜，如尼龙－66、环氧乙烷接枝尼龙以及异氰酸酯处理的尼龙等。这些膜透水性能较差，目前使用最多的是芳香聚酰胺膜。

（3）复合膜　复合膜是近年来开发的一种新型反渗透膜，它是由很薄的而且致密的复合层与高孔隙率的基膜复合而成的。复合层可选用不同的材质改变膜表层的亲和性，因而可以有效地提高膜的分离率和抗污染性；支撑层和过渡层可以做到孔隙率高，结构可任意调节，材质可与复合层相同或不同，因而可以有效地提高膜的通量，以及机械性能、稳定性等。它的膜通量（适水率）在相同条件下，一般比非对称膜高 50% ~100% 。

5．膜分离装置

（1）平板式膜组件　平板式反渗透膜组件类似板框压滤机，如图 2－21 所示。整个装置由若干圆板一块块重叠起来组成。圆板外环有"O"形密封圈支撑，使内部组成压力容器，高压水由上而下通过每块板。多孔性支撑材料，支撑反渗透薄膜并引出被分离出来的净化水。每一块板两面都装有反渗透膜，膜的四周用胶黏剂和圆板外环密封。

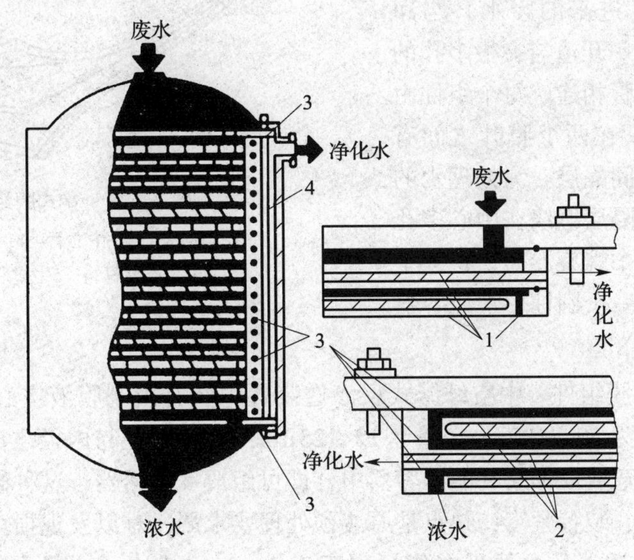

图 2－21　平板式膜组件

1—反渗透膜　2—多孔板　3—O 形密封圈　4—系紧螺栓

多孔性支撑材料可选用聚氯乙烯烧结板、不锈钢烧结板、多孔环氧玻璃钢、有水收集沟槽的模压酚醛板等材料。

（2）管式膜组件　管式反渗透装置是把膜和支撑物均制成管状，两者装在一起，再将一定数量的管以一定方式联成一体而组成。管式反渗透装置形式较多，可分为单管式和管束式、内压型管式和外压型管式。

图 2－22 为内压型管式反渗透装置。反渗透膜直接喷铸在多孔性耐压玻璃纤维管上，再把许多耐压膜管装配成相连的管束，然后把管束装置在一个大的收集管内，即构成管束式反渗透装置。管式反渗透装置中的耐压管径一般在 12. 5 ~18mm。常用的材料有多孔性玻璃纤维

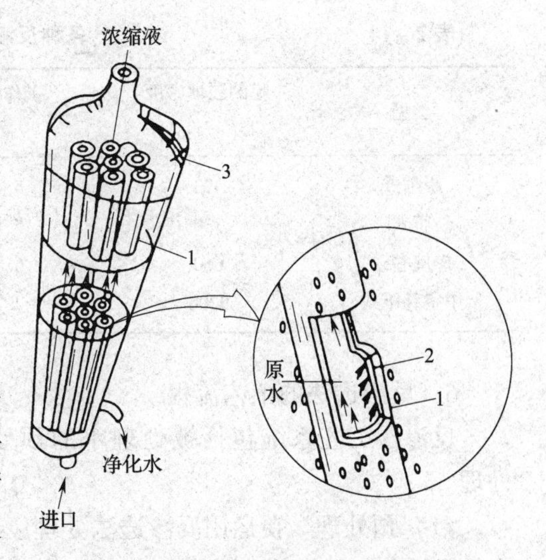

图 2－22　内压型管式反渗透装置

1—玻璃纤维管　2—反渗透膜　3—外壳

环氧树脂增强管或多孔陶瓷管、钻有小孔眼或表面具有水收集槽沟的增强塑料管、不锈钢管等。

外压膜管是将膜置于多孔支撑管的外壁，或者将膜材料涂刷到多孔支撑管外壁，原水在外壁流动，淡水通过半透膜进入多孔支撑管的内腔，然后由导管引出。每根外压膜管直径为18mm或8mm，膜组件是将一组外压膜管置于一个耐压容器中。

（3）卷式膜组件　卷式膜组件的单元结构如图2－23所示，由反渗透膜—能弯曲的多孔性支撑材料—反渗透膜—水导流隔网等依次叠合，组成“叶”，再沿“叶”的三边用黏合剂把两层膜黏合密封起来，使原水（进来的废水）与净化水完全隔开，另一开边与一根多孔的中心净水收集中心管相连。每个组件由3～4个膜叶组成，在两个膜叶之间有导流处理水的细网间隔层，为处理水的通道。膜叶与细网隔层缠绕在中心多孔集水管上，形成一个螺旋卷筒。将一个或多个膜卷筒放入一个圆柱形承压容器中即为卷式膜组件。

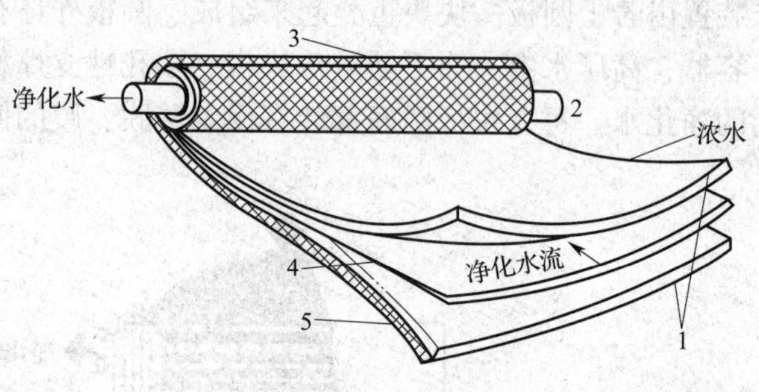

图2－23　卷式膜组件

1—反渗透膜　2—中心管　3—卷式膜件
4—多孔支撑材料　5—进料隔网

（4）中空纤维膜组件　中空纤维式反渗透装置中装有由制膜液空心纺丝而成的中空纤维管，管的外径为50～100μm，壁厚12～25μm，管的外径与内径之比约为2:1。将几十万根中空纤维膜弯成u形装在耐压容器中，即可组成反渗透器。这种装置的优点是单位体积的膜表面积大、装备紧凑；缺点是原液预处理要求严，难以发现损坏了的膜。

以上四种反渗透器的主要性能指标列于表2－14。表中透水量系指原液含NaCl为500mg/kg，除盐率为92.96%时的透水量。

表2－14　各种反渗透性能的比较

类型	膜的装填密度/（m^2/m^3）	操作压力/MPa	透水量/［m^3/（m^2·d）］	单位产水量/［m^3/（m^3·d）］
板框式	493	5.49	1.02	500
管式	330	5.49	1.02	336
螺旋卷式	660	5.49	1.02	673
中空纤维式	9200	2.74	0.075	690

6．反渗透法的工艺流程

反渗透工艺系统包括被处理水的预处理、选择适宜的膜分离工艺、膜的清洗和后处理。

（1）预处理　在运用反渗透法处理废水及由工业废液中回收有用物时，由于其中所含的悬浮物、胶状物、微生物、某些难溶盐（如硫酸钙、碳酸钙）和易氧化的金属离子等在膜面会附着一结垢薄层，从而造成膜的透水性下降、溶质的脱除率下降、操作压力增加，严重地影响膜的寿命，并破坏正常的操作运转。

为了防止膜的结垢，原水的预处理是非常重要的。预处理的工艺包括：去除过量的悬浮物，在反渗透装置中，水流通道极其微小，悬浮物易于沉积，因此应尽量降低原水中悬浮物的含量；调节和控制原水的 pH 在 3 ~ 7，温度小于 40°C（最好为 20 ~ 30°C,）；除此之外，有时候需加入灭菌剂（如氯气、臭氧）或采取紫外线照射，以抑制微生物的生长，防止设备的生物污染；去除乳化油、浮油及类似的有机物；控制钙、镁、铁、锰等碳酸盐、硫酸盐和氢氧化物等沉积物的形成。

（2）反渗透系统　根据不同的处理对象，要达到不同的目的，可以有各种反渗透处理工艺，常见的有以下 5 类系统：一级一段连续式系统，一级一段循环式系统，一级多段连续式系统，一级多段循环式系统以及多级多段连续式和循环式系统（当原水经一级反渗透处理后，透过水尚需进行二次或多次加压，再经反渗透处理，称这一系统为多级多段处理系统）。

在一级一段连续式工艺流程中，经膜分离的透过水和浓缩液被连续引出系统，这种水回收率不高，在工业中较少采用。

在一级一段循环式工艺中，为提高水的回收率，将部分浓缩液返回进料液贮槽，再次进行分离。浓缩液中溶质浓度比原进料液高，所以透过的水质有所下降。

一级多段循环式工艺能获得高浓度的浓缩液。它是将第 n 段的透过水返回第一段作进料液，再进行分离，这是因为第 n 段的进料液浓度较第一段高，因而其透过水质较第一段差。另外，浓缩液经多段分离后，浓度得到很大提高，因此它适用于以浓缩为主要目的的分离。

多级多段也分为连续式与循环式，多级多段循环式工艺是将第一级的透过水作为下一级的进料液再次进行反渗透分离，如此延续，将最后一级透过水引出系统。而浓缩液从后级向前一级返回，与前一级进料液进行混合，再进行分离。这种方式既提高了水的回收率，又提高了透过水的水质。但是由于泵的增加，所以能耗加大。可是，对某些分离（如海水淡化）来说，由于一级脱盐淡化需要有很高的操作压力和高脱盐性能的膜，因此在技术上有很高的要求。然而采用上述多级多段循环式分离与多级多段连续式相比，可以降低操作压力，设备要求较低，同时对膜的脱盐性能要求也较低，因而有较高的实用价值。

反渗透系统工艺设计涉及内容很多，设计前要了解废水水质特点及所要选用的膜组件的特性，使之相匹配是十分重要的。在试验基础上，通过物料衡算确定所需膜面积、膜组件个数以及它们的排列方式。

（3）清洗和后处理　反渗透到一定时间后，膜的水通量不断下降，膜的去除率逐渐减低。因此必须对膜进行清洗。最简单的清洗法是用低压高速水冲洗，冲洗膜表面约 30min，也可以水加空气混合冲洗约 15min，对内压膜可以装置海绵球（或塑料球）自动清洗系统，擦洗掉膜面的有机胶体污染物。也可以使用化学药剂清洗法，例如：用 1% ~ 2% 柠檬酸铵水溶液去除膜面上的氧化铁；用柠檬酸铵水溶液（以 HCl 调 pH 为 4 ~ 5）洗去膜上无机垢；用高浓度盐酸洗去膜面上的胶体物质；用甲醛水溶液洗去膜上细菌与真菌类微生物；用酶洗剂清洗去膜上蛋白质、多糖类及胶体污染物质。需要指出，必须根据膜材料的性能选择清洗液，清洗液在 35℃左右为宜，清洗时间一般多在 30min 左右。清洗完毕需用清水冲洗干净，然后才能恢复正常运行。

（三）超滤法

1. 超滤法工作原理

超滤是一种筛孔分离过程，主要用来截留相对分子质量高于500的物质。图2－24表示出了超滤法的工作原理。在静压差的作用下，原料液中溶剂和小分子的溶质粒子从高压的料液侧透过膜到低压侧，通常称为滤出液或透过液；而大分子的溶质粒子组分被膜所阻截，使它们在滤剩液（或称浓缩液）中浓度增大。按照这种分离机理，超滤膜具有选择性的主要原因是形成了具有一定大小和形状的孔，而聚合物质的化学性质对膜的分离特性影响不大。因此，可以用细孔模型表示超滤的传递过程。但也有人认为，除了膜孔结构外，膜表面的化学性质也是影响超滤分离的重要因素，并认为反渗透理论可以作为研究超滤的基础。

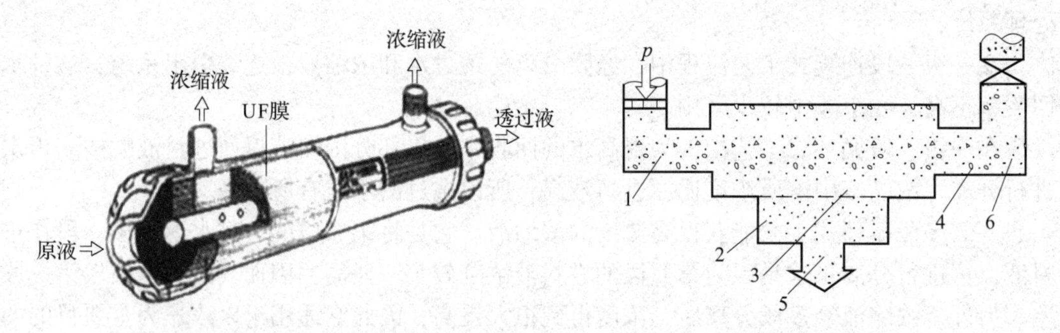

图2－24　超滤法工作原理

1—超滤进口溶液　2—超滤透过膜的溶液　3—超滤膜　4—超滤进口溶液
5—透过超滤膜的物质　6—被超滤膜截留下的物质

废水在外加压力的作用下，水中的高分子物质、胶体微粒及细菌等被半透膜截留，而水及低分子物质则可透过膜。其分离机理是膜表面孔隙筛分机理，膜孔阻堵的阻滞机理以及膜面与膜孔对粒子的一次吸附机理。但理想的分离是筛分作用，应尽可能避免阻塞与一次吸附作用的发生。

超滤膜组件的结构形式基本上类似于反渗透膜组件，也可以制成板框式、螺旋卷式、管式、中空纤维式等超滤膜组件. 并且通常是由生产厂家将这些组件组装成配套设备供应市场。

2. 超滤膜

大多数超滤膜都是聚合物或共聚物的合成膜，主要有醋酸纤维、聚酰胺超滤膜等。此外，聚丙烯酯也是一种很好的超滤膜材料。超滤膜的性质：一般商品超滤膜的透过能力以纯水的透过速率表示，并标明测定条件。通常用分子量代表分子大小以表示超滤膜的截留特性，即膜的截留能力以切割分子量表示。切割分子量的定义和测定条件不很严格，一般用分子量差异不大的溶质在不易形成浓差极化的操作条件下测定脱除率，将表现脱除率为90%～95%的溶质的分子量定义为切割分子量。另外，要求超滤膜能耐高温，pH适用范围要大，对有机溶剂具有化学稳定性，以及具有足够的机械强度。

3. 溶质的分离过程

超滤膜对溶质的分离过程主要有：① 在膜表面及微孔内吸附（一次吸附）；② 在孔

中停留而被去除（阻塞）；③ 在膜面的机械截留（筛分）。

一般认为超滤是一种筛分过程。在压力作用下，原料液中的溶剂和小的溶质粒子从高压料液透过膜到低压侧，一般称滤液，而大分子及微粒组分被膜阻挡，料液逐渐被浓缩而后以浓缩液排出。聚合物膜的化学性质对膜的分离特性影响不大，通常认为可以用微孔模型表示超滤的传递过程。

但是有时膜孔径既比溶剂分子大，又比溶质分子大，本不应具有截留功能，而令人意外的是，它却仍有明显的分离效果。因此更全面的解释应该是膜的孔径大小和膜表面的化学特性等，将分别起着不同的截留作用。索里拉金博士认为"不能简单地分析超滤现象。孔结构是重要因素，但不是唯一因素，另一重要因素是膜表面的化学性质"。

4. 浓差极化和凝胶层形成现象

水透过膜时，引起膜表面附近的溶液浓度升高，从而在膜的高压一侧溶液中，从膜表面到主体溶液之间形成了一个浓度梯度，引起溶质从浓的部分向淡的部分扩散，这一现象即为浓差极化。浓差极化现象在反渗透和超滤过程中都存在，但在超滤过程中，浓差极化是一个影响更大的因素。超滤中的界面层影响相似于反渗透中的界面层影响。膜所持留的粒子和溶质必然在膜面上建立界面层，界面层必定将积累的粒子和溶质再扩散到溶液主体中去。因为大分子的扩散常数比常见盐类的扩散常数小得多，因此超滤中的极化现象就显得更加严重。当膜面溶质的浓度超过凝胶化浓度时，溶质会在膜面形成凝胶层，凝胶层对流体流动有明显阻力，结果使透过流速急剧下降。

5. 超滤工艺流程

超滤工艺流程可分为间歇操作、连续超滤过程和重过滤三种。间歇操作具有最大透过速率，效率高，但处理量小。连续超滤过程操作常在部分循环下进行，回路中循环量常比料液量大得多，主要用于大规模处理厂。重过滤常用于小分子和大分子的分离。图 2－25 为超滤法工艺流程。

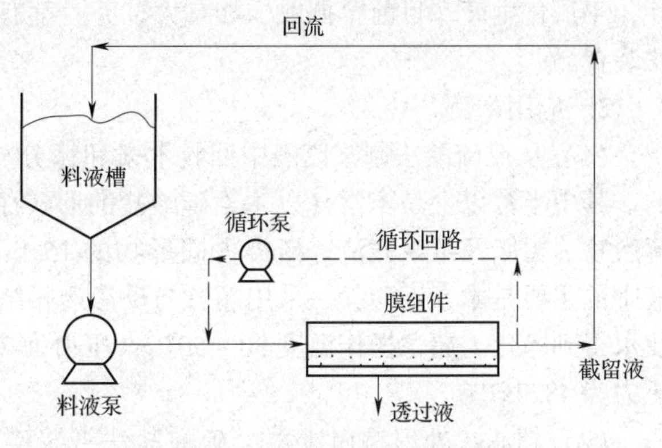

图 2－25　超滤法工艺流程

（四）膜分离法在制浆造纸废水中的应用

1. 研究进展

一些发达国家，早已将膜分离技术用于制浆造纸工业废水的处理中。美国造纸化学所早在 1967 年就着手研究用反渗透法处理低浓度造纸废水，并建立了处理水量为 $19m^3/d$ 的反渗透装置。阿尔顿造纸厂在 20 多年研究的基础上建立了处理水量为 $190m^3/d$ 的反渗透装置。对钙基、氨基亚硫酸盐纸浆洗涤废水、硫酸盐法纸浆漂白废水及某些造纸白水都曾进行了反渗透处理研究。美国某公司很早以前就提出了反渗透法净化造纸废水并再利用的闭路循环设想。日本东京工业试验所，利用低压反渗透法及超滤法处理硫酸盐纸浆废水，结果表明，膜法可以充分脱色。如果采用活性炭吸附，调 pH 及过滤等前处理措施，可以使膜通水量在 200h 内不下降。

十几年以前，美国、加拿大、挪威等国家都已建成了处理亚硫酸法纸浆废液的反渗透装置，在蒸发以前对比较稀的废液进行预浓缩，反渗透装置处理能力达到 3000m^3/d 以上，浓缩范围为 6% ~18%。对制浆废液用反渗透法代替化学品回收前蒸发浓缩可以大幅度减少能耗。

处理亚硫酸盐法纸浆废液的超滤装置，可以把主要的固体成分木素磺酸盐与糖类和无机物分开，得到纯度高的产品。例如，含固体 10% 的废液，固体成分中有 55% 木素、33% 其他有机物、12% 无机物，用超滤处理后，透过液中含固量可降到 5%，其中：10% 低分子量的木素、65% 其他的有机物，25% 无机物。浓缩液固体成分达 30%，其中 85% 是高分子量的木素，其他有机物只占 3%。用超滤方法可以得到纯度 90% ~95% 的木素磺酸盐，而且分子量分布易于确定，这对许多应用是非常重要的。它可以用于生产香兰素、黏合剂、分散剂、絮凝剂等。透过液可以用来制造木糖、酵母及醇等。

处理硫酸盐纸浆漂洗水的超滤装置，可以截留高分子量的木素有色物质，使透过水回用。日本某造纸公司拥有世界上最大的漂白牛皮纸浆废水超滤处理设备。处理能力为 4000m^3/d，COD 的去除率为 80% 以上，浓缩倍数 15 ~20 倍。这套装置在处理牛皮纸浆废水时，与混凝沉淀法和生物处理法相比有以下优点：完全不产生污泥；能大幅度降低运转费，因处理时不需要大量的混凝剂和污泥处理费，只需要少量洗膜药品；浓缩物可作锅炉的燃料，可大幅度降低燃料费，废水的脱色率在 95% 以上，处理后的水是透明的；设备完全自动化；在密闭系统中进行处理，不发生恶臭；此外，设备占地面积小，可定型设计，工厂化生产。目前，挪威、加拿大、芬兰都有从造纸废水中分离纯净木素磺酸盐的超滤装置。

2. 应用举例

（1）从亚硫酸法制浆废液中回收木素和糖分　该废水中约有 50% 的固体成分是有用的。其中半数以上是木素（以木素磺酸盐的形式存在），还有糖类、少量的半纤维素的水解产物、树脂及纸浆残渣。糖类占固形物的 15% ~30%。从废水中提取糖分后，留在废液中的主要是木素磺酸盐。采用超滤与反渗透相结合的处理方法，既获得了两种产品，又使水得到净化。超滤操作温度 30 ~50°C，压力为 2068KPa；反渗透操作温度为 30 ~35°C，压力为 4827kPa。

（2）超滤法处理漂白废水　硫酸盐法纸浆漂白废水连续经过砂滤，去除纤维成分。然后采用超滤法处理，浓缩液送到化学品回收装置，其中木素热值也可以得到回收。超滤法处理费用仅是混凝沉淀法的 40.5%。

（3）超滤法脱色　H. A. Fremont 等人利用超滤膜进行脱色，脱色率在 88% ~98.3%。实际应用中，操作压力为 689.5kPa。其过水量大，约为 3.92m^3/（m^2·d），但对制浆造纸废水，设置预处理单元是必要的。超滤法已用于生产规模处理 E_1 段废水，1980 年，日本三洋国策造纸厂建立了工业性装置（桉木硫酸盐浆 315t/d），可降低色度 90%。

第七节　好氧生物法处理废水

造纸工业中污染物浓度较低的废水一般可用好氧生物处理法以减少其中的 BOD_5，同时还可以消除对水生生物的毒性，降低其发泡性，减少由于废水中无机涂料添加剂而产生的浊度，消除接纳水体中黏泥的产生。但此法对废水颜色的去除效果不大。

制浆造纸工业废水中最普通的好氧生物处理方法包括：氧化塘系统、活性污泥系统、土地处理系统及生物膜系统。

一、活性污泥法

（一）基本流程

活性污泥法是利用悬浮生长的微生物絮体处理废水的一种应用最广的废水好氧生物处理技术。其基本流程如图 2－26 所示，是由曝气池、二次沉淀池、曝气系统（含空气或氧气的加压设备、管道系统和空气扩散装置）以及污泥回流系统等组成。曝气池与二次沉淀池是活性污泥系统的基本处理构筑物。由初次沉淀池流出的废水与从二次沉淀池底部回流的活性污泥同时进入曝气池，其混合体称为混合液。在曝气的作用下，混合液得到足够的溶解氧并使活性污泥和废水充分接触。废水中的可溶性有机污染物为活性污泥所吸附并被微生物群体所分解，使废水得到净化。在二次沉淀池内，活性污泥与已被净化的废水（称为处理水）分离，处理水排放，活性污泥在污泥区内进行浓缩，并以较高的浓度回流曝气池。由于活性污泥不断地增长，部分污泥作为剩余污泥从系统中排出。

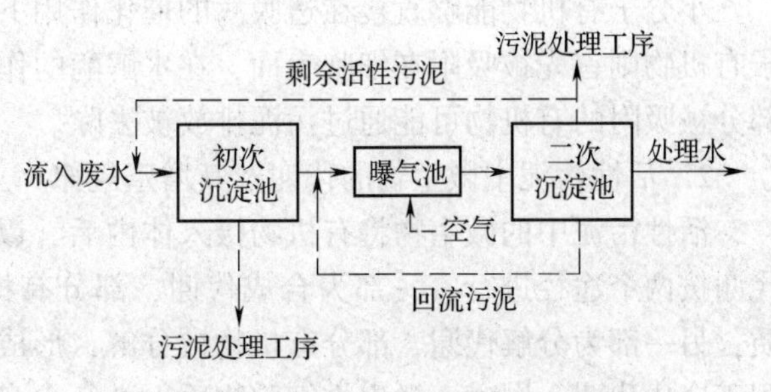

图 2－26　活性污泥法的基本流程

活性污泥处理系统有效运行的基本条件是：① 废水中含有足够的可溶性易降解有机物，作为微生物生理活动所必需的营养物质；② 混合液含有足够的溶解氧；③ 活性污泥在池内呈悬浮状态，能够充分地与废水相接触；④ 活性污泥连续回流，及时地排除剩余污泥，使混合液保持一定浓度的活性污泥；⑤ 没有对微生物有毒害作用的物质进入。

（二）活性污泥中的微生物

废水中所含的可溶性有机物，不能作为微小动物的营养源，因此，废水中的净化机能虽然可看作是利用直接接种的细菌或真菌等腐生动物营养型微生物的作用，但实际上，如果没有原生动物、袋形动物等完全动物营养型微生物存在的话，则也达不到废水净化的目的。活性污泥为 300～1000μm 的不定型细菌的凝集体，无数微小动物则附着在其中。将曝气池的混合液静置，通常 5～10min 内上清液就与污泥分离，约 30min 沉淀后，对良好的活性污泥，上清液会变透明。曝气池虽然也是一种完全的水环境，但由于通气和搅拌，对较大尺寸微生物的生存极为不利。因此，活性污泥中所出现的微生物，最大为 1mm 左右，主要以细菌和原生动物为主。但是随着污泥种类的不同，也存真菌类和微小动物出现。

（三）活性污泥的净化原理

活性污泥处理废水中的有机底物是通过几个阶段和一系列作用完成的。

1．絮凝、吸附作用

在正常发育的活性污泥微生物体内，存在着由蛋白质、碳水化合物和核酸组成的生物聚合物，这些生物聚合物是带有电荷的电解质。因此，由这种微生物形成的生物絮凝体，都具有生物、物理、化学吸附作用和凝聚、沉淀作用，在其与废水中呈悬浮状和胶体状的有机污染物接触后，能够使后者失稳、凝聚，并被吸附在活性污泥表面被降解。活性污泥的所谓“活性”即表现在这方面。活性污泥具有很大的表面积，能够与混合液广泛接触，在较短的时间内（15～40min），通过吸附作用，就能够去除废水中大量的呈悬浮和胶体状态的有机污染物，使废水的BOD和COD大幅度下降。

小分子有机物能够直接在透膜酶的催化作用下，透过细胞壁被摄入细菌体内，但大分子有机物则首先被吸附在细胞表面，在水解酶的作用下，水解成小分子再被摄入体内。一部分被吸附的有机物可能通过污泥排放被去除。

2．活性污泥中微生物的代谢及其增殖规律

活性污泥中的微生物将有机物摄入体内后，以其作为营养加以代谢。在好氧条件下，代谢按两个途径进行，一部为合成代谢，部分有机物被微生物所利用，合成新的细胞物质；另一部为分解代谢，部分有机物被分解，形成CO_2和H_2O等稳定物质，并产生能量，用于合成代谢。同时，微生物细胞物质也进行自身的氧化分解，即内源代谢或内源呼吸。当废水中有机物充足时，合成反应占优势，内源代谢不明显；但当有机物浓度大为降低或已耗尽时，微生物的内源呼吸作用就成为向微生物提供能量、维持其生命活动的主要方式了。

微生物增殖、有机物降解、微生物的内源代谢以及氧的消耗等过程，在曝气池内是同步进行的。活性污泥微生物是多属种细菌与多种原生动物的混合群体，但从整体来看其增殖过程是遵循一定规律进行的，分为调整期、对数增殖期、减衰增殖期与内源呼吸期。

在温度适宜、溶解氧充足，而且不存在抑制物质的条件下，活性污泥微生物的增殖速率主要取决于微生物与有机基质的相对数量，即有机基质（F）与微小物（M）的比值（F/M）。它也是影响有机物去除速率、氧利用速率的重要因素。

3．活性污泥的凝聚、沉淀与浓缩

活性污泥系统净化废水的最后程序是泥水分离，这一过程在二次沉淀池或沉淀区内进行。良好的凝聚、沉降与浓缩性能是正常活性污泥所具有的特性。活性污泥在二次沉淀池的沉降，经历絮凝沉淀、成层沉淀与压缩等过程，最后在池的污泥区形成浓度较高的作为回流污泥的浓缩污泥层。

正常的活性污泥在静置状态下，于30min内即可基本完成絮凝沉淀与成层沉淀过程。浓缩过程比较缓慢，要达到完全浓缩，需时较长。影响活性污泥凝聚与沉淀性能的因素较多，其中以原废水性质为主。此外，水温、pH、溶解氧浓度以及活性污泥的有机物负荷也是重要的影响因素。对活性污泥的凝聚、沉淀性能，可用SVI（污泥容积指数）、SV（污泥沉降比）和MLSS（污泥浓度）等三项指标共同评价。

SVI（污泥容积指数）是指一定量的曝气池混合液经30min沉淀后，1g干污泥所占沉淀污泥容积的体积，也称污泥指数，单位为mL/g。污泥指数反映活性污泥的松散程度，污泥指数越大，污泥松散程度也就越大，表面积也大，易于吸附和氧化有机物，提高废水处理效果。但污泥指数大于某一范围，污泥过于松散，则沉淀性较差，不利于固液分离。一般控制污泥指数在50～150mL/g。不同性质的废水，污泥指数有一定的差异，如废水中溶解性有机物含量较高时，SVI值可能较高；相反，废水中含无机性悬浮物较多时，正常的SVI值可能较低。

SV（污泥沉降比）是指一定量的曝气池混合液静置30min后，沉淀污泥与废水的体积比，用%表示。污泥沉降比反映了污泥的沉淀和凝聚性能的好坏。污泥沉降比越大。越有利于活性污泥与水迅速分离，性能良好的污泥，一般沉降比可达15%～30%。

MLSS（污泥浓度）是指1L混合液内所含的悬浮固体的质量，单位为g/L或mg/L。污泥浓度的大小可间接地反映废水中所含微生物的浓度。一般普通活性污泥曝气池内MLSS在2～3g/L，对于完全混合和吸附再生法，则控制在4～6g/L。此外，也可以采用混合液中挥发性悬浮固体（MLVSS）表示活性污泥的浓度，以避免惰性物质的影响，更好地反映活性污泥的活性。对于一定种类的废水和处理系统，活性污泥中微生物所占悬浮固体的比例是相对稳定的，因此，用MLVSS表示污泥浓度与MLSS具有相同的价值。

（四）活性污泥净化反应的影响因素

1．溶解氧（DO）

在用好氧活性污泥法处理废水过程中应保持一定浓度的溶解氧，如供氧不足，溶解氧浓度过低，就会使活性污泥微生物正常的代谢活动受到影响，净化功能下降，且易于孳生丝状菌，产生污泥膨胀现象。但混合液溶解氧浓度过高，氧的转移效率降低，会增高所需动力费用。根据经验．在曝气池出口处的混合液中的溶解氧浓度保持在2mg/L左右，就能够使活性污泥保持良好的净化功能。

2．水温

活性污泥微生物的最适温度范围是15～30℃。一般水温低于10℃，即可对活性污泥的功能产生不利影响。但是如果水温的降低是缓慢的，微生物逐步适应了这种变化，即所谓受到了温度降低的驯化，这样，即使水温降低到6～7℃，通过采取一定的技术措施，如降低负荷、提高活性污泥与溶解氧的浓度，以及延长曝气时间等，仍能取得较好的处理效果。在我国北方地区，大中型的活性污泥处理系统可在露天建设，但小型活性污泥处理系统则可以考虑建在室内。水温过高的工业废水在进入生物处理系统前，应考虑降温措施。

3．营养物质

活性污泥微生物为了进行各项生命活动，必须不断地从环境中摄取各种营养物质。生活污水和城市废水含有足够的各种营养物质，但某些工业废水却不然，例如石油化工废水和造纸厂制浆废水缺乏氮、磷等物质。用活性污泥法处理这一类废水，必须考虑投加适量的氮、磷等物质，以保持废水中的营养平衡。

微生物对氮和磷的需要量可按BOD∶N∶P＝100∶5∶1来考虑。但实际上微生物对氮与磷的需要量还与剩余污泥量有关，即与污泥龄和微生物比增殖速率有关，就此还可用下式计算：

$$\text{氮的需要量} = 0.122\Delta X$$

$$\text{磷的需要量} = 0.023\Delta X$$

式中　　ΔX——活性污泥增长量以MLSS计，kg/d

0.122和0.023——生物体内氮和磷所占的比例

4．pH

活性污泥微生物的最适 pH 介于6.5～8.5。如 pH 降至4.5以下，原生动物会全部消失，丝状菌将占优势，易于产生污泥膨胀现象；当 pH 超过9.0时，微生物的代谢速率将受到影响。

微生物的代谢活动能够改变环境的 pH，如微生物对含氮化合物的利用，由于脱氨作用而产酸，可使环境的 pH 下降；由于脱羧作用而产生碱性胺，可使 pH 上升。因此，活性污泥混合液本身具有一定的缓冲作用。

经过长时间的驯化，活性污泥系统也能够处理具有一定酸性或碱性的废水。但是，如果废水的 pH 突然急剧变化，对微生物将是一个严重冲击，甚至能够破坏整个系统的运行。在用活性污泥系统处理酸性、碱性或 pH 变化幅度较大的工业废水时，应考虑事先进行中和处理或设均质池。

5．有毒和有抑制物质

对微生物有毒害作用或抑制作用的物质较多，大致可分为重金属、氰化物、H_2S、卤族元素及其化合物等无机物质；酚、醇、醛、染料等有机化合物。实践证明，经过长期驯化的活性污泥能够承受较高浓度的上述化合物，有毒的有机化合物还能被微生物所氧化分解，甚至可能成为活性污泥微生物的营养物质而被摄取。此外，有毒物质的毒害作用还与处理过程 pH、水温、溶解氧、有无另外共存的有毒物质以及微生物的数量等因素有关。

6．有机负荷率

活性污泥系统的有机负荷率，又称为 BOD 污泥负荷。它所表示的是曝气池内单位质量的活性污泥在单位时间内承受的有机基质量，即 F/M 值［BOD/MLSS，单位 kg/（kg·d）］。有机负荷率不仅是影响微生物代谢的重要因素，对活性污泥系统的运行也产生相当的影响。

（五）活性污泥法的分类

1．按曝气池内废水的流态分类

根据废水和回流污泥的入流方式及其在曝气池内的混合方式，活性污泥法可分为推流式和完全混合式两种。

（1）推流式曝气池　曝气池表面呈长方形状，废水从池首端进入，在曝气和水力的推动下，混合液均衡地向前流动，并从池尾端流出。从池首端到尾端，混合液内影响活性污泥净化功能的各种因素，如 F/M 值、活性污泥微生物的组成和数量、基质的组成和数量等都在连续地变化，有机物降解速率、耗氧速率也连续地变化。

推流式曝气池的优点有：在曝气池任何两个断面都存在有机基质的浓度梯度，因此存在着基质降解动力，BOD 降解菌为优势菌，可避免产生污泥膨胀现象；运行灵活可采用多种运行方式；运行适当能够增加净化功能，如脱氮、除磷等。推流式曝气池一般呈廊道型，为了避免短路，廊道长宽比一般不小于5∶1。

（2）完全混合式曝气池　废水进入池后，即与池内原有混合液充分混合。池内混合液的组成、F/M 值以及活性污泥微生物的数量等参数是完全均匀一致的，有机物降解速率、耗氧速率部是不变的，而且在池内各部位都是相同的。微生物在池内的增殖速率是不变的，在增殖曲线上的位置是一个点，而不是一个区段。

完全混合曝气池的特点：由于池内混合液对废水起到了稀释的作用，因此，曝气池能够承受高浓度废水，对冲击负荷有一定的适应能力；需氧全池要求相同，能够节省动力；可使曝气池与沉淀池合建，无需单独设置污泥回流系统，易于运行管理。

2. 按供氧方式分类

按供氧方式，活性污泥法可分为鼓风曝气池和机械曝气池两大类。

鼓风曝气是采用空气（或纯氧）作为氧源，以微气泡形式鼓入废水中，适用于长方形曝气池，布气设备一般安装在曝气池的底部，气泡在形成、上升和破坏时向水传氧并搅动水流。

机械曝气是用专门的曝气机械，剧烈地搅动水面，使空气中的氧溶解在水中，曝气机械有搅动和充氧作用，系统接近于完全混合。如果在一个长方形池内安装多个曝气机，废水从一端进入，经几次机械曝气后，从另一端流出，这种形式相当于若干个完全混合式曝气池串联工作，适用于废水量很大的处理系统。此外，还有混合曝气形式，空气或纯氧进入混合液后，在搅拌机作用下，被剪切成微小气泡，加大气液接触面积，提高充氧效率。

对于小型曝气池，采用机械曝气，动力费用较少，并省去了鼓风曝气所需的空气管道，维护和管理也比较方便。由于曝气机转速高，所需动力随曝气池的加大而迅速增大，所以池子不宜过大。同时由于废水的曝气需借助于机械搅动水面与空气接触而吸收氧气，需要较大的池面积。另外，曝气池中如有大量的泡沫产生，可能会影响叶轮的充氧能力。而鼓风曝气的供气量可调，曝气效果也较好，一般适用于较大的曝气池。

（六）活性污泥系统的主要运行方式

活性污泥法可以有多种运行方式，主要有传统活性污泥法、完全混合活性污泥法、阶段曝气活性污泥法、吸附—再生活性污泥法、延时曝气活性污泥法、高负荷活性污泥法以及深井曝气活性污泥法等。此外随着好氧生物技术的发展，又出现了氧化沟、AB 法废水处理工艺和间歇式活性污泥法等废水处理方法。本节将就此进行简要阐述。

1. 传统活性污泥法

传统活性污泥法又称普通活性污泥法，是早期采用的运行方式，沿用至今，其工艺流程见图 2－26。曝气池为推流式，废水从一端进入池内，回流污泥也与此同步流入。混合液在二次沉淀池进行泥水分离，污泥由池底部排出。剩余污泥排出系统，回流污泥回流曝气池。

废水中的有机污染物在曝气池内与活性污泥充分接触，经历了吸附和代谢两个阶段的完整降解过程，其浓度沿池长度逐渐降低。活性污泥在池内也经历了从对数增长到减衰增长以至于到内源代谢期一个比较完整的生长周期。需氧速率沿池长逐渐降低，曝气池前段混合液中溶解氧含量较低，甚至可能是不足的，沿池长逐渐增高。

这种活性污泥法在工艺上的主要优点是：处理效果好，BOD_5去除率可达 90% ~95%，特别适用于处理净化程度和稳定程度要求较高的废水；对废水的处理程度比较灵活，根据要求可高可低。存在的主要问题是：为了避免曝气池首端形成厌氧状态，进水有机负荷率不宜过高。因此曝气池容积大，占用的面积多；在池末端可能出现供氧速率高于需氧速率的现象，增加动力费用；对冲击负荷适应性较弱。

现在，制浆造纸废水采用活性污泥法处理已是相当普遍了。一般曝气稳定塘中悬浮固体浓度仅为50~200mg/L，而活性污泥系统中曝气池内混合液的悬浮固体浓度为2000~5000mg/L，出水所带出的悬浮固体在二沉池中沉淀后，一部分还要循环回到曝气池中，以使系统中保持较高的悬浮固体含量。池内水力停留时间一般为3~8h。产生的剩余污泥通常是从二沉池底部抽出。剩余污泥量较曝气稳定塘系统多，去除1kg BOD_5，产泥量为0.5~0.75kg，一般二沉池设计表面负荷为$25m^3/(m^3 \cdot d)$。

2. 完全混合活性污泥法

混合液在曝气池内充分混合循环流动，在池内基本完成有机物降解反应，尚未进行泥水分离。通过对F/M值的调整，有可能将完全混合曝气池内的有机物降解反应控制在最佳状态。本工艺适于处理工业废水，在造纸废水处理中应用广泛。

3. 阶段曝气活性污泥法

阶段曝气活性污泥法又称分段进水活性污泥法或多段进水活性污泥法，是针对传统活性污泥法存在的实际弊端而作了某些改革的运行方式。1939年在纽约首先使用，本法应用广泛，效果良好。

阶段曝气法具有如下各项特点：废水沿池长度分段注入曝气池，有机物负荷分布比较均衡，改善了供氧速率与需氧速率之间的矛盾，有利于降低能耗，又能够比较充分地发挥活性污泥生物的降解功能；混合液中污泥浓度沿池长度逐步降低，能够减轻二次沉淀池的负荷，有利于提高二次沉淀池固、液分离效果；废水分段注入，提高了曝气池对冲击负荷的适应能力。

4. 深井曝气活性污泥法

为了克服活性污泥法各种运行方式普遍存在的占地面积大、能耗高的缺点，在活性污泥法领域开发出了能够降低能耗和减少占地面积的工艺，其中有浅层低压曝气法、深水曝气法和深井曝气法，其中深井曝气法最为引人注目。

深井曝气活性污泥法又名超深水曝气法，20世纪70年代由英国帝国化学公司所开发，1974年于英国Billngham市废水处理厂建造了第一座半生产性的深井曝气装置，效果良好。据确证，该法具有氧转移率高（为常规法的10倍以上）、动力效率高、占地少、易于维护运行、耐冲击负荷、产泥量低且可不建初次沉淀他等一系列优点，因此受到废水处理界人们的重视。德、美、法、日以及加拿大等国都修建了一批深井曝气装置，用于处理城市、化工、食品、造纸和制药等部门的废水。

深井曝气装置，一般平面呈圆形，直径介于1~6m，深达50~150m（参见图2-27），井身内在空压机的作用下形成降流（如图2-27中a所示）和升流的流动（如图2-27中b所示）。

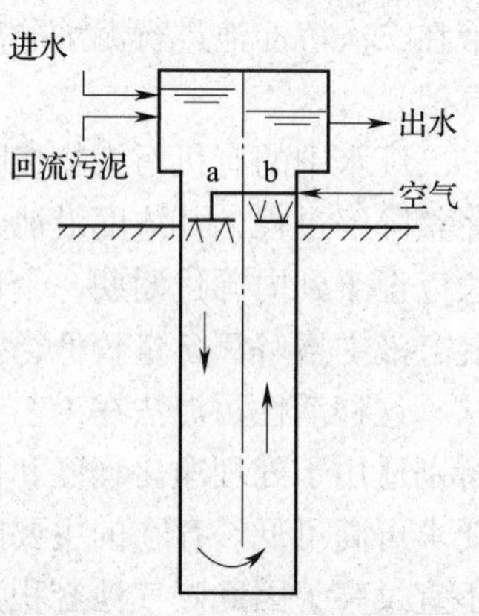

图2-27 深井曝气装置

5. AB法废水处理工艺

AB法废水处理工艺，系吸附—生物降解（Adsorption—Biodegradation）工艺的简称，是德国亚琛大学宾克（Bohnke）教授于20世纪70年代中期开创的。由于它具有一些独特的特征，受到废水处理技术领域的重视，80年代开始为生产实际所采用。

AB 法工艺流程见图 2－28。与传统活性污泥法相比，AB 法主要具有下列各项特征：

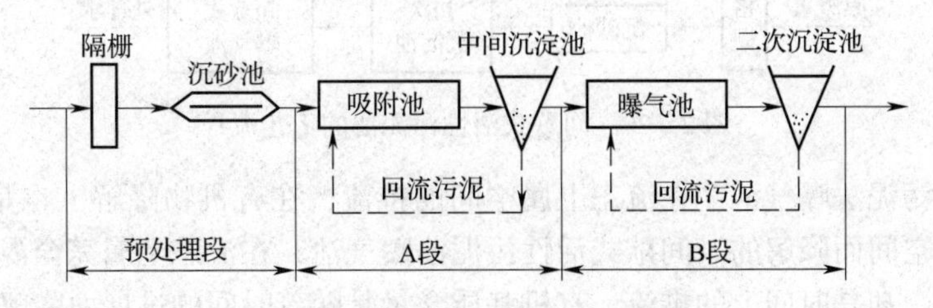

图 2－28 AB 法废水处理工艺流程

① 未设初次沉淀池，由吸附池和中间沉淀池组成的 A 段为一级处理系统；② B 段由曝气池和二次沉淀池组成；③ A、B 两段各自拥有独立的污泥回流系统，两段完全分开，各自有独特的微生物群体，有利于功能稳定。

A 段的效应：A 段连续不断地从排水管网系统接种在管网系统中已存活的大量细菌，对此，可以把排水系统看作是一个巨大的中间反应器，其中存活大量的细菌，而且还不断地进行增殖、适应、淘汰、优选等过程，从而能够培育出适应性和活性都很强的微生物群体。本工艺不设初沉池，使原废水中的微生物全部进入系统，使 A 段成为一个开放性的生物动力学系统。

A 段负荷较高，有利于增殖速度快的微生物生长繁殖，而且在这里成活的只能是抗冲击负荷能力强的原核细菌，其他微生物都不能存活。废水经 A 段处理后，BOD 去除 40% ~70%；可生化性也有所提高，有利于 B 段的工作。

A 段污泥产率较高，吸附能力强，重金属、难降解物质以及氮、磷等植物性营养物质等，都可能通过污泥的吸附作用而得到去除。A 段对有机物的去除，主要靠污泥絮体的吸附作用，生物降解作用只占 1/3 左右。由于物理化学作用占主导作用，因此，A 段对毒物、pH、负荷以及温度的变化都有一定的适应性。

B 段的效应：B 段的各项效应都是以 A 段正常运行作为首要条件的。B 段所接受的废水来自 A 段，水质、水量都比较稳定，冲击负荷不再影响本段，净化功能得以充分发挥。B 段承受的负荷率为总负荷的 30% ~60%，曝气池的容积较传统法减少 40% 左右。B 段的污泥龄较长，氮在 A 段得到了部分去除，BOD/N 比值有所降低，这样，B 段具有进行硝化反应的工艺条件。

6. 间歇式活性污泥法（SBR 法）

间歇式活性污泥法又称序列活性污泥法，英文简称为 SBR 法。这是一种近 10 年发展起来的活性污泥法运行方式。由于它具有一系列优于传统活性污泥法的特征，因而受到废水生物处理技术领域的重视，有了较大的发展和较广泛的应用。

间歇式活性污泥法的工艺流程见图 2－29 所示，与连续式活性污泥法相比，本工艺系统组成简单，在工艺上的特征主要有：① 不设二次沉淀池，曝气池兼具二次沉淀池的功能；② 不设污泥回流设备；③ 在多数情况下（含工业废水处理）无设置调节池的必要；④ 曝气池容积小于连续式，建设费用和运行费用都较低；⑤ SVI 值较低，污泥易于沉淀，在一般情况下，不产生污泥膨胀现象；⑥ 易于维护管理，如果运行管理得当，处理水水质将优于连续式；⑦ 本工艺的各操作阶段以及各项运行指标都能够通过计算机加以控制，易于实现系统优化运行的自动控制。

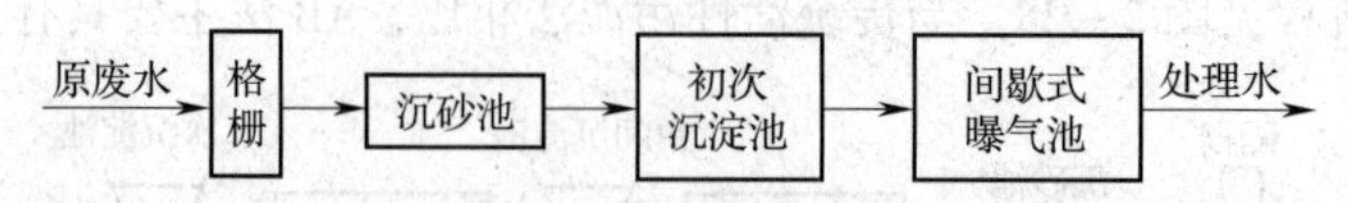

图 2-29　间歇式活性污泥法的工艺流程

传统活性污泥法曝气池，在流态上属空间的推流，在有机物降解上也是空间的推流，有机物是沿着空间而降解的。间歇式活性污泥法曝气池，在流态上属完全混合型，而在有机物降解方面，却是时间上的推流，有机基质含量是随着时间的进展而降解的。

间歇式活性污泥法的主要反应器——曝气池的运行操作是由流入、反应、沉淀、排放和待机（闲置）5 道工序所组成。这 5 道工序都是在曝气池内进行、实施的。

（1）流入工序　在本道工序实施之前，反应器处于 5 道工序中最后的闲置工序（或待机工序），处理后的废水已经排放，在曝气池内残存着高浓度的活性污泥混合液。

废水注入，注满后再进行反应，这样曝气池起到了调节他的作用，因此，间歇式曝气池对水质、水量变动有一定的适应性。废水注入、注满需要一段时间，所用时间，则根据实际排水情况和设备条件而定，从工艺效果要求，注入时间以短促为宜，瞬间最好。

注水期间，可以根据其他工艺上的要求，如同时进行曝气可以取得预曝气的效果，又可起到使污泥再生，恢复其活性的作用。如脱氮、释放磷，则保持缺氧状态，只进行缓速搅拌等。

（2）反应工序　反应工序是本工艺最主要的一道工序。废水注入达到预定的容积后，即开始反应操作，根据废水处理的目的，如去除 BOD、硝化、磷的吸收以及反硝化等，采取相应的进行反应的技术措施。如前三项为曝气，后一项则为缓速搅拌，根据反应需要达到的程度，决定反应的延长时间。如进行反硝化脱氮反应，还应作为电子受体，向反应器投加甲醇或注入有机废水。

在本工序的后期，进入下一沉淀工序之前，要进行短暂的微量曝气，以吹脱污泥上黏附的气泡或氯，保证沉淀进程。排泥也在本工序后期实施。

（3）沉淀工序　本工序相当于连续系统的二次沉淀池，停止曝气和搅拌，使混合液处于静止状态，活性污泥与水分离，由于是静止沉淀，效果良好。本工序采取的时间，基本上同二次沉淀池，一般为 1.5～2.0h。

（4）排放工序　经过沉淀后产生的上清液，作为处理水排放，一直到最低水位。沉下的污泥作为种泥残留在曝气池内，这一工序起到回流污泥的作用。

（5）待机工序　待机工序是本工艺操作最后的一道工序，也称闲置工序。处理水排放后，反应器处于停滞状态，等待下一个运行操作周期的开始。此工序时间，根据现场情况而定，如时间过长，为了避免污泥的腐化，应进行轻微的曝气或间断地进行曝气。

在新的操作周期开始之前，也可以考虑对残留在反应器内的污泥进行一定时间的曝气，使污泥再生，恢复、提高其活性，这就是再增加一项“再生”工序。这样做对待机工序时间较长的情况更为有利。

SBR 法的应用前景：在我国，SBR 法刚刚起步，目前仅有几座中小型 SBR 法废水处理站在运行，较大型的 SBR 工艺还在设计和施工中；该方法在处理制浆造纸废水的应用，尚未见报道。SBR 法处理碱法草浆中段废水的研究表明，BDD_5 去除率可达 95%，最佳处理条件为：曝气 4h，沉降 3min。SVI 小于 60mg/L。预计在深入研究基础上，SBR 在我国制浆造纸废水处理上会有很好的开发应用前景。

7. HCR 废水处理技术

挪威克瓦纳水处理公司设计的高效生物反应器（High efficiency Compact Reaction，简称 HCR）是活性污泥法的一种发展，其特点是高效、高浓、高负荷，占地小、污泥少、能耗低，很适合于 COD 浓度较高的制浆造纸工业废水的处理。HCR 是好氧生物处理技术的一个飞跃，它融合了高速射流曝气、物相强化传递、紊流剪切等技术，并具有深井曝气和流化污泥床的特点。因此，其空气氧的转化率高，反应器的容积负荷大，水力停留时间短，是当前为西方国家所广泛接受的一种高效好氧生物处理方法。

HCR 系统主要包括：集成反应器、两相喷头、沉淀池以及配套的管路和水泵等。集成反应器为圆形容器，其外筒两端被封闭，连接着各种管道；内筒两端开口，两相喷头安装在反应器上部的正中央。循环水泵提升高压水流经喷头射入反应器，由于负压作用同时吸入大量空气。水流和气流的共同作用又使喷头下方形成高速紊流剪切区，把吸入的气体分散成细小的气泡。富含溶解氧的混合污水经导流筒达到反应器底部后，又向上返流形成环流，再经剪切向下射流，如此循环往复运行。于是，污水被反复充氧，气泡和微生物菌团被不断剪切细化，并形成致密细小的絮凝体。

据研究表明纸厂废水采用 HCR 工艺处理，其中悬浮物去除率和脱色率均在 95% 以上，BOD 和 COD 的去除率也都在 80% 以上，其主要运行效果参数与传统活性污泥法比较得出，HCR 工艺在充氧速率、容积负荷、污泥负荷、沉淀池表面负荷、剩余污泥产率、水力停留时间等方面都具有明显优势。

HCR 工艺存在的问题：一是能耗，当污水 COD 去除率在 80% 及其以下时，所需能耗低且效益好；如果 COD 的去除率要求过高，其能耗就直线升高。因此，在实际工作中也不能盲目地选用 HCR 工艺。第二个问题是泡沫，HCR 在处理某些废水时，也和常规好氧工艺一样会产生泡沫，设计时必须考虑这一因素。据介绍，HCR 的反应效率较常规活性污泥法高，接近到纯氧曝气的水平，其容积负荷可达 50～70kg COD/（m^3·d），是常规活性污泥法的 10～30 倍，反应时间为 1～2h，是常规活性污泥法的 1/20～1/4，污泥负荷可达5～10kg COD/kg MLSS，是常规活性污泥法的 2～3 倍，从而使 HCR 系统的反应体积仅为常规活性污泥法的 1/50～1/30，大大减少了占地面积。同时 HCR 技术还可处理高浓度（COD 可达 13000mg/L）、低生化性（BOD：COD≤3）和 CTMP 废液蒸发的污冷凝水等有毒废水。例如 HCR 处理半化学浆废水和 TMP 废水，COD 去除率均可达 70%，处理亚硫酸盐废液蒸发污冷凝水，COD 去除率可达 80%，糠醛去除率可达 100%。

8. 延时曝气系统和氧化沟

延时曝气法与 20 世纪四五十年代初在美国流行。其特点是污泥负荷低曝气时间长(16～24h)，MLSS 较高，达到 3000～6000mg/L。不但能去除废水中的有机污染物，而且还能氧化分解转移污泥中的有机物质和合成的细胞物质，它的处理效果稳定、出水水质好、剩余污泥少。对负荷波动有很好的适应性，通常在运行中还有足够的时间进行工艺调整，适合于制浆造纸工业的废水处理。

20 世纪 50 年代出现的氧化沟法是延时曝气法的一种特殊形式。氧化沟又称连续循环反应池，因其构筑物呈封闭的沟渠形而得名，故有人称其为“无终端的曝气系统”。氧化沟目前主要有普通氧化沟、卡鲁塞尔氧化沟、交替工作式氧化沟、奥贝尔氧化沟、一体式氧化沟等。近年来，我国引进了一系列的氧化沟法技术和设备，用于处理草浆和废纸浆废水，效果较好。

普通氧化沟采用横轴转刷曝气，推动水流，能耗小，沟中水深1～1.5m，循环流量为设计流量的30～60倍，循环周期为5～20min。卡鲁塞尔氧化沟是多沟串联型废水处理系统，采用竖轴低速表面叶轮曝气，曝气叶轮安装在池的一端，除起曝气作用外，同时使槽中产生紊流，使污泥悬浮。其水深可达4～4.5m，沟内流速达0.3～0.4m/s。氧化沟一般不设初沉池，或同时不设二沉池，因而简化了流程。进水在氧化沟内与大量的混合液的混合特征，既具有完全混合式的特征，又具有推流式的某些特征，因而忍受冲击负荷能力和降解能力都强。

9. 循环式活性污泥法

循环式活性污泥法简称CAST工艺，是一种可变容积的活性污泥法，整个工艺为一间隙式反应器，在此反应器中活性污泥法过程按曝气和非曝气阶段不断重复进行，生物反应过程和泥水分离过程也结合在一个池子中进行。CAST工艺中设有生物选择器，可根据具体情况以好氧或缺氧－厌氧运行。生物选择器的主要作用是使系统选择出絮凝性细菌，以利于污泥的沉降。

目前，循环式活性污泥法已成功地应用于造纸废水的处理。在应用CAST工艺对某造纸厂的造纸废水进行中试试验后发现，当进水COD在1600～3415mg/L波动时，其出水平均值为：BOD_5 7mg/L，SS 22mg/L，COD 205mg/L。在整个试验过程中BOD_5几乎完全得到去除，COD的去除效率在进水浓度较低时在80%左右；在进水浓度较高时达90%以上。应用CAST工艺再对该纸厂废水进行生产性试验发现，造纸废水经CAST系统处理后COD去除率为85.7%～88.6%，BOD_5的去除率大于97.5%。

10. 土地处理法

土地处理法是利用土壤—微生物—植物组成的生态系统净化废水的处理技术，该法是将一、二级处理出水用于农田、牧场或林木灌溉，或将原废水经过土壤渗液后回注于地下水，具有投资少、运行费用低、耗能少、处理效果高的特点。美国的实践表明，制浆造纸工业废水较适合于土地处理。废水土地处理法可分为以净化回收水资源为主要目的和以利用水、肥资源为主要目的的污水灌溉。土地渗液的处理机理与生物滤池类似，此法可分为地表漫流、快速渗流和慢速渗流三种不同的方式。

利用土地处理技术要注意控制用于土地处理的废水的水质，因此对于污染负荷大的造纸废水，要进行预处理以降低其污染负荷，使之符合植物正常生长、保护土壤和地下水不受污染以及不降低农产品质量的要求。

于秀玲等利用土柱试验模拟土地处理系统，对乳山市造纸厂废水进行试验研究，结果表明在温度10～28℃，投配水量为20000mL/d，水力负荷0.25m/次时，COD去除率在80%左右。在模拟试验基础上，建立由厌氧塘、沉淀调节池和土地处理系统组成的废水治理工程，初步运行结果表明出水可以达到国家规定的排放标准，且运行费用仅相当于常规物化处理的6%，为0.06元/m^3。

11. 人工湿地处理法

人工湿地是20世纪七八十年代发展起来的新型废水处理技术，是由人工建造的通过模拟自然湿地的结构和功能且可人为控制的集物理、化学、生化反应于一体的废水处理系统。它也称水生植物床，由德国、法国、荷兰等国家首先开发于废水处理。我国在20世纪90年代在北京昌平县、深圳等地进行了大规模人工湿地处理废水的示范工程。在制浆造纸工业方面，由于副产品芦苇可用于造纸生产原料，其更能实现环境的良性循环。典型的人工湿地是由人工介质及水生植物、微生物和微型动物组成，是一个独特的综合生态系统。水生植物和人工介质为氧化和去除有机物、N、P的微生物提供栖息场所。附着在介质（填料）上和植物根际的大量微生物担负主要的降解作用。人工湿地具有缓冲能力大、处理效果好、工艺简单、投资省、耗电低、运行费用低等特点，同时，人工湿地具有类似自然生态景观，有着很好的环境、生态和美学效果。根据废水在湿地中的流经方式，人工湿地可分为自由表面人工湿地、水平潜流人工湿地、垂直流人工湿地三种。

二、生 物 膜 法

生物膜法是和活性污泥法并列的一类废水好氧生物处理技术，又称固定膜法。它是土壤自净过程的人工化和强化，主要用于去除废水中溶解的和胶体的有机污染物。采用这种方法的构筑物有生物滤池、生物转盘、生物接触氧化池和生物流化床等。

（一）生物滤池

生物滤池可分为普通生物滤池（又称滴滤池或低负荷生物滤池）、高负荷生物滤油、塔式生物滤池及活性生物滤池（ABF）等几种形式。实际上塔式生物滤池和活性生物滤池都属于高负荷生物滤池的范畴。在造纸工业废水处理实践中证明，生物滴滤池的BOD_5去除率不可能很高，一般在50%上下。但是它常常被用作预处理设施，有时也用作温度较高的废水在进入其他处理设备前的冷却段。

1. 生物滤池的基本原理与特点

（1）生物滤池的基本原理　在滤池内设置固定的滤料，当废水自上而下滤过时，由于废水不断与滤料相接触，因此微生物就在滤料表面繁殖，逐渐形成生物膜。生物膜是由多种微生物组成的一个生态系统，从废水中吸取有机污染物作为营养源，在代谢过程中获得能量，并形成新的微生物机体。生物膜构造剖面图见图2－30。

当生物膜形成并达到一定厚度时，氧就无法透入生物膜内层，造成内层的厌氧状态，使生物膜的附着力减弱。此时，在水流的冲刷下，生物膜开始脱落。随后在滤料上又会生长新的生物膜．如此循环往复。废水流经生物膜后，得以净化。

生物滤池系统的基本流程如图2－31所示。废水先进入初沉池，在去除可沉性悬浮固体后，再进入生物滤池。经生物滤池净化的废水连同滤池上脱落的生物膜流入二沉池，再经过固液分离，排出净化后的废水。普通生物滤池不需

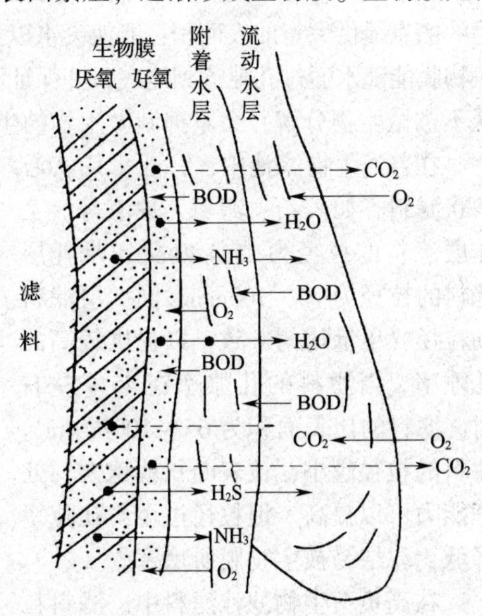

图2－30　生物膜构造剖面示意

回流，而高负荷滤池与塔式滤池通常都需要回流。在增大有机负荷的同时增大水力负荷，促进膜的更新，从而提高处理效率。

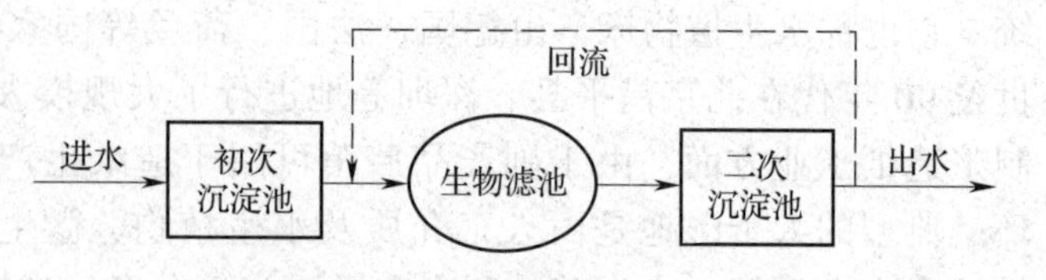

图 2－31　生物滤池的基本流程

（2）生物滤池的主要特征　生物滤池内的滤料是固定的，废水自上而下流过滤料层。由于和不同层面生物膜接触的废水水质不同，因而微生物组成比不同。上层以细菌为主，中下层细菌量逐渐减少，原生动物和微型后生动物逐渐增多。每个层面都生长着适应于流到该层废水水质的微生物群。因而，生物链较长，污泥量少，当负荷低时，出水水质可高度硝化，运行简易，且依靠自然通风供氧，运行费用低。

2．生物滤池的构造

生物滤池由滤床（池体与滤料）、布水装置和排水系统三部分组成。

（1）池体　普通生物滤池 20 世纪三四十年代前常是方形、矩形，但自创造了旋转布水器后，新设计的普通生物滤池大多采用圆形，高负荷生物滤池通常都为圆形。池壁可筑成带有孔洞或不带孔洞的两种。有孔洞的池壁有利于滤料内部通风，但在冬季易受低气温的影响。为防止风力对池表面均匀布水的影响，池壁高度一般应高出滤料至少 0.5m。池体必要时应考虑采暖、防冻和防蝇措施，如加盖等。图 2－32 为高负荷生物滤池的构造示意图。

普通生物滤池的滤床高度通常为 1.5～2.0m，自然通风。高负荷生物滤池的滤床，以碎石为填料时，高度为 0.9～2.0m；以塑料滤料为填料时，高度为 2～4m。塔式生物滤池，高度通常为 8～12m，也有的高达 30m，直径一般为 0.5～30m。塔式滤池应分段设置支撑滤料的格栅，分段承担滤料的重量。每段应设置观察孔、测温孔、取样孔及人孔，并建筑相应的平台。平台上下用扶梯连接，便于操作人员上下观察和取样分析。

（2）滤料　滤料是生物膜赖以生长的载体。理想的滤料应具备的特性包括：能为微生物的栖息提供大量的表面积；能使废水以液膜状均匀分布于其表面；有足够大的孔隙率，使生物膜能随水通过孔隙流到池底，并保证滤池通风良好；适合于生物膜的形成及黏附，而且既不被微生物分解，又不抑制微生物的生长；有较好的机械强度，不易变形与破碎。

在普通生物滤池中，一般采用实心拳状滤料，如碎石、卵石、炉渣等。工作层滤料的粒径为 25～40mm，承托层滤料的粒径为 70～100mm。同一层滤料的粒径要尽量均匀一致，以提供较高的孔隙率。当滤料的孔隙率在 45% 左右时，滤料的比表面积为 65～100m^2/m^3。滤料的粒径越小，比表面积就越大，处理能力可以提高。但粒径过小，孔隙率降低，滤层易被生物膜所堵塞。

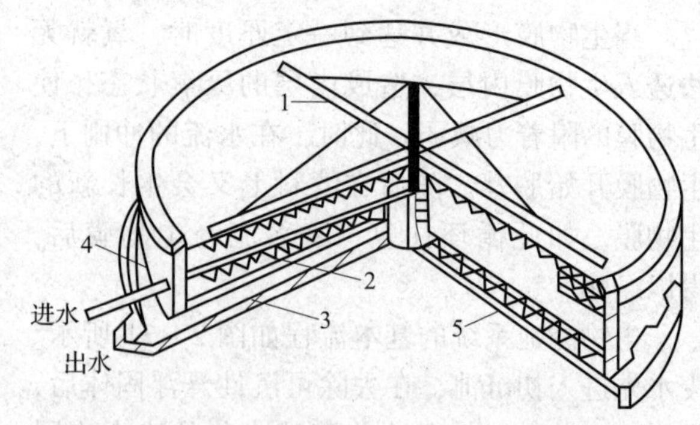

图 2－32　高负荷生物滤池构造示意图
1—旋转布水器　2—滤料　3—集水沟
4—总排水沟　5—渗水装置

在高负荷生物滤池滤料中，滤料粒径较大，一般为 40～100mm，孔隙率较高，能够防止堵塞和提高通风能力。其中工作层滤料的粒径为40~70mm，承托层为70~100mm，滤料采用卵石、石英石、花岗石等，但以表面光滑的卵石为好。近年来已开始应用塑料滤料，有聚氯乙烯、聚苯乙烯、聚丙烯等制成的波纹板式、斜管式和蜂窝式塑料滤料等。目前还在不断发展、开发出新的塑料滤料。这些滤料质轻，强度高，耐腐蚀，比表面积和孔隙率都较大，主要缺点是价格较高，初期投资较大。在塔式生物滤池滤料中，一般采用质轻、比表面积大和孔隙率高的人工合成滤料。

（3）布水装置　布水装置的目的是将废水均匀地喷洒在滤料上。普通生物滤池常采用固定式布水装置。该装置包括投配池、配水管网和喷嘴三个部分。高负荷滤池与塔式滤池则常用旋转布水器，它由进水竖管和可转动的布水横管组成，当废水由孔口喷出时，水流的反作用推动横管向相反方向旋转。

（4）排水系统　排水系统处于滤床的底部，其作用是收集、排出处理后的废水以及保证滤床通风。它由渗水顶板、集水沟和排水渠所组成。排水系统的形状与池体相对应。

渗水顶板安放在集水沟的上部、滤床的底部，用于支撑滤料。渗水顶板上排水孔的总面积应不小于滤池表面积的20%。净化过的废水通过顶板后，即由集水沟收集排入总渠。集水沟宽0.15m，间距2.5~4.0m，底坡0.005~0.02。排水总渠的底坡为0.005以上，过水断面积应不小于其全部断面积的50%；沟内水流流速应大于0.7m/s。渗水顶板下底与池底之间的净空高度一般应在0.6m以上，以利通风。出水区四周池壁均匀布置进风孔。

3. 影响生物滤池功能的主要因素

（1）滤床的比表面积和孔隙率　生物膜是生物膜法处理的主体。滤料的表面积越大，生物膜的表面积也越大，生物量就越多，净化功能就越强。滤床的孔隙率大，则滤床不易堵塞，通风效果良好，可以为生物膜的好氧代谢提供足够的氧。滤床的比表面积和孔隙率越大，扩大了传质的界面，促进了水流的紊动，有利于提高净化效率。

（2）滤床的高度　滤床的上层和下层，生物膜量、微生物种类、去除有机物的速度等都不同。在滤床的上层，废水中的有机物浓度高，微生物的营养好，繁殖速度快，生物膜最多且以细菌为主，有机污染物去除速度高。随着滤床深度的增加，废水中的有机物量减少，生物膜量也减少，微生物从低级趋向高级，有机物去除速度降低。因此，生物滤池中有机物的去除效果随滤床深度的增加而提高，但去除速率却随深度的增加而降低，在达到一定深度后，处理效率的提高已微不足道。

（3）负荷　生物滤池的负荷是反映生物滤池工作性能以及设计的关键参数，它分有机负荷与水力负荷两种。有机负荷从本质上反映了生物滤池的处理能力，常以BOD_5计量，单位为kg/（m^3·d）。水力负荷，即单位面积或单位容积滤床每日处理的废水量，前者又称水力表面负荷，单位为m^3/（m^2·d）或m/d，故又称为滤率；后者又称为水力容积负荷，单位为m^3/（m^2·d）。有机负荷高的生物滤池，生物膜的增长快，就需要较高的水力负荷。但对浓度一定的有机废水，当有机负荷确定以后，水力负荷即也已确定。使二沉池出水，即处理水回流，可以调节有机负荷和水力负荷之间的矛盾关系。对所设计的滤池，也可以通过调整滤床高度与表面积的关系，解决这一矛盾。

（4）回流　对高负荷生物滤池与塔式生物滤池，常采用处理水回流这一措施。回流有下述优点：不论原废水的流量如何波动，滤池都可得到连续投配的废水，因而其工作较稳定；可以使进水保持新鲜而减少臭味；用细菌连续接种滤池；除去失去活性的生物膜，因而降低膜的厚度并抑制滤池蝇的孳生；均衡滤池负荷，提高滤池效率。当原废水缺少营养元素或含有有毒物质时，回流可补充营养物质，稀释和降低有毒有害物质的浓度，缓解其有害程度。

（5）供氧　生物滤池中微生物所需的氧通常是依靠自然通风提供。影响滤池通风的主要因素有：池内温度与气温之差、滤池高度、滤料孔隙率及风力等。当水温高于气温的差值越大、滤池越高、滤床孔隙率越大、风力越大时，自然通风的条件就越好。

滤床堵塞会影响通风。当废水的COD浓度大于400～500mg/L时，可能导致产生缺氧现象。这时可采用回流的措施稀释进水浓度，降低原废水的COD值。

4. 塔式生物滤池应用实例

从20世纪70年代初起，在我国针对化纤、丙烯腈、煤气终冷、合成氨造气、毛纺、炼油等工业废水的处理，比较广泛地开展了塔式生物滤池的试验研究工作，并在此基础上建造了一批生产性装置，积累了一些经验，归纳如下。

（1）塔滤适用于处理含有较高浓度有毒污染物的工业废水，如含氰含酚废水、丙烯腈废水等。这些废水若用活性污泥法处理，则会产生污泥膨胀等运行上的困难。

（2）塔滤适用于温度较高废水的处理，如炼油废水的夏季温度一般可达40～50℃，这样高的水温超过了活性污泥法的适宜温度。而塔滤的结构类似冷却塔，废水在塔体内的温度自上而下逐步降低，不同的高度生长着适应不同温度的微生物。即使在接触高温的顶部滤料上，细菌活动仍相当活跃。

（3）在生产工艺中，可能会由于管道腐蚀或管理不善等原因引起原料泄漏，导致废水的水质出现突然的变化，这会影响生物处理构筑物的正常运行。但在水质正常后，塔滤能够较快地恢复。

（4）塔滤能够适用于含盐量高的有机废水的处理。

（5）塔式滤池的基建投资高于活性污泥法，但电耗省，处理费用低，操作简单，运行稳定，占地小。

（二）生物转盘法

生物转盘法是生物膜法的一种，它是在生物滤池的基础上发展起来的，自20世纪60年代问世以来，因其具有节能和高效的特征，在国内外广泛应用于生活污水及有机工业废水的中小型水量和中低浓度的处理。

1. 生物转盘法的净化原理

生物转盘法也是合理利用自然界中微生物群新陈代谢的生理功能对有机废水净化的生物处理法，其原理与生物滤池相类似。生物转盘法是废水处于半静止状态，微生物生长在转盘的盘面上，转盘在废水中不断缓慢地转动，使其互相接触，其净化原理如图2-33所示。在转盘中心轴上固定着一排等间距的质量轻、强度高、厚度薄、防腐蚀的圆形盘片，也可以是蜂窝体。其40%的面积浸在废水中，内驱动装置以周速18m/min左右的低速转动。盘体与废水和空气交替接触，微生物从空气中摄取必要的氧，并对废水中污染物质进行生物氧化分解。生物膜的厚度与处理原水的浓度和基质性质有关，一般为0.1～0.5mm，在盘面的外侧附着液膜、好氧性生物膜与厌氧性生物膜，活性衰退的生物膜在转盘转动剪切力的作用下而脱落。生物转盘法与其他好氧生物处理法相同，具有对有机物的氧化分解（BOD 去除）、硝化和脱氮功能。系统组成有一轴一段，一轴多段和多轴多段等形式。一轴多段和多轴多段具有推流效果，不仅适用于 BOD 去除，而且适用于硝化、脱氮等高度处理。关于段数，常视原水水质与处理水质的要求而定。

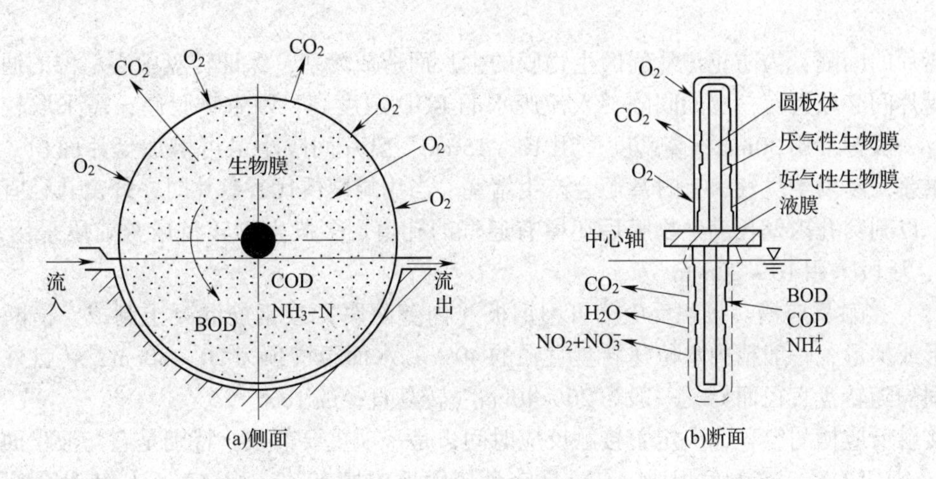

图 2-33　生物转盘净化原理

2．生物转盘法的特征

生物转盘法具有以下各项主要特征：

（1）节能：因附着在生物膜外侧的水膜，可将空气中的氧带入水中，故接触槽中不需曝气。转盘缓慢转动搅拌槽中的水流，使悬浮物不产生沉淀，也不需要回流污泥，故运行的动力费用为活性污泥法的 1/3～1/2。当入流废水的 BOD_5 为 2000mg/L 时，去除 1kg BOD_5 耗电 0.7kW·h。

（2）生物量多，净化率高，适应性强：生物转盘法的净化功能是以转盘上所附着生长的微生物群作为基础的。对于多段式生物转盘，在处理城市废水的初段转盘上生物量可达 194g/m^2，换算成 MLVSS 相当于 4000～6000mg/L，高浓度的生物量是生物转盘短时间接触反应能获得较高净化率的原因。

（3）生物膜微生物的食物链长，污泥产量少，为活性污泥法的 1/2。

（4）维护管理简单，功能稳定可靠，没有噪声，不产生滤池蝇，正确的设计不会产生恶臭与发泡。

（5）转盘顶上需要有覆盖，以防暴雨时冲刷生物膜，寒冷地区宜建在室内。一般所需的场地面积比活性污泥法大。建设投资也高于活性污泥法。

（6）生物转盘还可与初次沉淀池、曝气池和二次沉淀池合建，使一池多用，提高处理水的水质。

3．生物转盘组成单元的技术条件

生物转盘的组成单元有盘片、接触反应槽、转轴与驱动装置四个部分。

（1）盘片　盘片的形状有平板、凹凸板、波形板、蜂窝、网状板、平板和波形板的组合等，组成的转盘外缘形状有圆形、多角形和圆筒形。

盘片的厚度与材质：盘片要求薄而质轻高强，耐腐蚀，易于加工，价廉，一般厚度为

0.5～2.0mm，常用的材料有聚丙烯、聚乙烯、聚氯乙烯、聚苯乙烯和不饱和树脂玻璃钢等，盘片的重量关系到运行动力费用。

转盘的直径：常用直径有2.0、2.5、3.0、3.5m四种，以3.0m用得最多。直径越大，单位面积的造价越低。日本现用的最大直径为5m。大直径转盘，一般都是在现场装配。

盘片的间隔：为防止盘片间因生物膜的生长而造成堵塞，保证转盘中心部位的通气效果，盘片间必须具有一定的间隔。入流废水的BOD浓度高，则生物膜厚，需采取较大的间隔。一般标准用30mm，高密度型用10～15mm，盘片间隔小虽可增加盘片面积，但通气效果差，易发生臭气，有时甚至会产生堵塞。当用蜂窝体代替盘片时，蜂窝孔径宜酌量放大，以利窝孔内壁长满生物膜后还留有通气的孔道。多段生物转盘通常前段采用25～35mm，后段采用10～20mm。

（2）接触反应槽　接触反应槽可用钢板（内壁防腐）或钢筋混凝土制成，横断面呈半圆形或梯形，一般槽内水位达转盘直径的40%，水面至槽顶为20～30cm，转盘外缘与槽壁间隔随转盘直径而异，一般为20～40cm（转盘直径的10%）。

接触反应槽的容积，决定着接触反应时间，是一项重要参数，特别是它与液量面积比（G）有密切关系。液量面积比（G）是转盘接触反应槽有效容积（V）与转盘全部面积（A）的比值（G=V/A），它是反应槽容积的重要设计参数，与BOD去除率有关。一般设计时液量面积比按5～9考虑。对于废水中含有难降解物质时，可采用高G值，即应采取较长的接触时间。

（3）转轴　转轴常用无缝钢管制成，外壁防腐，轴长一般介于1.5～7.0m，轴的强度要求由转盘自重和所附着的生物膜重量所决定，轴两端设有实心额头并与轴承相连接，轴承及其轴承座则固定在接触反应槽的两侧顶部。

（4）驱动装置　常用的机械驱动装置由电动机、减速箱、V形皮带和皮带挡板等组成，应由工厂组装装配。也可选用摆线针轮减速机，通过弹性联轴器与转盘的转轴连接。在技术上驱动装置应能满足转盘边缘线速度10～15m/min的标准，要求机械驱动能耗为0.5～0.8W/m^2。

4. 生物转盘法的新进展

（1）空气驱动的生物转盘　空气驱动的生物转盘是在转盘外缘周围附设接气装置，由转盘体下部水下输入空气，空气进入接气装置后依靠空气的上升力推动转盘转动，它比机械驱动方式节省动力，同时可增加接触曝气槽内的溶解氧，防止转盘盘面上的生物膜过厚并能促进生物膜的活化。这种形式的生物转盘已广泛用于欧美和日本的城市废水二级处理与硝化处理，我国近年在工业废水处理上也开始应用。

接气装置是由抽屉状的长条盒所组成，设于转盘外缘周围，盒高12～15cm，宽40～50cm，盒长由转盘直径的n等分确定，盒外框要求不漏气，盒内设斜板加强外框强度，盒体材料要求轻而坚固，常用玻璃钢制成。空气驱动的生物转盘的能耗为0.4～0.6W/m^2。当转盘数量不多时，可用小型低压气泵附设在转盘的接触槽上分散供气；当转盘数很多时，可设风机房集中供气。

（2）与沉淀池共建的生物转盘　这种生物转盘是把传统的平流沉淀池做成两层，上层设置生物转盘，下层用作沉淀处理，把生物处理与物理处理组合在同一构筑物中，使一池多用，可节约占地面积和工程投资，提高处理效率，在新建和改建工程中都可应用。这种形式用于初次沉淀池中可起相当于二级处理的作用；用于二次沉淀池中行进一步提高处理水水质的作用。

(3) 与曝气池相组合的生物转盘　与曝气池相组合的生物转盘的成功始用于美国，是在旧有曝气池中增设生物转盘，在不增加处理设施占地面积的条件下可提高处理能力，是旧有曝气池挖潜的好办法，它把生物膜法与活性污泥法相结合，同时具有两者的净化功能。

在曝气池中增设生物转盘，可利用池内吸气活性污泥的空气和水的旋流以及辅助空气，以取得转盘所需要的转速，也可采用机械驱动方式。美国的诺齐斯脱（Northeast）废水处理厂原采用的是改良曝气法，设计水量 $47.3\times10^4 m^3/d$，BOD 与 SS 去除率70%，后因水量急增至 $72\times10^4 m^3/d$，并要求出水水质进一步提高，经多种方案对比，决定在原曝气池中增设生物转盘，结果取得成功，在满足处理水量的同时，BOD 去除率达92%，出水 BOD 为15mg/L。

（三）生物接触氧化法

1. 生物接触氧化法的基本原理

生物接触氧化法是一种介于活性污泥法与生物滤池之间的生物膜法工艺。接触氧化池内设有填料，部分微生物以生物膜的形式附着生长于填料表面，部分则是絮状悬浮生长于水中，因此它兼有活性污泥法与生物滤池两者的特点。由于其中滤料及其上生物膜均淹没于水中，故又被称为淹没式生物滤池。

生物接触法中微生物所需的氧常通过人工曝气供给。生物膜生长至一定厚度后，近填料壁的微生物将出于缺氧而进行厌氧代谢，产生的气体及曝气形成的冲刷作用会造成生物膜的脱落，并促进新生膜的生长，形成生物膜的新陈代谢。脱落的生物膜将随出水流出池外。生物接触氧化法的基本流程见图2-34所示。

由图2-34可见，一般生物接触氧化池前要设初次沉淀池，以去除悬浮物，减轻生物接触氧化池的负荷；生物接触氧化池后则设二次沉淀池，以去除出水中挟带的生物膜，保证系统出水水质。

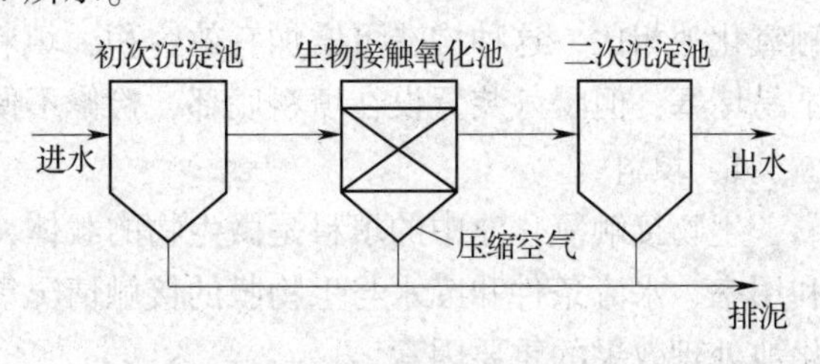

图2-34　生物接触法的基本流程

2. 生物接触氧化法的特点

(1) 由于填料的比表面积大，池内的充氧条件良好，生物接触氧化池内单位容积的生物固体量都高于活性污泥法曝气池及生物滤池，因此，生物接触氧化池具有较高的容积负荷。

(2) 由于相当一部分微生物附着生长在填料表面，生物接触氧化法不需要设污泥回流系统，也不存在污泥膨胀问题，运行管理简便。

(3) 由于生物接触氧化池内生物固体量多，水流属完全混合型，因此生物接触氧化池对水质水量的骤变有较强的适应能力。

(4) 由于生物接触氧化池内生物固体量多，当有机容积负荷较高时，其 F/M 比可以保持在一定水平，因此污泥产量可相当于或低于活性污泥法。

生物接触氧化法与生物滤池、活性污泥法主要运行参数的比较列举于表2-15。

表2-15　几种处理工艺主要运行参数的比较

处理工艺	生物量/(g/L)	BOD_5 容积负荷/[kg/(m³·d)]	水力停留时间/h	BOD_5去除率/%	废水种类
生物接触氧化法	10~20	3.0~6.0	0.5~1.5	80~90	城市废水
生物接触氧化法	10~20	1.5~3.0	1.5~3.0	80~90	印染废水
高负荷生物滤池	0.7~7.0	<1.2	—	75~90	城市废水
塔式生物滤池	0.7~7.0	1.0~3.0	—	60~85	城市废水
普通活性污泥法	1.5~3.0	0.4~0.9	4~12	85~95	城市废水

3. 生物接触氧化池的构造

生物接触氧化池由池体、填料、布水装置和曝气系统四部分组成。一般生物接触氧化池中填料高度为3.0m左右，决定于采用的鼓风机风压。填料层上水层高度约0.5m，填料层下布水区高度与池型有关，在0.5~1.5m。

根据曝气装置与填料的相对位置，生物接触氧化池可分为两大类。

(1) 曝气装置与填料设在不同隔间内　这种类型的生物接触氧化池可分成曝气区和接触氧化区两部分。废水先经曝气充氧，再进入填料层与生物膜相接触。显然，在填料层内水流比较平静，这有利于生物膜的生长，但缺点是冲刷力小，生物膜不易脱落，较易发生堵塞现象，一般适用于废水三级处理。此类生物接触氧化池的曝气装置，可采用表面曝气机械或鼓风曝气系统，曝气区设在中心或一侧。

(2) 曝气装置直接设在填料底部　其曝气装置多为鼓风曝气系统。与前一类生物接触氧化池相比，这种构造可增加有效容积，填料层间紊流激烈，生物膜更新快，活性高，不易堵塞；但曝气装置设在填料底部，检修不便。

4. 填料

生物接触氧化池中的填料是微生物的载体，其特性对接触氧化池中生物固体量、氧的利用率、水流条件和废水与生物膜的接触情况等起着重要的作用，因此是影响生物接触氧化池处理效果的重要因素。

常用的填料可分为硬性填料、软性填料和半软性填料。硬性填料系指由玻璃钢或塑料制成波状板片，在现场再黏合成蜂窝状，常称为蜂窝填料。软性填料由尼龙、维纶、腈纶、涤纶等化学纤维编织而成，又称纤维填料。为防止生物膜生长后纤维结成球状，减小填料的比表面积，又有以硬性塑料为支架，上面缚以软件纤维的，称为半软性填料或复合纤维填料。

选择填料时应考虑废水性质、有机负荷及填料的特性。蜂窝填料寿命较长，但易堵塞，因此应根据有机负荷选择合适的孔径。软性纤维填料不易堵塞，重量较轻，价格也低，但生物膜易结成团块，使用寿命也较短。

(四) 生物流化床

生物流化床是20世纪70年代开发出的一种新型生物膜法废水处理构筑物。其特点是采用相对密度大于1的细小惰性颗粒，如砂、焦炭、陶粒、活性炭等为载体，微生物生长于载体表面形成生物膜，废水（先经充氧或在床内充氧）自下向上流动，使载体处于流化状态，其上附着的生物膜可与废水充分接触。由于流化床内生物固体浓度很高，氧和有机物的传质效率也高，故生物流化床是一种高效的生物处理构筑物。

1. 生物流化床中载体颗粒流态化原理

生物流化床中载体颗粒的流态化，是由于上升的水流（或水流与气流）所造成的。废水自下而上流动，使床体内载体颗粒呈悬浮或流化状态。水流经过颗粒层会产生一定的压力降。载体颗粒在流化床内的状态可分为三种。

（1）固定状态　当废水流量很小，在床内上升流速小于临界流速（u_{mf}）时，床内颗粒仍保持原来位置，因此颗粒层高度（h）没有变化，压力降（Δp）随上升流速（u）呈对数增加。

（2）流化状态　当废水流量增大并使其在床内的上升流速（u）增加至临界流速（u_{mf}）时，载体颗粒被上升水流托起而呈悬浮状态，并在床内不停地紊动，这种状态即被称为载体颗粒的流化状态，在流化状态下工作的载体颗粒床即为流化床。处于流化状态时，床层压力降（Δp）基本上不随上升流速（u）而变化，但颗粒层高度（h）则随（u）的增加而增加。

（3）流失状态　当流化床内废水上升流速（u）超过临界流速（u_{mf}）达到流失流速（u_{max}）时，载体颗粒层的高度将达到流化床顶部而使载体颗粒随出水流失。此时为保证流化床内足够的载体颗粒及生物固体量，必须采取措施避免载体颗粒的流失，因此一般应使流化床内废水上升流速保持在u_{mf}和u_{max}之间。

2. 生物流化床的工艺类型　根据供氧方法、脱膜方式及床体结构等因素，好氧生物流化床可分为两种工艺类型。

（1）两相生物流化床工艺　两相生物流化床工艺流程见图2－35。其基本特点是在生物流化床外设充氧设备和脱膜设备，在流化床内只有液、固两相。原废水先经充氧设备，可利用空气或纯氧为氧源，使废水中的溶解氧达饱和状态。一般，以空气为氧源时，废水中溶解氧可达8～9mg/L。当采用纯氧为氧源时，废水中的溶解氧可达30～40mg/L。有时可采用出水回流以补充溶解氧，节约能源。

（2）三相生物流化床工艺　三相生物流化床为反应器内有气、液、固三相共存的生物流化床，即向流化床直接充氧而不设体外充氧装置。由于气体激烈搅动造成的紊流，生物颗粒之间摩擦较剧，可使表

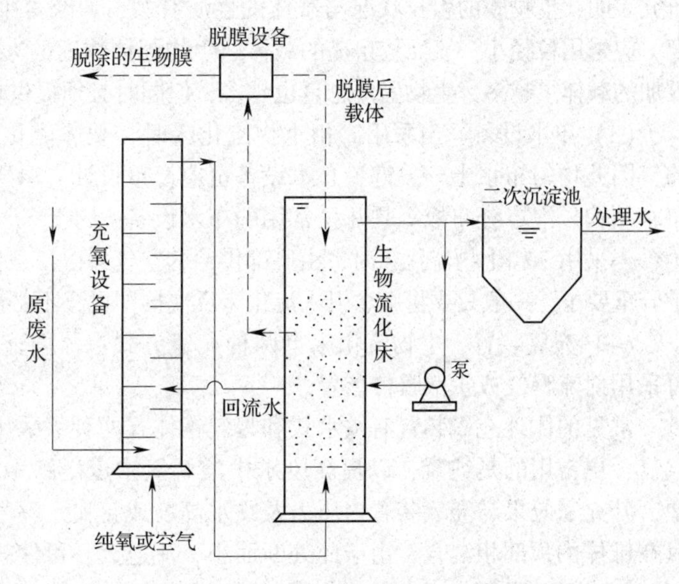

图2－35　两相生物流化床工艺流程

层的生物膜自行脱落，因此一般可不设体外脱膜装置。

图2－36为带有内循环的三相生物流化床工艺流程示意图。该流化床由内部升流区和外部降流区组成。空气送入升流区底部，使其中废水夹带着载体颗粒上升，至升流区顶部后部分气体由水面溢出，气、液、固三相混合液的密度减小，由降流区下降。如此循环不已，使三相接触十分充分，氧的传递效率和有机物向生物膜的传递效率都很高。该流化床顶部有一澄清区，可使载体大多截流在流化床内。随水逸出的脱落的生物膜则利用二次沉淀池去除。当有载体随出水流失时，可采取回流或补充的办法防止流化床内载体的浓度降低过多。

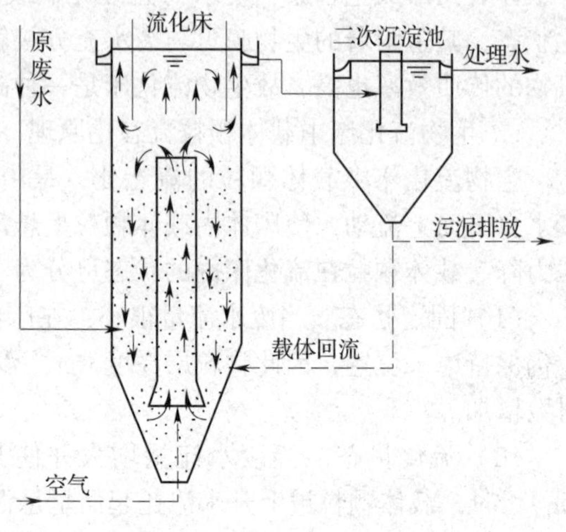

图2－36　三相生物流化床工艺

3．生物流化床的构造

生物流化床主要包括流化床反应器、载体、布水设备、充氧装置和脱膜装置等部分。

（1）生物流化床反应器　一般呈圆形，但平面形状也可用方形。反应器高度与直径之比可在较大范围中采用，但一般认为采用（3～4）：1为宜。当采用内循环式三相生物流化床时，升流区截面积与降流区截面积之比宜接近1。流化床顶部的澄清区按照截流被气体夹带的颗粒的要求进行设计。

（2）载体　生物流化床采用的载体应具有的性能包括：相对密度略大于1，表面比较粗糙，对微生物无毒性，不与废水中物质起反应，价廉易得等。

常用的载体有砂粒、无烟煤、焦炭、活性炭（柱状或粉末状）、陶粒及聚苯乙烯颗粒。研究表明，生物膜的生长状况与载体的性质有关，为获得生物流化床内较高的生物固体浓度，应采用粒径小、表面较粗糙的载体。生物固体浓度的大小与投加的载体量有直接关系。投加的载体量越多，生物固体总量也越多，但同时必须提供较大的动力才能使载体流化。

（3）布水设备　当采用二相生物流化床时，载体流化主要是由底部进入的废水造成的，因此均匀布水十分关键，布水设备也应慎重设计。单层多孔板、多孔板砾石层、圆锥布水结构、泡罩分布板等是几种常用的布水设备。

当采用三相生物流化床时，由底部供给的空气可以使载体实现流化，因此布水设备就不十分重要了，一般只要将废水引入流化床反应器即可，不必刻意地设计均匀布水的设备。

（4）充氧装置　生物流化床有两种充氧方式：体内充氧和体外充氧。体内充氧一般可采用射流曝气或扩散曝气装置。

常见的体外充氧装置有跌水式和曝气锥体式两种。采用体外充氧装置时，氧源可以是空气，更常用的是纯氧，以提高废水中溶解氧浓度。跌水式充氧装置构造简单、管理方便，其充氧效果与充氧装置内压力及跌水高度成正比。曝气锥体式充氧装置中，进水与纯氧在锥体的顶部相混合，由于此处断面小，流速大，可使较多的氧溶入水中。

（5）脱膜装置　一般三相生物流化床不需设置专门的脱膜装置。在二相生物流化床系统中常设的脱膜装置有振动筛、叶轮脱膜装置和刷式脱膜装置等。

4．生物流化床的优点及存在的问题

与传统的好氧生物处理及其他生物膜法相比，好氧生物流化床具有以下突出的优点：

（1）生物固体浓度高（一般可达10～20g/L），因此水力停留时间可大大缩短，容积负荷则相应提高到7～8kg COD/（m^3·d）以上，基建费用也可相应减小。

（2）不存在活性污泥法中常发生的污泥膨胀和其他生物膜法中存在的污泥堵塞现象。

（3）能适应不同浓度范围的废水，能适应较大的冲击负荷。

（4）由于容积负荷和床体高度大，占地面积可大大缩小。

曾经困惑着人们、影响着生物流化床推广应用的脱膜问题及体外充氧装置等，已由于内循环或三相生物流化床的开发而得到克服。目前存在的主要问题是好氧生物流化床的生产实践经验尚少。由于流化床特别是三相流化床的流动特征尚无合适的模型加以描述，因此在进行放大设计时尚有一定的不确定性，需要在今后展开更深入的研究和广泛的实践。

第八节　厌氧生物处理技术

工业废水中有机物含量较高时，往往不宜直接采用好氧生物处理法，而应优先考虑厌氧处理，即在无氧条件下，由兼性菌和厌氧菌降解废水中的有机物，同时产生以CH_4为主的污泥气。近年来，厌氧法在造纸工业废水处理中应用得越来越多。

一、厌氧生物处理的基本流程及其特征

厌氧生物处理过程又称厌氧消化，是在厌氧条性下由活性污泥中的多种微生物共同作用，使有机物分解并生成CH_4和CO_2的过程。这种过程广泛存在于自然界，直至1881年法国报道了罗伊斯·莫拉斯（Louis Mouras）发明的“自动净化器”（automatic scavenger），人类才开始了利用厌氧消化处理废水的历史，至今已100多年。

有机物厌氧消化产甲烷过程是一个非常复杂的由多种微生物共同作用的生化过程。随着厌氧微生物学研究的不断进展，人们对厌氧消化过程认识不断深化，厌氧消化理论得到不断发展。1979年布利安特（Bryant）等人提出了厌氧消化的三阶段理论，厌氧消化过程是按以下三个步骤进行的（见图2－37）。

第一阶段，可称为水解、发酵阶段，复杂有机物在微生物作用下进行水解和发酵。例如，多糖先水解为单糖，再通过酵解途径进一步发酵成乙醇和脂肪酸，如丙酸、丁酸、乳胶等；蛋白质则先水解为氨基酸，再经脱氨基作用产生脂肪酸和氨。

第二阶段，称为产氢、产乙酸阶段，是由一类专门的细菌，称为产氢产乙酸菌，将丙酸、丁酸等脂肪酸和乙醇等转化为乙酸、H_2和CO_2。

第三阶段，称为产甲烷阶段，由产甲烷细菌利用乙醇和H_2、CO_2，产生CH_4。研究表明，厌氧生物处理过程中约

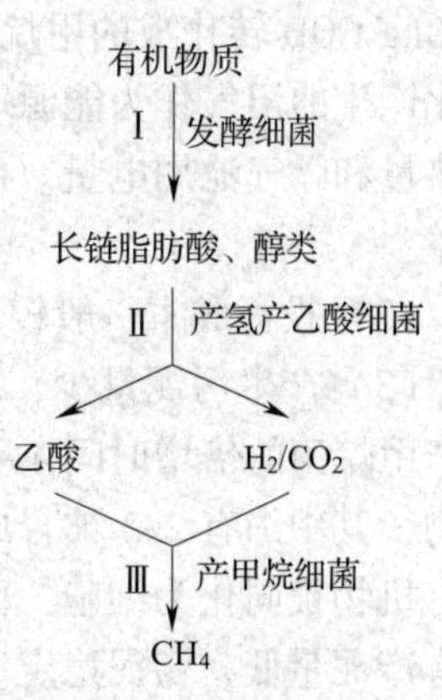

图2－37　厌氧消化过程

有 70% CH_4产自乙酸的分解，其余少量则产自 H_2和 CO_2的合成。

J. G. Ze（1979）在第一届国际厌氧消化会议上提出了四种群说理论，该理论认为复杂有机物的厌氧消化过程有四种厌氧微生物参与，这四种群即是：水解发酵菌、产氢产乙酸菌、同型产乙酸菌（又称耗氢产乙酸菌）以及产甲烷菌。复杂有机物厌氧降解过程也因而被划分为四个阶段：水解阶段、发酵（或酸化）阶段、产乙酸阶段及产甲烷阶段。

（1）水解阶段：兼性和部分专性厌氧细菌发挥作用，复杂的大分子有机物被胞外酶水解成小分子的溶解性有机物。大分子有机物因相对分子质量大，不能透过细胞膜，因此不能为细菌直接利用。在水解阶段，复杂有机物在厌氧菌胞外酶的作用下，首先要被分解成简单的有机物，如纤维素经水解转化成较简单的糖类；蛋白质转化成较简单的氨基酸；脂类转化成脂肪酸和甘油等。这些小分子的水解产物能够溶解于水并透过细胞膜为细菌所利用。

（2）酸化阶段：溶解性有机物由兼性或专性厌氧细菌经发酵作用转化为有机酸、醇、醛、CO_2和 H_2。在这一阶段，小分子的化合物在发酵细菌（即酸化菌）的细胞内转化为更为简单的化合物并分泌到细胞外。这一阶段的主要产物有挥发性脂肪酸（VFA），醇类、乳酸、二氧化碳、氢气、氨、硫化氢等。与此同时，酸化菌也利用部分物质合成新的细胞物质，因此未酸化污水厌氧处理时产生更多的剩余污泥。该阶段水中有机物的成分发生了变化，但 COD 变化不大。

（3）产乙酸阶段：专性厌氧的产氢产乙酸细菌将上阶段的产物进一步利用，生成乙酸和 H_2、CO_2；同时同型乙酸细菌将 H_2和 CO_2合成乙酸，有时也将乙酸分解成 H_2和 CO_2。

（4）甲烷化阶段：产甲烷菌（最严格的专性厌氧菌）利用乙酸、H_2、CO_2和碳化合物产生 CH_4。甲烷发酵阶段，在有机物分解后期，由于产生氨的中和作用，pH 上升，甲烷细菌的微生物开始分解乙酸、氢气、碳酸、甲酸和甲醇等有机酸和醇，水中有机物在产甲烷菌作用下，转化为甲烷气体（70% ~80%）、CO_2（20% ~30%）、微量的硫化氢和新的细胞物质。

与好氧处理法相比，厌氧处理法有许多优势，主要表现在以下几个方面：

（1）厌氧处理不但能源需求很少而且能产生大量的可利用的能源　污泥消化和有机废水的厌氧发酵能产生大量沼气，而沼气的热值很高，可作为能源。据报道，厌氧处理 1000kg COD 转化成的甲烷相当于产生了 12×10^6kJ 热能。我国诸多污水处理厂利用污泥消化产生的沼气作为能源取得很大的成功，他们利用沼气产生的热能和电能可分担污水厂供热量和曝气池用电量。由此可见，厌氧生物处理较之好氧生物处理有不可比拟的经济效益。

（2）投资成本一般较低，运行管理费用也大大低于好氧工艺。

（3）产生污泥量少，颗粒厌氧污泥同时是有价值的接种产品　厌氧菌世代时间长，如产甲烷菌的倍增时间 4 ~6d，其细胞产率比好氧菌小。有机物在好氧降解时，如碳水化合物，其中约有 2/3 被合成为细胞，约有 1/3 被氧化分解提供能量。厌氧降解时，只有少量有机物被同化为细胞，而大部分被转化为 CH_4和 CO_2。因此，相对好氧处理，厌氧处理具有产泥量低、污泥稳定、处理费用低廉等优点。

（4）所需的氮、磷营养盐也少　N 和 P 等营养物质是组成细胞的重要元素，采用生物法处理废水，如废水中缺少氮磷元素则必须投加，以满足细菌合成细胞的需要。同时，氮磷又是污水处理要去除的对象。厌氧生物处理去除1t COD所合成细胞量远低于好氧生物处理，可减少氮磷的需要量，一般只要满足COD: N: P =（250～350）: 5: 1即可，而好氧生物处理一般要满足COD: N: P = 100: 5: 1。对于缺乏N和P的有机废水可大大节省其投加量，降低运行费。

（5）对某些难降解及高浓度有机物有较好的降解能力　近年来，经研究发现厌氧微生物具有脱毒和降解有害有机物的功效，而且还具有某些好氧微生物不具有的功能，如多氯链烃和芳烃的还原脱氯，芳烃还原成烷烃环结构或环的断裂等。应用厌氧处理工艺作为前处理可以使一些好氧处理难处理、难降解及高浓度的有机物得到部分降解，并使大分子降解成小分子，提高了废水的可生化性，使后续的好氧处理变得比较容易。

（6）处理容积负荷率高，从而节省占地。

综上所述，厌氧废水处理是一种把环境保护、能源回收与生态良性循环结合起来的综合系统核心技术，具有较好的环境与经济效益，是一种变废为宝的可持续发展环保技术。因此，厌氧处理工艺应该是一种优先采纳的废水处理技术。

同时厌氧反应器也具有一定的局限性：

① 涉及的生化反应过程较为复杂，在运行厌氧反应器的过程中需要很高的技术要求，这是由于厌氧细菌增殖较慢所致，也正因此，厌氧处理产污泥量少。这个问题可以通过使用现有厌氧系统的剩余污泥或活性好的颗粒污泥接种的方式解决。② 有的产甲烷细菌对温度、pH等环境因素非常敏感；③ 出水水质仍通常较差，一般需要利用好氧工艺进行进一步的处理；④ 厌氧生物处理的气味较大；⑤ 对氨氮的去除效果不好。

采用厌氧生物处理废水，一般不能去除废水中氮和磷等营养物质。含氮和磷有机物通过厌氧消化，其所含的氮和磷转化为氨氮和磷酸盐，其中很少一部分用于细胞合成，大多数随出水排出。而氮磷是营养物质，排入水体可能引起湖泊发生富营养化。对于氮磷含量高的有机废水，在使用厌氧处理技术时，应配合好氧等脱氮除磷工艺联合处理。

二、厌氧消化微生物

1．发酵细菌（产酸细菌）

主要包括梭菌属（*Clostridium*）、拟杆菌属（*Bacteroides*）、T酸弧菌属（*Butyrivibrio*）、真细菌属（*Eubacterium*）和双歧杆菌属（*Bifidobacterium*）等。这类细菌的主要功能是先通过胞外酶的作用将不溶性有机物水解成可溶性有机物，再将可溶性的大分子有机物转化成脂肪酸、醇类等。研究表明，该类细菌对有机物的水解过程相当缓慢，pH和细胞平均停留时间等因素对水解速率的影响很大。不同有机物的水解速率也不同，如脂类的水解就很困难。因此，当处理的废水中含有大量脂类时，水解就会成为厌氧消化过程的限速步骤。仅产酸的反应速率较快，并远高于产甲烷反应。

发酵细菌大多数为专性厌氧菌，但也有大量兼性厌氧菌。按照其代谢功能，发酵细菌可分为纤维素分解菌、半纤维素分解菌、淀粉分解菌、蛋白质分解菌和脂肪分解菌等。

除发酵细菌外，在厌氧消化的发酵阶段，也可发现真菌和为数不多的原生动物。

2．产氢产乙酸菌

近10年来的研究所发现的产氢产乙酸菌包括互营单孢菌属（*Syntrophonaonas*）、互营杆菌属（*Syntrophobacter*）、梭菌属（*Clostridium*）、暗杆菌属（*Pelobacter*）等。

这类细菌能把各种挥发性脂肪酸降解为乙酸和 H_2O，其反应如下：

降解乙醇　$CH_3CH_2OH + H_2O \rightarrow CH_3COOH + 2H_2\uparrow$

降解丙酸　$CH_3CH_2COOH + 2H_2O \rightarrow CH_3COOH + 3H_2 + CO_2\uparrow$

降解丁酸　$CH_3CH_2CH_2COOH + 2H_2O \rightarrow 2CH_3COOH + 2H_2\uparrow$

上述反应只有在乙酸浓度低、液体中氢分压也很低时才能完成。产氢产乙酸细菌可能是绝对厌氧菌或是兼性厌氧菌。

3. 产甲烷细菌

对绝对厌氧的产甲烷菌的分离和研究，是由于20世纪60年代末Hungate开创了绝对厌氧微生物培养技术而得到迅速发展的。产甲烷菌大致可分为两类，一类主要利用乙酸产生甲烷，另一类数量较少，利用 H_2 和 CO_2 的合成生成甲烷。也有极少量细菌，既能利用乙酸，也能利用氢。

以下是两个典型的产甲烷反应：

利用乙酸　$CH_3COOH \rightarrow CH_4 + CO_2\uparrow$

利用 H_2 和 CO_2　$4H_2 + CO_2 \rightarrow CH_4 + 2H_2O$

按照产甲烷细菌的形态和生理生态特征，可将产甲烷菌分类如下。

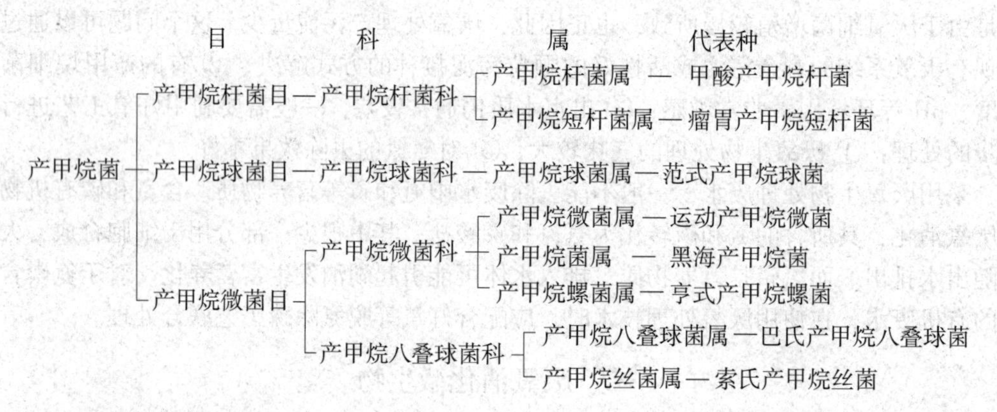

产甲烷菌有各种不同的形态。最常见的是产甲烷杆菌、产甲烷球菌、产甲烷八叠球菌、产甲烷螺菌和产甲烷丝菌等。产甲烷菌的大小虽与一般细菌相似，但其细胞壁结构不同，在生物学分类上属于古细菌，或称原始细菌（*Acrchebacteria*）。

产甲烷菌都是绝对厌氧细菌，要求生活环境的氧化还原电位在 $-500 \sim -400$mV 范围内。氧和氧化剂对产甲烷菌有很强的毒害作用。

产甲烷菌的增殖速率慢，繁殖世代期长，甚至达4～6d，因此在一般情况下，产甲烷反应是厌氧消化的控制阶段。

4. 厌氧微生物群体间的关系

在厌氧生物处理反应器中，不产甲烷菌和产甲烷菌相互依赖，互为对方创造与维持生命活动所需要的良好环境和条件，但又相互制约。厌氧微生物群体间的相互关系表现在以下几个方面。

（1）不产甲烷细菌为产甲烷细菌提供生长和产甲烷所需要的基质　不产甲烷细菌把各种复杂的有机物质，如糖类、脂肪、蛋白质等进行厌氧降解，生成游离氢、二氧化碳、氨、乙酸、甲酸、丙酸、丁酸、甲醇、乙醇等产物，其中丙酸、丁酸、乙醇等又可被产氢产乙酸细菌转化为氢、二氧化碳、乙酸等。这样，不产甲烷细菌通过其生命活动为产甲烷细菌提供了合成细胞物质和产甲烷所需的碳前体和电子供体、氢供体和氮源；产甲烷细菌充当厌氧环境有机物分解中微生物食物链的最后一个生物体。

(2) 不产甲烷细菌为产甲烷细菌创造适宜的氧化还原条件　厌氧发酵初期，由于加料使空气进入发酵池，原料、水本身也携带有空气，这显然对于产甲烷细菌是有害的。它的去除需要依赖不产甲烷细菌类群中那些需氧和兼性厌氧微生物的活动。各种厌氧微生物对氧化还原电位的适应也不相同，通过它们有顺序地交替生长和代谢活动，使发酵液氧化还原电位不断下降，逐步为产甲烷细菌生长和产甲烷创造适宜的氧化还原条件。

(3) 不产甲烷细菌为产甲烷细菌清除有毒物质　在以工业废水或废弃物为发酵原料时，其中可能含有酚类、苯甲酸、氰化物、长链脂肪酸、重金属等对于产甲烷细菌有毒害作用的物质。不产甲烷细菌中有许多种类能裂解苯环、降解氰化物等从中获得能源和碳源。这些作用不仅解除了对产甲烷细菌的毒害，而且给产甲烷细菌提供了养分。此外，不产甲烷细菌的产物硫化氢，可以与重金属离子作用生成不溶性的金属硫化物沉淀，从而解除一些重金属的毒害作用。

(4) 产甲烷细菌为不产甲烷细菌的生化反应解除反馈抑制　不产甲烷细菌的发酵产物可以抑制其本身的不断形成。氢的积累可以抑制产氢细菌的继续产氢，酸的积累可以抑制产酸细菌继续产酸。在正常的厌氧发酵中，产甲烷细菌连续利用由本产甲烷细菌产生的氢、乙酸、二氧化碳等，使厌氧系统中不致有氢和酸的积累，就不会产生反馈抑制，不产甲烷细菌也就得以继续正常的生长和代谢。

(5) 不产甲烷细菌和产甲烷细菌共同维持环境中适宜的 pH　在厌氧发酵初期，不产甲烷细菌首先降解原料中的糖类、淀粉等物，产大量的有机酸，产生的二氧化碳也部分溶于水，使发酵液的 pH 明显下降。而此时，一方面不产甲烷细菌类群中的氰化细菌迅速进行氨化作用，产生的氨中和部分酸；另一方面，产甲烷细菌利用乙酸、甲酸、氢和二氧化碳形成甲烷，消耗酸和二氧化碳。两个类群的共同作用使 pH 稳定在一个适宜范围内。

三、厌氧生物处理的影响因素

由于产甲烷菌对环境因素的影响较非产甲烷菌（包括发酵细菌和产氢产乙酸细菌）敏感得多，产甲烷反应常是厌氧消化的控制阶段。因此，以下主要讨论对产甲烷菌有影响的各种环境因素。

1. 温度

温度是影响微生物生命活动最重要的因素之一，其对厌氧微生物及厌氧消化的影响尤为显著。厌氧消化速率随温度的变化比较复杂，在厌氧消化过程中存在着两个不同的最佳温度范围，一个是55℃左右，另一个是35℃左右。根据不同的最佳温度范围，厌氧微生物分为嗜热菌（高温细菌）和嗜温菌（中温细菌）两大类，相应的厌氧消化则被称为高温消化（55℃左右）和中温消化（35℃左右）。高温消化的反应速率约为中温消化的1.5~1.9倍，产气率也高，但气体中甲烷所占百分率却较中温消化为低。当处理含有病原菌和寄生虫卵的废水或污泥时，采用高温消化可取得较理想的卫生效果，消化后污泥的脱水性能也较好。在工程实践中，当然还应考虑经济因素，采用高温消化需要消耗较多的能量，当处理废水量很大时，往往不宜采用。

随着各种新型厌氧反应器的开发，温度对厌氧消化的影响由于生物量的增加而变得不再显著，因此处理废水的厌氧消化反应常在常温条性（20～25℃）下进行，以节省能量的消耗和运行费用。

2. pH

产甲烷菌对 pH 变化的适应性很差，其最适 pH 范围为 6.8～7.2。在 pH6.5 以下或 pH8.2 以上的环境中，厌氧消化会受到严重的抑制，这主要是对产甲烷菌的抑制。水解细菌和产酸菌也不能承受低 pH 的环境。

厌氧发酵体系中的 pH 除受进水 pH 的影响外，还取决于代谢过程中自然建立的缓冲平衡。影响酸碱平衡的主要参数为挥发性脂肪酸、碱度和 CO_2 含量。系统中脂肪酸浓度的提高，将消耗 HCO_3^- 并增加 CO_2 浓度，使 pH 下降。但产甲烷细菌的作用会产生 HCO_3^-，使系统的 pH 回升。系统中没有足够的 HCO_3^- 将使挥发酸积累，导致系统缓冲作用的破坏，即所谓的“酸化”。受破坏的厌氧消化体系需要很长的时间才能恢复。

3. 氧化还原电位

绝对的厌氧环境是产甲烷菌进行正常活动的基本条件，可以用氧化还原电位表示厌氧反应器中含氧浓度。研究表明，不产甲烷菌可以在氧化还原电位为 −100～+100mV 的环境下进行正常的生理活动，而产甲烷菌的最适氧化还原电位为 −400～−150mV，培养产甲烷菌的初期，氧化还原电位不能高于 −320mV。

4. 营养

厌氧微生物对碳、氮等营养物质的要求略低于好氧微生物，但大多数厌氧菌不具有合成某些必要的维生素或氨基酸的功能。为了保证细菌的增殖和活动，还需要补充某些专门的营养，如钾、钠、钙等金属盐类是形成细胞或非细胞的金属络合物所必需的，而镍、铝、钴、钼等微量金属，则可提高若干酶系统的活性，使产气量增加。

5. 食料微生物比

与好氧生物处理相似，厌氧生物处理过程中的食料微生物比对其进程影响很大，在实用中常以有机负荷（COD/MLVSS）表示，单位为 kg/（kg·d）。

在有机负荷、处理程度和产气量三者之间存在着密切的联系和平衡关系。一般，较高的有机负荷可获得较大的产气量，但处理程度会降低。由于厌氧消化过程中产酸阶段的反应速率比产甲烷阶段的反应速率高得多，必须十分谨慎地选择有机负荷，使挥发酸的生成及消耗不致失调，形成挥发酸的积累。为保持系统的平衡，有机负荷的绝对值不宜太高。随着反应器中生物量（厌氧污泥）浓度的增加，有可能在保持相对较低污泥负荷的条性下得到较高的容积负荷。这样，能够在满足一定处理程度的同时，缩短消化时间，减少反应器容积。总的说来，厌氧生物处理对采用较好氧生物处理高得多的有机负荷，一般 COD 浓度可达 5～10kg/（m^3·d），也有的甚至可高达 50kg/（m^3·d）。

6. 有毒物质

有毒物质会对厌氧微生物产生不同程度的抑制，使厌氧消化过程受到影响甚至遭到破坏。最常见的抑制性物质为硫化物、氨氮、重金属、氰化物以及某些人工合成的有机物。硫酸盐和其他硫的氧化物容易在厌氧消化过程中被还原为硫化物。可溶性的硫化物和 H_2S 气体在达到一定浓度时，都会对厌氧消化过程，主要是对产甲烷过程产生抑制。投加某些

金属如铁去除 S^{2-}，而使硫化物的抑制作用有所缓解，通过从系统中吹脱 H_2S 的措施也可减轻硫化物的抑制作用。

氨是厌氧消化的缓冲剂，但高浓度的氨对厌氧消化有害，表现为挥发性脂肪酸的积累，系统的缓冲能力不能补偿 pH 的降低，最终甚至使反应器失效。有人认为 NH_3—N 浓度为 50～200mg/L 即能产生控制，但通过对产甲烷细菌的驯化，厌氧过程对氨的适应能力能够得到加强。

重金属常能使厌氧消化过程失效，表现为产气量降低和挥发酸的积累。其原因是细菌的代谢酶受到破坏而失活，是一种非竞争性抑制。不同重金同离子及其不同的存在形态，会产生不同的抑制作用，如有人报道 277mg/L 的硫酸镍不会引起消化过程的变化，而 30mg/L 的硝酸镍却能使产气量减少 80%。重金属的浓度也会显著影响其抑制作用，当氯化镍的浓度为 500mg/L 时．其对沼气产量的影响可以忽略不计，而 1000mg/L 的氯化镍会使产气量大大减少。

氰化物对厌氧消化的抑制作用决定于其浓度和接触时间，如浓度小于 10mg/L，接触时间为 1h，抑制作用不明显，浓度如增高到 100mg/L，气体产量会明显降低。

研究表明，厌氧微生物对很多在好氧条件下难以降解的合成有机物，如蒽醌类染料、偶氮染料、含氯的有机杀虫剂等都具有降解的能力。但仍有相当一部分合成有机物对厌氧微生物有毒害作用，其作用大小与浓度相关，如 3—氧—1，2—丙二醇、2—氯丙酸、l—氯丙烷、2—氯丙烯、丙烯醛和甲醛等。

在厌氧条件下混合细菌种群对有毒性的合成有机物进行降解的速率要比单一菌种的速率快。对厌氧微生物的驯化也可提高其适应和降解合成有机物的能力。

四、厌氧生物处理沼气产量的估算

糖类、脂类和蛋白质等有机物，经过厌氧消化能转化为甲烷和二氧化碳等气体，统称为沼气。产生沼气的数量和成分决定于被消化的有机物的化学组成，可用下式进行估算：

$$C_nH_aO_b + (n - a/4 - b/2)\ H_2O \rightarrow (n/2 - a/8 + b/4)\ CO_2 + (n/2 + a/8 - b/4)\ CH_4$$

上式计算结果代表的是有机物完全消化可得的沼气产量。一般 1g COD 在厌氧条件下完全降解可以生成 0. 25g CH_4，相当于在标准状态下沼气体积 0. 35L。由于一部分产生的沼气将溶于水中，一部分有机物要用于微生物的合成，实际沼气产量要比理论值小。一般来说，糖类物质厌氧消化的沼气产量较少，沼气中甲烷含量也较低。脂类物质沼气产量较高，甲烷含量也较多。

五、厌氧处理工艺的主要运行方式

20 世纪五六十年代，曾试用厌氧法处理制浆造纸工业废水，但没有达到预期的效果，主要是因为对系统设计缺乏经验，对运行条件如温度等均未得到良好控制，这些初级的厌氧处理设备均需很长的停留时间，出水水质也较差。70 年代，厌氧技术有了突破性进展，使厌氧法在制浆造纸工业废水处理上取得了成功。80 年代初，瑞典的一个亚硫酸盐制浆造纸厂首先应用了厌氧接触法，接着，在荷兰首先出现厂上流式厌氧污泥床（UASB）技术。截至 1994 年 2 月，荷兰的某些公司设计制造的处理制浆造纸厂废水的 UASB 系统就有 47 个，其中反应器最大容积达到 15600m^3。在我国，“七五”期间，对 UASB 法处理石灰草浆蒸煮废液进行了系统的研究，还在128L反应器内进行了扩大试验、34m³反应器内进行了中试，都取得厂成功。

厌氧技术作为目前最经济的高浓有机废水处理技术，已成为解决当今世界环境污染的重要手段。厌氧技术能给人类的污水处理带来非常巨大的益处，因而人们一直努力发展厌氧新技术，开发新型的厌氧反应器。厌氧生物处理技术至今已有100多年的历史，厌氧反应器的发展也经过了三代的更新。

（一）第一代厌氧处理反应器

1869年英国出现了第一座用于处理生活污水的厌氧消化池，所产生的沼气用于街道照明。至1914年，美国有14座城市建立厌氧消化池。二战结束后，厌氧处理技术的发展又掀起了一个新的高潮。40年代在澳大利亚出现了连续搅拌的厌氧消化池，改善了厌氧污泥与废水的混合。但本质上，反应器中的微生物（即厌氧污泥）与废水或废料是完全混合在一起的，污泥在反应器的停留时间（SRT）与废水的停留时间（HRT）是相同的，因此污泥在反应器里浓度较低，处理效果差。废水要在反应器停留几天到几十天之久，此时的厌氧处理技术主要用于污泥与粪肥的消化。20世纪50年代中期出现厌氧接触反应器，这种反应器是在连续搅拌的基础增设了污泥回流装置，使厌氧污泥在反应器中的停留时间第一次大于水力停留时间，因此其处理效率与负荷显著提高。上述反应器被称为第一代的厌氧反应器。

1. 厌氧消化池

厌氧消化池主要用于处理城市废水厂的污泥，也可用于处理固体含量很高的有机废水。污泥经厌氧消化后，一部分有机固体转化为沼气，一部分有机物形成稳定性良好的腐殖质，从而降低了污泥中的固体量，提高了污泥的脱水性能，污泥体积可减少1/2以上。污泥中的致病微生物也得到了不同程度的灭活，有利于污泥的进一步处理和利用。

（1）消化池的分类　我国常用的厌氧消化池的形状是圆柱形。按消化池顶结构不同，可分为固定器消化池和浮动盖消化池。根据消化池运行方式的不同，又可分为传统消化池和高速消化池。

①传统消化池：传统消化池又称低速消化池，一般在消化池内不设加热和搅拌装置。因不加搅拌，池内污泥产生分层现象。只有一部分池的容积起到分解有机物作用，液面形成浮渣层，池底部容积主要用于熟污泥的贮存和浓缩。这种消化池中微生物与有机物不能充分接触，所以消化速率很低，消化时间长。根据温度不同，一般污泥在池内的停留时间需要30～90d，只有在规模小的废水处理厂才采用。

②高速消化池：这是一种设有加热和搅拌装置的消化池。此类消化池，由于加热和搅拌，使厌氧微生物与有机物得到充分均匀的接触，大大提高了厌氧微生物降解有机物的能力，缩短了有机物稳定所需的时间，提高了沼气产量。在中温（30～35℃）条件下，一般消化期为15d左右，运行也较稳定，目前被废水处理厂广泛采用。

搅拌使高速消化池内污泥不能得到浓缩，消化液不能分离。为了进行固液分离，高速消化池往往再串联一个消化池，形成两级消化的第一级装设搅拌和加热设备，主要起分解有机物作用，第二级不设搅拌和加热设备，主要起沉淀浓缩和贮存消化污泥作用。

（2）消化池的构造　消化池由池顶、池底和池体三部分组成，常用钢筋混凝土筑造。池顶构造有固定盖和浮动盖两种，国内常用固定盖池顶。固定盖为一弧形弯顶，或截头圆锥形，池顶中央装集气罩。

消化池中消化液的均匀混合对正常运行影响很大，因此搅拌设备也是消化池的重要组成部分。搅拌方法一般可分为机械搅拌和沼气搅拌两大类。搅拌设备一般置于池中心，当池子直径很大时，可设若干个均布于池中。机械搅拌方法有泵搅拌、螺旋桨式搅拌和喷射泵搅拌。沼气搅拌方法是用消化池自身产生的一部分沼气，经压缩机加压后通过竖管或池底的扩散器再送入消化池，以达到搅拌混合的目的。有资料报道，采用沼气搅拌可提高产气率。沼气搅拌方法有气提式搅拌、竖管式搅拌、气体扩散式搅拌等。

为了保证消化池维持一定的消化温度，高速消化池都装有加热设备，加热方法有池内蒸汽直接加热和池外加热两种。向池内直接送入蒸汽加热，设备比较简单，但局部污泥易过热，影响厌氧微生物的正常活动，并会增加污泥的含水率，从而增加消化池容积。池外加热，是把污泥预热后投配到消化池中，其优点是预热的污泥量较少，易于控制，预热达到较高的温度，有利于杀死寄生虫卵，也不会对厌氧微生物产生不利影响。缺点是加热设备较复杂。

(3) 沼气的收集与利用　污泥和高浓度有机废水的厌氧消化均会产生大量沼气。沼气的热值很高，是一种可利用的生物能源，有一定的经济价值。在设计消化池时必须同时考虑相应的沼气收集、贮存和利用等配套设施。

污泥消化沼气产量的估算：污泥消化产生的沼气的成分，一般认为，甲烷占50%～70%，二氧化碳占20%～30%，其余是氢、氮和硫化氢等气体。沼气产量工程上称产气量，以处理每单位体积的生污泥所产生沼气量表示，单位为m^3沼气/m^3生污泥。产气量大小与污泥含水率、污泥投配率、发酵温度有关，当生污泥含水率为96%左右时，中温消化，污泥投配率为6%～8%/d，产气量为10～12m^3沼气/m^3生污泥；高温消化，污泥投配率为6%～8%/d，产气量为22～26m^3沼气/m^3生污泥；污泥投配率为13%～15%/d，产气量为13～15m^3沼气/m^3生污泥。沼气是一种很好的气态燃料，其发热量一般为21000～25000kJ/m^3沼气。表2-16为不同能源等量热单位的比较。

表2-16　　不同能源等量热单位的比较（沼气含CH_4为65%）

能源种类	天然气	城市煤气	重油	汽油	焦炭	电力
1m^3沼气相当于*	6m^3	375m^3	55L	5～0.75L	76kg	6.4kW·h

注：*气体体积以在标准条件（0℃，101.33kPa）计。

沼气的收集：消化池顶部的集气罩应有足够的空间，对大型消化池，集气罩的直径应大于4m，集气罩高应大于2m，气体的出气口应高于3m，在集气罩顶部应设排气管和测压管。沼气出气管径应按日平均产气量选定，并用高峰产气量进行校核，最小直径不小于100mm。在固定盖式消化池中，出气管直接与贮气柜连通，中间绝对不容许连接燃烧用支管。当采用沼气搅拌时，压缩机的吸气管可单独与集气罩连接，如与出气管共用，则在确定出气管管径时，必须同时考虑沼气搅拌循环流量。确定沼气管道直径时，管内的气流速度最大为8m/s，平均为5m/s左右，管道坡度为0.5，且坡向气流方向。在最低点应设置凝结水罐，及时排走凝结水，防止堵塞管道。为了减少凝结水量，沼气管应加保温。沼气管应采用镀锌钢管或铸铁管。气柜的进出气管道必须设水封罐（阻火器），以确保安全。水封罐兼有保安和调整气柜压力的作用。消化池的气室及沼气管道均应在正压下工作，不容许出现负压，通常压力为2~3kPa。

沼气贮存：沼气的产量和用气量都不是恒定的，贮气柜的作用即是对产气量与用气量之间的不平衡进行人工调节。贮气柜的容积一般按日平均产气量的25%～40%，相当于6~10h的平均产气量确定。大型污泥消化系统取低限，小型污泥消化系统取高限。

沼气柜常用低压浮盖式贮气柜，具体结构和设计方法可参考有关设计手册。

贮气柜中的压力决定了消化池气室和输气管道的压力，此压力一般为2~3kPa（相当于200~300mm H_2O），不宜太高。由于用气中含有少量H_2S，对设备有腐蚀作用，必须采取相应的防腐措施。城市煤气中H_2S的最高容许含量为20mg/m^3。如果沼气中含硫量太高，必须进行沼气脱硫处理。脱硫方法可参考有关资料。

2. 厌氧接触法

厌氧接触法是契罗伯特（Schroepter）在20世纪50年代开创的，是对普通厌氧生物处理法的改进，其工艺流程示于图2-38。

由消化池排出的混合液经真空脱气器脱去其中的沼气后，进入沉淀池进行固液分离，废水由沉淀池上部流出，而沉淀下来的污泥大部分回流至消化池，少部分作为剩余污泥排出，再进行处理或处置。回流污泥的目的在于提高消化池内混合液的污泥浓度，而沉淀的目的在于进行固液分离，减少出水悬浮物浓度，改善出水水质和提高回流污泥的浓度。回流污泥量一般为废水量的2~3倍，污泥浓度为12000~15000mg/L。

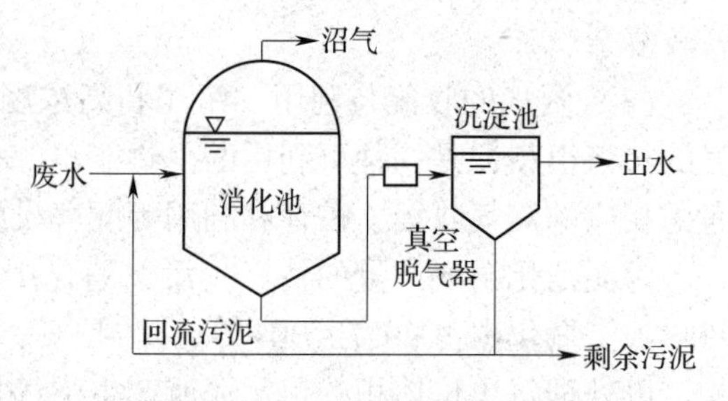

图2-38　厌氧接触法工艺流程

反应器是完全混合型的，其混合效果及随其后的污泥与水的分离效果是决定厌氧处理效果的关键。为了提高反应器内的混合效果，除了利用产生的生物气的搅拌作用外，还可安装低速机械搅拌器或利用循环生物气搅拌，作为补充。

因反应器内为正压，使出水中溶解气体量超过了它们在常压下的饱和溶解量，所以脱气和生物质再絮凝对提高重力分离效果是十分重要的。

由于厌氧代谢中细胞产率低，固体分离成为这一过程的关键，而且有效的分离对于提高排水水质也十分重要，常见的重力分离法与膜分离法在应用中都取得了成功。其中传统的重力澄清池对固体物质浓缩和维持反应器内较高生物量是有利的。1983年，在瑞典首先将厌氧接触技术应用于制浆造纸工业废水处理上。据不完全统计，1988年以前世界上已至少有6个制浆造纸厂使用该法处理废水。其中废水的BOD_5为1300～10000mg/L，COD为3500~30000mg/L；BOD_5的去除率为50%～97%，COD去除率为40%～85%，因废水特点不同而不同。

进水中的悬浮固体及溶解性有机物在厌氧代谢中产生的生物固体，都从出水中被分离出来，再部分返回反应器，这样，厌氧接触工艺提供了使可降解的有机颗粒物水解所必要的污泥量，这是接触法的优点。这个优点使得它能特别适应于具有较高浓度悬浮固体的制浆造纸厂废水的处理，如机械制浆的白水、利用二次纤维的制浆造纸厂的废水处理。其池高效厌氧处理过程中，包括UASB、厌氧滤池和厌氧流化床处理过程等，可溶性基质降解产生的生物质基本上都控制在反应器内并以致密的颗粒存在或以附着在惰性介质上的生物膜形式存在。但是，进水中的悬浮颗粒的停留时间通常比反应器的水力停留时间长得不太多，因此对废水中的纤维物质水解来说，时间太短。

制浆造纸工业废水处理中的厌氧接触法的运行数据表明，反应器内挥发性固体浓度为3000～5000mg/L，有的甚至高达10000mg/L，在 BOD_5 去除率大于90%及温度为(35±5)℃时，BOD_5 的容积负荷为1～2kg/（m^3·d），相当于其池高效厌氧处理系统的容积负荷的20%～50%。可见，厌氧接触法与其他高效厌氧法相比，容积负荷较低，在土地有限地区，此法表现出了一定的局限性。

（二）第二代厌氧处理反应器

高速率厌氧处理系统和其他生物处理工艺一样必须满足两个条件：①能够保持大量活性厌氧污泥；②进入废水和池内污泥之间的充分接触。满足第一个条件可以使得系统在采用高有机和水力负荷时，不会产生严重的活性污泥流失的问题。依照这一条原则，20世纪60年代末，Mccarty和Young推出了第一个基于微生物固定化原理的高速厌氧反应器——厌氧滤池。1974年，荷兰Lettinga等研究和开发了上流式厌氧污泥床（UASB）技术，其最大特点是反应器内保证了高浓度的厌氧污泥，标志着厌氧反应器的研究进入了新的时代，其中典型的代表有：厌氧滤池（AF，Young和McCarty，1972）、上流式厌氧污泥床反应器（UASB，Lettinga，1979）、厌氧附着膜膨胀床（AAFEB，J ewell，1980）和下行式固定膜反应器（DSFF）、厌氧流化床（AFB）等。如在厌氧滤池、厌氧膨胀床、厌氧流化床中，微生物附着生长在载体的表面；在升流式厌氧污泥床反应器中，微生物互相黏结缠绕，形成紧密的颗粒，这种颗粒污泥产甲烷活性高，沉淀性能好。这些反应器的共同的特点是可以将固体停留时间（SRT）与水力停留时间（HRT）相分离，SRT可长达几十天甚至上百天。与其他厌氧反应器相比，UASB具有四个独特的优点：①启动时间短；②污泥产率低；③COD去除率高；④产生新能源沼气。UASB依靠颗粒污泥的形成和三相分离器的作用，使污泥滞留在反应器中，提高了反应器的污泥浓度和有机负荷。该系统结构简单便于放大，运行管理简单。UASB反应器发明后，引起广泛的注意，目前已成为应用最广泛的厌氧处理方法

由于第二代厌氧反应器解决了厌氧微生物生长缓慢（厌氧过程本身的特点）和生物量易被液体洗出（传统消化池的弱点）等不利于反应器高效运行的关键问题，因此，它们具有一些突出的优点：①具有相当高的有机负荷和水力负荷，因而反应器的容积比传统装置减少90%以上；②在不利条件下（低温、冲击负荷、存在抑制物等）仍具有很高的稳定性；③反应器建造简单，结构紧凑，从而投资小，占地面积少，并适合于各种规模和可作为运行单元被结合在整体的处理技术中；④处理低浓废水的高效率已具备与好氧处理竞争的能力；⑤通常几乎不需要操作和管理费用，是能源净生产过程。

下面对各种运行方式分别进行阐述。

1. 升流式厌氧污泥床

（1）升流式厌氧污泥床反应器的特点　升流式厌氧污泥床（upflow anaerobic sludge blanket，UASB）反应器是荷兰学者Lettinga等人在20世纪70年代初开发的。图2－39为UASB反应器工作原理示意图。

UASB反应器由反应区和沉降区两部分组成。反应区又可根据污泥的情况分为污泥悬浮层区和污泥床区。污泥床主要由沉降性能良好的厌氧污泥组成，SS浓度可达50～100g/L

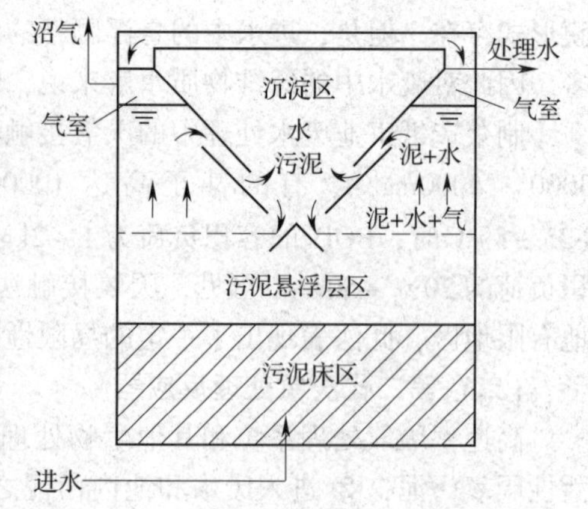

图2-39　UASB反应器工作原理示意图

或更高。污泥悬浮层主要靠反应过程中产生的气体的上升搅拌作用形成，污泥浓度较低，SS一般在5~40g/L范围内。在反应器上部设有气（沼气）、固（污泥）、液（废水）三相分离器，分离器首先使生成的沼气气泡上升过程受偏折，然后穿过水层进入气室，由导管排出反应器。脱气后的混合液在沉降区进一步进行固、液分离，沉降下的污泥返回反应区，使反应区内积累大量的微生物。待处理的废水由底部布水系统进入，澄清后的处理水从沉淀区溢流排出。由于在UASB反应器中能够培养得到一种具有良好沉降性能和高比产甲烷活性的颗粒厌氧污泥（granular anaerobic sludge），因而相对于其他同类装置，颗粒污泥UASB反应器具有一定的优势：a. 有机负荷居第二代反应器之首，水力负荷能满足要求；b. 污泥颗粒化后使反应器对不利条件的抗性增强；c. 用于将污泥或流出液人工回流的机械搅拌一般维持在最低限度，甚至可完全取消，尤其是颗粒污泥UASB反应器，由于颗粒污泥的相对密度比人工载体小，在一定的水力负荷下，可以靠反应器内产生的气体来实现污泥与基质的充分接触。因此，UASB可省去搅拌和回流污泥所需的设备和能耗；d. 在反应器上部设置的气—固—液三相分离器，对沉降良好的污泥或颗粒污泥避免了附设沉淀分离装置、辅助脱气装置和回流污泥设备，简化了工艺，节约了投资和运行费用；e. 在反应器内不需投加填料和载体，提高了容积利用率，避免了堵塞问题。

正因如此，UASB反应器已成为第二代厌氧处理反应器中发展最为迅速、应用最为广泛的装置。目前UASB反应器不仅用于处理高、中等浓度的有机废水，也开始用于处理如城市废水这样的低浓度有机废水.

（2）升流式厌氧污泥床反应器的构造　图2-40为UASB反应器构造剖面。UASB反应器主要由下列几部分组成。

① 进水配水系统主要是将废水尽可能均匀地分配到整个反应器，并具有一定的水力搅拌功能。它是反应器高效运行的关键之一。

② 反应区中包括污泥床区和污泥悬浮层区，有机物主要在这里被厌氧菌所分解，是反应器的主要部位。

③ 三相分离器由沉淀区、回流缝和气封组成，其功能是把沼气、污泥和液体分开。污泥经沉淀区沉淀后由回流缝回流到反应区，沼气分离后进入气室。三相分离器的分离效果将直接影响反应器的处理效果。

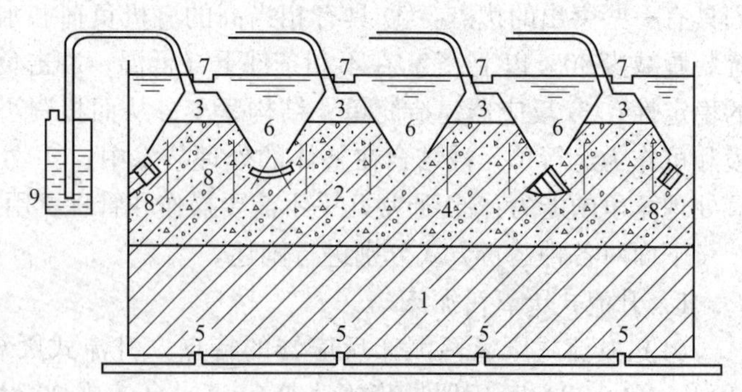

图2-40　UASB反应器构造剖面
1—污泥床　2—悬浮污泥层　3—气室
4—气体挡板　5—配水系统　6—沉降区
7—出水槽　8—集气罩　9—水封

④ 出水系统，其作用是把沉

淀区表层处理过的水均匀地加以收集，排出反应器。

⑤ 气室也称集气罩，其作用是收集沼气。

⑥ 浮渣清除系统，其功能是清除沉淀区液面和气室表面的浮渣。如浮渣不多可省略。

⑦ 排泥系统，其功能是均匀地排除反应区的剩余污泥。

根据不同的处理对象，UASB 反应器构造主要可分为开敞式和封闭式两种。

开敞式 UASB 反应器的特点是反应器的顶部不加密封，出水水面是开放的，或加一层不密封的盖板。这种 UASB 反应器主要适用于处理中低浓度的有机废水。中低浓度废水经 UASB 反应器处理后，出水中的有机物浓度较低，所以在沉淀区产生的沼气数量很少，一般不再收集。这种形式的反应器构造比较简单，易于施工安装和维修。

封闭式 UASB 反应器的特点是反应器的顶部加盖密封。在液面与池顶之间形成一个气室，可以同时收集反应区和沉淀区产生的沼气。这种形式的反应器适用于处理高浓度有机废水或含硫酸盐较高的有机废水。此种形式反应器的池盖也可为浮盖式。

UASB 反应器的断面形状一般为圆形或矩形。反应器常为钢结构或钢筋混凝土结构。当采用钢结构时，常采用圆形断面；当采用钢筋混凝土结构时，则常用矩形断面。出于三相分离器的构造要求，采用矩形断面便于设计和施工。

UASB 反应器处理废水一般不加热，利用废水本身的水温。如果需要加热提高反应的温度，则采用与对消化池加热相同的方法。但反应器一般都采用保温措施，方法同消化池。反应器必须采取防腐蚀措施。

（3）升流式厌氧污泥床反应器的启动　废水厌氧生物处理反应器成功启动的标志是，在反应器中短期内培养出活性高、沉降性能优良并适于待处理废水水质的厌氧污泥。在实际工程中，生产性厌氧反应器建造完成后，快速顺利地启动反应器成为整个废水处理工程中的关键性因素。

UASB 反应器的启动可分为两个阶段，第一阶段是接种污泥在适宜的驯化过程中获得一个合理分布的微生物群体，第二个阶段是这种合理分布群体的大量生长、繁殖。可见启动过程对发挥反应器的效能具有重要的意义。

① 接种污泥：在生物处理中，接种污泥的数量和活性是影响反应器成功启动的重要因素。不同的污泥接种量宏观地表现为反应器中污泥床高度不同。Heertges 的试验表明：在污泥床层高度为 0.4m 时，短流率达 70% ~80%；污泥床层高度为 1.2m 时，仅有 1/3 的进水短流；污泥床层高度为 2.2m 时，短流率又再度增加。Vander Meer 等人的试验结果提出，污泥床厚度以 2 ~3m 为宜，如太厚会加大沟流和短流。因试验条件性不同，所报道的结果存在着一定的差异，但从中可以看出，污泥床高度对反应区水流的影响较大。

② 反应器的升温速率：不同种群产甲烷细菌适宜的生长温度范围均有严格要求。控制合理的升温有利于反应器在短时间内成功启动。研究发现，反应器升温速率过快，会导致其内部污泥的产甲烷活性短期下降，为了确保反应器在短时间内快速启动，建议较合理的升温速率为在 2 ~3℃/d，最快不宜超过 5℃。

③ 进水 pH 的控制：在厌氧发酵过程中，环境的 pH 对产甲烷细菌的活性影响很大，通常认为最适宜的 pH 为 6.5 ~7.5。因此，启动初期进水 pH 应控制在 7.5 ~8.0 范围内，

由于在有些情况下，待处理废水的 pH 较低，因此，开始启动时进水需经中和后再进入反应器中，当反应器出水 pH 稳定在 6.8 ~ 7.5 时，可逐步由回流水和原水混合进水过渡到直接采用原水进水。

④ 进水方式：在反应器的启动初期，由于反应器所能承受的有机负荷较低，进水方式可在一定程度上影响反应器的启动时间。研究中发现，采用出水回流与原水混合，然后间歇脉冲的进料方式，反应器可在预定的时间内完成正常的启动，通过对反应器的产气速率进行分析发现，每天进料 5 ~ 6 次，每次进料时间以 4h 左右为宜。

⑤ 反应器进水温度控制：影响反应器消化温度的主要因素包括，进水中的热量值、反应器中有机物的降解产能反应和反应器的散热速率。在生产性反应器的启动后期，应采取一定的有效措施，平衡诸影响因素对反应器消化温度的影响，控制和维持反应器的正常消化温度。研究中发现，通过对回流水加热，将进水温度维持在高于反应器工作温度 8 ~ 15℃范围，可保证反应器中微生物在规定的工作条件下进行正常的厌氧发酵。

⑥ 反应器容积负荷增加方式：反应器的容积负荷直接反映了基质与微生物之间的平衡关系。在确定的反应器中，不同运行时期微生物对有机物降解能力存在着差异。反应器启动初期，容积负荷应控制在合理的限度内，否则将会引起反应器性能的恶化，影响反应器的正常启动过程。

反应器的启动负荷操作控制条件为：当 COD 去除率大于 80%、出水 pH 为 7.0 ~ 7.5，稳定运行 4 ~ 6d 后，再提高负荷。每次 COD 负荷提高的幅度为 0.5 ~ 1.0kg/（m^3·d）。

⑦ 冲击负荷试验；反应器的有机负荷、污泥活性和沉降性能、污泥中微生物群体、气体中甲烷含量等参数在启动过程中均发生不同程度的变化。如何评定反应器的启动是否结束，各学者说法不同。有研究采用冲击负荷试验方法，通过分析反应器耐冲击负荷的稳定性，从而评价反应器启动终止与否。有机负荷的突然增大，使得反应器出水 COD、产气量和 pH 都迅速发生变化，但由于反应器中已培养出了活性较高、沉降性能优良的厌氧污泥，当冲击负荷结束后系统很快能恢复原来状态。说明系统已具有一定的稳定性，此时认为反应器已经完成了启动过程，可以进入负荷提高或运行阶段。

（4）升流式厌氧污泥床反应器的应用　20 世纪 80 年代以来，UASB 在制浆造纸工业中应用越来越多，表 2 – 17 列出国外处理制浆造纸废水使用的 UASB 生产装置。表中的编号所代表的工厂分别为：1 – Ceres，Holland；2 – Roermond，Holland；3 – Celtons，Holland；4 – Southern Paper Converters；5 – Industricwater，Holland；6 – Davidson，Unite Kingdom；7 – Mayr Mclnhof，Austria；8 – Lake Utopia Paper；9 – MacMillan Bloedel；10 – Model AG，Switzerland。

表 2 – 17　国外处理制浆造纸废水的 UASB 生产装置

工厂	废水源	反应器容积 /m^3	进水		温度/℃	反应器负荷 /m^3	去除率
			流量/（m^3/d）	BOD_5/（mg/L）			BOD_5/%
1	箱纸板	70	113.6	3150	35	9	85
2	瓦楞纸	750	3407	2750	35 ~ 40	24	85
3	薄纸	700	3028	600	20 ~ 30	5	75

续表

工厂	废水源	反应器容积/m^3	进水		温度/℃	反应器负荷/m^3	去除率
			流量/（m^3/d）	BOD_5/（mg/L）			BOD_5/%
4	再生	100	98.4	—	—	10	>80
5	瓦楞纸	2200	12112	550	29	6	80
6	挂面纸板	1600	4921	1440	35	9	90
7	折叠箱纸板	1500	6056	900	3540	7.5	60
8	NSSC	3000	3785	6000	35	20	80
9	NSSC/CTMP	7000	6434	7000	—	15	80
10	箱纸板	650	2271	1730	—	10.2	85

据Lettinga的估算，以荷兰1988年前后价格为基础，建造一个1000m^3的UASB反应器及其附属系统需要投资50~75万美元，一个5000m^3的UASB工厂及其附属系统需200~300万美元。上述的附属系统包括了沼气利用系统、以计算机控制的操作室和热交换系统，但是不包括土地费、管道及其安装、预处理和后处理设施的费用。表2-18是升流式厌氧污泥床反应器系统的投资与成本的估算依据与结果。

表2-18　　　使用UASB反应器的厌氧废水处理系统成本估算

估算的假定条件	COD负荷	10~15kg/（m^3·d）	
	COD去除率	90%	
	甲烷产率	90% COD（去除）转化为甲烷	
	甲烷产量	1550m^3/m^3（反应器）·年，负荷为15kg/（m^3·d）	
		1030m^3/m^3（反应器）·年，负荷为15kg/（m^3·d）	
	贷款利率与偿还	总投资的15%	
	维修与更新费用	总投资的15%	
	能耗	甲烷产热量的10%	
总投资成本	1000m^3反应器的工厂	50~70万美元	
	5000m^3反应器的工厂	200~300万美元	
	操作运行成本	1000m^3工厂	5000m^3工厂
（1）全年连续运行	贷款利息与偿还/万美元	7.5~11.25	30~45
	维修与更新费用/万美元	1.0~1.5	4.0~6.0
	劳动力与管理费用/万美元	1.5	4.0
	分析与控制费用/万美元	1.5	4.0
	总操作成本（全年）/万美元	11.5~14.75	42.0~59.0
	甲烷生产成本（常温、常压）/（美元/m^3）		
	负荷15kg/（m^3·d）	0.08~0.105	0.06~0.085
	负荷10kg/（m^3·d）	0.125~0.160	0.09~0.125

续表

	操作运行成本	$1000m^3$工厂	$5000m^3$工厂
（2）季节性运行（3月/年）	贷款利息与偿还/万美元	7.5～11.25	30～45
	维修与更新费用/万美元	0.3～0.5	1.5～2.0
	劳动力与管理费用/万美元	0.5	1.5
	分析与控制费用/万美元	0.5	1.5
	总操作成本（全年）/万美元	8.8～12.75	33.5～50.0
	甲烷生产成本（常温、常压）/（美元/m^3）		
	负荷15kg/（m^3·d）	0.25～0.36	0.19～0.29
	负荷10kg/（m^3·d）	0.38～0.55	0.29～0.43

从表2－18的估算结果可以清楚地看到，厌氧处理有着经济上的吸引力。在连续运行下，每立方米标准甲烷的生产成本仅为0.6～0.16美元，这个成本在发展中国家还会低很多。实际上，排放高浓度有机废水的工厂通过采用厌氧方法处理废水，可以成为生产能源的工厂。

很显然，如果包括土地征用、道路、管道、调节（均衡）池、污泥预处理及后处理等，整个厌氧系统的投资比上述估算要高出不少。但是，污泥处理成本与好氧法比较是微不足道的。由于颗粒污泥用于新建的UASB反应器可以大大缩短启动时间，因此厌氧反应器中的颗粒污泥经常可以作为接种污泥出售，从而获得一定的经济效益。此外，上述估算也未考虑因废水处理后节约下来的排污罚款。在排污罚款数额较大的国家或地区，以荷兰为例，COD去除所节约的两年的排污罚款即高过废水处理系统的总投资。

在能源价格较高的地区，厌氧方法在经济上具备更明显的优势。好氧的活性污泥法每去除1kg BOD需氧1.2～1.5kg，曝气电耗为（1.8～3.6）$\times 10^6$J，相应的每除去1000kg COD耗电能（1.44～3.6）$\times 10^9$J。而厌氧法每除去1000kg COD仅耗电能（2.52～5.4）$\times 10^9$J，这还不包括每去除1000kg COD产生$300m^3$以上的甲烷所产生的能量。

2. 厌氧生物滤池

厌氧生物滤池是装填有滤料的厌氧生物反应器，在滤料表面有以生物膜形态生长的微生物群体，在滤料的孔隙中则截留了大量悬浮生长的微生物，废水通过滤料层时，有机物被截留、吸附及代谢分解，最后达到稳定化。

厌氧生物滤池创建于20世纪60年代末期，是公认的早期高效厌氧生物反应器。1972年以来，一批生产性的厌氧生物滤池投入厂运行，处理废水的COD浓度在300～85000mg/L的范围内，处理效果良好，运行管理方便。

滤料：滤料是厌氧生物滤池的主体，其主要作用是提供微生物附着生长的表面及悬浮生长的空间，理想的滤料应具备下列条件：① 比表面积大，以利于增加厌氧生物滤池中生物量的总量；② 孔隙率高，以截留并保持大量的悬浮生长的微生物，并防止厌氧生物滤池被堵塞；③ 利于生物膜附着生长，如表面粗糙的滤料就比表面光滑的滤料为佳；④ 具有足够的机械强度，不易破损或流失；⑤ 化学和生物学稳定性好，不易受废水中化学物质的侵蚀和微生物的分解破坏，也无有害物质溶出，使用寿命较长；⑥ 质轻，使厌氧生物滤池的结构荷载较小；⑦ 价廉易得以利于降低厌氧生物滤池的基建投资。

在生产及试验研究中最常用的滤料有：实心块状滤料，如直径为 30～45mm 的碎石、砾石等；空心块状滤料，此类滤料多用塑料制成，呈圆柱形或球形，内部则有不同形状、不同大小的孔隙，较常用的空心块状滤料有波尔环等；管流型滤料，如塑料波纹和蜂窝填料等，此类填料因形成了管道水流而得名；交叉流型滤料，是由不同倾斜方向的波纹板或蜂窝管所组成的填料，当水流经过此类滤料所构成的滤层时，水流方向呈交叉型（或称折流型），填料板（或管）的倾斜角一般为 60°，纤维滤料，包括软性尼龙纤维滤料、半软性聚乙烯、聚丙烯滤料、弹性聚苯乙烯滤料等，此类滤料比表面积和孔隙率均大，当废水流经滤池时，纤维随水浮动或飘起，使其上的生物膜与废水接触情况良好，可提高有机物的传质效率，由于水流的剪切作用，还可使滤料表面的生物膜不致过厚，保持较高的生物活性和良好的传质条件。

构造特征：厌氧生物滤池可按其中水流的方向，分为升流式和降流式两大类，近年来又出现了一种升流式混合型厌氧反应器，实际上是厌氧生物滤池的一种变形。这三种不同类型的厌氧生物滤池如图 2－41 所示。

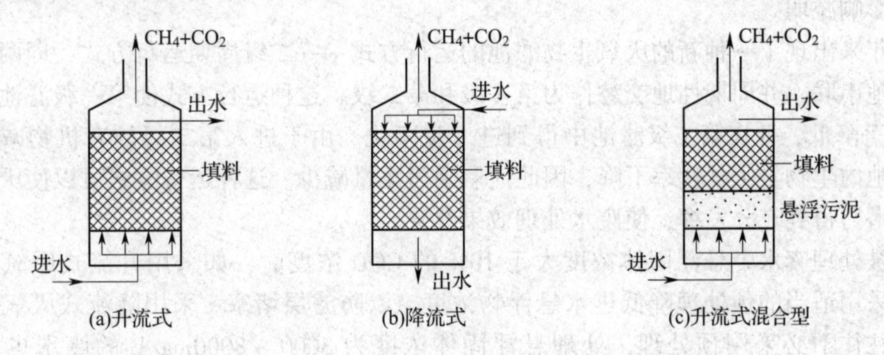

图 2－41　几种厌氧生物滤池

由图 2－40 可见，厌氧生物滤池中除滤料外，还应设布水系统和沼气收集系统。布水系统的作用是将进水均匀地分布于全池，同时也应考虑到布水系统的孔口大小及流速是否足以防止其被堵塞。为了保证良好的厌氧环境尽可能多地收集沼气，厌氧生物滤池多为封闭形，其中废水水位高于滤料层，使滤料处于淹没状态。沼气收集系统上应设水封、气体流量计及安全火炬，沼气应尽可能地利用作为能源。

升流式厌氧生物滤池的布水系统设于池底，废水由布水系统引入滤池后均匀地向上流动，通过滤料层与其上的生物膜接触，净化后的出水从池顶部引出池外，池顶部还没有沼气收集管。目前正在运行的大多数厌氧生物滤池都是升流式厌氧滤池，平面形状且圆形，直径为 6～26m，高度为 3～13m。

升流式混合型厌氧反应器的特点是减小了滤料层的厚度，在池底布水系统与滤料层之间留出了一定的空间，以便悬浮状态的颗粒污泥能在其中生长、累积。当进水依次通过悬浮的颗粒污泥层及滤料层时，其中的有机物将与颗粒污泥及生物膜上的微生物接触并得到降解。试验及运行结果均表明，这种结合了升流式厌氧污泥床及升流式厌氧生物滤池特点的厌氧反应器具有以下优点：① 与升流式厌氧生物滤池相比，减小了滤料层的高度，与升流式厌氧污泥床相比，可不设三相分离器，因此可节省基建费用；② 可增加反应器中总的生物量，并减少滤池被堵塞的可能性。升流式混合型厌氧反应器中滤料层高度与滤池总高度之比，以采用2/3为宜。

运行特征：厌氧生物滤池中生物膜的厚度为1～4mm，生物量浓度沿滤料层高度而变化。升流式厌氧生物滤池底部的生物量浓度可达其顶部的几十倍，因此底部滤料层易发生堵塞现象。厌氧生物滤池适用于不同类型、不同浓度的有机废水，其有机负荷一般为0.2～16kg COD/（m^3·d），决定于被处理废水的性质及浓度。经验表明，在相同的水质条件及水力停留时间下，升流式厌氧生物滤池的COD去除率较降流式生物滤池为高。升流式混合型厌氧反应器则具有更多运行上的优点。

当被处理废水的COD浓度高于8000～12000mg/L时，可以采用以水回流的方式，其作用为：① 减少对碱度的需求量，降低运行费用；② 降低进水的COD浓度；③ 增大进水流量，改善进水的分布情况。

大多数厌氧生物滤池均在中温条件（35℃左右）下运行。为节约加温所需能量，也可在常温下运行。降低温度将使处理效率下降。经验表明，温度的突然下降会造成较大的影响；长时期稳定在较低温度下运行，则会因为厌氧生物滤池中很长的固体停留时间而使温度的影响减弱。

近年来出现了一种新的厌氧生物滤池的运行方式——二级周期运行方式，即两个厌氧生物滤池串联，并周期性地交替作为第一级和第二级。这种运行方式使第一级滤池出水的COD显著降低，并在第二级滤池中得到进一步净化。由于进入第二级的有机物减少，造成了滤池内生物量生长速率下降，因此使剩余污泥量减少。这种运行方式可以使厌氧生物滤池的潜力得到充分发挥，使废水处理效果改善。

当被处理废水中悬浮固体浓度大于10%的COD浓度时，如采用升流式厌氧生物滤池，应采用适当的预处理降低进水悬浮物浓度，以防滤层堵塞。采用降流式厌氧生物滤池，则往往不必采用预处理，处理悬浮固体浓度为3000～8000mg/L的废水也不发生堵塞。

优缺点：与传统的厌氧生物处理构筑物及其他新型厌氧生物反应器相比，厌氧生物滤池的突出优点是：① 生物量浓度高，因此可获得较高的有机负荷；② 微生物菌体停留时间长，因此可缩短水力停留时间，耐冲击负荷能力也较强；③ 启动时间短，停止运行后再启动也较容易；④ 不需回流污泥，运行管理力便；⑤ 在处理水量和负荷有较大变化的情况下，其运行能保持较大的稳定性。

厌氧生物滤池的主要缺点是有被堵塞的可能，但通过改变滤料和改变运行方式，这个缺点不难克服。

3. 厌氧附着膜膨胀床和厌氧流化床

厌氧附着膜膨胀床（简称AEB）和厌氧流化床（简称AFB）同属附着生长型固定膜膨胀床反应器，其工艺流程如图2－42所示。床内填充细小的固体颗粒作载体，常用的载体有石英砂、无烟煤、活性炭、陶粒和沸石等，粒径一般为0.2～1mm。废水从床底部流入，向上流动。为使填料层膨胀或流化，常用循环泵将部分出水回流，以提高床内水流的上升速度。

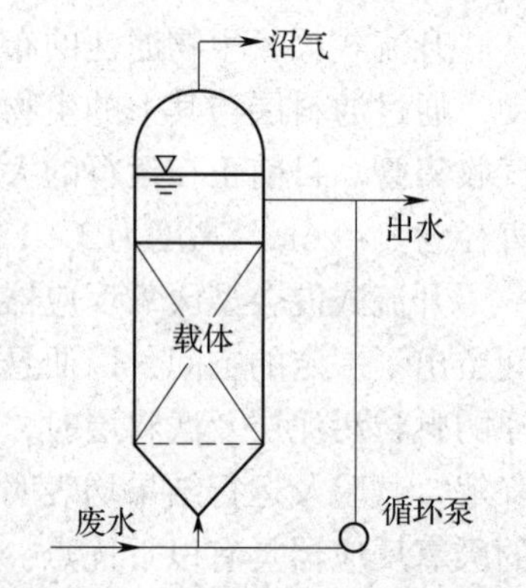

图2－42　AEB和AFB工艺流程

（1）AEB 和 AFB 工艺的基本原理　在污水处理的生物膜技术的研究中，曾经注意到附着生长型系统中的生物量可以达到 35gVSS/L（AEB，AFB 甚至可达到 100gVSS/L），其处理污水的效率可高于通常的悬浮生长型系统。然而在固定床附着膜（即静止固定膜）装置中，生物膜的不断增厚会使生物量过量积累，造成堵塞，并且传质阻力增大，膜中微生物难以获得充分的养分。为了减轻或避免这些问题，可采用增加单位容积中微生物的附着面积，减少膜厚度，增强基质扩散，并且将介质流化，避免堵塞。由此开发了 AEB 和 AFB 反应器。

流化床这类反应器原为在其他领域中应用的一种装置，1972 年 Jewell 等将其发展成为用于废水处理领域。AFB 反应器载体床膨胀的体积及所需相应的进水流速均大于 AEB 反应器，但两者有很多共同特点，区分界限不清楚。一般认为，AFB 中载体床膨胀率为 30% ~50%，甚至超过 100%，而 AEB 中载体床膨胀率为 10% ~20%。

（2）AEB 和 AFB 工艺的特点　与其他厌氧生物反应器相比较，AEB 和 AFB 的优点有：A. 细颗粒的载体为微生物附着生长提供较大的表面积，使床内具有很高的微生物浓度（一般为 30gVSS/L 左右），因此有机物容积负荷较大［10 ~40kg COD/（m^3·d）］，水力停留时间短，具有较好的耐冲击负荷能力，运行稳定；B. 载体处于膨胀或流化状态，可防止堵塞；C. 床内生物量停留时间较长，运行稳定，剩余污泥量少；D. 既可用于高浓度有机废水的厌氧处理，又可用于低浓度的城市废水处理。

AEB 和 AFB 的主要缺点为载体流化耗能较大和系统的设计运行要求高。

（3）AEB 和 AFB 的研究应用概况　大量的研究发现，AEB 既可用于不同温度、浓度的有机废水处理，也可兼作脱氮和补充处理工艺。Jewell 等在用 AEB 处理合成废水研究中发现，在 55℃，进水 COD 3000mg/L，HRT 4h 时，COD 去除率达 88%；进水升高至 8800mg/L，HRT 4.5h 时，COD 去除率仍可达 73%；在处理城市污水时，进水 COD 307mg/L，20℃，HRT 8h，COD 去除率可达 93%。Cooper 在 AEB 反应器正常运行的状况下，处理含氧化氮 7.1 ~15.5mg/L 的污水，经 3.2 ~5.5min 的停留，氮去除率可达到 34% ~95%。

在我国，浙江农业大学对 AEB 的研究表明：AEB 在 28℃下处理 300 ~30000mg/L 的模拟有机废水和 3808 ~13770mg COD/L 的啤酒糖化废水，均有相当高的效果。依其浓度不同，HRT 的范围 72 ~18h，有机负荷为 1 ~58kg COD/（m^3·d），COD 去除率为 64% ~95%，产气率为 1 ~21L/（L·d）。处理 300 ~900mg COD/L 的废水，HRT 仅需 21h，出水水质低于 100mg/L。江南大学的研究发现，在 35℃，进水 COD 18950mg/L 的情况下，反应器的有机负荷可达 70kg COD/（m^3·d），COD 去除率 90%，并且当温度在 25 ~41℃，HRT 0.5 ~7h 范围内变化时，系统运行正常。

AFB 已有多个应用于处理工业废水的实例。表 2 -19 为其中几个典型代表。

表 2 -19　　AFB 处理工业废水的实例

废水	AFB 容积/m^3	HRT/h	COD 去除负荷/［kgCOD/（m^3·d）］	COD 去除率/%	地点
饮料	120	6	9.6	77	美国
大豆加工	360	16	12	76	美国
酵母发酵	380	2.4	22	70	荷兰
酵母发酵	125	3.2	20	75	法国

4. 两相厌氧消化工艺

（1）两相厌氧消化工艺的特点　两相厌氧消化工艺又称两步或两段厌氧消化，是20世纪70年代随着厌氧微生物学的研究不断深入应运而生的。与前述其他新型厌氧反应器不同的是，它并不着重于反应器构造的改造，而是着重于工艺流程的变革。

如前所述，厌氧消化过程可简单地分为两个阶段：产酸阶段和产甲烷阶段。两个阶段中起作用的微生物菌群在组成和生理生化特性方面存在很大的差异。第一阶段中占优势的微生物是水解、发酵细菌，其作用是将复杂的大分子有机物分解为简单的小分子甲醛、氨基酸、脂肪酸和甘油，然后再进一步发酵为各种有机酸。这类细菌种类多，代谢能力强，繁殖速度快。倍增时间最短的仅几分钟，对环境条件的变化也较不敏感。第二阶段主要由产甲烷细菌起作用，将有机酸进一步转化为甲烷，这类细菌种类较少，可利用的基质有限，繁殖速度很慢，倍增时间为10h～6d，又对环境因素如pH、温度、有毒物质的影响十分敏感。因此，人们发现在一个反应器内维持这两类微生物的协调和平衡十分不易。这种平衡实质上是脂肪酸产生与被利用之间的平衡。它一旦被破坏，就会出现脂肪酸累积，反应器将酸化，产甲烷菌受到抑制，厌氧消化过程不能正常进行，结果反应器的处理能力降低，甚至导致完全失败。

两相厌氧消化工艺就是为克服单相厌氧消化工艺的上述缺点而提出的，其主要特点是采用两个独立的反应器串联运行，第一个反应器称为产酸反应器，或产酸相，第二个反应器称为产甲烷反应器，或产甲烷相。两个反应器中分别培养发酵细菌和产甲烷细菌，并控制不同的运行参数，使其分别满足两类不同细菌的最适生长条件。

两相厌氧消化工艺流程为：

废水 ⟶ 产酸相 ⟶ 产甲烷相 ⟶ 出水

产酸相接受待处理的原废水或经过一定预处理的废水，其出水则送至第二个反应器——产甲烷相。两相厌氧消化工艺中的反应器可以采用前述任一种厌氧反应器，如完全混合反应器、升流式厌氧污泥床、厌氧滤池或其他反应器。产酸相和产甲烷相所采用的反应器形式可以相同，也可以不相同。

两相厌氧消化工艺最本质的特征是相的分离，即在产酸相中保持产酸细菌的优势，在产甲烷相中保持产甲烷菌的优势。实现相分离的方法有：A. 化学法，即投加选择性的抑制剂或调整氧化还原电位，抑制产甲烷菌在产酸相中生长，以实现两类菌群的分离；B. 物理法，即采用选择性的半渗透膜，使进入两个反应器的基质有显著的差异，以实现相的分离；C. 动力学控制法，即利用产酸细菌和产甲烷细菌在生长速率上的差异，控制两个反应器的水力停留时间，使生长速率慢、世代时期长的产甲烷菌不可能在停留时间短的产酸相中存活。

上述三种方法中，动力学控制法最为简便，因此被普遍采用。必须指出的是，两相的彻底分离是很难实现的，在产酸相或产甲烷相中，总还会有另一类细菌存在，只是不占优势而已。

研究表明，与单相厌氧消化工艺相比较，两相厌氧消化工艺具有以下优点：a. 由于产酸相可以在相当高的负荷下运行，两相厌氧工艺全系统的有机负荷可以比单相厌氧消化工艺明显提高；b. 由于产甲烷相创造了符合产甲烷菌生长需要的良好环境，产甲烷菌的活性可以提高，因而使产气量增加；c. 两相厌氧消化工艺运行较稳定，承受冲击负荷的能力较强；d. 当废水中含 SO_4^{2-} 等抑制性物质时，其对产甲烷菌的影响将由于相的分离而减弱；e. 对于复杂的碳水化合物（如纤维素等），其水解反应往往是厌氧消化过程的限速步骤，采用两相厌氧消化有利于提高其水解反应速率，因此提高厌氧消化效果。

两相厌氧消化工艺中产酸相的产物组成，随被处理的有机基质、温度、水力停留时间和废水中的碱度等因素而变化。如当温度为 20～30℃时，处理可溶性糖类（如葡萄糖）的产酸相产物以丁酸为主；当温度提高至 35℃时，各种产物的顺序则为：乙酸 > 丙酸 > 丁酸；处理含蛋白质较多的豆制品废水时，温度维持在 30～40℃的范围内，产酸相产物中乙酸占脂肪酸总量的 33.9%，其次是丁酸、丙酸和戊酸；处理啤酒废水时产酸相产物中乙酸达到了 57.1%。另有研究发现，当废水中碱度和水力停留时间增加时，丁酸浓度增大，乙酸、丙酸稍微降低，而乳酸有较大降低。

（2）两相厌氧消化工艺的研究和应用概况　比利时肯持（Uhent）大学根据两相厌氧消化的原理，提出了一种名为 Anodex 的处理工艺，其特点是采用完全混合器作为产酸相，并有污泥回流系统形成厌氧接触法，产甲烷相则采用升流式厌氧污泥床。这种工艺在西欧应用较多，已分别用于处理酒精废水、甜菜制糖废水、柠檬酸废水等，COD 去除率 67%～90%，UASB 有机负荷达到 9～21kg COD/（m^3·d）。

荷兰德克里姆（De Krim）AVEBE 马铃薯淀粉厂废水，主要含可溶性糖类、蛋白质、氨基酸和柠檬酸，经加热凝结和超滤回收，可以去除 80% 以上有价值的蛋白质，剩余的有机物采用两相厌氧消化工艺处理。两相厌氧消化工艺的产酸相（1700m^3）和产甲烷相（5000m^3）均为升流式厌氧污泥床反应器，在两个反应器之间设汽提塔去除硫化物，必要时还投加稀释水；结果 COD 去除率达到 84%，总无机硫去除率达 62%。该系统中产酸相所产气体含 48% CO_2，CH_4 仅占 6.3%；产甲烷相所产气体含 CH_4 72%，CO_2 仅占 27.1%，说明相的分离是比较成功的。

我国首都师范大学进行了应用两相厌氧消化工艺处理豆制品废水的中试研究，该废水 pH 为 5.5，COD 浓度为 8000～12000mg/L，挥发酸浓度为 665mg/L。试验结果发现，产酸相和产甲烷相 HRT 分别为 1.8h 和 13.8h，有机负荷分别达 84.4 和 12kg COD/（m^3·d），产气率分别为 0 和 5.9m^3/（m^3·d），pH 分别为 4.7～5.5 和 7～7.2。运行结果表明，此系统成功地实现了相分离，而且取得了良好的处理效果。此外，在用作产甲烷相的 UASB 反应器中，还成功地培养出了颗粒污泥。

江南大学对两相厌氧消化工艺进行了较为全面的研究，内容包括产酸相和产甲烷相的相分离技术，产酸和产甲烷颗粒污泥的培育和性能，两相 UASB 反应器中微生物学机制，最大酸化率和最佳酸化产物分布的工艺条件，以及两相 UASB 结合离子交换工艺。研究结果表明，在得到良好的相分离和培育出产酸、产甲烷颗粒污泥的条件下，系统总有机负荷达到 54kg COD/（m^3·d），COD 去除率 85%，气体中甲烷含量 90%。采用两相 UASB 结合离子交换工艺处理酒精废水，系统总有机负荷可高达 41.5kg COD/（m^3·d），COD 去除率 85%。

在此基础上，该校还开发了软性填料反应器和颗粒污泥 UASB 反应器结合的硫酸盐还原—产甲烷两相厌氧工艺，用以处理含高浓度硫酸盐的有机废水；开发了 UAFF—UASB 两相工艺，用以处理含对苯二甲酸的高浓度有机废水，均取得了很好的结果。

（三）第三代厌氧反应器

高效厌氧处理反应器中不仅要分离污泥停留时间和平均水力停留时间，还应使进水和污泥之间保持充分的接触。厌氧反应器中污泥与废水的混合，首先取决于布水系统的设计，合理的布水系统是保证固液充分接触的基础。与此同时，反应器中液体表面上升流速、产生沼气的搅动等因素也对污泥与废水的混合起着极其重要的作用。例如，当反应器布水系统等已经确定后，如果在低温条件下运行，或在启动初期（只能在低负荷下运行），或处理较低浓度有机废水时，由于不可能产生大量沼气的较强扰动，因此反应器中混合效果较差，从而出现短流。如果提高反应器的水力负荷来改善混合状况，则会出现污泥流失。这些正是第二代厌氧生物处理反应器，特别是 UASB 反应器的不足。

为了解决这一问题，20 世纪 90 年代初在国际上以厌氧膨胀颗粒污泥床（expandedgranular sludge blanket，EGSB）、内循环反应器（internal circulation reactor，IC）、升流式厌氧污泥床过滤器（upflow anaerobic sludge bed—filter，UBF）为典型代表的第三代厌氧反应器相继出现，图 2－43 为这三种厌氧生物处理反应器的结构示意图。

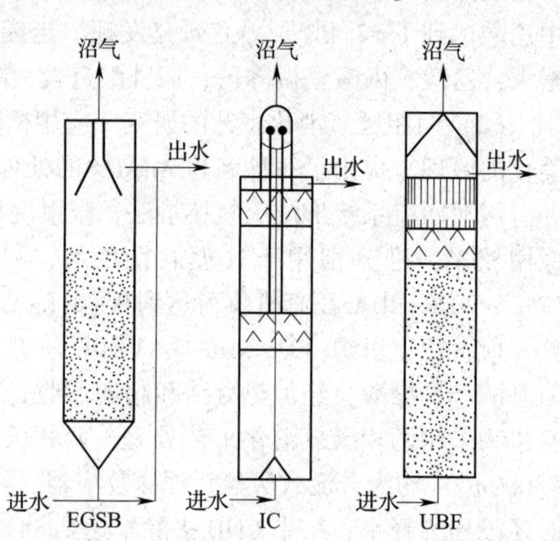

图 2－43　第三代厌氧反应器的结构示意图

第三代厌氧反应器的共同特点是：① 微生物均以颗粒污泥固定化方式存在于反应器之中，反应器单位容积的生物量更高；② 能承受更高的水力负荷，并具有较高的有机污染物净化效能；③ 具有较大的高径比，一般在 5～10 以上；④ 占地面积小；⑤ 动力消耗小。

第三代厌氧反应器的主要技术性能如表 2－20 所示。

表 2－20　第三代厌氧反应器的主要技术性能

反应器技术指标	EGSB	IC	UFB
反应器高度/m	12～16	18～24	12～14
流速（包括回流）/（m/h）	2.5～12	6～16	2～8
回流比	20～300	20～300	5～100
微生物 SS 浓度/（g/L）	50～100	45～92	40～85
出水悬浮物 SS 浓度/（mg/L）	10～60	20～100	10～45

近年来，废水的厌氧生物处理工艺以其独特的技术优势受到人们的广泛关注。以厌氧膨胀颗粒污泥床（EGSB）、厌氧上流污泥床过滤器（UBF）、厌氧序批式间歇反应器（ASBR）和内循环式厌氧反应器（IC）等为代表的第三代新型高效厌氧反应器各具特色。

由于各种厌氧反应器在结构上有差异，因此各自的处理范围以及处理能力也不尽相同。表 2－21 总结了几种新型厌氧反应器的主要特点，同时指出了它们各自的不足。

表 2－21　几种新型厌氧反应器的主要特点

反应器类型	特点	不足
EGSB	高径比较大，可达到 20 或更高 采用出水循环，更适合处理含悬浮固体和有毒物质的废水 极高的上升流速（5～10m/h）和有机负荷率 具有高活性、沉降性能良好的颗粒污泥，粒径较大，强度较好，SRT 较长 颗粒污泥床层充分膨胀，污泥与污水充分混合，可用于处理低温浓度废水 紧凑的空间结构使占地面积大为减少	需要培养颗粒污泥，启动时间较长 为使污泥形成膨胀床，常采用出水循环，需要更高的动力
UBF	水流与产气上升方向一致，堵塞机会小，有利于进水同微生物充分接触，有利于形成颗粒污泥 反应器上部的填料层既增加了生物总量，又可加速污泥与气泡的分离，降低污泥流失 反应器积累微生物能力大为增强，有机负荷更高 启动速度快，处理率高，运行稳定	填料价格昂贵
ASBR	固液分离效果好且出水澄清 对于不同的水质和水量，可调整一个运行周期中各工序的运行时间及 HRT、SRT 来满足出水要求 不需布水系统和澄清沉淀池，工艺简单，占地少，建设费用低 受温度影响小，耐冲击负荷，对各种废水适应性强 具有比产甲烷活性高、沉降性能良好的颗粒污泥，对有机污染物有很强的去除能力	启动受接种污泥种类及浓度影响很大 需要搅拌装置 高质量浓度 NH_3-N 和 NO_3-N 会影响反应器的正常运行
IC	水力负荷高，强化传质过程 高径比大，占地小，建设投资省 有机负荷率高，液体上升流速大，水力停留时间短 出水稳定，增大系统抗冲击负荷能力和缓冲 pH 能力 内循环无需外力，节约能耗 使用范围广，可处理低、中、高浓度废水以及含有毒物质的废水 具有三相分离器，使出水、沼气和污泥有效分离，使污泥在反应器中有效持留 微生物—颗粒污泥固定化方式存在于反应器，单位容积的生物量更高	启动时间较长 结构复杂难维护 进水需预处理、出水需后处理 反应器内平均剪切速率较高 颗粒污泥强度相对较低

1．EGSB 反应器

（1）EGSB 反应器的结构和工作原理　EGSB 反应器实质上是固体流态化技术在有机废水生物处理领域的具体应用。固体流态化技术是一种改善固体颗粒与流体间接触，并使其呈现流体性状的技术，这种技术已经广泛应用于石油、化工、冶金和环境等部门。

根据载体流态化原理，EGSB 反应器中装有一定量的颗粒污泥载体，当有机废水及其所产生的沼气自下而上地流过颗粒污泥床层时，载体与液体间会出现不同的相对运动，导致床层呈现不同的工作状态。

如图2－44所示，在废水液体表面上升流速较低时，反应器中的颗粒污泥保持相对静止，废水从颗粒间隙内穿过，床层的空隙率保持稳定，但其压降随着液体表面上升流速的提高而增大。当流速达到一定数值时，压降与单位床层的载体质量相等，继续增加流速，床层空隙便开始增加，床层也相应膨胀，但载体间依然保持相互接触；当液体表面上升流速超过临界流化速度后，污泥颗粒即呈悬浮状态，颗粒床被流态化，继续增加进水流速，床层的空隙率也随之增加，但床层的压降相对稳定；再进一步提高进水流速到最大流化速度时，载体颗粒将产生大量的流失。

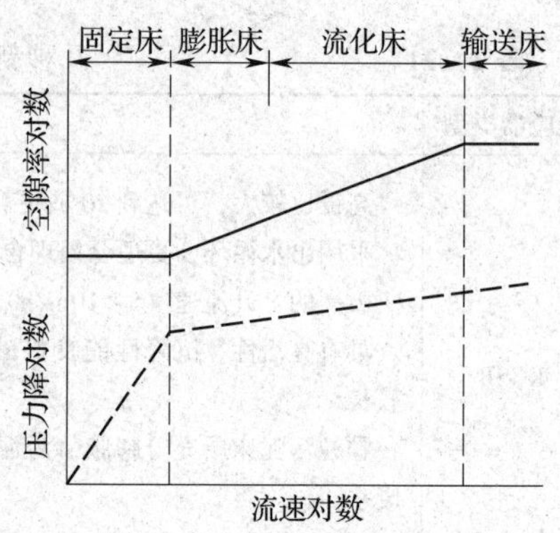

图2－44　废水流速与床层空隙及压降的关系

从载体流态化的工作状况可以看出，EGSB反应器的工作区为流态化的初期，即膨胀阶段（容积膨胀率为10%～30%），在此条件下，进水流速较低，一方面可保证进水基质与污泥颗粒的充分接触和混合，加速生化反应进程，另一方面有利于减轻或消除静态床（如UASB）中常见的底部负荷过重的状况，增加反应器对有机负荷，特别是对毒性物质的承受能力。

（2）UASB反应器的缺陷　UASB反应器作为典型的第二代厌氧反应器已经广泛应用于高浓度有机废水处理过程中，但在多年的工程研究和实践中发现，UASB反应器存在着一些不足，如表2－22所示。

表2－22　　UASB反应器的缺陷

结构方面	高径比较小，占地面积大 多采用增加截面积的放大方式，较难实现均匀布水，反应器中液体易产生沟流和死角 三相分离器工作状态和条件难以实现稳定操作
操作方面	反应器启动时间较长，负荷提高不宜过快 液体表面上升流速较小，通常0.5～2.5m/h，液固混合较差 负荷较高时，易产生污泥流失 易造成有毒难降解化合物的吸附和积累 低温和低浓度条件下，由于废水和污泥难以充分混合接触，导致处理效能过低 当废水中含有一定的悬浮固形物时，易造成非活性物质的积累
适宜范围	适合处理高、中浓度的有机废水；对难降解有机物、大分子脂肪酸类化合物、低温、低基质浓度、高含盐量、高悬浮性固体的废水有相当的局限性

EGSB反应器作为一种改进型的UASB反应器，虽然在结构形式、污泥形态等方面与UASB非常相似，但其工作运行方式与UASB显然不同，主要表现在高的液体表面上升流速使颗粒污泥床层处于膨胀状态，不仅使进水能与颗粒污泥充分接触，提高了传质效率，

而且有利于基质和代谢产物在颗粒污泥内外的分散、传送，保证了反应器在较高的容积负荷条件下正常运行。

（3）EGSB 反应器的研究和应用　20 世纪 90 年代以来，荷兰 Biothane System 公司推出了一系列工业规模的厌氧膨胀颗粒污泥床（商品名：Biobed EGSB）反应器，应用领域已涉及啤酒、食品、化工等行业。著名的 Heineken 啤酒公司、丹麦嘉士伯（Carsberg）啤酒公司和中国深圳金威（King－way）啤酒公司等都已是 EGSB 反应器的用户，截至 2000 年 6 月世界范围内已经正常投入运行的 EGSB 反应器共计 76 座。实际运行结果表明，EGSB 反应器的处理能力可达到 UASB 反应器的 2.5 倍。从目前厌氧反应器的工程实际来看，EGSB 厌氧反应器可以称得上是世界上处理效能最高的厌氧反应器。表 2－23 是几个典型的 EGSB 处理不同类型废水运行情况的例子。

表 2－23　　EGSB 反应器的应用

序号	反应器容积/m^3	处理对象	温度	COD 负荷 /［g/（L·d）］	水力负荷 /［m^3/m^2·h］］	国家
1	4×290	制药废水	中温	30	7.5	荷兰
2	2×95	发酵废水	中温	44	10.5	法国
3	95	发酵废水	中温	40	8.0	德国
4	275	化工废水	中温	10.2	6.3	荷兰
5	780	啤酒废水	中温	19.2	5.5	荷兰
6	1750	淀粉废水	中温	15.5	2.8	美国

随着 EGSB 反应器研究的不断深入，它将越来越多地替代 UP－10B 反应器。但是，由于 EGSB 反应器技术的研究主要集中在荷兰等国家，我国无自主开发报道，目前我国厌氧反应器的研究与应用现状是，第二代厌氧反应器（主要是 UASB）仍处于理论实践探索阶段。在第二代厌氧反应器迅速发展的今天，如何缩短与世界先进水平的差距是摆在我们面前的一个挑战性课题。

2. IC 反应器

IC 反应器是 20 世纪 80 年代中期由荷兰某公司在 UASB 反应器基础上开发成功的第三代高效厌氧反应器。1986 年以后该公司迅速把该项技术应用于生产中。IC 反应器的高径比大、上升流速快、有机负荷高。由于废水和污泥能很好接触，强化了传质效率，污泥活性得到提高。此反应器去除有机物能力远远超过目前已成功应用的第二代厌氧反应器，如 UASB 反应器等，可称得上是当前世界上处理效能最高的反应器之一。由于是一项重大发明创造，技术拥有者作了严格的技术保密，直到 1994 年才在有关杂志上见到 IC 反应器的研究报道。IC 反应器目前已被运用于工业废水的厌氧处理。

（1）IC 反应器的设计思想　IC 反应器是分两段式设计的，比反应器实际由下部的 EGSB 反应器和上部的 UASB 反应器重叠串联而成。反应器中的两级三相分离器使生物量得到有效滞留。一级（底部）分离器分离沼气和水，二级分离器（顶部）分离颗粒污泥和水。由于大部分沼气已在一级分离器中得到分离，第二厌氧反应室中几乎不存在紊动，因此二级分离器可以不受高的气体流速影响，能有效分离出水中颗粒污泥。进水和循环回的泥水在第一厌氧反应室充分混合，使进水得到稀释和调节，并在此形成致密的厌氧污泥膨胀床。

IC 反应器内循环的结果使第一厌氧反应室不仅有很高的生物量，很长的污泥龄，并具有很大的升流速度，使该室内的颗粒污泥完全达到流化状态，有很高的传质速率，使生化反应速率提高，从而大大提高反应器去除有机物能力。

（2）IC 反应器的工作原理　IC 反应器的基本构造如图 2－45 所示。进水由反应器底部进入第一厌氧反应室，与厌氧颗粒污泥均匀混合，产生的沼气被第一厌氧反应室的集气罩收集，大量沼气携带第一厌氧反应室的泥水混合液沿着提升管上升，至反应器顶的气液分离器、被分离出的沼气从气液分离器顶部的导管排走，分离出的泥水混合液沿着回流管返回到第一厌氧反应器的底部，实现混合液的内部循环，IC 反应器的称号由此得来。废水经过处理后，自动进入第二厌氧反应室。第二厌氧反应室产生的沼气由集气罩收集，通过集气管进入气液分离器。第二厌氧反应室的泥水在混合液沉淀区进行固液分离，处理过的上清液由出水管排走，沉淀的污泥可自动返回第二厌氧反应室。

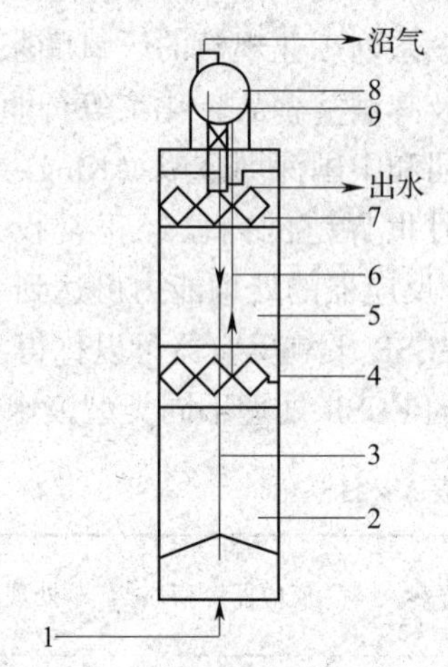

图 2－45　IC 反应器的基本构造示意图
1—进水　2—第一反应室　3—回流管
4—第一集气罩　5—第二反应室
6—沼气提升管　7—第二集气罩
8—气液分离器　9—集气管

（3）IC 反应器的研究进展　IC 反应器水力学特性研究：Pereboom 比较研究了处理相同废水的生产型 UASB 反应器和 IC 反应器中的水力学特性。结果表明：IC 反应器具有 UASB 反应器容积负荷的 3.6 倍，液体上升流速增大 8～20 倍。由于 IC 反应器的容积负荷大，使产气量增加，导致反应器中平均剪切速率增高，IC 反应器中液体平均剪切速率（the average shear rate）约是 UASB 反应器的 2 倍。

生物量滞留：由于颗粒污泥的沉降速度远远大于液体上升流速，因此颗粒污泥的流失在正常范围之内。梯度测定（gradient measurements）表明污泥床混合得相当好，液体紊动不会导致反应器中的大颗粒污泥流失。与 UASB 反应器相比，尽管 IC 反应器中颗粒污泥的洗出有所增加，但第二厌氧反应室可以将足够的生物量滞留在反应器中。

颗粒污泥性质研究：通过比较处理相同废水的大规模 UASB 和 IC 反应器内颗粒污泥的性质，Pereboom 研究了影响颗粒污泥生长和生物量滞留的因素。颗粒污泥的性质包括：粒径分布、强度、沉降速度、密度、灰分含量和产甲烷活性，其中物理特性主要取决于生物学因素。实验数据表明，IC 反应器中的颗粒污泥比 UASB 反应器中的颗粒污泥粒径大，强度则相对低，这可能是由于此反应器的有机负荷高的缘故。

同时，Pereboom 还对大型 UASB 反应器和 IC 反应器中产甲烷颗粒污泥的粒径分布分阶段进行了比较研究，根据这些数据并结合实验室规模反应器的研究，建立了粒径分布模型。研究结果表明，颗粒破碎并不严重影响粒径分布；剪切力对于颗粒粒径的分布影响不大。

如果进水中的悬浮颗粒含量较高，则污泥颗粒的粒径分布范围变化较小；相反，如果进水中的悬浮颗粒含量低，颗粒的粒径分布范围变化大。建立的颗粒粒径分布模型能很好描述IC反应器中较大颗粒的分布。产甲烷颗粒污泥的密度与灰分含量密切相关。反应器接种后的几个月中颗粒污泥的性质即得到优化。

（4）IC反应器特性　通过对生产型IC反应器的启动和运行进行的研究，结果发现：

① 反应器初次启动可在20d内完成．二次启动15d内完成，反应器COD负荷可达12～15kg/（m^3·d），COD去除率85%以上。IC反应器启动结束后，其颗粒污泥的性质发生显著变化，平均粒径由0.88mm增大到1.25mm，平均沉降速度由接种污泥的35.4m/h增加到105.17m/h，最大比产甲烷活性［CH_4产量/VSS＝382.98mL/（g·d）］几乎为初期的4倍，产甲烷优势菌由产甲烷丝状菌转变为产甲烷球菌和短杆菌。

② 在进水COD容积负荷为24.9～37.52kg/（m^3·d）时，COD去除率达83.2%～92.8%，其中，Ⅰ室（第一反应室）去除进水总COD的60%～70%，而Ⅱ室（第二反应室）仅去除进水总COD的20%～30%。

③ 反应器可承受高的有机负荷和高的水力负荷，对于低浓度废水（1865～2587mg/L）、中等浓度废水（3885～4877mg/L）和高浓度废水（8023～11092mg/L）都具有很好的处理效果。

④ 对于IC反应器，高的液体上升流速（2.65～4.35m/h）有利于反应器运行稳定；在高的COD容积负荷［35.0kg/（m^3·d）］条件下，较高的进水pH（8.5）时，反应器具有最大的COD去除率；在设计IC反应器时，要充分考虑反应器的进水浓度，控制适宜的表面上升流速和反应器适宜的高度间的关系。

⑤ IC反应器中颗粒污泥平均粒径由下往上呈下降趋势，Ⅰ室中平均粒径1.77～1.79mm，Ⅱ室中平均粒径分布由下向上分别为：1.67mm，1.61mm，0.58mm。污泥粒径的体积百分比与数量百分比差异较大。颗粒污泥最大沉降速度达到109.7m/h。Ⅰ室中颗粒污泥的比产甲烷活性明显高于Ⅱ室，最大比产甲烷活性达626mL/（g·d）。Ⅰ室中颗粒污泥表面以产甲烷球菌和短杆菌为优势菌的占多数，长的丝状菌较少；Ⅱ室中颗粒污泥表面以长的丝状菌为主。

⑥ IC反应器内的液体内循环流量q_w随着气体流量q_g的增加；呈对数关系增大：

$$q_w = 20.577\ln q_g + 9.3735$$

（5）IC反应器的应用　IC反应器已成功地用于处理各种工业废水和低、中、高浓度农产品加工废水（如乳制品工业，土豆加工工业等）。自1985年第一个中等规模的IC反应器被用于处理土豆加工废水以来，IC反应器也已被成功放大到1100m^3。

3．上流式多级厌氧反应器（UMAR）

上流式多级厌氧反应器（UMAR，Up－flow Multi－stage Anaerobic Reactor）是借鉴了IC反应器的内循环和分级处理的概念，对于内循环厌氧反应器的结构缺点，有针对性地对其结构进行优化，而提出的一种改进型内循环厌氧反应器。

针对内循环反应器的不足，有研究者从下述四个方面对内循环反应器进行改进，形成上流式多级处理厌氧反应器（UMAR）：① 对三相分离器的结构进行改造，可以增强集气效率，提高出水水质；② 改进气液分离器，提高气液分离和循环利用率；③ 在距反应器底部三分之一处增加污泥投加口，以方便进泥；④ 进水分布器采用自制的大口径特殊布水管。

UMAR 反应器既保留了内循环反应器的优点，也使其结构得到优化，从而降低了反应器的造价及运行成本。

（1）UMAR 反应器的基本结构　UMAR 反应器的基本结构分为进水混合区、第一反应区、第二反应区、内循环系统。

反应器由两个反应区垂直串联组成，第一反应区为高负荷反应区，其底部为进水混合区，上部为低负荷的第二反应区。内循环系统由在两个反应区之间的一级三相分离器和沼气集气室，第二反应区上部的二级三相分离器，反应器顶部的气液分离器，以及连接两个反应区和气液分离器的沼气提升管和回流管构成。

（2）UMAR 的工作原理　UMAR 第一个反应区包含颗粒污泥膨胀床，废水从反应器的底部进入混合区，与颗粒污泥及回流液充分混合。进水的有机物在第一反应区被部分降解后转化成沼气，所产生的沼气被集气室收集，沼气沿一级上升管上升，并把第一反应区的混合液提升至反应器顶部的气液分离器，被分离出的沼气从气液分离器顶部的出口排走，分离出的泥水混合液从下降管返回进水混合区，与底部的颗粒污泥和进水充分混合，实现了混合液的内部循环。

UMAR 内循环气源为污泥膨胀床区厌氧发酵产生的沼气，UMAR 在普通内循环反应器基础上有所改进，采用了强制性手段增加循环气量，所增加气体同样来源于反应器产生的沼气。由于气提作用，经过第一反应区处理过的废水会被沼气提升进入第二反应区继续降解。废水中的剩余有机物在第二反应区内的颗粒污泥进一步降解，使废水得到净化，提高出水水质。产生的沼气被第二反应内的集气罩收集，通过二级上升管进入气液分离器，第二反应区的泥水在出水沉淀区进行固液分离，处理过的上清液从出水口排出，沉淀的颗粒污泥返回第二反应区。从而完成了废水处理的全过程。

（3）UMAR 反应器的优点　① 反应器为立式结构，高度很高，占地面积少，也为沼气的收集提供了方便。在处理相同废水时，UMAR 的容积负荷是普通 UASB 的 4 倍左右，故其所需的容积仅为 UASB 的 1/4 ~ 1/3，节省了基建投资，尤其适合用地紧张的企业；② 有机负荷高，水力停留时间短。厌氧反应器要有较高的有机负荷，应该同时具备两个条件：较高的污泥浓度和良好的传质过程。UMAR 既能滞留污泥，又能强化传质过程。内循环提高了第一反应区的液相上升流速，强化了废水中有机物和颗粒污泥间的传质，使上流式多级处理厌氧反应器的有机负荷远远高于其他的反应器；③ 节约能耗。依靠沼气的提升作用而产生内循环，不需用外部动力进行搅拌混合而使污泥回流，节约能耗；④ 具有缓冲 pH 的能力。内循环流量相当于第一级厌氧出水的回流，可利用 COD 转化的碱度，对 pH 起缓冲作用，使反应器内的 pH 保持稳定；⑤ 抗冲击负荷能力强，运行稳定。由于 UMAR 反应器实现了内循环，处理低浓度废水时，循环流量可达进水流量的 2 ~ 3 倍。处理高浓度废水时，循环流量可达进水流量的 10 ~ 20 倍。由于循环流量与进水在第一反应室充分混合，使原废水中的有害物质得到充分稀释，大大降低有害程度，从而提高了反应器的耐冲击负荷的能力。

UMAR 较其 UASB、接触氧化池、厌氧过滤池三种工艺的技术优势见表 2 – 24。

表 2-24　　UMAR 较其他三种工艺的技术优势

指标	容积负荷/[kg COD/（m^3·d）]	占地面积	毒性抑制的耐受力	耐负荷冲击	副产品可用性	停留时间/h
UMAR	18~40	最小	较强	最强	厌氧颗粒污泥和沼气	4~8
UASB	15~30	较大	一般	强	厌氧颗粒污泥和沼气	6~12
接触氧化池	2~4	较大	较弱	很弱	沼气	10~15
厌氧过滤器	3~10	较大	较弱	较弱	沼气	>20

第九节　制浆造纸废水的深度处理

一、深度处理的概念

污水深度处理是指城市污水或工业废水经一级、二级处理后，为了达到一定的回用水标准使污水作为水资源回用于生产或生活的进一步水处理过程。针对污水（废水）的原水水质和处理后的水质要求可进一步采用三级处理或多级处理工艺。常用于去除水中的微量 COD 和 BOD 有机污染物质，SS 及氮、磷，微生物、高浓度营养物质及盐类等。

深度处理根据概念的不同又可称为三级处理和高级处理。三级处理强调顺序性，其前必有一、二级处理；高级处理只强调处理深度，其前不一定有其他处理工艺。可见三级处理和高级处理，虽然在处理程度或深度上两者基本相同，但其概念是不尽相同的。

二、深度处理的必然性

我国造纸工业的高增长，和我国经济高增长相适应。纸和纸板消费总量每增加 376 万 t，GDP 相应增加 1 万亿元，造纸工业发展和国家经济发展息息相关。但是，造纸工业废水年排放量为 49 亿 t，占全国工业废水排放总量的 17%，COD 排放量占全国工业废水排放总量的 32%，造纸工业环保任重道远。随着各造纸企业对工业废水处理重视程度的逐渐加强，陆续配套建设了大批废水处理厂。各企业因自身生产工艺不同，采用的废水处理工艺也各不相同，处理工艺大多集中在一级预处理（沉淀、气浮）+二级生化处理（厌氧、好氧+沉淀），部分企业还根据实际需要在后端设置化学混凝三级处理流程实现达标排放，一般情况下，经过处理后的废水 COD_{Cr} 可以降低到 150~300mg/L。

我国在 2008 年 8 月 1 日起实施了新的制浆造纸工业水污染排放标准（GB 3544—2008）。相对于之前执行的造纸企业废水排放标准，新标准增加了色度、总氮、总磷、二噁英的排放限值，大幅度提高了污染物排放控制水平。同时新标准也首次设置了水污染物特别排放限值，加大了对环境敏感地区污染物排放的控制力度，提高了相关行业的环境准入门槛。新标准分两阶段实施，2008 年 8 月 1 日至 2011 年 7 月 1 日为第一阶段，2011 年 7 月 1 日以后为第二阶段。第二阶段执行更为严格的排放限值。从而增加了各企业治理工业废水的压力和难度，也促使企业积极寻找适合自身发展的深度处理工艺路线。

深度处理是进一步去除二级处理出水中剩余污染物的净化过程，目前多数造纸企业的废水在经过二级生化处理后，COD_{Cr}、色度等指标难以满足 GB 3544—2008 标准的要求，因此采用深度处理工艺实现达标排放是必然趋势。

三、深度处理的方法技术

1．混凝处理技术

混凝处理是废水处理技术中最常用的处理方法，处理的对象主要是废水中的悬浮固体和胶体杂质。其作用机理主要是向水中投加混凝剂与助凝剂，并在其作用下通过压缩微粒表面双电层、电性中和等作用使胶体等脱稳，进而依靠吸附架桥、卷扫、网捕等作用使水中污染物粒子形成大的絮团，通过沉淀或气浮等物理方式与水分离，实现水体的净化。这种方法投资少、过程简单、操作方便、运行成本相对较低，是目前国内企业在选择深度处理工艺时优先考虑的技术措施。

混凝处理法存在化学污泥量大、对 COD_{Cr}的去除率存在一定限制的问题。二级处理后的废水中 COD_{Cr}一般为 200～400mg/L，采用混凝方法处理后的出水 COD_{Cr}一般在 100～150mg/L，较难稳定在 100mg/L 以下，对满足 GB 3544—2008 标准中表 2 的指标要求还有一定差距。在实际运行中，当加大混凝剂的用量时，COD_{Cr}的去除率仍会有一定程度的提高，但是会带来处理成本增加及化学污泥显著增加的问题，因此目前大多数废水的混凝处理系统中 COD_{Cr}的去除率在 70% 以下。所以在新标准的条件下，混凝处理技术需要与其他技术进行组合使用，以达到 GB 3544—2008 标准的污水排放限值。

2．高级氧化技术

高级氧化技术又称深度氧化技术，泛指有大量羟基自由基（·OH）参与的化学氧化过程。羟基自由基的氧化能力极强，其电位（2.80V），仅次于氟（2.87V），在处理过程中通过羟基自由基与有机化合物间的加合、取代、电子转移、断键、开环等作用，可使废水中难降解的大分子有机物氧化降解成低毒或无毒的小分子物质，甚至直接分解成为 CO_2 和 H_2O，达到无害化的目的。

高级氧化技术包括了 Fenton 氧化法、光催化氧化法、超临界技术、电化学氧化技术、臭氧氧化法等，与传统的水处理方法相比具有：反应速度快、处理效率高、对有毒污染物破坏彻底、无二次污染、适用范围广、易操作、可连续操作和占地面积小等优点。对高浓度、难降解有机物废水的处理具有极大的应用价值，并被广泛应用于有毒难降解工业废水，已经逐渐成为难降解废水处理研究的热点，为此，高级氧化技术给成分复杂、污染物浓度高、难以处理的造纸废水处理开辟了新途径。目前行业内实际应用的主要是 Fenton 氧化法。

Fenton 氧化法处理造纸废水效果比较明显，在实际生产上得到了应用，但缺点是造纸废水量大，在实际的工程应用中，通常需要加酸调节废水 pH 到 3.5～4.5，废水调节酸性的费用在工艺总处理费用中占有较大的比例，加酸费用成为决定工艺经济上是否可行的重要因素。拓展 Fenton 氧化技术在造纸废水深度处理上的 pH 作用范围，开发廉价的酸源，降低调节酸性需要的费用，可有效推进 Fenton 氧化工艺在造纸废水深度处理中的应用。

光催化氧化是指有催化剂的光化学降解，一般可分为有氧化剂直接参加反应的均相光化学催化氧化和有固体催化剂（n 型半导体材料）存在，紫外光或可见光与氧或过氧化氢作用下的非均相（多相）光化学催化氧化。光催化氧化技术在造纸废水深度处理中的研究也较为活跃，三星重工采用电子束照射来治理造纸工业生化处理的出水，当功率为 300kW 时，处理的废水量达 115 万 m^3/d，每处理 $1m^3$废水需 1.03 美元。

超临界水氧化法指在超临界的状态下，水具有特异性质，可以与氧任意比例混合，成为非极性有机物和氧的良好溶剂，这样有机物的氧化反应可以在富氧的均相中进行，不受相间转移的限制。废水中所含有的有机物被氧气分解成水、二氧化碳等简单无害的小分子化合物，达到净化目的。目前欧、美、日等发达国家已开展了深入研究，成功地处理了造纸废水。超临界水氧化技术目前还存在对反应设备的腐蚀问题以及盐堵塞等问题，影响其推广与应用。超临界技术是废水处理新技术，在处理造纸废水方面主要还停留在实验小试阶段，还有待进一步研究。

铁炭微电解是利用电解质溶液中铁屑晶体结构上形成的许多铁－碳局部微电池处理工业废水的一种电化学处理技术，具有适应范围广、成本低廉以及操作维护方便等特点。

臭氧氧化技术是利用臭氧在不同的催化剂条件下产生羟基自由基的一种高级氧化工艺，在工业废水处理中的应用越来越广。国内对臭氧氧化技术处理造纸废水的研究成果较多，研究结果表明各种联用技术对色度与 COD_{Cr}具有明显的去除效果，根据试验工艺条件的不同，色度与 COD_{Cr}的去除率分别达到了 88.8%～99%，54.9%～80%，基本能达到新制浆造纸废水排放标准 GB 3544—2008 的要求。目前臭氧氧化技术的应用仍受到一些因素的限制，如臭氧发生器所产生的臭氧浓度低、电耗量大、设备及运行费用高，这些问题仍有待进一步的研究与探索。

3. 吸附技术

吸附处理法是依靠吸附剂上密集的孔结构和巨大的比表面积，通过表面各种活性基团与被吸附物质形成的各种化学键，以及通过吸附剂与被吸附物质之间的分子间引力，达到有选择性地富集各种有机物和无机污染物的目的，从而实现废水净化的过程。

目前造纸废水深度处理中最常用的吸附剂是活性炭，它具有发达的细孔结构和巨大的比表面积，对水中溶解性有机物及发色基团有较强的去除效果，所以活性炭吸附技术可以作为造纸废水深度处理的一种重要手段。但采用活性炭吸附深度处理造纸废水，运行成本及再生费用较高，使应用受到一定限制，目前该法主要用于造纸废水的末端处理以实现高端回用。

4. 砂滤法

砂滤是以天然石英砂（通常还有锰砂和无烟煤）作为滤料的水过滤处理工艺过程。该法让水通过一个 0.5～1.2mm 厚的砂滤床，以除去水中的大分子固体颗粒和胶体，使水澄清。一般来说，砂滤最适合于处理低固体物含量的废水。但是其不适宜处理高固体物含量的废水，在清洗砂滤床时需要耗费大量的水，过滤器等设备需经常保养，增加了一定的管理维护费用。

5. 膜分离技术

有关内容见第二章第六节中二。

6. 固定化生物技术

微生物固定化技术是用化学或者物理学的手段和方法将游离微生物定位于限定的空间

领域，并使其保持活性，能够反复利用的技术。由于该项技术具有生物量高、优势菌种明显、处理效率高等优点，近年来在污水处理中得到广泛应用。

7. 生物絮凝技术

生物絮凝剂是一种安全无毒、絮凝活性高、无二次污染的新型絮凝剂，对人类的健康和环境保护都有重要的现实意义。

生物絮凝剂具有以下优势：

（1）高效，易于固液分离　同等用量下，与现在常用的各类絮凝剂 $FeCl_3$、聚丙烯酰胺、藻蛋白酸钠相比，生物絮凝剂对活性污泥的絮凝速度最大，而且絮凝沉淀比较容易用滤布过滤。

（2）无毒无害，安全性高　生物絮凝剂为微生物菌体或菌体外分泌的生物高分子物质，属于天然有机高分子絮凝剂。

（3）无二次污染，属于环境友好材料　目前使用的絮凝剂如铝盐、铁盐及其聚合物、聚丙烯酰胺衍生物等，经过絮凝之后形成的废渣，不能或难于被生物降解，严重污染水体、土壤，造成二次污染，并且在水中积累达到一定浓度后，会对人体健康造成危害。

（4）生物絮凝剂的生产和使用成本较低　这主要从两方面考虑：一方面能产生絮凝剂的微生物种类多，易于采取生物工程手段实现产业化，生产成本低，生物絮凝剂应是经济的，这一点为国内外普遍认同；另一方面是生物絮凝剂处理技术总费用较化学絮凝处理技术总费用低。可以预计，使用生物絮凝剂彻底消除污染，它终将大部分或全部取代合成高分子絮凝剂。

作为新一代高效无毒水处理剂，生物絮凝剂的研究和开发成为环保生物新材料的极为重要的方向。我国研究生物絮凝剂的历史很短，特别是对造纸废水的处理研究还是空白。

8. 生态法

生态处理法是指在自然条件下，通过环境生物的代谢过程净化废水的一种方法。目前已成为研究与应用的热点，其中氧化塘和人工湿地研究与应用最多。它们的共同特点是能耗低，管理简便，运行费用低，可实现多种生态系统的组合，有利于废水的综合利用。但生态处理系统的占地面积大，容易滋生蚊虫，而且在设计、运行、管理中缺乏经验，这也是今后工作中需要解决的问题。

9. 组合处理技术

造纸废水深度处理采用单一的处理方法均有局限性，采用多种方法的组合工艺，发挥各种方法的优点，才能真正达到低成本的目的。利用多种氧化技术产生协同作用进行造纸废水的深度处理是必要的。

物理处理与化学氧化法共同处理造纸废水，发挥物理法处理掉木素大分子，在通过化学氧化法氧化掉残余的小分子木素，既降低了处理成本，又实现了木素的高效降解。有学者采用 Fe—H_2O_2法对造纸中段废水的二级处理出水进行了深度处理，结果表明，最优条件下，当处理时间控制在 45min 及空气为载气源时，中段废水的脱色率可达 98% 以上，COD 去除率可达 78%，此工艺同时实现微电解，Fenton 氧化，混凝作用。采用多种处理手段处理制浆造纸生化后的废水效果明显好于单一手段，结合各种处理方法的优势，降低运行成本，提高去除效果，在生产中已得到应用。目前组合工艺已成为造纸废水深度处理的研究热点。

第十节　废水处理方法的选择

一、废水的厂内治理

制浆造纸废水的厂内治理，其实质就是清洁生产的内涵，要贯彻积极防治的方针，考虑治理技术的可行性和经济上的合理性，考虑环境效益和经济效益的统一；把消灭和减少污染、节约资源和采用成本低的处理方法二者结合起来。厂内治理是以防为主，采取措施把污染尽可能消灭或减少在工艺生产过程之中。就是加强管理，提高技术和装备水平，以厂内防治为主，辅之以必要的厂外末端治理。其基本内容是：提高原料利用率和化工材料的回收率，压缩工艺用水，提高循环利用率，杜绝跑冒滴漏，对工艺过程中产生的有毒有害物质从严处理，降低排水的悬浮固形物及其他污染负荷。厂内治理措施一般都具有一定的经济收益，如回收能源、原料、化工材料、节约用水等。由于在污染发生的工段及时就近处理，所采用的装置占地少，投资省，也是比较经济的。因此厂内治理是积极的方法，是治本的方法，是防治污染的根本途径。

提高效率就必然会减少流失，减轻污染。如提高纸浆得率，就可减少废水中的 BOD 和 SS；提高纸机纤维及填料的保留率，就可降低白水的浓度；提高筛选效率，就可减少筛渣量。加强设备的维修和保养，保证设备的正常运转，就可减少跑冒滴漏及事故排放所造成的污染。

正常排放是生产过程中按正确标准规定的排放。非正常排放就是暂时的和事故性的排放，是超过标准规定的排放。如工艺系统中发生紊乱，引起系统的不平衡而产生的异常排放。其原因可能由于设备发生故障，或人为因素和不正确的工艺控制方法等造成。一般情况下，设备发生故障或人为因素引起的异常排放，能及时发现，并可能很快制止。不正确的工艺控制方法可能引起最大的排放量，并很难发现，需要很长的时间才能改正过来。

控制和减少非正常排放的措施：① 对已排放物进行控制和回收利用，对废水实行工段、车间、工艺系统的封闭循环利用，对剩余部分再进行必要的处理。② 合理安排生产计划，加强预防性的设备维修，做到均衡生产。严格工艺检查，杜绝跑冒滴漏。③ 执行正确的工艺操作规程和奖惩制度，对操作人员进行环保教育，因为多数非正常排放是人为因素造成的，提高他们对污染环境的后果和控制流失重要性的认识，才能减少事故性流失。④ 改进工艺过程，纠正不正确的工艺控制方法。充分研究流失的来源和消除或减少流失的方法。

根据国内外生产实践经验，概括起来搞好厂内治理必须重视以下几点。

（1）节约用水，提高水的复用次数，及时发现和解决泄漏是减轻厂外治理负担，回收纤维原料，提高得率，节省能耗，降低化学药品的消耗，防止环境水系污染的重要方法。实行工艺过程的全封闭循环，清浊分流，加强过程中的处理，分别使用、逆流复用是节约用水，提高水的复用次数的基本措施。尤其是对耗水量较多的洗浆、漂白、回收、抄纸等工段更为重要。为了及时发现化学制浆系统中黑（红）液的跑冒滴漏发生，破坏厂外治理的均衡稳定处理，在不同废水废液流送的部位安装电导度的检测记录装置，并集中控制，以便及时发现及时处理，对保证复用水质非常有利。

（2）要有足够容量的调节池和贮液槽和有计划有步骤地组织分部检修和计划检修，以防止高峰污染负荷和减少事故排污。因为停机检修清洗设备或突然事故，都会造成临时性大量排污，这种状况不但造成原材物料的浪费，而且会严重地使厂外治理系统中的污染物负荷增大。由于混合水的浓度、流量、pH 等产生大幅度的变化，会冲击活性污泥，也会损坏澄清池的集泥装置，破坏了厂外治理系统的稳定均衡，增加了向大环境的排污量。因此，虽然具有足够容量的调节池和贮液槽，对基本建设投资有所增加。但对有计划有步骤地进行分部检修和计划检修，杜绝浪费，防止污染和减轻污染，都是完全必要的。

（3）严格工艺操作，改革工艺生产，防止生产设备超负荷运行也是减少原材物料浪费，降低污染的有效方法。

为了保证正常生产和产品质量的稳定，生产过程中的工艺参数不能随意变更，必须严格执行。但为了更有效地提高生产效率和防止增加污染，则常常需要改革工艺生产方法和生产设备。

这里必须指出，不论哪种工艺生产方法，对原有或新增设备都不能超负荷运行。超负荷运行不但可能带来设备增加，而且可能造成生产物料流失，污染排放量增加，使厂内治理和厂外治理都产生困难。

二、废水的厂外治理

废水的厂外治理是相对于厂内治理而言的，即厂内用水经过充分循环使用后，必须排放的类别不同的废水，汇集起来进行统一处理，去除影响水体和生态环境的污染物质：SS、DOD、COD 及有毒物质等，达到国家或地方规定的废水排放标准。这些处理方法包括：物理法、化学法、生化法、物理化学法或者几种方法的结合。与工厂的主要生产系统一样，厂外废水处理设施，也是制浆造纸工厂的重要组成部分，是工厂新建、扩建和改建时必须予以考虑的重要内容。

1. 厂外处理的废水特性

需要进行厂外处理的废水来自不同的车间，待处理水量、污染物质含量和种类各不相同，需要处理的废水量也会经常波动。混合后的待处理废水一般具有如下特性。

（1）糖类降解产生的低聚糖类和有机酸类，这是废水中形成 BOD 的主要因素。

（2）木素在化学药品作用下的降解产物，以及多种无机盐类等，这是废水中形成 COD 的主要因素。

（3）悬浮于废水中的细小纤维、填料、涂料类等固形物，这是废水中形成 SS 的主要因素。

（4）由木素降解产物、颜料和染料等产生的色度等。

（5）由有机硫化合物等产生的臭气等。

为了保证接受水体不会受到污染，在考虑废水的处理程度时，首先需要考虑接受水体的自净能力。通常，采用溶解氧浓度和毒性物质容许浓度两个指标来确定接受水体的允许负荷，以此来决定排放废水的容许负荷，作为废水处理方案和设施的依据。

在废水处理应该达到何种程度的计算中，接受水体流量采用 20 年一遇的最干旱月份河水平均流量，溶解氧采用水体在夏季昼夜的溶解氧平均含量，废水处理量采用平均日流量，对于有毒废水则应采用最高日流量。按照接受水体的溶解氧要求和毒性物质容许浓度，来计算废水需要的处理程度。

2. 废液厂外处理应该遵从的原则

(1) 需要进行厂外处理的废水，是在厂内各个车间和工段充分循环的基础上，又经过厂内调配使用之后仍然剩余的废水，以最大限度地减轻厂外废水处理设施的运行负荷。

(2) 厂外处理的废水仅为生产系统排出的废水，不包括生活废水和厂区的地面排水(即降雨降雪等)。对于后一类废水，在建设地下排水管道时，应该与生产系统排出废水的管道分开，避免增加厂外废水处理系统的负荷和运行费用。

(3) 如果厂内某一生产系统经过处理的废水达到了向外排放的标准，可以直接排入厂外接受水体。但是必须严格管理，加强定时监测，遇到系统运行不正常，造成污染负荷增高时，必须及时引入厂外处理系统加以处理。

(4) 厂外处理设施的建设，可以由本厂建设和管理，也可以和相邻的其他工厂联合建设和管理，或者根据当地具体情况，在统一管理下汇入城市污水处理系统处理。

(5) 完善厂外废水处理设施的运行管理。经过处理之后达到排放标准的出水，可以返回厂内适当的生产车间回用。

3. 废水厂外治理需要注意的问题

为了搞好厂外治理，做到高效、简便、可靠、经济实用，要注意以下问题。

(1) 以国家环境保护部门制定的排放标准和具体所在地区的排放要求作为选择厂外治理方案的基本依据，方案的确定要做到技术上可行、经济上合理。

(2) 废水厂外治理设施的建设，应该贯彻国家对于厂矿基本建设的有关规定，在主体生产正式投产的同时，厂外废水处理设施应该同时投入运行，以防止造成环境和水域的污染。

(3) 厂外废水治理方案的设计，应当建立在完善的厂内用水充分循环的基础上。但是，在具体设计上必须考虑适当的余量，以适应生产出现异常时废水处理负荷的波动。

(4) 具体处理方法的选择以及处理设施的组合，取决于待处理废水的水量和污染特性，以及处理后废水是回用还是直接排放等具体要求，需要综合分析、充分论证，最后确定处理的程度和级别。

(5) 厂外废水治理设施投入运行之后，应当加强管理，认真分析检测各个有关项目，做好设备和仪表的维护及维修，保证整个系统的正常运行。

三、废水处理程度的分级

废水处理程度的分级起始于美国城市污水处理，以后也逐渐用于工业废水处理，根据处理的程度分为一级处理、二级处理、三级处理和消毒处理。

一级处理是以物理方法为主，辅以化学方法，包括对废水水质和水量的均衡，悬浮物的过滤和沉淀（或上浮）分离，调节 pH，油水分离，凝聚沉淀和澄清等。

二级处理主要是生物方法的处理，包括活性污泥法、生物过滤或生物转盘法。

三级处理主要是去除一级处理和二级处理后还未能去除的微量污染物质，是属于深度处理的范畴。需要采用物理化学法进行处理，如活性炭吸附，离子交换，电渗析，反渗透以及超滤等方法，使废水脱色，除味，高度净化，达到工业用水或生活用水的要求。必须指出，处理的级次越高，设备投资和运行费用也越高。

一个现代典型的废水处理系统包括以下几个部分：初级处理、一级处理、二级处理、三级处理（根据具体出水要求选取）、消毒处理（根据具体出水要求选取）、出水与固体排放物处理。

初级处理：也称为预处理，主要是从待处理的废水中去除大块杂物，避免造成输送管道、水泵、后续处理设备的堵塞和磨损。初级处理包括筛选、破碎及分离。筛选用于除去茎秆、破布、树节等粗大杂物，一般采用筛网、筛板。某些设备将筛选和破碎结合起来，碎解粗大的轻质杂物，并在后续单元中予以去除。分离处理是去除砂石等重质杂物。

一级处理：一级处理通常在沉淀槽中进行，需要经过一定的时间，目的就是去除废水中的纤维、碎屑等杂物。在重力的作用下，废水中密度大于水的杂物沉降到沉淀槽的底部，称为初级污泥；密度小于水的杂物浮向水面，称为浮渣。初级污泥和浮渣收集之后送往污泥处理系统一并处理。既不能沉降也不能上浮的污染物质随同出水送往二级处理单元。有些废水处理系统没有设置一级处理，在初级处理之后就是二级处理。

二级处理；二级处理是将一级处理之后废水中没有沉降的污染物质转变成为可以沉降的物质。二级处理的设施包括多种形式：活性污泥法处理系统，滴滤法处理系统，活性生物过滤法系统，旋转生物接触反应器，曝气塘等。这些处理装置的共同特点就是利用微生物的作用，在废水中产生稳定的活性生物絮凝体，吸收和降解废水中悬浮和溶解的有机污染物质。经过分离之后的生物质量就是生物污泥，又称为二次污泥，澄清水就是出水。

三级处理：三级处理称为废水深度处理。用以去除前面处理难以除去的微量污染物质和色度，既包括无机类物质，例如硝酸盐、磷酸盐、硫酸盐等，也包括微量的有机类污染物质，例如含氯漂白处理后废水中的各种氯化有机物等。三级处理采用物理的、化学的或者物理化学的方法。化学方法包括添加氢氧化钙、明矾、氯化铁等，聚合物类絮凝剂也常常被采用。物理方法主要为快速过滤装置，即由沙层或者混合过滤介质构成的重力或者压力过滤器。物理化学方法包括吸附处理和超滤、反渗透等各类膜处理。三级处理并非必有不可，取决于对出水的具体要求。另外三级处理运行费用很高，要考虑企业承受能力，慎重采用。

出水的后续处理：由于出水中可能含有对于人体有害的病原微生物，通常采用的处理措施是用氯消毒。由于氯也会带来毒性影响，所以在消毒之后需要进行脱氯处理。也可采用臭氧或者紫外线消毒。最终排放的出水必须经过检测，以满足环境保护要求达到的标准，同时也为保证废水处理系统的良好运行提供调控依据。通常的检测项目包括 pH、溶解氧、生化耗氧量、悬浮固形物等。

污泥的处理：污泥的含水量大，含有废水处理系统中各个单元排出的全部固形物，包括一级处理之后排出的初级污泥、二级处理之后排出的生物污泥以及三级处理之后排出的化学污泥。由于含有大量的有机污染物质，必须经过妥善处理，避免产生二次污染。对于制浆造纸工业废水处理得到的污泥，通常的处理程序为浓缩、脱水和焚烧。浓缩方法可以采用不同的形式：重力法、溶解空气上浮法以及离心法等。真空过滤、带式过滤和螺旋挤压装置都是常用的污泥脱水设备。表 2 – 25 列出了造纸工业废水处理的基本方法。

表 2－25　　造纸工业废水处理的基本方法

<table>
<tr><th>污染源</th><th colspan="2">处理方法</th><th>去除的物质</th><th>主要设备</th><th>效果</th><th>备注</th></tr>
<tr><td rowspan="3">悬浮物</td><td rowspan="3">物理法</td><td>沉淀法</td><td rowspan="3">纤维、填料、树皮屑</td><td>沉淀池</td><td rowspan="3">回收纤维、减 SS，絮凝澄清部分脱色和去除 BOD</td><td rowspan="3">污泥脱水困难，需加絮凝剂</td></tr>
<tr><td>浮选法</td><td>充气设备、浮选槽</td></tr>
<tr><td>过滤法</td><td>格栅、过滤机、离心机</td></tr>
<tr><td rowspan="14">pH、溶解物 BOD、COD 以及色度和臭气</td><td rowspan="2">化学法</td><td>中和法</td><td rowspan="2">酸性或碱性废水，含硫有机物</td><td>中和池</td><td rowspan="2">调整 pH，除臭，去除 BOD</td><td>加酸或碱</td></tr>
<tr><td>氧气除臭法</td><td>曝气槽，空气压缩机</td><td>加氯或二氧化氯</td></tr>
<tr><td rowspan="6">生化法</td><td>自然氧化法</td><td rowspan="6">溶解性有机物</td><td>氧化稳定塘</td><td rowspan="6">去除 BOD</td><td>—</td></tr>
<tr><td>表面曝气法</td><td>表面曝气机</td><td>—</td></tr>
<tr><td>生物滤池法</td><td>生物滤池系统</td><td rowspan="3">污泥脱水困难，日久使土壤变质</td></tr>
<tr><td>生物转盘法</td><td>生物转盘系统</td></tr>
<tr><td>活性污泥法</td><td>活性污泥系统</td></tr>
<tr><td>灌溉法</td><td>灌溉系统</td><td>—</td></tr>
<tr><td rowspan="5">物化法</td><td>石灰吸附法</td><td rowspan="2">木素、色素、染料</td><td rowspan="2">澄清池、过滤池混凝及沉淀系统</td><td rowspan="2">脱色、除去 SS 和少许 COD</td><td>—</td></tr>
<tr><td>活性炭吸附法</td><td>—</td></tr>
<tr><td>反渗透法</td><td rowspan="3">溶解盐类</td><td>反渗透薄膜装置</td><td rowspan="2">净化废水，回收盐基、木素</td><td>—</td></tr>
<tr><td>电渗析法</td><td>电渗析槽系统</td><td>—</td></tr>
<tr><td>离子交换法</td><td>离子交换反应塔</td><td>除去有机、无机离子</td><td>—</td></tr>
<tr><td>其他</td><td>深井排水法</td><td>全部污染物</td><td>高压泵深井系统</td><td>全部处理</td><td>影响地下水</td></tr>
</table>

第十一节　废水深度处理的实例

一、实　例　一

1. 项目概况及废水水质水量情况

本造纸工程拟建设一条年产 15 万 t 的 APMP 生产线（含备料系统）、一条年产 20 万 t 涂布白卡纸生产线（含备浆系统）、一座纸芯加工车间、自备电站、取水泵房、给水净化站、废水处理站。造纸原材料为山杨和白桦、硫酸盐阔叶木浆和硫酸盐针叶木浆。

该项目造纸废水有两股废水组成：一是化机浆废水，水量 5000m^3/d；二是其他废水，水量 10500m^3/d。两股水混合后集中处理，总量为 15500m^3/d，即约为 646 m^3/h。进水具体水质水量如表 2－26：

废水经过预处理、厌氧、好氧、深度处理后的出水水质指标如表 2－27。

2. 工艺设计规范

（1）《GB 3544—2008 制浆造纸工业水污染物排放标准》。

表 2-26　造纸废水进水水质

废水种类	水量/（m^3/d）	T/S COD_{cr}/（mg/L）	T/S BOD_5/（mg/L）	TSS/（mg/L）	pH	色度/倍	温度/℃
化机浆废水	5000	15000/12000	5000/4000	1300	6~9	1000	65~75
其他废水	10500	1300/1000	400/400	1000	6~9	600	40
混合后废水	15500	5719/4548	1884/1561	1097	6~9	729	51.3

表 2-27　最终出水水质

废水种类	COD_{cr}/（mg/L）	BOD_5/（mg/L）	SS 含量/（mg/L）	N 含量/（mg/L）	P 含量/（mg/L）	pH	色度/倍	温度/℃
最终出水	≤80	≤9	≤10	≤3	≤0.2	6~9	≤30	≤30

（2）《GB 50069—2002　给水排水工程结构设计规范》。

（3）《CECS 114：2000　鼓风曝气系统设计规程》。

（4）《GBJ 13—86（1997 年版）室外给水设计规范》。

（5）《GB 3838—2002　地表水环境质量标准》。

（6）《GB 50007—2002　建筑地基基础设计规范》。

（7）《GB 50011—2001　建筑抗震设计规范》。

（8）《GB 50009—2001　建筑结构荷载规范》。

（9）《GB 50068—2001　建筑结构可靠性设计统一标准》。

（10）《GB 50052—95　供配电系统设计规范》。

（11）《GB 50054—95　低压配电设计规范》。

（12）《GBJ 133—90　民用建筑照明设计标准》。

（13）《GBJ 65—83　工业与民用电力装置的接地设计规范》。

（14）《GB 50034—92　工业企业照明设计标准》。

（15）《GB 12348—90　工业企业厂界噪声标准》。

（16）《GB 50010—2002　混凝土结构设计规范》。

（17）业主提供的废水水质、水量数据资料。

3. 工艺设计原则

本设计遵循如下原则进行工艺路线的选择及工艺参数的确定：

（1）采用成熟、合理、先进的处理工艺。

（2）废水处理具有适当的安全系数，各工艺参数的选择略有富余。

（3）在满足工艺要求的条件下，尽量减少建设投资，降低运行费用。

（4）处理设施具有较高的运行效率，以较为稳定可靠的处理手段完成工艺要求。

（5）处理设施应有利于调节、控制、运行操作。

（6）在设计中采用耐腐蚀设备及材料，以延长设施的使用寿命。

（7）根据地形地貌，结合站区自然条件及外部物流方向，并尽可能使土石方平衡，少土石方量，以节约基建投资，降低运行费用。

（8）总图设计应考虑符合环境保护要求。

（9）工程竖向设计应结合周边实际情况提出雨水排放方式及流向。

(10) 管线设计应包括各专业所有管线，并满足工艺的要求。

(11) 所有设计应满足国家相关专业设计规范和标准。

(12) 所有设备的供应安装应满足国家相关专业施工及安装技术规范。

(13) 所有工程及设备安装的验收及资料应满足国家相关专业验收技术规范和标准。

4. 工艺设计的选择

本项目拟采用“预处理 + UMAR 厌氧处理 + 好氧处理 + FENTON 深度处理 + 逆流连续式砂滤处理”工艺对该废水进行处理，确保出水达到排放要求。

工艺流程如图 2－46 所示，简述如下：废水经收集后进入格栅池，经机械格栅去除大的悬浮物和漂浮物，后废水自流进入集水井，在集水井中设置搅拌机，搅拌混合来水，后

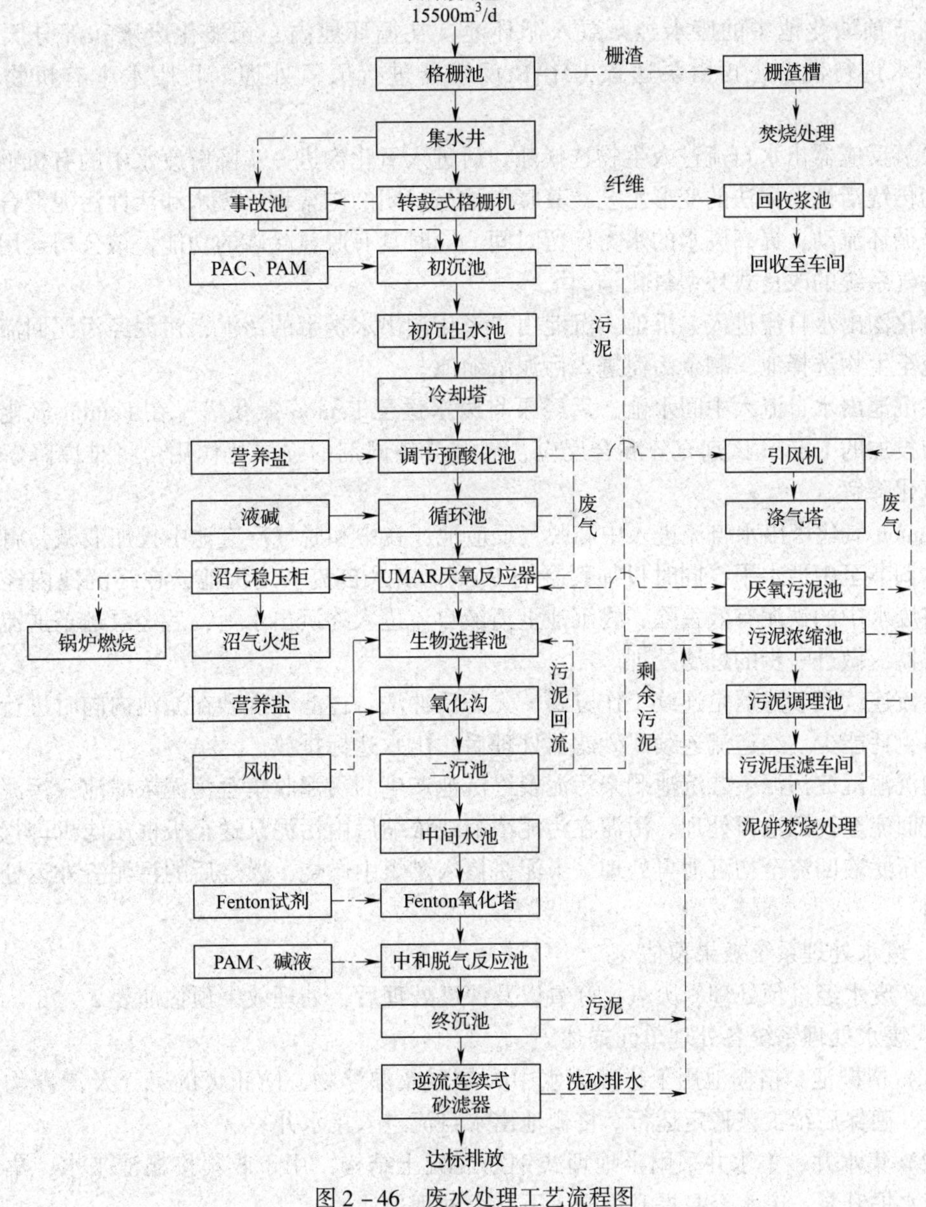

图 2－46　废水处理工艺流程图

经提升泵送至转鼓式格栅机，废水经过除浆、收纤维后自流进入初沉池混凝区，如遇来水异常，水量突然增大，废水则由转鼓格栅机进入事故池中储存，待水质恢复后，事故池水再泵送到处理系统进行处理。同时在格栅池设置旁通管道，由格栅池可以直接自流进事故池。

转鼓格栅机出水自流至初沉池混凝区，同时在此初沉池混凝反应区投加 PAC、PAM 等絮凝剂，使废水中的悬浮物絮凝沉淀去除。

初沉池出水进入初沉出水池，后通过泵泵入冷却塔进行冷却处理。冷却塔出水自流到调节预酸化池，同时在流入池前的管道中投加厌氧反应所需的 N、P 等营养盐。在调节预酸化池中，废水中部分难降解大分子有机物在酸化作用下转化成小分子易降解挥发性脂肪酸。

调节预酸化池中的废水经泵泵入循环池，在循环池内，预酸化废水和部分厌氧反应器出水进行混合，再由泵送入 UMAR 反应器进行厌氧处理，将废水中有机物大量去除。

厌氧反应器出水自流进入生物选择池，后进入氧化沟进一步降解废水中的有机物。氧化沟为传统活性污泥法的变形工艺，其曝气池呈封闭的沟渠型，废水和活性污泥混合液在渠内呈循环流动，提高废水的水力停留时间，同时具有脱氮除磷的功能，该公司运用配备射流曝气系统的改良式环型氧化沟。

氧化沟出水自流进入二沉池，沉淀由于氧化沟出水携带的污泥，污泥经污泥回流泵部分回流至生物选择池，剩余污泥进入污泥浓缩池。

二沉池出水自流入中间水池，后经泵将废水送至 Fenton 氧化塔，在 Fenton 氧化塔中废水与投加的 Fenton 试剂充分混合反应，通过芬顿试剂的强氧化作用，将难以降解的污染物氧化降解。

Fenton 氧化塔出水自流进入中和脱气反应池，在中和脱气反应池中投加液碱，将偏酸性废水调节至中性水平，同时投加絮凝剂 PAM，出水自流入终沉池，在终沉池内经静置沉淀将废水中的铁泥有效去除，终沉池上清液自流进入终沉出水池，后经泵送至逆流连续式砂滤器，做进一步的过滤处理。

逆流连续式砂滤器是连续工作方式，无需反冲洗，过滤和洗砂在滤池内同时进行，操作简单，耗能少。经逆流连续式砂滤器处理后，出水达标排放。

初沉池沉淀污泥、二沉池剩余污泥及终沉池产生的污泥收集至污泥浓缩池，污泥浓缩上清液回流至初沉池再处理。污泥在污泥浓缩池浓缩后由污泥泵送至板框压滤机进行浓缩脱水，压滤液回流至初沉池再处理，干泥饼掺入燃煤中燃烧，燃烧后的污泥渣外运处理或再利用。

5. 废水处理系统效果预估

生产废水经过预处理、厌氧、好氧以及深度处理后，处理效果预估如表 2－28。

6. 废水处理系统各处理单元描述

（1）格栅池　格栅池用于拦截废水中大悬浮及漂浮物，防止大的悬浮及漂浮物堵塞提升泵，确保后续工艺稳定运行。格栅池出水自流进入集水井。

（2）集水井　集水井采用半地埋式钢筋混凝土结构，用于收集格栅池来水，集水井设置废水提升泵，废水经泵提升后进入下一个处理单元。

表 2－28　　系统处理效果预估

处理单元	水量 /（m^3/h）	COD_{Cr}/（mg/L）			BOD_5/（mg/L）			SS/（mg/L）		
		进水	去除率 /%	出水	进水	去除率 /%	出水	进水	去除率 /%	出水
集水井－初沉池	646	5719	30	4003	1884	25	1413	1097	72	307
调节预酸化－UMAR	646	4003	68	1281	1413	78	311	307	—	307
生物选择池－二沉池	646	1281	80	256	311	92	25	307	70	92
Fenton 氧化塔－逆流砂滤罐	646	256	75	64	25	65	8.75	92	92	7.4
处理系统出水	646		≤80			≤9			≤10	

（3）转鼓式格栅机　转鼓式格栅机用于截留悬浮物或漂浮物，如渣浆、纤维等，以便减轻后续处理构筑物的处理负荷，并使之正常运行。由于废水中仍含有大量的有用纤维，因而废水首先送入转鼓式格栅机以回收其中的纤维，得到的回收纤维质量较好，可回用到生产车间再利用。

转鼓式格栅机是采用 60～80 目的微孔筛网固定在转鼓型过滤设备上，通过截留水体中固体颗粒，实现固液分离的净化装置。并且在过滤的同时，可以通过转鼓的转动和反冲水的作用力，使微孔筛网得到及时的清洁。使设备始终保持良好的工作状态。

（4）事故池　事故池采用半地埋式钢筋混凝土结构，主要是用于系统处理出现运行异常时，转鼓式格栅机的出水自流进入事故池，待系统运行恢复后，事故池的废水再经事故池提升泵送至废水处理系统处理。

（5）初沉池　废水经过滤筛后仍含有一定量的悬浮物，这些悬浮物需在进入预酸化前完成固液分离，以消除悬浮物对生物处理的不利影响，保证生物处理的效果。来水在进入初沉池之前添加 PAC、PAM 絮凝剂，与废水经充分混合反应后，将废水中部分的有机物有效地去除，污泥经污泥泵送至污泥浓缩池，上清液进入下一个处理单元。初沉池采用辐流式沉淀池，确保工艺稳定运行。

（6）初沉出水池　初沉出水池用于收集初沉池出水，主要起到缓冲过渡的目的，在该池设置泵井，废水经泵提升后送至冷却塔，进入下一个处理单元。

（7）冷却塔　初沉出水池泵送至冷却塔，冷却塔用于冷却水温，确保温度在微生物适宜的环境中生存。

（8）调节预酸化池　调节预酸化池给废水创造了一定的兼氧环境进行预酸化，发生厌氧处理的预酸化过程，将难降解的物质分解成容易降解的有机底物，为 UMAR 反应器处理提供稳定的水质条件。在调节预酸化池内投加碱，将废水的 pH 调节至中性，同时投加营养盐以满足厌氧微生物的正常生长需求。预酸化内设置搅拌器，在机械搅拌下，废水混合均匀，同时也防止了污泥沉积。

（9）循环池　调节预酸化池出水泵送入循环池，在循环池内，预酸化废水和部分

UMAR反应器出水进行混合。通过投加NaOH，对循环池内的pH进行再一次的精确调整，以使进入UMAR反应器的废水pH达到厌氧处理所需的要求。循环池能对UMAR反应器内的生物过程起到非常稳定的作用，让预酸化废水与UMAR反应器出水进行混合，不仅能大大降低碱用量，而且，即便在水量不足的生产试车阶段，仍能保证启动的顺利。

（10）UMAR厌氧反应器　循环池出水经泵泵入UMAR反应器（直径Φ13.5m，高度为28m）。进水管道装有电磁流量计和控制阀，以保持一个恒定的输入流量。反应器的布水系统保证废水的均匀分布，废水在上升过程中与污泥接触，在生物菌种的作用下，产酸、产甲烷后，使废水中有机物被降解生成CH_4、CO_2。UMAR反应器的出水依靠重力作用溢流，在保证恒定的进水流量的条件下，出水溢流进入好氧系统进行进一步的处理。UMAR反应器出水的pH和温度连续监测。

（11）沼气处理系统　UMAR反应器在处理废水过程中产生沼气，产生的沼气量取决于施加于UMAR反应器的COD负荷。沼气在UMAR反应器顶部的气液分离器收集以进一步处理利用。UMAR反应器和沼气处理设施皆为封闭系统，沼气在沼气处理设施中燃烧而不会散发进入周围环境中，没有二次污染。沼气具有巨大的经济价值，可以替代天然气回收利用。

沼气流量是UMAR反应器内部生物反应过程的指征，UMAR反应器负荷增加时，沼气流量增加。参照同类水质且结合UMAR反应器的性质，去除1kg COD大约可产0.42m^3沼气，该项目沼气产量约为17700m^3/d，如有事故发生的情形下，COD负荷过高，可以从沼气流量反馈出来，自动报警。

① 沼气稳压柜：UMAR反应器顶部的气液分离器收集的沼气将流向一个体积为200m^3沼气稳压柜，稳压柜使气体系统产生一个2～3kPa的表压。这样沼气稳压柜的体积可增大或减小而无需改变气体系统的内压。沼气稳压柜的气位由超声物位计连续监测。

② 沼气燃烧器：来自于沼气稳压柜的沼气流向沼气燃烧器，燃烧器的操作由沼气稳压柜的气位自动控制。当沼气稳压柜的气位达到某个水平时，点火阀自动打开，点火器自动启动。如检测到高温，则说明点火火苗在燃烧。如沼气稳压柜气位达到某个较高水平，燃烧器主阀自动打开，沼气由点火火苗点燃，随着沼气稳压柜气位缓慢下降到某个水平，燃烧器主阀会自动关闭，而点火火苗继续燃烧。

（12）生物选择池　进入氧化沟的废水和从二沉池回流的活性污泥在此相互混合接触。生物选择池是按照活性污泥种群组成动力学的规律而设置的，创造合适的微生物生长条件并选择出絮凝性细菌。生物选择池还可有效地抑制丝状菌的大量繁殖，克服污泥膨胀，提高生物系统运行的稳定性。鉴于制浆废水中缺氮、缺磷，为使生物污泥中的微生物能良好地生长繁殖，保持较高的生物活性，根据实际运行需要，投加必要的营养盐。

（13）氧化沟　本设计的氧化沟形式为完全混合式的环形曝气池，为氧化沟工艺的一种形式。根据此类废水的特点，采用高效供气式低压射流曝气工艺。在曝气池内，借助于好氧微生物的吸附、分解有机物的作用，使废水的BOD_5、COD_{Cr}降低。

（14）二沉池　二沉池的作用是使活性污泥与废水进行泥水分离，沉降到二沉池底部的污泥采用刮泥机刮出排到污泥池，其中大部分活性污泥回流到生物选择池中参加生化反应，剩余污泥排到污泥浓缩池进行浓缩处理。澄清废水流入中间水池后进一步进行深度处理。

（15）中间水池　二沉池出水自流入中间水池，保证进入 Fenton 氧化塔的水质、水量、负荷稳定。

（16）Fenton 氧化塔　中间水池出水泵送至 Fenton 氧化塔，本设计采用 Fenton 氧化塔对废水进行深度氧化处理，该技术的主要原理是外加 H_2O_2氧化剂与 Fe^{2+}催化剂在适当的 pH 下反应产生羟基自由基（OH·），而羟基自由基的高氧化能力可分解氧化废水中的有机物，进而降低废水中生物难降解的 COD_{Cr}。Fenton 氧化塔出水自流至中和脱气反应池。

（17）中和脱气池　Fenton 氧化塔出水自流进入中和脱气反应池。因为废水进行 Fenton 反应的 pH 保持在 3～5，所以氧化塔出水偏酸性，需要投加碱调节其 pH，达到排放标准。Fenton 反应会产生较多的气体，通过鼓风机鼓风搅拌将废水中的气泡去除。由于 Fe^{3+}本身是非常好的混凝剂，所以只需在该池中投加 PAM，便可使废水发生铁泥混凝反应。在这个过程中除了发生混凝反应，同时对色度、SS 及胶体也具有非常好的去除功能。中和脱气反应池出水自流入终沉池。

（18）终沉池　终沉池设计为辐流式沉淀池，经混凝后的废水在该池中进行沉淀分离，即为泥水分离。在该池中设置刮泥机，收集沉积于池底的铁泥，并将它们泵送至污泥处理系统。终沉池上清液自流进入终沉出水池，后经泵送至逆流连续式砂滤器。

（19）终沉出水池　终沉出水池用于收集终沉池出水，主要起到缓冲过渡的目的，在该池设置泵井，废水经泵提升后送至逆流连续式砂滤器，进入下一个处理单元。

（20）逆流连续式砂滤器　终沉池出水经泵至逆流连续式砂滤器，该设备优点在于无需停机反冲洗，砂床在砂滤过程中被自净，保证了整个流程的连续运行。逆流连续式砂滤器洗砂排水进入污泥浓缩池，逆流连续式砂滤器出水进入计量槽，达标排放。

（21）污泥浓缩池　初沉池污泥、二沉池剩余污泥、终沉池污泥、逆流连续式砂滤器污泥首先排至污泥浓缩池贮存，污泥浓缩上清液回流至初沉池再处理。浓缩后污泥采用板框压滤机脱水，压滤液回流至初沉池再处理；脱水后的干泥饼由皮带输送机运至污泥堆场，之后掺入燃煤中燃烧，燃烧后的污泥渣运出厂外堆弃或再利用。

7. 化学药品投加

废水处理系统的工艺流程中需要投加化学品，主要为 PAC、PAM、Fenton 试剂、营养盐、用于调节 pH 的酸、碱。

（1）PAC、PAM　在预处理初沉池混凝区投加 PAC、PAM，用于混凝沉淀废水中的悬浮物。设置废水 PAC、PAM 加药装置，通过泵变频投加；废水 PAM 为阴离子型，配药浓度为 0.1％。在中和脱气反应池中需投加絮凝剂 PAM，投加点位于中和脱气反应池内，设置废水 PAM 加药装置，通过泵变频投加；废水 PAM 为阴离子型，配药浓度为 0.1％。污泥处理的过程中需要投加 PAM，污泥 PAM 为阳离子型，配药浓度为 0.1％。

营养盐　由于此类废水中缺少生物处理所必需的 N、P 等营养物，为使生化处理就达到较好的处理效果，所以在工艺运行中需要向废水中投加必要的营养盐，以确保系统稳定运行。营养盐投加点在调节预酸化池进水口及生物选择池进水口，设置营养盐加药装置，通过泵变频投加。

（2）Fenton 试剂　Fenton 氧化塔中需要投加 Fenton 试剂，即 H_2O_2（27.5%）和 $FeSO_4 \cdot 7H_2O$（纯度≥93%）。H_2O_2设置卸料、储存、投加装置，变频投加。硫酸亚铁设置溶药池及投加装置，变频投加。投加点设在 Fenton 氧化塔顶部。

（3）液碱　UMAR 厌氧处理需要一定的 pH 范围，在循环池中需投加液碱调节 pH；经 Fenton 氧化塔处理后的出水呈酸性，需投加碱液中和。设置液碱加药装置，计量投加。液碱投加点位于中和脱气反应池进水口处。液碱浓度为 30%。

（4）液酸　Fenton 反应需要在 pH 3～5 范围内才能达到好的处理效果，二沉池出水一般呈弱碱性，需要投加酸来调节废水的 pH，以达到合适的 pH 范围。

二、实　例　二

（一）项目概况及废水水质情况

某有限公司 20000m^3/d 深度处理项目，废水来源是经过厌氧－好氧处理后的废纸生产包装用纸废水。

根据提供的相关资料，废水来源为好氧处理系统出水，水质水量情况如下表 2－29。废水经过深度处理之后，出水水质指标如下表 2－30。

表 2－29　　进水设计参数表

项目	处理水量/（m^3/d）	COD_{Cr}/（mg/L）	BOD_5/（mg/L）	SS/（mg/L）	色度/（倍）	NH_3－N 含量/（mg/L）	pH
废水	20 000	100	50	70	50	10	6～9

注：吨浆水耗大于 6 吨

表 2－30　　出水设计参数表

项目	处理水量/（m^3/d）	COD_{Cr}/（mg/L）	BOD_5/（mg/L）	SS/（mg/L）	色度/（倍）	NH_3－N 含量/（mg/L）	pH
废水	20000	≤40	≤20	≤10	≤10	≤4	6～9

（二）工艺设计

1. 废水深度处理系统工艺流程

根据排放要求和生产污水的水质特征，在综合考虑技术及经济因素的情况下，本工程拟建污水处理站，污水深度处理系统工艺流程如图 2－47 所示。

工艺流程简述：20000m^3/d 的废水自流进入中间水池，在中间水池中加入浓硫酸，调节 pH 至 3～5。中间水池废水泵至 UHOFe 氧化塔，向 UHOFe 氧化塔中投加 Fenton 试剂将废水中有机污染物氧化分解，从而去除废水中的污染物质，降低 COD 值。UHOFe 氧化塔出水自流至中和脱气池，投加液碱调节出水 pH 至 6～7；然后通过鼓风搅拌，将废水中的少量气泡脱除。同时在中和脱气池投加絮凝剂 PAM，与 Fenton 氧化反应过程中产生的铁泥发生絮凝反应，絮凝污水自流进入终沉池，芬顿反应产生的铁泥在自身重力的作用下沉降至池底，出水进入砂滤系统处理，砂滤池出水达标排放；终沉池的污泥经泵送至污泥浓缩池，在污泥浓缩池浓缩后经隔膜压滤机脱水处理。

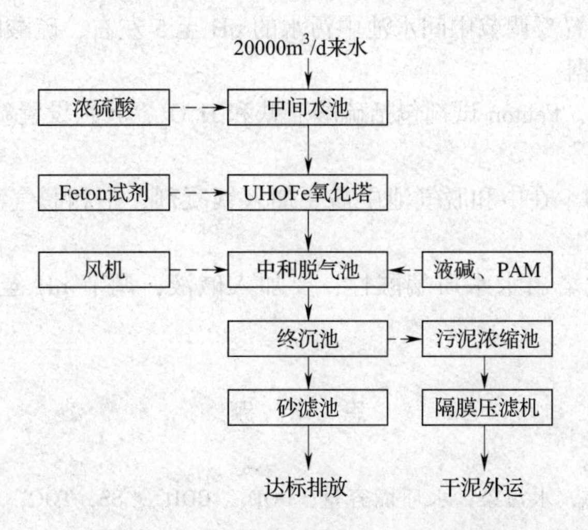

图2－47　污水深度处理工艺流程简图

2. 废水处理系统新增设备及构筑物描述

新增构筑物主要包括中间水池、UHOFe氧化塔、中和脱气池、终沉池等。

（1）中间水池：20000m³/d的废水自流进入中间水池　为确保出水水质稳定进入UHOFe氧化塔，设置中间水池，保证污水处理系统的稳定运行。污水进行Fenton反应的pH保持在3～5，因此需要在中间水池旁设置浓硫酸加药系统，在中间水池投加浓硫酸将废水pH调节至5左右，中间水池污水由泵输送至UHOFe氧化塔中。

（2）UHOFe氧化塔　采用UHOFe氧化塔对污水进行深度氧化处理，该技术的主要原理是外加的 H_2O_2 氧化剂与 Fe^{2+} 催化剂，两者在适当的pH下反应产生羟基自由基（OH·），而羟基自由基的高氧化能力与污水中的有机物反应，可分解氧化有机物，进而降低污水中生物难降解的COD。UHOFe氧化塔出水自流至中和脱气池。

（3）中和脱气池　污水进行Fenton反应的pH保持在3～5，所以氧化塔出水偏酸性，需要在中和脱气池中投加液碱对污水的pH进行调节，以满足出水pH要求。中和脱气池还起到脱去污水中少量气体的作用。由于 Fe^{3+} 本身就是非常好的混凝剂，所以只需在中和脱气池后段向污水中投加PAM，即可使污水中的铁泥发生混凝反应。在这个过程中除了发生混凝反应，同时对色度、SS及胶体也具有非常好的去除功能。中和脱气池出水自流至终沉池。

（4）终沉池　经絮凝后的污水在终沉池中经静置沉淀进行泥水分离，沉降至池底的铁泥泵送至污泥浓缩池中进行浓缩，出水进入砂滤处理系统。终沉池设计为辐流式沉淀池，并配置一套刮泥机。

（5）砂滤池　经沉淀处理后的出水进入到砂滤池中，进一步降低废水中的SS含量，砂滤池出水达标排放。

3. 污泥处理系统

终沉淀池产生的污泥经泵送至污泥浓缩池中，经过板框压滤机处理后外运。

4. 化学品投加系统

污水处理系统的工艺流程中需要投加的化学品主要是用于调节pH的浓硫酸、碱液、Fenton试剂、絮凝剂PAM等。

（1）硫酸加药装置　调节中间水池中污水的 pH 至 5 左右，硫酸的消耗要待实际运行后，才能有确切的数据。

（2）Fenton 试剂　Fenton 试剂包括硫酸亚铁和 H_2O_2，分别设置硫酸亚铁、H_2O_2 加药装置。

（3）絮凝剂 PAM　在中和脱气池中需要加入絮凝剂，中和脱气池的絮凝剂加药系统为一体化加药装置。

（4）碱液　氧化塔出水水质偏酸性，要加入碱液，调节 pH 至 6～7，以达到排放标准。

思考题

1. 解释名词：水体，水污染，水环境容量，BOD_5，COD_{Cr}，SS，TOC，AOX，DO，LC_{50}，LT_{50}，SV，SVI，MLSS。
2. 水体中主要污染物的来源及危害有哪些？
3. 水体的自净作用及影响因素有哪些？
4. 以木材为原料采用硫酸盐法蒸煮制漂白化学浆，各工段都产生哪些废水？特征是什么？
5. 利用废纸再生，抄造新闻纸的过程，各工段都产生哪些废水？废水的特征是什么？
6. 工业木素如何分离和提纯？
7. 工业木素分为几类？各自的特点是什么？如何进行改性处理？
8. 试述工业木素在农业上的利用。
9. 工业木素在建筑业和石油工业上的应用有哪些？
10. 重力沉降法有哪些类型？各自的特点是什么？
11. 沉淀池有几种类型，如何选择？
12. 超效浅层气浮池的工作原理及特点是什么？
13. 胶体溶液稳定的原理是什么？混凝作用的机理是什么？
14. 吸附法处理废水有几种方式？影响吸附的因素有哪些？
15. 动态吸附有几种方式？各自的特点是什么？
16. 试述反渗透法的工作原理及工艺流程。
17. 试述超滤法的工作原理及工艺流程。
18. 活性污泥法处理废水的原理及影响因素是什么？
19. 比较普通活性污泥法、完全混合活性污泥法、阶段曝气活性污泥法、深井曝气活性污泥法、间歇式活性污泥法的特点。
20. 生物滤池的基本原理和特点是什么？影响生物滤池功能的因素是什么？
21. 生物转盘法的净化原理及特点是什么？
22. 厌氧生物处理的原理及影响因素是什么？
23. 试述厌氧消化池的构造及工作原理。
24. 试述升流式厌氧污泥床反应器的构造、工作原理及特点。
25. 第三代厌氧反应器的特点是什么？
26. IC 式反应器的工作原理及特点是什么？

参考文献

[1] 刘秉钺，高扬，刘秋娟，等. 造纸工业污染控制与环境保护 [M]. 北京：中国轻工业出版

社，2000.
［2］林肇信，刘天齐，刘逸农. 环境保护概论［M］. 北京：高等教育出版社，1999.
［3］武书彬. 造纸工业水污染控制与治理技术［M］. 北京：化学工业出版社，2001.
［4］杨学富. 制浆造纸工业废水处理［M］. 北京：化学工业出版社，2001.
［5］万金泉，马邕文. 造纸工业环境工程导论［M］. 北京：中国轻工业出版社，2005.
［6］刘秉钺. 造纸工业的排水、取水和节水［J］. 中华纸业，2006，(9)：80－85.
［7］陈远生，苏人琼. 我国造纸工业发展的水资源问题［J］. 中国造纸，2005.(3)：54－57.
［8］肖建红，施国庆，毛春悔，等. 中国造纸工业废水排放强度降低的因素分析［J］. 中国造纸，2006.
［9］刘秉钺，韩颖. 再生纤维与废纸脱墨技术［M］. 北京，化学工业出版社，2005.
［10］张河等. 造纸工业蒸煮废液的综合利用与污染防治技术［M］. 北京：中国轻工业出版社，1992.
［11］任承霞，金水灿，等. 超滤分离麦草浆黑液主要成分的研究［J］. 中国造纸，2001，20（3）：19－23.
［12］林鹿，周贤涛. 木素分子氧化性氨化反应过程中的结构变化［J］. 化学学报，2002，60（1）：176－179.
［13］曹玲，全金英. 木质素在肥料中的应用［J］. 中华纸业，1998，(2)：68－70.
［14］李淋. 稻草亚硫酸铵法制浆工艺与蒸煮废液氧化铵解改性的研究. 硕士学位论文. 大连：大连轻工业学院. 2004.
［15］王德汉，朱兆华，马涛. 氨氧化木质素对玉米生物量和土壤脲酶活性的影响初报［J］. 广东造纸，1999，(3)：5－8.
［16］朱兆华，王德汉，廖宗文等. 改性造纸黑液木质素--氨氧化木质素（AOL）作为缓释氮肥的肥效研究［J］. 农业环境保护，2001，20（2）：98－11，119.
［17］黄宏，等. 氨化木质素对五色苋的施肥效果［J］. 南京林业大学学报，2001，25（2）：51－54.
［18］乐学义，卢其明，肖雄狮，等. 造纸黑液木素稀硝本氧化及其螯合锌肥的初步研究［J］. 华南农业大学学报，1999，20（2）：125－126.
［19］王德汉. 彭俊杰，戴苗. 造纸污泥作为肥料资源及评价与农用实验［J］. 纸和造纸，2003，(3)：47－50.
［20］王德汉，彭俊杰，戴苗. 造纸污泥好摹堆肥处理技术研究［J］. 中国造纸学报，2003，18(1)：135－140.
［21］张小勇，张建安. 草浆木质素化学加氨［J］. 化工冶金，1999，20（2）：215－219.
［22］金永灿，等. 工业木质素制备植被用可降解固 沙材料及其应用. 中国造纸学报，2003 增刊，465－467.
［23］穆环珍，杨问波，等. 造纸黑液木质素利用研究进展［J］. 环境污染治理技术与设备，2001，2（3）：26－30.
［24］安鑫南，Schr. HA. 脱甲基硫酸盐木质素代替酚在木材黏合剂中的应用［J］. 林产化学与工业，1995，15（3）：36－42.
［25］马宝歧. 碱法草浆黑液在石油工业中的应用［J］. 纸和造纸，1994，(1)：10－11.
［26］周勇，高德发. 碱法造纸废液合成香兰素的研究［J］. 化学工程师，2000（2）：29－30.
［27］张芝兰，陆雍森. 稻麦草类碱木素混凝剂的性质及其应用［J］. 环境科学学报，1997，17(4)：450－454.
［28］蒋旭光，严建华，池勇，等. 污泥的可用能及添加辅助燃料的临界水分分析［J］. 浙江大学

学报，1998，32（4）：487－495.

[29] 何北海，林鹿，刘秉钺，等．造纸工业清洁生产原理与技术［M］．北京：中国轻工业出版社，2007.

[30] 吴国琳．水污染的监测与控制［M］．北京：科学出版社，2004.

[31] 上海市环保局．废水物化处理［M］．上海：同济大学出版社，1999.

[32] 邵刚．膜法水处理技术［M］．北京：冶金工业出版社，2000.

[33] 绍应棋．水污染控制工程［M］．南京：东南大学出版社，2002.

[34] 张希衡．水污染控制工程（修订版）［M］．北京：冶金工业出版社，1993.

[35] 陈坚．环境生物技术［M］．北京：中国轻工业出版社，2005.

[36] 陈欢林．环境生物技术与工程［M］．北京：化学工业出版社，2003.

[37] 伦世仪．环境生物工程［M］．北京：化学工业出版社，2002.

[38] 解恒参，朱亦仁．造纸废水处理新技术的研究进展［J］．化工环保，2004，24：132－135.

[39] 杜艳芬，韩卿，张荣莉．超临界水氧化法处理废水［J］．西南造纸，2001（4）：13.

[40] 曲景奎，周桂英，隋智慧．HCR 工艺在造纸废水治理中的应用［J］．环境污染治理技术与设备，2002，3（1）：74.

[41] 杨玲．用于造纸废水处理的膜分离技术研究进展［J］．四川理工学院学报（自然科学版），2005，18（2）：62－65.

[42] 黄江丽，施汉昌．MF 与 UF 组合工艺处理造纸废水研究［J］．中国给水排水，2003，19（6）：13－15.

[43] 夏汉平．人工湿地处理污水的机理与效率［J］．生态学杂志，2002，21（4）：51－59.

[44] 张尊举，张一婷，齐海云，等．生化组合工艺对高浓度制浆造纸废水的深度处理［J］．工业安全与环保，2010，36（1）：8－9.

[45] 万金泉，马邕文．废纸造纸及其污染控制［M］．北京：中国轻工业出版社，2004.

[46] 曹邦威．制浆造纸工业的环境治理［M］．北京：中国轻工业出版社，2008.

[47] 钱超，王金玲．造纸废水生物处理的技术与工艺［J］．科技信息，2009，10：697－698.

[48] 彭党聪．水污染控制工程［M］．北京：冶金工业出版社，2010.

[49] 周珊，陆晓华，吴晓晖，等．超声技术降解造纸黑液［J］．湖北师范学院学报（自然科学版），2002，2：21－24.

[50] 丁字娟，周景辉．超声空化技术在造纸废水处理上的应用［J］．造纸科学与技术，2008，5：62－65.

[51] 肖川，王志杰．制浆造纸废水处理方法原理与研究进展［J］．哈尔滨：黑龙江造纸，2014.

[52] 陈楠．非均相类芬顿催化剂用于上流式多相氧化塔处理红霉素废水的研究［J］．广西大学博士毕业论文，2012.

[53] 伍健东．制浆造纸废水的生物处理技术［J］．造纸科学与技术，2002.

[54] 兰雯．上流式多级厌氧反应器（UMAR）处理糖蜜酒精废水的研究［J］．广西大学硕士论文，2007.

第三章　造纸工业大气污染控制

第一节　大气污染及其综合防治

一、大气的组成和结构

按照国际标准化组织（ISO）的定义，大气是指地球环境周围所有空气的总和，环境空气是指暴露在人群、植物、动物和建筑物之外的室外空气。可见，“大气”和“空气”是同义词，其组成成分在均质层内是一样的，它们的区别在于“大气”指的范围更大，“空气”指的范围相对小些。大气的总质量约为 5.3×10^{15}t，其密度随高度增加而迅速减少，98.2% 的空气集中在 30km 以下的空间。大气是自然环境的重要组成部分，是人类及生物赖以生存所不可缺少的物质。成人每天消耗 1～2kg 食物，1～2L 水，但要呼吸 10～15m^3（13～20kg）空气；人不吃不喝可以生存 3～7d，但是离开空气 3～5min 就会死亡。人类与大气环境之间不断地进行着物质和能量交换，人们通过生产和生活活动影响着大气的质量。

1. 大气的组成

大气由干洁空气、水蒸气和悬浮微粒三部分组成。干洁空气的主要成分是氮气、氧气和氩气，三者共占大气总体积的 99.96%，其他次要成分仅占 0.04% 左右。干洁空气的组成见见表 3－1。

表 3－1　干洁空气的组成

气体成分	体积分数/%	气体成分	体积分数/%
氮（N_2）	78.08	甲烷（CH_4）	1.5×10^{-4}
氧（O_2）	20.95	氪（Kr）	1.0×10^{-4}
氩（Ar）	0.93	氢（H_2）	0.5×10^{-4}
二氧化碳（CO_2）	0.03	一氧化二氮（N_2O）	0.2×10^{-4}～0.4×10^{-4}
氖（Ne）	18×10^{-4}	氙（Xe）	0.08×10^{-4}
氦（He）	5.24×10^{-4}	臭氧（O_3）	0.01×10^{-4}～0.04×10^{-4}

由于大气的湍流及分子扩散，使不同高度、不同地区的大气得以交换和混合。因而在 90km 以下的大气层中除 CO_2 和 O_3 以外，干洁空气组成的比例基本上保持不变，称为均质层。在均质层以上的大气层中，以分子扩散为主，气体组成随高度而变，称为非均质层。干洁空气的平均分子量为 28.966，在标准状态下（273.15k，101325Pa），密度为 1.29kg/m^3。

大气中的 CO_2 主要来源于燃料的燃烧、动物的呼吸和有机物的腐烂分解等，因此主要集中在 20km 以下的大气层中，一般夏季多于冬季，陆地多于海洋，城市多于农村。

大气中 O_3 的总质量约为 3.29×10^9t，其含量随时空变化很大。在 10km 以下其含量变化很小，在10km以上，含量随高度增加而增加，在20～25km处，含量达到最大，称为臭氧层，再往上又减少。臭氧层能大量吸收太阳辐射中波长小于0.32μm的紫外线，从而保护地球上的生命。

大气中的水蒸气来源于地表水的蒸发，其平均体积分数不到0.5%，随时空和气象条件而变化。在热带多雨地区其体积分数可达4%，而在沙漠和两极地区小于0.01%；一般低纬度地区大于高纬度地区，夏季高于冬季，下层高于上层。水蒸气是大气中唯一能在自然条件下发生相变的成分，这种变化导致了大气中的云、雾、雨、雪、雹等天气现象的发生。

大气中的水蒸气和CO_2对地面和大气中的长波辐射有较强的吸收能力，对地球起到保温的作用。

大气中的悬浮微粒有固体和液体两类。前者包括粉尘、烟尘、宇宙尘埃、微生物、植物的孢子和花粉等，后者则指悬浮于大气中的雾滴等水蒸气凝结物。悬浮微粒多集中于大气低层，它们的存在对辐射的吸收和散射，云、雾和降水的形成，大气的光电现象具有重要作用，对大气污染有重要影响。

2. 大气层的结构

受地球引力作用而随地球旋转的大气层称为大气圈。大气圈的厚度约为从地球表面到1000～1400km的高度范围，1400km以外被看作宇宙空间。

大气圈具有层状结构。根据大气在垂直方向上温度、化学成分、物理性质及大气的垂直运动状况，可将大气圈分为五层：对流层、平流层、中间层、暖层和散逸层（见图3-1）。

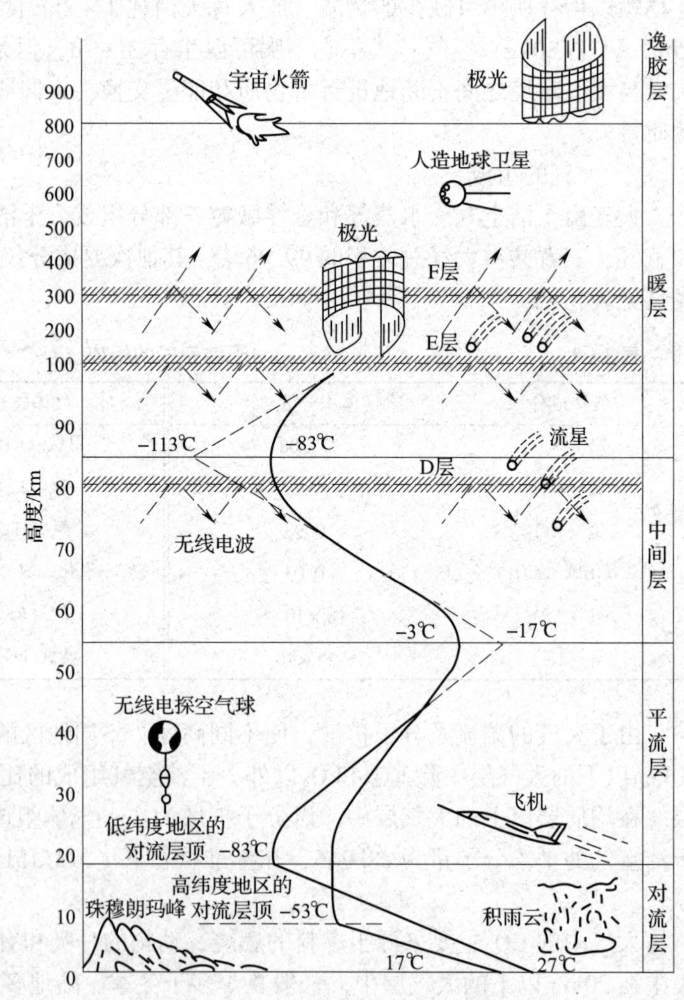

图3-1 大气垂直方向的分层

（1）对流层　对流层是大气圈最近地面的一层，其平均厚度约为12km。对流层的特征是：① 温度随高度升高而降低，每升高100m，平均降低0.65℃，因而大气易形成强烈的对流运动；② 因热带气流对流强度比寒带强，故对流层厚度随纬度增加而降低；对同一地区，夏季的厚度大于冬季；③ 集中了大气总质量的75%和几乎全部的水蒸气，主要天气现象和通常所说的大气污染都发生在这一层，对人类活动影响最大；④ 温度和湿度的水平分布不均匀，因而也常发生大规模的空气水平运动。

对流层下层（地面至1～2km）的大气运动受地面阻滞和摩擦的影响很大，称为大气边界层或摩擦层，层内大气总是发生湍流运动，直接影响大气污染物的输送、扩散和转化。大气边界层以上的大气运动，几乎不受地面摩擦力的影响，可看成理想气体，称为自由大气层。

（2）平流层　对流层顶到50～60km高度的大气层称为平流层。该层的特点是：在其下层，即距地面22km左右，温度几乎不随高度而变化，称为同温层；同温层之上，温度随高度而上升。平流层集中了大气中的大部分臭氧，在20～25km高度内形成臭氧层。

（3）中间层　平流层顶到80～85km高度为中间层。该层气温随高度升高而降低。层顶的温度可降至－83～－113℃，温度差使大气产生强烈的垂直对流运动。

（4）暖层　中间层顶到高度800km为暖层，该层的气温随高度的升高而增高，层顶温度可高达500～2000K，气体呈高度电离状态，存在着大量离子和电子，故又称为电离层。

（5）散逸层　暖层以上的大气层称为散逸层，它是大气圈的最外层。该层的气温很高，空气极为稀薄，气体粒子的运动速度高达12km/s。气体粒子在这样高的速度下运动，再加上受地心引力极小，很容易散逸到太空中。

二、大气污染和污染物

1．大气污染

按照ISO定义，大气污染通常是指由于人类活动和自然过程引起某些物质进入大气中，呈现出足够的浓度，达到足够的时间，并因此而危害了人体的舒适、健康和福利或危害了环境。所谓对人体的舒适、健康的危害，包括对人体正常生理机能的影响，引起急性病、慢性病甚至死亡等。所谓福利是指与人类协调共存的生物、自然资源以及财产、器物等。

人类活动包括了生产活动和生活活动两方面，自然过程包括火山活动、山林火灾、海啸、土壤和岩石风化、雷电、动植物尸体的腐烂及大气圈空气运动等。一般说来，由于自然环境所具有的物理、化学和生物机能，即自然环境的自净作用，会使自然过程造成的大气污染，经过一定时间后自动消除，从而自动恢复生态平衡。大气的污染主要是由人类活动向大气排放的污染物质在大气中积累，超过了环境的自净能力而造成的。

按污染所涉及的范围，大气污染可分为：① 局部污染，如某个污染源造成的较小范围的污染；② 地区性污染，如城市工业区；③ 广域性污染，如华南酸雨区；④ 全球性污染或国际性污染，如温室效应、臭氧层破坏和酸雨等。

按能源性质和污染物的种类，大气污染可分为：① 煤炭型，以煤炭作为主要能源的国家和地区的大气污染属于此类，主要污染物是烟尘和SO_2；② 石油型，由石油开采、炼制和石油化工厂排气，以及机动车尾气的碳氢化合物（HC）和氮氧化物（NO_x）等造成污染，以及这些物质形成的光化学烟雾；③ 混合型，由煤和石油共同造成；④ 特殊型，由工厂排放的某些特定的污染物所引起的局部污染或地区性污染。如包头钢铁集团曾经使用含氟量高的矿石原料，附近大气中含氟量较高。

2. 大气污染物

按照ISO定义，大气污染物是指由于人类活动或自然过程排入大气的并对人类或环境产生有害影响的那些物质。

大气污染物的种类很多，按其形成过程可分为一次污染物和二次污染物。一次污染物是指直接从污染源排放的污染物质。二次污染物是由一次污染物在大气中互相作用，经化学反应或光化学反应形成的与一次污染物性质不同的新的大气污染物。按大气污染物的存在状态，可分为气溶胶态污染物和气态污染物两大类。

（1）气溶胶态污染物　气溶胶是指悬浮在气体介质中的固态或液态微小颗粒所组成的气体分散体系。从大气污染控制的角度，按照气溶胶的物理性质和来源，可将其分为以下几种：

① 粉尘：是指悬浮于气体介质中的细小固体粒子。它通常是由于固体物质的破碎、分选、研磨等机械过程，或者土壤、岩石风化等自然过程形成的。通常将粒径大于10μm的粒子称为降尘，它们能在较短时间内沉降到地面；将粒径小于10μm的粒子称为飘尘，它们能长期漂浮在大气中。

② 烟：是指熔融物质挥发后生成的气态物质的冷凝物，在生成过程中总是伴随着诸如氧化之类的化学反应。粒径范围一般为0.01~1μm。

③ 飞灰：是指固体燃料燃烧产生的烟气带走的灰分中的较细粒子。

④ 黑烟：通常是指由燃料燃烧产生的不完全燃烧产物，又称炭黑，粒径范围一般为0.05~1μm。

在一般的文献资料和实际工作中，常常未对粉尘、烟尘、飞灰、黑烟等作严格区分，多数统称为粉尘或烟尘。本书按照习惯将造纸工业产生的固体粒子气溶胶统称为粉尘。

⑤ 雾：是指气体中液滴悬浮体的总称。雾是由蒸汽的凝结、液体的雾化和化学反应等过程形成的，如水雾、酸雾、碱雾、油雾等。在气象学中“雾是指大气中因悬浮的水汽凝结、使能见度低于1km的现象”。

⑥ 化学烟雾：是指大气中因光化学反应而形成的有害混合烟雾。如光化学烟雾、硫酸烟雾等。

⑦ 总悬浮颗粒物（TSP）：是指悬浮在大气中的空气动力学当量直径≤100μm的颗粒物。它主要来源于燃料燃烧时产生的烟尘、生产加工过程中产生的粉尘、建筑和交通扬尘、风沙扬尘以及气态污染物经过物理化学反应在大气中生成的相应的盐类颗粒。

⑧ 可吸入颗粒物（PM_{10}）：指悬浮在大气中的空气动力学当量直径≤10μm的颗粒物。它的粒径小，在大气中停留时间长，可通过呼吸道进入人体，直径10μm的颗粒物通常沉积在上呼吸道，2.5μm以下的可进入到肺部沉积，危害人体健康；同时它还散射阳光、降低大气能见度，并为光化学反应提供反应场所。

⑨ $PM_{2.5}$（pa）：指悬浮在大气中的空气动力学当量直径≤2.5μm的颗粒物，也称细颗粒物。与较粗的大气颗粒物相比，细颗粒物粒径小，富集大量的有毒、有害物质，可通过呼吸系统到达肺泡并沉积，还可进入血液循环，到达全身各系统，导致血液中毒以及与心、肺功能障碍有关的疾病；而且其沉降速度慢，可在空气中停留7~30天，可长距离传输而造成大范围污染，因而对人体健康和大气环境质量的影响更大。

⑩ 霾：是指大气中的粉尘、硫酸、硝酸、有机碳氢化合物等粒子使大气混浊，当能

见度降低到小于10km时，将这种非水成分组成的大气气溶胶系统称为霾，又叫灰霾或大气棕色云。

（2）气态污染物　气态污染物的种类很多，常见的有以二氧化硫为主的含硫化合物、以一氧化氮和二氧化氮为主的含氮化合物、碳氧化物、碳氢化合物或挥发性有机物、卤素化合物等五大类，如表3－2所示。

表3－2　　气体状态大气污染物的种类

污染物	一次污染物	二次污染物
含硫化合物	SO_2、H_2S	SO_3、H_2SO_4、MSO_4
含氮化合物	NO、NH_3	NO_2、HNO_3、MNO_3
碳的氧化物	CO、CO_2	无
碳氢化合物或挥发性有机物	HC或VOCs	醛、酮、过氧乙酰硝酸酯、O_3
卤素化合物	HF、HCl	无

三、大气污染物的来源及其危害

大气中几种主要气态污染物的来源、发生量、背景浓度等如表3－3所示。

表3－3　　全球主要大气污染物的来源、发生量和背景浓度

污染物名称	自然过程		人类活动		大气中背景浓度
	排放源	排放量/$t \cdot a^{-1}$	排放源	排放量/$t \cdot a^{-1}$	
SO_2	火山活动	未估计	煤和油的燃烧	146×10^6	0.2×10^{-9}
H_2S	火山活动、沼泽中的生物作用	100×10^6	化学过程、污水处理	3×10^6	0.2×10^{-9}
CO	森林火灾、海洋、萜烯反应	33×10^6	机动车和其他燃烧过程	304×10^6	10^{-7}
$NO-NO_2$	土壤中细菌作用	NO：430×10^6 NO_2：658×10^6	燃烧过程	53×10^6	NO：$(0.2 \sim 2) \times 10^{-9}$ NO_2：$(0.5 \sim 4) \times 10^{-9}$
NH_3	生物腐烂	1160×10^6	废物处理	4×10^6	$(6 \sim 20) \times 10^{-9}$
N_2O	土壤中细菌作用	590×10^6	农业、燃烧	—	0.25×10^{-6}
HC	生物作用	CH_4：1.6×10^9 萜烯：200×10^6	燃烧和化学过程	88×10^6	CH_4：1.5×10^{-6} 非CH_4：$< \times 10^{-9}$
CO_2	生物腐烂、海洋释放	10^{12}	燃烧过程	1.4×10^{10}	320×10^{-6}

人类活动排放的大气污染物主要来自燃料燃烧、工业生产和交通运输三个方面。前二类污染源统称为固定源，交通运输则称为流动源（移动源），大气污染物的来源和发生量因国家或地区的经济发展、能源、工艺方法以及管理水平等不同有很大差别。

我国的大气污染是以粉尘和SO_2为主要污染物的煤烟型污染，但是近年来，随着机动车数量的剧增，大城市的大气污染正向石油型或混合型转变。北方突出的大气污染问题是冬季（采暖期）的颗粒物污染和SO_2污染，南方则是高硫煤地区的SO_2和酸雨污染。我国的大气污染物主要来源于燃料燃烧（含机动车），约占大气污染物的70%，其次是工业生产过程，约占20%。

1. 粉尘

粉尘来自煤和其他化工燃料燃烧、钢铁工业、建筑和交通扬尘、煤和矿石等的开采、运输、筛选或机械处理、一些固体物料的加工处理及其堆积场的风吹等。另外，空气中有的气体由于其化学或物理变化会形成粉尘。

粉尘对人体的危害很大，主要是进入并沉积在肺部和呼吸道等器官内，且粒径越小，危害越大。特别是0.1μm以下者，不仅在肺细胞内的沉积比率大，而且可以进入血液至全身。若飘尘吸附有多环芳烃、亚硝酸胺类、硫酸烟雾等有毒及致癌物质，会通过呼吸系统大量进入人体。飘尘微粒能散射光线，使光照度和能见度减弱，并能大量吸收太阳光的紫外线短波部分，这都将减少地面对太阳能的吸收，使大气的物理性质改变。酸性物质还腐蚀金属和建筑物等。

2. 硫氧化合物（SO_x）

硫氧化合物主要是指二氧化硫（SO_2）和三氧化硫（SO_3）。人类活动向大气排放的SO_2主要来源于燃料燃烧和硫酸工业，一般气体燃料中含硫量较低，煤和重油中含硫量较高。

SO_2是无色、有刺激性气味的气体，它单独存在时，主要刺激黏膜，引起呼吸道疾病。但它很少单独存在于大气中，往往与飘尘结合在一起，进入人体的肺部，引起各种恶性疾病。

大气中的SO_2浓度在几mg/kg以下时氧化生成SO_3的量很少；若达到5～30mg/kg时，被飘尘吸附后，在强烈阳光下被氧化为SO_3，其转化率每小时可达0.1%～0.2%；SO_3与大气中的水蒸气形成硫酸雾，其毒性比SO_3大10多倍。

SO_2在低浓度（0.05～0.2mg/kg）时能使植物的光合作用受到抑制，高浓度时将导致枝叶坏死或脱落。

3. 氮氧化物（NO_x）

氮氧化物的种类很多，它是NO、NO_2、N_2O、N_2O_3、N_2O_4和N_2O_5等的总称，以NO_x表示。大气中NO_x污染物主要是指NO、NO_2和N_2O，而一般大气标准和排放标准中的NO_x则通常仅指NO和NO_2。人类活动向大气排放的NO_x主要来源于高温燃烧和工业生产过程，例如火电厂、工业窑炉、交通运输和硝酸生产及硝化过程等。

燃烧过程中生成的NO_x有三种类型：① 温度型NO_x（ThermalNO_x），是燃烧用空气中的氮气，在高温下氧化而产生的NO_x；② 快速型NO_x（Prompt NO_x），是碳化氢燃料当燃料过浓时燃烧产生的NO_x；③ 燃料型NO_x（Fuel NO_x），燃料中含有的氮的化合物，在燃烧过程中氧化而生成的NO_x。在燃烧生成的NO_x中，NO约占95%，NO_2为5%左右，在大气中NO会缓慢地转化为NO_2。

天然产生的NO_x主要来源于火山爆发、森林失火、空气中的氮受雷电作用、细菌分解含氮化合物等过程，尽管这部分NO_x的排放量比人类活动排放NO_x的量大，但它们比较分散，对人类和环境的影响较小。

NO_x对人体健康的影响，当浓度较低时尚不清楚；浓度较高时，其毒性很大，易与动物中的血色素结合，造成血液缺氧而引起中枢神经麻痹。NO_2对呼吸器官黏膜有强的刺激作用，可引起支气管炎和肺气肿。NO_x的更大危害是在一定的条件下，它参与形成光化学雾的光化学反应。

4．碳氧化物

碳的氧化物主要包括 CO 和 CO_2。

CO 主要来源于燃料的不完全燃烧，其次是海洋中 CO 向大气扩散。CO 经呼吸进入肺部，被血液吸收后，很容易与血红蛋白结合，使组织缺氧，引起头痛，它与血红蛋白的亲和力约为氧亲和力的 210 倍。当空气中 CO 浓度为 900mg/kg 时，作用于人体 1h，将出现中枢神经系统及酶活性的中毒，头痛和眼发直；当浓度在 1200mg/kg 以上时，作用 1h，使人的神经麻痹，有生命危险。

CO_2来自自然过程和人类活动。海水中 CO_2通常比大气圈中高 60 余倍，据估计大约有 1×10^{11} tCO_2在海洋和大气圈之间不停地进行交换。矿物燃料燃烧过程是人类活动 CO_2的主要源，甲烷在平流层与 OH 自由基反应，最终被氧化成 CO_2。动物呼吸也将 CO_2 排入大气。

CO_2是一种无毒气体，但当其在大气中的浓度过高时，使氧的含量相对减少，对人便会产生不良影响。CO_2是大气中最重要的温室气体，温室效应是全球关注的热点环境问题之一。

5．酸雨

酸雨是指 $pH<5.6$ 的酸性降水。现在泛指以湿沉降或干沉降形式从大气转移到地面的酸性物质，湿沉降包括降落地面的酸性雨、雪，干沉降则指降落地面的酸性颗粒物。酸雨的主要成分是 SO_4^{2-} 和 NO_3^-，它们主要是由大气中的 SO_2和 NO_x 转化而来。酸雨降落到地面，将加速建筑物、设备表面的腐蚀、使土壤与河流酸化，又将毁坏农作物和森林，对生态系统造成严重的破坏。2012 年我国有 25 个县（市）的降雨 $pH<4.5$（为重酸雨）。

6．碳氢化合物（HC）

大气中的碳氢化合物通常是指 $C_1\sim C_8$可挥发的所有碳氢化合物。

甲烷是大气中重要的碳氢化合物，它主要来源于厌氧细菌的发酵过程、自然界淹水土体的有机质分解，原油和天然气的泄漏也会释放出相当量的甲烷。

燃料燃烧、机动车排气会产生大量的碳氢化合物，其中的多环芳烃类物质（PAH），如蒽、苯并芘、苯并蒽等，大多数具有致癌作用，特别是苯并芘是致癌能力很强的物质，并作为大气 PAH 污染的依据。有机溶剂的使用过程（如油漆、涂料）也排放出大量碳氢化合物。

碳氢化合物的危害还在于它参与大气中的光化学反应，形成危害性更大的光化学雾。甲烷还是一种重要的温室气体。

7．NO_x 在大气中的化学转化及光化学雾

从污染源排放进入大气中的污染物，在扩散、输送过程中，由于自身的物理、化学性质和其他条件（如阳光、温度、湿度等）的影响，在污染物之间，以及它们与空气原有成分之间进行化学反应，形成新的二次污染物。这一反应过程称为大气污染的化学转化。它包括光化学转化和热化学转化。

强阳光辐射下，NO_x 与 HC 发生一系列光化学反应。观测和实验发现，被污染的大气中有 HC 存在时，NO_x 光分解生成的 O、O_3和 NO_2均可与 HC 反应，使得污染大气中 NO

能迅速地向 NO_2转化，随即 O_3的浓度大大增加，进而形成一系列的带有氧化性、刺激性的中间和最终产物，从而导致光化学雾。概括来讲，大气中存在 NO_x 和 HC 以及强阳光辐射是产生光化学雾的主要因素。

光化学雾的主要成分是臭氧、过氧乙酰基硝酸酯、酮类和醛类等。其特征是烟雾呈蓝色，具有强氧化物，刺激人的眼睛，中毒严重者呼吸困难，视力减退，生理机能衰退，加速人体衰老；会伤害植物叶子，能使橡胶开裂，树木枯死，水果减产，并使大气能见度降低。

20 世纪 40 年代在美国首次出现了光化学雾污染，之后，光化学雾的污染在世界各地不断出现，如东京、大阪、墨西哥城、伦敦以及澳大利亚、德国等地的大城市。光化学雾是大城市雾霾天气最重要的大气污染物之一。

8．硫氧化物在大气中的化学转化

SO_2在清洁空气里比较稳定，但在光、飘尘和 NO_x 等的作用下会被氧化，SO_2在大气中的氧化分为光化学氧化和催化氧化。

SO_2在光的作用下吸收光量子，首先形成激发态 SO_2，而后进一步被氧化成 SO_3。或者 SO_2在光化学反应活跃的大气中与强氧化性自由基（如 OH 基、HOO 基、RO 基、ROO 基等）反应而被氧化成 SO_3。

SO_2还会发生催化氧化，当 SO_2被气溶胶中的水滴吸着，并且有金属盐（锰和铁的硫酸盐或氯化物）存在时，能很快地被溶解氧氧化成硫酸。

CS_2、H_2S、COS、CH_3SCH_3和 CH_3SSCH_3等硫化物也能在大气中发生光解而被氧化成 SO_3。

SO_2等硫化物发生光化学或化学反应而生成的 SO_3在大气中会形成硫酸盐气溶胶。硫酸烟雾引起的刺激作用和生理反应等危害前已述及，这里不再重复。

9．$PM_{2.5}$

$PM_{2.5}$的来源从排放途径可分为自然源和人为源。自然源是指自然原因向环境释放的颗粒物，如地面扬尘、火山喷发、森林火灾、土壤岩石风化以及植物的花粉、孢子、细菌等。人为源是指人类生产和生活活动所排放的颗粒物，主要包括燃料的燃烧、工业生产、机动车、建筑和交通扬尘等。$PM_{2.5}$的来源从形成方式可分为一次颗粒物和二次颗粒物。一次颗粒物是指直接以固态形式排放的一次粒子，或者是在高温状态下以气态形式排出、在冷却过程中凝结成固态的一次可凝结粒子。二次颗粒物是指由大气中的气态前体污染物（二氧化硫、氮氧化物、挥发性有机物）通过大气化学反应而生成的二次粒子。

由于不同地区不同季节，其燃料结构、环境条件、大气氧化性等不同，其 $PM_{2.5}$的来源也有各自的特征。如北京市环境空气中 $PM_{2.5}$的主要来源为煤烟尘、扬尘、机动车尾气、建筑尘、生物质燃烧、二次硫酸盐和硝酸盐以及有机物。研究表明，燃烧是大气 $PM_{2.5}$的主要贡献源，一些大城市的机动车尾气污染日趋严重，厦门、上海等地机动车尾气对 $PM_{2.5}$贡献率高于 30%；硫酸盐的贡献率主要来自燃煤排放的 SO_2，硝酸盐的贡献率则主要来自机动车排放的 NO_x；此外，由于气候特征的影响，以及地表植被覆盖情况的差异，我国城市土壤尘的贡献率高于发达国家的一些城市。

$PM_{2.5}$具有很大的比表面积，对空气中有毒有害物质具有很强的吸附作用，它能够通过上呼吸道，进入人体肺部和血液，导致与血液、心、肺功能障碍有关的各种疾病，对人体健康产生严重危害。$PM_{2.5}$还会影响胎儿发育造成缺陷。

大气的能见度主要受大气中颗粒物对可见光的散射和吸收作用所影响。空气中不同大小的颗粒物均能降低能见度，但是 $PM_{2.5}$的颗粒粒径小，其中粒径在 0.1～1.0μm 颗粒物的粒径与可见光波长相当，对可见光的散射能力最强，其中含有 SO_4^{2-} 和 NO_3^- 的粒子散射可见光能力更强；同时 $PM_{2.5}$中的炭黑对可见光有吸收作用。因此，$PM_{2.5}$对大气能见度的影响大。

$PM_{2.5}$对气候最显著的影响是日照减少，太阳辐射强度降低，可能使地表的气温下降，与温室效应所起的作用相反。同时，由于大气中的 $PM_{2.5}$吸收和反射了部分太阳光，使到达地面的阳光变少，地表降温使大气逆温更稳定，大气污染物扩散困难，因此，$PM_{2.5}$会导致“雾霾”天气增多，秋冬季更加明显。

10. 雾霾

‘雾霾天气’是一种大气污染状态，常见于城市。雾霾是特定气象条件与人类活动相互作用的结果。近年来，随着我国工业化和城市化进程的快速发展，人口高度聚集，高密度人口的经济及社会活动向环境排放大量的大气污染物，当污染物排放量超过大气环境容量和承载能力时，污染物持续积聚；此时如果受静风逆温等气候条件影响，极易出现大范围雾霾。

雾霾天气的污染物有气溶胶态和气态，其组成主要包括：二氧化硫、氮氧化物、碳氢化合物、可吸入颗粒物，以及它们在大气中转化形成的二次污染物。

造成雾霾天气的原因主要包括气象条件和人类活动两个方面。气象条件主要有：① 水平方向静风现象增多。城市高楼林立，大气的流动性差，静风现象增多，不利于大气污染物的稀释和扩散，容易在城区和近郊区周边积累；② 垂直方向上出现逆温。高空的气温比低空气温高的逆温现象，好比一个锅盖覆盖在城市上空，使大气的垂直运动受到限制，大气中的污染物难以向高空扩散而被阻滞在近地面；③ 昼夜温差大。秋季和冬季昼夜温差大，夜间降温快，近地面大气中水蒸气容易凝结形成雾，使大气中的污染物很难扩散；④ 雾霾结合加重污染。雾霾天气的空气湿度较高，雾滴吸附污染物，加速了气态污染物向液态颗粒物的转化，也容易作为凝结核加速雾霾的形成；而且雾霾天气会使近地层的大气更加稳定，加剧雾霾的发展，加重大气污染。

形成雾霾的人为因素主要有：① 随着我国工业化和城市化进程的快速发展，能源消耗和大气污染物排放迅速增加，城市人口高度聚集，向环境排放的大气污染物超过了大气的环境容量和承载能力；② 机动车保有量迅猛增长，动机车污染物排放是近年来我国大城市形成雾霾的重要原因之一；③ 工业生产排放的废气，特别是高能耗、高排放的火电、钢铁、冶金、水泥等行业，以及油漆、涂料的大量使用等；④ 建筑工地和道路交通产生的扬尘；⑤ 北方冬季烧煤供暖产生的废气。

雾霾对人体健康的危害主要有：① 雾霾中的污染物可通过人体呼吸道直接进入并黏附在人体呼吸道和肺泡中，引起鼻炎、支气管炎、肺炎等呼吸系统疾病，加重呼吸系统疾病患者的病情；② 雾霾天气气压低，大气中污染物多，容易诱发各种心血管疾病；③ 雾霾中的一些化合物在强烈的阳光紫外线照射下发生光化学反应，形成有毒的光化学烟雾，危害人类健康；④ 使空气中传染性病菌的活性增强，增加传染病的发病率。而且，雾霾天气的能见度较低，影响飞机的起降、机动车和船舶的行驶，给出行和交通安全带来较大的影响。

四、影响大气污染的因素

1. 人类活动和自然过程的影响

大气污染物来源于人类活动和自然过程，其中人类活动是大气污染的主要原因。污染物的排放受人口、产业结构、生产方法、生产工艺、产量及人们对大气污染的认识等因素的影响很大。人类生活和生产每年每月每日都在变化，因此污染物的排放量也随之变化。如烟尘污染，每天随着人们的活动和生产将出现几次高峰，并且不同季节又各不相同。

火山活动、森林火灾、海啸、土壤有机质的分解、岩石风化等自然过程产生的污染物会造成对大气环境的污染和破坏。

2. 气象条件的影响

在自然条件下，风、雨、云、雾、太阳辐射量、大气稳定度和逆温层等对大气污染都产生重要的影响。

风对污染物起着输送、扩散和稀释作用。风向决定受污染的地区，风速影响地面大气污染物的扩散速度，大气中污染物的扩散主要依靠大气湍流的作用。

太阳辐射量大，地面大气温度升高快，造成空气上下对流，污染物排出后很快被带到高空，扩散稀释。不同高度大气的温度变化是引起大气湍流的原因之一，尤其是大气中浮力引起的湍流，与温度垂直结构密切相关。

大气环境中气温随高度的变化称为气温递减率。当温度随高度降低，其递减率大于0.98℃/100m时，大气处于不稳定状态，垂直运动加剧。若递减率等于零，则气温不随高度变化，称为等温。若递减率小于零，称为逆温，具有逆温层的大气层是强稳定的大气层。在逆温层内气温随高度的升高而升高，这将阻碍气团的上升运动，因此逆混层又称为阻挡层，污染的空气不能穿过逆温层，而只能在它的下面扩散，因此就可能造成高浓度的污染，大多数空气污染事件就是发生在逆温及静风的条件下，故对逆温层必须高度重视。

3. 地理和地面条件的影响

地形和地面状况不同，将影响污染物在大气中的扩散。山谷、盆地、河谷比平原地区容易形成逆温层，这种逆温称之为地形逆温，它会使污染物不易扩散出去，并且在无风或小风的气象条件下，形成一个较稳定的逆温层。因此，谷地工厂排出的污染物聚而不散，容易造成严重的大气污染。在海滨和湖滨往往有海陆风，白天海风吹向陆地，夜间陆地冷却比海水快，陆风又吹向海洋，设置在海滨地区的工业区，白天海风将污染物吹向工业区下风向的城市而引起污染。当海风与陆风交替时，又会出现暂时的无风区，使城市的大气污染加重。

五、大气污染综合防治

（一）综合防治的基本概念

大气污染综合防治的基本点是防、治结合，以防为主，是立足于环境问题的区域性、系统性和整体性之上的综合。基本思想是采取法律、行政、经济和工程技术相结合的措施，合理利用资源，减少污染物的产生和排放，充分利用环境的自净能力，实现发展经济和保护环境相结合。

例如，对于我国大中城市存在的颗粒物和SO_2污染的控制，首先应对城市的功能区进行合理布局，并对工业企业污染物排放总量进行控制，同时控制机动车排污，对居民生活用燃料结构、燃用方式、炉具等进行控制和改革，并对城市道路扬尘、建筑施工现场环境、城市绿化、城市环境卫生等方面综合采取措施，才能取得综合防治的显著效果。

（二）大气污染综合防治措施

1. 严格的环境管理

环境管理的目的是利用法律、经济、行政、教育等手段，对损害和破坏环境质量的活动加以限制，实现保护自然资源、控制环境污染和发展经济、社会的目的。立法、监测、执法三者构成了完整的环境管理体制。

2. 全面规划，合理布局

大气污染控制是一项复杂的、综合性很强的系统工程，影响因素很多，必须进行全面规划环境，采取区域性综合防治措施，通过合理布局，把大气污染的危害降至最低。

区域环境规划是区域经济和社会发展规划的重要组成部分。它的主要任务，一是解决区域的经济发展与环境保护之间的矛盾；二是对已造成的环境污染问题，提出改善和控制污染的最优方案。

在我国城镇化进程快速推进的过程中，要搞好城市的合理布局，大、中、小城市都要有合理的结构和功能，要适当控制特大城市、大城市的发展规模，大力发展中小城市和小城镇。同时，大、中、小城市应该有不同的发展定位，大城市应该注重发展附加值较高的产业，比如高科技、文化产业，以高品质的服务带动周边地区发展；而中、小城市和小城镇应该发展特色产业，以产业带动经济发展。

一个城市按其功能可分为商业区、居民区、文教区、工业区等。如何安排这些区域，特别是工业布局，将直接影响人们的生活和工作环境。比较好的做法是将无污染的企业设在城区，对空气有轻度污染的企业如电子、纺织等，可布置在城市边缘或近郊区，而对于污染严重的大型企业，如冶金、化工、建材、火电站等，最好布置在城市远郊区，并应设置在该城市主导风向的下风处。

目前我国已明确规定，对新建和扩、改建工程项目，必须先进行环境影响评价，论证该项目可能造成的环境影响及应采取的环保措施等。

3. 调整经济结构，转变经济增长方式

面对资源约束趋紧、环境污染严重、生态系统退化的严峻形势，以消耗资源为代价的传统发展模式已经不能适应我国经济和社会发展的要求。建设一个人们安居乐业增收，蓝天、碧水、净土，人与自然和谐发展的“美丽中国”，必须调整经济结构，转变传统的粗放型经济增长方式；必须加快淘汰落后产能，促进产业结构优化升级；调整能源结构，逐步转变我国以煤为主的能源结构；加快推进节能减排和清洁生产。

4. 控制环境污染的经济政策

（1）保障必要的环境保护设施的投资，并随着经济的发展而递增。

（2）对环境污染治理从经济上给予鼓励，如低息贷款、对综合利用产品减免税收等。

（3）进一步完善实行排污收费制度、排污许可证制度、排污总量市场交易制度和污染事故责任制等。

5．控制大气污染的技术措施

（1）实施可持续发展的能源战略　主要包括改善能源供应结构，提高清洁能源和低污染能源的供应比例；提高能源利用率，节约能源；对燃料进行预处理，推广清洁煤技术；积极开发新能源和可再生能源，如水电、生物质能、太阳能、风能等。

（2）实行清洁生产，推广循环经济　主要包括改革生产工艺，优先采用无污染或少污染的工艺方法、原料和设备；加强企业管理，减少污染物的排放；开展综合利用，企业内部或各企业之间相互利用原材料和废弃物，实现废物资源化、产品化，减少污染物排放总量。

（3）对烟（废）气进行净化处理　目前，即使最发达国家也不能做到无污染物排放。当污染源的排放浓度和排放总量达不到标准时，必须进行废气净化处理。

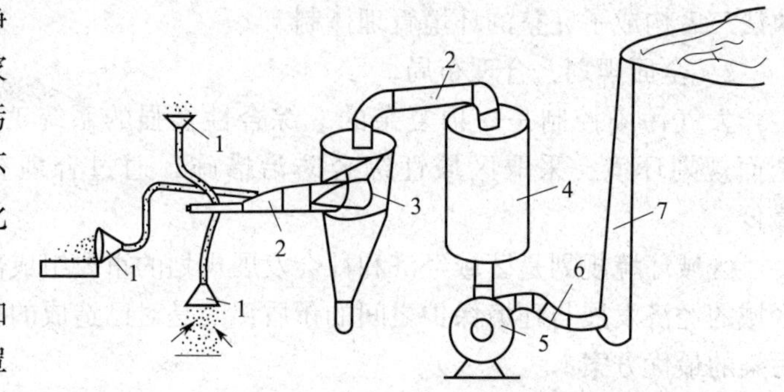

图 3－2　废气排放控制系统

1—集气罩　2—管道　3—颗粒除尘器　4—气态污染物净化器　5—风机　6—烟道　7—烟囱

典型的废气排放控制系统如图 3－2 所示。首先，用集气罩将污染源产生的污染物收集起来，经颗粒除尘装置除尘后，再进入气态污染物净化装置处理，然后经风机进入烟囱，达标后排入大气。

本章第 2 节和第 3 节将分别介绍颗粒污染物和气态污染物各种净化技术的工作原理、净化装置的结构、性能和特点等。

6．强化对机动车污染的控制

（1）从源头上控制汽车尾气污染　禁止生产、销售和使用排放不达标的机动车，大力开发使用清洁能源的新型汽车，如电动车、混合动力车、燃料电池汽车、液化石油气车等。

（2）严格控制在用车尾气的排放　提高机动车污染物排放标准；建立在用车排污检测体系，实施在用车检查、维修制度；淘汰排污超标的在用车；提高车用燃油的质量。

（3）加强规划　优先发展城市公交事业，控制城市汽车总量，减轻汽车尾气污染。

7．高烟囱稀释扩散

设计合理的烟囱高度，充分利用大气的稀释扩散和自净能力，是有效控制所排污染物污染大气环境的一项可行的环境工程措施。

8．绿化造林，发展植物净化

绿色植物是城市生态环境中不可缺少的重要组成部分，绿化造林不仅能美化城市，调节温度、湿度，保持水土，防风固沙，而且具有截留粉尘，吸收大气中的有害气体，减低噪声等多种功能。因此，在城市和工业区有计划、有选择地扩大绿地面积是大气污染综合防治具有长效性和多功能性的措施。

六、大气质量控制标准

大气质量控制标准是执行环境保护法规、进行环境影响评价、实施大气环境管理和防治大气污染的科学依据。大气质量控制标准按用途可分为四类，即环境空气质量标准、大气污染物排放标准、大气污染控制技术标准及大气污染警报标准等。按其适用范围分为国家标准、地方标准和行业标准。

1. 环境空气质量标准

环境空气质量标准是以保障人体健康和防止生态系统破坏为目标，而对某些主要污染物在环境空气中的允许含量所做的限制规定。它是进行环境空气质量管理、大气环境质量评价、制定大气污染物排放标准、大气污染防治规划、计算环境容量、实行总量控制的依据。

制定环境空气质量标准应遵循下面基本原则：

（1）要考虑保障人体健康和维护生态系统不受破坏　要对污染物浓度与人体健康和生态系统之间的关系进行综合研究与试验，并进行定量的相关分析，以确定环境空气质量标准中允许的污染物浓度。

（2）要合理协调与平衡实现标准的经济代价和所取得的环境效益之间的关系，以确定社会可以负担得起并有较大收益的环境质量标准。

（3）要遵循区域的差异性　各地区的环境功能、技术水平和经济能力有很大差异，应制定或执行不同的浓度限值。

我国目前的环境空气质量标准包括：

（1）《GB 3095—1996 环境空气质量标准》和《GB 3095—2012 环境空气质量标准》：前者规定了 SO_2、TSP、PM_{10}、NO_2、CO、O_3、Pb、苯并芘和氟化物 9 种污染物的浓度限值和它们的监测分析方法，并将环境空气质量分为一、二、三级，分别适应于一、二、三类环境空气质量功能区。后者修订的主要内容：调整了环境空气功能区分类，将三类区并入二类区；增设了 $PM_{2.5}$ 浓度限值和臭氧 8 小时平均浓度限值；调整了 PM_{10}、二氧化氮、铅和苯并芘等的浓度限值；调整了数据统计的有效性规定。

（2）《GB Z1—2010 工业企业设计卫生标准》《GBZ 2. 1—2007 工作场所有害因素职业接触限值　第 1 部分：化学有害因素》和《GBZ 2. 2—2007 工作场所有害因素职业接触限值　第 2 部分：物理有害因素》：规定了工作场所大气中 339 种有害物质的允许浓度、47 种粉尘的允许浓度及 2 种生物因素（白僵蚕孢子、枯草杆菌蛋白酶）的允许浓度。

（3）《GB/T 18883—2002 室内空气质量标准》：该标准对室内空气中 19 项与人体健康有关的物理、化学、生物和放射性参数的标准值作了规定。

2. 大气污染物排放标准

大气污染物排放标准是以实现《环境空气质量标准》为目标而对污染源排入大气的污染物浓度或数量给出的限度。它是控制污染物排放量和进行净化系统设计的依据。该标准的制定要以《环境空气质量标准》为依据，综合考虑控制技术的可行性、经济的合理性和地区的差异性，尽量做到简明易行。

我国的大气污染排放标准包括下面三类：

（1）《GB 16297—1996 大气污染物综合排放标准》：它规定了 33 种大气污染物的排

放限值，其指标体系为最高允许排放浓度、最高允许排放速率和无组织排放监控浓度限值。

（2）行业性排放标准：按照综合性排放标准与行业性排放标准不交叉执行的原则，有行业标准的企业应执行本行业的标准，其他污染源则执行综合排放标准。目前执行的行业标准主要有：《GB 13223—2011 火电厂大气污染物排放标准》《GB 13271—2001 锅炉大气污染物排放标准》《GB 9078—1996 工业炉窑大气污染物排放标准》《GB 14554—93 恶臭污染物排放标准》《GB 18352.3—2005 轻型汽车污染物排放限值及测量方法（中国Ⅲ、Ⅳ阶段）》等。

（3）《GB/T 3840—91 制定地方大气污染物排放标准的技术方法》：按照控制技术可行、经济合理和地区差异的原则，各地区可以根据 GB/T 3840—91 制定适合本地区的大气污染物排放标准。

3. 大气污染物控制技术标准

大气污染物控制技术标准是为达到大气污染物综合排放标准而从某一方面做出的具体技术规定，如烟囱高度标准、废气净化装置选用标准、燃料和原材料的使用标准等，目的是使生产、设计和管理人员容易掌握和执行。

4. 大气污染警报标准

大气污染警报标准是大气污染恶化到必须向公众发出警报的污染物浓度标准，或根据大气污染发展趋势需要发出警报，强行限制污染物排放量的标准。

七、空气质量及其评价

为了客观地反映空气质量状况，提高公众的环境意识和引导公众参与环境保护，20世纪70年代美国开始采用空气污染指数（air pollution index，API）来表示每日空气质量状况，并逐步在世界上其他国家推广。API就是将常规监测的几种空气污染物的浓度简化成为单一的概念性数值形式并分级表征空气质量状况与空气污染的程度，其结果简明直观，使用方便。自1997年以来，我国部分城市通过媒体相继向公众发布空气质量日报或周报，使用API表示空气质量状况。2012年2月环保部发布了《HJ 633—2012 环境空气质量指数（AQI）技术规定（试行）》，用AQI（air quality index，空气质量指数）替代原来的API作为空气质量评价指标，其评价结果更加客观。2012年10月，我国京津冀、长三角、珠三角等重点区域以及直辖市、省会城市和计划单列市共74个城市实施了环境空气质量新标准及其监测方法，空气质量采用AQI发布数据。

我国采用的API是根据《GB 3095—1996 环境空气质量标准》制定的空气质量评价指数，评价指标是二氧化硫、二氧化氮、可吸入颗粒物（PM_{10}）三项污染物。2010年以来我国多个城市出现严重雾霾天气，API显示出的数据与公众的实际感受反差较大，改进空气质量评价标准的呼声日趋强烈。雾霾的形成主要与$PM_{2.5}$有关，反映机动车尾气造成的光化学污染的臭氧指标，也没有纳入到API的评价体系中。2012年2月环保部同时发布了《GB 3095—2012 环境空气质量标准》和《HJ 633—2012 环境空气质量指数（AQI）技术规定（试行）》两项标准，对应的空气质量评价指标也用AQI替代原来的API，这两项标准同步实施。AQI与API的主要区别在于：① API分级计算参考的环境空气质量标准是GB 3095—1996，AQI分级计算参考的环境空气质量标准是GB 3095—2012，AQI采用的标准更为严格；② API 评价的污染物为 SO_2、NO_2 和 PM_{10}3 项，AQI 评价的污染物为 SO_2、NO_2、PM_{10}、$PM_{2.5}$、O_3、CO 6 项，AQI 监测的污染物指标更多，且 AQI 采用分级限制标准更严；③ AQI 的发布频次也从 API 的每天一次变成了每小时一次。因此，AQI 的评价结果更加客观。采用新标准和老标准的对比评价结果表明，2012 年我国地级以上城市的环境空气质量达标比例由 91.4% 下降为 40.9%。其中二氧化硫年均浓度超标城市占 1.2%，二氧化氮年均浓度超标城市占 13.2%，可吸入颗粒物年均浓度超标城市占 57.2%。

1. 空气质量指数及对应的空气质量状况

API 和 AQI 的确定原则是：空气质量的好坏取决于各种污染物中危害最大的污染物的污染程度，各种污染物的分指数都计算出来以后，取最大者为该区域或城市的 API 或 AQI，该种污染物即为该区域或城市的首要污染物。二者都是根据环境空气质量标准和各项污染物对人体健康和生态环境的影响来确定污染指数的分级及相应的污染物浓度限值。

AQI 对应的空气质量分为六级，一级优，二级良，三级轻度污染，四级中度污染，五级重度污染，六级严重污染，即指数越大、级别越高说明污染情况越严重，对人体的健康危害和环境的影响越大。空气质量分指数（IAQI）及对应的污染物浓度限值见表 3－4，AQI 对应的空气质量级别及对人体健康的影响见表 3－5。

表 3－4　　空气质量指数及对应的污染物浓度限值

空气质量分指数（*IAQI*）	污染物项目浓度限值									
	二氧化硫（SO_2）24h 平均/（$\mu g/m^3$）	二氧化硫（SO_2）1h 平均/（$\mu g/m^3$）(1)	二氧化氮（NO_2）24h 平均/（$\mu g/m^3$）	二氧化氮（NO_2）1h 平均/（$\mu g/m^3$）(1)	颗粒物（粒径小于等于 10μ/m）24h 平均/（$\mu g/m^3$）	一氧化碳（CO）24h 平均/（mg/m^3）	一氧化碳（CO）1h 平均/（mg/m^3）(1)	臭氧（O_3）1h 平均/（$\mu g/m^3$）	臭氧（O_3）8h 滑动平均/（$\mu g/m^3$）	颗粒物（粒径小于等于 2.5μm）24h 平均/（$\mu g/m^3$）
0	0	0	0	0	0	0	0	0	0	0
50	50	150	40	100	50	2	5	160	100	35
100	150	500	80	200	150	4	10	200	160	75
150	475	650	180	700	250	14	35	300	215	115
200	800	800	280	1200	350	24	60	400	265	150
300	1600	(2)	565	2340	420	36	90	800	800	250
400	2100	(2)	750	3090	500	48	120	1000	(3)	350
500	2620	(2)	940	3840	600	60	150	1200	(3)	500

说明：（1）二氧化硫（SO_2）、二氧化氮（NO_2）和一氧化碳（CO）的 1h 平均浓度限值仅用于实时报，在日报中需使用相应污染物的 24h 平均浓度限值。

（2）二氧化硫（SO_2）1h 平均浓度值高于 800$\mu g/m^3$ 的，不再进行其空气质量分指数计算，二氧化硫（SO_2）空气质量分指数按 24h 平均浓度计算的分指数报告。

（3）臭氧（O_3）8h 平均浓度值高于 800$\mu g/m^3$ 的，不再进行其空气质量分指数计算，臭氧（O_3）空气质量分指数按 1h 平均浓度计算的分指数报告。

表3-5　空气质量指数对应的空气质量级别

空气质量指数	空气质量指数级别	空气质量指数类别及表示颜色		对健康影响情况	建议采取的措施
0~50	一级	优	绿色	空气质量令人满意，基本无空气污染	各类人群可正常活动
51~100	二级	良	黄色	空气质量可接受，但某些污染物可能对极少数异常敏感人群健康有较弱影响	极少数异常敏感人群应减少户外活动
101~150	三级	轻度污染	橙色	易感人群症状有轻度加剧，健康人群出现刺激症状	儿童、老年人及心脏病、呼吸系统疾病患者应减少长时间、高强度的户外锻炼
151~200	四级	中度污染	红色	进一步加剧易感人群症状，可能对健康人群心脏、呼吸系统有影响	儿童、老年人及心脏病、呼吸系统疾病患者避免长时间、高强度的户外锻炼，一般人群适量减少户外运动
201~300	五级	重度污染	紫色	心脏病和肺病患者症状显著加剧，运动耐受力降低，健康人群普遍出现症状	儿童、老年人和心脏病、肺病患者应停留在室内，停止户外运动，一般人群减少户外运动
>300	六级	严重污染	褐红色	健康人群运动耐受力降低，有明显强烈症状，提前出现某些疾病	儿童、老年人和病人应当留在室内，避免体力消耗，一般人群应避免户外活动

2. 空气质量指数计算与空气质量评价

空气质量指数计算方法与空气质量评价步骤如下：

（1）计算 *IAQI*　根据各项污染物浓度的实测值（其中 $PM_{2.5}$、PM_{10}为24h平均浓度）对照表3-4，用式（3-1）计算出空气质量分指数（Individual Air Quality Index，*IAQI*）

$$IAQI_P = \frac{IAQI_H - IAQI_L}{BP_H - BP_L}(C_P - BP_L) + IAQI_L \quad (3-1)$$

式中　$IAQI_P$——污染物项目P的空气质量分指数

C_P——污染物项目P的质量浓度值

BP_H——表3-4中与C_P相近的污染物浓度限值的高位值

BP_L——表3-4中与C_P相近的污染物浓度限值的低位值

$IAQI_H$——表3-4中与BP_H对应的空气质量分指数

$IAQI_L$——表3-4中与BP_L对应的空气质量分指数

（2）确定 *AQI*　从各项污染物的 *IAQI* 中选择最大值，确定为 *AQI*。即：

$$AQI = \max\{IAQI_1, IAQI_2, IAQI_3, \ldots, IAQI_n\}$$

（3）确定首要污染物和超标污染物　当 *AQI* 大于50时，将 *IAQI* 最大的污染物确定为首要污染物。若 *IAQI* 最大的污染物为两项或两项以上时，并列为首要污染物。*IAQI* 大于100的污染物为超标污染物。

（4）确定空气质量级别　对照表3-5的 *AQI* 分级标准，确定空气质量级别、类别及表示颜色、健康影响与建议采取的措施。

第二节　粉尘控制技术基础

除尘过程是将含尘气体引入具有一种或几种力作用的除尘装置，使颗粒物相对其运载气流产生一定的位移，并从气流中分离出来，最后沉降到捕集体表面上，而净化气体的过程。颗粒的粒径大小和种类不同，所受作用力不同，颗粒的动力学行为亦不同。颗粒捕集过程所受的作用力有外力、流体阻力和颗粒间的相互作用力。外力一般包括重力、离心力、惯性力、静电力、磁力和热力等。作用在运动颗粒上的流体阻力，对所有捕集过程来说都是最基本的作用力，颗粒间的相互作用力，在颗粒浓度不很高时可忽略不计。

粉尘的物理性质和除尘设备的结构性能对除尘效果影响很大。粉尘粒子的大小及形状、粉尘的密度、比表面积、含水率与润湿性、荷电性、比电阻、粘附性与凝聚性等物理性质直接影响除尘装置的处理能力和效果。这里主要介绍常用除尘装置的结构、工作原理、性能、和特点。

一、除尘器的分类与性能

1. 除尘器的分类

从含有固体或液体微粒的气流中，除去或捕集固态或液态微粒的设备统称为除尘装置，或称为除尘器。按照除尘器分离捕集粉尘的主要机理，可将其分为如下四类：

（1）机械式除尘器　它是利用质量力（重力、惯性力和离心力等）的作用使粉尘与气流分离沉降的装置，包括重力沉降室、惯性除尘器和旋风除尘器等。

（2）湿式除尘器　也称湿式洗涤器，它是利用液滴、液膜或液层洗涤含尘气流，使粉尘与气流分离沉降的装置。它可用于气体除尘，也可用于气体吸收。

（3）电除尘器　它是利用高压电场使粉尘粒子荷电，在库仑力作用下使粉尘与气流分离沉降的装置。

（4）过滤式除尘器　它是使含尘气流通过织物或多孔填料层进行过滤分离的装置，包括袋式除尘器、颗粒层除尘器等。

按照除尘器效率的高低，可把除尘器分为高效除尘器（电除尘器、袋式除尘器和高能文丘里除尘器）、中效除尘器（旋风降尘器和其他湿式除尘器）和低效除尘器（重力沉降室和惯性除尘器）三类。低效除尘器一般作为多级除尘系统的初级除尘。

此外，还按除尘过程中是否用水而把除尘器分为干式除尘器和湿式除尘器两大类。

2. 净化装置的性能

净化装置（除尘器和气态污染物净化装置）的性能包括技术指标和经济指标两个方面。其中技术指标主要有气体处理量、净化效率、压力损失等；经济指标主要包括投资费用、运行费用、占地面积或占用空间体积、设备可靠性和使用年限等。这里主要介绍净化装置的技术性能。

（1）净化装置的处理量　是指净化装置在单位时间内所能处理含尘气体的体积流量（m^3/s 或 m^3/h）。它由除尘装置的类别和结构尺寸所决定。

（2）压力损失（阻力）　是指净化装置进口和出口气流断面上气流的平均全压差。有时也称压力降。

净化装置的压力损失实质上表示流体通过净化装置所消耗的机械能，与通风机所耗功率成正比，它既是技术指标，也是经济指标。工业废气净化过程中总希望装置的能耗低、效率高。多数除尘装置的压力损失为1～2kPa，压力再高，不但费用高，风机难选，而且风机噪声变大，增加了消音问题。

（3）净化效率　是表示装置净化效果的重要技术指标，也称为分离效率。对于除尘装置又称为除尘效率；对于吸收装置，亦称为吸收效率。

在工程中，通常以净化效率为主来选择和评价装置，下面重点介绍一下除尘器除尘效率的表示方法。

3. 除尘器的除尘效率

（1）总除尘效率的表示方法

① 总除尘效率 η：若通过除尘器的气体流量为 Q（m^3/s，标准状态）、粉尘流量为 S（g/s）、含尘浓度为 ρ（g/m^3，标准状态），相应于除尘器进口、出口和捕集的粉尘分别用下标 i、o 和 c 表示（见图3－3）。则除尘器的总除尘效率是指同一时间内除尘器捕集的粉尘质量与进入的粉尘质量的百分比，即

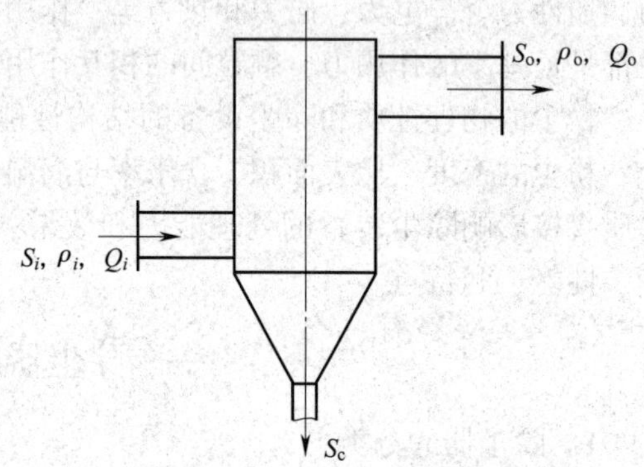

图3－3　除尘效率计算式中符号的意义

$$\eta = \frac{S_c}{S_i} \times 100\% = \left(1 - \frac{S_o}{S_i}\right) \times 100\% = \left(1 - \frac{\rho_o Q_o}{\rho_i Q_i}\right) \times 100\% \tag{3-2}$$

② 通过率 P：在一些高效除尘器中，如袋式过滤器和电除尘器等，除尘效率可达99%以上。若表示成99.9%或99.99%，在表达除尘器性能差别上不明显，也不方便，因此有时采用通过率 P（%）来表示除尘器性能。它指从除尘器出口逃逸的粉尘流量与进口粉尘流量之百分比，即

$$P = \frac{S_o}{S_i} \times 100\% = 1 - \eta \tag{3-3}$$

例如，某除尘器的 $\eta = 99.0\%$ 时，$P = 1.0\%$；另一除尘器的 $\eta = 99.9\%$，$P = 0.1\%$；则前者的通过率为后者的10倍。

③ 串联运行时的总除尘效率：当气体含尘浓度较高，一级除尘器的出口浓度达不到排放要求时，应考虑采用两个或两个以上除尘装置串联起来，形成多级除尘装置，其总效率可用式（3－4）表示

$$\eta = 1 - (1 - \eta_1)(1 - \eta_2) \cdots (1 - \eta_n) \tag{3-4}$$

式中　η_1、η_2、η_n——1、2、…、n 级除尘装置的单级效率

（2）分级除尘效率　上述除尘效率是指在一定条件下运行的除尘器对某种粉尘的总除尘效率。但是，同一除尘装置在相同运行条件下，对粒径分布不同的粉尘，以及对同一粉尘中不同粒径的粒子，其捕集效率都是不同的。为了表示除尘效率与粉尘粒径分布的关系，就引入了分级除尘效率的概念。

分级除尘效率是指除尘器对某一粒径 d_p 或粒径在 $d_p \sim d_p + \Delta d_p$ 范围内粉尘的除尘效率，其表达式为：

$$\eta_d = \frac{\Delta S_c}{\Delta S_i} \times 100\% \quad (3-5)$$

式中　ΔS_i、ΔS_c——粒径为 $d_p \sim d_p + \Delta d_p$ 范围内除尘器进口和捕集的粉尘流量，g/s

二、机械式除尘器

（一）重力沉降室

重力沉降室是利用含尘气体中的颗粒受重力作用而自然沉降的原理，将颗粒污染物与气体分离的简单除尘装置。如图 3-4（a）所示。含尘气流从入口管道进入比管道横截面积大得多的沉降室时，气体流速大为降低，较大的尘粒在沉降室内有足够的时间因重力作用而沉降下来。

重力沉降室一般是空心或在室内装有横向隔板或竖向挡板。如图 3-4（b）、（c）所示。在气流相同的情况下，装有横向隔板的沉降室的净化效果更好。因为隔板间基本上保持了相同的流动速度，而颗粒到达隔板通道底部的沉降距离更短，为了便于清灰，可将隔板装成可翻动式或倾斜式。

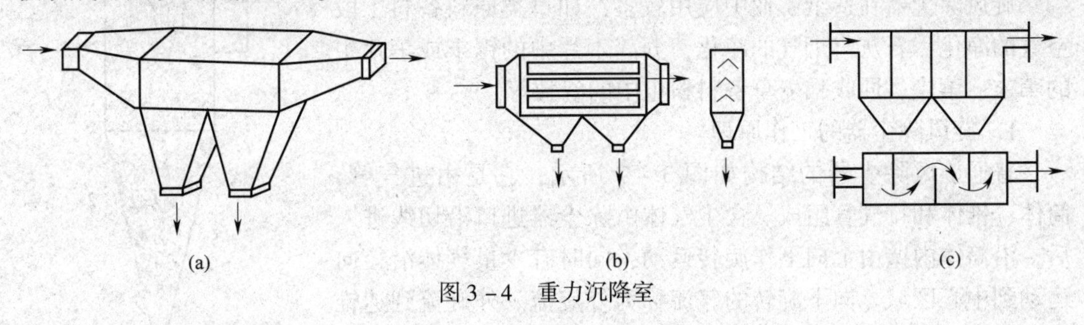

图 3-4　重力沉降室

（二）惯性除尘器

惯性除尘器是使含尘气流冲击在挡板上，或让气流方向急剧转变，借助尘粒本身的惯性力作用使其与气流分离的一种除尘装置。

惯性除尘器的工作原理如图 3-5 所示。当含尘气流冲击到挡板 B_1 上时，惯性力大的粗粒 d_1 首先被分离下来，而被气流带走的尘粒（如 d_2，$d_2 < d_1$）由于挡板 B_2 使气流方向改变，借助离心力的作用又被分离下来。可见，这类除尘器不仅依靠惯性力分离粉尘，还利用了离心力和重力的作用。

惯性力除尘器有多种结构形式，大致可分为碰撞式［图 3-6（a）、（b）］和回转式［图 3-6（c）、（d）］两大类。

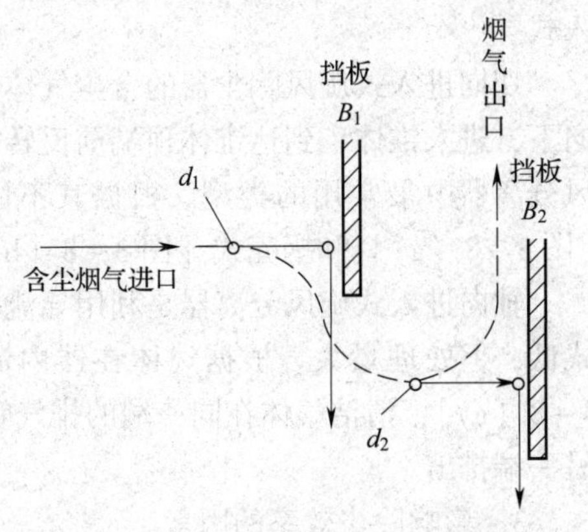

图 3-5　惯性除尘工作原理

（三）旋风除尘器

旋风除尘器是利用旋转气流的离心力使尘粒从气流中分离的装置，又称离心力除尘器。它具有结构简单，占地面积小，投资低，操作维修方便，压力损失中等，动力消耗不大，可利用各种材料制造，能用于高温、高压及腐蚀性气体，并可回收干颗粒物等优点，广泛用于各工业部门。用于分离粒径大于 5~10μm 的尘粒，其除尘效

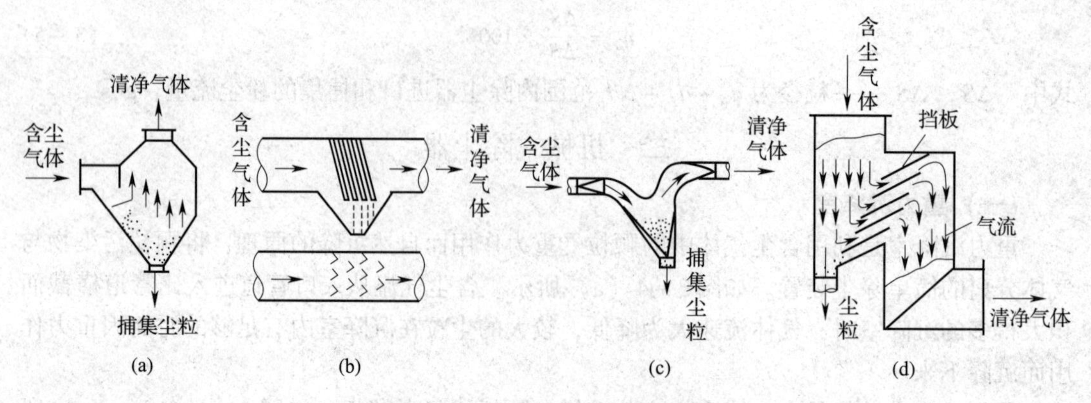

图3-6　惯性力除尘器示意图

率一般在90%左右；但对于捕集小于5μm颗粒的效率不高，常用于预除尘。

旋风除尘器在造纸工业中应用较多，如草类原料备料工段空气的净化，石灰窑烟气的净化，分离木片中的锯末或苇片中的苇末、苇尘，回收稻麦草备料粉尘中的谷粒等。

1. 旋风除尘器的工作原理

普通旋风除尘器的结构如图3-7所示，它是由进气管、筒体、锥体和排气管组成。含尘气体由除尘器进口沿切线进入后，沿筒体内壁由上向下作旋转运动，同时有少量气体沿径向运动到中心区域。向下旋转的气流称为外旋流。外旋流到达锥体底部后，转而向上，沿轴心向上旋转，最后从排出管排出。这股向上旋转的气流称为内旋流。向下的外旋流和向上的内旋流的旋转方向是相同的。在外旋流中，粉尘在离心力的作用下向边壁移动，到达边壁的粉尘在下旋气流和重力的共同作用下沿壁面落入灰斗。

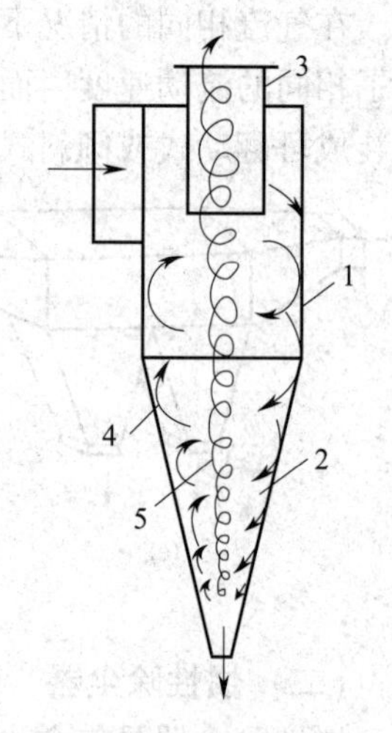

图3-7　旋风除尘器工作原理示意图

1—筒体　2—锥体　3—排气管　4—外旋流　5—内旋流

2. 旋风除尘器的分类

旋风除尘器的种类繁多，工业上通常按含尘气体的导入方式分为切向进入式和轴向进入式。

切向进入式旋风除尘器的含尘气体由筒体侧面沿切线方向导入，气流在圆筒部分旋转向下，进入锥体，到达锥体顶端前反转向上，清洁气体经由同一端的排气管引出，这是旋风分离器中最常用的类型。根据其不同进入形式，切向式旋风除尘器又可分为直入式［图3-8（a）］和蜗壳式［图3-8（b）］。

轴向进入式旋风分离器是利用导流叶片使气流在除尘器内旋转，除尘效率比切向进入式低，但处理量大。根据气体在器内流动方式轴向进入式又可分为，轴流逆转型［图3-8（c）］，清洁气体在同一端的排气管排出；轴流正交型［图3-8（d）］，清洁气体在另一端排出。

3. 影响除尘效率的因素

（1）进口风速或流量　进口流量增大，除尘效率提高，但风速过大，粗颗粒将以较大的速度到达器壁而被反弹回内旋流，然后被上升气流带出，影响除尘效率。实践证明，进口风速一般为 12～20m/s，不宜低于 10m/s，以防入口管道积灰。

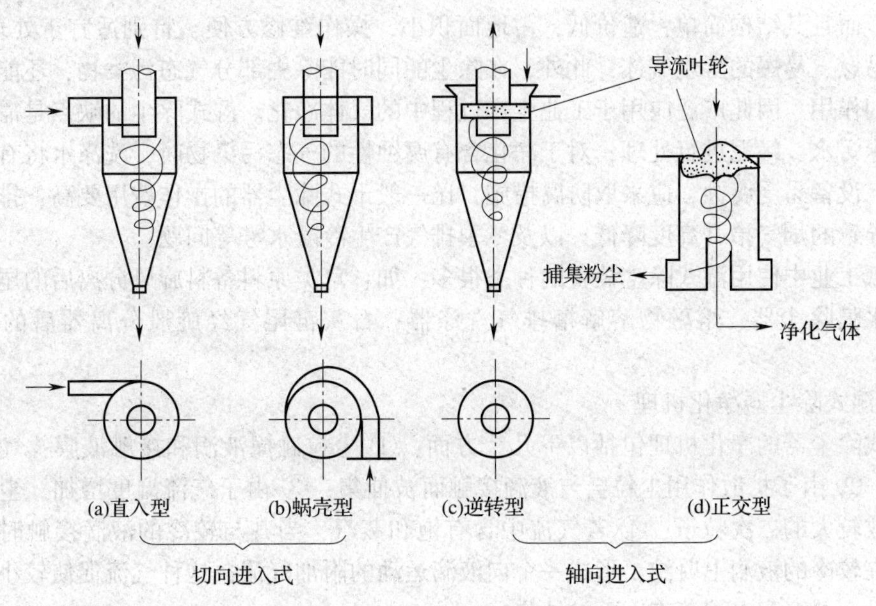

图 3－8　旋风分离器的几种类型

（2）除尘器结构尺寸　在其他条件相同时，筒体直径愈小，尘粒所受离心力愈大，除尘效率愈高。适当增加锥体长度，有利于提高除尘效率。减小排气管直径，对提高效率有利。

（3）粉尘粒径与密度　粒径大，受离心力大，除尘效率高；密度小，难分离，影响除尘效率。

（4）气体温度　温度提高时，气体黏度将增大，除尘效率降低。

（5）灰斗的气密性　即使除尘器在正压下工作，锥体底部也可能处于负压状态。若除尘器底部密封不严而漏空气，会把已经落入灰斗的粉尘重新带走，使除尘效率显著下降。实践证明，当漏气量达到除尘器处理气量的 15% 时，除尘效率几乎降为零。

三、湿式除尘器

1. 湿式除尘器的分类与特点

湿式除尘器是利用液体（通常为水）与含尘气体接触，依靠液滴、液膜、气泡等形式洗涤气体，使尘液黏附，而将粉尘与气体分离的净化装置，又称湿式气体洗涤器。

工程上使用的湿式除尘器的种类很多，根据能耗可以分为低、中、高能耗 3 类。低能耗湿式除尘器如喷雾塔和旋风洗涤器等，压力损失为 0.25～1.5kPa，对 10μm 以上尘粒的净化效率可达 90% 左右。中能耗湿式除尘器如冲击水浴除尘器、机械诱导喷雾洗涤器等，压力损失为 1.5～2.5kPa。高能耗湿式除尘器如文丘里洗涤器、喷射洗涤器等，除尘效率可达 99.5% 以上，压力损失为 2.5～9.0kPa，排气中的尘粒粒径可低于 0.25μm。根据湿式除尘器的净化机制，可将其分为 7 类，即重力喷雾除尘器，离心洗涤器，文丘里洗涤器，填料塔（填料床洗涤器），冲击水浴除尘器，泡沫除尘器（板式塔），机械诱导喷雾洗涤器。

湿式除尘器可以有效地将粒径为0.1～20μm的液滴或固体颗粒从气流中除去，除尘效率高；而且其结构简单，造价低，占地面积小，操作维修方便，特别适宜于处理高温、高温、易燃、易爆的含尘气体；此外，在除尘的同时能除去部分气态污染物，还能起到气体降温的作用。因此广泛应用于工业生产过程中的气体净化。湿式除尘的缺点是需对洗涤后的含尘污水、污泥进行处理；对于净化含有腐蚀性的气态污染物时，洗涤水将有一定的腐蚀性，设备易受腐蚀，应采取防腐措施，比一般干式除尘器的操作费用要高；排气温度降低而导致的烟气抬升高度降低，以及冬季排气产生冷凝水雾等问题。

造纸工业中使用湿式除尘装置的种类很多，如：草类原料备料旋风分离后的尾气净化常用的水膜除尘器、熔融物溶解槽排气洗涤器、石灰窑尾气经旋风分离器后的洗涤装置等。

2. 湿式除尘器净化机理

湿式除尘器的净化机理包括以下几个方面：① 尘粒碰撞液滴和接触液膜、气泡而黏附其上；② 由于扩散作用尘粒会与液滴接触而被捕集；③ 由于气流湿度增加，尘粒相互凝集形成较大的二次粒子；④ 若气流中含有饱和蒸汽，当其与较冷的液滴接触时，饱和蒸汽会在较冷的液滴上凝结，形成一个向液滴运动的附加气流，这种气流促使较小尘粒向液滴移动，并沉积在液滴表面而被捕集。

对于湿式除尘器，上述机理并非在同一时间内有效，根据除尘器形式的不同，各种机理所引起的作用也各不同。气流中的粉尘浓度和密度、液滴尺寸和性质、气流速度和流场形式、气体性质以及有无外加电场等因素，决定了以上各种机理对除尘效率所起的作用。一般情况下，湿式除尘器中液滴捕集尘粒的机理主要是惯性碰撞、拦截和扩散三种效应。

在湿式除尘器中，形成的液滴、液膜和气泡越多，比表面积越大，则与颗粒接触的机会就越多，除尘效率也就越高。

3. 重力喷雾除尘器

重力喷雾除尘器（又称喷雾塔或洗涤塔）为空心塔结构（如图3－9）。其除尘机理是：在空心塔中装有一排或数排雾化洗涤液的喷雾器，含尘气体由塔底向上运动，液滴由喷嘴喷出向下运动。因尘粒和液滴之间的惯性碰撞、拦截和凝聚等作用，使气体中的粒子被液滴捕集。

重力喷雾除尘器是湿式除尘器中结构最为简单的一种，具有结构简单，压力损失小，操作稳定方便等特点，但净化效率低，耗水量及占地面积大。广泛应用于净化粒径大于50μm的粉尘，对粒径小于10μm的粉尘的净化效率较低；一般不用作单独除尘，通常与高效洗涤器联用，起预净化、降温和增湿作用。

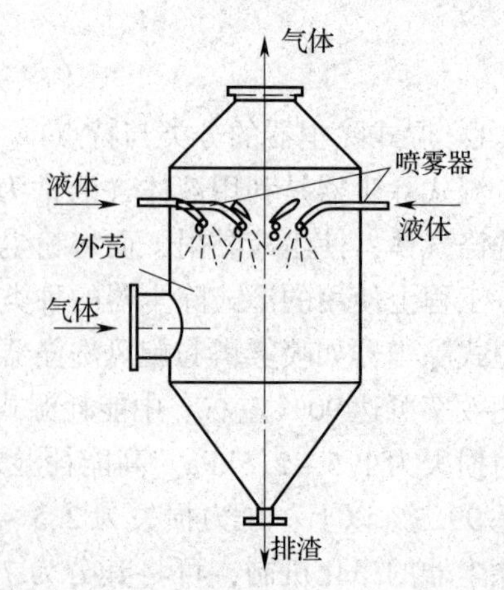

图3－9　逆流重力喷雾除尘器结构示意图

重力喷雾除尘器按其内截面形状，可分为圆形和方形两种类型；根据除尘器中含尘气体与捕集粉尘粒子的洗涤液运动方向的不同，可分为逆流、顺流和错流三种。

重力喷雾除尘器的压力损失一般为 250 ~ 500Pa，如果不计洗涤器中挡水板及气流分布板的压力损失，则其压力损失大约为 250Pa。当水压为 $1.4 \times 10^5 \sim 7.3 \times 10^5$Pa 时，液滴通常直径在 0.5 ~ 1.0mm 范围内，水汽比为 0.4 ~ 2.7L/m^3。

4．离心式洗涤器

把干式旋风除尘器的离心力原理应用于具有喷淋或在器壁上形成液膜的湿式除尘器中，就构成了离心式洗涤器。它与旋风除尘器相比，由于附加了水滴或水膜的捕集作用，除尘效率明显提高。它采用较高（15 ~ 45m/s）的入口气速，并从逆向或横向对旋转气流喷雾。比重力大得多的离心力把水滴甩向外壁形成壁流，减少了气流带水，增加了气液间的相对速度，不仅可以提高碰撞效率，采用更细的喷雾，壁流还可以将离心力甩向外壁的粉尘立即冲下，有效地防止了二次扬尘。

离心式洗涤器适于净化 5μm 以上的粉尘。在净化亚微米范围粉尘时，常将它串接在文丘里洗涤器之后，作为凝聚水滴的脱水器。离心式洗涤器的除尘效率一般可达 90% 以上，压损为 0.25 ~ 1.0kPa，特别适用于气量大和含尘浓度高的场合。

常见的离心式洗涤器有中心喷水切向进气离心式洗涤器、立式旋风水膜除尘器、卧式旋风水膜除尘器、旋流板塔式洗涤器等，下面重点介绍一下立式旋风水膜除尘器。立式旋风水膜除尘器广泛应用于我国南方造纸厂草类原料备料工段含尘气体的净化，其结构如图 3 - 10 所示，喷水沿切向喷向除尘器筒壁，使壁面形成一层很薄的不断下流的水膜，含尘气流由筒体下部导入，旋转上升，靠离心力甩向壁面的粉尘为水膜所黏附，沿壁面流下排走。

立式旋风水膜除尘器的气体入口速度范围一般为 15 ~ 22m/s，速度过大，不仅使压力损失激增，还会破坏水膜，造成尾气带水，降低除尘效率。筒体高度不小于 5 倍筒体直径，以保证旋转气流在洗涤器内的停留时间。筒体上部设有 3 ~ 6 个喷嘴，喷水压力 30 ~ 50kPa，耗水量 0.1 ~ 0.3L/m^3。这种除尘器的压力损失为 0.5 ~ 0.75kPa。最高允许进口含尘浓度为 2g/m^3。

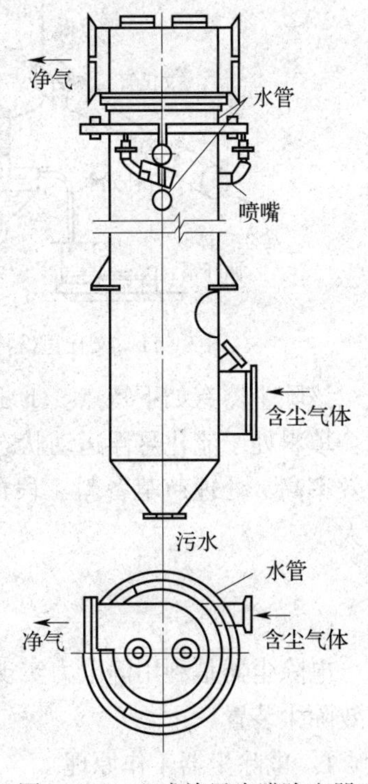

图 3 - 10　立式旋风水膜除尘器

5．文丘里洗涤器

文丘里洗涤器是一种常用的高效湿式除尘装置，常用于除尘和高温烟气降温，也可以用于吸收气态污染物。对 0.5 ~ 5μm 的尘粒，除尘效率可达 99%。但其阻力较大，运行费用较高。

文丘里洗涤器（图 3 - 11 所示）是把含尘气流，用文丘里管收缩形成高速气流，并在喉管小孔中喷入压力水，使尘粒撞击黏附在所雾化成的无数水滴上而被捕集；同时，将这种气液混合物引进气液分离器，水滴和尘粒在分离器中被分离，从而使含尘气流得到净化。

在文丘里洗涤器中，主要是由于喉管处的高速烟气流中的尘粒受被雾化水滴的碰撞，所以它们的粒径的大小是决定碰撞效率的重要因素，也直接关系到除尘效率。一般水滴的大小为尘粒直径的150倍左右为好，此值过大或过小，碰撞效率都会降低。比较大的尘粒，用较低的烟气流速就能捕集。尘粒越小，气流速度就应越高，即意味着要捕集越小的尘粒，能量的消耗就越大。文丘里管的进气流速一般为10～20m/s，喉管流速为60～90m/s，扩散管流速为20m/s，旋风分离器内流速一般为2.5～5.5m/s。

文丘里除尘器的除尘效率一般为85%～95%，压力降一般为3000～8000Pa，捕集粉尘的范围为0.1～100μm。其用水量随粉尘粒径、亲水性等的不同而异。一般情况下，10μm以上的粗尘粒或亲水性粉尘约为0.3L/m^3左右；10μm以下尘粒或疏水性粉尘，需要1.5L/m^3。

6. 流化床除尘器

流化床除尘器是属于填料床洗涤器中的一种，其结构与下节介绍的湍球塔类似。它是一种高效的湿式除尘设备，近来开始用于芦苇备料过程中粉尘的处理，其结构如图3－12所示。除尘器内由数段填料层组成，含尘气流进入除尘器时，首先经过风室，较大颗粒的粉尘因流速降低而沉降，部分粉尘在风室内与床层上部落下来的水滴因碰撞、黏附和扩散效应而被捕集，落入下部粉尘收集区。其余粉尘随气流一道进入流化床区域，在向上运动过程中，与填抖表面上的液膜接触而被捕集。

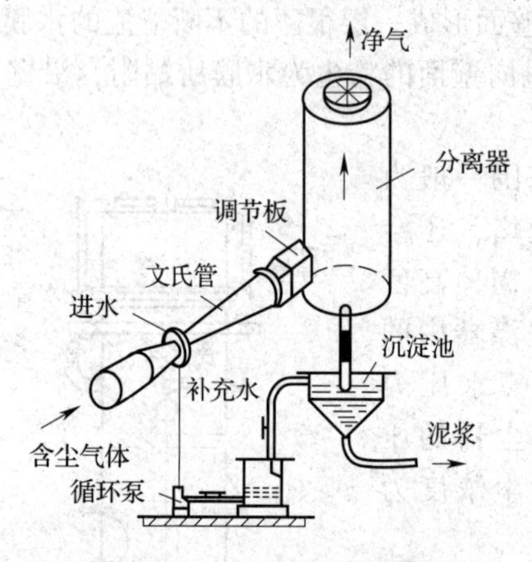

图3－11 文丘里洗涤器简图

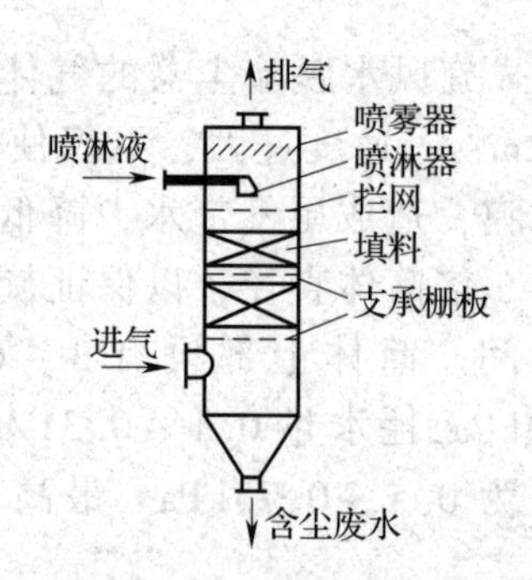

图3－12 流化床除尘器

该除尘器有如下特点：① 适应性广，填料表面液膜可捕集几乎所有粉尘；② 运行可靠，填料处于流化悬浮运动状态，支撑栅板的自由截面大，不会造成除尘器堵塞；③ 除尘效率高，处理芦苇备料工段的粉尘时，除尘效率可达96%以上；④ 单位面积处理气量大。

四、电除尘器

电除尘器是利用静电力实现粒子与气体分离沉降的除尘设备，是目前应用相当广泛的高效除尘装置。

1. 电除尘器工作原理

电除尘器主要由放电电极（电晕极）和集尘电极组成，放电极是阴极，集尘电极是阳极并接地，烟气从电极间通过。在两极间加上较高电压后，在放电电极附近的电场强度很大，而在集尘电极附近的电场强度相对很小，因此，两极之间的电场是不均匀强电场。其除尘原理如图 3－13 所示，它包括气体电离、粒子荷电、荷电粒子的迁移、颗粒的沉积与清除四个过程。

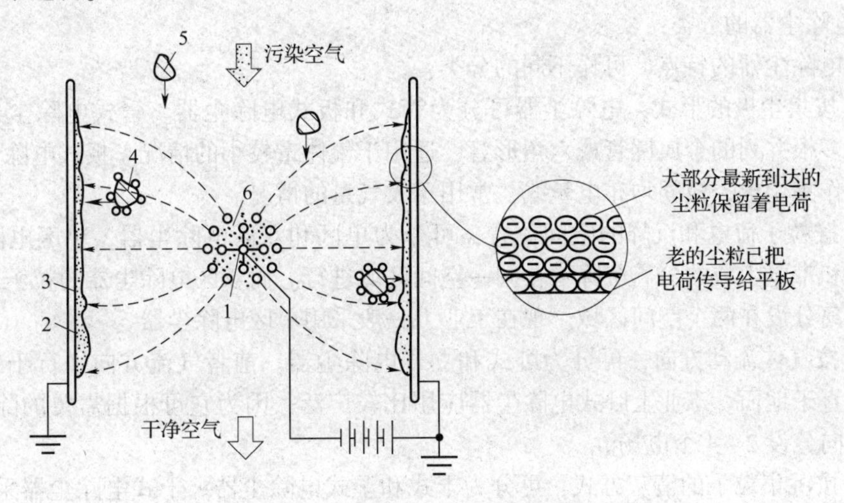

图 3－13　静电除尘器的基本原理

1—电晕极　2—集尘板　3—粉尘层　4—荷电的尘粒　5—未荷电的尘粒　6—电晕区

（1）气体电离　大气中由于宇宙线、放射线、雷电等作用而存在极少量的正、负离子。当向阴阳两极施加电压时，这种离子便向电极移动，形成电流。当电压升高到临界电压和临界电压以上时，具有足够能量的电子撞击通过极间的中性气体分子，使中性气体分子外层分离出一个电子，从而产生了一个正离子和自由电子。这个电子又将进一步引起撞击电离，如此重复多次，使电晕极周围产生大量的自由电子和气体离子，这一过程称为“电子雪崩”。在电子雪崩过程中，电晕极表面出现青紫色光点，并发出嘶嘶声，这种现象叫电晕放电。这些自由电子和气体离子在电场作用下，向极性相反的方向运动。在电晕极上加的是负电压，则产生的是负电晕；反之，则产生的是正电晕。

（2）粒子荷电　粒子有两种荷电过程，一种是离子在电场力作用下作定向运动，并与粒子碰撞而使粒子荷电，称为电场荷电；另一种是由离子的扩散而使粒子荷电，称为扩散荷电。粒径大于 1μm 的颗粒，电场荷电占优势；粒径小于 0.2μm 的颗粒，扩散荷电占优势；粒径为 0.2～1.0μm 的颗粒，两种荷电都必须考虑。

粒子荷电的形式也主要有两种：一是电子直接撞击颗粒，使粒子荷电；另一种是气体吸附电子而成为负气体离子，此离子再撞击颗粒而使粒子荷电。在电除尘中主要是后一种荷电形式。

（3）荷电粒子的迁移和沉积　荷电粒子在电场力的作用下，将朝着与其相反的集尘极移动。颗粒荷电愈多，所处位置的电场强度愈大，则迁移的速度愈大。当荷电粒子到达集尘极处，颗粒上电荷与集尘极上的电荷中和，从而使粒子恢复中性，此即粒子的放电过程。

（4）颗粒的清除　气流中的颗粒在集尘极上连续沉积，极板上颗粒层厚度就不断增大，最靠近集尘极的颗粒已把大部分电荷传导给极板，因而使集尘极与这些颗粒之间的静电引力减弱，颗粒将有脱离极板的趋势。但是由于颗粒层电阻的存在，靠近颗粒层外表面的颗粒没有失去其电荷，它们与极板所产生的静电力可足以使靠极板的非荷电颗粒被“压”在极板上。因此，必须用振打的方式或其他清灰方式将这些颗粒层强制破坏，并使其落入灰斗，而从除尘器中排出。

2. 电除尘器的分类

根据电除尘器的特点，可作不同的分类：

（1）按集尘极的形式，电除尘器可分为管式和板式电除尘器。管式电除尘器的集尘极一般为多根并列的金属圆管或六角形管，适用于气体量较小的情况。板式电除尘器采用平行钢板作集尘极，极间均布电晕线，常用于大气量的情况。

（2）按粒子荷电和沉降的空间位置，可分为单区和双区电除尘器。单区电除尘器的粒子荷电和带电尘粒的分离沉降皆在同一空间区域进行。而双区电除尘器的粒子荷电和带电尘粒分离分设在两个空间区域。现在工业上一般采用单区电除尘器。

（3）按气体流动方向，可分为卧式和立式电除尘器。前者气流方向平行于地面，后者气流垂直于地面。工业上卧式电除尘器应用比较广泛，因为它可根据需要的除尘效率，沿气流方向分设 2 ~4 个电场。

（4）按沉集粒子的清灰方式，可分为干式和湿式电除尘器。干式电除尘器采用机械、电磁、压缩空气等振打清灰；湿式电除尘器是通过喷雾或溢流水等方式使集尘极表面形成一层水膜，将沉集在其上的尘粒冲走。管式电除尘器常采用湿式清灰，可避免二次扬尘，但存在腐蚀和污水、污泥的处置问题。板式电除尘器大多采用干式清灰，回收的干粉尘便于处理和利用，但振打清灰时存在二次扬尘问题。

3. 影响电除尘器除尘效率的因素

影响电除尘效率的因素很多，主要有气体的含尘浓度、组成、温度、压力和流速、粉尘的比电阻、尘粒粒径、电场强度以及电极形状、集尘极的清洁状态等。其中粉尘比电阻是最重要的因素。当电阻率为 $10^4\Omega \cdot cm$ 以下时，被集尘极吸附的荷电尘粒电性中和过早，而发生尘粒二次飞扬。实践证明，粒子的电阻率在 $1 \times 10^4 \sim 5 \times 10^{10}\Omega \cdot cm$ 的范围内，最适宜静电除尘。由于电性中和适当，可获得较高的除尘效率。

如果粉尘的电阻率达到 $10^{11}\Omega \cdot cm$ 以上，则在集尘极上的粉尘层两界面间的电位差逐渐升高，绝缘被破坏，随即在集尘极上发生正电晕，这种现象称为反电电晕。这种正电晕的发展，就频繁地发生火花放电，导致极电压降低，除尘效率下降。当电阻率大于 $10^{12} \sim 10^{13}\Omega \cdot cm$ 时，火花放电现象消失，而出现荧光现象，同时有很大的正电晕电流。除尘时可采用烟气中喷入水或水蒸气等办法，增加湿度，降低电阻率，使除尘效率提高。

4. 电除尘器的结构

板式电除尘器的本体结构如图 3 – 14 所示，主要由放电极、集尘极、清灰装置、气流分布装置、灰斗、壳体和供电装置组成。

（1）放电极　常见的电晕线型式有光圆线、星形线、芒刺线、锯齿线、麻花线、螺旋形线等。其中星形线常用于含尘浓度较低的场合；芒刺线常用于含尘浓度高或粉尘比阻较高的场合。电晕线之间距离一般为 200 ~300mm。

（2）集尘极　板式电除尘器的集尘极有平板式和型板式。平板式刚度较差，清灰时二次扬尘严重。型板式包括 Z 形、C 形、CS 形和波浪形等，其捕集效率高，清灰方便，使用广泛。在通常 60 ~ 72kV 供电压时，极板间距一般为 200 ~ 350mm。

（3）清灰装置　电除尘器在运行中，电晕极和集尘极上都会有粉尘沉积。粉尘沉积在电晕极上会影响电晕电流的大小和均匀性，一般方法采取振打清灰方式清除。从集尘极清除已沉积的粉尘的主要目的是防止粉尘重新进入气流。在湿式电除尘器中，用水冲洗集尘极板；在干式电除尘器中，一般用捶击振打、跌落振打和电磁振动三种清灰方式。

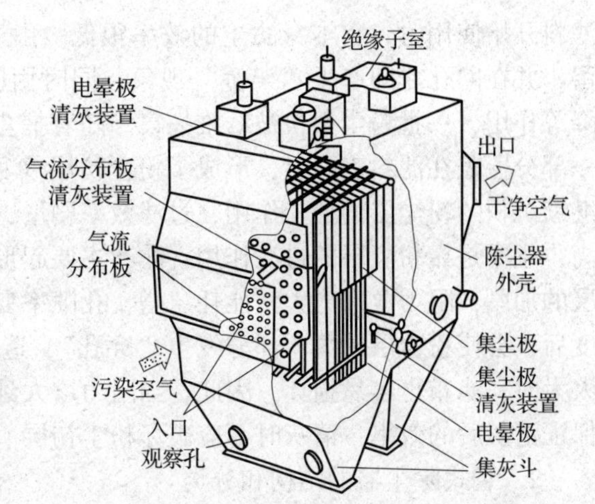

图 3－14　平板型干式电除尘器的本体结构

5. 电除尘器的特点

电除尘器的特点主要有：

（1）分离力（主要是静电力）直接作用在粒子上，而不像其他除尘器作用在整个气流上。因此，能耗低，一般为 0.2 ~ 0.4kW · h/1000m^3，压力损失小，一般为 100 ~ 200Pa。

（2）电除尘器除尘效率可达到 99% 以上，能够铺集 0.01μm 以上的细微粉尘。

（3）处理烟气量大，可达 10^5 ~ 10^6m^3/h。

（4）适用范围广，可处理各种不同性质的烟气，也可用于高温、高湿气体的处理，温度可高达 500℃，湿度可达 100%，而且还能处理易爆气体。

（5）维护简单，运行费用低，能连续运行，自动化程度高。

（6）除尘效率受粉尘比电阻影响较大，一般对比电阻小于 10^4 ~ 10^5Ω · cm 或大于 10^{10} ~ 10^{11}Ω · cm 的粉尘，若不采用一定措施，除尘效率将受到影响。

（7）设备庞大（气速较低，1m/s 左右），耗钢量大，投资高（仅电除尘器本体就需 7000 元/1000m^3/h）。电除尘器的应用范围广，目前制浆造纸碱回收炉烟气的除尘大多采用电除尘器。碱回收炉含有各种成分的烟尘，其量为 60 ~ 90kg/t 浆，进入电除尘器被收集的有 45 ~ 68kg/浆。

碱回收炉烟气成分复杂，除含有碱尘外，还有 H_2S、CH_3SH、SO_2、SO_3、NO_x 等酸性气体污染物。目前，国家排放标准比较宽松，碱炉烟气采用电除尘可达标排放；随着排放标准的提高，碱炉烟气净化将需要采用多级处理，可首先用电除尘器除去烟气中的粉尘，再用洗涤器以稀碱液进行洗涤，进一步去除其中的气态污染物。

五、过滤式除尘器

过滤式除尘器有内部过滤和表面过滤两种方式。内部过滤是把松散的滤料（如玻璃纤维、金属绒、硅砂和煤粒等）以一定体积填充在框架或容器内作为过滤层，尘粒在过滤材料内部被捕集，而对含尘气体进行净化。如颗粒层过滤器、纤维填充床过滤器等。主要用于通风或空气调节方面的气体净化。表面过滤是采用织物等薄层滤料，以粉尘初层为过滤层，进行微粒的捕集。由于织物一般做成袋形，故又称袋式过滤器，主要用于工业尾气的除尘。

1. 过滤除尘的基本原理

织物滤料本身的网孔一般为 10 ~ 50μm，表面起绒滤料的网孔也有 5 ~ 10μm，因而新滤料开始使用时，它本身滤尘的效率很低。由于粒径大于滤料网孔的少量尘粒被筛滤阻留，并在网孔之间产生“架桥”现象；同时由于碰撞、拦截、扩散、静电吸引和重力沉降等作用，一批粉尘很快被纤维捕集。随着捕尘量不断增加，一部分粉尘嵌入滤料内部，一部分覆盖在滤料表面上，形成了粉尘初层（见图 3－15）。由于粉尘初层及其后在其上继续沉积的粉尘层的捕尘作用，过滤效率剧增，阻力也相应增大。袋式除尘器之所以效率高，主要是靠粉尘层的过滤作用，滤布主要起形成粉尘层和支撑它的骨架作用。随着集尘层的加厚，阻力愈来愈大，能耗急增，孔隙率变小，气流通过的速度增大，增大到一定程度后，会使粉尘层的薄弱部分发生“穿孔”，造成“漏气”现象，使除尘效率降低；阻力太大时，滤布也容易损坏。因此，当阻力增大到一定值时，必须清除滤料上的集尘。为了保证清灰后的效率，清灰时不应破坏粉尘初层。

2．袋式除尘器的结构和分类

袋式除尘器的结构如图 3－16 所示。它主要由滤袋、清灰装置、灰斗和外壳组成。

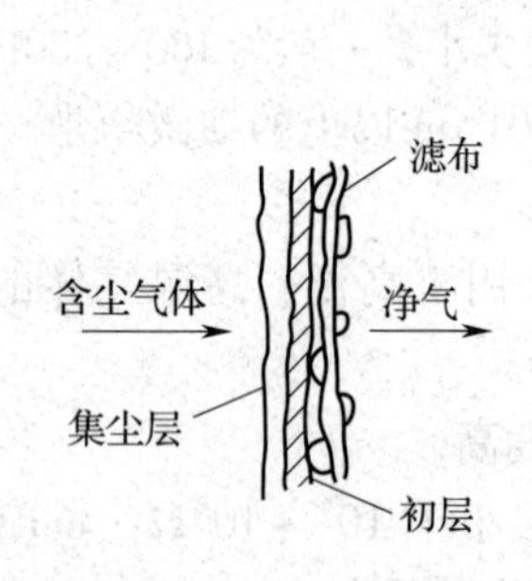

图 3－15　滤料的过滤过程

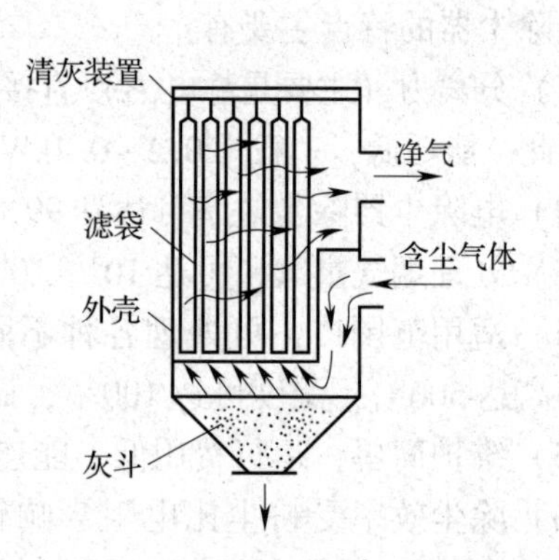

图 3－16　袋式除尘器结构示意图

袋式除尘器的除尘效率、压力损失、过滤风速及滤袋寿命等皆与清灰方式有关，故工业上多按清灰方式分类命名。按此分类，可分为简易清灰式、机械振动清灰式、逆气流反吹清灰式、移动气环反吹清灰式、脉冲喷吹清灰式、机械振动与反气流联合清灰式和声波清灰式袋式除尘器等。其中机械振动式和逆气流反吹式属于间歇清灰方式，没有伴随清灰而产生的粉尘外逸现象，除尘效率高；气环反吹式和脉冲喷吹式属连续清灰方式，适宜于处理高浓度含尘气体。此外，还可根据除尘器内压力分为负压式与正压式袋式除尘器；按进气方式分为上进气式和下进气式袋式除尘器；按过滤方式分为内过滤式与外过滤式袋式除尘器。

3．影响过滤效率的主要因素

袋式除尘器是高效的除尘装置，除尘效率可达到 99.9% 以上，影响其除尘效率的因素主要有：

（1）滤布的积尘状况　清洁滤料（新的或清洗后的）滤尘效率最低，积尘后效率升高，振打清灰后效率有所下降。

（2）滤料结构　不起绒的素布滤尘效率最低，且清灰后效率急剧下降。起绒滤料（呢料、毛毡）的容量大，滤尘效率高，清灰后效率下降不多。

（3）过滤风速　袋式除尘器的过滤风速是指含尘气体通过滤料的平均速度。过滤速度的大小主要影响惯性碰撞和扩散作用。对大于 1μm 的粒子，惯性碰撞占主导地位，为提高效率，须增大风速；对小于1μm的粒子，扩散占主导地位，为提高效率，须减小风速。

4. 袋式除尘器的性能特点和应用

袋式除尘器具有如下特点：

（1）它是一种典型的高效除尘器，可用于净化粒径在0.1μm以上的含尘气体，除尘效率可达到99.9%以上，且性能稳定可靠，操作简便。

（2）适应性强，可捕集各种性质的粉尘，不会因粉尘比电阻等性质而影响除尘效率。

（3）适应烟尘浓度范围大，而且入口含尘浓度和烟气量波动范围大时，也不会明显影响除尘效率和压力损失。

（4）规格多样，使用灵活。处理风量可由不足200m^3/h直至数百万m^3/h。既可直接设于室内产尘设备近旁的小型机组，也可制成大型的除尘器室。

（5）便于回收物料，没有污泥处理，废水污染等问题，维护简单。

（6）应用范围受滤料耐温、耐腐蚀等性能的限制，特别是长期使用，温度应低于280℃以下。当含尘气体温度过高时，需要采取降温措施，导致除尘系统复杂化和造价提高。

（7）在捕集黏性强及吸湿性强的粉尘或处理露点很高的烟气时，容易堵塞滤袋，此时需采取保温或加热措施。

（8）占地面积较大，滤袋易损坏，换袋困难，劳动条件差。

随着袋式除尘技术的发展以及环保要求的日益提高，袋式除尘器的应用范围越来越广，目前，袋式除尘器已广泛用于电力、冶金、化工、造纸、医药、铸造、矿山、饲料、建材、粮食加工等行业处理各种高温、高湿、黏结、爆炸、腐蚀性气体。

六、除尘设备的比较和选择

在除尘系统设计过程中，比较理想的除尘设备的选择应该是既能在技术上满足工业生产和环保排放标准的要求，同时又要在经济上合理。表3－6比较了几种除尘装置的主要性能。为了满足上述要求，在除尘设备选择时主要应考虑如下问题。

表3－6　各种除尘装置的实用性能比较

名称	处理粉尘粒径/μm	除尘效率/%	压力损失 Δp/Pa
重力除尘器	50以上	40～60	100～150
旋风除尘器	3～100	40～80	500～1500
湿式除尘器	0.1～100	80～95	3000～3800
过滤式除尘器	0.1～20	90～99.99	1000～2000
电除尘器	0.05～20	80～99.8	100～200

（1）气体排放标准　选用的除尘设备必须满足排放标准规定的排放限额要求。对于运行状况不稳定的系统，要注意烟气处理量变化对除尘效率和压力损失的影响。

（2）粉尘颗粒的大小　图3－17表示了除尘装置可能捕集尘粒的大致范围。从图可见，当粉尘粒径在100μm以上时，应选用沉降室；粒径在10μm以上时，应选用旋风除尘器；在数微米以下的微粒占多数时，可采用湿式除尘器、袋式除尘器或电除尘器。

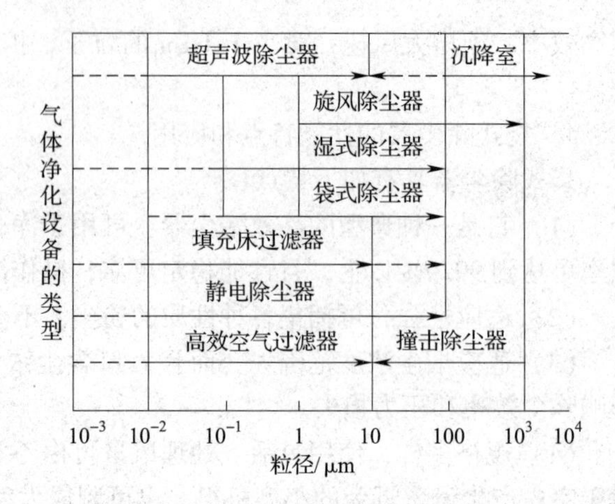

图 3－17　气体净化装置可能捕集尘粒的大致粒径范围

注：……表示可沿用的范围

（3）粉尘相对密度　粉尘相对密度对除尘装置的除尘性能影响很大。所有除尘装置的一个共同点是堆积密度越小，尘粒的分离捕集就越困难，而且一次捕集下来的粉尘，产生二次飞扬的也多。

（4）含尘浓度　① 重力、惯性力和离心力除尘装置，一般来说，进口的含尘浓度愈大，除尘效率愈高。但是，这样一般会增大出口的浓度。因此仅从除尘效率而言，不能笼统地说除尘装置的好坏；② 对文丘里洗涤器、喷射洗涤器等洗涤装置，为减少喉管的磨损和喷嘴的堵塞等，希望初始含尘浓度在 $10g/m^3$ 以下；③ 在过滤除尘装置中，越是低的初始含尘浓度，整体的除尘性能越好。在高的初始含尘浓度情况下，希望采用压力损失变化小的连续除尘方式；④ 静电除尘通常在初始含尘浓度约为 $30g/m^3$ 以下范围内使用；⑤ 气体的含尘浓度较高时，在电除尘器或袋式除尘器前应设置低阻力的初净化设备，去除粗大尘粒。

（5）粉尘黏附性　烟尘的粒径越小，比表面积越大，就越易黏附。旋风除尘器中，粉尘因黏附于壁上而不脱落，易发生堵塞。粉尘的黏附力大，易造成袋式除尘器滤布网眼堵塞、电除尘装置放电极肥大和集尘极粉尘堆积。

（6）粉尘电阻　对电除尘，粉尘的电阻率应在 $10^4 \sim 5\times10^{10}\Omega\cdot cm$ 范围内。

（7）烟气温度　① 干式除尘装置必须在排出烟气的露点以上的温度下进行；② 在洗涤除尘装置中，由于水的蒸发和排放到大气后的冷凝等原因，应尽可能在低温下进行处理；③ 采用过滤除尘器，直接或间接地处理烟气的温度应降到过滤介质耐热温度以下。一般玻璃纤维滤布的使用温度为 250℃ 以下，其他滤布则在 80～150℃ 以下；④ 电除尘器的使用温度在 500℃ 以下，结合考虑烟气的电阻率来选择处理烟气的温度。

（8）根据含尘气体的流量及粉尘的性质选择除尘装置，在决定处理量时，应有一定的富余量。

（9）选择除尘设备时，必须同时考虑收集的粉尘的处理问题，有些工厂工艺本身设有泥浆废水处理系统，或采用水力输灰方式，在这种情况下，可以考虑采用湿法除尘，把除尘系统的泥浆和废水纳入工艺系统。

（10）选择除尘器时，必须考虑设备的一次性投资（设计、安装和工程等）以及操作运行费用，表3－7比较了几种常见除尘器的投资费用和运行费用。同时，还要考虑设备的位置、可利用的空间和环境条件等因素。

表 3－7　几种常见除尘器的投资和运行费用比较

设备	相对投资费用	相对运行费用
高效旋风除尘器	100	100
文丘里洗涤器	220	500
袋式除尘器	250	250
塔式洗涤器	270	260
电除尘器	450	150

第三节　气态污染物净化技术基础

工业生产过程排出来的有害气体种类很多，主要有硫氧化物、氮氧化物、氯氧化物、卤化物、碳氧化物及碳氢化合物等。气态污染物是以分子状态存在的，因此，工业废气、烟气通常是气体混合物。气体净化技术是使气态污染物从气流中分离出来或者转化成无害物质的方法与措施。根据作用原理不同，气态污染物的净化方法可分为吸收法、吸附法、催化转化法、燃烧法、生物处理法、膜分离法、冷凝法、等离子体法等。造纸工业上应用较多的是吸收法、燃烧法、微生物法、冷凝法和催化转化法等，下面将作重点介绍。

一、吸收法净化气态污染物

吸收法净化是利用气态污染物中各组分在吸收剂中的溶解度不同，通过废气与吸收剂直接接触，将其中一种或几种污染物组分吸收，而将污染物从气流中分离出来的操作过程。吸收净化法一般采用填料塔、喷雾塔、板式塔和鼓泡塔等。吸收设备的主要功能是造成足够的相界面使两相充分接触。

吸收分为物理吸收和化学吸收两种。前者比较简单，可以视为单纯的物理溶解过程。例如用水吸收氯化氢气体。化学吸收是在吸收过程中吸收质与吸收剂之间发生了化学反应，例如用碱液吸收氯气或二氧化硫气体。

吸收法不仅可以净化废气，有时还可以将某些污染物转化成有用的产品进行综合利用，例如用烧碱吸收废气中的 SO_2，可制备成亚硫酸钠副产物。吸收净化法值得注意的一点就是吸收后的吸收剂需要进一步处理后排放或回用，以免造成二次污染。与化工生产的吸收过程相比，吸收净化废气的特点是废气量较大，污染物含量较低，要求净化浓度高，因此通常选用化学吸收法。

（一）吸收净化的基本原理

1. 吸收过程的气液平衡

（1）物理吸收的气液相平衡　在一定的温度和压力下，气液两相接触后，吸收质便由气相向液相转移，随着液体中吸收质浓度的逐渐增高，吸收速率逐渐减小，解吸速率逐渐增大。经过一段时间接触后，吸收速率和解吸速率相等，即吸收质在气相中的分压及其在液相中的浓度不再变化，此时气液两相达到平衡状态，简称相平衡。在平衡状态下，被吸收气体在溶液上方的分压称为平衡分压；可溶气体在溶液中的浓度称为平衡浓度，或平衡溶解度，简称溶解度。

溶解度不仅与气体和液体的性质有关，而且与吸收体系的温度、总压和气相组成有关。图 3－18 表示了 1.103×10^6Pa 时 SO_2 在不同温度下在水中的溶解度。气体的溶解度与温度有关，一般来说，随着温度的升高、溶解度下降；温度一定时，溶解度随溶质分压升高而增大。在吸收系统中，增加气相总压，组分的分压会增高，溶解度也随之增大。

图 3－18 中的曲线称为 SO_2 气体在水中的溶解度曲线，也称作平衡曲线。在分压较低时，气体的溶解度曲线通常是通过原点的直线，但分压偏高时则与直线偏差很大。

当系统总压不太高（$<5\times10^5$Pa），温度一定时，稀溶液中气体溶质的溶解度与气相中溶质的平衡分压成正比，此时气液两相之间的平衡关系可用亨利定律来表达

$$p_e = Ex \quad (3-6)$$

式中 p_e——溶质在气相中的平衡分压，kPa

x——平衡状态下，溶质在溶液中的摩尔分数

E——亨利系数，kPa

亨利定律不适用于吸收液浓度高的情况，也不适用于化学吸收过程，只适用于较难溶的气体，对于较易溶的气体，仅用于液相浓度非常低的情况。

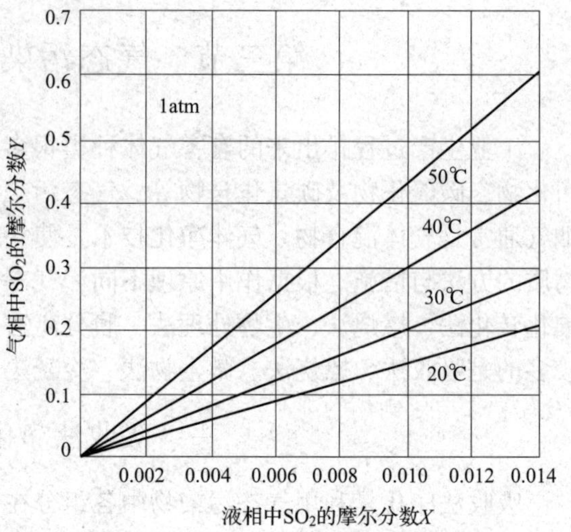

图 3-18 SO_2 的溶解度曲线

当溶质在液相的浓度用单位体积溶液中含溶质的量浓度来表示时，亨利定律可以写

$$p_e = \frac{c}{H} \quad (3-7)$$

式中 c——液相吸收质浓度，$kmol/m^3$

H——溶解度系数，$kmol/(m^3 \cdot kPa)$

p_e——溶质在气相中的平衡分压，Pa

若溶质在气相中的分压用摩尔分数 y_e 表示，那么亨利定律又可写成

$$y_e = mx \quad (3-8)$$

式中 m——相平衡常数，量纲为 1，该值越大，溶解度越小

（2）化学吸收的气液相平衡　在吸收过程中，如果溶于液体中的吸收质与吸收剂发生了化学反应，则被吸收组分在气液两相的平衡关系既应满足相平衡关系，又应服从化学平衡关系。

设被吸收组分 A 与溶液中所含的 B 组分发生可逆反应生成反应产物 M 和 N，则相平衡和化学平衡关系可表示为

$$\begin{array}{l} a\mathrm{A}(\text{波}) + b\mathrm{B} \xrightleftharpoons{\text{化学平衡}} m\mathrm{M} + n\mathrm{N} \\ \Big\Updownarrow \text{气液相平衡} \\ a\mathrm{A}(\text{气}) \end{array} \quad (3-9)$$

化学平衡常数为

$$K = \frac{a_M^m a_N^n}{a_A^a a_B^b} = \frac{c_M^m c_N^n}{c_A^a c_B^b} \cdot \frac{\gamma_M^m \gamma_N^n}{\gamma_A^a \gamma_B^b} = K_\gamma \cdot \frac{c_M^m c_N^n}{c_A^a c_B^b} \quad (3-10)$$

式中 a_A、a_B、a_M、a_N——各组分的活度

c_A、c_B、c_M、c_N——各组分的浓度

γ_A、γ_B、γ_M、γ_N——各组分的活度系数

a、b、m、n——各组分计量系数

K_γ——活度系数常数

因为吸收过程溶液的浓度通常较低，可视为理想溶液，因此 $K_\gamma = 1$。

由 3-10 可得

$$c_A = \left(\frac{c_M^m c_N^n}{K c_B^b}\right)^{\frac{1}{a}} \tag{3-11}$$

将式 3 - 11 代入 3 - 7 可得

$$p_{A,e} = \frac{c_A}{H} = \frac{1}{H}\left(\frac{c_M^m c_N^n}{K c_B^b}\right)^{\frac{1}{a}} \tag{3-12}$$

在化学吸收中，组分 A 在溶液中转变成了游离态的 A 与化合态的 A 两部分。与物理吸收相比，在 $1/H$ 相同时，组分 A 在溶液中的平衡分压相对较低；或者说，气相分压相同时，发生化学反应后，组分 A 的溶解度增加。

2. 吸收速率

（1）双膜理论　用吸收法处理含气态污染物的废气，是使污染物从气相传递到液相中去，是气、液两相之间的物质传递。描述两相之间传质过程的理论很多，目前应用最为广泛的是双膜理论。它不仅适用于物理吸收，也适用于伴有化学反应的化学吸收过程。图 3 - 19 是双膜理论示意图。

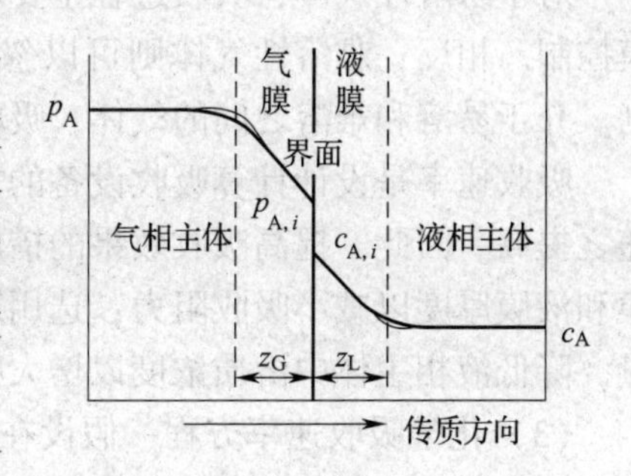

图 3 - 19　双膜理论示意图

双膜理论认为气液两相接触时，两相间有一界面，界面两侧分别有一层稳定的滞流薄膜，气相侧为气膜，液相侧为液膜。溶质分子靠湍流扩散由气相主体到气膜，依靠分子扩散由气膜穿过界面到液膜，然后依靠湍流扩散到达液相主体。气相和液相主体中的湍流扩散过程进行得极快，阻力可以忽略，两相主体内的浓度梯度皆为零。传质过程的阻力来自气膜和液膜，在气膜和液膜中传质缓慢，整个传质过程的浓度变化集中在双膜内。在气相中溶质分子在分压差作用下向界面扩散，由于界面上溶质分子数量增加，打破了原来的平衡状态，从而一部分溶质分子进入液相，再建立起新的平衡状态。进入液膜的溶质由于浓度差的作用向液相主体扩散。

（2）吸收速率方程　吸收速率是指在单位时间内，单位气液两相界面面积上被吸收剂所吸收的溶质的量。吸收速率的一般表达式为“吸收速率 = 吸收推动力 × 吸收系数”，或者“吸收速率 = 吸收推动力/吸收传质阻力”。

吸收传质过程的推动力是气相中溶质分压 p 与平衡分压 p_e 之差，$\Delta p = p - p_e$；或者是液相中溶质浓度 c 与平衡溶解度 c_e 之差，即 $\Delta c = c - c_e$。吸收速率方程可表示为：

$$N_A = k_G(p_A - p_{A,i}) = K_G(p_A - p_{A,e}) \tag{3-13}$$

或者，

$$N_A = k_L(c_{A,i} - c_{A,L}) = K_L(c_{A,e} - c_{A,L}) \tag{3-14}$$

式中　N_A——溶质 A 的吸收速率，kmol/（m^2·s）

p_A、$p_{A,e}$——分别为气相中吸收质 A 的分压及与液相主体中吸收质浓度 $c_{A,L}$ 平衡的气相分压，kPa

$c_{A,L}$、$c_{A,e}$——液相中吸收质 A 的浓度及与气相主体中组分 A 分压 p_A 平衡的液相中 A 组分浓度，kmol/m^3

$p_{A,i}$——气相中吸收质 A 在界面处的分压，kPa

$c_{A,i}$——液相中吸收质 A 在界面处的浓度，kmol/m^3

k_G、K_G——分别为气膜吸收系数和气相总吸收系数，kmol/（m^2·s·kPa）

k_L、K_L——分别为液膜吸收系数和液相总吸收系数，m/s

根据双膜理论，总吸收系数和气膜、液膜吸收系数的关系可表示为：

$$K_G = \frac{1}{\frac{1}{k_G} + \frac{1}{H_A k_L}} \tag{3-15}$$

$$K_L = \frac{1}{\frac{H_A}{k_G} + \frac{1}{k_L}} \tag{3-16}$$

对于易溶性气体，吸收过程主要取决于气膜阻力，液膜阻力可以忽略，吸收过程为气膜控制。相反，难溶性气体则可以忽略气膜阻力，只考虑液膜阻力，吸收过程为液膜控制。介于易溶和难溶之间的气体，吸收过程为双膜控制。气膜和液膜阻力都要同时考虑。

吸收速率是设计计算吸收设备的重要参数，吸收速率高，吸收设备单位时间内吸收量随之提高。因此，提高吸收效果的措施主要有：提高气、液两相的相对运动速度，降低气膜和液膜厚度以减小吸收阻力；选用对吸收质溶解度大的溶液作吸收剂；适当地提高供液量，降低液相主体中溶质浓度以增大吸收推动力；增大气、液两相的接触面积。

（3）化学吸收速率方程　假设在化学吸收中，被吸收组分 A 与吸收剂中的反应物 B 发生反应生成产物 R，该化学吸收过程可归纳为以下五个步骤，即，气相反应物 A 由气相主体通过气膜向界面扩散；反应物 A 由相界面向液相扩散；反应物 A 在液膜或液相主体与反应物 B 反应，形成反应区；产物 R 若为液相产物，则向液相主体扩散，若为气态产物，则自界面向气相主体扩散；气态产物自界面向气相主体扩散。

化学吸收速率既决定于化学反应速率，又取决于扩散速率。在吸收过程中，当传质速率远大于化学反应速率时，吸收速率取决于后者，称为动力学控制。相反，当化学反应速率远大于扩散速率时，吸收速率取决于传质过程，被称为扩散控制。由于化学反应使吸收质在液相中浓度减小，相应地增大了吸收推动力，提高了吸收速率。一般化学吸收速率方程可表示如下

$$N_A = \beta k_L (c_{A,i} - c_{A,L}) \tag{3-17}$$

式中　β——增强因子，反映了由于化学反应使吸收速率增加的倍数，量纲为 1

k_L——物理吸收过程液膜吸收系数，m/s

$c_{A,i}$——气液相界面上未发生化学反应的吸收质浓度，kmol/m^3

$c_{A,L}$——液相中未发生反应的吸收质浓度，kmol/m^3

增强系数 β 是与反应级数、反应速率常数、化学平衡常数、液相中各组分浓度、扩散系数、液相的流动状态等诸多因素有关的较为复杂的系数。如果化学反应为瞬间不可逆反应，则 $\beta \gg 1$。

（二）吸收设备

1. 吸收设备的基本要求和分类

气态污染物吸收净化过程通常是在塔内进行的。为了强化吸收过程，降低设备的投资和运行费用，吸收设备应满足的基本要求有：气液之间应有较大的接触面积和一定的接触时间；气液之间扰动强烈、吸收阻力低、吸收效率高；气流通过时的压力损失小，操作稳定；结构简单，制作维修方便，造价低廉；应具有相应的抗腐蚀和防堵塞能力。

吸收净化设备的结构形式有多种，常用的填料塔、板式塔、喷雾塔、喷射文丘里等，一

些新型的吸收设备正在开发之中，如超重力吸收器、机械喷洒吸收器等。下面介绍几种常用设备的结构和特点。

2. 几种常用的吸收设备

（1）填料吸收塔　填料吸收塔的种类很多，一般按气液流向分为逆向流、同向流和错流式三种。图3-20为逆流式填料吸收塔的典型结构。填料吸收塔主要包括塔体、填料和塔内件三大部分。

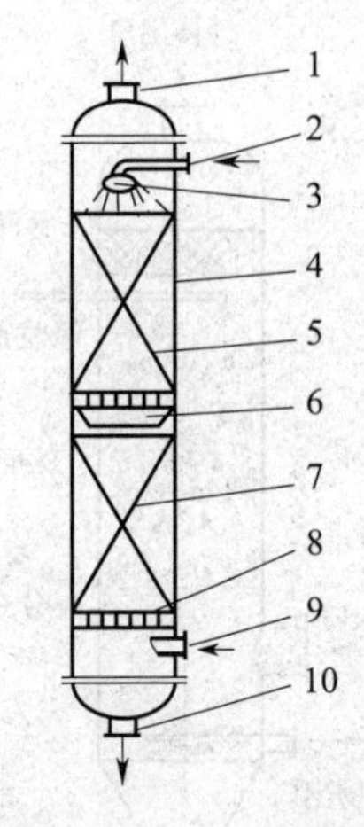

图3-20　填料吸收塔

1—气体出口　2—液体入口　3—液体分布器　4—外壳　5，7—填料　6—液体再布器　8—支撑栅板　9—气体入口　10—液体出口

填料的种类很多，工业填料塔常用的填料可分为实体填料和网体填料两大类。实体填料有拉西环、鲍尔环、鞍形、波纹填料。填料的选择是填料塔设计的重要环节之一，一般要求填料要具有较大的通量、较低的压降、较高的传质效率，同时操作弹性大、性能稳定，填料的强度要高，便于塔的拆装、检修，并且价格要低廉。为此填料应具有较大的比表面积，较高的空隙率，强度好，具有耐腐蚀性和耐久性，对气流阻力小，且价格便宜等。

填料塔的空塔速度一般为0.3~1.5m/s；液体喷淋密度为10~20L/（m^2·h）；气流通过填料层的压降为400~600Pa/m（填料层高度）；塔径一般不超过800mm，塔高可根据计算确定。

填料塔有很多优点，如结构简单，没有复杂部件；适应性较强，填料可以根据净化需要增减高度；气流阻力小，能耗低；气液接触效果好，因此是目前应用最广泛的吸收净化设备。填料塔的缺点是当烟气中含尘浓度较高时，填料易堵塞，清理检修时填料损耗大。

（2）湍球塔　湍球塔是填料塔的一种特殊情况，它是以一定数量的轻质小球作为气液两相接触的媒体，其结构如图3-21所示。塔内有开孔率较高的筛板，一定数量的轻质小球置于筛板上。吸收液从塔上部的喷头均匀地喷洒在小球表面。污染的气体由塔下部的进气口经导流叶片和筛板穿过润湿的球层。当气流速度达到足够大时，小球在塔内湍动旋转，相互碰撞。气、液、固三相接触，由于小球表面的液膜不断更新，废气与新的吸收液接触，增大了吸收推动力，提高了吸收效率。净化后的气体经除雾器脱除小液滴后，由塔顶部的排出管排出塔体。

湍球塔内的小球应质轻、耐磨、耐腐蚀、耐高温，通常用聚乙烯、聚丙烯等塑料制作。塔的直径大于200mm时，可采用25、30、38mm的小球，球层的静止高度一般为0.2~0.3m。

湍球塔的空塔速度一般为2~6m/s，气体通过每段湍球塔产生的阻力为400~1200Pa，球层的最大膨胀高度为900mm。在同样的空塔气速条件下，湍球塔的阻力比填料塔小。

湍球塔的优点是气速高，处理能力大；设备体积小，吸收效率高；对含尘气体可同时除尘，不易堵塞。其缺点是气体随小球运动，有一定程度的返混现象，小球磨损大，需经常更换。

（3）板式塔　板式塔又称为筛板塔，其结构如图3-22所示。塔内沿高度方向设有多层开孔筛板。气体自下而上经筛孔进入筛板上的液层，气液在筛板上交错流动，通过气

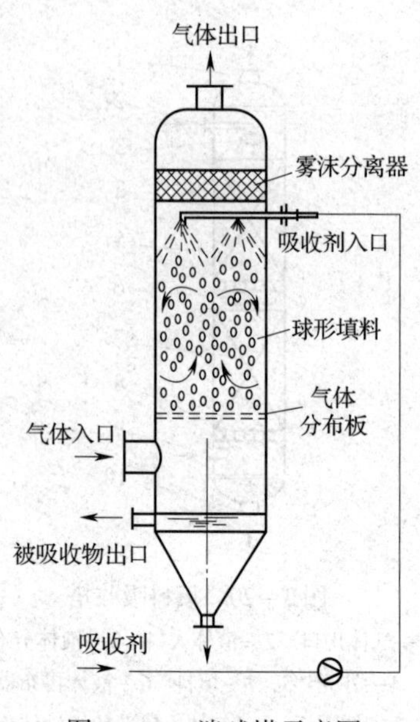

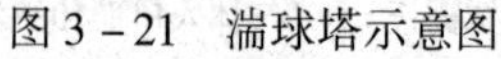

图 3－21　湍球塔示意图

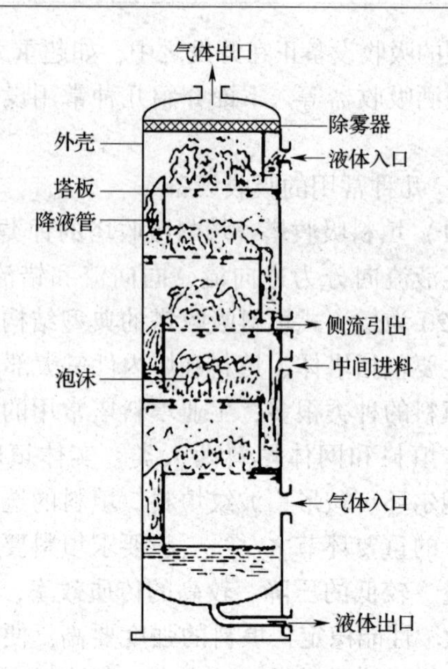

图 3－22　板式塔示意图

体鼓泡进行吸收。气液在每层筛板上都接触一次，因此筛板塔可以使气液进行逐级的多次接触。筛板上的液层厚度一般为 30mm 左右，依靠圆形或弓形溢流堰来保持，液体经溢流堰沿降液管流至下层筛板上。

板式塔内的空塔气速一般为 1.0～2.5m/s，筛孔直径一般为 3～8mm，对于含悬浮物的液体，可采用 13～15mm 的大孔，开孔率一般为6%～25%。气体穿孔速度为4.5～12.8m/s，液体喷淋密度为 1.5～3.8m^3/（m^2·h），每块板的压降为 800～2000Pa。

筛板塔的优点是结构简单，吸收率高。缺点是筛孔容易堵塞，吸收过程必须维持恒定的操作条件。

板式塔还有很多其他形式，如泡罩塔、浮阀塔等。

（4）喷雾（淋）塔　图 3－23 为几种常见的喷雾塔，图中，（a）为卧式喷雾塔，（b）为简单立式喷雾塔，（c）和（d）为旋流喷雾塔。在喷雾塔内，液体呈分散相，气体为连续相，一般气液比较小，适应于快速化学反应吸收过程。

喷雾塔结构简单、投资省、压降小、不易堵塞、气体处理能力大、可兼作气体冷却、除尘设备。主要缺点是净化效率较低。目前国内外大型电厂锅炉烟气脱硫大部分采用直径很大的喷雾塔（>10m）。为了保证净化效率，应注意使气、液分布均匀、充分接触。

文丘里喷雾器是另一种常用的湿式除尘、吸收设备，传统的黑液直接蒸发就是用文丘里和旋流喷雾器组合，脱除碱回收炉烟气中的粉尘，并利用烟气的余热直接接触蒸发黑液中的水分。

二、燃烧法净化气态污染物

燃烧净化法是利用废气中某些污染物可以燃烧氧化的特性，将其燃烧转变为无害或易于进一步处理和回收物质的方法。该法的主要化学反应是燃烧氧化，少数是热分解。制浆造纸生产过程中产生的硫化氢、硫醇等恶臭气体就通常是采用燃烧法进行处理。该法工艺简单，操作方便，可回收热能，但处理低浓度废气时需加入辅助燃料或进行预热。

根据燃烧方式不同，燃烧净化法可分为直接燃烧、热力燃烧和催化燃烧三种类型。直接燃烧是把可燃的有害气体当燃料来燃烧的方法，其燃烧温度一般在1100℃以上。热力燃烧是利用辅助燃料燃烧所产生的热量把有害气体的温度升高到反应温度，使其发生氧化分解的方法，其一般温度在760～820℃。为了节省辅助燃料，利用催化剂使有害气体在更低温度（300～450℃）下氧化分解的方法称为催化燃烧。直接燃烧主要用于可燃组分浓度较高的废气，热力燃烧和催化燃烧主要用于可燃组分浓度较低的废气。

1. 燃烧基本原理

（1）火焰传播　混合气体的燃烧或爆炸，是在某一点引燃后，经过火焰传播而形成的。目前火焰传播理论可分为热传播理论和自由基连锁反应理论两类。

热传播理论认为，火焰是由燃烧放出的热量传递到火焰周围的混合气体，使之也达到着火温度而燃烧并传播的。自由基连锁反应理论认为，在火焰中有大量的活性很强的自由基，它们极易与别的分子或自由基发生化学反应，在火焰中引起连锁反应。两种理论各有一定的适用范围，在实用上，可以将火焰的传播看作是热量与自由基的同时向外传播。

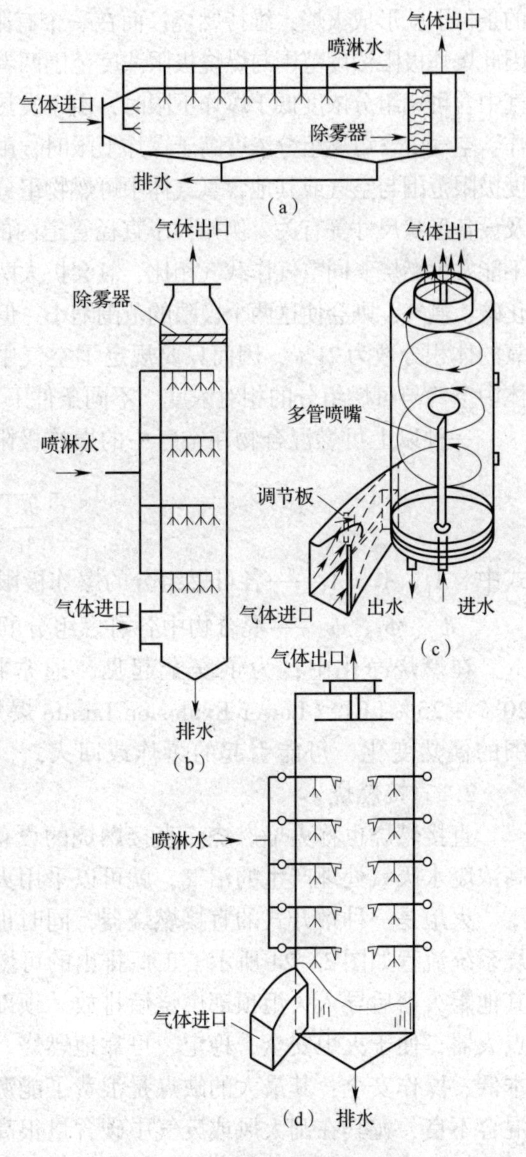

图3－23　各种类型的喷雾塔

（2）燃烧反应速度与着火温度　燃烧过程包括可燃组分与氧化剂的混合、着火、燃烧及焰后反应几部分。当可燃混合物被点燃后，发生快速氧化，产生火焰并伴有光和热产生，这就是燃烧；如果过程在有限的空间内迅猛地展开，就形成了爆炸；而缓慢的氧化反应则不能发生燃烧和爆炸，因而氧化反应速度是燃烧过程的关键。

着火温度是在某一条件下开始正常燃烧的最低温度，即在化学反应中产生的发热速率开始超过系统的热损失速率时的最低温度。因此，某一条件下的着火温度高低，取决于过程的能量平衡。

燃烧过程的动力学研究表明：① 活化能较小的物质易于燃烧，具有较低的着火温度；② 利用催化剂可以降低反应的活化能，降低着火温度，并提高燃烧反应速度；③ 废气中可燃物浓度过低时，不易着火或不能着火，必须添加辅助燃料；④ 减少传热面积或降低传热系数有利于燃烧稳定进行，提高初始温度亦有利于着火燃烧。

（3）爆炸浓度极限　一定浓度范围内的氧和可燃组分混合物在某一点着火后，在有控制的条件下就形成火焰，维持燃烧；而在一个有限的空间内无控制的迅速发展，就会形成爆炸。因此爆炸极限浓度范围与燃烧极限浓度范围两者是相同的。它们都有上限和下限两个数值。空气中含可燃组分浓度低于爆炸下限时，由于发热量不足以达到着火温度，不能燃烧，更不会爆炸；空气中含可燃组分浓度高于爆炸上限时，由于氧气不足，也不能引起燃烧和爆炸。爆炸浓度极限范围与空气或其他含氧气体中可燃物组分有关，还与混合气体温度、压力、流速、流向及设备形状尺寸等有关。例如，小直径管道内的燃烧很可能会因管壁的熄火效应而迅速冷却，不能发生燃烧。同空气作载气相比，氧会扩大两个爆炸极限之间的范围，而惰性气体，如二氧化碳、氮气，则会使这两个极限的范围缩小。但是一般指的是空气中的爆炸极限。由于空气中氧的体积分数为21%，因而只要规定了空气中可燃物组分的浓度，就相当于确定了混合气体中空气与可燃组分的相对浓度。不同条件下可燃物的爆炸极限范围可从有关手册中查得。

一种以上可燃混合物在空气中的爆炸极限近似值 $A_{混}$ 可按下式计算：

$$A_{混} = \frac{100}{\frac{\phi_a}{A_1} + \frac{\phi_b}{A_2} + \frac{\phi_c}{A_3}} \tag{3-18}$$

式中　A_1、A_2、A_3——各可燃组分的爆炸极限；

ϕ_a、ϕ_b、ϕ_c——混合物中各可燃组分的体积分数。

在燃烧净化中，为了安全起见，通常将废气中可燃组分进行稀释，浓度控制在20% ~25% LEL（Lower Explosion Limite 爆炸极限），以防止由于混合物比例及爆炸范围的偶然变化，可能引起的爆炸或回火。

2. 直接燃烧

直接燃烧也称火焰燃烧。直接燃烧的设备可用一般炉、窑，也常用火炬。例如，中、高浓废水厌氧处理产生的沼气，就可以采用火炬直接燃烧进行处理。

火炬是一种敞开式的直接燃烧器，同时也是排放废气的烟筒，俗称火炬烟囱。火炬燃烧系统流程如图3-24所示，工厂排出的可燃废气汇集于主管，经分离器、阻火水封槽和其他阻火器后导入火炬顶部燃烧后排放。顶部设有气体分布装置、火焰稳定装置及电火花点火器，便于火炬安全、稳定、可靠地燃烧。用火炬直接燃烧废气的优点是装置简单、成本低、操作安全；其最大的缺点是浪费了能源，而且排放污染气体。由于燃料与空气往往混合不良，尤其在刮大风或废气中碳含量很高时，燃烧不完全，易出现黑烟。

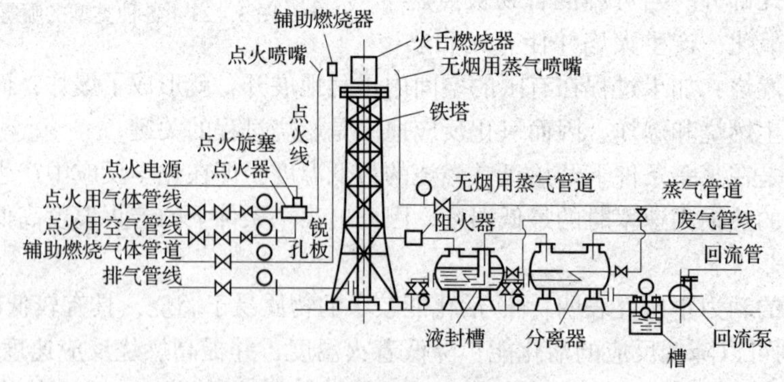

图3-24　火炬燃烧设备流程

3. 热力燃烧

废气中可燃物含量往往较低，仅靠这部分可燃组分的燃烧热，不能维持燃烧，常采用热力燃烧法处理。如制浆和碱回收过程收集的臭气就可以送石灰窑或碱回收炉燃烧处理。

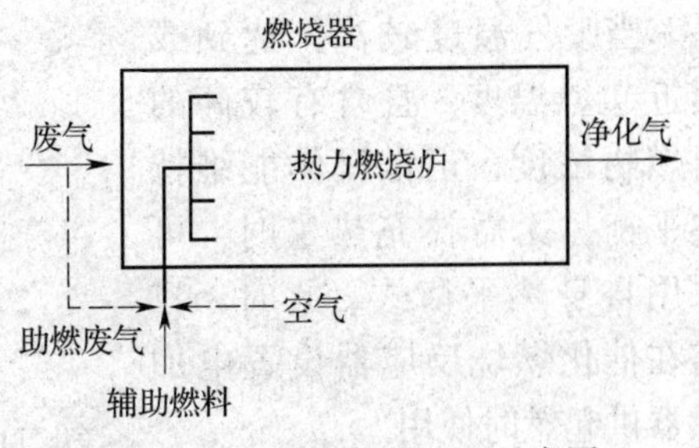

图3-25　热力燃烧过程示意图

在热力燃烧中，被处理的废气不是直接燃烧的燃料，而是作为助燃气体（当废气中氧含量较高时）或燃烧对象（废气含氧较低时）。热力燃烧主要依靠辅助燃料燃烧产生的热力，提高废气的温度，使废气中污染物迅速氧化，转变为二氧化碳和水蒸气。热力燃烧过程示意图如图3-25所示。

为了使废气中污染物充分氧化转化，达到理想的净化效果，除保证充足的氧外，还需要足够高的反应温度（760℃左右），在此温度下足够长的反应时间（一般为0.5s），以及废气与氧很好的混合（高度湍流）。这就是在氧充足条件下，热力燃烧的“三T”条件，即反应温度（Temperature）、停留时间（Time）、湍流（Turbulence）。这个“三T”条件是相互关联的，在一定范围内改善其中一个条件，可以使其他两个条件要求降低。例如，提高反应温度，可以缩短停留时间，并可降低湍流混合的要求。其中，提高反应温度将多耗辅助燃料，延长停留时间将增大燃烧设备尺寸，因而改进湍流混合是最为经济的。这是设计燃烧炉时要注意的重要方面。热力燃烧炉由两部分构成，一是燃烧器，燃烧辅助燃料以产生高温燃气；二是燃烧室，高温燃气与冷废气在此充分混合以达到反应温度，并提供足够的停留时间。按照燃烧器不同形式，可将燃烧炉分为配焰燃烧器系统与离焰燃烧器系统。

4. 催化燃烧

在催化剂作用下，废气中的污染物可在150~350℃的低温下氧化为二氧化碳和水，这就是催化燃烧。与热力燃烧相比，它的能耗低，甚至起燃后无需外界供热；污染物脱除效率高，基本上不产生二次污染。

催化燃烧的关键技术是催化剂。催化燃烧净化废气的催化剂主要有三类：第一类是目前国内外应用最为广泛的贵金属催化剂，如铂、钯。其特点是起燃温度低，低温催化活性高，使用寿命长，易回收，但是价格昂贵，耐中毒性能差。第二类是过渡金属催化剂，如采用铜、铬、钴、镍、锰等的金属氧化物做主要活性组分。其特点是大大降低了催化剂成本。第三类是稀土元素氧化物。

根据废气的预热及富集方式不同，催化燃烧工艺可分为预热式、自身热平衡式和吸附-催化燃烧三种类型，分别如图3-26、图3-27和图3-28所示。

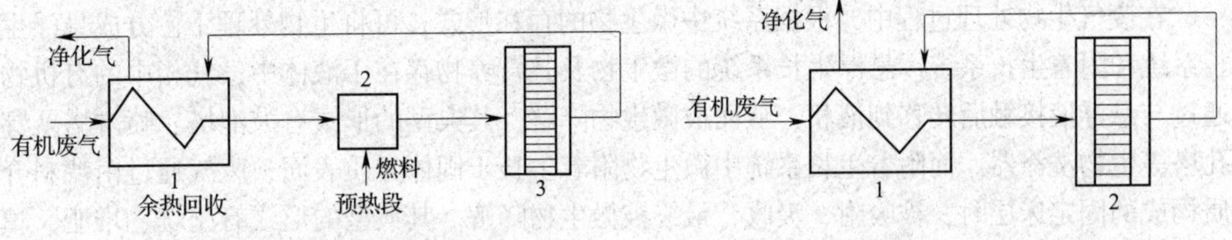

图3-26　预热式催化燃烧流程
1—热交换器　2—燃烧室　3—催化反应器

图3-27　自身热平衡催化燃烧流程
1—热交换器　2—催化反应器

预热式是一种比较普遍的形式。当废气温度低于起燃温度，废气中可燃气体浓度也较低，热量不能自给时，需要在进入催化燃烧反应器前在燃烧室加热升温。

当废气温度较高，达到或接近起燃温度，且含有较高的可燃物浓度，正常操作能维持热平衡，无需补充热量时，可采用自身热平衡式。此时，只需在催化燃烧反应器设置电加热器供起燃时使用。

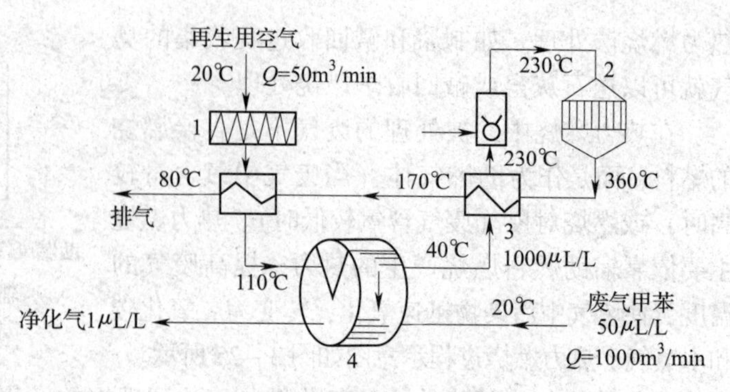

图3－28 吸附－催化燃烧

1—过滤器 2—催化反应器 3—热交换器 4—再生式吸附风轮

当废气的浓度、温度低，风量很大时，直接采用催化燃烧需耗大量燃料。此时可先采用吸附的方法将废气中污染物吸附于吸附剂上，接着通过热空气吹扫，使污染物脱附，成为浓缩了的小风量、高浓度废气，再送催化燃烧。

对于某一种废气，究竟采用哪种流程主要取决于废气的起始温度、催化剂的起燃温度、燃烧过程的放热量和热回收效率等几个方面。

三、微生物法净化气态污染物

微生物法净化气态物是近年发展起来的一种大气污染控制新技术，它是利用微生物以污染物作为代谢营养，使其降解，转化为无害的产物，从而达到净化废气的目的。该技术已在发达国家得到了规模化应用。其优点是净化效率高，设备和工艺流程简单，能耗省，运行费用低，操作稳定，无二次污染。尤其在处理恶臭气体时更显其优越性。

1. 微生物法净化气态污染物的原理

微生物法净化有机废气的历程，一般认为有以下三步：① 有机废气首先与水（液相）接触，由于有机污染物在气相和液相的浓度差，以及有机物溶于液相的溶解性能，使得有机污染物从气相进入到液相（或者固体表面的液膜内）；② 进入液相或固体表面生物层（或液膜）的有机物被微生物吸收（或吸附）；③ 进入微生物细胞的有机物在微生物代谢过程中作为能源和营养物质被分解，转化成无害的产物。

一般不含氮、硫的污染物分解后的最终产物为二氧化碳和水；含氮污染物分解时，经氨化作用释放出氨，接着发生硝化反应变为亚硝酸盐，再氧化成硝酸盐；含硫物质经微生物分解释放出硫化氢，接着被氧化成硫酸盐。

2. 净化工艺与设备

在废气生物处理过程中，根据系统中微生物的存在形式，可将生物处理工艺分成悬浮生长系统和附着生长系统。悬浮生长系统的微生物及其营养物存在于液体中，气相中的有机物通过与悬浮液接触后转移到液相，从而被微生物降解，其典型的形式有鼓泡塔、喷淋塔及穿孔塔等生物洗涤器。而附着生长系统中微生物附着生长于固体介质表面，废气通过由滤料介质构成的固定床层时，被吸附、吸收，最终被微生物降解。其典型的形式有土壤、堆肥、填料等材料构成的生物过滤池。生物滴滤池则同时具有悬浮生长系统和附着生长系统的特性。

（1）生物洗涤塔　生物洗涤系统由一个吸收塔和一个再生池构成。如图3－29所示，吸收液自吸收塔顶部喷淋而下，使废气中的污染物和氧转入液相，完成传质。从吸收塔底部流出的吸收液进入活性污泥池，通入空气再生。被吸收的气态污染物通过微生物氧化作用，被再生池中的活性污泥悬浮液降解、转化，从而净化脱除。该法适用于气相传质速率大于生化反应速率的有机物的去除。

生物洗涤塔系统的净化效率与吸收塔的结构、污泥的 MLSS 浓度、pH 值、溶解氧含量、温度、营养盐的投入量、投放时间、投放方法等因素有关。

（2）生物滤池　生物滤池系统如图 3－30 所示。含有污染物的废气经过增湿器，具有一定湿度后，进入生物滤池，通过 0.5～1m 厚的生物活性填料，有机污染物从气相转移到生物层，进而被氧化降解。

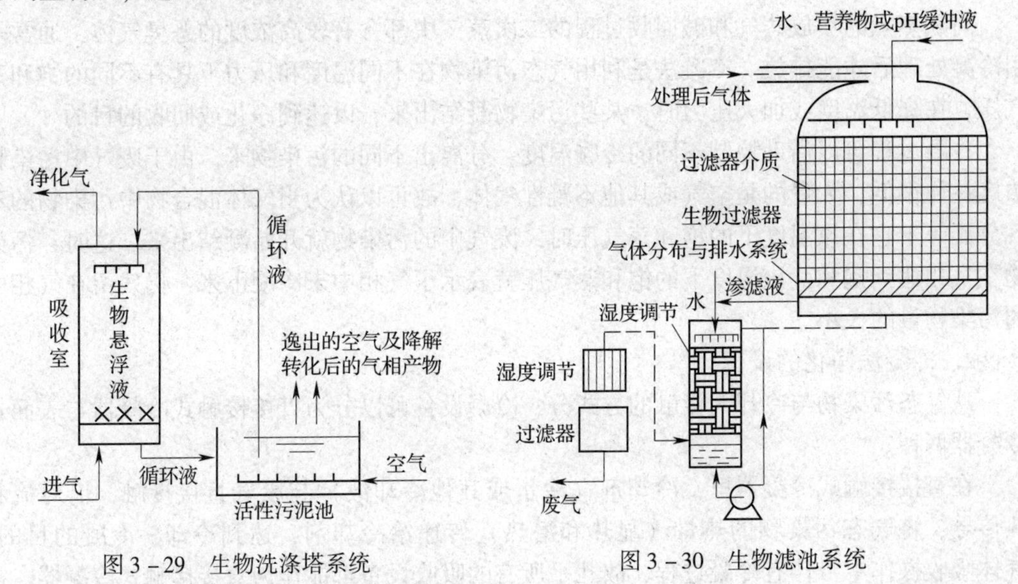

图 3－29　生物洗涤塔系统　　图 3－30　生物滤池系统

生物滤池法是目前微生物法净化有机废气应用最多的方法，在日本、美国、德国、荷兰等国已商业化，其净化效率一般在 95% 以上。

生物活性填料是由具有吸收性的滤料（土壤、堆肥、活性碳等），附着能降解、转化有机物的微生物构成的。滤料不同，脱除效果及适宜的工艺参数也有所不同，通常可分为土壤过滤和堆肥过滤两种。

（3）生物滴滤池　生物滴滤池系统如图 3－31 所示。它由生物滴滤池和贮水槽构成，生物滴滤池内充以碎石、塑料、陶瓷等一类不具吸附性的填料，填料表面是微生物体系形成的几毫米厚的生物膜。填料的比表面积为 100～300m^2/m^3，这样的结构使气体通道较大，压降较小，不易堵塞。

与生物滤池相比，生物滴滤池的工艺条件容易通过调节循环液的 pH、温度来控制，因此滴滤池很适宜于处理含卤化物、硫、氮有机物废气的净化，因为这些污染物经氧化分解后有酸产生。同时，由于生物滴滤池的单位体积填料层内微生物浓度较高，其处理废气的能力是相应的微生物滤池的 2～3 倍。

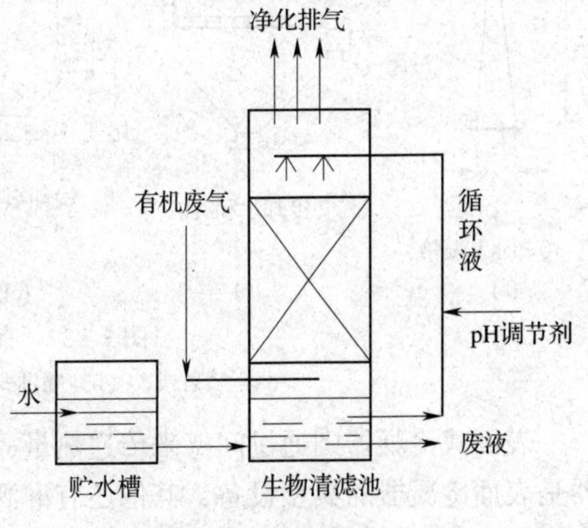

图 3－31　生物滴滤池系统

目前有关微生物法净化气态污染物的研究和实际应用处于不断发展和完善之中，许多问题还需进一步探讨和解决。未来微生物净化将凭借其经济优势在大气污染控制中发挥巨大的作用。

四、气态污染物的其他净化方法

（一）冷凝法净化气态污染物

1. 冷凝法净化的基本原理

间歇蒸煮的喷放蒸气和碱回收过程的二次蒸气中都含有较高浓度的恶臭气体，通常需用冷凝处理后才能排放。冷凝法是利用气态污染物在不同温度和压力下具有不同的饱和蒸汽压，在降低温度或加大压力时，某些污染物凝结出来，以达到净化或回收的目的。

冷凝过程可以借助控制不同的冷凝温度，分离出不同的污染物来。由于废气中污染物浓度往往很低，大量的是空气或其他不凝性气体，故可以认为当气体混合物中污染物的蒸气分压等于它在该温度下的饱和蒸气压时，废气中的污染物就开始凝结出来。这时，污染物在气相达到饱和，该温度下的饱和蒸气压就表示了气相中未冷凝下来、仍残留在气相中的污染物量的大小。

2. 冷凝法净化的设备

从气态污染物与冷却剂接触的方式分，冷凝设备可以分为直接接触式冷凝器与表面式冷凝器两种。

在直接接触式冷凝器里，冷却剂（冷水或其他冷却液）与废气直接接触，借对流和热传导，将气态污染物的热量（显热和潜热）传递给冷却剂，达到冷却、冷凝的目的。气体吸收操作本身伴有冷凝过程，故几乎所有的吸收设备都能作为直接接触式冷凝器。常用的直接冷凝器有喷射器、喷雾塔、填料塔等（见图3－32）。

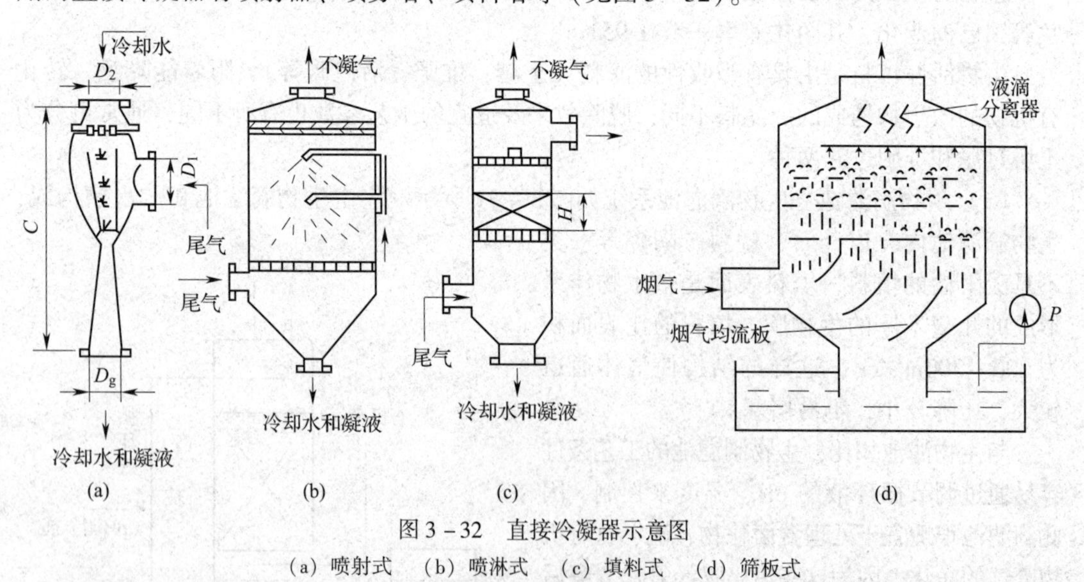

图3－32　直接冷凝器示意图

（a）喷射式　（b）喷淋式　（c）填料式　（d）筛板式

表面式冷凝器则通过间壁来传递热量，达到冷凝分离的目的，各种形式的列管式换热器是表面冷凝器的典型设备，其他还有淋洒式换热器等。在卧式列管冷凝器中，凝液聚集在低层壳程里，冷却水一般从底层进入管内，对凝液进一步冷却，使冷凝下来的污染物不至于重新挥发造成二次污染。

（二）催化转化法净化气态污染物

催化转化法是利用催化剂的催化作用，使废气中的污染物转化成无害物，甚至是有用的副产品，或者转化成更容易从气流中分离而被去除的物质。前一种催化转化操作直接完成了对污染物的净化过程，而后者则还需要附加吸收或吸附等其他操作工序，才能实现全部的净化过程。例如在处理高浓度的 SO_2 尾气时，以五氧化二钒为催化剂，在其作用下 SO_2 氧化成 SO_3，用水吸收制取硫酸，使尾气得以净化。

催化转化法可分为催化氧化和催化还原两大类。催化氧化法是使废气中的污染物在催化剂的作用下被氧化。例如，尾气中 SO_2 在五氧化二钒作用下转化成 SO_3。催化还原法是使废气中的污染物在催化剂的作用下，被还原而转化为无害物质的净化过程。例如锅炉烟气中的 NO_x 在铂、钯催化剂的作用下，可用氨、尿素、甲烷、氢等进行还原，转化为氮气。

催化转化法净化气态污染的优点是：由于提高了反应速度而减少了所需要的设备容量；能使反应在较低的温度下进行而减少了热力与动力的消耗；催化剂的使用过程不用投加其他化学药品，即节省了费用，也没有无用的副产品生成。

1. 催化剂

除少数贵金属催化剂外，一般工业上常用的催化剂都是多组元催化剂，通常由活性组分、助催化剂和载体三部分组成。

活性组分是催化剂的主体，是必须具备的组分，没有它就不能完成规定的催化反应。如，一般催化燃烧用的催化剂有 V_2O_5、MoO_3、Ag、CuO、PdO、Pd、Pt、TiO_2 等。

助催化剂本身没有催化性能，它在催化剂中占量很少，但加入后可大大提高主活性物质的催化性能。如，SO_2 氧化成 SO_3 的 $K_2SO_4-V_2O_5$ 催化剂，K_2SO_4 组元的存在可以使 V_2O_5 的活性大为提高。因此助催化剂又称为促进剂，其功能是提高活性组分对反应的催化选择性或提高活性组分的稳定性。其加入量有一最佳值，过少显示不出其促进作用，过多会形影响主活性物质的催化性能。

载体是担载活性组分和助催化剂的物质。绝大多数气体净化过程中所用的催化剂为金属盐类或金属，通常担载在具有巨大表面积的惰性载体上。当然有的催化剂也可不必依附于载体。典型的载体有氧化铝、铁矾土、石棉、陶土、活性炭和金属丝等。有时为了改善其强度，可预制成所需要的形状和微孔结构，还可加入成型剂或造孔物质。使用载体可以节约催化剂，并且能使其分散度或有效表面积增大，从而提高催化剂加速化学反应速度的效果。

衡量催化剂催化性能的指标主要有活性和选择性。催化剂的活性常用单位体积（或质量）催化剂在一定条件下，单位时间内所得的产品量来表示。催化剂使用一段时间后，由于各种物质及热的作用，催化剂的组成及结构渐起变化，导致活性下降及催化性能劣化，这种现象称为催化剂的失活。发生失活的原因主要有沾污、熔结、热失活与中毒等。催化剂的选择性是指当化学反应在热力学上有几个反应方向时，一种催化剂在一定条件下只对其中的一个反应起加速作用的特性。

2. 气固相催化反应过程

在多孔催化剂上进行的催化反应过程一般由下列步骤组成：① 反应物从气相主体扩散到催化剂颗粒外表面（外扩散过程）；② 反应物从颗粒外表面扩散到微孔内表面（内扩散过程）；③ 反应物在微孔内表面上被化学吸附，并生成产物，产物在内表面上脱附出来（表面反应过程）；④ 产物从内表面扩散到催化剂外表面（内扩散过程）；⑤ 产物从外表面扩散到气相主体（外扩散过程）。

可见，在多孔催化剂上进行的催化反应过程，受到气固相之间的传质过程及催化剂内部的传质过程的影响。同时，由于催化反应的热效应和固相催化剂与气相主体之间的温度差，在催化剂内部以及它与气相主体之间还存在着热量传递。这些质量、传热传递又与流体的流动状态密切相关。因此，整个气固相催化反应过程的速率不仅取决于催化剂表面上进行的化学反应，还受到反应气体的流动状况、传热及传质等物理过程的影响。

3. 气固相催化反应器

工业应用的气固催化反应器按颗粒床层的特性可分为固定床催化反应器和流化床催化反应器两大类。其中环境工程领域采用最多的是固定床催化反应器，它具有以下优点：① 床层内流体的轴向流动一般呈理想置换流动，反应速度较快，催化剂用量少，反应器体积小；② 流体停留时间可以严格控制，温度分布可以适当调节，因而有利于提高化学反应的转化率和选择性；③ 催化剂不易磨损，可长期使用。但床层轴向温度分布不均匀。

固定床催化反应器按温度条件和传热方式可分为绝热式与连续换热式；按反应器内气体流动方向又可分为轴向式和径向式。固定床催化反应器的选择，一般应遵循下面几点原则：① 根据催化反应热的大小及催化剂活性温度范围，选择合适的结构类型，保证床层温度控制在许可的范围内；② 床层阻力应尽可能小，气流分布要均匀；③ 在满足温度条件前提下，应尽量使单位体积反应器内催化剂的装载系数大，以提高设备利用率；④ 反应器应结构简单，便于操作，造价低廉，安全可靠。

（三）吸附法净化气态污染物

吸附是利用多孔性固体物质表面上未平衡或未饱和的分子力，把气体混合物中的一种或几种有害组分吸留在固体表面，将其从气流中分离而除去的净化操作过程。

吸附净化属于干法工艺。它与湿法，例如吸收净化法相比，具有工艺流程简单、无腐蚀性、净化效率高、一般无二次污染等优点。在大气污染控制中，吸附过程能够有效地分离出废气中浓度很低的气态污染物。例如低浓度 SO_2 及 NO_x 尾气的净化，吸附净化后的尾气能够达到排放标准，分离出来的污染物还可以作为资源回收利用。因此，吸附净化法在废气处理中有着十分重要的地位。

1. 吸附剂

虽然所有的固体表面对流体都或多或少地具有吸附作用，但工业上使用的吸附剂通常必须满足：① 有巨大的内表面，吸附容量大；② 对不同的气体组分具有选择性的吸附作用；③ 具有足够的机械强度、热稳定性和化学稳定性；④ 来源广泛，价格低廉。工业上常用的气体吸附剂有活性炭、活性氧化铝、硅胶、沸石分子筛和吸附树脂等。表 3－8 为常见气体吸附剂的特性。

表 3－8　常用气体吸附剂的特性

吸附剂类别	堆积密度/（kg/m^3）	比表面积/（m^2/g）	平均孔径/$10^{-10}m$	操作温度上限/K	再生温度/K
活性炭	200～600	600～1600	15～25	423	373～413
活性氧化铝	750～1000	210～360	18～48	773	473～523
硅胶	800	600	22	673	393～423

续表

吸附剂类别		堆积密度/（kg/m^3）	比表面积/（m^2/g）	平均孔径/$10^{-10}m$	操作温度上限/K	再生温度/K
沸石分子筛	4A	800	—	4	873	473～573
	5A	800	—	5	873	473～573
	13X	800	—	13	873	473～573

2. 吸附工艺

在气态污染物的吸附净化过程中，根据吸附剂在吸附装置内的运动状态可以分为固定床、移动床和流化床。工业用的吸附过程，按操作的连续与否可分为间歇吸附工艺过程和连续式吸附过程。

固定床内的吸附剂是固定不动的，仅使气体流经吸附床，根据气体流动方向又可分为立式和卧式两种。固定床吸附器，多为圆柱形立式设备，内部有格板或孔板. 其上放置吸附剂颗粒。废气流过吸附剂颗粒间的间隙，进行吸附分离，净化后的气体由吸附塔顶排出。一般是定期通入需净化的气体，定期再生，用两台或多台固定床轮换进行吸附与再生操作。固定床吸附操作的优点是设备结构简单，吸附剂磨损小；缺点是间隙操作，吸附和再生操作必须周期性地变换，因而操作复杂，设备庞大，劳动强度高。

移动床吸附器是固体吸附剂与气体混合物在器内连续逆流运动，相互接触而完成吸附过程的。一般是吸附剂自上而下运动，气体自下向上流动。移动床吸附器的优点是处理气量大，吸附剂循环利用；缺点是动力和热量消耗大，吸附剂磨损严重。它常用于稳定、连续、量大的气体净化。

流化床吸附器内的吸附剂分布在多层床中，由于气体流速高使其悬浮而呈流化状态。流化床吸附器的优点是吸附剂与气体接触良好，适合于处理连续排放，而且气量大的污染源。但由于气速高，吸附剂和容器磨损严重，而且排出的气体中常含有吸附剂粉末，需在其后加除尘设备进行分离。

3. 吸附剂的再生

在工业上，吸附剂一般都需要循环使用，以降低运行成本，因此需要对吸附剂进行再生操作，使已被吸附的组分从吸附剂上解吸。工业上常用的再生方法有加热、减压、置换等。

因为气体的吸附通常是放热过程，因此，吸附容量随温度升高而降低。在低温或常温下吸附，在加热下即可解吸再生，这样的循环方法又称为变温吸附。

吸附过程通常与气相压力有关，若吸附是在较高的压力下进行，然后把压力降低，被吸附的物质就会脱离吸附剂回到气相中。如果吸附是在常压下进行的，便可抽真空进行解吸。这种循环方法称为变压吸附。对于吸附质为热敏性物质不便加热再生的情况，可利用吸附剂对不同物质吸附能力不同的特点，向吸附后床层通入另一种可被吸附的流体（称为脱附剂），置换出原来被吸附物质，达到再生目的。例如，活性炭吸附SO_2后，用水将其洗涤下来，活性炭进行适当的干燥便达到再生的目的。吸附剂再生还有一些其他方法，如通气吹扫、化学转化、湿式氧化、微生物再生、电解氧化及微波再生等。

第四节　造纸工业大气污染及其控制

一、硫酸盐法制浆的大气污染及其控制

（一）概述

1．硫酸盐法制浆厂大气污染源及污染物产生量

硫酸盐浆厂大气污染物的排放源主要有草类原料备料、木片贮存、蒸煮锅、喷放锅、洗浆设备、黑液蒸发系统、松节油回收装置、碱回收炉、熔融物溶解槽、石灰窑、黑液和白液的贮存槽、锅炉、废水处理系统等，几乎各个工段都会产生大气污染物。

硫酸盐浆厂排放的大气污染物有气态污染物和粉尘两大类。气态污染物主要有 H_2S、CH_3SH、CH_3SCH_3、CH_3SSCH_3、SO_2、NO_x、挥发性有机物（VOC_S）等。其中 H_2S、CH_3SH、CH_3SCH_3、CH_3SSCH_3属于恶臭污染物，统称为总还原硫（TRS），主要来源于黑液和白液；SO_2和 NO_x 主要来源于碱回收炉、石灰窑和锅炉；挥发性有机物主要包括萜烯类、甲醇等，主要来源于木片贮存、蒸煮、黑液蒸发等过程。粉尘则主要来源于草类原料备料的尘和草屑、碱回收炉的碱尘（Na_2SO_4和 Na_2CO_3）、熔融物溶解槽的含钠化合物、石灰窑的含钙化合物、锅炉燃煤或生物质燃料产生的烟尘等。硫酸盐浆厂主要污染源及其主要污染物的产生量见表 3－9、表 3－10 和表 3－11。

表 3－9　　硫酸盐法制浆厂主要污染源的主要大气污染物产生量

污染物排放源	排气量/（m^3/t 浆）*		水蒸气量/（kg/t 浆）		粉尘量/（kg/t 浆）		硫含量/（kg/t 浆）	
	无控制	控制后	无控制	控制后	无控制	控制后	无控制	控制后
间歇蒸煮锅	9	—	1136	—	—	—	1.1	—
连续蒸煮锅	4	—	682	—	—	—	0.7	—
洗浆机	1980	—	114	—	—	—	0.2	—
蒸发站	9	—	—	—	—	—	1.6	—
碱回收炉	9340	9340	1954	1954	77.3	1.6	4.0	0.5
溶解槽	850	850	318	318	2.3	0.2	0.1	0.05
石灰窑	1270	1270	386	614	20.2	0.5	0.5	0.1
树皮锅炉	8500	8500	1363	1363	15.9	2.3	0.005	0.005
CEHDED 漂白	2270	2270	100	100	—	—	0.9**	—
黑液氧化	—	990	—	318	—	—	—	0.1
总计	36400	34500	6280	5400	115.7	4.6	8.80	0.755

注：* 标准情况下的气体体积。** 0.9kg Cl_2/t 浆。

表 3－10　　硫酸盐浆厂恶臭主要污染源及其产生量

污染源	浓度/（mL/m^3）				排放量/（kg/t 风干浆）			
	H_2S	CH_3SH	CH_3SCH_3	CH_3SSCH_3	H_2S	CH_3SH	CH_3SCH_3	CH_3SSCH_3
间歇蒸煮小放汽	$0\sim2\times10^3$	$10\sim5\times10^3$	$100\sim6\times10^4$	$100\sim6\times10^4$	0～0.05	0～0.3	0.05～0.8	0.05～1.0
间歇蒸煮放锅	$0\sim1\times10^3$	$0\sim1\times10^4$	$100\sim45\times10^4$	$10\sim1\times10^4$	0～0.1	0～1.0	0～2.5	0～1.0

续表

污染源	浓度/（mL/m³）				排放量/（kg/t 风干浆）			
	H_2S	CH_3SH	CH_3SCH_3	CH_3SSCH_3	H_2S	CH_3SH	CH_3SCH_3	CH_3SSCH_3
连续蒸煮	$10 \sim 3\times10^2$	$500 \sim 1\times10^4$	$1500 \sim 7.5\times10^3$	$500 \sim 3\times10^3$	0～0.1	0.5～1.0	0.05～0.5	0.05～0.4
洗浆机罩	0～5	0～5	0～15	0～3	0～0.1	0.05～1.0	0.05～0.5	0.05～0.4
洗浆机密封槽	0～2	10～50	$10 \sim 7\times10^2$	1～150	0～0.01	0～0.05	0～0.05	0～0.03
蒸发站热水井	$600 \sim 9\times10^3$	$300 \sim 3\times10^3$	$500 \sim 5\times10^3$	$500 \sim 6\times10^3$	0.05～1.5	0.05～0.8	0.05～1.0	0.05～1.0
黑液氧化塔	0～10	0～25	$10 \sim 5\times10^2$	2～95	0～0.01	0～0.1	0～0.4	0～0.3
碱回收炉	$0 \sim 1.5\times10^3$	0～100	0～100	2～95	0～2.5	0～2	0～1	0～0.3
熔融物溶解槽	0～75	0～2	0～4	0～3	0～1	0～0.8	0～0.5	0～0.3
石灰窑	$0 \sim 2.5\times10^3$	0～100	0～50	0～20	0～0.5	0～0.2	0～0.1	0～0.05
石灰消化器	0～20	0～1	0～1	0～1	0～0.01	0～0.01	0～0.01	0～0.01

资料来源：Pulp and Paper Manufacture Energy Conservation and Pollution Prevention，1977。

表 3－11　　硫酸盐浆厂 SO_x 和 NO_x 的产生浓度和产生量

散发源	浓度/10^{-6}			排放量/（kg/t 风干浆）		
	SO_2	SO_3	NO_x（以 NO_2 计）	SO_2	SO_3	NO_x（以 NO_2 计）
碱回收炉：不加辅助燃油	0～1200	0～100	10～70	0～40	0～4	0.7～5
加辅助燃油	0～1500	0～150	50～400	0～50	0～6	1.2～10
石灰窑排气	0～200	—	100～260	0～1.4	—	10～25
熔融物溶解槽排气	0～100	—	—	0～0.2	—	—

2. 硫酸盐浆厂排放大气污染物的危害

硫酸盐浆厂排放的几种主要污染气体的物理、化学性质见表 3－12 和表 3－13。

表 3－12　　硫酸盐浆厂排放的几种主要污染气体的物理和化学性质

污染气体	沸点（在常压下）/℃	燃烧值/（kg/mol）	离解常数（在 100℃水溶液）	臭味特征	嗅觉极限/（mg/kg）
硫化氢	－59.6	519	$K_1 = 5.7\times10^{-8}$ $K_2 = 1.2\times10^{-15}$	强窒息性	0.00045
甲硫醇	7.6	1252	$K = 4.3\times10^{-11}$	腐蛋味	0.00043
甲硫醚	37.5	1913	不离解	烂洋白菜味	0.0011
二甲基二硫化物	117	～2219	不离解	烂蔬菜的硫化物臭味	0.0022

H_2S 是硫酸盐浆厂污染气体中危害最大的污染气体，其毒性可与氰化氢相当或更高，它除引起局部刺激作用外，还危害呼吸器官、会引起血液中毒现象，

表 3－13　几种污染气体的爆炸极限

污染气体	在空气中的爆炸极限/%	
	下限	上限
硫化氢	4.3	45.0
甲硫醇	3.9	21.8
二甲基二硫化物	2.2	19.7

甲硫醇具有极大的恶臭味，有催眠作用，高浓度会麻痹中枢神经，人体反复吸入甲硫醇后，由于与身体组织中的重金属有极强的亲和性，能使生命所必需的微量元素失去活性而排泄，因而是危险的；甲硫醇能被皮肤吸收，长期接触则会致癌；甲硫醇还能使蛋白质发生变质。SO_2 和 NO_x 的性质及其危害前已述及，这里不再重复。

本节主要讨论备料、蒸煮和碱回收过程的大气污染控制，锅炉产生的烟尘、SO_2 和 NO_x 的控制在第五节讨论。

（二）草类原料备料过程大气污染及其控制

草类原料备料过程中产生大量的粉尘，对车间及周边大气环境影响较大。其污染物主要是草叶、草屑、苇叶、苇膜、苇穗、尘土等，污染源主要是切草机、切苇机和干法除尘设备。

控制备料过程粉尘污染的主要方法是封闭切草和切苇设备，收集切草、切苇和干法除尘过程中的含尘气体进行除尘处理。含尘气体的处理方法主要有重力沉降、离心除尘、水膜除尘和过滤除尘等。图 3－33 为典型的草类原料备料含尘气体处理流程。从切草、切苇和干法备料收集来的含尘气体首先进入旋风除尘器进行初级除尘，接着采用水膜除尘器进行二级除尘后排放。除尘过程得到的固体废弃物可作为生物质燃料；水膜除尘的水经过滤、沉淀处理后可循环使用。

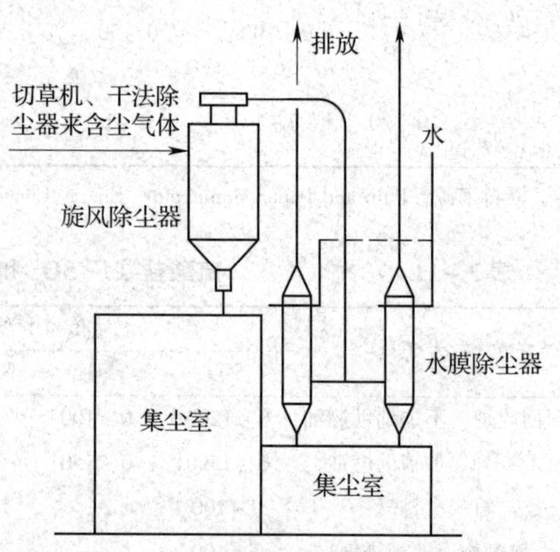

图 3－33　草类原料备料含尘气体处理流程

由于草类原料备料过程中产生的含尘气体量比较大，含尘浓度高，因此，处理难度比较大。近年开发了一些草类原料备料含尘气体处理新技术和专用设备，如流化床除尘器、过滤器等。

（三）硫酸盐法蒸煮过程中大气污染及其防治

1. 硫酸盐法蒸煮过程中大气污染物的产生

蒸煮是制浆厂重要的大气污染源，其污染物主要有臭气、甲醇和萜烯类气体。

在硫酸盐法蒸煮过程中，随着木素的降解，木素结构单元中连接于苯环上的甲氧基可部分脱除，脱下来的甲氧基主要生成甲硫醇及其钠盐。在很少的情况下，CH_3SH 经氧化后能生成 CH_3SSCH_3。由于歧化作用，CH_3SH 也可生成甲硫醚和硫化氢。另外 NaSH 水解也会产生 H_2S。蒸煮过程中形成的 CH_3SH、CH_3SCH_3、CH_3SSCH_3 以及 H_2S 进入黑液中，是制浆厂臭恶气体的根源。其中 CH_3SH、CH_3SCH_3 及 CH_3SSCH_3 等又称为有机硫化物。

影响硫酸盐法蒸煮臭气污染物产生的因素主要有原料种类、蒸煮工艺、纸浆质量要求

和蒸煮设备。① 不同原料，木素分子结构不同，甲氧基含量不一样，因此，CH_3SH 的生成量也不同。阔叶材最多，针叶材次之；② CH_3SH 的形成还与蒸煮条件有关，主要是蒸煮用碱量和硫化度等。硫化度高或 Na_2S 的绝对量大，甲硫醇的生成量就相对大一些；③ 蒸煮硬浆与软浆的情况亦有区别，煮软浆用碱量高，有较多的过剩 NaOH 存在，甲硫醇可变为不易挥发的甲硫醇钠盐，也有少量变为二甲硫醚（CH_3SSCH_3）；④ 间歇蒸煮排放气态污染物的量大于连续蒸煮，其原因是间歇蒸煮喷放时瞬间产生的气体量大，收集难度相对较大；而且，传统间歇蒸煮的喷放温度和压力高，放出的气体得不到充分冷凝，排放的气体量大，臭气浓度较高。

2. 硫酸盐法蒸煮过程中的大气污染防治

硫酸盐法制浆过程中的大气污染可通过改进制浆工艺、控制污染源和处理排放的废气等途径进行防治。

（1）改进制浆工艺 ① 改变制浆方法 由于硫酸盐浆厂的恶臭来源是硫化物，若将制浆方法改为不用或少用硫化物，并保持原有硫酸盐法制浆优点的新制浆方法，就可防止或减少硫酸盐浆厂的臭气的产生。如，采用烧碱－助剂法、氧碱法、生物法、溶剂法等制浆。② 改进制浆工艺条件 采用低硫化度蒸煮，尽量降低硫化度，同时，由于甲硫醇在 pH 低于 12 时易于散发出来，因此，蒸煮终了时要有足够残碱。

（2）采用蒸煮新技术 采用连续蒸煮和热置换蒸煮等新技术，使用冷喷放工艺，降低喷放温度，可减少臭气的产生量和产生浓度。

（3）蒸煮过程中产生的气体污染物收集处理 传统的间歇蒸煮可通过冷凝方法减少蒸煮过程气体污染物的产生。图 3－34 为典型的传统间歇蒸煮小放气和喷放气体冷凝及热回收流程，在减轻大气污染同时还回收了大、小放气的热量。

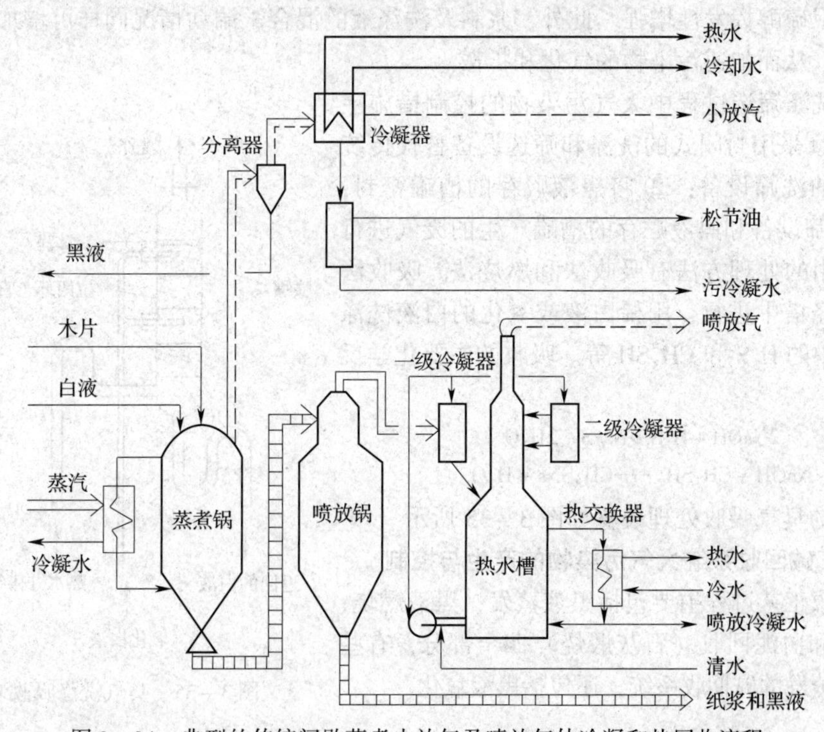

图 3－34 典型的传统间歇蒸煮小放气及喷放气体冷凝和热回收流程

若蒸煮针叶木，小放汽的气体从锅顶排出，经气液分离器将黑液与气体分离，气体进入冷凝器冷凝，所得液体通过滗析器（松节油分离器）将松节油与冷凝水分离，而获得松节油。

浆料喷放时，浆料与气体由蒸煮锅喷入喷放锅，蒸汽从喷放锅顶部排出进入一级冷凝器（为防止蒸汽夹带黑液和纤维进入冷凝系统，国内工厂多在二者之间安装旋桨分离器，将蒸汽与纤维和黑液分离后，蒸汽再进冷凝器），从冷凝器出来的污热水与清热水在热交换器中进行热交换。便得到清热水，可用于纸浆洗涤等。浆料喷放时，每吨浆闪蒸的蒸汽量约为1t，而喷放时间往往很短（20～30min），在短时间内须将大量气体充分冷凝，因此，间歇蒸煮冷凝系统必须按喷放高峰气体流量进行设计，装设能力适当的冷凝装置，以及反应迅速而运转可靠的控制仪表。冷凝后的不凝性气体（NCG_S－non－condensable gases）中臭气含量较高，属于高浓臭气，必须进行处理。处理的方法主要有燃烧法、吸收法、微生物法、化学氧化法等。保证热回收效果和防止气体污染物释放的关键是热回收系统的生产能力适当，生产操作合理。

（四）纸浆洗涤筛选过程中大气污染物的产生与控制

蒸煮放锅后的纸浆在洗涤和筛选过程中存在较多气体污染物的无组织排放源，主要有洗浆机、筛浆机和黑液贮存槽等。其特点是产生的气体量比较大，污染物的浓度比较低，其主要污染物是易挥发的硫化物和萜烯类气体，属于低浓臭气。纸浆洗涤和筛选过程排放气体的量主要取决于洗浆设备和工艺、蒸煮黑液中挥发性硫化物的含量、洗涤液的pH和温度等。黑液中挥发性硫化物含量高，相应排气中的硫化物就多；浆料洗涤水一般接近中性，黑液用水稀释后pH降至10左右，该pH值低于甲硫醇电离平衡点，因而造成平衡向甲硫醇方向移动，但pH10左右仍在硫化氢平衡点（pH＝8.0）之上；洗涤液温度升高，硫化氢及甲硫醇挥发性增强。此外，浆料及洗涤液的混合、湍动情况同样可增加气液两相接触界面，从而加速污染物的气化和扩散。

纸浆洗涤筛选过程中大气污染物的控制措施主要包括：① 采用封闭式的洗涤和筛选设备替代传统的敞开式的洗筛设备；② 将黑液贮存的槽罐密封；③ 收集洗筛设备和黑液贮存的槽罐产生的废气进行处理。常用的处理方法有吸收法和燃烧法。吸收法通常在洗涤塔中进行，用稀白液或氧化的白液洗涤吸收气体中的H_2S和CH_3SH等。吸收的主要化学反应如下：

$$2NaOH + H_2S \rightarrow Na_2S + 2H_2O$$

$$NaOH + CH_3SH \longrightarrow CH_3SNa + H_2O$$

常用的臭气吸收处理装置如图3－35所示。

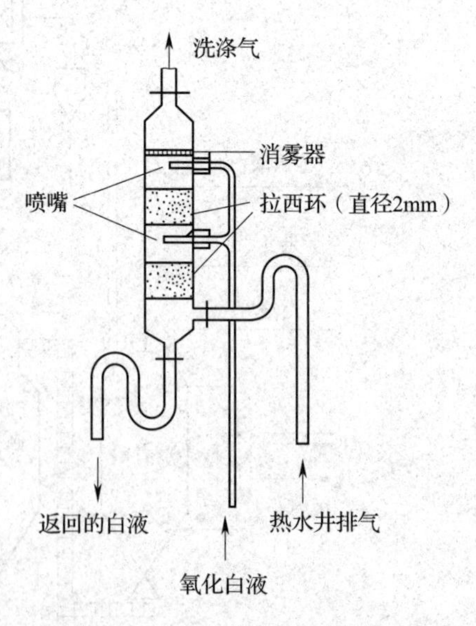

图3－35　臭气洗涤吸收装置

（五）碱回收系统大气污染物的产生与控制

碱回收工艺过程主要包括黑液蒸发、黑液燃烧、绿液苛化和白泥回收（石灰煅烧）四个部分，有些带有直接蒸发的碱回收系统，还包括黑液氧化。

1. 黑液氧化

为了减少直接蒸发和燃烧过程中 H_2S 的产生，用氧气或空气对黑液进行氧化，使黑液中的 Na_2S 变成较稳定的硫代硫酸钠。这样不仅减少了硫的损失，同时也减少了大气污染。但是，在用空气对黑液进行氧化时，会汽提出挥发性硫化物而从黑液氧化设备排出，一般排气量约为 900m^3/t 浆，其 TRS（以硫计）约为 0.1kg/t 浆，随同带出的水蒸气约为 300kg/t 浆。这部分废气可以收集后进行燃烧处理。

2. 黑液蒸发排气及其污染控制

在多效间接蒸发过程中，黑液中的低沸点污染物（H_2S、CH_3SH、CH_3SCH_3、CH_3SSCH_3、CH_3OH、萜烯类）随蒸汽及不凝性气体一起气化，污染气体一部分转移于冷凝水中，另一部分则形成不凝性气体（NCG_S）。不凝性气体与末效二次蒸汽一起在表面冷凝器中冷凝，再经真空泵管道进入热水井。这部分气体体积较小，但属于高浓臭气。为了防止不凝性气体逸出，必须封闭热水井，将其收集，送到处理系统。常用的处理方法有燃烧法和吸收法。表面冷凝器产生的冷凝液送入污冷凝水贮存槽，这部分污冷凝水中 VOC_S 的含量较高，在其贮存、输送和处理过程中，VOC_S 气体容易挥发出来产生污染，因此，必须经过汽提处理后才能送往污水处理厂或者回用于生产过程。

黑液直接蒸发过程中，碱回收炉的高温烟气与黑液直接接触，虽然烟气中的烟尘得到了净化，但烟气会解吸黑液中溶解的硫化物等污染气体，因而排气中臭气的浓度较高，是传统的碱回收工艺中最重要的污染源之一。因此，直接蒸发工艺逐渐被淘汰。

3. 碱回收炉的大气污染及其控制

（1）碱回收炉大气污染物的生成　碱回收炉的烟气量通常为 6000~9000m^3/t 浆，烟气中含有两类大气污染物，一类是粉尘，另一类是含硫化合物和氮氧化物等气态污染物。碱回收炉中发生的一些主要化学反应及其形成的大气污染物见图 3-36。

① 粉尘：碱回收炉形成的粉尘按粒径大小可分为三类：第一类是粒径较大的炭粒及无机颗粒，可在重力作用下沉降在灰斗中；第二类是粒径较小的烟尘，可部分沉降落入灰斗；第三类是烟雾性粒子，粒径为 0.1~0.3μm。烟气中微小粒子，由于扩散和吸附作用或静电作用而发生凝聚，形成较大的二次粒子。碱回收炉烟气中粉尘的成分主要是 Na_2SO_4，在有些运行条件下，还有 Na_2CO_3。如果不加处理，粉尘排放量每吨风干浆可超过 100kg，在除尘装置之前，烟气中粉尘的含量通常大于 11mg/m^3 干烟气。烟气中的水分含量高，约为 230g/m^3 左右，露点 68℃左右。粉尘的吸湿性小，但能溶于水。

碱回收炉烟气中粉尘的来源有两个，第一是烟气夹带的黑液液滴在炉膛上部燃烧生成的粉尘，第二是由气相烟雾凝聚生成的碱尘。

碱尘是非常小的 Na_2SO_4 和 Na_2CO_3 颗粒。大多数碱尘起源于高温垫层还原性条件下生成的 Na 蒸汽，碱尘的形成是由于下面一系列化学反应的结果：

$$Na_2CO_3 + 2C \longrightarrow 2Na + 3CO$$

$$Na_2CO_3 + CO \longrightarrow 2Na + 2CO_2$$

$$4Na + O_2 \longrightarrow 2Na_2O$$

$$Na_2O + CO_2 \longrightarrow Na_2CO_3$$

$$2Na_2O + 2SO_2 + O_2 \longrightarrow 2Na_2SO_4$$

$$Na_2O + SO_3 \longrightarrow Na_2SO_4$$

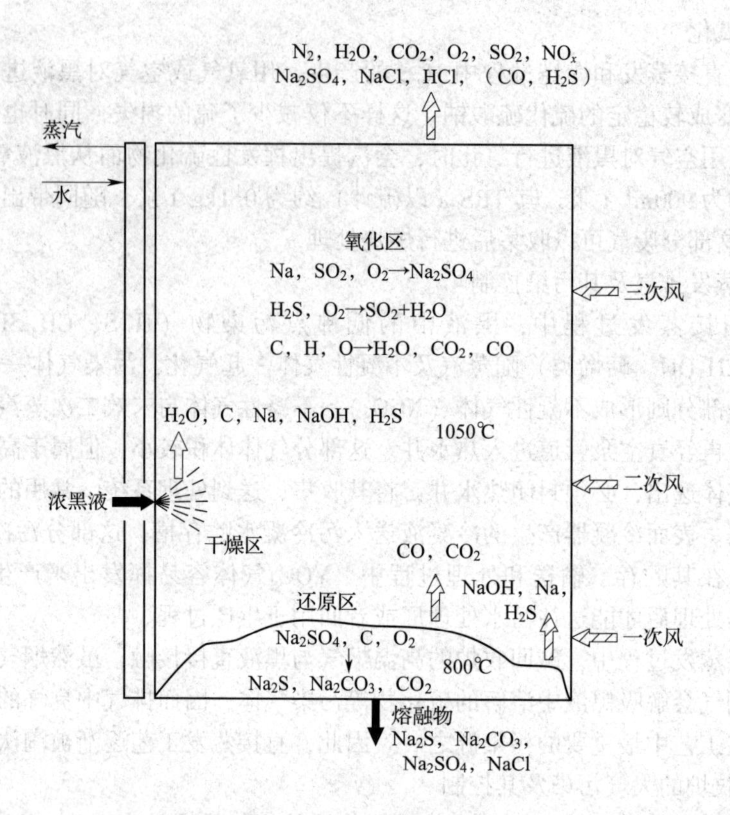

图 3－36　碱回收炉中发生的一些主要化学反应及其形成的大气污染物

主要反应是 Na_2CO_3还原生成钠蒸汽，其他反应是在垫层上方还原区和有游离氧存在的氧化区中进行。随着温度和还原性气氛增加，钠的挥发量也增加，从而增加碱尘的形成。

在炉膛上部化学反应的产物，主要也是碱尘。只要硫供应充足，生成 Na_2SO_4的化学反应优先发生。

碱尘另一个来源是 NaOH（气），它是由于下列化学反应生成的：

$$Na_2CO_3 + H_2O \longrightarrow CO_2 + 2NaOH$$

② SO_2：黑液中含硫化合物在碱回收炉里由于热分解反应，会有相当一部分硫以气态释放出来，硫化氢是主要产物。一部分硫化氢会立即被熔融物中的 Na_2CO_3重新吸收；没有立即被吸收的硫化氢则移至炉膛上部。当这些气态硫化物进入炉膛氧化区时，就会与氧反应，生成 SO_2（或 SO_3），再与碱尘反应生成 Na_2SO_4；少量没有被吸收的 SO_2从烟气中排出。

③ 臭气：当碱回收炉燃烧不完全时，烟气中残留有 H_2S、CH_3SH 和其他有机硫化物等污染物质。烟气中臭气量（以 H_2S 表示）有时多达 500mL/m^3，如负荷适当时，又只有几个 mL/m^3。燃烧炉内低温、缺氧或炉子超负荷运行，会使烟气中臭气增加；喷入炉内黑液的浓度、粒度、硫化度和残碱等都会影响碱回收炉散发的臭气量。

④ NO_x：研究表明，黑液在燃烧过程中形成的 NO_x 主要是燃料型 NO_x。其形成机理是在燃烧过程中，黑液中的大部分氮首先在火焰中转化为 HCN，然后转化为 NH 或 NH_2；

NH 和 NH_2 能够与氧反应生成 $NO + H_2O$，或者它们与 NO 反应生成 $N_2 + H_2O$。因此，在火焰中黑液中氮转化为 NO 的比例依赖于火焰区内 NO/O_2 之比。试验结果表明，在燃烧过程中，黑液中 20% ~80% 的氮转化为 NO_x。

生成燃料型 NO_x 步骤的反应活化能较低，黑液中氮的分解温度低于现有碱回收炉中的燃烧温度，因此，燃料型 NO 的生成受燃烧温度的影响很小，黑液中的含氮化合物氧化成 NO 是快速的。影响燃料型 NO_x 形成的主要因素是黑液中氮的含量、进燃烧炉黑液固含量、原料种类和炉内气体中氧的浓度。

黑液中氮的含量通常为 0.05% ~0.15%（对绝干固形物）。在相同的燃烧条件下，黑液中氮含量越高，相应地产生的燃料型 NO_x 越多。进燃烧炉黑液固形物的质量分数由 65% 提高到 75% 时，NO_x 生成量增加 20% 。阔叶木黑液中的含氮量比针叶木黑液高，其 NO_x 生成量约高 10% 。据报道，实际生产中碱回收炉释放的 NO_x 为 30 ~120mL/m^3（8% O_2，干气体），其中 95% 是 NO，其余为 NO_2。

（2）碱回收炉的大气污染控制

① 粉尘：碱回收炉烟气中的碱尘，目前国内外大多都是采用静电除尘器去除。碱炉烟气采用静电除尘器处理后，排放的 TSP 浓度通常为 30 ~50mg/m^3，可以满足排放标准要求；当碱炉烟气采用静电除尘和烟气洗涤脱硫时，排放的 TSP 浓度可达 15mg/m^{3}左右。

② 臭气的控制：在碱回收炉内，即使在提前氧化黑液的情况下，也不能完全防止臭气的产生。控制炉膛内臭气的产生量有两个途径，第一是维持炉膛下部的工艺条件，减少 H_2S 的释放；第二是把释出的臭气气体氧化成 SO_2。

控制臭气产生的措施之一是提高炉膛下部温度。因为炉床区的温度高，有助于 H_2S 被熔融的 Na_2CO_3 吸收，防止释放出 H_2S。

臭气的浓度和烟气中可燃物（CO）含量密切相关，控制可燃物是控制臭气的另一个有效方法。要使臭气气体完全氧化，需要适当的供风，并要求可燃物和空气能很好地混合，此外，还需要适当的停留时间。其操作方法是控制一次风与二次风的比例为 65∶35，并在风口处使空气能与可燃物很好地混合，加大燃烧区湍流程度，使燃烧充分；过量的氧气是保持烟气中臭气最少的重要条件，一般为 2.5% ~4.0%（体积分数）的过量氧气；提高进风温度，也可以降低臭气的排放，温度每提高 8℃，排硫量可降低 10mL/m^3。

改进黑液喷嘴，使喷出的黑液液滴大小适度，减少气流夹带黑液液滴，也有助于减少 H_2S 的释放。采用高浓度黑液燃烧，可提高燃烧区火焰温度，减少臭气的排放量，黑液中固形物含量每增加 1%，烟气中含硫量可降低 10mL/m^3。

上述提高垫层温度、增大黑液浓度等措施，可降低烟气中的臭气浓度，但 NO_x 含量会略有增加。

③ 氮氧化物（NO_x）的控制：NO_x 的释放已成为燃烧炉重要的环境问题，自 1986 年以来，发达国家的碱回收炉气体排放标准中增加了对 NO_x 排放量的限制。

为了减少 NO_x 的排放量，国外某厂进行了优化燃烧工艺参数的生产试验，结果表明，减少一次风和三次风风量可减少 NO_x 的排放量；控制总风量也可减少 NO_x，但减少一次风量和总风量会增大 CO 的排放量，适当的供风分配比和恰当的总风量是控制 NO_x、CO 及其他污染物排放的关键。最佳的三次风分配比为：一次风∶二次风∶三次风 =31∶53∶16。这样可使烟气中的 NO_x 和 CO 都较低。过剩氧由 1.7% 降为 1.0%，NO_x 的产生量大约降低

30%，而 CO 的量增加了 5 倍。实践生产中，应该综合考虑 NO_x、CO、臭气浓度及其他污染物的产生来确定过剩空气系数。

碱炉燃烧过程中，可采用低氮燃烧器和低氮燃烧技术来控制 NO_x 的产生，低氮燃烧技术通常包括少量过剩空气燃烧、分级燃烧、烟气循环、注水和采用低 NO_x 燃烧炉等。目前，低氮燃烧器和分级燃烧（OFA：over fire air）技术已在欧洲碱回收炉上得到广泛应用，其中，采用 OFA 技术可减少 NO_x 产生量 10% ~30%。

④ SO_2的控制：碱回收炉烟囱 SO_2 排放量的控制主要是与炉子运行参数有关。高的垫层温度有利于 H_2S 立即被熔融的 Na_2CO_3重新吸收，使释放出硫的量减少。在炉膛氧化区内，SO_2与碱尘反应，生成 Na_2SO_4，提高垫层温度，可增加垫层钠的挥发，即增加碱尘量，从而降低烟气中 SO_2的浓度，因此采用高温稳定垫层有助于增加在炉膛内对 SO_2的捕集，减少 SO_2的排放量。某厂在生产中曾发现，黑液固形物含量增加 1%、燃烧空气温度增加 55℃，能使 SO_2的排放量减少 $20mL/m^3$。

黑液中 S 与 Na 比值对 SO_2排放量的控制影响很大。当 S 与 Na 比值增加时，SO_2排放量会大大增加。当白液硫化度超过 30% ~35% 时，SO_2排放量的控制就比较困难。

为了控制碱炉烟气的 SO_2排放，欧洲的工厂大部分采用了碱炉烟气洗涤法脱硫工艺。用稀白液或者氧化白液作为洗涤液，控制洗涤液 pH 在 6 ~7。pH 太高时，尽管可以同时去除 H_2S，但是也会吸收 CO_2，迅速中和洗涤液中的碱，因此，通常采用稀白液。

表 3 –14 为欧洲硫酸盐浆厂碱回收炉大气污染物的典型排放情况。

表 3 –14　　欧洲硫酸盐浆厂碱回收炉大气污染物排放情况

污染物种类		排放浓度/（mg/m^3）	排放量/（kg/t 浆）
SO_2	黑液进碱炉固含量 63% ~65%（烟气不脱硫）	100 ~800	1 ~4
	黑液进碱炉固含量 63% ~65%（烟气洗涤脱硫）	20 ~80	0.1 ~0.4
	黑液进碱炉固含量 72% ~80%（烟气不脱硫）	10 ~100	0.2 ~0.5
H_2S	平均排放	<10	<0.05
	瞬间排放	高	—
NO_x（以 NO_2计）		100 ~260	0.6 ~1.8
TSP（静电除尘后）		10 ~200	0.1 ~1.8

注：排气量 6000 ~9000m^3/t 浆。

（3）熔融物溶解槽排气及其污染控制

① 溶解槽大气污染物的产生：溶解槽的温度较高，排气中含有较高浓度的还原性硫化物臭气、大量的水蒸气和带出的粉尘、绿液雾滴。

绿液和稀白液中的硫化物主要以 S^{2-} 和 HS^-的形式存在，有一定量的溶解 H_2S，稀白液中还带有少量的甲硫醇、甲硫醚、二甲二硫醚，溶解槽的温度较高，TRS 易挥发，释放出臭气。

为了避免溶解槽爆炸，常在溶解槽上方安装蒸汽分散嘴（国内习惯称之为蒸汽消音喷嘴），使熔融物分散后再溶于绿液或稀白液中。熔融物中的 Na_2S 与水蒸气和 CO_2会发生反应，生成 H_2S。据报道，国外某厂消音喷嘴处干气体的 H_2S 浓度高达 $5200mL/m^3$。

② 溶解槽大气污染控制：蒸汽消音喷嘴处 H_2S 的产生可以通过减少喷嘴的蒸汽量来

控制。可采用分散效果好的喷嘴，降低蒸汽压力。生产中蒸汽压力由1030kPa降为340kPa时，溶解槽排气管的TRS降低20%～33%，汽压降低后并未出现熔融物分散不好的问题。

溶解槽的废气常用吸收法处理。吸收装置的合理设计、良好操作和采用碱性介质吸收是确保H_2S去除效率的重要条件。

溶解槽废气常用的吸收设备是文丘里旋风分离器。这种设备可有效地去除粉尘，去除TRS的效果也挺好。吸收液可用氧化白液或氢氧化钠溶液。pH为11的碱性溶液的吸收效果比用水好得多，所需吸收液的量也少得多。

甲硫醇是弱酸，在碱性溶液中会形成甲基（烃）硫离子，含量较低时，可用稀白液等碱性溶液吸收除去。甲硫醚和二甲二硫醚是中性物质，用碱性溶液也不能除去。

H_2S和甲硫醇在水中的溶解度很小，因此，如果用水作吸收液，TRS的排放量较高。一家工厂溶解槽排气由原来的用水吸收改为用稀白液吸收后，TRS降低了63%。由此可见，对溶解槽排气用碱性溶液吸收是控制其中的TRS的关键，氧化白液或氢氧化钠溶液是最好的吸收液，其次是稀白液，水是吸收效果较差的介质。

4．石灰窑的大气污染及其控制

（1）石灰窑大气污染物的产生　石灰窑的烟气量通常为1000m^3/t浆左右，排气中含有粉尘和含硫的气态污染物。粉尘主要由$CaCO_3$、$CaSO_4$、CaO、Na_2CO_3以及不溶性灰分等组成。气态污染物的组成和散发量见表3－10和表3－11，主要来自以下几个方面：①石灰回收所用燃料燃烧时所产生的大气污染物；②白泥中残存的还原硫化物；③在石灰窑中燃烧臭气时，燃烧不完全或泄漏而产生；④石灰窑烟气吸收处理装置所用吸收液中含有的污染物。

（2）石灰窑大气污染的控制　石灰回转窑排出的废气，通常是首先采用旋风除尘器回收较大粒度的石灰尘粒，然后采用洗涤器捕集细小尘粒和气态污染物。流化床煅烧炉煅烧的石灰可用两段旋风除尘器和文丘里洗涤器回收。石灰回转炉废气处理流程为：排出的烟气先经笼型磨闪急干燥石灰，由旋风除尘器分离白泥后，再由鼓风机送入碱液（或稀白液）吸收塔，以除去粉尘、SO_2和还原硫化物，净化后的烟气由烟囱排放。欧洲工厂较多的采用静电除尘和湿法除尘，同时还较多的采用低氮燃烧器和低氮燃烧技术来控制NO_x的排放。

（六）污冷凝水汽提系统排气

污冷凝水来自蒸煮热回收系统、黑液蒸发系统、松节油回收及臭气收集处理系统等，其中含有较多的还原硫化物以及其他易挥发的有机物。污冷凝水通常须经过汽提处理后再回用于生产过程，或者送污水处理厂。汽提时污冷凝水中的易挥发物会挥发或被解吸出来，排气中含有较高浓度的TRS和VOCs。这部分气体通常送臭气处理系统集中处理。

（七）臭气的收集与处理

硫酸盐法制浆生产过程中，蒸煮、蒸发、松节油槽、污冷凝水汽提排出的不凝性气体，虽然数量不大，但污染物浓度较高，称为高浓臭气；除节机、洗浆机、黑液贮槽、塔罗油回收系统、黑液氧化、绿液槽、石灰消化提渣机、苛化器和白泥预挂过滤机等排放的废气污染物浓度较低，但气量大，称为低浓臭气。

1. 高浓臭气的处理

高浓臭气的总气量大约为$25m^3/t$浆，其硫含量通常大于$5g/m^3$，总含硫量通常在1～2.5kg S/t浆。因为木素结构不同，通常阔叶木浆产生的量较针叶木浆大。高浓臭气经收集后，通常送入碱回收炉、石灰窑或者单独燃烧系统进行燃烧处理。

图3－37为高浓臭气处理的典型流程。从各产生点来的高浓臭气汇集在集气槽，经蒸汽喷射器后送液滴分离器，最后经火焰阻火器进入燃烧器燃烧。当系统出现故障时，高浓臭气通过旁路送火炬燃烧。系统设计时应注意一些问题：①在开机和停机的时候，空气有可能进入系统形成爆炸性混合物，因此，高浓臭气的输送采用蒸汽喷射器比采用风机好；②为了使系统中的水蒸气不冷凝，蒸汽喷射器以后的蒸汽和混合气体的全部管线应当保温；③高浓臭气在燃烧前，应安装液滴分离器或雾沫消除器除去其中的雾沫或冷凝水；④为了防止发生火灾，在系统应装有火焰阻火器，防止火灾扩散，减少管线、设备损伤。

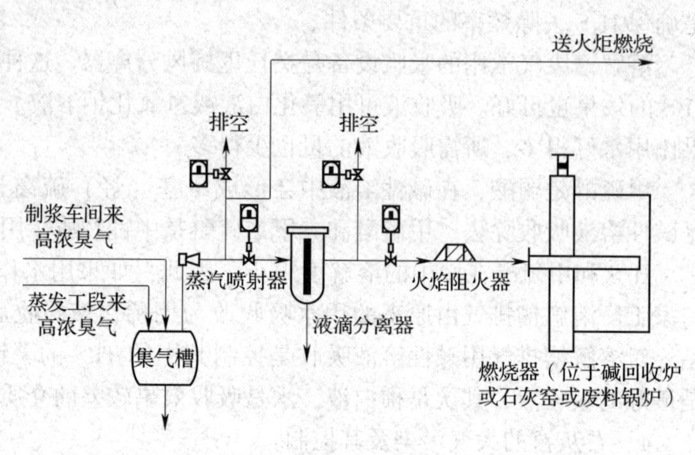

图3－37　高浓臭气典型处理流程

高浓臭气采用单独燃烧器燃烧处理时，需要设置单独燃烧装置，还会使臭气中的热能和硫损失，而且通常需要设置烟气洗涤，以控制SO_2排放。采用送石灰窑燃烧的方法，可以回收臭气的热能，减少石灰窑大约15%左右的燃料，但造成系统硫的损失，而且存在石灰窑内结圈或成球、设备腐蚀等问题。因此，近年新建生产线高浓臭气较多采用送碱回收炉燃烧的工艺。

2. 低浓臭气的处理

低浓臭气的总气量一般为2000～$3000m^3/t$浆，其硫含量通常小于$0.5g/m^3$，总含硫量在0.2～0.5kg S/t浆。低浓臭气收集后可以在碱回收炉、石灰窑中进行燃烧处理，或者可以采用洗涤法处理。

图3－38为低浓臭气处理的典型流程。从各产生点来的低浓臭气先经洗涤器洗涤，再经气水分离器后用风机送雾沫分离器，最后送碱炉三次风或送石灰窑一次风，也可

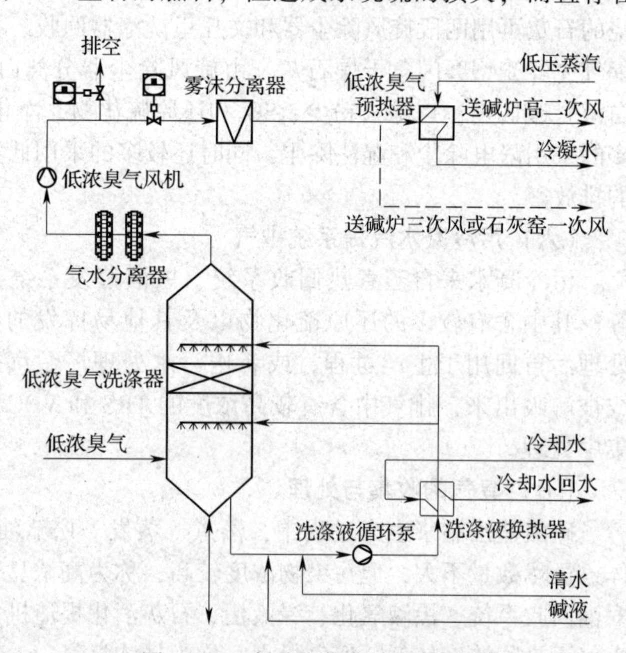

图3－38　低浓臭气典型处理流程

经低浓臭气预热器后送碱炉二次风。该流程采用了洗涤和燃烧结合的技术，将低浓臭气先进行洗涤的目的有两个，第一是冷却缩小体积并减少水分，第二是去除其中的TRS，回收硫并减少 SO_2 排放。经洗涤后其 TRS 去除率为40% ~90%，一般情况下可达到约70%。

二、亚硫酸盐法制浆的大气污染及其控制

1. 亚硫酸盐法制浆的大气污染

亚硫酸盐法制浆的大气污染物包括粉尘、SO_2 和 NO_x。粉尘主要来源于草类原料的备料和酸回收系统废液的燃烧，对于没有酸回收的工厂，则主要来源于草类原料备料和制酸过程。气态污染物主要是 SO_2，它来源于蒸煮、纸浆洗涤、红液蒸发、红液燃烧以及蒸煮酸制备等。NO_x 则来自于红液燃烧。

连续蒸煮系统不会产生较大的空气污染。间歇蒸煮主要是放锅时产生污染物，热喷放时产生的 SO_2 较多，冷喷放时较少。

纸浆洗涤筛选过程也同样散发出 SO_2。

亚硫酸氢盐法和中性亚硫酸盐法蒸煮的红液在多效蒸发系统只散发少量 SO_2，一般每吨浆不到1kg，而酸性亚硫酸盐法的红液中 SO_2 则高得多，达20 ~30kg/t 浆。

红液燃烧的大气污染物主要是 SO_2、NO_x 和粉尘，其数量与盐基和操作条件以及燃烧炉的结构等有关。钙盐基和铵盐基的大气污染较严重，镁盐基和钠盐基的污染较小。原酸制备过程中，在正常生产情况下，吸收塔尾气中会含有 SO_2，但其量较小。亚硫酸盐浆厂各工序 SO_2 的排放量见表3 -15。

表3 -15　亚硫酸盐浆厂排放的 SO_2 污染

污染源	SO_2 排放量/（kg/t 浆）	
	未经控制	经控制*
蒸煮放锅：热放法	30 ~75	1 ~25
冷放法	2 ~10	0.05 ~0.3
多效蒸发站	1 ~30	0.025 ~1.0
酸回收系统	80 ~250	6 ~20
洗涤系统	0.5 ~1.0	
制酸系统	0.5 ~1.0	

注：* 指 SO_2 气体经碱液洗涤和吸收。

2. 亚硫酸盐法制浆的大气污染控制

（1）蒸煮系统大气污染控制　小放汽和大放汽的气体可以回收，其回收方法有热法和冷热混合法。热法回收是从蒸煮锅放出的气体不经冷却，而借助喷射器直接通入回收锅进行 SO_2 的吸收和热量回收。

控制喷放汽中 SO_2 的有效方法是对喷放汽进行洗涤回收。洗涤液可用不同盐基的碱液。洗涤后的溶液回至制酸系统，SO_2 的回收率可达97%。这对钠盐基和铵盐基操作甚为方便，但对镁盐基和钙盐基则需要复杂的泥浆洗涤系统。

（2）蒸发系统排气的控制　广泛采用的方法是将蒸发排气送至制酸系统。为了降低蒸发时排气的 SO_2 浓度，蒸发前可向废液中加盐基进行中和。

（3）制酸系统排气中 SO_2 的控制　一般是在吸收塔后设碱液洗涤装置回收尾气中的 SO_2，保持系统的密封，防止 SO_2 气体的泄漏，也是减轻制酸系统污染的重要措施。

（4）废液燃烧系统排气的控制　对于废液燃烧炉的粉尘，多采用旋风除尘器捕集，也可用电除尘器或袋式除尘器捕集。燃烧炉烟气的 SO_2，通常用填料塔、文丘里吸收塔和湍球塔回收。

三、制浆造纸厂其他废气的污染与控制

1．纸浆漂白系统大气污染的产生与控制

（1）纸浆漂白系统大气污染的产生　纸浆漂白散发的污染物质，随漂白方法、漂白剂的种类及其用量、未漂浆的种类及质量的不同而异。漂白过程中采用含氯漂白剂，会造成氯对大气的污染，其主要污染物是 Cl_2、ClO_2 和 SO_2 等气体。这几种气体的嗅阈值都较高，大约为0.1～1mL/m^3。

在多段漂白过程中，从氯化塔和氯化段洗浆机的集气罩将散发出一定数量氯气。因与大量空气混合，浓度低，体积大，不易回收。补充漂白段若使用 ClO_2，将从 ClO_2 制备系统和浆料洗涤设备的集气罩散发出少量的 ClO_2 气体。次氯酸盐漂白在碱性条件下进行，正常情况下无大气污染。次氯酸盐漂液制备中，只要做到不泄漏氯气，掌握好通氯速率和吸收终点，一般也无大气污染。

（2）纸浆漂白系统大气污染控制　为了减少漂白废气对环境的污染，常采用吸收装置对废气进行处理。最初使用氧漂段的废水和 NaOH 溶液作为吸收液，但后来发现，氧抽提段的废水虽可除去 Cl_2 和 ClO_2，但会产生三氯甲烷（$CHCl_3$）。例如，用氧漂段废水作为吸收液，进洗涤器时，$CHCl_3$ 为11mL/m^3，出洗涤器时为25mL/m^3。将吸收液改为 NaSH，出口处的 $CHCl_3$ 降为10mL/m^3、SO_2 在1mL/m^3以下。

生产实践证明，NaSH 溶液是有效且经济的吸收液，比使用 Na_2SO_3 等成本低，与使用氧漂段废水相比，$C1_2$ 的排放量可降低85%，ClO_2 降低99.8%；通过添加 NaOH，可减少 H_2S 的产生，使其降为2mL/m^3以下。

2．造纸车间排气

纸张抄造和涂布过程中的排气，主要是水蒸气及少量挥发性有机物（与涂料和助剂有关），可用冷凝、吸附等方法去除。

3．废水处理排气及其大气污染控制

（1）废水处理排气　制浆造纸废水在其收集、输送和处理过程中会产生大气污染物。化学制浆的废水中含有与蒸煮、碱回收和漂白排气相同的易挥发性大气污染物，这些污染物在废水输送和处理过程中将会散发出来，形成大气污染。废水的生化处理过程中会产生二次大气污染物，其中好氧处理过程产生的大气污染物主要包括 H_2S、CH_3SH、CH_3SCH_3、CH_3SSCH_3、NH_3 等，以及曝气池液面气泡破裂产生带菌的气溶胶随风飘散而造成空气中的微生物污染；厌氧处理过程产生的大气污染物主要包括 CH_4、H_2S、CH_3SH、CH_3SCH_3、CH_3SSCH_3、NH_3、低分子醇和有机酸等。

（2）废水处理过程大气污染的控制　化学制浆废水中易挥发性污染物引起废水处理大气污染控制的主要方法有：① 对废水采用汽提、冷凝等预处理，降低废水中易挥发性污染物的浓度，减少其散发量；② 封闭废水收集、输送的槽罐和管沟，对其中的不凝性气体收集后集中处理。

废水好氧处理大气污染防治措施主要包括：① 改进废水处理技术，增加废水中的溶解氧量，避免废水中出现缺氧或者厌氧状态，可减少废水处理臭气的散发；② 采用污水处理除臭剂对散发的臭气进行除臭处理；③ 在曝气池上方用高透气性的网状物覆盖，以减少含菌气溶胶的散发和传播。

废水厌氧处理产生的沼气通常是收集后进行燃烧处理，常见的燃烧方法有火炬燃烧和送动力锅炉燃烧。沼气采用火炬单独燃烧，能源没有得到有效利用，而且会造成大气的二次污染；采用送动力锅炉燃烧的方法不仅可以回收沼气的热能，而且通过锅炉烟气处理可消除其二次污染。

第五节　动力锅炉烟气大气污染控制

造纸工业是能源消耗较大的行业，2010 年我国吨纸浆平均综合能耗 0.45t 标准煤，吨纸及纸板平均综合能耗 0.68t 标准煤。制浆造纸过程主要用能为汽和电，造纸企业需配备蒸汽锅炉，主要用煤、生物质、天然气、重油等作为燃料；规模较大的造纸企业采用国家鼓励的“热电联产”技术，根据“以热定电”的原则配套建有热电厂，实行热能梯级利用，实现节能减排的同时，为企业创造良好的经济效益。动力锅炉的大气污染控制是造纸企业环境保护的重要内容。

一、燃烧与大气污染

（一）燃料的种类与特性

燃料的种类繁多，常见燃料的分类见表 3－16。

表 3－16　　燃料的种类

来源	固体	液体	气体
天然产出	煤、生物质（木材、秸秆）	石油	天然气
加工	煤球、煤粉、焦炭、木炭、锯末、颗粒生物质、生物污泥等	汽油、柴油、重油、生物质乙醇等	煤气、液化气、沼气等

1. 煤

煤是由古代植物遗体经过复杂的生物化学和物理化学作用转化而成的。煤的可燃成分主要是由 C、H 及少量的 O、N 和 S 等构成的有机聚合物。按煤的性质不同分为褐煤、烟煤和无烟煤三大类。

常用的煤的成分表示方法有：收到基、空气干燥基、干燥基和干燥无灰基四种。

（1）收到基　以包括全部水分和灰分的燃料作为 100% 的成分，以角码“*ar*”表示

$$C^{ar} + H^{ar} + O^{ar} + N^{ar} + S^{ar} + A^{ar} + W^{ar} = 100\%$$

收到基表示的是锅炉燃料的实际成分，在进行燃料计算和热效应试验时，都用它来表示，即旧标准的应用基。但由于煤的外部水分不稳定，因此用它评价煤的性质是不准确的。

（2）空气干燥基　以去掉外部水分的燃料作为 100% 的成分，以角码“*ad*”表示，即旧标准的分析基

$$C^{ad} + H^{ad} + O^{ad} + N^{ad} + S^{ad} + A^{ad} + W^{ad} = 100\%$$

（3）干燥基　以去掉全部水分的燃料作为 100% 的成分，以角码“*d*”表示

$$C^{d} + H^{d} + O^{d} + N^{d} + S^{d} + A^{d} = 100\%$$

因为排除了水分的影响，所以干燥基能准确地反映出灰分的多少。

（4）干燥无灰基　以去掉水分和灰分的燃料作为100%的成分，以角码“*daf*”表示，即旧标准的可燃基

$$C^{daf}+H^{daf}+O^{daf}+N^{daf}+S^{daf}=100\%$$

干燥无灰基成分因为避免了水分和灰分的影响，所以比较稳定。煤矿提供的煤质资料通常为干燥无灰基成分。

我国煤炭的平均含硫量为1.11%。煤中的硫通常以无机硫、有机硫和单质硫三大类型存在。其中，无机硫包括硫铁矿硫和硫酸盐硫，以黄铁矿（FeS_2）硫为主；煤中的有机硫主要有硫化物、硫醇（R－SH）、硫醚（R－S－R'）、二硫化物（RSSR'）、噻吩类杂环硫化物等。硫铁矿硫、有机硫和单质硫都能在空气中燃烧，称可燃硫；硫酸盐硫在燃烧过程中是不可燃烧的硫，固定在煤灰中，称不可燃硫或固定硫。

2．石油

石油是液体燃料的主要来源。原油主要是由链烷烃、环烷烃和芳香烃等碳氢化合物组成，主要含有C、H，少量的S、N和O，微量的钒、镍、铅、砷、氯等。

出于安全和经济考虑，一般将原油经过蒸馏、裂化和重整后，生产出各种燃料油、溶剂和化学产品。燃料油的氢含量增加时，相对密度减少，发热量增加。当燃料油的黏度较大时，雾化产生的液滴较大，不易较快汽化，导致不完全燃烧。

原油中的硫含量一般在0.1%～0.7%，大部分硫以有机硫的形式存在。在轻馏分中，硫以H_2S、R－SH、R－S－R'、RSSR'等形态存在。原油中的硫80%～90%留于重馏分中，以复杂的环硫结构存在。重馏分与一定比例的轻油相配合而成为重油，原油中的硫大部分转入重油中。

3．天然气

天然气是典型的气体燃料，它的组成一般为甲烷85%、乙烷10%、丙烷3%，含碳更高的碳氢化合物也可能存在于其中；此外，还有H_2O、CO_2、N_2、He和H_2S等。

4．生物质燃料

生物质燃料是指包括植物和动物废料等有机物质在内的燃料，是人类使用的最古老燃料的新名称。它通常是固体，可以通过加工转化为液体和气体燃料。生物质燃料来源于绿色植物的光合作用，是一种取之不尽、用之不竭的可再生资源，如果人类能用生物燃料替代化石燃料，就可以实现能源的可持续利用，以及地球上碳的自然循环，解决化石燃料燃烧所引起的温室效应等环境问题。进入21世纪以来，各国政府高度重视生物质能源的开发，也为传统造纸工业的发展带来了新的生机。

生物质燃料的来源主要包括：① 农业生产加工废弃物和能源植物，如秸秆、稻壳、玉米芯、花生壳、甘蔗渣、棉籽壳、芦苇等；② 林业生产加工废弃物，如树皮、枝丫、锯末、木屑、竹屑、制浆黑液等；③ 家禽粪便；④ 有机废水处理产生的沼气和污染；⑤ 城市有机固体废弃物。生物质燃料是可再生的清洁燃料，其主要特点是可再生、无碳排放，硫含量和氯含量低（$<0.07\%$），灰分含量低（$<1.5\%$），燃烧产生的污染物少，因此对环境的影响较轻。

（二）燃烧与大气污染

在燃烧过程中，燃料的组成元素转化为相应的氧化物。完全燃烧时，C、H分别转变为CO_2和H_2O，N和S则会生成NO_x和SO_x等大气污染物；不完全燃烧过程将产生黑烟、

CO 和其他部分氧化产物等大气污染物；空气中的部分 N_2 也会被氧化成 NO_x。

燃料燃烧过程是一个十分复杂的物理过程和化学过程，各种污染物的生成机理和控制方法都不相同，必须根据具体情况，抓住影响本地区大气环境质量的主要因素和燃料的特点，因地制宜地采用合适的污染物控制方法。

我国的大气污染物中燃料燃烧产生的污染物约占全部污染物数量的 70%，因此燃料燃烧是产生大气污染物的主要来源。动力锅炉产生的大气污染物主要有烟尘、SO_2、NO_x 和 CO 等。影响动力锅炉大气污染物产生的因素主要有：① 燃料物理性质、化学组成以及燃料特征；② 燃烧炉的种类、结构及尺寸；③ 燃烧条件（过剩空气系数、燃烧温度、燃烧时间和湍流混合情况）等。图 3－39 所示燃烧过程中生成的几种主要污染物的量与燃烧温度的关系，从图中可见，提高燃烧温度燃料燃烧更完全，但是 NO_x 的生成量增加。表 3－17 列出了使用不同燃料时 1000MW 热电站的几种主要污染物生成量。

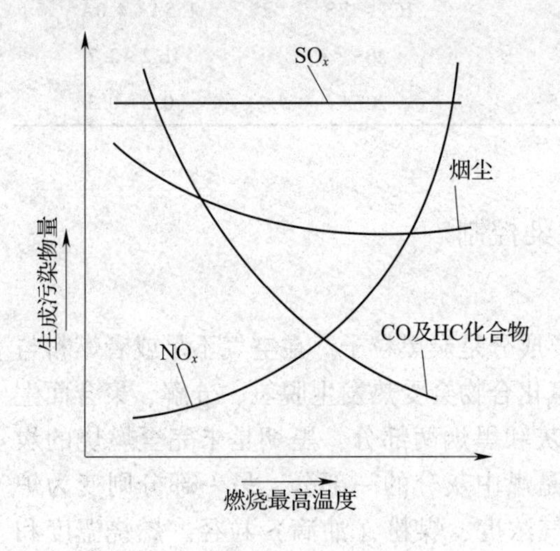

图 3－39　燃烧生成污染物的量与最高温度的关系

表 3－17　1000MW 热电站的几种主要污染物生成量　单位：10^6kg/a

污染物种类	煤①	油②	气③
颗粒物	4.49	0.73	0.46
SO_x	139.00	52.66	0.012
NO_x	20.88	21.77	12.08
CO	0.21	0.008	可忽略
HC 化合物	0.52	0.67	可忽略

注：① 年耗煤 2.3×10^9 kg，煤含硫量 3.5%，硫转化为 SO_x 比例为 85%，煤灰分 9%；

② 年耗油 1.57×10^9 kg，油含硫量 1.6%，油灰分 0.05%；

③ 年耗气 $1.9\times10^9 m^3$。

我国燃料构成以煤为主，而且大、中型锅炉大都用煤粉。煤粉灰分高，排烟烟尘浓度也高。烟尘的主要成分是 SiO_2、Al_2O_3 和可燃物。炉内产生的烟尘有 20% ~25% 在炉膛到空气预热器之间沉降。燃烧优质煤时，空气预热器出口的排烟浓度为 35 ~ 45g/m^3。

锅炉烟气中的 SO_2 是由燃料中的可燃硫在燃烧过程中被氧化而生成的，烟气中的 SO_2 量正比于燃料中的含硫量。表 3－18 列出了常用燃料的含硫量和含氮量。

表 3－18　常用燃料中的含硫量和含氮量

类别	煤炭	汽油和柴油	重油	木材和秸秆	天然气
含硫量/%	0.5 ~ 5.0	0.25 ~ 0.75	0.1 ~ 5.0	<0.07	<0.0028
含氮量/%	0.5 ~ 2.5	—	0.005 ~ 0.4	<0.5	—

燃烧过程中，NO_x 生成量受许多因素的影响，NO_x 的三种形成机理对 NO_x 的贡献率随燃烧条件而异。图 3－40 给出了几种主要燃料燃烧过程中三种机理对 NO_x 排放相对贡

献。国内锅炉以煤和重油为主要燃料，它们的含氮量较高，生成的 NO_x 以燃料型为主，其次是热力型。

在工程上，可根据燃料组成、过剩空气系数等参数从理论上计算出锅炉烟气的组成和污染物的排放量及排放浓度，也可采用经验公式来进行计算。电站锅炉烟气中的主要污染物可用表 3－19 进行估算。

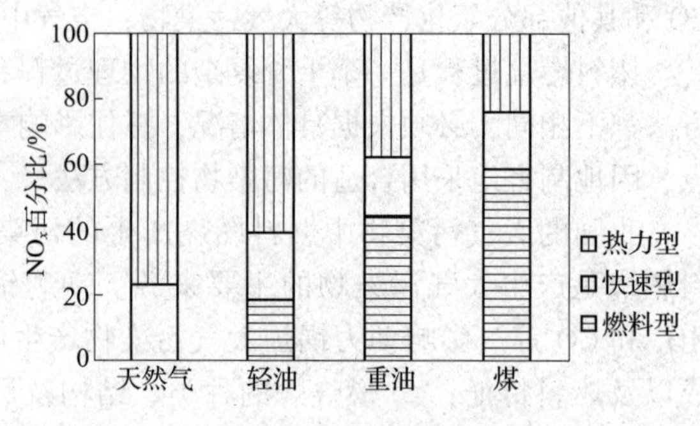

图 3－40　几种主要燃料 NO_x 来源对比图

表 3－19　　电站锅炉产生的主要污染物

类别	烟气量/$10^3 m^3$	NO_x生成量/kg	SO_2生成量/kg	烟尘生成量/kg
煤/t	9～12	5～10	16S～17S①	1.5A～4.0A②
油/t	10～18	7～13	20S①	1.2～2.7
$10^3 m^3$ 天然气	11～14	3.0～6.5	20S①	0.2～0.3

注：① S—含硫量，%；② A—灰分，%。

二、烟尘污染控制

1．烟尘的生成

液体燃料和气体燃料燃烧产生的烟尘的主要成分是炭黑粒子。在空气不足或者燃料与空气混合不均匀而没有氧存在的局部地方，碳氢化合物会受热发生脱氢、分解、聚合而生成炭黑粒子。固体燃料燃烧产生的烟尘包括飞灰和黑烟两部分，黑烟是未完全燃烧的炭粒，飞灰是烟气中不可燃烧的矿物质微粒，它是煤中灰分的一部分，另一部分则变为炉渣。影响烟尘生成的因素主要有燃料种类、氧气浓度、煤粉（油滴）粒径、燃烧温度和时间等。

燃料种类不同，烟尘产生的情况也不相同。如氢气、甲醇、乙醇燃烧时不产生烟尘，烯烃比烷烃容易产生黑烟，乙炔、芳香族、链状碳氢化合物特别容易产生黑烟，碳氢化合物中的碳原子数越多越容易产生炭黑，碳原子数相同时，不饱和烃更易产生炭黑。油质愈重，残留碳含量越多，烟尘浓度越高。

固体燃料不完全燃烧时，产生的炭粒形成黑烟；固体燃料中灰分形成粉尘。粉尘的数量较大，对一定形式的燃烧设备，灰分变成飞灰的份额基本一定，如煤粉炉、流化床炉一般为 0.4～0.6，链条炉一般为 0.15～0.2。因此，煤质越差，灰分含量越高，粉尘浓度越高。

2．烟尘的生成控制

在燃料一定时，促进燃料的完全燃烧是减少烟尘量的主要措施。保证燃料完全燃烧的条件是适宜的过剩空气系数、良好的湍流混合（Turbulence）、足够的温度（Temperature）和停留时间（Time），即供氧充分下的“三 T”条件。

（1）适宜的过量空气系数　如果让碳氢化合物燃料与足够的氧气混合，能够防止炭黑烟尘产生。但是，空气量过大，会降低炉温，增加锅炉的排烟损失，增加运行成本。一般工业燃烧设备的空气过剩系数控制在1.05~1.5，民用燃具控制在1.3~2.0。通常按燃烧不同阶段供给相适应的空气量。

（2）改善燃料与空气的混合　空气与燃料混合不均匀会产生烟尘和不完全燃烧产物。混合程度取决于湍流程度。对于蒸气相的燃烧，湍流可以加速液体燃料的蒸发；对于固体燃料的燃烧，湍流有助于破坏燃烧产物在燃料颗粒表面形成的边界层，从而提高表面反应的氧利用率，并使燃烧过程加速。

（3）保证足够的温度　燃料只有达到着火温度，才能氧化燃烧。着火温度是在氧存在时可燃物质开始燃烧所必须达到的最低温度。着火温度通常按固体燃料、液体燃料、气体燃料的顺序上升，如无烟煤713~773K，重油803~853K，发生炉煤气973~1073K。当温度高于着火温度时，若燃烧过程的放热速率高于向周围的散热速率，则能够维持较高的温度，保证燃烧过程继续进行。

（4）保证足够的燃烧时间　燃料在高温区的停留时间应超过燃料燃烧所需要的时间。燃料粒子烧尽时间与粒子初始直径、粒子表面温度和氧气浓度有关。如焦粒初始粒径为50~70μm的粒子，在粒子表面温度1600℃、剩余O_2体积分数为2%的烟气中燃尽时间大约为1.5s。

3. 动力锅炉烟气除尘

制浆造纸企业使用的小型锅炉的蒸汽压力较低，产生的蒸汽直接供制浆造纸生产过程使用；大中型造纸企业通常建有热电联产的热电站，锅炉出力较大，产生的蒸汽压力较高，首先用于发电，发电后的低压蒸汽供制浆造纸生产过程使用。

目前，小锅炉执行的排放标准为《GB 13271—2001 锅炉大气污染物排放标准》，指标限额相对比较宽松，采用的烟气除尘技术主要是湿法除尘，其特点是投资比较低、结构比较简单，常用的除尘装置有冲击水浴洗涤器、文丘里－水膜除尘器等。

2000年以前，我国燃煤电厂的锅炉烟气大多采用静电除尘技术。2003年国家发布了《GB 13223—2003 火电厂大气污染物排放标准》，烟尘排放浓度限值为50mg/m^3。燃煤电厂原来采用的三电场电除尘器无法满足排放标准的要求，许多燃煤电厂开始采用四电场除尘器，有的甚至采用了五电场除尘器，但仍然难以做到达标排放，使用电除尘器的燃煤电厂逐步进行电除尘器的新技术改造或替换为袋式除尘器，袋式除尘器的除尘效率可达99.99%以上，烟气出口烟尘排放浓度一般可低于20mg/m^3。目前袋式除尘已成为燃煤电厂锅炉烟气除尘的重要技术。2012年国家开始执行了《GB 13223—2011 火电厂大气污染物排放标准》，烟尘排放浓度限值为20mg/m^3。为了保证稳定达标，一方面电除尘和袋式除尘技术在不断进行改进，提高其除尘效率；同时，燃煤电站锅炉开始采用电除尘与袋式除尘结合的电—袋复合除尘技术。三种燃煤电厂锅炉烟气除尘方法的技术经济性能比较见表3－20。

表3－20　　三种除尘方法的技术经济性能比较

项目	袋式除尘器	电除尘器	电—袋复合除尘器
出口排放浓度/（mg/m^3）	20以下	15~50	20以下
占地面积	小	较大	较大
投资	少	大	较大

续表

项目	袋式除尘器	电除尘器	电—袋复合除尘器
运行阻力/Pa	800～1000	250	800～1500
运行费用	较低	低	较低
操作维护	较简便	简便	较复杂
$PM_{2.5}$去除率	高	低	高
汞去除率	高	低	高

注：电除尘器为五电场，电－袋复合除尘器为二电二袋。

三、硫氧化物污染控制

（一）燃烧过程中硫氧化物的生成

燃料燃烧及其随后的物理化学过程产生的含硫污染物有SO_2、SO_3、硫酸雾、酸性尘及酸雨等，它们都来源于燃料中所含有的硫。

燃料中的可燃硫在空气过剩系数大于1.0的实际燃烧过程中将全部被氧化成SO_2，煤中的硫酸盐在燃烧过程中一般转入灰分。燃烧炉内生成的SO_2有0.5%～2.0%被进一步氧化为SO_3。SO_3的存在使烟气的露点温度升高，这将加重烟气的腐蚀作用。烟气中的SO_3和水蒸气结合生成硫酸蒸汽，这一反应从200～250℃开始进行，当烟气温度降到110℃时，反应基本完成。当温度进一步降低时，硫酸蒸汽凝结成硫酸滴。如果硫酸蒸汽凝结在锅炉尾部受热面上，将引起低温腐蚀，并产生硫酸尘。另外，锅炉尾部、金属烟道和烟囱被硫酸腐蚀生成的盐类和含酸粉尘脱落后也形成酸性尘。酸性尘一般尺寸较大，随烟气排入大气后，降落在烟囱周围地区。由于具有强的酸性而造成腐蚀，这是燃油锅炉的普遍现象。

排入大气中的烟气，与大气混合，温度进一步降低，烟气中的硫酸蒸汽将再次凝结而形成硫酸雾，雾滴在大气中的漫反射使烟气呈白色，故又称为白烟。排入大气中的SO_2，由于金属飘尘的触媒作用，也会被空气中的氧氧化为SO_3，遇水汽形成硫酸雾，再与粉尘结合而形成酸性粉尘，或者被雨水淋落而产生硫酸雨。

（二）硫氧化物的生成控制

1. 燃料脱硫

（1）煤炭洗选脱硫　煤炭洗选脱硫是指通过物理、化学或生物的方法对煤炭进行净化，以去除原煤中的硫。煤炭中的有机硫属于煤的有机质组成，分布均匀，用物理方法不能将其脱除，物理选煤方法脱除的硫以煤中的硫铁矿为主。原煤经过洗选既可脱硫又可除灰，提高煤炭质量和热能利用效率。目前国内外应用最广的是物理选煤方法中的淘汰选煤、重介质选煤和浮选三种。2010年，我国入洗原煤16.5亿t，入洗率为50.9%，全硫脱除率为45%～55%，硫铁矿硫脱除率60%～80%。

（2）煤炭转化脱硫　煤炭转化技术包括煤的气化和液化。在煤的转化过程中可以脱除90%以上的硫铁矿硫和有机硫。

煤炭气化是在一定的温度和压力下，通过加入气化剂使煤转化为煤气的过程。它包括煤的热解、气化和燃烧三个化学反应过程。煤气化所用的原煤可以是褐煤、烟煤或无烟煤。气化剂有空气、氧气和水蒸气，近年来也开始用氢气以及这些成分的混合物作气化剂。生成气体的主要成分有 CO、CO_2、H_2、CH_4和 H_2O，气化介质为空气时，还带入 N_2。煤气化过程中，煤中的绝大部分硫转变为气相产物，小部分残存于灰渣中，典型粗煤气中 H_2S 含量为0.7% ~1.0%，一般占煤气中总硫量的90%以上，CS_2和 COS 次之，其他有机硫组分一般以微量存在。煤中的灰分则以固态或液态废渣形式排出。煤气脱除 H_2S 等含硫组分后，成为清洁燃料，可用作民用燃料、工业燃料、化工原料，以及用于煤气化循环发电等。煤气化技术在我国已越来越受到重视，发展速度在日益加快。

煤炭液化是将固体煤在适宜的反应条件下转化为洁净的液体燃料和化工原料的过程。煤和石油都是以碳和氢为主要组成元素，但煤中氢含量只有石油的一半左右，而其分子量大约是石油的10倍或更高。如褐煤含氢量为5% ~6%，而石油的氢含量为10% ~14%。所以，从理论上讲，只需改变煤中氢元素含量，即往煤中加氢，使煤中原来含氢少的高分子固体物转化为含氢多的液、气态化合物，就可以使煤转化为液态的人造石油。这就是煤液化的基本原理。煤的液化便于脱除其中的硫和氮，环境效率显著。目前，国内外对煤炭液化进行了大量的研究和生产实验，已具备了产业化的技术，之所以还没有工业化生产的主要原因是生产成本偏高，难以与石油竞争。我国石油资源比较缺少，而煤炭储量丰富，因此，煤的液化是解决我国石油紧缺的重要途径之一。

(3) 气体燃料脱硫　在煤炭气化和液化过程中，煤中的绝大部分硫转变为 H_2S 等气相产物进入煤气，小部分残存于灰渣中。现在的煤气净化除了脱硫以外，通常还包括 NH_3、CO_2、C_6H_6、HCN 等物质的脱除与回收利用。煤气净化的费用约占整个煤气生产费用的50%。

天然气和煤气等气体燃料中含硫主要是 H_2S 和有机硫，大多数情况下，有机硫被转化为 H_2S 加以脱除。目前脱除 H_2S 的方法很多，如吸收法、液相催化氧化法、吸附法和气固相反应法等。

(4) 液体燃料脱硫　石油及石油产品的脱硫可以采用加氢脱硫或加氢裂解的方法，使原料中的硫化物与氢发生催化反应，碳硫键断裂，生成 H_2S，可以很容易地从油中分离出来，同时还可以除去油中的含氮化合物。

$$RSR + 2H_2 \longrightarrow 2RH + H_2S$$

$$C_5H_5N + 5H_2 \longrightarrow C_5H_{12} + NH_3$$

2. 燃烧过程脱硫

燃烧过程脱硫，即通常所说的炉内脱硫，包括在燃烧过程中加入脱硫剂和型煤固硫，其脱硫原理相同。

(1) 燃烧过程中加脱硫剂脱硫　在燃烧过程中加入的脱硫剂主要有石灰石粉或白云石粉，二者受热分解生成 CaO 和 MgO，再与烟气中的 SO_2结合生成硫酸盐。钙基脱硫剂在燃烧过程中的主要反应为

脱硫剂的热分解

$$CaCO_3 \longrightarrow CaO + CO_2$$

$$Ca(OH)_2 \longrightarrow CaO + H_2O$$

脱硫反应

$$Ca(OH)_2 + SO_2 \longrightarrow CaSO_3 + H_2O$$

$$CaO + SO_2 \longrightarrow CaSO_3$$

中间产物的氧化和歧化反应

$$2CaSO_3 + O_2 \longrightarrow 2CaSO_4$$

$$4CaSO_3 \longrightarrow CaS + 3CaSO_4$$

脱硫产物的高温分解反应　　$CaSO_3 \longrightarrow CaO + SO_2$

$CaSO_4 \longrightarrow CaO + SO_2 + O$

750℃以下，$CaCO_3$的分解困难；1000℃以上，脱硫产物又将分解（$CaSO_3$和$CaSO_4$的热分解温度分别为1040℃和1320℃），这两种情况都使脱硫率降低，因此在850～950℃的流化床内脱硫较为合适。

脱硫剂用量可用Ca/S摩尔比表示，由脱硫反应可知，Ca/S的摩尔比为1时，脱硫剂用量为化学反应用量。

工业燃煤炉有层燃炉、悬燃炉和流化床炉三类。

层燃炉是中、小型工业锅炉的主要燃烧方式，它是将较大块的煤撒在炉排上呈层状燃烧而得名的。向层燃炉直接喷射石灰石利用率很低，渣量大。据报道，Ca/S摩尔比为2.2以上才能除去SO_2生成量的50%。

悬燃炉是使用细煤粉悬浮于炉膛空间燃烧的一种锅炉，燃烧完全，但飞灰量大，一般用于大型锅炉。细煤粉在悬浮状态下剧烈燃烧，炉温可达1600℃，故为液体排渣；粗煤粉受离心力作用被甩向外，粘在有熔融状渣的炉壁上，继续燃烧。可在煤粉中掺一定比例的石灰石粉，用以脱硫，炉渣可做水泥掺和料，脱硫效率比层燃炉高。

流化床炉是使碎煤（目前国内多采用8mm以下的粒度）在料层中呈流态化状态燃烧的设备。掺有一定比例石灰石粉的燃料在流化床内进行燃烧和脱硫反应，可获得较高的脱硫效率。通常脱硫效率随Ca/S摩尔比增大或者流化速度降低而增大。在合适的条件下，当Ca/S摩尔比在2～2.5时，脱硫效率可达到85%～93%。

（2）型煤燃烧固硫　型煤是以粉煤为主要原料，按具体用途所要求的配比、机械强度和形状大小，经机械加工制成的煤制品。民用型煤以蜂窝煤为主，工业型煤包括造气型煤、炼焦型煤、工业窑炉型煤和工业锅炉型煤等。固硫型煤是在成型煤料中加入固硫成分，在燃烧过程中能将原煤中的硫分固留在灰渣内的型煤。

常用的型煤固硫剂有石灰、石灰石、电石渣和白云石等，也可用富钙的工业废渣和原料。Ca/S一般可取2.0左右。固硫剂粒度一般在150目以下。型煤胶粘剂有沥青系列、聚乙烯醇系列、工业废弃物系列和黏土系列四大类。

3．水煤浆技术

水煤浆是20世纪70年代发展起来的一种新型煤基液体洁净燃料，它是由煤、水和化学添加剂等经过加工而制成的，其外观像油，流动性好，储存稳定，运输方便，雾化燃烧稳定。既保留了煤的燃烧特性，又具备了类似重油的液态燃料应用特点，可在工业锅炉、电站锅炉和工业窑炉上作代油及代气燃料，还可用于Texaco气化炉造气生产合成氨。

在水煤浆的制备过程中，通过洗选可脱除煤中10%～30%的硫；而且，由于水煤浆以液态输送，这给加入石灰石粉或石灰与煤浆均匀混合而进行脱硫创造了条件。水煤浆中加入石灰石粉，可使SO_2排放降低50%，再加上水煤浆制备过程中的硫分降低，总脱硫效率可达50%～75%。另外，水煤浆的燃烧温度一般比燃煤粉温度低100～200℃，有利于降低NO_x的生成量和提高固硫率；还可降低烟尘的排放量。因此，水煤浆技术在减轻大气污染方面有着巨大的潜力，是一种重要的洁净煤技术。

（三）烟气脱硫

烟气脱硫（FGD）是目前世界上商业化应用最广泛的脱硫方式。世界上研究开发的烟气脱硫技术有200多种，但商业应用的不超过20种。

按脱硫产物是否回收，烟气脱硫技术可以分为抛弃法和回收法两大类，前者是将SO_2转化为固体残渣抛弃掉，后者则是将SO_2转化为硫酸、硫黄、液体二氧化硫、化肥或石膏等有用物质回收。回收法投资较大，经济效益欠佳。抛弃法投资和运行费用低，但存在残渣污染与处理问题。

按脱硫过程是否有水参加或产物的干湿形态，烟气脱硫技术又可以分为：湿法、半干法和干法三类工艺。湿法脱硫技术成熟、效率高、Ca/S摩尔比低、运行可靠、操作简单，但脱硫产物的处理比较麻烦，烟气脱硫过程的反应温度低于露点，烟气一般需再加热才能从烟囱排出；干法、半干法的脱硫产物为干粉状，处理比较容易，工艺较简单，但Ca/S比高，脱硫效率和脱硫剂的利用率较低。

1. 烟气湿法脱硫技术

已商业化或完成中试的湿法脱硫工艺包括：石灰石/石灰-石膏法、间接石灰石/石灰-石膏法、湿式氨吸收法、海水脱硫法、磷铵复合肥法、钠碱法、氧化镁法等。目前，烟气脱硫工艺绝大部分采用湿法。

（1）石灰石/石灰法　该工艺以石灰石或石灰浆液吸收烟气中的SO_2，脱硫剂来源广泛、价格便宜，脱硫产物亚硫酸钙可以直接抛弃，也可用空气将其进一步氧化为石膏回收或抛弃。该法是目前世界上技术最成熟的脱硫方法，其运行可靠性达99%以上，脱硫效率可高达95%，占据了世界75%的脱硫市场。

该工艺的主要化学反应如下：

$$2CaCO_3 + H_2O + 2SO_2 \longrightarrow 2CaSO_3 \cdot 0.5H_2O + 2CO_2$$

$$CaO + 0.5H_2O + SO_2 \longrightarrow CaSO_3 \cdot 0.5H_2O + 2CO_2$$

$$2CaSO_3 \cdot 0.5H_2O + O_2 + 3H_2O \longrightarrow 2CaSO_4 \cdot 2H_2O$$

石灰石/石灰湿法烟气脱硫的工艺流程如图3-41所示。主要由石灰石浆液制备系统、脱硫塔、脱硫液循环系统、脱硫固体废物分离系统和废水处理系统等部分组成。如果要得到石膏副产品，则需要在脱硫塔底部增加空气氧化系统。为了降低投资，近年新建工程部分取消了烟气再热系统。

石灰石/石灰湿法烟气脱硫的主要工艺参数见表3-21。

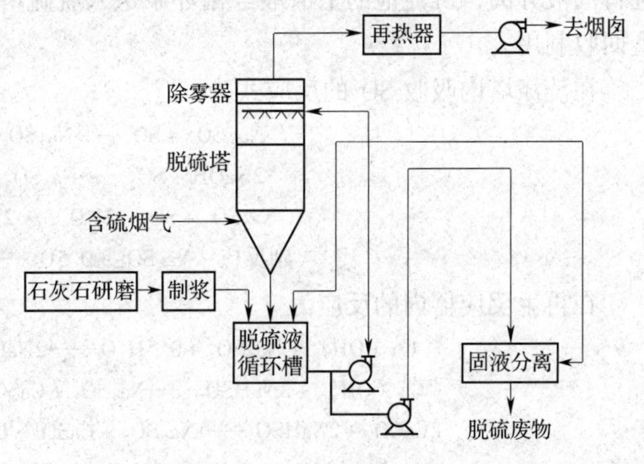

图3-41　石灰石/石灰湿法烟气脱硫的工艺流程简图

表3-21　石灰石/石灰湿法烟气脱硫的主要工艺参数

种类	浆液固含量/%	浆液pH	Ca/S摩尔比	液气比/（L/m³）	空塔气速/（m/s）
石灰石	10~25	5.0~5.6	1.1~1.3	8.8~26	3.0
石灰	10~15	6.5~7.5	1.05~1.1	4.7~13.6	3.0

石灰石/石灰湿法烟气脱硫最主要的问题是设备易结垢堵塞。固体垢物主要来自脱硫过程形成的 $CaCO_3$、$CaSO_3 \cdot 0.5H_2O$ 和 $CaSO_4 \cdot 2H_2O$。防止系统结垢堵塞的主要措施有控制好浆液的 pH（石灰石系统 $pH < 6.2$，石灰系统 $pH < 8.0$），控制进入吸收过程中 $CaSO_3$ 的氧化率 <20%，添加 Mg^{2+} 等抑垢阻垢剂，添加己二酸等缓冲剂。

（2）间接石灰石/石灰法　针对直接石灰石/石灰法易结垢和堵塞的问题，发展了间接石灰石/石灰法。该法包括：双碱法、碱式硫酸铝法、催化氧化吸收法等。这类方法的共同特点是脱硫剂与二氧化硫直接反应后生成具有较大溶解度的脱硫中间产物，中间产物在再生池内与石灰石/石灰反应再生出最初的脱硫剂用于循环脱硫，其最终脱硫产物为亚硫酸钙或石膏。常用的脱硫剂有氢氧化钠、碳酸钠、碱式硫酸铝、亚硫酸钠等。因为脱硫剂与脱硫中间产物溶解度大，减少了管道和设备的结垢和堵塞。其脱硫效率一般可达95%以上。这类方法在国内外有较多的应用，最常用的是钠—钙双碱法。

钠—钙双碱法首先采用纯碱吸收 SO_2，然后用石灰石/石灰对吸收液进行再生，再生后的吸收剂循环使用，其工艺流程如图 3－42 所示。经除尘后的烟气进入脱硫洗涤塔，在洗涤塔中与雾化的碱性脱硫液充分接触反应，完成烟气脱硫，经脱硫后的烟气向上通过塔侧的出风口进入风机并由烟囱排放。吸收了 SO_2 的脱硫液流入再生反应器，与石灰石/石灰浆液进行再生反应，反应后的浆液进入沉淀池进行固液分离，沉淀池的上清液经循环泵送入脱硫塔循环使用，渣可以抛弃或者加工成石膏回收利用。

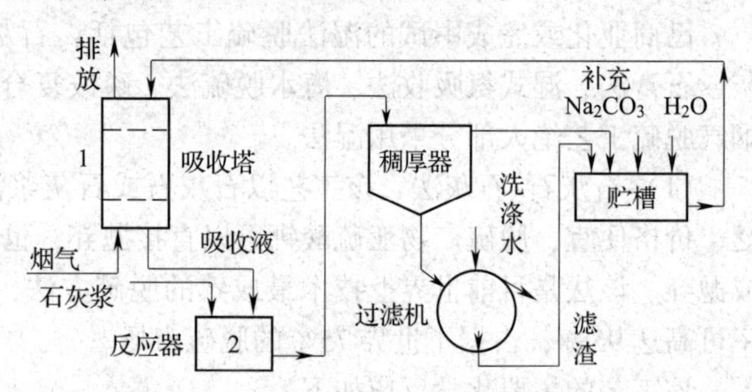

图 3－42　钠－钙双碱法烟气脱硫的工艺流程

在洗涤塔内吸收 SO_2 的反应式为

$$Na_2CO_3 + SO_2 \longrightarrow Na_2SO_3 + CO_2$$
$$2NaOH + SO_2 \longrightarrow Na_2SO_3 + H_2O$$
$$Na_2SO_3 + SO_2 + H_2O \longrightarrow 2NaHSO_3$$
$$\text{副反应}\quad Na_2SO_3 + 0.5O_2 \longrightarrow Na_2SO_4$$

在再生反应器内的反应为

$$Ca(OH)_2 + Na_2SO_3 + 0.5H_2O \longrightarrow 2NaOH + CaSO_3 \cdot 0.5H_2O$$
$$Ca(OH)_2 + 2NaHSO_3 \longrightarrow Na_2SO_3 + CaSO_3 \cdot 0.5H_2O + 1.5H_2O$$
$$2CaCO_3 + 2NaHSO_3 \longrightarrow Na_2SO_3 + CaSO_3 \cdot 0.5H_2O + 0.5H_2O + CO_2$$
$$Ca(OH)_2 + NaSO_4 + 2H_2O \longrightarrow 2NaOH + CaSO_3 \cdot 2H_2O$$

该法的缺点是过程中生成的 $NaSO_4$ 较难再生，需补充 Na_2CO_3 或者 NaOH 而使运行成本较高。

（3）湿式氨吸收法　湿式氨法脱硫工艺是用氨吸收剂洗涤含 SO_2 的烟气，形成 $(NH_4)_2SO_3$—NH_4HSO_3 的吸收液，其中仅 $(NH_4)_2SO_3$ 对 SO_2 具有吸收能力，它是湿式氨法中的主要吸收剂。吸收 SO_2 以后的吸收液，用不同的方法处理得到不同的产品。根据过程和副产物的不同，湿式氨法脱硫工艺又可分为氨－酸法、氨－亚硫酸铵法、氨－硫酸铵法等。其中氨－酸法需要消耗大量的硫酸，同时分解出来的SO_2须有配套的制酸系统处理，而氨－亚硫酸铵法脱硫副产品为亚硫酸铵，产品市场有一定问题，因此在一定程度上限制了氨－酸法、氨－亚硫酸铵法在烟气脱硫领域的运用。氨－硫酸铵法脱硫工艺系统较简洁，副产品硫酸铵可作农用肥料。下面主要介绍氨－硫酸铵法脱硫工艺。

氨－硫酸铵法脱硫工艺是用氨吸收剂吸收烟气中的SO_2，吸收液经空气氧化生成硫酸铵，再经加热蒸发结晶析出硫酸铵，过滤干燥后得产品。主要包括吸收、氧化和结晶过程。

在吸收塔中，烟气中的SO_2与氨吸收剂接触后，主要发生如下反应：

$$SO_2 + 2NH_3 + H_2O \longrightarrow (NH_4)_2SO_3$$

$$SO_2 + (NH_4)_2SO_3 + H_2O \longrightarrow 2NH_4HSO_3$$

$$NH_3 + NH_4HSO_3 \longrightarrow (NH_4)_2SO_3$$

氧化过程可以在吸收塔内进行，也可以在吸收塔后设置专门的氧化塔内完成。亚硫酸铵被鼓入的氧化空气氧化成硫酸铵：

$$2(NH_4)_2SO_3 + O_2 \longrightarrow 2(NH_4)_2SO_4$$

氧化后的吸收液经加热蒸发，形成过饱和溶液，硫酸铵从溶液中结晶析出，过滤干燥后得到产品硫酸铵。加热蒸发可利用烟气的余热，亦可用蒸汽。

该法脱硫具有反应速率快、反应完全，设备体积小，吸收剂利用率高，过程中无结垢和堵塞现象，形成的脱硫副产品可作化工产品或农用肥料，脱硫效率可达95%以上等优点；但是其副产品的销路应做广泛的市场调研，否则运行成本高，同时存在氨的“穿透”问题。

（4）海水脱硫法　海水呈弱碱性，其自然碱度为1.2～2.5mmol/L，因而海水具有吸收烟气中SO_2的能力。海水吸收SO_2后产生一系列亚硫酸盐，再对其进行曝气，氧化其中亚硫酸盐为无害的硫酸盐而溶于海水中。

海水脱硫的工艺流程如图3－43所示。包括烟气系统、海水供排系统和海水恢复系统。除尘冷却后的烟气进入SO_2吸收塔底部，与自上而下的海水逆向接触混合，海水吸收烟气中的SO_2后生成SO_3^{2-}。从吸收塔出来的净化烟气在排放前一般还要经过气－气换热器再加热以防止腐蚀和保证足够的抬升高度。吸收SO_2后的海水与凝汽器排出的碱性海水在曝气池中充分混合，并通入空气氧化其中的亚硫酸盐成硫酸盐，同时释放出CO_2，使海水的pH上升到6.5以上，达到海水水质标准后排入大海。

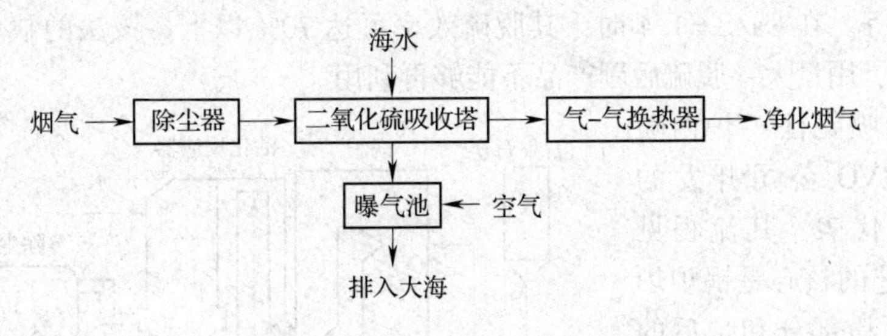

图3－43　海水脱硫工艺流程

海水脱硫的主要反应如下：

吸收　$$SO_2 + H_2O \rightleftharpoons H_2SO_3 \rightleftharpoons H^+ + HSO_3^-$$

中和

$$H^+ + CO_3^{2-} \longrightarrow HCO_3^-$$

$$H^+ + HCO_3^- \longrightarrow CO_2 + H_2O$$

氧化

$$HSO_3^- + 0.5O_2 \longrightarrow SO_4^{2-} + H^+$$

该法工艺简单，运行可靠，投资和运行费用低，且无结垢、堵塞和废弃物的处理等问题。因此，它是沿海地区烟气脱硫的一种十分理想的方法。但由于海水的碱度有限，通常适用于燃用低硫煤锅炉的烟气脱硫。该法在1988以前主要用于炼油厂和炼铝厂，我国第一套电站海水脱硫装置1999年在深圳西部电力公司投入运行，是引进挪威ABB公司的技术。近10多年来海水脱硫在火电厂的应用发展较快。

2．烟气半干法和干法脱硫

商业法烟气半干法和干法脱硫技术包括：喷雾干燥法、炉内喷钙法、电子束法、循环流化床脱硫法等，其中前两种方法应用比较多。

（1）喷雾干燥法　喷雾干燥法是20世纪80年代初开发并得到迅速发展的半干法脱硫工艺，该法具有设备结构和操作简单，投资省，占地面积小的特点，其市场份额仅次于湿法脱硫，在世界脱硫市场占有率已超过10%。其流程如图3-44所示，SO_2脱除主要在喷雾吸收干燥塔内完成。120～160℃的含SO_2烟气进入喷雾干燥塔后与高度雾化的石灰浆液混合，反应生成$CaSO_3 \cdot 0.5H_2O$和$CaSO_4 \cdot 2H_2O$，脱硫总反应为

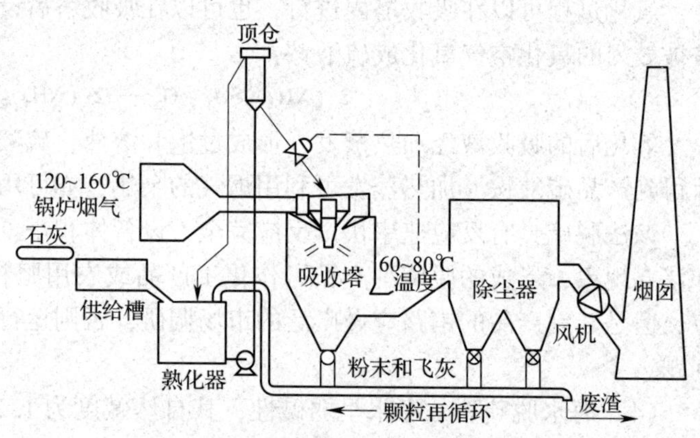

图3-44　喷雾干燥法烟气脱硫流程图

$$Ca(OH)_2 + SO_2 \longrightarrow CaSO_3 \cdot 0.5H_2O + 0.5H_2O$$

$$2CaSO_3 \cdot 0.5H_2O + O_2 + 3H_2O \longrightarrow 2CaSO_4 \cdot 2H_2O$$

发生脱硫反应的同时，烟气将热量传递给吸收剂，使之干燥形成固体颗粒，进入除尘器被捕集。为提高脱硫剂的利用率，部分脱硫灰循环用于吸收剂制备系统。

影响喷雾干燥法脱硫率的主要因素有浆液雾滴直径、接触反应时间、Ca/S摩尔比、出口烟气温度等。在Ca/S=1.4时，其脱硫效率可达70%以上。该法的缺点主要是脱硫剂利用率不高、用量大，脱硫后副产品不能够再利用。

（2）炉内喷钙法　炉内喷钙法以芬兰IVO公司开发的LIFAC工艺为代表，其流程见图3-45。工艺的核心是锅炉炉膛内喷石灰石粉部分和炉后的活化反应器，脱硫过程分三步完成。

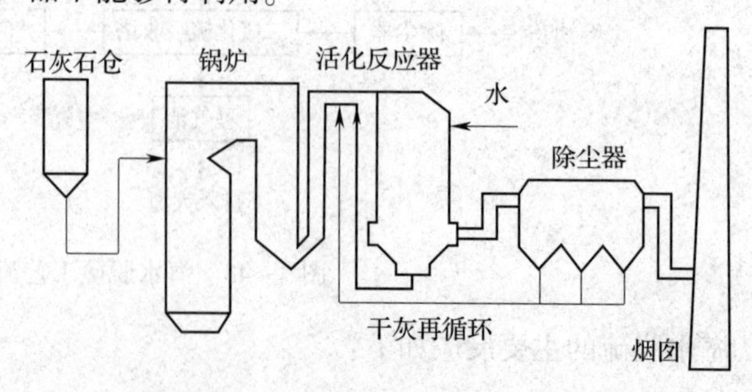

图3-45　炉内喷钙法烟气脱硫流程图

第一步，炉内喷钙，将325

目左右的细石灰石粉喷射到锅炉炉膛上部 900～1250℃ 区域，部分 SO_2 按下列反应生成 $CaSO_4$

$$CaCO_3 \longrightarrow CaO + CO_2$$
$$CaO + SO_2 + 0.5O_2 \longrightarrow CaSO_4$$
$$CaO + SO_3 \longrightarrow CaSO_4$$

第一步的脱硫率为 25%～35%，投资占整个脱硫系统投资的 10% 左右。

第二步，炉后增湿活化及干灰再循环，在炉后活化器内喷一定量的水活化 CaO，并按下列反应进一步脱硫：

$$CaO + H_2O \longrightarrow Ca(OH)_2$$
$$Ca(OH)_2 + SO_2 \longrightarrow CaSO_3 + H_2O$$
$$2CaSO_3 + O_2 \longrightarrow 2CaSO_4$$

通过第二步可使总脱硫率达到 75% 以上，其投资约点整个系统投资的 85%。

第三步，加湿灰浆再循环，即将除尘器捕集的部分物料加水制成灰浆，喷入活化器增湿活化，可使系统总脱硫率达到 85%，其投资约占整个脱硫系统的 5%。

LIFAC 法工艺简单，投资和运行费用低，占地面积少，比较适合于现有锅炉脱硫改造。

3．烟气脱硫技术的比较和选择

表 3－22 对几种常用烟气脱硫方法的技术经济性能进行了比较。

表 3－22　几种常用烟气脱硫方法的技术经济性能比较

技术内容	湿法石灰石/石灰	喷雾干燥	炉内喷钙＋尾部增湿脱硫技术	电子束	海水脱硫	双碱法
成熟程度	成熟	成熟	成熟	示范	成熟	成熟
适用煤种	不限	中低硫煤	中低硫煤		低硫煤	不限
脱硫效率	95% 以上	75%～80%	80%～90%	90%	95%	95%
吸收剂	石灰石/石灰	石灰	石灰石	高能电子束	海水	可溶性钠碱
市场占有率	高	一般	一般			一般
技术来源	德国、日本	日本	芬兰			
经济性	投资和运行费较高	投资低于湿法	投资和运行费较低	流程简单运行可靠	投资省运行费用低	投资大运行成本高
国内应用	珞璜、北京、半山、重庆等	黄岛、白马、恒运	下关、钱清	成都热电厂	深圳西部电力公司	多家

选择烟气脱硫方法的影响因素较多，如动力锅炉的种类、规格型号、燃煤煤质、脱硫剂来源、二氧化硫排放限额等。烟气脱硫技术的选择应考虑以下主要原则：

（1）技术成熟，运行可靠，在国内外有商业化实例，并有较多的应用业绩。

（2）烟气脱硫后能够满足达标排放的要求，并有较好的升级性能。

（3）烟气脱硫设施的投资和运行费用适中，一般应低于电厂主体工程总投资的 15%，脱硫后发电成本增加不超过 0.03 元/kW·h。

（4）脱硫剂供应有保障，占地面积小，脱硫产物可回收利用或者卫生处置。

四、氮氧化合物污染控制

2012 年，我国 NO_x的人为排放总量 2337.8 万 t，超过了 SO_2的排放总量（2117.6 万 t）。其中火力发电、工业部门和机动车居排放的前三位，贡献率分别为 38.1%、32.8% 和 27.4%。燃烧是我国 NO_x排放的最主要来源。

（一）NO_x的生成机理及控制

在燃烧生成的 NO_x中，NO 约占 95%，NO_2为 5% 左右，在大气中 NO 缓慢转化为 NO_2。因此，下面主要研究 NO 的生成机理。

1. 温度型 NO_x的生成及其控制原理

燃烧过程中，空气带入的 N_2被氧化为 NO_x的反应可以概括地表示为

$$N_2 + O_2 \longleftrightarrow 2NO$$

$$NO + 0.5O_2 \longleftrightarrow NO_2$$

研究表明，燃烧过程中影响温度型 NO 生成量的主要因素是温度、氧气浓度和停留时间。

温度型 NO 的平衡浓度随温度升高而迅速增加，而 NO_2的生成量随温度升高而迅速降低。温度对温度型 NO 生成速度具有决定性的作用。当燃烧温度低于 1500℃时，温度型 NO 生成量极少；当温度高于 1500℃时，反应速度按指数规律迅速增加；当温度为 2000℃时，温度型 NO 的生成速度极为迅速。

图 3-46 是 NO 浓度和过量空气系数及烟气在高温区停留时间的关系。由图可见，NO 生成量在燃料过多（即过量空气系数小于 1.0）时，随氧气浓度增大而成比例增大。在过量空气系数为 1.0 或稍大于 1.0 时达到最大，之后，虽然氧的浓度继续增大，但由于过量空气使温度降低，NO 生成量又减少。同时，NO 生成量随停留时间延长而增加。动力锅炉烟气生成 NO 的浓度通常在 70×10^{-6} ~ 700×10^{-6}。

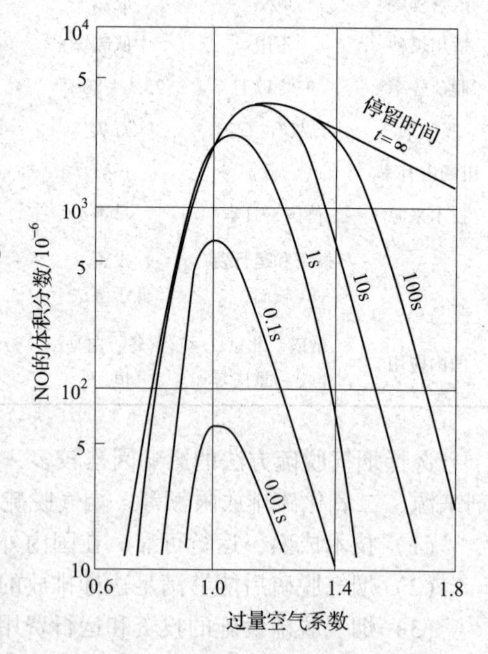

图 3-46　NO 浓度与过量空气系数和停留时间的关系

综上所述，可得到控制温度型 NO 生成量的方法如下：① 降低燃烧温度；② 降低氧气浓度，使燃烧在远离理论空气比的条件下进行；③ 缩短在高温区的停留时间。

2. 快速型 NO 的生成

快速型 NO 是碳氢系燃料在过量空气系数为 0.7~0.8，并采用预混合燃烧所生成的，其生成区域是火焰面内部。因此，快速温度型 NO 是碳氢类燃料燃烧，当燃料过浓时所特有的。

3. 燃料型 NO 的生成及其控制原理

液体燃料和固体燃料中含有一定数量的含氮有机物，如哇林 C_5H_5N、吡啶 C_9H_7N 等，燃烧时这些化合物中氮容易分解出来，与氧结合生成 NO。

燃料中的含氮化合物氧化成 NO 是快速的。在燃烧区后的富燃料混合气中，形成的 NO 可部分还原成 N_2，使 NO 浓度降低；而在贫燃料混合气中，NO 浓度减少得十分缓慢，因此 NO 的产生量较高。研究表明，燃烧过程中燃料中氮的 20% ~80% 转化为 NO_x。

生成燃料型 NO 步骤的反应活化能较低，燃料中氮的分解温度低于现有燃烧设备中的燃烧温度，因此，燃料型 NO 的生成受燃烧温度的影响很小。

根据以上分析，控制燃料型 NO 生成的方法主要有：① 采用含 N 量低的燃料；② 降低过量空气系数燃烧；③ 扩散燃烧时，推迟混合。

燃烧过程中生成的 NO_x 以温度型和燃料型为主。其中，机动车以汽油和柴油为主要燃料，含氮量比较低，但是燃烧温度较高，因此生成的 NO_x 主要是温度型；在我国，固定源燃烧以煤和重油为主要燃料，它们的含 N 量较高，生成的 NO_x 以燃料型为主，其次是温度型。

图 3－47 给出了煤在不同燃烧温度时三种机理对 NO_x 排放的相对贡献。

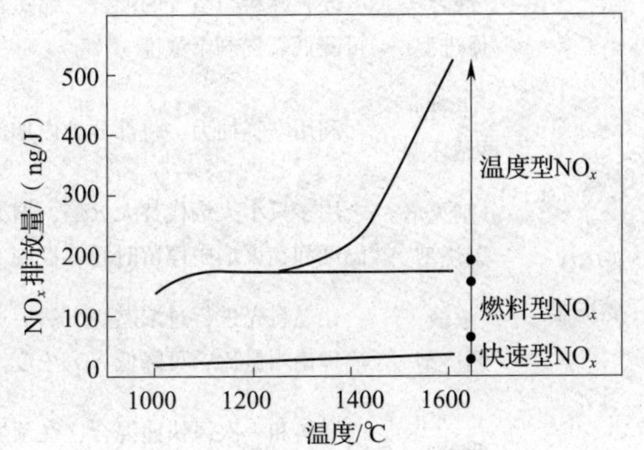

图 3－47　煤燃烧过程中三种机理对 NO_x 排放总量的贡献

（二）低氮燃烧技术

前面，我们介绍了燃烧过程中 NO_x 的生成机理，并由此提出了降低温度型 NO_x 和燃料型 NO_x 的基本方法。在组织低 NO_x 燃烧时，要针对主要影响因素和不同的具体情况（如燃料含氮量等），选用不同的方法；同时，还要兼顾其他方面，如燃烧是否完全，烟尘量和热损失是否大等，才能得到比较好的燃烧条件。由此而产生了很多低 NO_x 燃烧方法和低 NO_x 燃烧器。

在锅炉设备中，已经使用的低 NO_x 燃烧技术列于表 3－23。各种低 NO_x 燃烧技术的平均降低率相差较大，从 20% ~80% 不等。表中所列的降低 NO_x 燃烧方法往往是两个或三个方法联合使用，联合使用比单独使用效果好。

表 3－23　　低 NO_x 燃烧技术概况

燃烧方法	技术要点	存在问题
再燃法（燃料分级燃烧）	将 80% ~85% 的燃料送入主燃区，在 $\alpha \geqslant 1$ 条件下燃烧；其余 15% ~20% 在主燃烧器上部送入再燃区，在 $\alpha < 1$ 条件下形成还原性气氛，将主燃区生成的 NO_x 还原为 N_2，可减少 80% 的 NO_x	为减少不完全燃烧损失，须加空气对再燃区的烟气进行三段燃烧
二段燃烧法（空气分级燃烧）	燃烧器的空气为燃烧所需空气的 85%，其余空气通过布置在燃烧器上部的喷口送入炉内，使燃烧分阶段完成，从而降低 NO_x 生成量	二段空气量过大，使不完全燃烧损失增大；煤粉炉由于还原性气氛易结渣，或引起腐蚀
排烟再循环法	让一部分温度较低的烟气与燃烧用空气混合，增大烟气体积、降低氧气分压，使燃烧温度降低，从而降低 NO_x 的排放浓度	由于受燃烧稳定性的限制，再循环烟气率为 15 ~ 20%；投资和运行费较大；占地面积大

续表

燃烧方法		技术要点	存在问题
浓淡燃烧法		装有两只或两只以上燃烧器的锅炉，部分燃烧器供给所需空气量的85%，其余供给较多的空气，由于都偏离理论空气比，使 NO_x 降低	如燃烧组织不好，将引起烟尘增大
低 NO_x 燃烧器	混合促进型	改善燃料与空气的混合，缩短在高温区内的停留时间，同时可降低氧气剩余浓度	需要精心设计
	自身再循环型	利用空气抽力，将部分炉内烟气引入燃烧器内，进行再循环	燃烧器结构复杂
	分割火焰燃烧型	用多只小火焰代替大火焰，增大火焰散热表面积，降低火焰温度和在火焰中停留时间，控制 NO_x 生成量	
	浓淡燃烧型	让燃料先进行过浓燃烧，然后送入余下的空气，由于燃烧偏离理论当量比，可降低 NO_x 浓度	容易引起烟尘浓度增加
	低 NO_x 预燃室燃烧器	燃料和一次风快速混合，在预燃室内一次燃烧区形成富燃料混合物，由于缺氧，只是部分燃料进行燃烧，燃料在贫氧和火焰温度较低的一次火焰区内析出挥发分，因此减少了 NO_x 的生成	

低 NO_x 燃烧技术是控制 NO_x 排放的重要技术措施之一，即使为满足排放标准的要求不得不采用烟气脱硝措施，仍须用它来降低净化装置入口的 NO_x 浓度，以达到降低 NO_x 达标排放的处理费用。下面介绍一下排烟再循环法和二段燃烧法。

1. 排烟再循环

烟气再循环是把一部分锅炉烟气与燃烧用空气混合送入炉内。由于循环烟气送到燃烧区，使炉内温度和氧气浓度降低，从而使 NO_x 生成量下降。这一方法对控制温度型 NO_x 有明显的效果，而对燃料型 NO_x 基本上没有效果。

对天然气在供给7.5%过剩空气下燃烧的研究表明，烟气再循环率（再循环率% = 再循环烟气量×100%/无再循环时的烟气量）从零增至10%，NO_x 可降低60%以上，但当再循环率大于10%以后，NO_x 降低得不多，而渐渐趋近于某一数值。排烟再循环对 NO_x 的降低，除受循环量的影响外，还与循环气体进入的位置有关。原则上，应把再循环气直接送入燃烧区域内。

2. 二段燃烧法

二段燃烧法是分两次供给空气。第一次供给的一段空气量低于理论空气量，约为理论空气量的80%～85%，燃烧在燃料过浓的条件下进行；第二次供给的二段空气，约为理论空气量的20%～25%，过量的空气与过浓燃料燃烧生成的烟气混合，完成整个燃烧过程。

在二段空气送入前，由于空气不足，一段空气只能供给部分燃料燃烧，因而火焰温度较低。又由于原子氧与可燃成分反应的活化能较小，而与氮分子反应的活化能较大，于是，不足量的氧优先与可燃成分反应，因而在一段燃烧的情况下，NO_x 的生成量很少。对

燃料型 NO_x 的生成，由于缺氧，燃料中氮分解成的中间产物也不能进一步氧化成 NO_x，二段空气选择烟气温度较低的位置送入，这时虽然氧气已剩余，但由于温度低，NO_x 的生成反应很慢，既能有效地控制 NO_x 的生成，又能保证完全燃烧所需的空气。

一段过剩空气系数愈小，对 NO_x 的控制效果愈好；但是，过剩空气系数小，不完全燃烧的产物增加。二段燃烧区主要完成未燃燃料和不完全燃烧产物的燃烧，如果过剩空气系数不恰当，炉膛尺寸不合适，则会使烟尘浓度和不完全燃烧的损失增加。

3. 低 NO_x 燃烧器

从原理上讲，低 NO_x 燃烧器是空气分级进入燃烧装置，降低初始燃烧区的氧浓度，以降低火焰的峰值温度。有的还引入分级燃料，形成可使部分已生成的 NO_x 还原的二次火焰区。目前有多种类型的低 NO_x 燃烧器广泛用于动力锅炉和工业锅炉。

我国自 20 世纪 80 年代初以来，先后开发了多种低氮燃烧器，先后在动力锅炉和工业锅炉上推广应用，取得了良好的环境效益和经济效益。目前，市场上有多种新开发的低 NO_x 燃烧器。如角置直流低 NO_x 燃烧器、低 NO_x 同轴燃烧系统、壁式燃烧低 NO_x 旋流燃烧器等。

除了上述低氮燃烧技术以外，采用循环流化床锅炉也是控制 NO_x 排放的先进技术。循环流化床炉膛的燃烧温度低，只有 850～950℃，在此温度下产生的温度型 NO_x 少，加上分级燃烧，可有效地抑制燃料型 NO_x 的生成。

（三）烟气脱硝技术

对锅炉烟气进行处理，去除烟气中 NO_x，减少 NO_x 排放称为烟气脱硝。因为烟气中 NO_x 主要由 NO 组成，低浓度 NO 气体的惰性强，从烟气中脱除 NO 的技术难度大，费用高。目前，世界上研究开发的烟气脱硝的方法很多，根据脱硝反应原理不同可分为还原法、氧化法、吸附法、等离子体法、微生物法等几大类。目前，商业化应用的烟气脱硝技术主要有选择性催化还原法（selective catalytic reduction，SCR）、选择性非催化还原法（selective non－catalytic reduction，SNCR）和电子束法等。

1. 选择性催化还原法

SCR 法是目前应用最广、技术最成熟的烟气脱硝方法，在发达国家获得了广泛的应用，我国近年也开始采用该技术处理电站锅炉烟气。在理想状态下，SCR 法的 NO_x 脱除率可达 90% 以上，实际脱硝率通常在 65%～80%。SCR 法的投资为 50～100 美元/kW，是低 NO_x 燃烧技术费用的 3～10 倍。

SCR 法的基本原理是，在催化剂作用下，用氨气使烟气中的 NO_x 还原为 N_2 和 H_2O。过程的主要化学反应如下

$$4NO + 4NH_3 + O_2 \longrightarrow 4N_2 + 6H_2O$$

$$6NO + 4NH_3 \longrightarrow 5N_2 + 6H_2O$$

$$6NO_2 + 8NH_3 \longrightarrow 7N_2 + 12H_2O$$

$$2NO_2 + 4NH_3 + O_2 \longrightarrow 3N_2 + 6H_2O$$

副反应

$$4NH_3 + 3O_2 \longrightarrow 2N_2 + 6H_2O$$

$$4NH_3 + 5O_2 \longrightarrow 4NO + 6H_2O$$

$$2NH_3 \longrightarrow N_2 + 3H_2$$

其中第一个反应是最主要的，所需的 NH_3/NO 比接近化学计量关系。反应温度通常

在250~420℃，温度过高会引起NH_3的氧化和分解副反应，产生新的NO_x，并引起催化剂的烧结；温度低则反应速度慢，而且在系统中易形成硝酸铵结晶的沉积，引起爆炸的危险。而新开发的活性炭/焦催化剂使过程的反应温度可降到80~150℃。

SCR反应器大多置于锅炉与空气预热器之间，如图3-48所示。它的优点是进反应器的温度达350~450℃，烟气不需加热即可满足脱硝的要求，可降低能耗和脱硝成本；而且在此温度下还可解决催化剂的SO_2中毒问题。存在的问题有①催化剂受高浓烟尘的冲刷，磨损严重，寿命较短；②烟尘中杂质使催化剂容易污染或者中毒；③温度高容易使催化剂烧结、失活；④温度过高会加速副反应，使氨消耗增加，脱硝效率降低。

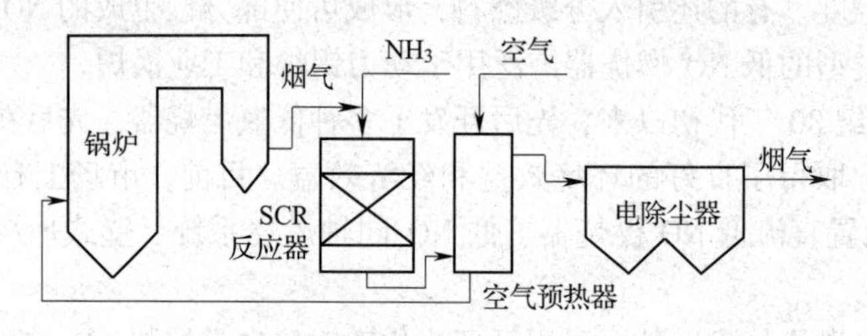

图3-48　反应器置于锅炉与空气预热器之间的SCR系统

SCR反应器置于除尘器之后的优点是催化剂基本上不受烟尘的影响，若反应器置于FGD系统之后，SO_2中毒问题可大为减轻或者消除，但由于烟温较低，需用气/气换热器或采用燃料燃烧的办法将烟气温度提高到催化还原反应脱硝所必需的温度。

目前SCR法烟气脱硝存在的主要问题有：①由于催化剂的烧结、碱金属及砷中毒、飞灰及钙的磨蚀、催化剂的堵塞等造成催化剂钝化；②NH_3的泄漏；③投资和运行费用较高。

2. 选择性非催化还原法

研究发现，在850~1050℃这一狭窄的温度范围内，无催化剂时，尿素、氨、碳铵、硫铵等还原剂可以选择性地还原烟气中的NO_x成N_2，据此发展了SNCR法。SNCR法又称为热法脱硝，是在炉膛的合适部位多点分散喷入尿素水溶液或氨等，即可进行烟气脱硝。如图3-49所示。系统主要由还原剂储槽、多层还原剂喷入装置和自动控制部分组成。

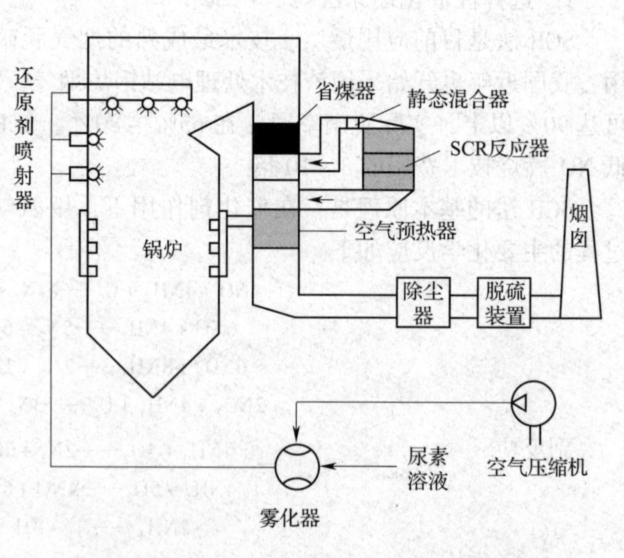

图3-49　SNCR/SCR联合脱硝工艺流程简图

SNCR法的脱硝机理同SCR法，由于没有催化剂，所需反应温度较高。但温度过高，氨会无效氧化，生成新的NO_x；温度太低，脱硝反应速率慢，而且发生“氨穿透”，使NO_x和NH_3排放浓度增加。所以温度是影响SNCR法脱硝的重要因素。

当NH_3/NO_x为1.5~2时，NO_x脱除率可达30%~80%。该法工艺简单，投资较SCR法省（约15美元/kW），但液氨消耗较SCR法高，是目前烟气脱硝领域仅次于SCR的实用技术。该法的不足之处是：①温度范围较窄；②容易发生氨的泄漏现象；③生成N_2O和CO二次污染物。

3. 电子束法

电子束法是20世纪70年代由日本茌原公司开发，可用于烟气同时脱硫脱硝，简化烟气处理工艺流程，SO_2脱除效率可达90%以上，NO_x脱除效率可达50%以上。

电子束法烟气脱硫脱硝的工作原理是：由电子枪发射的电子在外加电场的作用下加速而获得很高的能量，高能电子使烟气中形成强氧化性的自由基，过程的主要化学反应如下：

自由基的生成　$N_2, O_2, H_2O + e \longrightarrow OH\cdot, O\cdot, HOO\cdot, N\cdot$

SO_2的氧化和硫酸的生成
$SO_2 + O\cdot \longrightarrow SO_3\cdot$
$SO_3 + H_2O \longrightarrow H_2SO_4$
$SO_2 + OH\cdot \longrightarrow HSO_3\cdot$
$HSO_3\cdot + OH\cdot \longrightarrow H_2SO_4$

NO_x的氧化和硝酸的生成
$NO + O\cdot \longrightarrow NO_2$
$NO + HOO\cdot \longrightarrow NO_2 + OH\cdot$
$NO_2 + OH\cdot \longrightarrow HNO_3$

铵盐的形成
$H_2SO_4 + 2NH_3 \longrightarrow (NH_4)_2SO_4$
$HNO_3 + NH_3 \longrightarrow NH_4NO_3$

在试验中，电子束法的NO_x脱除率可达90%以上，但是较高的NO_x脱除需要较多的电子束能量投入，以100MW机组为例，90%的脱硝所需电子束能耗约相当于机组发电能力的2%，这在实践应用中是难以接受的，但若将脱硝率设置在50%~60%，则所需能耗可降为机组发电能力的0.5%左右。因此该法的脱硝率以不超过50%~60%为宜。

电子束法的优点主要有：①投资省，低于烟气湿法石灰石脱硫和SCR法脱硝的投资之和；②运行费用低，副产物可以作为农用肥料，降低运行费用；③脱硫脱硝过程中不产生二次污染。电子束法目前存在的问题主要有：①能量利用率低，当电子能量降到3eV以下后，就失去分解和电离O_2、H_2O、N_2分子以形成自由基的功能，剩余的能量被浪费掉；②所用电子枪的价格昂贵，电子枪及靶窗的寿命短，设备投资及维修费用高；③X射线的屏蔽与防护问题不容易解决。目前，该技术正逐步从工业示范走向工业化。

思考题

1. 试述大气的定义、组成和大气圈的结构。
2. 什么叫大气污染？大气的污染物主要有哪些？它们的主要危害分别有哪些？
3. 伦敦型烟雾和洛杉矶烟雾是怎样形成的？其主要组成和根源分别是什么？
4. 某城市的首要大气污染物为PM2.5，现测定其PM2.5浓度为100μg/m³，试求该城市的AQI，并确定其空气质量级别及污染程度。
5. 什么叫大气的逆温现象？它对大气污染有何影响？
6. 试分析雾霾天气形成的原因及其危害。

7. 大气污染综合防治的主要措施有哪些？

8. 废气处理系统通常由哪几部分组成？它们分别用于去除哪些污染物？

9. 大气质量控制标准有哪些类型？制定这些标准的主要目的和依据分别是什么？

10. 除尘器的除尘效率有哪些表示方法？分别说明其含义。

11. 造纸工业中常用的除尘装置有哪些？分别说明它们的工作原理。

12. 试比较几种常用除尘装置的性能和适应范围。

13. 气态污染物的控制方法主要有哪些？请分别举例进行说明。

14. 硫酸盐法制浆厂的大气污染源主要有哪些？它们分别排放哪些污染物？如何控制？

15. 试述硫酸盐法制浆蒸煮过程中臭气形成的机理及制浆厂臭气的综合防治措施。

16. 试述硫酸盐法制浆厂高浓臭气和低浓臭气的来源和处理工艺流程。

17. 试述硫酸盐法制浆厂粉尘的主要来源和控制措施。

18. 碱回收燃烧炉烟气中的污染物主要有哪些？如何控制这些污染物的生成？其处理方法有哪些？分别说明其原理。

19. 请设计一个草类原料干法备料粉尘的处理流程，并对流程进行说明。

20. 制浆造纸动力锅炉烟气除尘的方法有哪些？

21. 制浆造纸燃煤动力锅炉控制 SO_2 排放措施有哪些？试述石灰石炉内脱硫和烟气脱硫的反应原理。

22. 制浆造纸燃煤动力锅炉 NO_x 污染排放控制措施有哪些？试述 SCR 烟气脱硝的反应原理。

参考文献

[1] 刘秉越，王双飞，马乐凡等编. 制浆造纸污染控制 [M]. 北京：中国轻工业出版社，2008.

[2] 童志权，马乐凡等编. 大气污染控制工程 [M]. 北京：机械工业出版社，2006.

[3] 郝吉明，马广大等编. 大气污染控制工程（第三版）[M]. 北京：高等教育出版社，2010.

[4] 聂彪. 现代 KP 法浆厂臭气的收集与处理 [J]. 中华纸业，2013，34（10）：49—54.

[5] B. K. Incel，Z. Cetecioglu，O. Ince. Pollution Prevention in the Pulp and Paper Industries. Available at：http：//www. intechopen. com/download/get/type/pdfs/id/16290（accessed 2011）.

[6] European commission. Integrated pollution prevention and control（IPPC）reference document on best available techniques in the pulp and paper industry. December 2001. Available at：http：//infohouse. p2ric. org/ref/13/12193. pdf（accessed 2011）.

[7] U. S Department of Energy. Energy and Environmental Profile of the U. S. Pulp and Paper Industry. December 2005. Available at：www. eere. energy. gov/industry/forest/pdfs/pulppaper _ profile. pdf（accessed 2006）.

[8] U. S Department of Energy. Biological Air Emissions Control. Available at：www. eere. energy. gov/industry/forest/pdfs/biological_ emissions. pdf（accessed 2006）.

[9] W. Tarnawski. Emission Factors for Combustion of Biomass Fuels in the Pulp and Paper Mills. FIBRES & TEXTILES in Eastern Europe，2004，12：91—95.

[10] L. Bool，H. Kobayashi，KT Wu. O_2 Enhanced Combustion for NO_x Control. 2002 Conference on SCR and SNCR for NO_x Control，Pittsburgh PA，May 15—16，2002.

[11] Daniel C M，Ravi S，Panla M H. Chapter 1 Selective Noncatalytic Reduction. October 2000. Available at：www. epa. gov/ttn/catc/dir1/cs4 -2ch2. pdf（accessed 2005）.

第四章　制浆造纸固体废物的污染与控制

固体废物，是指在生产、生活和其他活动中产生的丧失原有利用价值或者虽未丧失利用价值但被抛弃或者放弃的固态、半固态和置于容器中的气态的物品、物质以及法律、行政法规规定纳入固体废物管理的物品、物质。不能排入水体的液态废物和不能排入大气的置于容器中的气态废物，由于具有较大的危害性，一般也归入固体废物管理体系。

第一节　固体废物的概论

一、固体废物的来源、特征及分类

固体废物主要来源于人类的生产和消费活动过程。它的产生具有必然性，因为人类在一定时期利用自然资源的能力有限，不可能把所用的资源全部转化为产品，总要将其中的一部分作为废物丢弃；产品的使用寿命有限，一旦超过使用寿命，就成为废物；技术创新越快，产品的更新换代时间越短，废物量也越大。

固体废物一词中的“废”具有鲜明的时间和空间特征。从时间方面讲，它仅仅相对于目前的科学技术和经济条件，随着科学技术的飞速发展，矿物资源的日趋枯竭，生物资源滞后于人类需求，昨天的废物势必又将成为明天的资源。从空间角度看，废物仅仅相对于某一过程或某一方面没有使用价值，而并非在一切过程或一切方面都没有使用价值，某一过程的废物，往往是另一过程的原料。所以固体废物又有“放错地方的资源”之称。同时由于固体废物只能通过释放渗出液和气体进行“自我消解”处理，而这个过程是长期的、复杂的和难以控制的，因此固体废物又具有长期危害性。

固体废物的来源大体上可分为两类：一是生产过程中所产生的废物，称为生产废物；另一类是在产品进入市场后在流通过程中或使用消费后产生的固体废物，称生活废物。人们在资源开发和产品制造过程中，必然产生废物。任何产品经过使用和消费后也会变成废物。

制浆造纸固体废物是指在制浆造纸过程中出现的固体废物，主要有以下几类：① 原料剩余物：有机残渣、树皮、树节、锯末、木块、草末、沙子、石块等。② 制浆和造纸生产过程的纤维性浆渣：筛选去除的木节、浆渣、蔗髓，废纸制浆脱墨去除的污泥等。③ 硫酸盐浆厂碱回收系统固体废物：白泥、绿泥、绿砂等。④ 动力锅炉产生的灰渣：包括粉煤灰、炉渣和熔渣。⑤ 亚硫酸盐法制药工段，焚烧硫铁矿的烧渣；制备次氯酸盐漂液产生的石灰渣。⑥ 污水处理场的污泥：细小纤维、化学污泥和生物污泥。⑦ 一般工业废物：包装材料、废的金属、建筑材料等。⑧ 有害废物：腐浆防治剂、纸浆染料、助留剂、强酸、强碱等。

固体废物具有来源广泛、种类繁多、组成复杂的特点，因此对其的分类方法也较多。按其化学组成可分为有机废物和无机废物；按其形态可分为固态废物、半固态废物、液态和气态废物；按其污染特性可分为一般废物和危险废物。目前主要将固体废物分为城市生活垃圾、工业固体废物、农业固体废物和危险废物这四类。

1. 工业固体废物

工业固体废物是指在工业、交通等生产活动中产生的固体废物，主要来自冶金工业、矿业、石油和化学工业、轻工业、机械电子工业、建筑业和其他工业行业。

2. 生活垃圾

生活垃圾是指在日常生活中或者为日常生活提供服务的活动中产生的固体废物以及法律、行政法规规定视为生活垃圾的固体废物。其主要成分包括厨余物、废纸、废塑料、废织物、废金属、废玻璃陶瓷碎片、砖瓦渣土、粪便，以及废家用什具、废旧电器、庭园废物等。城市生活垃圾主要产自城市居民家庭、城市商业、餐饮业、旅馆业、旅游业、服务业、市政环卫业、交通运输业、文教卫生业和行政事业单位、工业企业单位以及水处理污泥等。它的主要特点是成分复杂，有机物含量高。影响城市生活垃圾成分的主要因素有居民生活水平、生活习惯、季节、气候等。

3. 农业固体废物

农业固体废物是指农林生产和禽畜饲养过程所产生的废物，主要来自于植物种植业、动物养殖业和农副产品加工业。常见的农业固体废物有稻草、麦秸、玉米秸、稻壳、秕糠、根茎、落叶、果皮、果核、畜禽粪便、死禽死畜、羽毛、皮毛等。

4. 危险废物

危险废物是指列入国家危险废物名录或者根据国家规定的危险废物鉴别标准和鉴别方法认定的具有危险特性的固体废物，主要来自于核工业、化学工业、医疗单位、科研单位。一般具有急性毒性、易燃性、反应性、腐蚀性、浸出毒性、放射性和疾病传染性特性之一的固体废物列为危险废物。我国制定有《国家危险废物名录》和《危险废物鉴别标准》。

二、固体废物的污染危害

固体废物对环境的污染是随着固体废物排放量的增加而加剧的。固体废物的污染与废水、废气污染又有所不同，它是各种污染物的终态，特别是从环境工程设施中排出的固体废物，浓集了更复杂更庞大的污染物成分，而这部分固体废物容易使人产生稳定、污染慢的错觉；排出的固体废物会侵占大量的土地，同时在自然条件下固体废物中的一些有害成分通过土壤、水、空气等参与生态系统的物质循环，使污染面扩大，对整个生态系统有潜在的、长期的危害。图4－1为固体废物的污染途径。

固体废物对环境的危害主要表现在如下几个方面：侵占土地、污染土壤、污染水体、污染大气、传染疾病和影响人类健康、影响市容和环境卫生及其他方面的危害。

（1）侵占土地　固体废物不加利用时，需要占地堆放。所产生的固体废物的处理量越少，堆积量就越多，占用的土地也就越多。据估计，每堆积1万t废渣约需占用0.067hm^2的土地。

（2）污染土壤　固体废物露天堆放或没有适当的防渗措施的垃圾填埋，长期受日晒、风吹、雨淋及地表径流的作用，其中的有害成分不断渗出进入土壤并向四周扩散（污染面积常是占地面积的2～3倍），而土壤是许多微生物的聚居场所，当土壤受污染时，它们的生存条件遭到破坏，从而影响这些微生物参与的自然循环作用，导致受污染土壤草木不生。

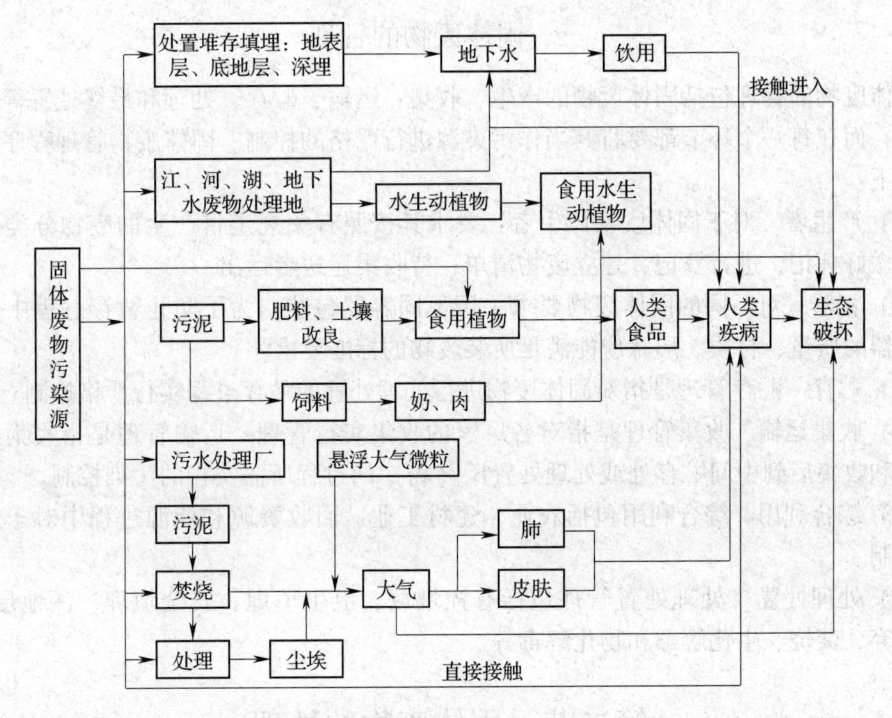

图 4－1　固体废物的污染途径

(3) 污染水体　固体废物随天然降水和地表径流进入水体或随风飘落至水中或经渗滤进入地下水中都将严重污染水体，增加水体的浊度和有害成分含量。如我国锦州某厂的铬渣堆场，由于缺乏防渗措施，数年后，Cr^{6+} 污染了 70 多平方公里的地下水，使 7 个自然村的 1800 多眼水井无法饮用，耕牛不能下地。

(4) 污染大气　固体废物一般通过以下三种途径污染大气：部分有机固体废物在适宜的温度和湿度下经微生物的分解，释放出有毒气体；以粉末状堆存的废渣和垃圾，在风力作用下扩散到大气中，引起大气的粉尘污染；固体废物在运输和处理过程中，产生有害的气体和粉尘。

(5) 传染疾病和影响人类健康　固体废物中的有害成分在堆存、处理、处置和利用过程中会通过大气、水、土壤、食物等多种途径为人类所吸收，从而危害人体健康。如早期的大肠杆菌疾病就是由于将未经处理的粪便随意倾倒在河里，人们饮用了该受污染的水体而导致的；垃圾在焚烧过程中所释放的粉尘则会影响人们的呼吸系统；大量堆放的固体废物，特别是城市生活垃圾，本身带有大量的传染病菌，往往又老鼠成灾、蚊蝇孳生，因此极易导致疾病的传播。

(6) 影响市容和环境卫生　我国工业固体废物的综合利用率很低，城市垃圾的清运能力也不高，很多未经处理的固体废物被随意地堆积在厂区或城市的各个死角，严重影响了市容市貌。在大风天气，被吹起来垃圾漫天飞舞，更严重影响了环境卫生和市容。

(7) 其他　某些固体废物在堆放过程中能释放能量，使垃圾堆的温度上升，很有可能造成垃圾堆的燃烧、爆炸等现象的发生；有些危险物质更有可能造成中毒事件、腐蚀现象的产生。

三、固体废物的管理

固体废物的管理包括固体废物的产生、收集、运输、贮存、处理和最终处置等全过程的管理，而在每一个环节都要将其当作污染源进行严格的控制。固体废物管理程序的管理内容如下：

（1）产生者　对于固体废物产生者：要求其按照有关规定将产生的废物分类用容器包装。做好标记，进行登记，建立废物清单；待收集运送者运出。

（2）容器　对不同的固体废物要求采用不同容器包装。为了防止暂存过程中产生污染，容器的质量、材质、形状应能满足所装废物的标准要求。

（3）贮存　贮存管理是指对固体废物进行处理处置的贮存过程实行严格控制。

（4）收集运输　收集管理是指对各厂家的收集实行管理。运输管理是指收集过程中的运输和收集后到中间贮存处或处理处置厂（场）的过程所需实行的污染控制。

（5）综合利用　综合利用包括农业、建材工业、回收资源和能源过程中对于废物污染的控制。

（6）处理处置　处理处置管理包括有控堆放、卫生填埋、安全填埋、深地层处置、深海投弃、焚烧、生化解毒和物化解毒等。

第二节　固体废物的处理

固体废物的处理技术起源于20世纪60年代，最初是以环境保护为目的，随着资源短缺现象的日趋严重，固体废物的重新开发利用也得到高度的重视。到目前为止，固体废物处理技术主要有：物理处理、化学处理、生物处理、焚烧处理、热解处理等。

一、固体废物处理技术

固体废物处理就是通过物理处理、化学处理、生物处理、热解处理、焚烧处理、固化处理等不同方法，使固体废物转化为适于运输、贮存、资源化利用以及最终处置的一种过程。

（1）物理处理　物理处理是通过浓缩或相变化改变固体废物结构，但不破坏固体废物组成的一种处理方法，包括压实、破碎、分选、增稠、干燥和蒸发等，主要作为一种预处理技术。

（2）化学处理　化学处理是采用化学方法破坏固体废物中的有害成分从而达到无害化，或将其转变成为适于进一步处理、处置的形态。由于化学反应条件复杂，影响因素较多，故化学处理方法通常只用在所含成分单一或所含几种化学成分特性相似的废物处理方面。对于混合废物，化学处理可能达不到预期的目的。化学处理方法包括氧化、还原、中和、化学沉淀、固化等。

（3）生物处理　生物处理是利用微生物分解固体废物中可降解的有机物，从而达到无害化或综合利用。固体废物经过生物处理，在容积、形态，组成等方面均发生重大变化，因而便于运输，贮存、利用和处置。生物处理方法包括好氧处理、厌氧处理和兼性厌氧处理。与化学处理方法相比，生物处理在经济上一般比较便宜，应用也相当普遍，但处理过程所需时间较长，处理效率有时不够稳定。

(4) 焚烧处理　焚烧处理是利用燃烧反应使固体废物中的可燃性物质发生氧化反应达到减容并利用其热能的目的。有时焚烧处理不当可能造成局部大气颗粒物浓度增加，因此对焚烧的场地及焚烧设施要有一定的注意。

(5) 热解处理　将固体废物中的有机物在高温下裂解获取轻质燃料。如废塑料、废橡胶的热解。

(6) 固化处理　固化处理就是采用一种固化基材，将固体废物包覆以减少其对环境的危害，使之能较安全的运输和处置。

二、固体废物处理的原则

对不同性质的固体废物，它们能造成的环境污染程度有较大的差异，因此所采用的处理原则也不尽相同。在《固废法》中确立了固体废物污染防治的“三化”原则，即固体废物污染防治的“减量化、资源化、无害化”原则，并作为我国固体废物管理的基本技术政策。

1．减量化

“减量化”是指通过合适的技术手段减少固体废物的产生量和排放量。要达到固体废物减量化的目的，首先要选用合适的生产原料，即尽量在源头上减少和避免固体废物的产生；其次要采用无废或低废工艺，尽量减少和避免在生产过程中产生的固体废物；第三，提高产品质量和使用寿命，如此随着使用寿命的延长，一定时间内废物的累积量也能减少；第四，对产生的废物进行有效的处理和最大限度的回收利用，减少固体废物的最终处置量。如通过采用“清洁生产工艺”可有效地减少生产过程中产生的固体废物；通过焚烧处理后，体积可减少 80% ~90%；在现行的技术条件下通过脱水、破碎、压缩处理后也可实现减量的目的。

2．资源化

固体废物的“资源化”是指对固体废物施以适当的处理技术从中回收有用的物质和能源，即将固体废物适当处理作为二次资源或再生资源利用的技术。主要包括三方面的内容：① 物质回收，即从废物中回收二次物质；② 物质转换，即利用废物制取新形态的物质；③ 能量转换，即从废物处理过程中回收能量，生产热能或电能。

固体废物资源化具有一定的优势，如提高环境效益，在资源化的过程中除去某些潜在的有毒性废物，减少废物堆置场地；降低生产成本，通过资源的回收利用节约原材料的购买；提高生产效率；降低能耗。据行业专家测算，一吨废纸可生产好纸 0.85t，与化学制浆比较可节煤 1.2t、节电 600kW·h、节水 100m^3、节省化工原料 300kg，相应地减少 75% 的空气污染，35% 的水污染，并节约木材 3m^3。

3．无害化

固体废物的“无害化”处理是将固体废物经过相应的工程处理过程使其达到不影响人类健康，不污染周围环境的目的。对固体废物的“无害化”处理需要多种技术，目前应用较为广泛的有垃圾焚烧、垃圾卫生填埋、有机物热解气化、有害废物的热处理和解毒处理等。由于固体废物的来源、性质不同，无害化处理的过程也各有不同，一般需综合考虑废物的处理结果和处理成本。

三、固体废物的预处理技术

固体废物预处理是指采用物理、化学或生物方法，将固体废物转变成便于运输、储存、回收利用和处置的形态。主要有压实、破碎、分选、脱水和干燥等，也常是一种回收材料的过程。

（一）压实

压实又称压缩，是利用机械的方法减少固体废物的空隙率，增加其密度，以增加物料的聚积程度。经压实的固体废物，具有便于装卸和运输、确保运输安全与卫生、降低运输成本和减少填埋占地的优点；又有利于制取高密度的惰性材料或建筑材料，便于储存或再次利用。但压实不适用于刚性材料、含易燃易爆成分的材料以及含水废物，其他如大块的木材、金属、玻璃及塑料也不该压实，因它们可能会损坏压实设备。

固体废物压实的实质，可以看作是消耗一定的压力能，提高废物容重的过程。当固体废物受到外界压力时，各颗粒间相互挤压、变形或破碎，从而达到重新组合的效果。

根据操作情况，固体废物的压实设备可分为固定式和移动式两大类。凡用人工或机械方法（液体方式为主）把废物送到压实机械中进行压实的设备称为固定式压实器，如各种家用小型压实器、废物收集车上配备的压实器及中转站配置的专用压实机等。移动式压实器是指在填埋现场使用的轮胎式或履带式压实机、钢轮式布料压实机以及其他专门设计的压实机械。

（二）破碎

固体垃圾的破碎是指通过外力的作用，使大块固体废物分裂成小块的过程。固体废物破碎的目的如下：① 容易使组成不一的废物混合均匀，提高燃烧、热解等处理过程的效率及稳定性；② 防止粗大、锋利的废物损坏分选、焚烧、热解等设备；③ 减小容积，降低运输费用；④ 容易通过磁选等方法回收小块的贵重金属；⑤ 破碎后的生活垃圾进行填埋处置时压实密度高而均匀，可加快复土还原。

固体废物的破碎方法可分为干式、湿式和半湿式三种。干式破碎即通常所说的破碎。

（三）分选

固体废物分选就是将固体废物中各种有用资源或不利于后续处理工艺要求的废物组分采用人工或机械的方法分门别类的分离出来的过程。所谓分选是根据物质的粒度、密度、磁性、电性、摩擦性、弹性以及表面润湿性等的差异，采用相应的手段将其分离的过程。固体废物分选的方法很多，如筛选（分）、重力分选、磁力分选、电力分选、光电分选、摩擦分选、弹性分选和浮洗等。

1. 筛选

筛选是利用筛子使物料中小于筛孔的细粒物料透过筛面，而大于筛孔的粗粒物料滞留在筛面上，从而完成粗、细料分离的过程。筛选常有湿选和干选这两种操作，固体废物的筛选常选用干选，而且筛选时可以多个筛面同时进行。筛选过程可分为物料分层和细粒透筛两个过程，其中细粒透筛是分离的目的。

常用的筛分设备有固定筛、滚动筛、惯性振动筛、振动筛等。其中固定筛容易堵塞，需要经常清扫，筛分效率低，多用于粗筛作业；惯性振动筛适用于细粒废物的筛分，也可用于潮湿及黏性废物的筛分；共振筛处理能力大，筛分效率高、耗电少、结构紧凑，应用广泛，适于废物中的细粒筛分及废物分选作业的脱水、脱重介质和脱泥筛分等。

2. 重力分选（重选）

是根据固体废物中不同物质间的密度差异，在运动介质中所受的重力、介质动力和机械力的作用，使颗粒群产生松散分层和迁移分离，从而得到不同密度产品的分选过程。

按介质不同，固体废物的重选可分为风力分选、重介质分选、跳汰分选和摇床分选等。

（1）风力分选　简称风选，又称气流分选，是以空气为分选介质，在气流作用下使固体废物颗粒按密度和粒度进行分选的方法。风力分选的过程是以各种固体颗粒在空气中的沉降规律为基础的。按工作气流主流向的不同，风选设备可分为水平气流风选机（卧式风力分选机）、垂直气流风选机和倾斜式风选机。

（2）重介质分选　通常将密度大于水的介质称为重介质。重介质分选是在重介质中使固体废物中的颗粒群按其密度的大小分开的方法以达到分离的目的。为能达到良好的分选效果，关键是重介质的选择。要求重介质的密度应介于固体废物中轻物料密度和重物料密度之间。通常重介质是由高密度的固体微粒和水构成的固液两相分散体系，它是密度比水大的非均匀介质。其中高密度的固体微粒起着加大介质密度的作用，故称其为加重质。最常用的加重质有硅铁、磁铁矿等。重介质分选适用于分离密度相差较大的固体颗粒。

（3）跳汰分选　跳汰分选是在垂直变速介质流中按密度分选固体废物的一种方法，它使磨细的混合废物中的不同粒子群，在垂直脉动运动介质中按密度分层，小密度的颗粒群位于上层，大密度的颗粒群位于下层，从而实现物料的分离。

3. 磁力分选

磁选是利用固体废物中各种物质的磁性差异在不均匀磁场中进行分选的方法。以磁选设备产生的磁场使固体废物中的铁磁性物质得以分离，在固体废物处理中，磁选主要用作回收或富集废物中的黑色金属，或是在某些废物处理工艺中排除铁质物质。

固体废物依其磁性可分强磁性、中磁性、弱磁性和非磁性。这些不同磁性的组分通过磁场时，磁性较强的颗粒会被吸在磁选设备上，并随设备运动被带到一个非磁性区而脱落；而磁性弱和非磁性颗粒，由于所受磁场作用力小，在自身重力或离心力的作用下掉落到预定区域，从而完成磁选过程。

目前，最常用的磁选设备是滚筒式磁选机和悬挂带式磁选机。

4. 电力分选

电选是在高压电场中依据固体废物中各种组分导电性能的差异实现分离的一种方法，通过电选既可以分离导体和绝缘体，也可对不同介电常数的绝缘体进行分离。

5. 浮选

浮选是依据物料表面性质的差异在浮选剂的作用下，借助于气泡的浮力，从物料的悬浮液中分选物料的过程，即浮选是在固体废物与水调制的料浆中加入浮选药剂，并通入空气形成无数细小气泡，使预选物质颗粒黏附在气泡上，随气泡上浮于料浆表面成为泡沫层，然后刮出回收；不浮的颗粒仍留在料浆内，通过适当处理后废弃。

浮选剂大致可分为捕收剂、起泡剂、活化剂、抑制剂和介质调节剂。

6. 摩擦与弹跳分选

摩擦与弹跳分选是根据固体废物中各组分摩擦系数和碰撞系数的差异，在斜面上运动或与斜面碰撞弹跳时产生不同的运动速度和弹跳轨迹而实现彼此分离的一种处理方法。

摩擦与弹跳设备有带式筛、斜板运输分选机和反弹滚筒分选机三种。

7. 光电分选

利用物质表面光反射特性的不同而分离物料的方法称为光电分选。这种方法已成功用于按颜色分选玻璃的工艺中。

8. 涡电流分选

当含有非磁导体金属（如铅、铜、锌等物质）的废物流以一定的速度通过一个交变磁场时，这些非磁导体金属内部会产生感应涡流。出于废物流与磁场有一个相对运动的速度，从而对产生涡流的金属片（块）具有一个推力，排斥力随废物的固有电阻、导磁率等特性及磁场密度的变化速度及大小而异，利用此原理可使一些有色金属从混合废物流中分离比来。这是一种在固废中回收有色金属的有效方法，具有广阔的应用前景。

（四）脱水

造纸工业废水和污水处理后的固体废物多是以有机物为主要成分的有机泥渣或污泥，具有有机物含量高、容易腐败发臭、密度较小、含水率较高、呈胶状结构、不易脱水、流动性较好及便于用管道输送的特点。

凡含水率超过90%的固体废物都需要进行脱水处理，脱水方法很多，主要为浓缩脱水、机械脱水和干燥等。常用的脱水方法及效果见表4－1。

表4－1　固体废物常用的脱水方法及效果

脱水方法		脱水装置	脱水后含水率/%	脱水后状态
浓缩脱水		重力浓缩、气浮浓缩、离心浓缩	95～97	近似糊状
自然干化法		自然干化场、晒砂场	70～80	泥饼状
机械脱水	真空过滤	真空转鼓、真空转盘等	60～80	泥饼状
	压力过滤	板框压滤机	45～80	泥饼状
	滚压过滤	滚压带式压滤机	78～86	泥饼状
	离心过滤	离心机	80～85	泥饼状
干燥法		各种干燥设备	10～40	粉状、粒状

（1）浓缩脱水　污泥的浓缩脱水主要是为了除去污泥中的间隙水，缩小污泥的体积，为污泥的输送、消化、脱水、资源化利用等创造条件。浓缩后污泥含水率仍高达90%以上，可以用泵输送。污泥浓缩方法主要有重力浓缩、气浮浓缩和离心浓缩三种，其中重力浓缩是使用最广泛和最简便的浓缩方法。

（2）自然干化脱水　自然干化脱水是一种古老而广泛采用的脱水方法，其原理是利用自然蒸发和底部滤料、土壤进行过滤脱水。其设施称为污泥干化场或晒泥场。

（3）机械脱水　机械脱水是以过滤介质两边的压力差为推动力，使水分强制通过过滤介质成为滤液，固体颗粒被截留为滤饼，达到除水的目的。机械脱水的方法依压力差的不同有真空过滤脱水、压滤脱水、离心脱水、造粒脱水等。真空过滤脱水是在过滤介质的一面造成负压；压滤脱水是通过加压将水分压过过滤介质；离心脱水是在高速旋转下，通过水的离心作用将其除去；造粒脱水是通过加入高分子混凝剂而使泥渣直接形成含水较低的致密泥丸而除去。

（4）干燥法　干燥是通过加热使潮湿滤饼中水分蒸发，也就是随着相变化使水分离出去，同时进行传热和传质扩散过程的操作。为提高干燥速度，干燥器内一般采取下列措施：① 将物料分解破碎以增大蒸发面积，增加蒸发速度。② 使用尽可能高的热载体或通过减压增加物料和热载体间温度差，增加传热推动力。③ 通过搅拌增大传热传质系数，以强化传热传质过程。目前常用的污泥干燥设备是回转筒式干燥器和带式流化床干燥器。

四、化学处理

化学处理一般仅限于对单一组分或几种化学性质相近的混合成分的处理，对于成分复杂的废物，化学处理往往达不到预期的效果。化学处理主要包括中和法、氧化还原法、水解法和沉淀法等。

对造纸工业产生的酸、碱性废渣一般采用中和法处理，以减轻对环境的影响。碱性废渣宜用硫酸或盐酸中和，酸性废渣则用碱性中和剂进行中和。常用的碱性中和剂有石灰、石灰石、白云石、氢氧化钠、碳酸钠等。

氧化还原法是将固体废物中可以发生价态变化的某些有毒、有害成分转化为无毒或低毒，且具有化学稳定性的成分，以便无害化处置或进行资源回收。如将 Cr^{6+} 还原为 Cr^{3+}、As^{5+} 还原为 As^{3+} 等。

水解法是利用某些化学物质的水解作用将其转化为低毒或无毒、化学成分稳定的物质的一种处理方法。主要适用于含农药（包括有机磷、脲类化合物等）的固体废物及二硫脲类杀菌剂的无害化处理，也适用于含氰废物的处理。

沉淀是借助于沉淀剂的作用，使废物中的目的成分（重金属离子）选择性地呈难溶化合物形态沉淀析出的过程。常用的沉淀技术为水解沉淀、硫化物沉淀、碳酸盐沉淀、草酸盐沉淀等。

五、生物处理

生物处理技术又称微生物分解技术，是指依靠自然界广泛分布的微生物的作用，通过生物转化，将固体废物中易于生物降解的有机组分转化为腐殖肥料、沼气或其他化学转化品，如饲料蛋白、乙醇或糖类，从而达到固体废物无害化的一种处理方法。根据微生物对氧气的要求不同可分为好氧堆肥处理和厌氧发酵处理两种。

1. 好氧堆肥技术

好氧堆肥是在有氧条件下，好氧菌对废物进行吸收、氧化、分解。微生物通过自身的生命活动，把一部分被吸收的有机物氧化成简单的无机物，同时释放出可供微生物生长活动所需的能量，而另一部分有机物则被合成新的细胞质，使微生物不断生长繁殖，产生出更多的生物体的过程。在堆肥过程中必须考虑以下参数：

（1）供氧量　供氧量要适当，实际所需氧气量应为理论空气量的 2～10 倍，供氧方式一般是强制通风和翻堆搅拌，同时要保持物料间一定的空隙率。

（2）含水量　堆肥原料的水分含量，在 50%～60%（质量分数）为宜，55% 左右为最理想，此时微生物分解速度最快。

（3）碳氮比　有机物被微生物分解的速度随碳氮比而变，微生物自身的碳氮比约为

4~30，因此用作其营养的有机物的碳氮比最好也在该范围内，特别是当碳氮比在10~25时，有机物被生物分解速度最大，综合考虑堆肥过程适宜的碳氮比应为20~35。

（4）碳磷比　堆肥原料适宜的碳磷比为75~150。

（5）pH　在堆肥初期，由于酸性细菌的作用使pH降到5.5~6.0，使堆肥物料呈酸性，尔后由于以酸性物为养料细菌的生长和繁殖，导致pH上升，堆肥过程结束后，物料的pH上升到8.5~9.0。

好氧堆肥方法有野积式堆肥和工厂化机械堆肥两种。野积式堆肥（间歇堆肥法）又称露天堆肥法，是我国长期以来沿用的一种方法。该法是把新收集的垃圾、粪便、污泥等废物混合分批堆积，一般需要30~90d时间。连续堆积法（工厂化机械堆肥）多采用成套密闭式机械连续堆制。连续堆制是使原料在一个专门设计的发酵器中完成中温和高温发酵过程。然后将物料运往发酵室堆成堆体，再熟化。该法具有发酵快、堆肥质量高、能防臭、能杀死全部细菌、成品质量高的特点。

2. 厌氧发酵技术

厌氧发酵是废物在厌氧条件下通过微生物的代谢活动而被稳定化，同时伴有甲烷（CH_4）和一氧化碳（CO）产生。有机物厌氧发酵可分为液化、产酸、产甲烷三个阶段，如图4-2所示。

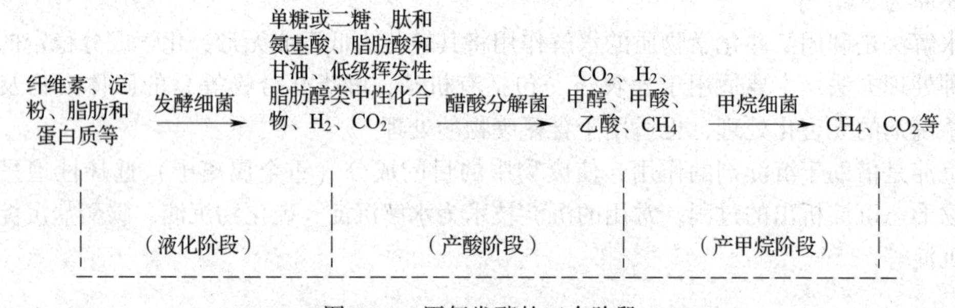

图4-2　厌氧发酵的三个阶段

厌氧发酵工艺类型较多，按发酵温度的不同可分为高温发酵工艺和自然温度发酵工艺。高温发酵工艺的最佳温度范围是47~55℃，此时有机物分解旺盛，发酵快，物料在厌氧池内停留时间短，非常适用于城市垃圾、粪便和有机污泥的处理。自然温度厌氧发酵指在自然界温度影响下发酵温度发生变化的厌氧发酵，目前我国农村普遍采用这种发酵类型。

六、焚烧处理

焚烧是将可燃性固体废物与空气中的氧在高温下发生燃烧反应，使其氧化分解，达到减容、去除毒性并回收能源的目的。通过焚烧处理，可使废物体积减少80%~90%，质量也显著减小，最终产物为化学性质比较稳定的无害化灰渣，对于城市垃圾，这种处理方法能比较彻底地消灭各类病原体、消除腐化源。

可燃固体废物的燃烧比较复杂，通常由热分解、熔融、蒸发和化学反应等传热、传质全部过程或其中的一部分所组成，因此将固体废物的焚烧分为以下几种燃烧形式。

（1）蒸发燃烧　指像石蜡那样的固体，受热后首先融化成液体，进一步受热则产生燃料蒸汽，所产生的蒸汽再与空气混合燃烧，其燃烧速度受物质的蒸发速度和空气中的氧与燃料蒸汽之间的扩散速度所抑制。

（2）分解燃烧　指木材、纸张等固体废物，受热后分解为可挥发性组分和固定炭，以后可挥发份额中的可燃性气体进行扩散燃烧，而炭分则进行表面燃烧。在进行分解燃烧时，为了引起燃料分解，需要一定的热量和温度。从燃烧区向燃料的传热速度是影响这种方式燃烧速度的主要因素。

（3）表面燃烧　指像木炭、焦炭那样的固体，受热后没有熔融、蒸发、分解等过程，而是从固体表面开始直接燃烧。表面燃烧的燃烧速度由燃料表面的扩散速度和燃料表面的化学反应速度所控制。表面燃烧又称作多相燃烧或置换燃烧。

（一）焚烧过程

物料从送入焚烧炉起，到形成烟气和固态残渣的整个过程总称为焚烧过程。焚烧过程包括三个阶段：第一阶段是物料的干燥加热阶段；第二个阶段是焚烧过程的主要阶段——燃烧阶段；第三个阶段是燃尽阶段，即生成固体残渣的阶段。

1．干燥阶段

对机械送料的运动式排炉，干燥阶段是从物料送入焚烧炉起，到物料开始析出挥发分和着火这一段时间。在这一阶段，物料的水分是以蒸汽形态析出的，需要吸收大量的热量（水的汽化热），当物料所含水分越大时，干燥阶段的时间也就越长，炉内的温度降低也很大，着火燃烧就越困难，因此此时需要投入辅助燃料燃烧，以提高炉温，改善着火条件。

2．燃烧阶段

在干燥阶段基本完成后，如果炉内温度足够高，又有足够的氧化剂，物料就会很顺利地进入燃烧阶段。对于大分子的含碳化合物还伴随着热解过程。所谓热解是在缺氧或无氧条件下，利用热能破坏含碳高分子化合物元素间的化学键，使含碳化合物破坏或者进行化学重组的过程。尽管焚烧要求确保有50%～150%的过剩空气量，以提供足够的氧与炉中待焚烧的物料有效地接触，但由于物料组分的复杂性和其他因素的影响，在燃烧过程中，仍会有不少物料没有机会与氧充分接触，从而形成无氧或缺氧条件，这部分物料在高温条件下就会首先进行热解过程。在热解过程中，有机物会析出大量的气态可燃气体成分，如CO、CH_4、H_2或者分子量较小的C_mH_n等。

3．燃尽阶段

废物在主焚烧阶段进行反应后，参与反应的物质浓度就大大减少了，反应生成的惰性物质、气态的CO_2、H_2O和固态的灰渣则增加了。由于灰层的形成和惰性气体的比例增加，使得剩余氧化剂难以与物料内部未燃尽的可燃成分接触和发生氧化反应。燃烧过程的减弱使物料周围温度降低，整个反应处于不利状况。因此，要使物料中未燃的可燃成分燃烧干净，就必须延长焚烧时间，使之有足够的时间尽可能的完全燃烧掉。为改善燃尽阶段的工况，常采用翻动、拨火等方法来减少物料外表面的灰层，增加过剩空气量和使物料与空气尽可能充分地接触。

（二）焚烧系统

固体废物的焚烧系统由七部分组成，分别是原料储存系统、进料系统、燃烧室、废气排放与污染控制系统、排渣系统、焚烧炉的控制与测试系统和能源回收系统，全流程见图4－3。

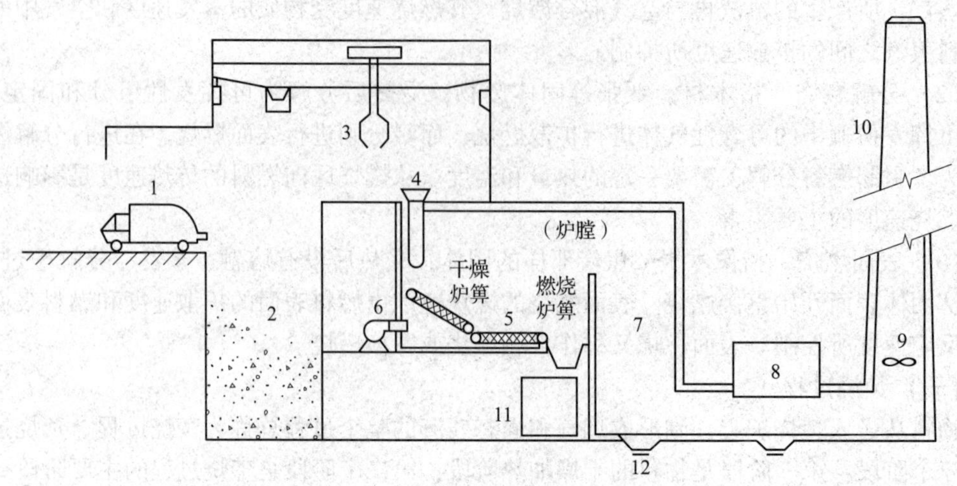

图4-3　固体废物焚烧系统全流程

1—运料卡车　2—储料仓库　3—吊车抓斗　4—装料漏斗　5—自动输送炉箅　6—强制送风机　7—燃烧室与废热回收装置　8—废气净化装置　9—引风机　10—烟囱　11—灰渣斗　12—冲灰渣沟

1．原料储存系统

建立原料储存系统是为了保证焚烧系统的操作的连续性，同时由于固体废物进入焚烧系统之前应满足物料中的不可燃成分降低5%左右、粒度小而均匀、含水率降低到15%以下、不含有毒害性物质，因此原料储存系统还包括了需要人工拣选、破碎、分选、脱水与干燥等工序的预处理环节。

2．进料系统

焚烧炉进料系统分为间歇式与连续式两种。现代大型焚烧炉均采用连续进料方式。连续进料系统是由一台抓斗吊车将废物由贮料仓中提升，卸入炉前给料斗。料斗经常处于充满状态，以保证燃烧室的密封、料斗中废物再通过导管，由重力作用溜入燃烧室，提供一连续物料流，在操作过程中，固体废物应不间断地送入，以保持密闭状态。

3．燃烧室

燃烧室是固体废物焚烧系统的核心，由炉膛、炉箅（炉排）与空气供应系统组成。炉膛结构由耐火材料砌筑或水管壁构成。燃烧室按构造可分成室式炉（箱式炉）、多段炉、回转炉、流化床炉等。

炉排是炉膛的首要组成部分，其功能有二：一是传送废物燃料通过燃烧带，将燃尽的灰渣转移到排渣系统；二是在其移动过程中使燃料发生适当的搅动，促使空气由下向上通过炉排料层进入燃烧室，以助燃烧。

助燃空气供风系统是保证废物在燃烧室中有效燃烧所需风量的保障系统，由送风或抽风机送向炉排系统，将足够的风量供于火焰的上下。

4．废气排放与污染控制系统

废气排放与污染控制系统包括烟气通道、废气净化设施与烟囱。焚烧过程产生的主要污染物是粉尘与恶臭，尚有少量的氮硫的氧化物，主要污染控制对象是粉尘与气味。粉尘污染控制的常用设施是沉降室、旋分器、湿式泡沫除尘设备、过滤器、静电除尘器等。烟囱的作用有二：一是为建立焚烧炉中的负压度，使助燃空气能顺利通过燃烧带，二是将燃烧后废气由顶口排入高空大气，使剩余的污染物、臭味与热量通过高空大气稀释扩散作用，得到进一步缓冲。

5. 排渣系统

燃尽的灰渣通过排渣系统及时排出，保证焚烧炉正常操作。排渣系统是由移动炉排、通道及与腰带相连的水槽组成。灰渣在移动炉箅上由重力作用经过通道，落入贮渣室水槽，经水淬冷却的灰渣，由传送带送至渣斗，用车辆运走，或用水力冲击设施将炉渣冲至炉外运走。

6. 焚烧炉的控制与测试系统

焚烧过程的测试与控制系统包括空气量的控制、炉温控制、压力控制、尘埃容量控制、压力与温度的指示、流量指示、烟气浓度及报警系统等。

7. 能源回收系统

回收垃圾焚烧系统的热资源是建立垃圾焚烧系统的主要目的之一。焚烧炉热回收系统有三种方式：一是与锅炉合建焚烧系统，锅炉设在燃烧室后部，使热转化为热气回收利用；二是利用水墙式焚烧炉结构，炉壁以纵列循环水列管替代耐火材料，管内循环水被加热成热水，再通过后面相连的锅炉生成蒸汽回收利用；三是将加工后的垃圾与燃料按比例混合作为大型发电站锅炉的混合燃料。

（三）焚烧设备

焚烧设备包括焚烧炉及其附属的供料斗、推料器、炉体、助燃器和出渣机等。目前世界上焚烧炉的型号已达200多种，下面简单介绍几种较广泛使用的炉型。

1. 流化床焚烧炉

流化床焚烧炉的主体设备是一个圆形塔体，底部装有多孔板，板上放置载热体砂作为焚烧炉的燃烧床。塔内壁衬有耐火材料。气体从下部通入，并以一定速度通过分配板，使床内载体“沸腾”呈流化状态。废物由塔侧或塔顶加入，在流化床层内与高温热载体及气流交换热量而被干燥、破碎并燃烧。废气从塔顶排出，夹带的载体粒子及灰渣经除尘器捕集后返回流化床内，如图4-4所示。

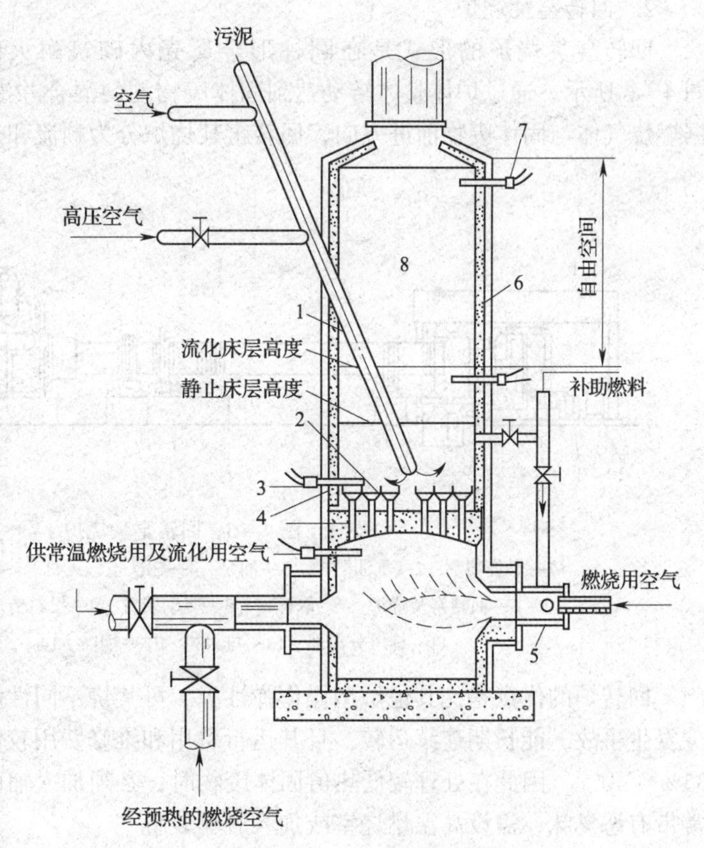

图4-4　流化床焚烧炉

1—污泥供料管　2—泡罩　3，7—热电偶

4—分配板（耐火材料）　5—补助燃烧喷嘴　6—耐火材料　8—燃烧室

流化床焚烧炉优点是焚烧时固体颗粒激烈运动，颗粒和气体间的传热、传质速度快，所以处理能力大，流化床结构简单，造价便宜。缺点是废物需破碎后才能进行焚烧。另外因压力损失大，存在着动力消耗大的问题。其流程如图4-5所示。

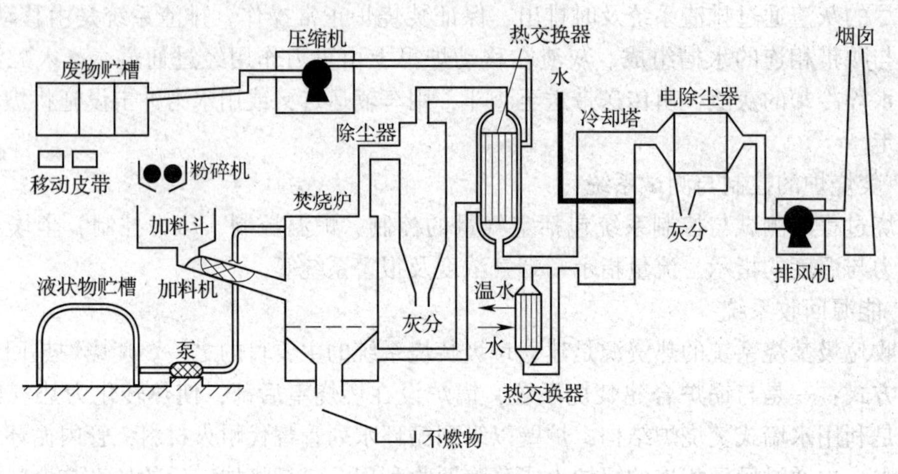

图4-5　流化床焚烧的流程图

2. 回转窑焚烧炉

回转窑焚烧炉的形式是在圆柱形金属壳内砌筑耐火砖，水平安放稍有倾斜，如图4-6所示。通过炉体整体转动达到固体废物均匀混合并沿倾斜角度向出料端移动。根据燃烧气体与固体废物前进方向，回转窑焚烧炉分为顺流和逆流两种。

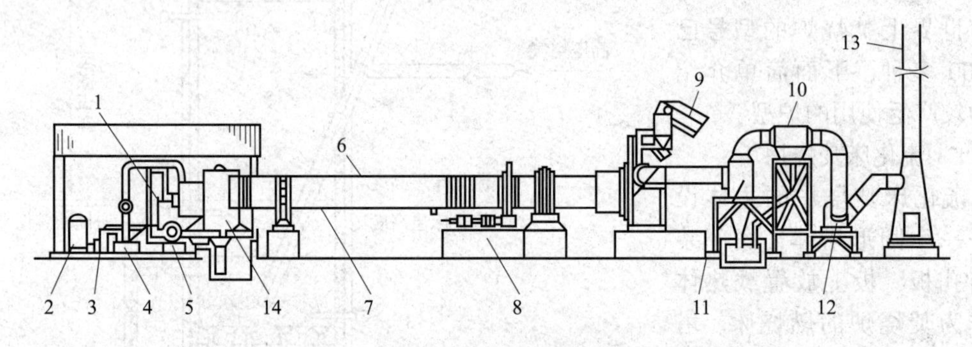

图4-6　回转窑焚烧炉

1—燃烧喷嘴　2—重油贮槽　3—油泵　4—三次空气风机　5—一次及二次空气风机
6—回转窑焚烧炉　7—取样口　8—驱动装置　9—投料传送带　10—除尘器
11—旋风分离器　12—排风机　13—烟囱　14—二次燃烧室

回转炉的优点是比其他炉型操作弹性大，可焚烧不同性质的废物，机械结构简单，很少发生事故，能长期连续运转，且其运行费用和维修费用较低。其缺点是热效率低，只有35%～40%，因此在处理较低热值固体废物时，必须加入辅助燃料。排出的气体温度低经常带有恶臭味，需设高温燃烧室或加入脱臭装置。

3. 机械炉排焚烧炉

机械炉排焚烧炉的核心部分是燃烧室和机械炉排，燃烧室的几何形状（即气流模式）与炉排的构造与性能，决定了焚烧炉的性能与固体废物焚烧处理的效果。机械炉排焚烧炉可实现焚烧操作的连续化、自动化，是目前城市垃圾处理中使用最为广泛的焚烧炉型式。炉排的主要作用是运送固体废物和炉渣通过炉体，还可以不断地搅动固体废物，并在搅动的同时使从炉排下方吹入的空气穿过固体燃烧层，使燃烧反应进行得更加充分。比较原始的炉排是固定式的，这种固定炉排焚烧炉一般只用于间歇式或半连续式操作，多采用人工加料。按炉排的构造，机械炉排可分为并列摇动式炉排、台阶往复式炉排、逆动式炉排、履带式炉排和滚筒式炉排等，如图 4－7 所示。

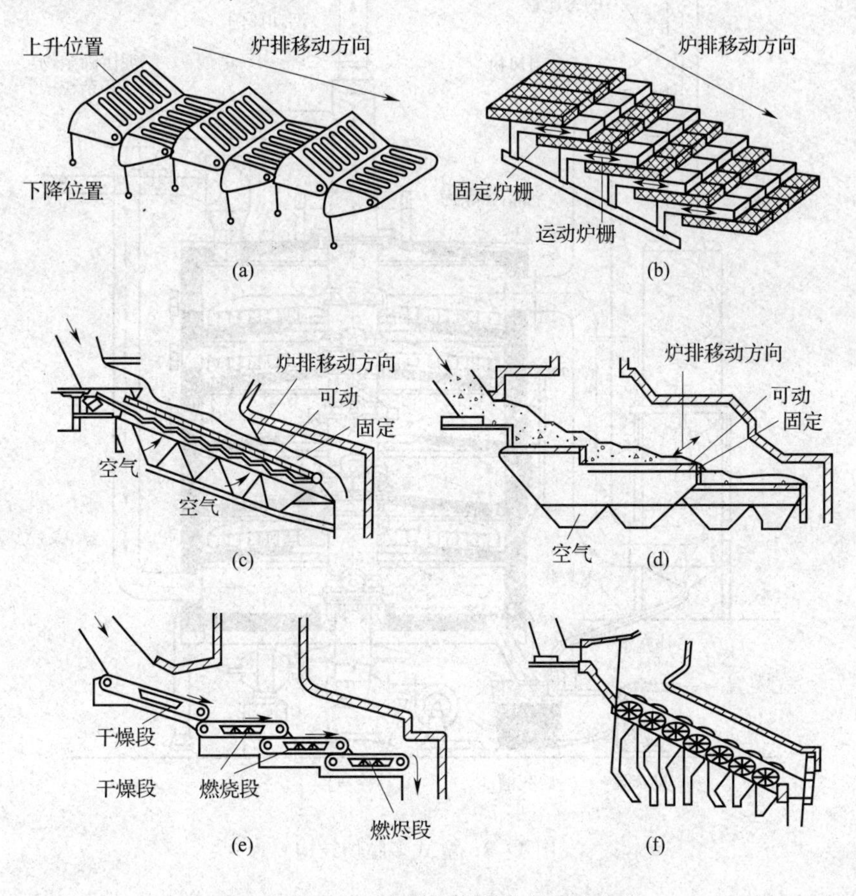

图 4－7　活动式炉排（机械炉排）的种类

（a）并列摇动式　（b）台阶往复式　（c）逆动式　（d）台阶式　（e）履带式　（f）滚筒式

4. 多膛焚烧炉

多膛焚烧炉的结构如图 4－8 所示。它的炉体是一个垂直的、内衬耐火材料的钢制圆筒，内部分许多层，每层形成一个炉膛。炉体中央装有一顺时针方向旋转的、带搅动臂的中空中心轴。搅动臂是双筒的，其内、外筒分别与中心轴的内、外筒相连。搅动臂上装有多个方向与每层落料口的位置相配合的搅拌齿。炉顶有加料口，炉底有排渣口。辅助燃烧器安装在焚烧炉的侧壁上。在每层炉壁外还设有辅助空气入口，在需要时可提供二次空气。按照各段的功能、可以把炉体分成三个操作区；最上部是干燥区，温度在 310～540℃；中部为焚烧区，温度在 760～980℃，固体废物在此区燃烧；最下部为焚烧后灰渣的冷却区，温度降为 260～540℃。

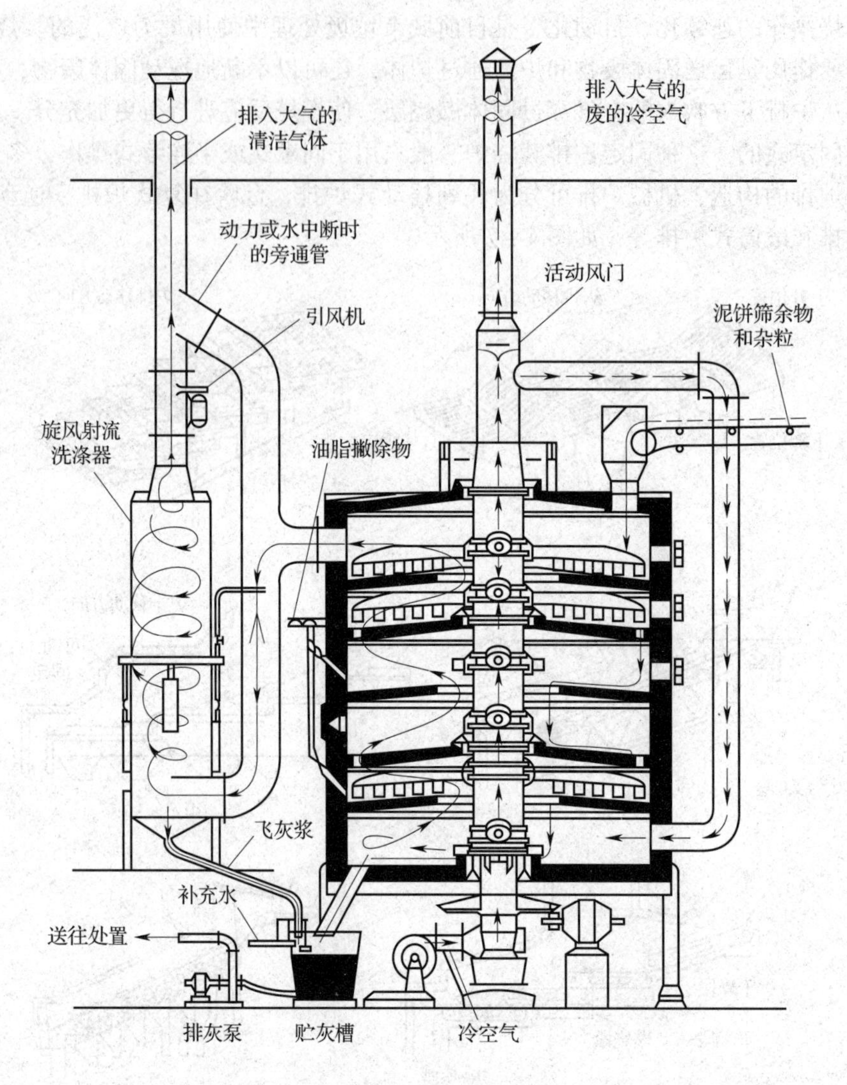

图4－8　立式多膛炉结构

这种多膛焚烧炉的特点是：废物在炉内停留时间长，能挥发较多水分，适合处理含水率高、热值低的污泥；可使用多种燃料，燃烧效率高；可利用任何一层的辅助燃烧器来提高炉内温度，运转灵活，对物料的适用性强。但它的缺点是：物料停留时间长，温度调节较为迟缓，控制辅助燃料的燃烧比较困难；燃烧器结构复杂，移动零件多，易出故障，维修费用高；排气温度较低，易产生恶臭，排气须脱臭处理。

七、热解处理

热解在工业上又称“干馏”，是指在缺氧或无氧条件下，利用有机物的热不稳定性使其在高温下分解，最终成为可燃气、液、固形炭的过程。热分解主要是使高分子化合物分解为低分子，其产物可分为：① 气体部分有氢、甲烷、一氧化碳、二氧化碳等；② 液体部分有甲醇、丙酮、醋酸，含其他有机物的焦油、溶剂油、水溶液等；③ 固体部分主要是炭黑。

需要注意的是热解处理与焚烧过程是有本质区别的，焚烧需要充分供氧、物料完全燃烧，热解无需供氧或秩序供给少量的氧，物料不燃烧或只作部分燃烧；焚烧是放热反应，而热解是吸热反应；热解与焚烧的产物有显著的不同，焚烧的结果产生大量的废气，其处理难度大、环保问题严重；焚烧除显热利用外，无其他利用方式，而热解产生的是可燃气、油等，可以多种方式回收利用，其能源回收性好，环境污染轻。

热解过程可用下面的总反应方程式表示：

$$\text{有机固体废物}\xrightarrow{\text{加热}}\begin{cases}\text{高分子、大分子有机液体（焦油、芳香烃）}+\\\text{低分子有机液体}+\text{各种有机酸}+\text{芳香烃}\\CH_4+H_2+H_2O+CO+CO_2+NH_3+H_2S+HCN\\\text{炉渣}\end{cases}$$

不同的废物类型，不同的热解反应条件，热解产物有很大的差异。热解过程中产生大量的气体，在温度较高情况下，废物中有机成分的50%以上都可被转化成气态产物，主要包括 H_2、CO、CH_4 等，其热值高达 $6.37\times10^3\sim10.21\times10^3$ kJ/kg。热解过程产生的有机液体主要有乙酸、丙酮、甲醇、芳香烃和焦油等，对含塑料和橡胶成分较多的废物，其热解产物中含有较多的液态油，包括清石脑油、焦油及芳香烃油的混合物。固体废物热解后，残余的碳渣较少，这些碳渣一般化学性质稳定，含碳量高，有一定热值，一般可用作燃料添加剂或道路路基材料、混凝土骨料、制砖材料。纤维类废物（木屑、纸）热解后的渣，可经简单活化制成中低级活性炭，用于污水处理等。

一个完整的热解工艺包括进料系统、反应器、回收净化系统和控制系统等几个部分，反应器是热解反应进行的场所，也是整个热解过程的关键。不同的反应器往往决定了整个热解反应的方式及热解产物的成分。根据燃烧床条件，热解反应器可分为固定床、流化床、旋转炉、分段炉等；根据反应器内物料与气体的相对流向，可分为同向流、逆向流、交叉流等。一般来说，固定燃烧床处理量大，而流态化燃烧床温度可控性好；气体与物料逆流行进有利于延长物料在反应器内滞留时间，从而提高有机物的转化率，气体与物料顺流行进可促进热传导，加快热解过程。

图4-9是典型的固定床热解反应器的示意图。在固定燃烧床反应器中，维持反应进行的热量是由废物燃烧部分燃烧所提供的，由于采用逆流式物流方向，物料在反应器中滞留时间长，保证了废物最大限度地转换成燃料。固定床反应器也存在一些技术难题，如有黏性的燃料诸如污泥和湿的固体废物需要进行预处理，才能直接加入反应器。这种情况一般包括将炉料进行预烘干和进一步粉碎，另外，出于反应器内气流为上行式，温度低，含焦油等成分多，易堵塞气化部分管道。

在流化床反应器中，气流的速度很高，固体废物始终处于悬浮状态，如图4-10所示。流化床反应器中物料与气体充分混合接触、物料与氧和热的交换速度快、反应性能好、分解效率高，但要求废物颗粒均匀、可燃性好，同时由于反应器中气体的速度高，排出的气体会携带较多的热量和未反应的固体燃料粉末，在固体物料热值不高的情况下，还须提供辅助燃料以保持设备的正常运行。另外，温度应控制在避免灰渣熔化的范围内，以防灰渣熔融结块。

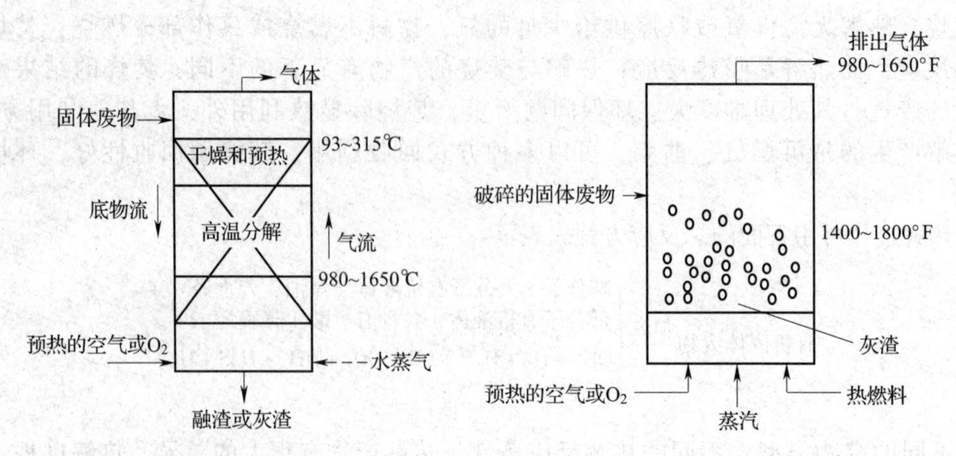

图 4－9　典型的固定床热解反应器　　　　图 4－10　流化床反应器

旋转炉是一种间接加热的高温分解反应器，如图 4－11 所示。通过滚筒的转动，使物料由进料端通过蒸馏容器段慢慢地向卸料端移动，并在此过程中发生分解反应。旋转炉反应器的构造较为简单，操作可靠性高，对物料的适应性较强，产生的可燃气热值高，可燃性好，但对物料的尺寸有一定的要求，一般要求小于 5cm。

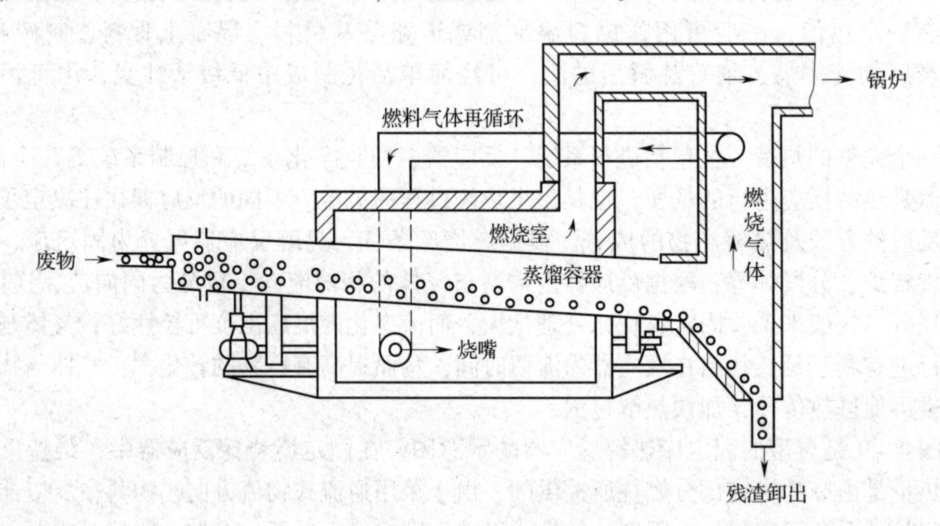

图 4－11　旋转炉反应器

双塔循环式热解反应器的特点是将热分解过程与燃烧过程分开在两个反应炉中进行，其类型包括固体废物热分解塔和固形炭燃烧塔，如图 4－12 所示。热解所需的热量，由热解生成的固体炭或燃料气在燃烧塔内燃烧供给。双塔循环式反应器的优点是：燃烧的废气不进入产品气体中，因此可得高热值燃料气（$1.67 \times 10^4 \sim 1.88 \times 10^4 kJ/m^3$）；在燃烧炉内热媒体向上流动，可防止热媒体结块；因炭燃烧需要的空气量少，向外排放的废气少；在流化床内温度均一，可避免局部过热；由于燃烧温度低，产生的 NO_x 少，因此特别适合于热塑性塑料含量高的垃圾的热解处理。但结构较为复杂，对操作管理的要求较高。

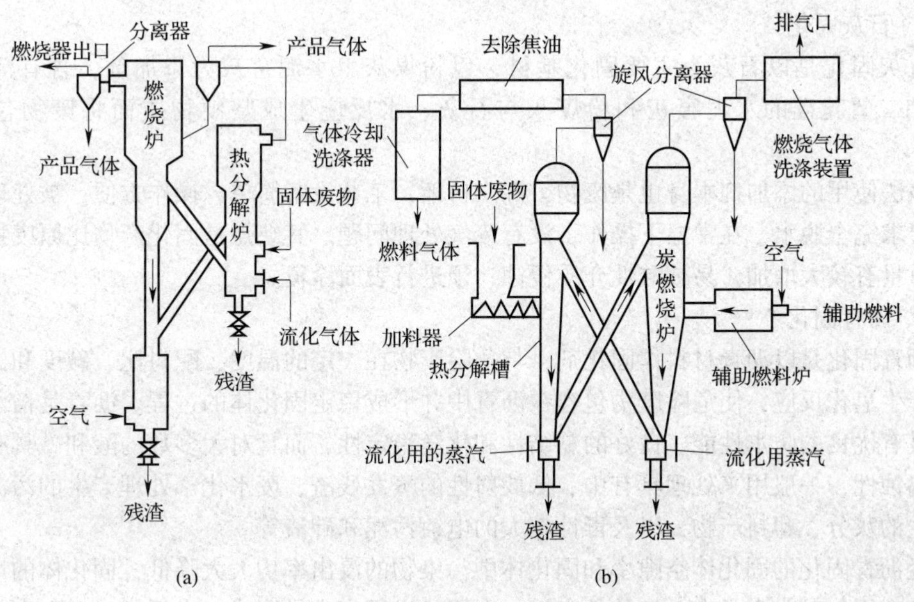

图 4－12　双塔循环式流化床热解装置
（a）固体废物热分解塔　（b）固形炭燃烧塔

八、固 化 处 理

固化处理是利用物理或化学方法将危险固体废物固定或包容在惰性固体基质内，使之呈现化学稳定性或密封性的一种无害化处理方法。理想的固化产物应具有良好的机械性能，抗渗透、抗浸出、抗干－湿、抗冻－融特性，以便进行最终处置或加以利用。

固化处理的机理十分复杂，目前仍在研究和发展中。就目前采用的方法有的是使污染物化学转化或渗入到某种稳定的晶格中去；有的是通过物理过程把污染成分直接掺入到惰性基材进行包封，有的则是两种过程兼而有之。该技术主要用于处理无机废物，对有机废物的处理效果欠佳。固化处理技术最早是用来处理放射性污泥和蒸发浓缩液的，最近十多年来得到迅速发展，已广泛地用于处理一些一般工业废物，如电镀污泥、铬渣、砷渣、汞渣、氰渣、镉渣和铅渣等。根据固化剂及固化过程的不同，目前常用的固化技术主要包括水泥固化、石灰固化、沥青固化、自胶结固化、玻璃固化和有机聚合物固化等。

1. 水泥固化

水泥固化是以水泥为固化剂将危险废物进行固化的一种处理方法。此种方法非常适于处理各种含有重金属的污泥。固化过程中，污泥中的重金属离子会由于水泥的高 pH 作用而生成难溶的氢氧化物或碳酸盐等。某些重金属离子也可固定在水泥基体的晶格中，从而可有效地防止重金属浸出。目前可进行水泥固化的废物主要是轻水堆核电站的浓缩废液、废离子交换树脂和滤渣等及核燃料处理厂或其他核设施产生的各种放射性废物。此外如电镀污泥、汞渣、铅渣、铬渣等。

该技术工艺和设备比较简单，运行费用低，水泥原料和添加剂便宜易得，对含水量较高的废物可以直接固化，固化体的强度、耐热度、耐久性均较好，有的产品可做路基或建筑物基础材料。但是，水泥固化产品一般都比最终废物原体积增大 1.5～2.0 倍，固化体中污染物的浸出率也比较高，往往需要沥青涂覆处理。

2．石灰固化

石灰固化是以石灰为主要固化基材，以粉煤灰、水泥窑灰为添加剂，含有活性氧化铝和二氧化硅的水泥窖灰和粉煤灰与石灰、水反应生成坚硬物质而将废物包容的方法。

该法使用的添加剂本身也是废物，源广价廉；工艺设备简单，操作方便；被处理的废物不要求完全脱水，在常温下操作，没有废气处理问题。其缺点是固化产物比原废物的体积和重量有较大增加，易被酸性介质侵蚀、须进行表面涂覆。

3．沥青固化

沥青固化是以沥青材料作固化剂，与危险废物在一定的温度、配料比、碱度和搅拌作用下产生皂化反应，使危险废物包容在沥青中并形成稳定固化体的过程。沥青是憎水性物质，具有优良的防水性能，良好的黏结性和化学稳定性，而且对大多数的酸和碱具有较高的耐腐蚀性，一般用来处理具有中、低放射性的蒸发残渣，废水化学处理产生的污泥，焚烧产生的灰分、塑料产物，以及毒性较大的电镀污泥和砷渣等。

经沥青固化的固化体空隙率和固化体中污染物的浸出率均大大降低，固化体的增容也较少，但固化剂本身具有一定的危害性，在固化过程中容易造成二次污染，对含有大量水分的废物不易直接处理，且沥青固化的工艺流程和装置往往较为复杂，一次性投资和运行费用均高于水泥固化法。此外，沥青固化需在高温下完成，不宜处理在高温下易分解的废物、有机溶剂和强氧化性废物。

4．自胶结固化

自胶结固化法是将大量硫酸钙或亚硫酸钙的废物，在控制的条件下煅烧到部分脱水至产生有胶结作用的硫酸钙或半水硫酸钙状态，然后与某些添加剂混合成稀浆，凝固后生成像塑料一样硬的透水性差的物质，其主要是利用亚硫酸钙半水化合物具有最终形成类似于含有两个结晶水的硫酸钙的固化物。

该技术的主要特点是工艺简单，对待处理的废物不需要完全脱水；添加剂价廉易得，可以是现场取得的石灰、水泥灰和粉煤灰等废料，添加剂量少，只有总混合物的10%左右；固化体性质稳定，具有高的抗渗透性和抗微生物降解的能力，污染物的浸出率低。

5．玻璃固化

玻璃固化是以玻璃原料为固化剂，将其与危险废物以一定的配料比混合后，在1000～1200℃的高温下熔融，经退火后形成稳定的玻璃固化体。通常采用较多的是磷酸盐和硼酸盐玻璃。此法主要用于高放射性废物的固化处理。

玻璃固化是所有固化方法中效率最好的，在固化体中有害组分的浸出率最低，固化体的增容比最小；但由于烧结过程需要在1200℃左右的高温下进行，会有大量有害气体产生，其中不乏挥发金属元素，因此要求配备尾气处理系统。

6．有机聚合物固化

有机物聚合固化法是将一种有机聚合物的单体与湿废物或干废物在一个容器或一个特殊设计的混合器里完全混合，然后加入一种催化剂搅拌均匀，使其聚合、固化。在固化过程中，废物被聚合物包胶，通常使用的有机聚合物主要有脲醛树脂和不饱和聚酯。该法可处理含重金属、油及有机物的电镀污泥。

有机聚合物固化的优点是可以在常温下操作；添加的催化剂数量很少，终产品体积比其他固化法小；既能处理干渣，也能处理湿泥浆；固化体不可燃；固化体密度小。缺点是不够安全，有时包胶剂要求用强酸性催化剂，因而在聚合过程中会使重金属溶出，并要求使用耐腐蚀设备；固化体耐老化性能差；固化体松散，需装入容器处置、增加了处置费用；此法要求操作熟练，以保证固化质量。

第三节　造纸工业固体废物的资源化

一、资源化概述

固体废物资源化是采取工艺技术从固体废物中回收有用的物质与能源，就其广义而言，表示资源的再循环，指的是从原料制成成品，经过市场到最后消费变成废物，又引入新的生产—消费的循环系统。

我国从1970年后提出了“综合利用、变废为宝”的口号，开展了固体废物综合利用技术的研究和推广工作，现已取得了显著成果。2012年国家发展改革委首次发布较为全面系统的资源综合利用年度报告《中国资源综合利用年度报告（2012）》。《报告》从矿产资源、产业废物、农林废物、再生资源4个方面介绍了我国资源综合利用推进情况和取得的成效，包括23类废弃资源综合利用情况，涉及矿产、电力、煤炭、冶金、化工、建材、农林、轻工、电子等多个领域。《报告》指出，2011年，我国工业固体废物综合利用率达到近60%，年利用量近20亿t；农作物秸秆综合利用率达到71%，年利用量5亿t；再生资源回收利用方面，主要品种再生资源回收总量达1.65亿t，回收总值达5763.9亿元，部分城市主要品种再生资源回收率提高到70%。

国家发改委印发了《“十二五”资源综合利用指导意见》提出：到2015年，矿产资源总回收率与共伴生矿产综合利用率提高到40%和45%；大宗固体废物综合利用率达到50%，其中工业固体废物综合利用率达到72%，农作物秸秆综合利用率力争超过80%；主要再生资源回收利用率提高到70%。

通过固体废物的资源化，不仅可以减轻对环境的污染，而且可以创造大量的财富。如在固体废物中提取各种金属、生产建筑材料、生产农肥、回收能源及取代某种工业原料等。同时，像粉煤灰等固体废物，对造纸废水却是很好的过滤材料，不仅效果好，而且还可以从纸浆废液中回收木素。

1. 资源化系统

资源化系统是指从原材料经过加工制成的成品，经人们的消费后，成为废物又引入新的生产—消费循环系统。就整个社会而言，就是生产—消费—废物—再生产的一个不断循环的系统。

资源化系统如图4－13所示，该系统关联着两个子系统：前期系统和后期系统。

前期系统不改变物质的性能，也叫分离回收，又可分为保持废物收集时原形的系统（即重复利用系统）及改变原形不改变物理性质的有用物质回收系统（即物理性原料化再利用系统）。前者如回收空瓶、空罐、家用电器中有用零件。通常采用手选，清洗，并对回收废物料进行简易修补或净化操作，修补再利用。后者如回收的金属、玻璃、纸张、塑料等素材。多采用破碎、分离、水洗后，根据各材质的物性用机械的、物理的方法分选后收集回收。

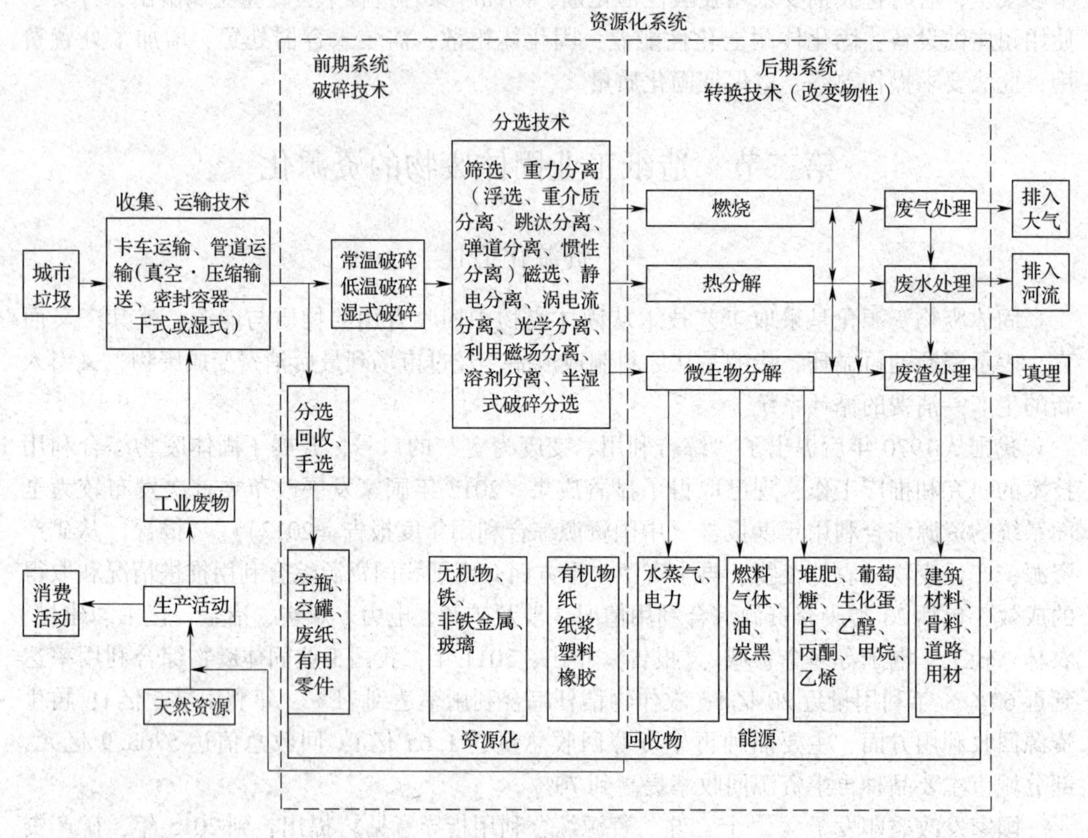

图4－13 资源化系统

后期系统主要是将前期系统回收后残留物，用化学的、生物学的方法，改变废物的物性而进行回收利用。这个系统比分离回收技术要求高而困难，故成本较高。后期系统又分为以回收物质为目的的系统（即化学、生物法原料化、产品化，再利用系统）和回收能源为目的的系统两大类。后者进一步分为可贮存、可迁移型能源及燃料的回收系统和不可贮存，即随产随用型能源的回收系统。即将废料中有机物进行热分解，用来制造可燃气体、燃料油及炭黑，或靠破碎及分离去除不可燃物的粉煤制造技术。另一种是将废物中可燃物燃烧发热产生蒸气、热水直接使用或进行发电。

2．资源化的原则

固体废物的资源化必须遵守以下三个原则：① 资源化的技术必须是可行的；② 资源化的经济效果比较好，有较强的生命力；③ 资源化所处理固体废物应尽可能在排放源附近处理利用，以节省固体废物在存放运输等方面的投资。

首先应当最大限度地减少固体废弃物的产生，其次进行回收利用。回收利用会带来一定的经济效益和环境效益，而且还会改善或优化资源的利用，减少生产上不必要的波动和停车。可有利于节约纤维和其他原材料，有利于节能，有利于增加高质量的产品。

对多种材料作用良好的回收系统，也可以运用于处理废料。越干净的材料在工艺过程中回收利用的机会就越大。不能在生产过程中循环利用的干净废料，还可以在废物市场高价出售。如果部分废料被有害物质所沾污，则整批废料不可能再循环利用，也不能出售，而需要进行特殊和昂贵的处置。表4－2给出制浆造纸过程产生的废物处理方式。

表4－2　　制浆造纸过程产生的废物处理方式

编号	制浆造纸过程产生的废物	处理方法的建议	
		优选考虑	其次考虑
1	纸边和废纸	回收利用	焚烧
2	浆渣、回收纤维、纤维污泥	清洁后回收利用	焚烧
3	塑料材料	回收利用	焚烧
4	金属	回收利用	
5	可供回收生产能量的物料	焚烧	填埋
6	动力锅炉灰渣	回收利用	填埋
7	需填埋处置的物料	填埋	
8	有害废物	安全处置	

二、纸品的回收利用

城市固体废物中废纸约占1/3，而且回收废纸有多方面的利益，如减少森林原木的砍伐，保持生态平衡；显著减少垃圾的填埋量和节约填埋土地；减少造纸成本和减少能量的消耗等。在纸张和纸板需求量迅速增长的今天，正面临着森林资源的衰竭，而处理100万t废纸，可避免砍伐600km^{2}的森林，因此废纸（也称二次纤维）回收利用也已日益引起人们的重视。

1. 回收废纸的利用途径

纸和纸板回收后，主要用作纸浆的替代品、脱墨级纸、大量级纸、建筑用产品、衍生燃料（RDF）、出口物资等。

（1）纸浆替代品　这类回收纸是不需要任何处理的，可以直接投入纸浆机中。一般来说，这类纸品成分较单一，没有经过印刷和添加过多的化学品，如清洁的工业废纸、计算机打印纸、纸品边角料等。但是对废纸的纤维强度、纤维含量和光泽度等有一定的要求。

（2）脱墨级纸　这类回收的废纸需要先进行化学脱墨、洗涤和漂白处理后，才可投入设备生产脱墨级纸。它们主要用于生产新闻用纸、手纸和高质量纸箱。

（3）大量级纸　这类废纸由于能生产出大量的新制品，而且这些新制品数量庞大，因而常称为“大量级纸”。它们无须经过脱墨处理，即可直接用来生产纸板、纸板衬层和夹层等，如废旧报纸、瓦楞纸板和混杂纸等。

（4）建筑产品　报纸和混杂纸是良好的建筑产品的生产原料，可用来生产纸板墙、保温隔热材料和房顶用油毡纸等。

（5）衍生燃料　废纸与一般垃圾相比，更易于燃烧，而且热值较高，是良好的衍生燃料的生产原料。但大规模的使用受加工成本和运输费用的影响，目前投资使用的较少。

（6）出口物资　废纸除了可供国内市场外，还可以出口到一些造纸原料较缺乏的国家。

2. 回收废纸的技术要求

由于回收的废纸的品种繁多，质量参差不齐，还常常含有一些污染物，要保证利用的质量，就必须要有严格的质量控制标准。在美国，代表购买者和废纸加工者的全美纸料委员会，对近50个等级的纸品制定了标准，这些标准为销售者和购买者所共同接受，相互承认，从而为废纸的“买”和“卖”建立了一个统一的标准。

控制废纸质量的关键是控制纸品中污染物的含量。所谓污染物是指那些影响新纸品的质量，或有可能对机器设备造成损害的物质。如食物容器、含有塑料或金属箔片的纸品、打过蜡的纸、带有硬质封面的记录本或电话簿、晒图纸、“一次性”便条纸等。一般胶黏物问题是目前很多造纸厂普遍存在的问题，它们会黏附在设备上，污染造纸环境，从而干扰纸机的连续作业、影响纸张的质量。由于传真纸与大多数纸浆在化学成分上不相容，会影响纸张的质量，因此通常也被归为造纸污染物。另外，由于激光打印纸上的墨迹很难从纤维上清除干净，因此激光打印纸也要从废纸中分离出来。其他常见污染物如尘土、金属、塑料、玻璃、食物残渣及绳子等，也需从废纸中分离出来。

三、有机废弃物的资源化综合利用

1. 芦苇末农林业资源化利用

在农业生产中，苇末埋在植物生长的土壤中，除腐烂后增加土壤肥力外，还可松弛土壤，保持土壤水分，有利于农作物的生长，同时能够大大改善土壤种植状况。

苇末回收增值最大的方面是弥补食用菌原料的短缺。用1/3～2/3的苇末代替棉籽壳栽培秀珍菇是可行的，生物转化率达到72.1%～83.5%；而原料成本却下降16.4%～32.7%，经济效益提高7%左右。且长过菇的菇渣还可以作为无土栽培基质，生产蔬菜花卉，其残渣还可以作为有机肥还田。多级利用，真正实现“零排放”。

图4－14为苇末多级利用系统的组成及各子系统的能量和物质的投入和产出途径。苇末作为平菇栽培的基质，与棉籽壳以2∶1混合，加入适量的营养补充调节剂，发酵5～7天后，装入塑料袋，经高温消毒后接种。在第1年9月接种，10月至第2年4月出菇，栽菇后的苇末菇渣作为蔬菜无土栽培的基质处理。将菇渣加入有效微生物后进行堆制发酵2个月，然后在大棚基质槽中铺约18cm厚，栽培小白菜。从第1年6月至第2年6月，可栽植小白菜9茬，经过9茬小白菜栽培后的剩余基质将施入农田作为有机肥。

该项生态工程，扩大食用菌栽培和蔬菜无土栽培的基质来源，降低生产成本，提高经济效益。同时，还能培肥农田土壤，促进农业生产持续发展。

另据报道，收集的苇末和灰尘在毛竹种植中也有重要价值。在竹林覆盖20～30cm的苇末尘，能够改善毛竹的生长状况，显著提高竹笋产量，改善竹笋的质量。

2. 备料苇毛生产饲料

某造纸厂通过对备料的废弃物——苇毛与亚硫酸蒸煮红液，采用一定的技术路线，研制出具有饲用价值、安全可靠的非常规新型饲料——饲用黏合剂、氨化苇毛饲料。这三种饲料与参比饲料的比较见表4－3。

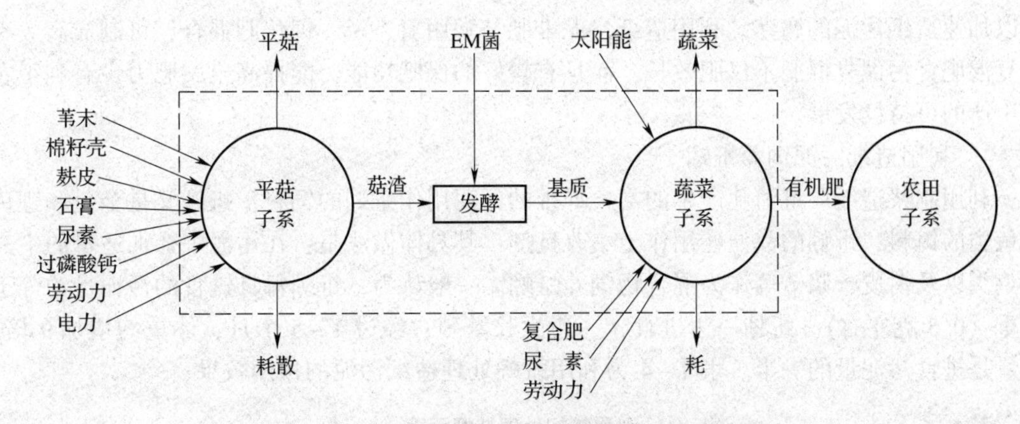

图4－14　苇末多级利用系统的能量和物质流动途径

表4－3　　**实验饲料与参比饲料成分比较**　　单位：%

成分	干物质	粗蛋白	粗脂肪	粗纤维	粗灰分	无氮浸出物	钙	磷
尿素氨化饲料	91.6	13.7	1.0	15.7	20.7	44.0	2.22	0.13
碳铵氨化饲料	92.4	12.9	1.0	16.8	21.0	45.6	2.02	0.12
东北羊草（参比）	90.7	10.5	0.2	33.8	6.3	39.9	0.58	0.12
饲用黏合剂	91.9	4.1	0.5	—	15.2	72.1	—	0.05
次面粉（参比）	87.2	9.5	0.7	1.2	1.4	74.3	0.09	0.44

3. 造纸污泥作有机肥料和土壤改良剂

造纸污泥含有大量的纤维素类有机质和氮、磷、钾、钙、镁、硅、铜、铁、锌、锰等多种植物营养成分，无重金属积累，是一种很好的肥料和土壤改良剂，所以污泥的土地利用越来越被认为是一种积极、有效、有前途的污泥处置方式。但污泥由于来源于各种不同成分和性质的污水，不可避免地含有一些有害成分，如各种病原菌、寄生虫卵和有机污染物等，易腐败发臭。这在一定程度上限制了污泥在土地利用方面的发展。因此，污泥土地利用需要充分考虑污泥的类型及质量、施用地的选择，并且一般需要经过一定的处理，来降低污泥中易腐化发臭的有机物，可对污泥进行稳定化、无害化处理，如好氧与厌氧消化、堆肥化等，其中堆肥化处理是较多采用的一种方法。

将风干的造纸污泥直接用作土壤改良剂，对作物有明显的增产效果。但造纸污泥富含有机碳，施用时一定要补充无机氮肥，降低C/N比至10左右。用100%的风干造纸污泥做园艺基质效果不佳，在基质配方中污泥合适用量为50%～60%。

为了提高造纸污泥中有机质的转化效率，可采用高温厌氧堆肥技术。它是无害化处理污泥的低成本技术，污泥堆肥作为商品有机肥在国外越来越普通，污泥堆肥化处理不仅可消除臭味、杀死病原菌和寄生虫卵，减少污泥体积与水分，并且由于生物降解作用，消除有毒的有机污染物，使污泥中的养分形态更有利于植物吸收，提高污泥的农用价值。

通过调节水分与C/N比，在强制通风与定期翻堆情况下，由于微生物作用，有机质发生降解，C/N比在不断下降，经过2个月左右高温堆肥，可以转化为高效的有机肥料。从堆肥过程的物理、化学及生物学指标变化可以看出，添加富含纤维素降解菌的发酵料，可以加速造纸污泥的腐熟。利用造纸污泥堆肥与常用氮、磷、钾化肥混合，可制成高效有机复混肥；污泥复混肥不仅肥效长，而且有较好的保肥功能，能提高土壤肥力，有利于农业生产的可持续发展。

4. 利用造纸污泥饲养蚯蚓

利用制浆造纸厂澄清池产生的富含纤维的污泥用作蚯蚓的饲料，蚯蚓又是金鱼和鲤鱼等鱼类的饵料，蚯蚓的粪便还用作土壤改良剂。其具体做法是：在污泥中掺加适量的牛粪或鸡粪以及树皮、浆节等作为混合物饲养蚯蚓。一般认为，蚯蚓每日进食的污泥量约等于体重（0.5 克左右）。蚯蚓一边进食，一边生长繁殖；经过 4 ~5 个月，体重约增加 9 倍。粪量是进食污泥量的一半。表 4 -4 为利用蚯蚓处理造纸污泥的预期效果。

表 4 -4　　利用蚯蚓处理造纸污泥

最初	4 个月后	8 个月后	12 个月后	16 个月后
蚯蚓数量（10 万条）	100 万	1000 万	1 亿	10 亿
饲料量（1500kg/月）（含水 80% 的污泥占 70%）	15t	150t	1500t	15000t
粪量（7500kg/月）（回收 50% 的饲料）	7.5t	75t	750t	7500t
占地面积（$4m^2$）（每 10 万条，约需要 $4m^2$）	$40m^2$	$400m^2$	$4000m^2$	利用空间

5. 造纸污泥制备活性炭

造纸污泥中含有丰富的有机碳成分，具备被加工成含炭吸附剂的条件，在一定的高温无氧条件下，可以以造纸污泥为原料制备含碳吸附剂。国内外学者对造纸污泥制备含炭吸附剂的方法及应用进行了一些实验研究。其中化学活化法制备所得的污泥吸附剂的吸附性能最好。在化学活化法中活化剂的种类、浓度、热解温度、热分解时间、加热速度等对吸附剂性能有较大的影响。由于造纸污泥中含有金属物质，使其不仅可以作为吸附剂，同时也是良好的催化剂。在气相中去除 H_2S，液相中去除重金属、色度，和其他有机物的应用中均取得了一定的效果。

有报道美国依利诺斯技术研究所成功研制出用造纸污泥生产活性炭和催化剂的炭载体材料。在一定的温度下，经过干燥、碾磨处理的造纸污泥与氧化锌混合均匀进行化学活化，氧化锌通过与加热降解的纤维素结合，形成一种多孔结构，氧化锌也可以被用作干燥剂来促进分解含炭材料。再使用紫外线和水蒸气对活化后的多孔材料进行处理，使其表面氧化，然后在 800℃氮气下热解得到产品。这项技术将废物转化为有用产品，成本较传统活性炭生产工艺相比更低，有巨大的环境和经济效益。造纸污泥制造活性炭，当氯化锌量增加，活性炭的孔隙率随之增加，最多可达 80%。

6. 造纸污泥生产轻质节能砖

用造纸污泥生产建筑轻质节能砖时，可以利用其中的有机纤维在高温灼烧后留下的微小气孔，同时利用有机纤维燃烧所产生的热量降低生产能耗，具有环保节能的社会效益和经济效益。有人直接采用当地的造纸污泥和页叶土进行小试和中试，掌握了大比例掺和造纸污泥制成轻质节能砖的新技术，其各项指标均达到国家标准，并具有明显的节能特性，质量比普通砖轻 25%、热导系数低 33%；还有人以造纸污泥、河道淤泥和页岩为原料，经高温焙烧生产新型节能烧结保温砖，在几家建筑工地上使用后反响较好。此外，也有将造纸废渣和污泥作为内燃煤配料，生产全淤泥多孔砖和标准砖，将一部分造纸废渣、污泥和砖窑排出的灰渣按一定比例混入黏土中，经搅拌机混合均匀后制作砖坯，在成品砖放入砖窑焙烧期间，再将一部分造纸废渣和污泥从窑顶放入窑内，替代煤炭燃烧。燃烧产生的灰渣再用于制砖，形成制砖生产的闭合生态链，这样既节省厂泥土又节省了外投煤和内燃煤的耗量，同时还可以提高成品砖的质量。

7. 有机固体废物制备沼气

在制浆造纸生产过程中产生的有机固体废弃物可以采用厌氧发酵生产沼气，尤其是废水处理过程中产生的污泥可以采用这种方式处理。财政部经济建设司对 2013 年工业清洁生产示范项目进行公示，涉及项目 66 个，其中一个就是华泰集团下属东营华泰新能源科技有限公司申报的 6 万立方米/（天）沼气回收综合利用项目。

有机污泥经过消化之后，不仅有机污染物得到进一步降解、稳定和利用，而且污泥数量减少（在厌氧消化中，按体积计约减少 1/2 左右），污泥的生物稳定性和脱水性大为改善。这样，有利于污泥再作进一步的处置。因此，可以说，污泥消化在废水生物处理厂中是必不可少的，它同废水处理组合在一起，构成一个完整的处理系统，才能充分达到有机物无害化处理的目的。

现代化的大型工业沼气发酵工艺以处理有机废物为目的，能够更好地利用沼气和堆肥产品。对周围的环境不造成破坏性污染，把环境保护、能源回收与生态良性循环有机地结合起来，是一个真正的生态工业沼气发酵生产系统。

8. 造纸污泥的其他资源化利用

（1）造纸污泥制造造纸填料和磨浆助剂　据报道，日本静冈县富士工业研究所以造纸污泥灰分作为造纸填料。污泥通过第一段碳化和第二段煅烧，获得的灰分能在球磨机中轻易碾磨，且不破坏其结构；灰分的白度为 65% 左右，煅烧温度为 600 ~ 700℃。

利用涂布加工造纸污泥进行有机改性，将纤维素改性为羧甲基纤维素，保留其中的碳酸钙颗粒作为填料，制备磨浆助剂。该磨浆助剂中的羧甲基纤维素可以在磨浆过程中保留纤维长度的前提下，促进纤维的分丝帚化，提升成纸强度；而碳酸钙也是涂料中的必然组分，是纸张的无机组分。改性助剂在相同磨浆游离度的情况下，可以明显降低磨浆的耗能；在相同磨浆功率的情况下，可以大幅度提升成纸内聚力。

（2）造纸污泥制备木素系缓蚀阻垢剂和金属物脱硝催化剂　木质素是造纸污泥的主要成分，其含有一定量的醇羟基、酚羟基、羧基等官能团，官能团上氧原子未共用电子对可以与金属离子形成配位键，继而生成螯合物，来防止金属离子的析出，且可附着在金属表面来保护金属，具有一定规模的阻垢缓蚀性能。有实验表明，从造纸污泥中提取木质素制备的缓蚀阻垢剂，与纯木质素磺酸钠制备的缓蚀阻垢剂相比在性能和质量上存在一定差距，但是未来可以通过其他方法如改变接枝单体来改善品质。

造纸污泥是一种由有机和无机颗粒组成的高含碳量的絮状物，在惰性（氮气和氩气）环境下加入氯化锌溶液能生成一种具有更大比表面积、良好的空间结构、强吸附能力的含碳物质，由于存在多孔结构，金属粒子能很好地分散在其中。因此，造纸污泥可作为催化剂中活性成分的载体来制备金属物脱硝催化剂。

（3）造纸污泥制乳酸　由于造纸污泥中有较高比例的碳水化合物，具有生物处理敏感性，可作为生物转换生产乳酸的原材料，转换过程涉及碳水化合物（纤维素和半纤维素）的酶糖化和乳酸杆菌发酵糖类使其转化为乳酸。研究表明，造纸污泥的一段污泥含超过 60% 纤维类碳水化合物、约 20% 左右的木质素和大约 1% 的灰分，无须预处理，酶消化率便可高达 70%。纤维素在糖化和发酵同时进行情况下先转化为葡萄糖，然后形成乳酸。利用纤维素酶和乳酸杆菌进行各种温度、pH 和营养盐浓度下的实验，乳酸的转化率(g-乳糖/g-葡萄糖）高达 90% 以上，伴随有少量的醋酸副产品形成。

（4）造纸污泥制备食用菌培养基和活性生物陶　河南某公司造纸污泥的资源化处理项目列入 2013 年度河南省第一批科技发展计划。该项目通过提取造纸污泥中的营养成分作为食用菌的培养基，实现了废弃物再利用。

该公司还将采用锅炉烟气余热干燥剩余的造纸污泥，制作成另一种环保材料，即作为活性生物陶的原材料，不仅解决了污泥的出路问题，而且提高了公司清洁生产水平。

（5）造纸污泥制备沸石　污泥制造沸石的国内报道较少。据国外研究报道，造纸污泥中的主要组成方解石、滑石和高岭土等无机物在燃烧过程中转化成钙黄长石、偏高岭土、偏滑石和石灰，研究人员采用添加硅的方法与造纸污泥灰分合成人工沸石，合成的最佳条件为：采用 1.75mol/L 的 Na_2SiO_3 溶液，在温度 120℃保持 2h 的高压，将造纸污泥灰分合成为沸石。

（6）造纸污泥造纸及制板材技术　有学者对欧洲 20 家造纸厂的污泥成分进行调查，发现至少 12 家的造纸污泥可再次用于造纸或制造纸板。同时，可将造纸污泥分为三个级别：一级造纸污泥基本不需要清洗，强度适中，可以用作打印纸、信纸、棉纸和包装纸；二级造纸污泥需要清洗或漂白，强度适中，可以用于无须高亮度的纸制品，如波纹纸板、硬纸板等；三级造纸污泥需要清洗，强度有限，可以用于要求不高的纸产品，如包装纸和工作用纸。

污泥在碱处理后可以作为胶凝原料成为制备纤维板的原料，且由于采用的是生化处理后的污泥，所以也称生化纤维板。一般用污泥制成的生化纤维板，其物理力学性能可以达到国家三级硬质纤维板标准，能用来做建筑材料或家具，也可做包装板、音箱板等。这种人造纤维板材，因其制造成本低而具有较强的市场竞争力。

目前有一种利用造纸污泥合成纤维板的专利技术。这种纤维板产品的中间层为造纸污物层，由 50% ~65% 的造纸污泥、20% ~30% 的造纸废纸渣、10% ~20% 的白灰膏和 0~5% 的黏结剂组成。该技术很好地利用了造纸污泥中的有效成分，就地取材，且从根本上解决了造纸污泥对环境所造成的污染，最终生产的合成纤维板密实度高，强度大，隔音防潮效果好，成本低，有很好的市场应用前景。

也有人利用西安某纸业公司的脱墨废水处理产生的含水率为 85% 的污泥，添加玉米秆、麦秆和胶黏剂以取代木材制造中密度纤维板，确定的最优工艺参数为：胶黏剂用量为 13%、添加其他纤维量为 12%、热压时间为 6min、热压温度为 175℃。试验过程中发现，胶黏剂用量对中密度纤维板的性能指标影响最大。随着胶黏剂用量的增加，污泥制造的中密度纤维板，其静曲强度和内结合强度呈上升趋势，而吸水膨胀率则呈下降趋势。

另外，还有一种利用造纸污泥生产中密度板的专利技术，是以造纸污泥为原料，经机械脱水、成形，复合成含水率为 60% ~80% 的湿中密度板，然后在压榨烘干机进一步脱水，在 0.3~0.6MPa 压力下高压定形，160~180℃高温烘干 20~30min 后制得成品。

利用活性污泥制生化纤维板，在技术上是可能的，许多研究结果表明，污泥制备的生化纤维板品质优于国家三级硬质纤维板的标准，但也存在气味大、重金属污染与危害研究不深入等问题，且污泥的工艺条件、配料、成品强度及性能等均需作进一步的研究。

(7) 造纸污泥干化焚烧发电　污泥干化技术可解决污泥脱水问题，经脱水干化的污泥可进锅炉焚烧，实现了资源的再利用，实现了污泥的减量化和无害化。该技术充分利用了废纸制浆废水一级污泥细小纤维多、湿强纸多、填料多的特点，与二级污泥混合燃烧转化为能源，通过化学改性调理技术，解决了废纸制浆废水处理中污泥脱水困难、干度较低的难题。

技术包括以下步骤：① 将废纸污泥、生物污泥按质量比 4∶1 的比例投入污泥池中，并且向污泥池中投入聚合氯化铝铁和聚丙烯酰胺；② 搅拌；③ 将搅拌后的污泥送往隔膜厢式压滤机中，送料压力由 0.1MPa 上升至 1.6MPa，压力达到 1.6MPa 时保压 8～12min；④ 往隔膜厢式压滤机中灌注清水，灌注压力由 1.6MPa 上升至 2.5MPa，保压 13～16min；⑤ 往隔膜厢式压滤机中通入 0.5～0.7MPa 的空气对污泥进行吹扫，通入空气的时间为 80～100 秒。

该技术脱水效果好，操作简单，处理后污泥的含水量按质量百分比计低于 40%，可直接用于焚烧发热，可替代节省燃煤。

浙江某纸业集团采用烟气余热干化污泥的技术，利用该集团所属热电厂的两台 75t 循环流化床锅炉排放的烟气余热，将造纸污泥的含水率从 60% 干化至 50% 以下，并形成颗粒，然后与煤掺烧发电，其工艺流程如图 4-15 所示。

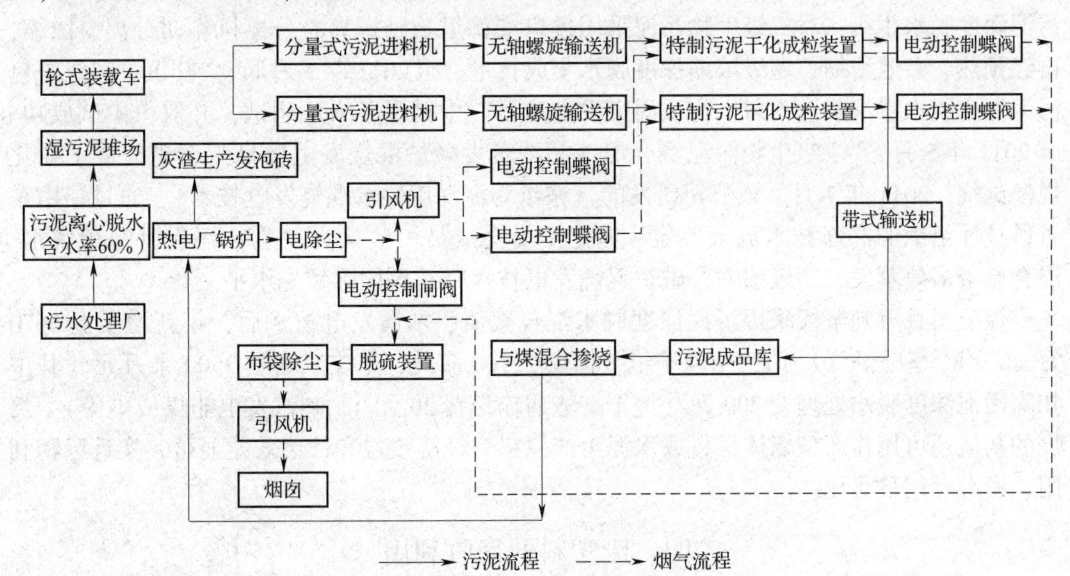

图 4-15　利用烟气余热污泥干化工程工艺流程图

从流程中可以看出，污水处理厂污泥经过离心脱水后，污泥的含水率降至 60%，然后送入湿污泥堆场，用轮式装载车将湿污泥送入分量式污泥进料机，无轴螺旋输送机将通过分量式污泥进料机的污泥送入特制污泥干化成粒装置进行污泥干化和成粒过程，干化后的污泥通过带式输送机送入污泥成品库，然后进入煤场，与煤混合后掺烧，灰渣生产发泡砖。提供污泥干化的热量来自经过改造的 75t 循环流化床锅炉烟气，先经过一级电除尘处理后，通过引风机，在电动控制闸阀的调节下，分别送入两个特制污泥干化成粒装置，完成污泥干化过程后，烟气进入脱硫装置，再通过布袋除尘后达标排放。

根据能量平衡计算，利用烟气余热所产生的经济效益为154.8万元/年。

烟气余热被利用来干化污泥，使热电厂燃煤热效率提高10% ~15%，在直接污泥无害化、减量化、资源化处理新技术产生经济效益的同时，以燃烧一吨标准煤产生3t二氧化碳计，本项工程实施后，全年按360天工作日计，将减少二氧化碳排放量5972吨/年。

原先污水处理厂污泥采用临时填埋的方法处置，填埋的场地需要经过选址和必要的防护处理，不但要以昂贵的土地资源为成本，还要投入大量的运输和维护成本，而干化的污泥作为辅助燃料后，灰渣也可作为发泡砖建筑材料的原料，其废渣的排量为零。这样，本工程一年的污泥减排量为68400t，根据相关资料估计，每年可节约土地12.82亩。

山东某浆纸有限公司在浆纸污泥深度脱水混烧发电技术的研发方面也取得了一定的成果。该公司根据污泥黏度、纤维含量、深度脱水效果，以及半干化污泥最适合的焚烧炉型，最终确定了将浆纸一、二、三级污泥进行分质处理、分开混烧的技术路线。

初沉污泥含有纤维，剩余污泥产生于中间生化处理，而沉淀（气浮）污泥产生于三级脱色、深度处理。初沉、三级脱色污泥深度脱水、粉碎后，掺混制浆筛选下的浆渣、木屑等生物质固废，在流化床动力锅炉配煤混烧、发电、供热。生物污泥单独预分离、脱水增浓，再与理化指标相近的黑液一起到蒸发车间进行多效蒸发、超级浓缩器蒸发成超浓黑液，到碱回收锅炉喷射燃烧，产汽、发电、供热。

在污泥脱水过程中，选用国产最新第三代高压厢式聚丙烯隔膜板框压滤机为一、三级污泥深度脱水主机；对二级生物污泥采用进口安德里兹卧螺离心分离机作初分离、浓缩，再经预热、多效浓缩、超级浓缩深度脱水集成技术。至2011年3月底，“初沉、三级脱色污泥深度脱水掺混浆渣木屑生物质固废发电项目”中试设备入厂调试，并取得中试成功。至2011年5月，“二级生物污泥混合黑液超浓蒸发碱炉混烧发电项目”调试完成工业化规模试烧。2011年7月，该公司研发的《浆纸污泥深度脱水混烧发电技术》，通过了山东省科技厅组织的高新技术成果鉴定；鉴定委员会成员一致认为“生物污泥卧螺预脱水、混合黑液多效蒸发、超级浓缩、碱炉混烧发电技术”达到国际领先水平。

该公司百万吨浆线采用污泥深度脱水混烧浆渣、木屑发电技术后，年新增发电5670万kW·h、多产汽20万t，相当于年节标煤22100多吨，节支、增收3500余万元（其中扣除污泥深度脱水处理费200元/t绝干、渣屑输送费20元/t、吨汽发电非煤成本等）。焚烧的灰渣还可用作新型墙体材料或水泥生产原料，经济效益和社会效益显著，实现废物利用、资源利用最大化。

四、废塑料的回收利用

了解塑料的类型是塑料再生利用的基础。一般塑料分为两大类：热固性塑料和热塑性塑料。热固性塑料只能塑制一次，热塑性塑料可以反复多次重塑。在纸制品中，热塑性塑料使用较多，且一般用于薄膜包覆，如聚乙烯塑料（PE）。

聚乙烯塑料可分为高压聚乙烯、中压聚乙烯和低压聚乙烯等，也可分为高密度聚乙烯（HDPE）、低密度聚乙烯（LDPE）等。它具有无毒且不怕油腻的特性。

聚丙烯塑料（PP）的特性是质量轻，能浮于水，耐热性好，而且耐腐蚀性、拉伸性和电性能都较好，不足是它的收缩性较大，低温时变脆，耐磨性也较差。

废旧塑料的回收利用技术可分为简单再生和改性再生两大类。简单再生利用系指回收的废旧塑料经过分类、清洗、破碎、造粒后直接进行成型加工，这类产品一般只作低档次的塑料制品。改性再生利用是指将再生料通过机械共混或化学接枝改性后，再进行利用，其工艺路线较为复杂，一般生产的塑料制品档次较高。

1. 废旧塑料的热解处理

热分解技术的基本原理是：将废旧塑料制品中原树脂高聚物进行较彻底的大分子链分解，使其回到低分子量状态，其他组分是基本有机原料。

废旧塑料热解技术的主要优点是：① 分解产品的实用价值高；② 废旧塑料的反复处理次数不受限制，但由于受到力学性能逐渐下降的限制，一般再生利用的反复次数会受到限制；③ 用热解技术可以处理混杂回收品（如聚丙烯和聚乙烯的混杂物），但需按含氯制品和非含氯制品分类。该技术的主要不足是投资较高、技术操作要求严格。

2. 废旧塑料的焚烧

对于那些难以清洗分选处理、无法回收的混杂废旧塑料，可以在焚烧炉中焚烧以回收热能。塑料的燃烧热一般比木材的燃烧热高，对那些无法再次回用的塑料开发其热值具有较大的潜力。

废旧塑料热能回收技术具有如下优点：① 燃烧热值高，可高效回收热能；② 塑料燃烧比较完全，能最大限度地减量化，与填埋和滞留在土壤中相比，对自然环境的影响较少；③ 预处理要求较低，所需配套设备较少。但是塑料焚烧也有缺点：① 塑料焚烧后会产生大量废气，容易对大气造成污染，必须经过废气净化处理；② 专用燃烧装置的一次性投资较大，总体投资较高。

五、动力锅炉灰渣的综合利用

动力锅炉灰渣是燃煤火力发电厂排出的固体废弃物，全国年排放总量已超过一亿 t，而其中得到利用的还不到 50%。在发达国家，灰渣资源化程度已很高。德国灰渣利用率为 65%，法国为 75%，日本已达 100%。美国很早就把灰渣与其他矿产并列为主要的矿物资源，并着手从中提取各种金属。我国动力锅炉灰渣的利用率相对较低。

动力锅炉灰渣综合利用的领域与途径很多，可用于烟气净化、工业废水处理、生产建材产品、筑路、提取空心微珠、铝盐和金属、生产化学肥料等。粉煤灰及其絮凝剂在工业废水处理上的应用及粉煤灰生产建材产品尤其是水泥上研究的较多，也颇具研究价值。

（一）动力锅炉灰渣及粉煤灰在废水处理上的应用

动力锅炉灰渣包括粉煤灰、炉渣（或炉底灰）和熔渣，其主要化学成分是：SiO_2、Al_2O_3、Fe_2O_3、MgO、CaO 和未燃尽炭等，这些物质具有多孔性和大的比表面积，是很好的吸附材料。在某些情况下，动力锅炉灰渣既可作为吸附剂直接用于废水处理，代替活性炭、硅胶等专用吸附剂，也可做相应处理后作为混凝/絮凝剂等代替传统的聚合铝、聚合铁类等水处理材料。动力锅炉灰渣直接用于废水处理的方法有直接投入法、滤柱法、废水通过输灰管道进入灰场法。

直接投入法就是将一定量的粉煤灰直接投入废水中，使之充分接触而后灰水分离的方法。虽然粉煤灰的比表面积比活性炭的要小，但是它的吸附能力也很显著。例如，在相同的投加量下，对印染废水，粉煤灰的吸附量可达活性炭吸附量的 75%，对造纸废水，可达活性炭吸附量的65%，对含氟废水，可达活性炭的70%。这种方法的优点是较为经济，缺点是存在粉煤灰处理废水后的清运问题。

滤柱法就是将粉煤灰装入滤柱中，废水由上加入在底部接收。在此过程中，粉煤灰除了发挥吸附作用外，还起到了物理截流过滤作用，而且，灰水在动态中接触更加充分，吸附更加彻底，因此滤柱法的效果要优于直接投入法。以造纸废水为例，用直接投入法以5%的投加量，COD平均去除率为43.7%，色度平均去除率为49.3%，采用滤柱法，COD去除率可达76.9%，尤其对废水中的臭味及色度去除十分明显。但滤柱法的缺点是滤速较慢。

废水通过输灰管道进入灰场法就是把废水用作冲灰水，由输灰管道送往灰场，灰水分离，完成水处理的过程。废水除了在输灰管道中被去除一部分杂质外，大部分的污染物是通过灰场储存的大量的粉煤灰吸附除去。由于吸附剂粉煤灰在量上的绝对优势，所以用该方法处理的水水质很好。比如，保定市环保局用此法处理化纤和造纸污水取得良好效果。污水主要污染指标COD、BOD_5、SS去除率分别达69.0%、81.7%、51.3%。该方法具有日处理水量大，污染物的去除率高等优点，是一种很有前途的方法。

粉煤灰可有效地除去铅、锌、铬、铜和汞等重金属离子，例如应用粉煤灰处理了含Cu^{2+}废水，在温度30℃、pH6.5时，初始浓度为6.4mg/L和9.6mg/L的含铜废水去除率分别为100%和93%；用粉煤灰处理含Hg（Ⅱ）的废水，在pH3.5～4.5，吸附时间为3h，Hg（Ⅱ）的初始浓度不大于10mg/L时，可全部被除去。

粉煤灰可有效地滞留阴离子。对含F^-达190mg/L的废水用粉煤灰处理，实验表明，1kg粉煤灰的除氟量为80g以上。粉煤灰也能有效地滞留PO_4^{3-}、$C_2O_4^{2-}$和$C_3O_4^{2-}$等阴离子。

粉煤灰可处理有机废水。例如用粉煤灰处理含酚类物质浓度为50～600mg/L的废水，只要选择合适的用灰量就可获得满意的除酚效果，虽然吸附作用所需的时间要比活性炭长一些，但粉煤灰将以价廉易得而占优势。东北某印染厂利用本厂电站排放的粉煤灰建立了处理印染废水的工业装置，处理后的废水污染指标为COD 51mg/L、BOD 4mg/L，硫化物0.1mg/L，pH=7，脱色率100%，1t粉煤灰可处理100t废水。鲁钢用电厂冲渣处理造纸废水（pH7.0～7.5，SS 172mg/L，COD_{Cr}572mg/L），经电厂冲渣处理后SS为50.0mg/L，COD_{Cr}为80.5mg/L。

（二）粉煤灰生产化工产品

粉煤灰中SiO_2和Al_2O_3含量较高，可用于生产化工产品，如絮凝剂、分子筛、白炭黑（沉淀SiO_2）、水玻璃、无水氯化铝、硫酸铝等。

1. 粉煤灰综合利用工艺

综合利用粉煤灰生产聚合铝、结晶硫酸铝、白炭黑和复合填料系列化工产品是粉煤灰最有效的利用途径。图4－16所示为粉煤灰综合利用工艺流程。

聚合铝为高分子化合物，是高效净水剂，在水处理时有用量少、絮凝速度快、效率高、成本低等优点，比其他无机净水剂具有更大的优越性，水的净化可用于浓度4000mg/m³，对微生物、藻类和含F^-、Pb^{2+}、Cr^{2+}、Cd^{2+}、Hg^{2+}等高毒性污水去除率达90%以上，并具有一定的脱色、脱臭功能。硫酸铝是一种重要化工原料，具有广泛的用途。白炭黑可做塑料、橡胶填料等。

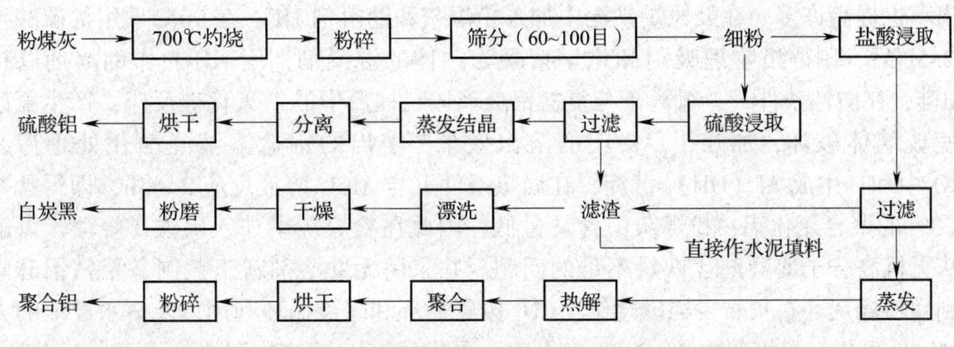

图4－16　粉煤灰综合利用工艺流程

粉煤灰含 Al_2O_3 高，一般在25%左右，但主要以 $3Al_2O_3$—SiO_2（α－Al_2O_3）的形式存在，酸溶性差，一般要加入助溶剂或通过煅烧打开Si—Al键才能溶出铝生成铝盐。而粉煤灰中的铁主要以氧化物形式存在，可直接溶于酸生成铁盐。本工艺通过马弗炉700℃灼烧（温度不能超过1000℃）粉煤灰，使粉煤灰中不溶于酸碱的α－Al_2O_3 转化为γ－Al_2O_3、再经粉碎、磨细、过筛，得到粒度60～100目的细粉进行酸处理。

盐酸浸出液过滤、蒸发、热解，产物经分离、烘干得到碱式氯化铝。如果控制碱式氯化铝溶液的浓度和pH，则碱式氯化铝可进一步水解和聚合，将聚合后的晶体烘干，得到棕色或黄褐色的聚合铝产品。

硫酸浸出液过滤，将滤液蒸发至相对密度1.40后冷却，析出硫酸铝晶体，再经过滤、水洗、烘干、晾干，得到外观为白色或微带灰色的粒状结晶硫酸铝产品。

硫酸铝和聚合铝的废渣，含高纯度的 SiO_2，经漂洗、热解干燥、粉磨得到白炭黑产品。烘干废渣也可作为水泥添加剂。

2. 粉煤灰絮凝剂

粉煤灰也可做相应的处理后作为混凝/絮凝剂来处理废水。粉煤灰可通过直接酸溶法、加助溶剂酸溶法等方法制备粉煤灰无机絮凝剂、无机高分子絮凝剂等。

将电厂湿排粉煤灰在800℃下灼烧1～1.5h后，筛去大于75目的筛分，与硫酸在100℃下反应4h，然后于100℃下烘干，用制得的粉煤灰絮凝剂对碱性制浆废水进行处理，COD_{Cr} 和色度去除率分别达到54%和96%，处理效果与硫酸铝相当。

在90℃下采用碱溶、酸浸工艺对粉煤灰进行改性处理，制得的絮凝剂用于造纸废水处理，其脱色率和COD去除率分别为96.7%、89.9%，均高于市售的聚铝和三氯化铁。

粉煤灰是经过高温燃烧后产生的，其中的 Al_2O_3 并非以活性 Al_2O_3 形式存在，而是以复盐铝玻璃体红柱石（$3Al_2O_3$—SiO_2）的形式存在，酸溶反应活性差。打开Si—Al键，从 $3Al_2O_3$—SiO_2 中释放出 Al_2O_3 是用粉煤灰制备絮凝剂的关键。

利用NaCl作助溶剂以打开Si—Al键，用盐酸废液与粉煤灰和硫铁矿烧渣在100℃的温度下反应2～3h，使有效金属离子 Fe^{3+} 和 Al^{3+} 的浸出率之和达到0.4mol/L。合成的絮凝剂对废纸脱墨废水、造纸中段废水进行处理，COD_{Cr} 去除率分别达到90.2%、91.6%，色度去除率分别达到96.9%、87.2%。其脱色率和 COD_{Cr} 去除率均与市售的聚合氯化铝和聚合硫酸铁相当，而且粉煤灰絮凝剂处理废水具有沉降速度快，污泥体积小的特点。

在粉煤灰中加入氟化物可有效提高铝、铁的溶出率，其中铝的溶出率提高近一倍，铁的溶出率也提高许多。在鼓风炉铁泥中加入粉煤灰和助溶剂 HF，在 90℃下用稀硫酸搅拌浸取 2.5h 后，制得集物理吸附和化学絮凝为一体的混凝剂；用 NH_4F 作助溶剂以打开 Si－Al键，在酸性条件下，氟离子与复盐铝玻璃体红柱石中的二氧化硅反应，产生氟硅化合物使玻璃体破坏，加强了 Al_2O_3 的溶出效果，溶出的铝盐溶液经净化处理后，用 $NaHCO_3$中和，生成 Al（OH）$_3$ 沉淀，在温热条件下与 $AlCl_3$ 溶液反应 2～3h，即得盐基度达 85.3% 的聚合氯化铝；粉煤灰中含铁量低，因此在粉煤灰中加入硫铁矿烧渣，以解决粉煤灰无机高分子絮凝剂含铁量不足的问题，并采用无助溶剂新工艺制备聚铁铝硅絮凝剂；利用粉煤灰－石灰石－纯碱烧结，CO_2 废气循环和碱液循环利用以及清水浸取的方法制取 Al_2O_3 可提高粉煤灰中 Al_2O_3 的溶出率；采用酸溶－微波热解法，可简化工艺流程、缩短热解时间，制得高聚合度产品；利用表面活性剂改性粉煤灰处理高浓度的含油废水，可使处理后的废水达到排放标准。

3．粉煤灰制取白炭黑

白炭黑是一种无机球型填料，化学式为 $SiO_2 \cdot nH_2O$，可赋予有机聚合物自身所没有的一些特殊功能，如导电性和电磁波屏蔽性。图 4－17 所示为酸溶法制取白炭黑工艺流程。

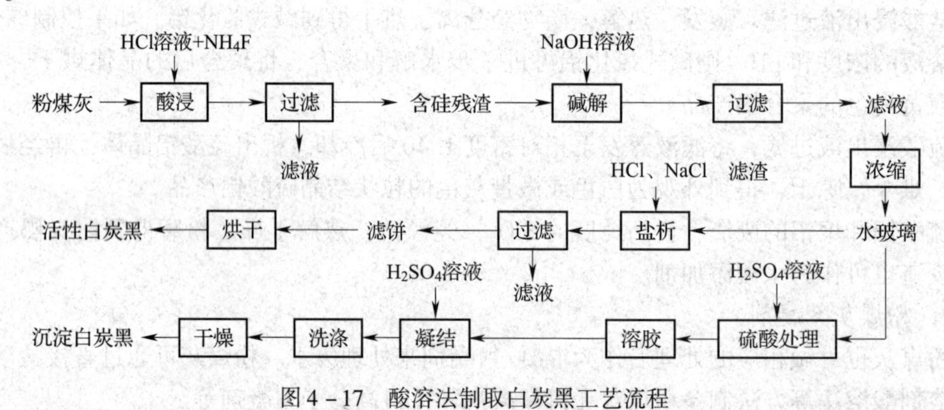

图 4－17　酸溶法制取白炭黑工艺流程

粉煤灰制取白炭黑的工艺分两步进行：酸浸制取水玻璃和水玻璃盐析制备白炭黑。

活性白炭黑性能较沉淀白炭黑优越，但制备过程较复杂，价格较高。

沉淀白炭黑，外观白色无定形微细粉末，不溶于水和酸，溶于苛性碱及氢氟酸，高温不分解，吸水性强，在空气中易潮解。广泛应用于橡胶和塑料工业，是一种较理想的补强填充剂。在塑料工业中，沉淀白炭黑能赋予制品以低的吸水性和良好的介电性能。在塑料溶胶中，沉淀白炭黑用做触变剂和增稠剂。

活性白炭黑的化学组成与沉淀白炭黑相同，但物化性质存在差异。活性白炭黑是一种超细、具有高度的表面活性的 SiO_2 微粉，其比表面积为沉淀白炭黑的 4～5 倍，粒径一般在 0.05μm 以下。在橡胶中有透明性和半透明性，广泛用于橡胶、乳胶、塑料薄膜、皮革、涂料、胶黏剂、合成树脂、造纸、农药、炸药、日用化工等领域，是透明和彩色胶制品中不可缺少的材料。

4．粉煤灰用于制备吸附材料

粉煤灰玻璃体的外观呈蜂窝状，空穴较多，内部具有较为丰富的孔隙，且比表面积大，具有一定的吸附能力。但原状粉煤灰吸附效果不理想，通过改性可提高粉煤灰的吸附性能。

目前，主要的改性方法有火法和湿法两种。

(1) 火法改性将粉煤灰与碱性熔剂（$NaCO_3$）按一定比例混合，在800～900℃温度下熔融，使粉煤灰生成新的多孔物质，在熔融物中加无机酸（HCl），一方面可使骨架中的铝溶出，一方面可使硅变成几乎具有原品格骨架的多孔性、易反应性的活性SiO_2，对熔融物酸解后的溶液和沉淀进行处理可制得混凝剂、沸石等吸附材料。

(2) 湿法因浸出剂的不同，又分为酸法和碱法。碱法处理时，为得到较高的硅浸出率，也要对粉煤灰进行高温处理。酸法处理时，不要经高温处理，对硅、铝、铁都有较高的浸出率。

粉煤灰生产分子筛工艺与常规生产工艺类似，但每生产1t分子筛可节约0.72t $A1(OH)_3$、1.8t水玻璃和0.8t烧碱，且生产工艺中省去了稀释、沉降、浓缩和过滤等工序，所得产品品质达到甚至超过化工合成分子筛。

用粉煤灰生产的分子筛成本低，原料省，产率高，质量稳定。得到的分子筛可用于各种气体和液体的脱水和干燥、气体的分离和净化、液体的分离和净化、选择性的催化脱水等。火法的耗能较高，但粉煤灰的利用率较高。湿法虽能耗较低，但利用率不高。因粉煤灰中的硅、铝大部分含在莫来石（$3A1_2O_3 \cdot 2SiO_2$）中，而改性粉煤灰制吸附材料主要是利用其中的硅和铝，使其生成硅、铝凝胶、沸石分子筛，同时酸浸粉煤灰还可使其表面微孔内变得粗糙，比表面积增加，打开粉煤灰封闭的孔道，增加孔隙率。

(3) 粉煤灰吸附材料的应用　粉煤灰吸附性能好，能有效地去除废水中重金属离子和可溶性有机物、使水溶液中的无机磷沉淀、中和废水中的酸。利用粉煤灰作为吸附材料用于废水的处理已经有许多成功的经验，如造纸、电镀等各行各业工业废水和有害废气的净化、脱色、吸附重金属离子以及航天航空火箭燃料剂的废水处理等。

处理含氟废水：粉煤灰中含有Al_2O_3、CaO等活性组分，它能与氟生成$Al(OH)_{1-x} \cdot F_x$、$Al_2O_3 \cdot 2HF \cdot nH_2O$、$Al_2O_3 \cdot 2AlF_3 \cdot nH_2O$等络合物或生成$xCaO \cdot SiO_2 \cdot nH_2O$、$xCaO \cdot Al_2O_3 \cdot nH_2O$等对氟有絮凝作用的胶体离子，具有较好的除氟能力。它对电解铝、磷肥、硫酸、冶金、化工、原子能等生产中排放的含氟废水处理具有一定效果，并对悬浮颗粒物有一定的去除效果。

处理电镀废水与含重金属离子废水：粉煤灰中含沸石、莫来石、炭粒、硅胶等，具有无机离子交换特性和吸附脱色作用。粉煤灰处理电镀废水，其对铬（Cr^{3+}）等重金属离子具有很好的去除效果，去除率一般在90%以上，若用$FeSO_4$粉煤灰法处理含Cr^{3+}废水，Cr^{3+}去除率可达99%以上。此外，粉煤灰还可用于处理含汞废水，吸附了汞的饱和粉煤灰经焙烧将汞转化成金属汞回收，回收率高，其吸附性能优于粉末活性炭。

处理含油废水：电厂、化工厂、石化企业废水成分复杂、乳化程度高，甚至还会出现轻焦油、重焦油、原油混合乳化的情况，用一般的处理方法效果不太理想，而利用粉煤灰处理，重焦油被吸附后与粉煤灰一起沉入水底，轻焦油被吸附后形成浮渣，乳化油被吸附、破乳，便于从水中去除，达到较好的效果。

除此之外，粉煤灰具有脱色、除臭功能，能较好地去除COD、BOD，可广泛用于制药废水、有机废水、造纸废水的处理。粉煤灰用于活性污泥法处理印染废水，不仅能提高脱色率，并能显著改善活性污泥的沉降性能，克服污泥膨胀。其用于处理含磷废水，能有效地使废水中的无机磷沉淀，并中和废水中的酸、降低有机磷的浓度。

（三）动力锅炉灰渣在建筑材料上的应用

动力锅炉灰渣无论直接处理工业废水，还是合成粉煤灰絮凝剂处理工业废水，灰渣还没有消亡，因此，还存在灰渣的最终处理问题。动力锅炉灰渣可用于筑路、生产建材产品：各种砖类及水泥等。从技术含量、经济效益上看，动力锅炉灰渣生产水泥，具有技术含量高、经济效益好的特点。

由于动力锅炉灰渣与黏土成分的相似性（主要是 SiO_2 和 Al_2O_3），动力锅炉灰渣可以作为水泥原料，代替黏土配料，烧制水泥熟料等，其在原料中的掺入量取决于烧水泥的燃料结构和它的化学组成。

1. 粉煤灰代替黏土原料生产水泥

粉煤灰的化学成分同黏土类似，可用于代替黏土配制水泥生料。水泥工业中采用粉煤灰配料可充分利用粉煤灰中未燃尽的炭。如果粉煤灰中含有10%的未燃尽炭，则每采用100万t粉煤灰，相当于节约10万t燃料。另外，粉煤灰在熟料烧成窑的预热分解带中不需要消耗大量的热量，却很快生成液相，从而加速熟料矿物的形成。经验表明，采用粉煤灰代替黏土做原料，可以增加水泥窑的产量，燃料消耗量也可降低16%～17%。

粉煤灰水泥具有水化热小，干缩性小，胶砂流动度大，易于浇灌和密实，成品表面光滑等优点。它在抗硫酸盐腐蚀方面也比普通水泥好，因此，它适用于各种建筑，更适合于大体积混凝土工程、水下工程等。

2. 粉煤灰做水泥混合材

粉煤灰是一种人工火山灰质材料，它本身加水后虽不硬化，但能与石灰、水泥熟料等碱性激发剂发生化学反应，生成具有水硬胶凝性能的化合物，因此可以用做水泥的活性混合材。

利用粉煤灰做水泥混合材生产粉煤灰硅酸盐水泥与生产普通硅酸盐水泥的生产工艺相同。其主要特点是调整配料方案、控制粉煤灰掺入量、控制水泥细度。配料方案是保证熟料的矿物组成合理，正常地发挥强度的关键。在配制粉煤灰水泥时，对粉煤灰掺量的选择，应根据粉煤灰细度质量情况，以控制在20%～40%为宜。一般超过40%时，水泥的标准稠度需水量显著增大，凝结时间较长，早期强度过低，不利于粉煤灰水泥的质量与使用效果。

3. 粉煤灰生产蒸养砖

粉煤灰蒸养砖是以粉煤灰和生石灰或其他碱性激发剂为主要原料，也可掺入适量的石膏，并加入一定量的煤渣或水淬矿渣等骨料，经原材料加工、搅拌、消化、轮碾、压制成型、常压或高压蒸汽养护后而制成的一种墙体材料。生产蒸养粉煤灰砖能大量地利用粉煤灰。每千块砖需粉煤灰1.25t，折合每立方米砖需粉煤灰850kg。

粉煤灰砖的粉煤灰用量可为60%～80%，石灰（或用电石渣）的掺量一般为12%～20%，石膏的掺量为2%～3%。

4. 粉煤灰生产烧结砖

粉煤灰烧结砖是以粉煤灰、黏土及其他工业废料掺和而成的一种墙体材料，其生产工艺、主要设备与普通黏土砖基本相同，不同之处在于增加了粉煤灰的储运、计量，脱水和搅拌设备。因此，只要在生产黏土砖的基础上，投入少量资金，添置一些必要设备，仍采用挤出成型，在轮窑或是在隧道窑中都能烧制粉煤灰砖。

粉煤灰烧结砖具有质轻、抗压强度高等优点，但其半成品早期强度低，在人工运输和入窑阶段易于脱棱断角，影响成品外观。烧结时，应注意其温度波动不能太大。

5．粉煤灰硅酸盐砌块

粉煤灰硅酸盐砌块，简称粉煤灰砌块，是以粉煤灰、石灰、石膏为胶凝材料，煤渣、高炉渣为骨料，加水搅拌、振动成型、蒸汽养护而成的墙体材料，粉煤灰砌块的强度主要靠粉煤灰中的活性成分与生石灰、石膏反应生成各种水化物而获得。因此，在生产中各种原料均要求有一定的细度。

6．粉煤灰加气混凝土

粉煤灰加气混凝土是以粉煤灰水泥、石灰为基本材料，用铝粉做发气剂，经原料磨细、配料、浇注、发气成型、坯体切割、蒸汽养护等一系列工序制成的一种多孔轻质建筑材料。

按蒸汽养护压力的不同，粉煤灰加气混凝土可分为常压养护和高压养护两种生产方法。我国大多采用高压养护的方式，高压养护粉煤灰加气混凝土生产工艺和其他加气温凝土大体相同，都要经过原材料处理、配料浇注、静停切割、高压养护等几个工序。

7．粉煤灰轻骨料

粉煤灰轻骨料包括粉煤灰陶粒、蒸养陶粒和活性粉煤灰陶粒三种。

（1）粉煤灰陶粒　用粉煤灰作为主要原料，掺加少量黏结剂和固体燃料，经混合、成球、高温焙烧而制得的一种人造轻骨料。一般呈球形，表皮粗糙而坚硬，内部有细微气孔。其主要特点是质量轻、强度高、热导率低、耐火度高、化学稳定性好等。因而比天然石料具有更为优良的物理力学性能。粉煤灰陶粒可用于配制各种用途的高强度轻质混凝土，可以应用于工业与民用建筑、桥梁等许多方面。采用粉煤灰陶粒混凝土可以减轻建筑结构及构件的自重，改善建筑物使用功能，节约材料用量，降低建筑造价，特别是在大跨度和高层建筑中，淘粒混凝土的优越性更为显著。

（2）蒸养陶粒　采用的主要原料为粉煤灰、波特兰水泥、石灰。此外，还可以掺加石膏、氯化钙、沥青乳浊液、细沙等。这种轻骨料容重轻，强度与烧结粉煤灰陶粒相近。

（3）活性粉煤灰陶粒　为了提高混凝土中轻骨料与水泥面之间的联结强度而生产的一种表面带活性的粉煤灰陶粒。这种陶粒的结构分两层：膨胀良好的粉煤灰—黏土粒芯和水硬性较高的粉煤灰—石灰石表面层。陶粒粒芯含有莫来石矿物，强度较高，而陶粒表面层形成水泥熟料矿物具有活性。

8．粉煤灰轻质耐热保温砖

利用粉煤灰可以生产出质量较好的轻质黏土耐火材料—轻质耐火保温砖。其原料可用粉煤灰、烧石、硬质土、软质土及木屑进行配料，也可用粉煤灰、紫木节、山皮土及木屑进行配料。首先将各种原料分别进行粉碎，按照粒度要求进行筛分并分别存放。粉煤灰要求除去杂质，最好选用分选后的空心微珠。粉煤灰轻质耐火保温砖的特点是保温效率高，耐火度高，热导率小，能减轻炉墙厚度，缩短烧成时间，降低燃料消耗，提高热效率，成本低，现已被广泛应用于电力、钢铁、机械、军工、化工、石油、航运等工业方面。

（四）动力锅炉灰渣在农业上的应用

粉煤灰的农业利用有两条途径：一是用于农业的改土与增产作用；二是生产粉煤灰多

元素复合肥施用于农田。

1. 用于农业的改土与增产作用

粉煤灰中的硅酸盐矿物和炭粒具有多孔性，是土壤本身的硅酸盐类矿物所不具备的。粉煤灰施入土壤，除其粒子中、粒子间的空隙外，同土壤粒子还可以连成无数孔道，构成输送营养物质的交通网络，其粒子内部的空隙则可以作为气体、水分和营养物质的“储存库”。土壤中溶液的含量及其扩散运动，都与土壤内部各个粒子之间或粒子内部空隙的毛细管半径有关。毛细管半径越小，吸引溶液或水分的力越大。若将粉煤灰施入土壤，能进一步改善土壤的毛细管作用和溶液在土壤内的扩散情况，从而调节土壤的湿度，有利于植物根部加速对营养物质的吸收和分泌物的排出，促进植物生长。

动力锅炉灰渣使农作物增产的作用和机理被认为是：① 施用灰渣后，改变了土壤的机械结构，小于0.01mm的物理性黏粒随灰渣的增加而减少；② 动力锅炉灰渣为灰黑色，吸热性好，能增加土壤的吸热性，提高地温；③ 施用灰渣后使土壤孔隙率增加，从而改善了透气性和透水性，有利于保持土壤的水分，有助于养分的转化和微生物的活动；④ 增加了土壤的有效养分，提高了肥力。用粉煤灰可制备硅钾肥、硅钙肥、粉煤灰磷肥等。粉煤灰除了用做土壤改良剂、肥料、防治病虫害外，还可用于水稻育秧、覆盖小麦、堆肥等，许多实践都已证明，施用粉煤灰可以收到较好的效果。

粉煤灰渗入新质土壤，可使土壤疏松，黏粒减少，砂粒增加。渗入盐田土，除使土壤变得疏松外，还可起抑碱作用。合理施用符合农用标准的粉煤灰对不同土壤都有增产作用，但不同土质增产效果不同，黏土最为明显，砂质土壤增产则不显著。作物不同，增产效果也不同，蔬菜效果最好，粮食作物次之，其他作物效果不稳定。

2. 粉煤灰生产多元素复合肥

多元素复合肥是一种新型农用必备的元素肥料，以旋风炉炉渣为基本原料，经输送、干燥、研磨成粉状，以硫酸镁溶液为黏结剂和辅助原料，加水拌和、造粒、干燥成颗粒状产品。具有无毒、无味、无腐蚀、不易潮解、不易流失、施用方便、肥效长、价格低、见效快等特点，能改良土壤，促使植物生长，增强抗干旱、病虫和倒伏能力，达到增产和提高产品质量的效果，并广泛适用于各种农作物、蔬菜和果木等。

近年来，我国在装有旋风炉的电厂中，用直接加磷矿石在旋风炉中煅烧钙镁磷肥，可使粉煤灰渣全部变成磷肥，生产成本比高炉钙镁磷肥低一半。

粉煤灰的农业资源化是一个巨大的生态工程，今后应加强这方面的基础性研究，开发更多的环保型产品和处理利用途径。

（五）粉煤灰中有价组分的提取

粉煤灰中含有未燃尽炭、铁、铝以及空心微珠等有用组分，并且含有多种稀有金属元素（如Ge、Mo、V、U等），因此，从粉煤灰中提取这些有用组分具有重要经济价值。

1. 提取未燃尽煤炭

电厂锅炉在燃用无烟煤和劣质烟煤时，由于经济燃烧还存在一些技术上的困难，因此，煤粉不能完全燃烧，造成粉煤灰中含碳量增高，一般波动于8%～20%，其中含碳大于10%的电厂占30%。为了降低粉煤灰中的含碳量和充分利用煤炭资源，常对粉煤灰进行提炭处理。提炭可用浮选法，也可用电选法。

浮选提炭适用于湿法排放的粉煤灰，是利用粉煤灰和煤粒表面亲水性能的差异而将其分离的一种方法。在灰浆中加入捕收剂（采用柴油等烃类油），疏水的煤粒被其浸润而吸附在由于搅拌所产生的空气泡上，上升至液面形成矿化泡沫层即为精煤。亲水的粉煤灰颗粒则被作为尾渣排除。为了使空气泡稳定，还需要往灰浆水中加入起泡剂（如杂醇油、松尾油、X 油等）以减少水的表面张力。通过浮选，粉煤灰中煤炭的回收率可达 90% 以上，选出的精煤发热量可达 2093kJ/kg 以上，处理成本约为 1t 精煤 10 元。

电选提炭适用于干法排放的粉煤灰，电选时要求水分小于 1%，温度保持在 80℃ 以上。它是一种基于炭与灰的导电性能不同而在高压电场下进行炭、灰分离的过程。电选后的精煤含碳 86%，回收率一般在 85% ~90%，发热量在 2093kJ/kg 以上，灰渣含碳量在 5.5% 左右，吨回收成本约为 1.65 元。

粉煤灰经过电选和浮选得到的精煤具有一定的吸附性，可直接用做吸附剂，也可用于制作粒状活性炭或作为燃料用于锅炉燃烧。灰渣则是建筑材料工业的优质原料，作为生产建筑材料使用。

2. 提取铁金属

煤炭中除了可燃物炭外，还共生有许多含铁矿物，如黄铁矿（FeS_2）、赤铁矿（Fe_2O_3）、褐铁矿（$2Fe_2O_3 \cdot 3H_2O$）、菱铁矿（$FeCO_3$）等。当煤粉燃烧时，其中的氧化铁经高温焚烧后，部分被还原为尖晶石结构的 Fe_3O_4（即磁铁矿）和粒铁，因此，可直接使用磁选机分离提取这种磁性氧化铁。

粉煤灰中含铁量（以 Fe_2O_3 表示）一般为 8% ~29%，最高可达 43%，当 Fe_2O_3 含量大于 5% 时，即有回收价值。可采用干式磁选和湿式磁选两种工艺，目前电厂大多采用湿式磁选工艺。湿式磁选所需的设施主要有半逆流永磁式磁选机、冲洗泵和沉淀池，适用于湿法排放的粉煤灰。通常，电厂采用两级磁选，且在一、二级磁选机之间加一台冲洗水泵，以提高磁选效率。经过两级磁选，可获得品位 50% ~56% 的铁精矿。

3. 提取 Al_2O_3

Al_2O_3 是粉煤灰的主要成分，一般含 17% ~35%，可作为宝贵的铝资源。一般认为，粉煤灰中 Al_2O_3 高于 25% 才有回收价值。目前提取回收铝有石灰石烧结法、热酸淋洗法、直接熔解法等多种工艺。

氧化铝可作为电解铝的原料、人造宝石原料、陶瓷铀原料和高级耐火材料等使用。提取氧化铝后的残渣（硅酸钙渣）具有反应活性高，烧成温度低，利于节能，水泥标号高且性能稳定、配料简单、吃灰量大等特点而作为生产水泥的优质原料。

粉煤灰中 Al_2O_3 的提取也可用氯化法。将非磁性粉煤灰在固定床上氯化，灰中的铁在 400 ~600℃时与氯反应生成挥发性的三氯化铁而除去，铝和硅在此条件下很少发生氯化反应。当升温到 850 ~950℃，硅和铝与氯反应分别生成挥发性的四氯化硅、三氯化铝的混合物，收集冷却至 120 ~150℃，此时三氯化铝冷凝成固体状态，而四氯化硅仍保持蒸汽状态，借此可分离提取三氯化铝，此法 Al_2O_3 回收率可达 70% ~80%。

4. 提取空心玻璃微珠

粉煤灰中“微珠”，按理化特征分为漂珠、沉珠和磁珠。由于玻璃微珠具有颗粒细小、质轻、空心、隔热、隔音、耐高温和低温、耐磨、强度高及电绝缘等优异的多功能特性，已成为一种可用于建筑、塑料、石油、电气及军事等方面的多功能材料。

粉煤灰中含有50%～80%的空心玻璃微珠，其细度为0.3～200μm，其中小于5μm的占粉煤灰总量的20%，容重一般只有粉煤灰的1/3。综观国内外提取空心微珠的方法，大致可分为干法机械分选和湿法机械分选两大类。

湿法机械分选空心微珠，国内多用浮选、磁选、重选等多种选法的组合流程。

目前从粉煤灰中分离漂珠和空心玻璃微珠也可采用电磁分离和空气分离相结合的联合工艺或浮选工艺。

粉煤灰中还含有大量稀有金属和变价元素，如钼、锗、镓、钪、钛、锌等。美国、日本、加拿大等国进行了大量开发，并实现了工业化提取钼、锗、钒、铀。我国也做了很多工作，如用稀硫酸浸取硼，其溶出率在72%左右，浸出液螯合物富集后再萃取分离，得到纯硼产品。粉煤灰在一定条件下加热分离镓和锗，可回收80%左右的镓。再用稀硫酸浸提、锌粉置换及酸溶、水解和还原，制得金属锗，所以粉煤灰又被誉为“预先开采的矿藏”。

六、有机废物的焚烧处理

从节省资源的角度考虑，有机废弃物尽可能做到综合利用；但对于难于利用或暂时无法利用的有机废物应当采取焚烧处理。树皮、锯屑、浆渣、草末、蔗髓、生物污泥等有机固体废物可以采取焚烧的方法处理。焚烧是处理可燃性固体废渣的一种重要方法，它能实现废渣的减量化、资源化，有的废渣能实现无害化；但有些废渣焚烧时会产生有害气体、灰尘、臭气，低沸点重金属（镉、汞等）与焚烧产生的废气一起排出，所以要特别注意烟气的处理，防止二次污染。表4－5给出了部分固体废物的分析值。

表4－5　部分固体废物的分析值

		树皮	硫酸盐浆污泥	亚硫酸盐浆污泥	纸机白水污泥	生物污泥
水分/%		55	65～75	65～75	70～75	88～92
灰分/%		5～7	3～7	3～7	45～50	12～15
发热量/（MJ/kg绝干物）		17.6～20.1	17.8～18.8	17.8～18.8	10.5	18.8～21.8
元素含量/%	C	45.8	33.7		44.8	32.9
	H	5.8	4.5		6.5	3.5
	O	—	34.3		—	26.1
	S	0.1	0.2	1.52	0.6	0.9
	N	—	0.2		—	2.0
	Cl	—	—	0.87	—	—
	不燃物	7.2	27.1	37.2	5.1	34.6

（一）树皮锅炉

备料的固体废弃物最通用的方式是采用焚烧炉处理。目前国内大型浆厂已开始使用树皮锅炉，用来燃烧树皮和木屑。炉条式燃烧炉是常用的一种炉型，与燃煤炉型相类似，炉条的形式有固定式、移动式、摇动式、往复式或阶梯进料式。无论是哪一种形式的炉条式焚烧炉，干燥、燃烧、后燃烧都是在炉条上进行的。如果焚烧物含水率低于50%，该燃烧物则在普通的自燃范围内。

往复式和阶梯式进料装置多数用在燃烧树皮的锅炉中。在它的阶梯式进料装置上进行干燥过程和燃烧过程，并以水平炉条作为后燃烧进料装置。这种形式的炉子不需要破碎机就可以混合燃烧含水率较大的树皮、废木材、浆渣、木节等和形状尺寸稍大的废渣，而且燃烧效率高，进料装置故障也少。如果把往复式进料装置做成两段，一般地说，即使废渣的含水率为60%左右，废渣也可以自燃。

撒料式焚烧炉也多用于焚烧树皮、木屑和蔗渣等焚烧物比较细小的情况，其燃烧时间短（燃烧时间与物料尺寸的二次方成正比），而且这些物料在空气中的浮动时间长。因此，撒料式焚烧炉可以稳定地燃烧含水率高的物料。树皮进料的方式有两种：采用撒料机（装桨叶的转筒）撒料的方式，与预热空气一起从树皮燃烧器喷出的气压方式。采用前一种方式，送入炉膛的树皮中，95%以上的树皮能通过50目筛网，树皮最大尺寸小于100mm。采用后一种方式时，通过20目筛网的树皮达98%以上。而且，在这两种情况下，树皮含水率都必须低于50%。

（二）污泥锅炉

生物污泥的含水率一般都比较高，通常需要通过浓缩、机械脱水等方法尽可能把水分脱除，才有利于送入锅炉内焚烧。回转式焚烧炉就是一种适于污泥焚烧的设备。污泥被送入倾斜度为1°～3°的直圆筒，污泥一边靠炉体旋转（转速为0.5～3r/min）而回转，一边移动，同时进行干燥和燃烧。污泥在普通的回转式焚烧炉内的停留时间约为60～90min。焚烧污泥时，多数采用高温气体与污泥对流接触的直接燃烧方式。回转式焚烧炉一般分为三个区：预热区、干燥区和燃烧区。在干燥区内被干燥的污泥，在燃烧区内依靠辅助燃料的热量和污泥的发热量而燃烧。产生的燃烧气体有效地作用于干燥区和预热区的炽热气体。回转式焚烧炉的特点是：结构简单，操作容易；适合于处理大量的污泥；容易适应污泥含水率及其处理量的变化。但是这种焚烧炉的占地面积大，热效率低。

原本在化学工业广泛用作分解炉和焙烧炉的沸腾式焚烧炉也适用于焚烧污泥。这种焚烧炉是采用硅砂等热媒介物在炉底的多孔板上形成流动层，而污泥直接投入到流动层里。0.5～1.5mm的硅砂在静止时的装填高度为0.5～1.0m，从炉下部送进风压为1～10kPa、温度约为500℃的热风，在750～850℃条件下使硅砂形成高度稳定的流动层。硅砂在炉内激剧地湍流运动，其流动速度为0.5～1.5m/s。污泥在流动层内均匀地分散开来，并迅速地焚烧。砂量为污泥中固形物的1%～2%即可；为了使硅砂与污泥充分接触，特别要求将污泥破碎和定量地投加。流动层的热传导状态良好，热容量系数达8.36～25.08MJ/(m^3·kg)；空气过剩率为1.1～1.5，因而焚烧炉本体体积小。辅助燃料采用重油时，其用量是20～40L/kg泥饼。

另外，造纸污泥还可以与造纸废渣、煤、树皮、草渣等进行混烧。采用煤和废弃物混烧来发电或供热是一种很好的选择。与纯烧废弃物相比，混烧技术能够保持燃烧稳定，提高热利用率，有利于资源回收，同时减少了焚烧炉的建设成本和投资。

1985 年，日本某纸业公司投运了世界上第一台以造纸污泥为主燃料，以树皮为辅助燃料的流化床锅炉。采用单锅筒，自然循环和强制循环。最大连续蒸发量为 42t/h。蒸汽压力为 3.4MPa，蒸汽温度为 420℃，给水温度为 120℃。采用炉顶给料方式，给料量为 250t/h。床料为石英砂，平均粒径为 0.8mm。污泥以脱水饼形式给入炉内，树皮的给料量根据污泥性质而作调整，当二者的热值不够维持床温时，自动加入重油助燃。点火启动时的初始流化风速为 0.4m/s，运行时的流化风速控制在 1～1.5m/s，床温维持在 800～850℃，排放浓度为（50～100）$\times 10^{-6}$，负荷可降至 70% 左右。

山东临沂某锅炉厂开发研制出日焚烧 60t 的造纸工业固体废物焚烧锅炉，专门用于造纸厂的固体废物，如草渣、废纸渣（废塑料皮）和干燥后的污泥的焚烧。已在 40 多家企业投入运行，状况良好。该系统的投运，不但可以使造纸厂的固体废物得到减量化、无害化处理，减轻环境污染，减少固体废物的运输费用，而且还具有非常显著的节能效果，以日焚烧量 60t 下脚料计，每日可节煤 25 吨多。

（三）其他有机固体废弃物的焚烧处理

1. 苇末作为锅炉燃料

苇末作为锅炉燃料，能够节约煤炭资源。在链条炉排锅炉运行时，调整鼓风机和引风机工作状态，苇末能吸入炉膛与煤混燃，着火性能好，能大大降低锅炉煤耗。在国外，专门开发了燃烧植物燃料的蓄热式流化床锅炉，即炉膛内装有大量的蓄热介质（如石英砂），蓄热介质维持炉膛处于高温状态，保证植物燃料的连续燃烧（植物燃料燃烧速度快，会出现不连续的着火情况）。

2. 废纸箱制浆筛渣的焚烧处理

废纸箱制浆的筛渣含有 60% 的纸和 40% 的塑料，细长的筛渣有的十几厘米，有的长达 30cm。因此在与煤混合之前，首先需将其切成 5～8cm 长，再与石灰混合，其目的是用石灰吸收废渣中的氯化物，以减少大气污染物的产生。筛渣与石灰混合的质量百分比是筛渣 95%、石灰 5%。最后将筛渣石灰混合物与煤混合，其比例为筛渣石灰混合物：煤 = 1∶9，混合后的燃料送入锅炉燃烧。烟气和炉渣分析结果表明，废纸制浆废渣与煤混合燃烧，不会对环境造成污染。

国内草浆厂的备料废渣大多为草屑和灰土。据估计，目前我国麦草备料的固体废物每年约有 70～100 万 t。一般采取定点焚烧来处理，既浪费人力物力，又严重污染环境。近年来国内开发了麦草废料锅炉来处理这类废渣，效果较好，已在山东、河南等草浆纸厂推广。

蔗渣浆厂的蔗髓是在蔗渣备料中需除去的固体废物。目前我国蔗渣浆纸厂每年约有 10 余万 t 的蔗髓副产物，基本上都在浆厂或糖厂的煤粉炉中烧掉，不造成污染。

（四）焚烧法处理制浆厂固体废弃物实例

山东某制浆造纸综合厂采用焚烧法处理固体废弃物，取得了较好的经济和社会效益。

焚烧固体废弃物的锅炉为 SZL20－1.25－T 锅炉，即双锅筒纵置式链条炉排、焚烧蒸发量 20t/h、压力 1.25MPa、饱和蒸汽、焚烧垃圾的原型设计锅炉。

1. 固体废弃物及烟气流程

固体废弃物在锅炉内焚烧成灰渣，送入炉内的空气经燃烧后变为烟气，其具体流程见图 4－18。

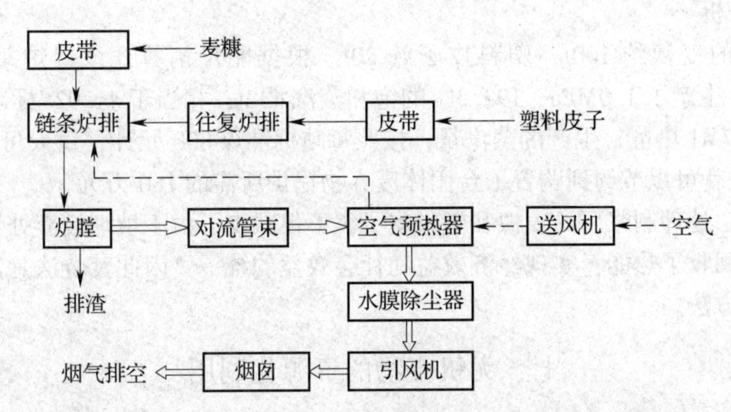

图4－18　锅炉的固体废弃物－灰渣及空气－烟气流程示意图

水分含量为40%的塑料皮子，人工送上皮带后，送入往复炉排，然后落到链条炉排上，与人工送入的水分含量为20%的麦糠混合。麦糠与塑料皮子以5∶1的质量比在链条炉排上混合后，随炉排的运动进入炉膛；混合物在炉排上呈层燃状态，有机物与助燃的氧气剧烈燃烧。燃烧后的灰渣及未被烧尽的炭被排，排出灰渣的温度为90%，由人工推走排渣。

常温的空气通过送风机送入空气预热器，由热烟气预热，通过送风口到达链条炉排的底部，使送入炉膛中的麦糠与塑料皮子的混合物混合燃烧，氧气与麦糠和塑料皮子混合物中的有机物剧烈氧化燃烧，生成的高温烟气从炉膛排出。烟气依次通过对流管束、空气预热器。使用热的烟气加热锅炉给水和助燃的空气，热烟气放出热量，温度降低，再经水膜除尘器除去烟气中的灰分后，由引风机从烟囱排出，排出烟气的温度约为170%。

2. 水－汽流程

固体废弃物锅炉的水－汽流程如图4－19所示。软化水首先送入除氧器，通过回用部分蒸汽从20%加热到102%。完成除氧任务后，由给水泵送入上锅筒。送入上锅筒的给水依靠不同温度给水的密度差进行自然循环：给水通过位于烟气温度较低区段的对流管束，由于温度相对较低，水的密度较高，所以自然下降流入下锅筒；由于不断吸收热烟气的热量，给水的温度升高，开始产生蒸汽，密度降低，通过位于烟气温度较高区段的对流管束，返回上锅筒。送入上锅筒的给水，通过在对流管束中的循环，充分吸收烟气的热量，成为饱和蒸汽，积聚到上锅筒顶部，经汽水分离器分离饱和水后得到1.0MPa、193.3%的饱和蒸汽，送动力车间。

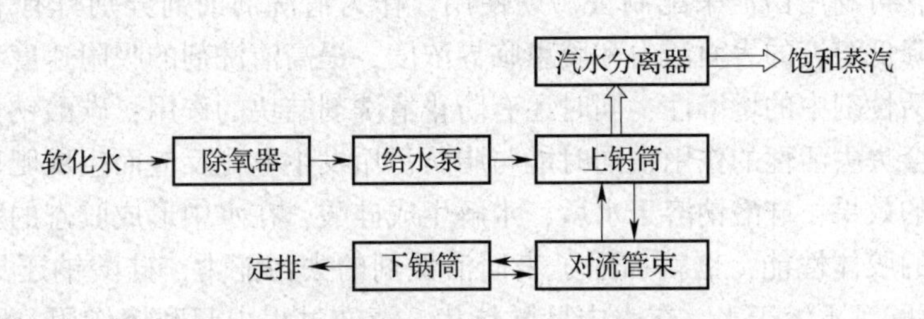

图4－19　固体废弃物焚烧锅炉的水－气流程示意图

3. 效益分析

每天备料的麦糠约 100t，塑料皮子约 20t。根据能量衡算，该锅炉每天产热量是 202040.00MJ，生产了 1.0MPa、193.3% 的饱和蒸汽 432t，相当于 41.02t 标准煤（每吨标准煤产生 29307MJ 热量）生产的蒸汽量；按照每吨标准煤 800 元计，每天可以节约 32816 元。运行 55 天就可以节约到购置 1 台固体废弃物锅炉所需的 180 万元。

利用焚烧法处理制浆厂的麦糠和塑料皮子，不仅减少了由于填埋废弃处置对环境造成的污染，而且回收了热能，实现经济效益和社会效益的统一。因此焚烧法是制浆厂处理固体废弃物的好方法。

七、无机废物的资源化利用

白泥是化学法制浆黑液采用燃烧法回收烧碱过程中产生的一种固体废弃物。是由绿液中的碳酸钠与加入的石灰进行苛化反应（$Na_2CO_3 + CaO + H_2O = 2NaOH + CaCO_3\downarrow$）以及过量的石灰与水反应（$CaO + H_2O = Ca(OH)_2\downarrow$）的产物。回收白泥的含水量在 50% 以上。每回收吨活性碱（以 NaOH 计）产生绝干 $CaCO_3$ 量理论值为 1250kg/t 活性碱。由于有过量石灰、石灰杂质、原料中的灰分、残碱等因素的影响，实际绝干白泥的产生负荷明显高于上述 $CaCO_3$ 理论负荷。木浆碱回收绝干白泥产生量典型值为 1023kg/t 回收活性碱（$NaOH + Na_2S$，以 HaOH 计）。麦草浆厂为 2000 ~ 2200kg/t 回收活性碱（NaOH，以 HaOH 计）。木浆碱回收的白泥通常采用煅烧的方法，把白泥煅烧为石灰，重新返回系统，循环使用。麦草浆碱回收白泥的硅含量（7% ~ 11%）远高于木浆碱回收白泥（小于 1%）。因此无法采用石灰窑煅烧回收石灰，再回用于碱回收绿液的苛化。因此，白泥的资源化综合利用是十分必要的。

1. 利用白泥生产水泥

白泥可以作为湿法生产水泥的配料，与石灰石、黏土、铁粉、萤石等混合，生产普通硅酸盐水泥。其技术可行，工艺成熟，产品质量符合国家标准而且有销路。然而湿法生产水泥能耗高，不符合国家发展水泥的产业政策。应积极采用节能降耗工艺技术，考虑采用“湿法干烧”等节能工艺技术。

2. 利用白泥生产碳酸钙

白泥的主要成分是碳酸钙，经过中和、多级洗涤和筛选，生产精制碳酸钙产品。生产的精制碳酸钙可以作为造纸填料用于抄纸填料；生产的精制碳酸钙还可以作为塑料填料。

3. 利用白泥生产去污粉

由于白泥含有部分可溶性碱（主要是碳酸钠、硅酸钠、硫酸钠等）和不溶于水的固形磷酸钙微粒，可利用白泥来配制去污粉使用。作为清洗剂助剂分别具有下述性质相作用：硫酸钠能降低溶液的表面活力和胶束临界浓度，提高清洗剂的吸附速度和吸附量，增加溶质在表面活性剂中的增溶性，同时还有防止清洗剂结块的作用；碳酸钠具有使清洗剂遇酸性污垢不会失去活性的作用；同时能与脂肪污垢发生皂化反应而生成肥皂，对去除油污有比较显著的效果；硅酸钠溶于水后，水解生成硅酸，在水中形成胶态的胶粒群，从而增加了清洗剂的胶体性能，也就加强了表面活性剂的去污能力，硅酸钠还具有稳定溶液 pH 的作用；碳酸钙不溶于水，在水中呈微粒状，清洗过程中起摩擦作用。所以用白泥代替碱性无机盐作助剂，添加适量的表面活性剂和专用助剂来复合成去污粉，有望达到良好的去污效果。

4. 利用白泥制造建筑用内墙涂料

某纸厂进行了白泥制造建筑用106内墙涂料的研究和生产。通过对填料级碳酸钙的变速离心沉降，进一步除去填料碳酸钙中的水分，提高其白度，制成60%左右干度的泥膏。制成后的泥膏加入以聚乙烯醇和水玻璃为主熬制的基料中，并加入少量的滑石粉、消泡剂、增白剂、增稠剂等，经过充分地搅拌、过筛，制成106内墙涂料成品。该产品经建材产品质量监督检测站检验，认为“符合《JC361－85聚乙烯醇水玻璃内墙涂料》要求，评为合格品”。该成果适用于以草类纤维为原料，有碱回收生产系统的制浆造纸企业。

5. 利用白泥作塑料填充剂和烟气脱硫剂

白泥可用作聚乙烯和聚丙烯等塑料填充剂，能消除白泥对环境的污染。造纸厂可得到与轻钙厂相当的经济效益，塑料制品加工厂使用白泥代替轻钙做填料，可节省一半以上的填料费，具有明显的经济效益、社会效益和环境效益。

改性后的白泥可以应用于PVC树脂行业，制成的PVC－改性白泥纳米材料复合物大大提高了PVC的抗冲击性能、耐热性以及绝缘性；而通过改性白泥与丁苯三嵌段共聚物（SBS）制成的复合材料，提高了SBS的抗冲击性能及耐热性能，使其更耐溶剂、高温，可以很好的应用于压敏胶及其他领域。

造纸白泥中含有残余钠、钙碱性物，可作为烟气脱硫剂。配套设备采用XZKP型空塔喷淋烟气脱硫装置，脱硫效率：≥93%；除尘效率>99%；循环水利用率>96%。

6. 无机废物资源化利用实例

白泥回收生产高速纸机高档文化纸用轻质碳酸钙

（1）备料　白泥备料温度70～90℃，浓度20%～25%，白度80%～85% ISO。

（2）澄清洗涤　澄清后再采用预挂式过滤机或者真空洗渣机洗涤、段间扩散，回收残碱，降低白泥pH。

（3）粗筛：筛网80～150目，采用旋振筛等设备，除去大颗粒粗渣，筛余物（120目）小于2.5%。

（4）均整解絮和碳化　二氧化碳气体压力为2.5～3.5kg，白泥浓度为14%～18%，温度50～60℃。

① 均整解絮和碳化前：D50为2.0～7.5μm，平均粒径为7.5～13.5μm，沉降体积为2.0～2.2ml/g，pH为9～13。

② 均整解絮和碳化后：D50为3.0～7.0μm，平均粒径为5.5～8.5μm，沉降体积为2.6～3.5ml/g，pH为9～10.5。

均整解絮只需确定解絮介质的添加数量，就能确定碳酸钙颗粒粒径变化大小，可满足不同纸机、不同纸产品的需要。

（5）精筛　筛网200～325目，采用旋振筛等设备，除去白泥中所含的微小煤粒、炉灰、炭黑等细小的有色粒子，筛余物（325目）小于0.5%。

（6）成品储存　碳酸钙白度大于89% ISO，成品储存槽需配置搅拌器，成品即可泵送造纸车间辅料中心。

具体实施方式如图4－20所示。

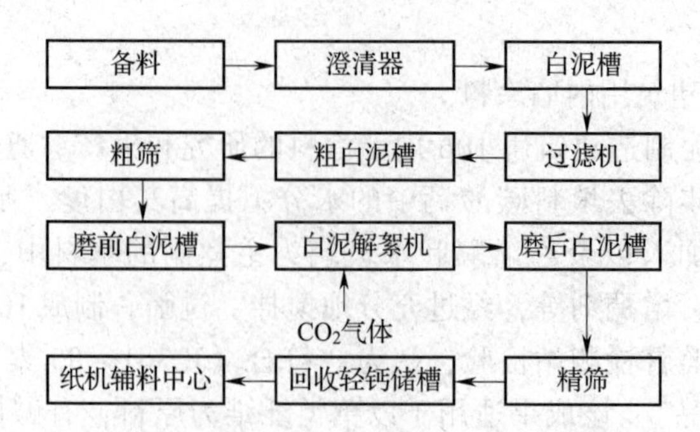

图 4－20 白泥回收生产高速纸机高档文化纸用轻质碳酸钙流程

第四节 固体废物的处置

固体废物的处置包括固体废物的处理和处置，其定义是将固体废物焚烧和用其他改变固体废物的物理、化学、生物特性的方法，达到减少已产生的固体废物数量、缩小固体废物体积、减少或者清除其危险成分的活动，或者将固体废物最终置于符合环境保护规定要求的场所或者设施并不再回收的活动。

一、处置方法的分类

目前对固体废物的处置方法基本可分为两类，一类是按隔离屏障划分为天然屏障隔离处置和人工屏障隔离处置；另一类是按处置场所分为陆地处置和海洋处置。

天然屏障是利用自然界已有的地质构造及特殊的地质环境所形成的屏障，能够对污染物形成阻滞作用。人工屏障则隔离的界面是人为设置的。在实际作业中，往往根据操作条件的不同而同时采用天然屏障和人工屏障来处置固体废物。

陆地处置是利用陆地的天然屏障或人工屏障处置固体废物的方法。根据操作不同可分成土地耕作、土地填埋等。这种处置方法具有简单、操作方便、投入成本低等优点。缺点是因处置场所离人群较近，安全感差，易产生二次污染。海洋处置是以海洋为受体将固体废物处置的方法。我国政府对海洋处置持否定态度并制定了一系列有关海洋倾倒的管理条例。海洋处置的方法有两种；即海洋倾倒和远洋焚烧。海洋倾倒可直接将废物倾倒也可先将废物进行预处理后再倒入海底。远洋焚烧是将废物运到远海进行焚烧，以避免对人类生存区域的大气环境造成污染。

二、固体废物的最终处置

固体废物的最终处置措施是使终端固体废物安全化、稳定化、无害化，根据我国现有的经济情况和技术，对固体废物的处置一般采用堆存法、填埋法、土地耕作法、深井灌注法和远洋焚烧等。

1. 堆存法

目前采用较多的堆存法主要有露天堆存法、筑坝堆存法和压实干贮法等。

露天堆存法是一种最原始、最简便和应用最广泛的方法，一般只适用于不溶解、不扬尘、不腐烂变质、不危害周围环境的块状和粗粒状固体废物，其场所通常设在山沟、山谷或坑洼荒地。

筑坝堆存法常用于堆存湿法排放的尾砂粉、砂和粉煤灰等。贮存场的选址应考虑到水力输送最佳距离，堆放场的防护工程量少，使用年限长等因素，一般多采用山沟或谷地。一般是采用天然的土石方材料。为节约建新坝的用地，近年来发展成多级坝堆存技术，该堆存技术是利用土石材料堆筑一定高度的母坝，随即贮存尾矿砂、砂、粉煤灰等废物，当库容即将满时，再在母坝体上堆筑子坝。

压实干贮法系将电除尘器收集的干粉煤灰用适量水拌和，其湿度以手捏成团，且不粘手为度，然后分层铺洒在贮灰场上，用推土机压实成板状。此法比筑坝堆存法所占用的土地要少、贮存量大，同时也有利于粉煤灰的利用。

2. 陆地填埋法

填埋处置就是在陆地上选择合适的天然场所或人工改造出合适的场所，把固体废物用土层覆盖起来的技术。这种处置方法具有工艺简单、成本低的优点，是目前大多数国家在固体废物最终处置中的一种重要方法。对一般城市垃圾与无害化的工业废渣基于环境卫生角度而填埋，其操作与结构形式称卫生填埋；对有毒有害物质的填埋则基于安全考虑，其操作与结构形式称安全填埋。对造纸工业一般可采用卫生填埋。

卫生填埋是将被处置的固体废物如城市垃圾、炉渣、建筑垃圾等进行土地填埋，以减少对公众健康及环境卫生的影响。其操作是把运到填埋场的废物在限定的区域内铺撒成40～75cm 的薄层，然后压实以减少废物的体积，每天操作之后用一层 15～30cm 厚的土壤覆盖并压实。由此就构成厂一个填筑单元。同样高度的一系列互相衔接的填筑单元构成一个升层，完整的卫生土地埋场是由一个或多个升层组成的。当填埋达到最终设计高度之后，再最后覆盖一层 90～120cm 厚的土壤压实就形成了一个完整的卫生填埋场，如图 4－21 所示。

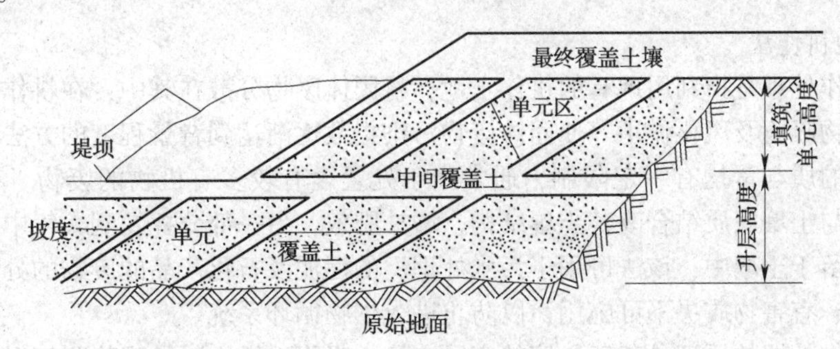

图 4－21　卫生填埋场剖面图

卫生填埋的种类很多，可根据不同的标准进行分类。根据有无防渗衬层和渗滤液集排系统，可分为自然衰减型填埋和封闭型填埋；根据填埋场内部构造和生物学特性，又可分为厌氧填埋、好氧填埋和半好氧填埋等。

自然衰减型填埋和封闭型填埋的主要区别是：自然衰减型填埋不设防渗衬层和渗滤液集排系统，仅依靠天然黏土层净化渗滤液和防止其对地下水造成污染；封闭型填埋场则要求铺设专门的防渗衬层和渗滤液集排系统，以阻断渗滤液进入黏土和地下水层，并对渗滤液进行收集和处理。

(1) 厌氧填埋　厌氧填埋是国内采用最多的一种形式，即在垃圾被填埋后，隔绝空气，使填埋层内垃圾处于厌氧分解状态。它具有填埋结构简单、操作方便、施工费用低，还可回收甲烷气体等优点。

（2）好氧填埋　好氧填埋类似于高温堆肥，能够减少填埋过程中由于垃圾分解所产生的水分，相应的可以减少由于渗出液积累过多所造成的地下水污染。好氧填埋分解速度快，填埋场稳定化时间短，并能产生60℃左右的高温，有效地消灭大肠杆菌和部分致病细菌。但好氧填埋处置工程结构复杂，施工难度大，成本很高，且无法回收填埋气，因此比较难于推广使用。

（3）半好氧填埋　半好氧填埋兼具厌氧填埋和好氧填埋的优点。在构筑费用上，比厌氧填埋稍高，但低于好氧填埋；在有机物降解方面，比好氧填埋稍差，但要明显快于厌氧填埋。

卫生填埋场的功能是贮留垃圾、隔断垃圾污染和对垃圾进行处理。一个完整的卫生填埋场地主要由填埋场、辅助设施和未利用的空地组成，各部分所含设施如图4－22所示。

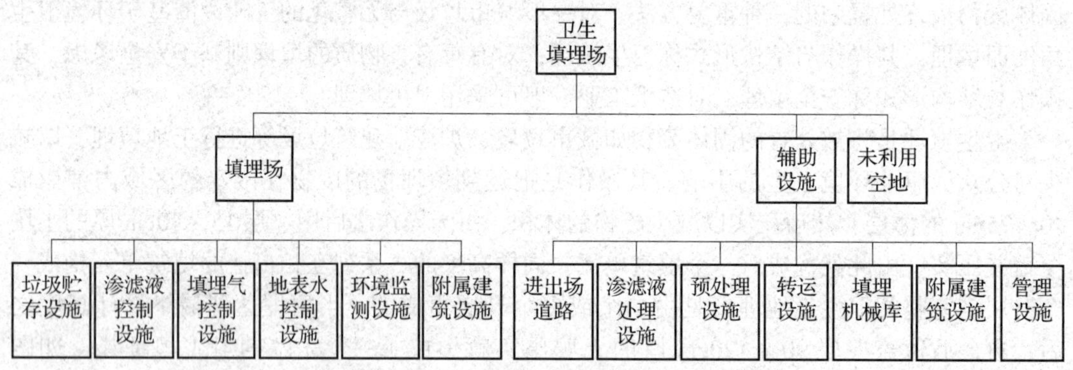

图4－22　卫生填埋场设施构成示意图

3．土地耕作法

土地耕作处理是指利用现有的耕作土地，将固体废物分散在其中，在耕作过程中由生物降解、植物吸收及风化作用等使固体废物污染指数逐渐达到背景程度的方法。这种处置方法对废物的质与量均有一定限制，通常用于处置含有较多有机物的废物。有机质被分解，一部分与土壤底质结合改善土壤结构，增长肥效，另一部分挥发到大气中，不分解的部分永久存留于土壤中，该法可用于污水处理厂的污泥及石化产品的废物的处理。对含重金属等有毒、有害物质决不可施用，以防止进入生物循环系统。

土地耕作处置的原理是基于土壤的离子交换、吸附、微生物的生物降解以及渗滤水浸取、降解产物的挥发等综合作用机制。土壤体系中存在着一系列微生物种群，它们能将土壤中的有机物和无机物分解为植物所需的形式，从而供给植物和土壤中某些较高生命物质所需。可以说土壤系统是一个永不休止的物质循环系统。土地耕作处置固体废物就是利用了这个巨大的且污染指标较低的循环系统，利用了这一系统中的无数微生物的代谢作用来分散和降解固体废物，并促进这一循环的进行。其主要经过微生物分解、浸出、沥滤、挥发、生物吸收这样一复杂的生物化学过程。最终完成对有机物消化、无机物贮存的综合效果。

4．深井灌注法

深井灌注是将固体废物液化，形成真溶液或乳浊液，用强制性措施注入地下与饮用水和矿脉层隔开的可渗透性岩层中，从而达到固体废物的最终处理。

深井灌注处置系统要求适宜的地层条件，并要求废物同岩层间的液体、建筑材料及岩层本身具有相容性。适宜的地层主要有石灰岩层、白云岩层和砂岩层。在石灰岩或白云岩层处置废物。容纳废液的主要依据是岩层具有空穴型孔隙，以及断裂层和裂缝。砂岩层处置废液的容纳主要依靠存在于穿过密实砂床的内部相连的间隙。

深井灌注方法主要是用来处理那些难于破坏、难于转化，其他方法费用昂贵的废物，例如高放射性废物。深井灌注的程序主要包括地层的选择、井的钻探与施工、操作与监测等。深井灌注处理的关键是选择适宜的地层，其应满足以下条件：

（1）处置区必须位于地下饮用水层之下；

（2）有不透水岩层或土层把注入废物的地层隔开，使废物不致流到有用的地下水源和矿藏中去；

（3）岩层的空隙率高，有足够的容量，面积较大，厚度适宜，饱和度适宜；

（4）有足够的渗透性，且压力低，能以理想的速度和压力接受废液；

（5）地层结构及其原来含有的流体与注入的废物相容，或者花少量的费用就可以把废物处理到相容的程度。

供深井灌注的地层一般是石灰岩或砂岩，不透水的地层可以是黏土、页岩、泥灰岩、结晶石灰岩、粉砂岩和不透水的砂岩以及石膏等。

5．远洋焚烧

远洋焚烧的法律定义是指以高温破坏有毒有害废物为目的，而在远离人群的海洋焚烧设施上有意焚烧废物或其他物质的行为。远洋焚烧主要用于处理处置各种含氯有机废物。其特点之一是处置的费用比陆地便宜，原因在于它对空气净化的要求低，工艺相对简单。特点之二是在大洋中焚烧时所产生的氯化氢气体经冷凝后可直接排入海中稀释。焚烧后的残油也可直接倾入大海，通过实验证明，含氯有机物完全燃烧产生的水、二氧化碳、氯化氢和氢氧化物排入海中后，由于海水本身氯化物含量高，并不会对海水中的氯平衡造成破坏。同时由于海水中碳酸盐的缓冲作用、氯化氢进入海洋后不会影响海水的酸度。

6．好氧堆肥 + 微生物 VT 菌种处理工艺处理污泥新技术

秦皇岛某造纸厂 2013 年投资 3100 多万元，新上一个年处理能力 10 万 t 造纸污泥的高温堆肥项目。该项目是秦皇岛市北戴河及相邻地区海域环保综合整治十大重点工程之一，年产农用有机质 6 万 t，按每亩地施肥 300kg 计，生产的有机肥可满足 20 万亩土地的施肥量。我国部分农田由于长期大量施用化肥，已造成土壤沙化、板结，肥力下降。有机肥料可有效地协调有机、无机肥料结构矛盾，增加养分的有效供给，缓解耕地缺磷少钾的矛盾。因此，该项目在国内有很大的市场潜力。

该项目采用的技术方案是高温好氧堆肥和土地利用结合的综合处理处置方式，采用的堆肥工艺是槽式好氧堆肥发酵法，工艺流程图如 4 – 23 所示。槽式堆肥工艺是将物料按一定比例混合后堆放在发酵槽中，在发酵槽底部安装曝气管，由鼓风机通过曝气管强制通风供给氧气，形成好氧发酵环境，经过一个周期的堆肥后发酵物料转入陈化车间腐熟。经过堆肥发酵的污泥物料是一种很好的有机肥料，可以直接进行土地利用，或者进入有机肥加工环节，作为有机物料生产复合有机肥。

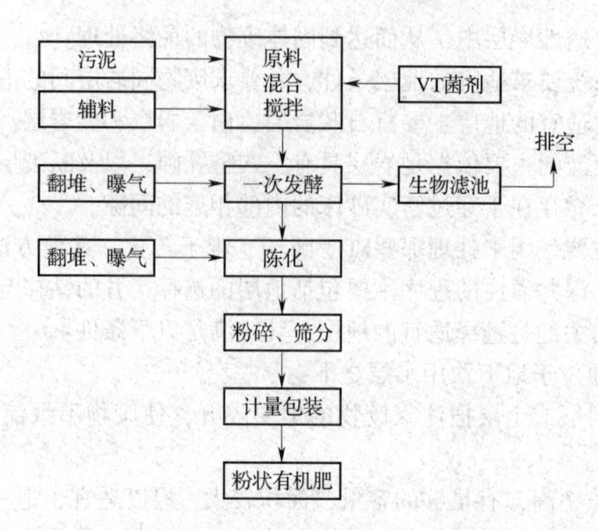

图4－23　好氧堆肥＋微生物VT菌种处理工艺流程图

（1）原料预处理　原料预处理是将造纸污泥和一定比例的填充剂混合，使物料水分降至55%～60%，碳氮比在（25～30）：1，同时添加VT生物菌液以促进发酵过程快速进行。稻草是一种较好的填充剂，由于该厂周边大量种植水稻，故选择稻草作为辅料填充剂，每吨鲜污泥添加稻草等调理剂0.3t。

（2）一次发酵　一次发酵是整个堆肥工艺的关键步骤，只有堆体温度上升到55℃以上并维持10d以上，就能杀灭寄生虫卵和病原体微生物，同时由于水分蒸发使臭气减少，挥发性物质降低，达到无害化目的。还使有机物料的性质变得疏松、分散，矿化释放N、P、K等养分，便于储存和使用。好氧堆肥整个过程在发酵槽内进行，发酵槽采用翻堆机搅拌物料并同时向后移位，氧的供给情况和发酵间保温程度对堆肥的温度上升有很大影响。堆肥周期为15d，工艺控制参数为：

① 物料配比：鲜泥（含水率80%）：辅料：VT－1000生物菌＝1∶1∶0.001（体积比）；

② 温度和供氧量：堆肥7d后，温度可以上升至55℃以上，此时根据堆肥物料的温度开启鼓风机向发酵槽内曝气并开始翻堆，通气量控制在150～200mL/（m^3·min），翻堆速度一般控制在1m/min；

③ 时间：翻堆时间应严格控制，24h必须翻堆一次；

④ 水分：随着温度的上升和翻堆的进行，蒸发水分被带走，同时抽出废气。经过一个周期的堆肥，发酵后的物料含水率大幅度降低（一般小于40%），由皮带机出料转入陈化车间；

⑤ 翻堆时间和温度遵循原则是：时不等温，温不等时。

（3）陈化及储存　经过第一次堆肥发酵后的有机固体废弃物尚未达到腐熟，需要继续进行二次发酵。陈化的目的是将有机物中剩余大分子有机物被进一步分解、稳定、干燥。同时作为后续处理利用的储备。陈化车间采用槽式发酵工艺，陈化周期约为20～30d，堆肥后期的温度逐渐稳定在40℃时左右，堆肥形成腐熟的有机质，经国家有资质的部门检测合格后，可以直接用于农田，也可以进一步加工成有机复合肥。

（4）尾气除臭　在好氧堆肥发酵中可产生含有氨、硫化氢、甲基硫醇、胺类等物质的臭气，废气必须进行除臭处理后才能排放。该项目发酵车间和陈化车间产生臭气采用生物滤池的方式进行除臭，处理后直接排入大气。生物滤池中的填料一般选用具有良好结构稳定性和透气性能的木屑、树皮及树叶堆肥组成，并喷洒具有专门除臭功能的VT系列菌剂。臭味物质随气流通过生物滤池时被介质吸附并被微生物降解。

思考题

1. 固体废物的来源及危害有哪些？
2. 固体废物处理技术有哪些？
3. 简述固体废物的处理原则。
4. 固体废物的预处理方法有哪几种？
5. 制浆造纸厂的固体废弃物有哪些？如何产生的？
6. 举例说明制浆造纸厂有机废弃物和无机废弃物的资源化利用途径。
7. 动力锅炉灰渣有哪些利用途径？
8. 简述固体废物的最终处置方法。

参考文献

[1] 中华人民共和国固体废物污染环境防治法［M］．北京：中国法制出版社，2013.7.

[2] 孙瑞君．浅谈固体废物及其处置技术［J］．科技情报开发与经济，2006（16）：144－145.

[3] 杨慧芬编．固体废物处理技术及工程应用［M］．北京：机械工业出版社，2003.

[4] 聂永丰主编．三废处理工程技术手册（固体废物卷）［M］．北京：化学工业出版社，2000.

[5] 庄伟强主编．固体废物处理与利用［M］．北京：化学工业出版社，2001.

[6] 李秀金主编．固体废物工程［M］．北京：中国环境科学出版社，2003.

[7] 周兆木，项贤林．富阳市造纸业固体废物污染现状及防治对策［J］．环境污染与防治，2001（23）：75－76.

[8] 姚献平．我国造纸化学品要走科学发展之路［P］．2004年中国造纸化学品开发应用国际经济技术交流会，2004.

[9] 李国鼎，金子奇．固体废物处理与资源化［M］．北京：清华大学出版社，1990.

[10] 何北海主编．造纸工业清洁生产原理与技术［M］．北京：中国轻工业出版社，2007.

[11] 中国环境保护产业协会编．国家重点环境保护实用技术及示范工程汇编2009［M］．北京：中国环境科学出版社，2009.12.

[12] 唐志超．我国造纸固体废弃物处理现状及趋势［J］．中华纸业，2010，31（18）：6－10.

[13] 鞠美庭，李维尊，韩国林等编．生物质固废资源化技术手册［M］．天津：天津大学出版社，2014.

[14] 李鸿江，顾莹莹，赵由才主编．污泥资源化利用技术［M］．北京：冶金工业出版社，2010.

[15] 劳嘉葆主编．造纸工业污染控制与环境保护［M］．北京：中国轻工业出版社，2000.

[16] 杨慧芬，张强编著．固体废物资源化第2版［M］．北京：化学工业出版社，2013.

[17] 赵由才，牛冬杰，柴晓利编．固体废物处理与资源化［M］．北京：化学工业出版社，2012.

[18] 王助良，贾胜辉，刘强等．苇浆厂苇末的收集与利用［J］．农机化研究，2007（1）：62－64.

[19] 张安龙，潘美玲．造纸污泥的基础性质及资源化利用［J］．纸和造纸，2011（1）：50－53.

[20] 丛高鹏，施英乔，丁来保等．造纸污泥生物质资源化利用［J］．生物质化学工程，2011（5）：

37－45.

[21] 王传贵，江泽慧，刘贤淼等. 造纸污泥资源化利用研究进展 [J]. 中国造纸，2009（1）：64－68.

[22] 何霄嘉，吴绍祖，付东康，倪晋仁. 造纸污泥有机改性制备磨浆助剂的方法 [J]. 北京大学学报（自然科学版），2010，46（3）：380－384.

[23] 蒋玲，李淑勉，范兰兰，李文涛. 利用造纸污泥制备木素基阳离子絮凝剂及其性能的研究 [J]. 化学研究与应用，2012，24（5）：806－810.

[24] 王翔，王传贵. 造纸污泥制造人造板的现状及展望 [J]. 中国造纸，2013（9）：60－63.

[25] 何北海主编. 造纸工业清洁生产原理与技术 [M]. 北京：中国轻工业出版社，2007.

[26] 赵玉华，李文，于宁等. 造纸污泥生物高温堆肥利用及实例分析 [J]. 中华纸业，2013（16）：57－60.

[27] 刘曙光，郭勇为，尹超等. 白泥精制填料碳酸钙新工艺：CN200710034312. 4 [P]. 2007－07－25.

[28] 樊会娜，李飞明，伍忠磊. 玖龙纸业：废纸造纸污泥的干化焚烧技术创新实现废物资源化利用 [J]. 中华纸业，2012（5）：35.

[29] 张楠，韩颖，刘秉钺. 焚烧法处理制浆厂固体废弃物 [J]. 中国造纸，2009，28（12）：48－51.

[30] 刘秉钺主编. 制浆造纸污染控制 [M]. 北京：中国轻工业出版社，2008.

第五章　噪声污染与控制

人类生活在一个有声的世界中，声音对人类社会的发展有着十分重要的作用。但有些声音的存在干扰了人们正常的生活和健康，是人们所不需要的声音，称为噪声，从物理现象判断，一切无规律的或随机的声信号称为噪声。噪声污染和水污染、大气污染、固体废物污染等一样是当代主要的环境污染之一，对人的生活、健康危害很大。

第一节　噪 声 基 础

一、噪声及其污染

声音是人们进行正常交流所必需的，在自然界中它无处不在。这些声音中有些是人们需要的、想听的，如语言上的相互交谈或音乐欣赏；而有些声音则是工作中、生活中不想听的，这些声音就称为“噪声”，其中也包括别人想听但干扰你休息的音乐声。心理学的观点认为噪声和乐声是很难区分的，它们会随着人们主观判别的差异而改变，因此噪声与乐声是没有绝对界限的。在《中华人民共和国环境噪声污染防治法》中对环境噪声的定义为：在工业生产、建筑施工、交通运输和社会生活中所产生的影响周围生活环境的声音。噪声污染是指所产生的环境噪声超过国家规定的环境噪声排放标准，并干扰他人正常生活、工作和学习的现象。

随着近代工业的发展，环境污染也随着产生，噪声污染就是环境污染的一种，各种机械设备、交通工具产生的噪声严重的干扰了人们正常的生活和健康，从而使噪声污染也成为当今社会的四大公害之一。

噪声污染与水、气、固废等物质的污染相比，具有其显著特点：

（1）环境噪声是感觉公害　对噪声的判断与受害人的生理与心理因素有关，环境噪声标准也要根据不同的时间、不同的地区和人所处的不同行为状态来制定。

（2）环境噪声是局限性和分散性的公害　所谓局限性是指一般的噪声源只能影响它周围的一定区域，而不会像大气污染能飘散到很远的地方。环境噪声扩散影响的范围具有局限性。分散性主要是指环境噪声源分布的分散性。

（3）环境噪声具有能量性　环境噪声是能量的污染，它不具备物质的累计性。噪声是由发声物体的振动向外界辐射的一种声能。若声源停止振动发声，声能就失去补充，噪声污染随之终止，危害即消除。

（4）环境噪声具有波动性和不易避免性　声能是以波动的形式传播的，因此噪声特别是低频噪声具有很强的绕射能力，可以说是“无孔不入”。而且人耳不能在发生噪声污染时采取主动措施来避免，即使在睡眠中，人耳也会受到噪声的污染。

（5）噪声具有危害潜伏性　在强噪声环境下工作，在短期内可能不会发现人耳的听力下降问题，但长期下来对人的听力损害很大，如耳聋、耳背等。

二、噪声源及其分类

噪声是声的一种，它具有声波的一切特性，主要来源于物体（固体、液体、气体）的振动。通常我们把能够发声的物体称为声源，产生噪声的物体或机械设备称为噪声源，能够传播声音的物质称之为传声介质。人耳能够感觉到的声音（可听声）频率范围是20～20000Hz。

根据不同的标准，噪声的分类也有所不同；在日常生活中一般将噪声分为过响声、妨碍声、不愉快声、无影响声等几类；根据噪声源的不同可分为工业噪声、交通噪声、建筑施工噪声和社会生活噪声；根据噪声的频率特性可分为高频噪声（大于1000Hz）、中频噪声（500～1000Hz）、低频噪声（小于500Hz）；根据噪声随时间的变化可分为稳态噪声、非稳态噪声和瞬时噪声。

按照造纸设备的工作原理和结构特点，造纸厂的噪声源可分为以下三种类型：

（1）空气动力性（气流）噪声　这些噪声是由于空气在流动过程中发生涡流、冲击或者压力突变引起的气流挠动而产生的，如：纸机网部和压榨部的真空系统，纸机干燥部的压力蒸汽，供纸机烘干及压光部使用的压缩空气等发出的噪声。

（2）机械性噪声　它是由于组成机械的构件包括在机械内部液体的振动而产生的。如造纸机的各分部传动的机器、齿轮箱、联轴器以及网部白水落入网下坑的撞击声，特别是烘干部的联动齿轮的传动所造成的噪声。

（3）电磁性噪声　在电机、电器元件和设备中，由于电流或磁场的变化，在其构件之间的空气隙中产生交变的电磁力或者磁致伸缩等现象，因而引起电枢、壳体和铁芯等有关构件的振动而辐射噪声。

三、噪声的危害

噪声对人们的影响是多方面的，如打扰人们正常的作息、交谈，影响人们的工作效率，损害听力和健康，而且特别强的噪声还对建筑物及设备造成影响。实际上，噪声是影响面最广的一种环境污染。噪声的危害主要表现在以下几方面。

1. 听力损伤

噪声对听力的损害是噪声危害中认识得最早的一种影响。强噪声会引起人们头痛、耳鸣等，长期在强噪声环境下甚至能造成耳聋。噪声引起的听力机构的损伤，主要是内耳的接收器官即柯蒂氏器官受到损害而产生的。柯蒂氏器官由感觉细胞和支持结构组成，过量的噪声暴露可造成感觉细胞和柯蒂氏器官整个的破坏。国际标准化组织（ISO）确定听力损失 25dB 为耳聋标准，25～40dB 为轻度耳聋，40～55dB 为中度耳聋，55～70dB 为显著耳聋，70～90dB 为重度耳聋，90dB 以上为极端耳聋。

2. 对睡眠的干扰

睡眠对人是极其重要的，它能够使人的新陈代谢得到调节，使人的大脑得到休息，从而消除体力和脑力疲劳。所以保证睡眠是关系到人体健康的重要因素。但是噪声会影响人的睡眠质量和数量，当睡眠受到噪声干扰后，工作效率和健康都会受到影响，老年人和病人对噪声干扰尤其敏感。研究结果表明，连续噪声可以加快熟睡到轻睡的回转，使人多梦，熟睡的时间缩短，突然的噪声可使人惊醒。噪声级在 35dB（A）以下，是理想的睡眠环境，当噪声级达到 40dB（A），约有 10% 的人的正常睡眠受到影响，在 70dB（A）

时，受影响的人就占50%；40dB（A）的突然声响可能会惊醒约10%的睡眠者，而60dB（A）的突然声响可能会惊醒约70%的人。

3. 对交谈、通信、思考的干扰

这些是显而易见的干扰，在嘈杂的环境下人们通常可能要用比平时大几倍的声音进行交谈，对通讯的影响很可能是听不到对方的语音。通常人们谈话声音在60dB（A）左右，当噪声在65dB（A）以上时，就干扰人们的正常谈话了，如果噪声高达90dB（A），就是大喊大叫也很难听清楚。

4. 对人体的生理影响

许多调查和统计资料表明，大量心脏病的发展和恶化与噪声有密切的联系。实验结果表明，噪声会引起人体紧张的反应，使肾上腺素增加，引起心率改变和血压升高。噪声还会引起消化系统方面的疾病，一些研究表明，某些吵闹的工业行业里，溃疡症的发病率比安静环境的高5倍。噪声还能影响神经系统，引起失眠、疲劳、头晕、头痛和记忆力衰退。此外，强噪声会刺激内耳腔的前庭，使人晕眩、恶心、呕吐，如晕船一般。超强的噪声甚至会引起眼球振动，视觉模糊，呼吸、脉搏、血压都发生波动，全身血管收缩，使供血减少，甚至说话能力受到影响。

5. 对心理的影响

噪声引起的心理影响主要是使人激动、易怒，甚至失去理智。噪声也容易使人疲劳，因此往往会影响精力集中和工作效率，尤其是对一些做非重复性动作的劳动者，影响更为明显。另外，由于噪声的掩蔽效应，往往使人不易察觉一些危险信号，从而容易造成工伤事故。

6. 对儿童和胎儿的影响

噪声会影响少年儿童的智力发展，有人做过调查，吵闹环境下的儿童智力发育比安静环境中的低20%。此外，噪声对胎儿也会造成有害影响。研究表明，噪声会使母体产生紧张反应，引起子宫血管收缩，以至影响供给胎儿发育所必需的养料和氧气。专家们曾在哈尔滨、北京和长春等7个地区经过为期3年的系统调查，结果发现噪声不仅能使女工患噪声性耳聋，且对女工的月经和生育均有不良影响。另外可导致孕妇流产、早产，甚至可致畸胎。国外曾对某个地区的孕妇普遍发生流产和早产作了调查，结果发现她们居住在一个飞机场的周围，祸首正是那飞起降落的飞机所产生的巨大噪声。

7. 对动物的影响

噪声对自然界的生物也是有影响的。如强噪声会使鸟羽毛脱落，不产卵，甚至会使其内出血和死亡。20世纪60年代，美国空军的F—104喷气飞机，在俄克拉荷马城上空作超音速飞行试验，每天飞越8次，高度为10000m，整整飞了6个月。结果，在飞机轰鸣声的作用下，一个农场的10000只鸡只剩下4000只。解剖鸡的尸体后发现，暴露于轰鸣声下的鸡脑神经细胞与未暴露的有本质区别。前者的脑细胞中的尼塞尔物质大大减少。高强声实验证明，170dB的噪声5min使豚鼠死亡。

8. 对物质结构的影响

在20世纪50年代就有报道，一架在60m低空以1100km/h速度飞行的飞机，曾使地面的一幢楼房遭到破坏。1962年，三架美国飞机以超音速低空飞过日本藤泽市时，使许多民房玻璃震碎、烟囱倒塌、日光灯掉下，商店货架上的商品震落满地。美国统计了3000起喷气飞机噪声使建筑物受损的事件。其中抹灰开裂的占43%，墙开裂的占15%，瓦损坏的占6%，其他损坏的占32%。至于火箭、导弹，其噪声强度更大。研究表明，当噪声高达160dB以上时，不仅建筑物受损，连发声的声源本身也因“声疲劳”而损坏。极强的噪声会使灵敏的自控、遥控设备失灵，导致可怕的后果。

英法合作研制的协和式飞机在试航过程中航道下面的一些古老建筑物，如教堂等，因飞机轰鸣声的影响受到破坏，出现了裂缝。

150dB以上的噪声，由于声波的振动，会使金属结构产生裂纹和断裂现象，这种现象叫声疲劳。航天器在超飞和进入大气层时（喷气飞机也如此），都处在强噪声环境中，在声频交变负载的反复作用下，会引起铆钉松动，有时还会引起蒙皮撕裂。据实验，一块0.6mm的铝板，在168dB的无规噪声作用下，只要15min就会断裂。

第二节　声学基础

一、声音的物理量度

1. 分贝（dB）

所谓分贝是指两个相同的物理量（例 A_1 和 A_0）之比取以10为底的对数并乘以10（或20）。

$$N = 10\lg \frac{A_1}{A_0}$$

分贝的符号为“dB”。式中 A_0 是基准量（或参考量），A_1 是被量度量。被量度量与基准量之比取对数，这对数值称为被量度量的“级”。即用对数标度时，所得比值代表被量度量比基准量高出多少“级”。

2. 声功率（W）与声功率级（L_W）

声功率是指单位时间内，声波通过传播方向某指定面积的声能量。在噪声监测中，声功率是指声源总声功率。单位为W。当声功率用级来表示时称为声功率级，单位为分贝。

$$L_W = 10\lg \frac{W}{W_0}$$

其中 W_0 为基准声功率，取 $W_0 = 10^{-12}$W

3. 声强（I）与声强级（L_I）

声强是指在声传播方向上单位时间内垂直通过单位面积的声能量，单位为W/m²。声强的大小可用来衡量声音的强弱，声强越大，我们听到的声音越响。声强与离开声源的距离有关，距离越远，声强就越小。声强级 L_I 的单位也是分贝（dB），定义为

$$L_I = 10\lg \frac{I}{I_0}$$

其中 I_0 为基准声强，取 $I_0 = 10^{-12}\text{W/m}^2$

4. 声压（p）与声压级（L_P）

声压是由于声波的存在而引起的压力增值，单位为Pa。通常讲的声压是取均方根值，叫有效声压。声压与声强的关系是：

$$I = \frac{p^2}{\rho v}$$

式中ρ是空气密度，如以标准大气压与20℃时的空气密度和声速v代入，得到$\rho \cdot v = 408$国际单位值，也叫瑞利。称为空气对声波的特性阻抗。声压级的表示为

$$L_p = 10\lg \frac{p^2}{p_0}$$

p_0为基准声压，为2×10^{-5}Pa，该值是对1000Hz声音人耳刚能听到的最低声压。

二、噪声叠加的分贝计算

声能量是可以直接代数加和的，但声压不可以直接相加。设有n个声压相加，则合成声压$L_{p总}$为

$$p_{总} = p_1^2 + p_2^2 + \cdots + p_n^2 = \sum_1^n p_n^2$$

合成声压级$L_{p总}$为

$$L_{P总} = 20\lg \frac{p_{总}}{p_0} = 10\lg \frac{p_{总}^2}{p_0^2} = 10\lg \frac{\sum_1^n p_n^2}{p_0^2}$$

假定两个声源产生相同声压级，即$p_1 = p_2$，则总声压级为

$$L_{p总} = 10\lg \frac{p_{总}^2}{p_0^2} = 10\lg \frac{p_1^2 + p_2^2}{p_0^2} = 10\lg \frac{p_1^2}{p_0^2} + 10\lg 2 = L_1 + 3$$

当两个声源的声压级不相等时可利用表5－1来计算，其中这两个声源的声压级差用δ来表示。总声压级$L_{p总} = L_{大} + \Delta L$

表5－1　　分贝和的增值表

δ/dB	0	1	2	3	4	5	6	7	8	9	10	11－13	14	15及以上
ΔL/dB	3.0	2.5	2.1	1.8	1.5	1.2	1.0	0.8	0.6	0.5	0.4	0.3	0.2	0

对于两个以上声源叠加时也可采用同样的方法。

三、噪声的主观评价

1．响度（N）与响度级（L_N）

响度是人耳判别声音由轻到响的强度等级概念，它不仅取决于声音的强度，还与它的频率及波形有关，单位是“宋”（sone）。响度的定义：1000Hz纯音声压级为40dB时的响度为1sone。

响度级只是反映了不同频率声音的等响感觉，它的量度单位为“方”。具体定义为1000Hz纯音声压级的分贝值为响度级的数值，任何其他频率的声音，当调节1000Hz纯音的强度使之与这声音一样响时，则这1000Hz纯音的声压级分贝值就定为这一声音的响度级值。

响度与响度级之间的经验关系式是

$$N = 2^{\left(\frac{L_N - 40}{10}\right)}$$

或

$$L_N = 40 + 33\lg N$$

响度级的合成不能直接相加，而响度可以相加。因此要先将响度级换算成响度进行合成，然后再转换成响度级。

2. A 计权声级（L_A）与等效连续 A 声级（L_{eq}）

响度与响度级反映的是纯音的声压级与主观听觉之间的关系，但实际上声源发射的声音包括很广的频率范围。为了能用仪器直接反映人的主观响度感觉的评价量，有关人员在噪声测量仪器中设计了一种特殊的滤波器，即计权网络。通过计权网络测得的声压级，已不再是客观物理量的声压级，而叫计权声压级或计权声级。通用的有 A、B、C、D 计权声级。实践证明 A 计权声级表征人耳主观听觉具有良好的相关性。

在实际环境中噪声不一定一直保持固定声级，而会随着时间上下起伏。对于这种不稳定的噪声我们用等效连续 A 声级来表示。即采用声能按时间平均的方法，求得某一段时间内随时间起伏变化的各个 A 声级的平均能量，并用一个在相同时间内声能与之相等的连续稳定的 A 声级来表示该段时间内噪声的大小。

$$L_{eq} = 10\lg\left[\frac{1}{t}\int_0^t 10^{0.1L_A dt}\right]$$

其中：L_{eq}—等效连续 A 声级，[dB（A）]

t—噪声暴露时间；

L_A—在 t 时间内，A 声级变化的瞬时值，[dB（A）]

我国工业企业噪声检测规范（草案）规定：稳定噪声，测量 A 声级；不稳定噪声，测量等效连续 A 声级，或测量不同 A 声级下的暴露时间，再计算等效连续 A 声级。

考虑到夜间噪声具有更大的烦扰程度，故提出一个新的评价指标—昼夜等效声级（也称日夜平均声级），符号“L_{dn}”。它是表达社会噪声——昼夜间的变化情况，表达式为：

$$L_{dn} = 10\lg\left[\frac{16\times 10^{0.1L_d} + 8\times 10^{0.1(L_n+10)}}{24}\right]$$

式中　L_d——白天的等效声级，时间是从 6：00—22：00，共 16h

L_n——夜间的等效声级，时间是从 22：00—第二天的 6：00，共 8h

四、噪声的频谱分析

一般声源所发出的声音，不会是单一频率的纯音，而是由许许多多不同频率、不同强度的纯音组合而成。将噪声的强度（声压级）按频率顺序展开，使噪声的强度成为频率的函数，并考查其波形，叫做噪声的频率分析（或频谱分析）。研究噪声的频率分析具有十分重要的意义，它能深入了解噪声声源的特性，帮助寻找主要的噪声污染源，并为噪声控制提供依据。

频谱分析的方法是使噪声信号通过一定带宽的滤波器，通带越窄，频率展开越详细；反之通带越宽，展开越粗略。以频率为横坐标，相应的强度（如声压级）为纵坐标作图。经过滤波后各通带对应的声压级的包络线（即轮廓）叫噪声谱。

滤波器有等带宽滤波器、等百分比带宽滤波器和等比带宽滤波器。等带宽滤波器是指任何频段上的滤波，通带都是固定的频率间隔，即含有相等的频率数；等百分比带宽滤波器是具有固定的中心频率百分数间隔，它所含的频率数随滤波通带的频率升高而增加。噪声监测中所用的滤波器是等比带宽滤波器，它是滤波器的上、下截止频率（f_2 和 f_1）之比以 2 为底的对数为某一常数，常用的有 1 倍频程滤波器和 1/3 倍频程滤波器等。

1 倍频程：

$$\log_2\frac{f_2}{f_1} = 1$$

1/3 倍频程：　$\log_2 \frac{f_2}{f_1} = \frac{1}{3}$

其通式为：　$f_2/f_1 = 2^n$

中心频率（f_m）的定义为：　$f_m = \sqrt{f_2 \cdot f_1}$

五、噪 声 标 准

噪声对人的影响与声源的物理特性、暴露时间和个体差异等因素有关，因此设立一个适合大众的标准比较困难。噪声标准的制定主要考虑保护听力、对人体健康的影响、人们对噪声的主观烦躁度和目前国家的经济、技术条件等方面，对不同场所实行不同的标准。

2008 年以来，国家环境保护部相继颁布了《GB 3096—2008 声环境质量标准》《GB 12348—2008工业企业厂界环境噪声排放标准》《GB 12523—2011 建筑施工场界环境噪声排放标准》和《GB 22337—2008 社会生活环境噪声排放标准》，进一步完善了我国环境噪声标准体系；扩大了标准适用范围，解决了低频噪声和城市以外区域噪声控制要求缺失的问题；明确了标准适用对象。

其中《GB 3096—2008 声环境质量标准》中按区域的使用功能特点和环境质量要求，将声环境功能区分为以下五种类型：0 类声环境功能区：指康复疗养区等特别需要安静的区域；1 类声环境功能区：指居民住宅、医疗卫生、文化体育、科研设计、行政办公为主要功能，需要保持安静的区域；2 类声环境功能区：指以商业金融、集市贸易为主要功能，或者居住、商业、工业混杂，需要维护住宅安静的区域；3 类声环境功能区：指以工业生产、仓储物流为主要功能，需要防止工业噪声对周围环境产生严重影响的区域；4 类声环境功能区：指交通干线两侧一定区域内，需要防止交通噪声对周围环境产生严重影响的区域，包括 4a 类和 4b 类两种类型。4a 类为高速公路、一级公路、二级公路、城市快速路、城市主干路、城市次干路、城市轨道交通（地面段）、内河航道两侧区域；4b 类为铁路干线两侧区域。标准同时给出了各声环境功能区环境噪声限值，见表 5－2。

表 5－2　环境噪声限值

单位：dB（A）

声环境功能区类别		时段	
		昼间	夜间
0 类		50	40
1 类		55	45
2 类		60	50
3 类		65	55
4 类	4a 类	70	55
	4b 类	70	60

（一）环境噪声标准的层次与作用

综合国际和我国噪声污染管理实践，环境噪声污染控制需要声环境质量标准、噪声排放（或控制）标准、产品噪声辐射标准 3 个层次的标准。

1. 保证人体健康的声环境质量标准

制订声环境质量标准的目的是保护人体健康，创造安静、适宜的生活、工作和学习环境。从应用角度讲，它是评价环境噪声是否符合环境保护要求的量化指标，也是制订高噪声活动或场所噪声排放（控制）标准和高噪声产品噪声辐射标准的法理基础和科学依据，其制订和实施来自环境噪声污染防治法律的授权。

形式上，声环境质量标准完全是从受体保护（睡眠、交谈思考、听力损伤、主观烦恼度）的角度，分功能区或保护目标规定标准限值要求，遵循敏感点控制的原则。

我国《GB 3096—93 城市区域环境噪声标准》是国家环保部门发布的声环境质量标准，但适用范围仅限于城市，2008 年进行了重新修订，声环境质量标准 GB 3096—2008 自 2008 年 10 月 1 日起实施，同时，《GB 3096—93 城市区域环境噪声标准》、《GB/T 14623—93城市区域环境噪声测量方法》废止。新标准主要修改内容为：扩大了标准适用区域，将乡村地区纳入标准适用范围；将环境质量标准与测量方法标准合并为一项标准；明确了交通干线的定义，对交通干线两侧 4 类区环境噪声限值作了调整；提出了声环境功能区监测和噪声敏感建筑物监测的要求。

2. 针对高噪声活动或场所的噪声排放（控制）标准

环境噪声排放（控制）标准是针对环境噪声污染源场所或活动而制订的强制实施标准，是政府及相关部门实施环境噪声管理的行政措施依据，具有法律约束力。

《环境噪声污染防治法》明确规定了 4 类环境噪声源：工业企业、建筑施工、交通运输和社会生活。按照法律规定，针对这些高噪声的活动或场所，应制订环境噪声排放标准，以保护周围声环境，满足学习、工作和生活的要求（指周围有敏感点存在时）或为未来的土地利用留有余地（周围尚无噪声敏感点存在）。

针对直接具体的工业企业场所、建筑施工场所、社区（商业、娱乐、家庭）活动或场所，可以通过噪声管制标准进行控制。管制标准的明显特点是针对具体的污染产生者，并可实施行政管制。

我国目前属噪声管制性质的标准有《GB 12348—2008 工业企业厂界环境噪声排放标准》《GB 12523—2011 建筑施工场界环境噪声排放标准》和《GB 22337—2008 社会生活环境噪声排放标准》。但大多难以量化的行为，应通过行政管理规范来控制，如装修活动规定作业时间等。

《GB 12348—2008 工业企业厂界环境噪声排放标准》规定了工业企业和固定设备厂界环境噪声排放限值及其测量方法，适用于工业企业噪声排放的管理、评价及控制。鉴于一些工业生产活动中使用的固定设备可能是独立分散的，标准规定，各种产生噪声的固定设备的厂界为其实际占地的边界。该标准自实施之日起代替《GB 12348—90 工业企业厂界噪声标准》和《GB 12523—2011 工业企业厂界噪声测量方法》。

《GB 12523—2011 建筑施工场界环境噪声排放标准》是对《GB 12523—90 建筑施工场界噪声限值》和《GB 12524—90 建筑施工场界噪声测量方法》的修订。适用于周围有噪声敏感建筑物的建筑施工噪声排放的管理、评价及控制。市政、通信、交通、水利等其他类型的施工噪声排放可参照该标准执行。该标准不适用于抢修、抢险施工过程中产生噪声的排放监管。标准自 2012 年 7 月 1 日起实施。

《GB 22337—2008 社会生活环境噪声排放标准》为首次发布，是对营业性文化娱乐场所和商业经营活动中可能产生环境噪声污染的设备、设施规定了边界噪声排放限值和测量方法。《社会生活环境噪声排放标准》并不覆盖所有的社会生活噪声源，例如建筑物配套的服务设施产生的噪声，街道、广场等公共活动场所噪声，家庭装修等邻里噪声等均不适用该标准。下一步，环保部将对标龄较长的《机场周围飞机噪声环境标准》进行修订。

对于交通噪声，以《GB 12525—90 铁路边界噪声限值及其测量方法》标准为基础，环保部将整合制订交通干线环境噪声排放标准，区分新建项目与既有设施，分别提出控制要求。2008 年 10 月 1 日起发布了《铁路边界噪声限值及其测量方法》修改方案的公告，决定对国家环境噪声排放标准《铁路边界噪声限值及测量方法》进行修改。

3. 针对高噪声产品的噪声辐射标准

噪声辐射水平主要针对建筑和家庭用设备、工程机械、机动车辆、铁路机车、飞机等高噪声产品而规定。与声环境质量标准或噪声排放（控制）标准采用的等效连续 A 声级（L_{eq}）不同，它通常使用声功率级（L_w）或声压级（L_p）。从国家标准制订情况看，我国对机动车、铁路列车、拖拉机等一些类别的高噪声产品制订了噪声辐射标准。我国今后应借鉴欧盟、美国等的噪声控制经验，重点制订室外移动设备的噪声辐射标准。

（二）环境噪声标准层次关系分析

声环境质量标准在所有环境噪声标准中是目标标准，处于第一层次。只有制订了声环境质量标准，才能评估声环境质量是否符合要求，进而才能得出是否有必要对产生噪声的场所、活动进行噪声管制的结论。此类标准不能直接施行于具体的噪声产生对象，而是仅对环境而言的。

针对工业企业、建筑施工、社会生活和交通干线等高噪声场所或活动制订环境噪声排放标准，是因为这些场所或活动往往构成了环境噪声污染，使其周围声环境质量不能达到标准要求，干扰了人们的学习、生活和工作。环境噪声排放标准是为声环境质量标准服务的，是可执行标准，对象是公共交通设施以及其他高噪声活动或场所，处于第二层次。

对室外常用的高噪声设备如道路车辆、工程机械等制订噪声辐射标准，淘汰落后技术、禁止超标产品进入市场，可以减轻其使用过程中对环境的直接污染，或者降低高噪声活动或场所治理噪声的技术难度和成本。由于这类噪声辐射标准既服务于第一层次的声环境质量标准，又服务于第二层次的环境噪声排放（控制）标准，因此，可将其划分为第三层次标准。

（三）造纸企业噪声标准

一般新建的纸厂要求声压值不超过下述标准：

（1）操作人员在班工作时间超过 5h 的室内（造纸车间）：80dB（A）；

（2）操作人员在短时间停留的地方（造纸机地下室）：100dB（A）；

（3）操作人员很少停留的地方（造纸机传动装置室风机）：95dB（A）；

（4）管理人员办公室、试验室：50dB（A）。

目前我国造纸企业的噪声污染情况是很严重的，也是亟待解决的。国内造纸企业在这一方面做了一些努力，但相对其他污染的防治工作成效相距甚远，特别是中、小型厂，在这方面的防治措施更为薄弱。因此纸厂噪声控制还是一个需要给予特别注意的方面。表 5－3 为部分造纸厂设备产生的分贝值。

表 5－3　部分造纸厂设备噪声特性参考数据

设备名称	A 声级 /dB	频谱特性
双盘磨浆机	96～107	中、高频
打浆机	90～98	
真空伏棍及真空泵（吸湿装置）	92～104	中频
压榨部	93～99	中频
干燥部仪表盘旁	93	中频
干燥部传动侧	103	中频
复卷机（ZWJZ2362）	96～110	中频
分切机（ZWQ331092）	89	中频
空气压缩机	93	中低频
小型长网多缸造纸机	87～94	中低频

一般在制浆、抄纸或碱回收车间内，若不采

取任何措施，声压级都可达90dB（A）以上。

第三节　噪 声 控 制

一、噪声控制的基本途径

噪声是声源在空气中以弹性波形式辐射的一种压力波动，在环境中不会积累，也不会远距离传播，对人们的干扰是暂时性的、局部性的。只有当声源、传播途径和接受者同时存在时才会对听者造成干扰。因此对噪声的控制也从这三方面入手，同时需要考虑经济、技术等条件。

1. 噪声源治理

对噪声源进行控制是减轻噪声污染的最直接最有效的方法。研制和选择低噪声的设备，改进生产加工工艺，提高机械设备的加工和安装精度，合理选择材料等，都可以达到控制和消除噪声源的目的。

（1）合理选择材料和改进机械设计降低噪声　一般的金属材料，如钢、铝、铜等，内阻尼、内摩擦较小。消耗振动能量较少，因此，这些材料做成的机械零件，在振动力的作用下，机件表面会辐射出较强的噪声，而采用消耗能量大的高分子材料或高阻尼合金会使噪声大大减弱。

通过改进设备的结构减小噪声的潜力也很大。例如风机叶片的不同形式噪声大小差别就很大，如叶片由直片形改成后弯形，可降低噪声10dB左右；一般正齿轮传动装置噪声较大，可达90dB，而改用斜齿轮或螺旋齿轮，可降低噪声，若改用皮带传动，可降低噪声10~15dB。

（2）改进工艺和操作方法降低噪声　改进工艺和操作方法，从噪声源上降低噪声。例如铆枪和汽锤都是强烈的打击声源，而用无声焊接代替高噪声的铆接，用无声锻压代替高噪声的锻打等，都可以从根本上解决声源噪声的问题。在工厂里把铆接改为焊接，把锻打改为液压加工，可降噪20~40dB。

（3）提高加工精度和装配质量降低噪声　尽量提高零部件加工精度及表面精度，选择合适的配合，控制运动零部件间的间隙大小，也可降低噪声。例如，齿轮转速为1000r/min的条件下，齿形误差从17μm降到5μm时，噪声可降低8dB；若将轴承滚珠加工精度提高一级，轴承的噪声可降低10dB。电动机、通风机旋转等机械设备的静、动态性能越好，其噪声越低，寿命越长。目前，我国许多机械产品都制定了有关产品的噪声允许标准。

2. 在噪声传播途径上降低噪声

由于某种技术和经济上的原因，从声源上控制噪声难以实现，这时就要从传播途径上加以考虑，在传播途径上阻断声波的传播，或使声波传播的能量随距离衰减。

（1）利用噪声的衰减性、指向性降低噪声影响范围　在总体设计上采用“闹静分开”的原则是控制噪声较有效的措施。例如，工厂布局中噪声大的生产车间、作业场所与需要安静的办公区、生活区分开，高噪声的机器与低噪声的机器分开，同时将噪声较大的车间集中起来，防止大范围的噪声污染，而且噪声源尽量不要露天放置，这样利用噪声自然衰减特性，减少噪声污染面；如果噪声源周围有山坡等屏障时，可以利用这些屏障的阻隔作用降低噪声的干扰；如将产生噪声的真空泵放入地下室，减少地面上的噪声污染；高压锅炉、受压容器的放空排气会辐射出很强的高频噪声，如把出口朝向上空或野外，就比朝向生活区排放减少 10dB。

（2）利用绿化隔离带降低噪声　采用植树、种植草坪等绿化手段也可以减弱噪声的影响。在城市中，绿化带的宽度最好是 6～15m，郊区为 15～20m，一般以窄林带和草坪交叉分布的吸声效果为佳。对树种选择一般以树冠矮的乔木、阔叶木为优先，其中灌木丛的吸声效果更为显著。

（3）采取声学控制手段　此方法是噪声控制中研究最多的内容，它主要包括吸声、隔声、消声、阻尼隔振等局部声学技术措施。这些措施既有各自的特点，又互相联系，在实践应用中，需要针对噪声传递的具体情况，分清主次，互相配合，综合治理才能达到预期的效果。

2. 接受者的保护

当声源和传播途径上无法采取措施，或采取了声学技术措施仍然达不到预期的效果时，就要对工人进行个人防护。个人防护是控制噪声对人体危害的最经济最有效的措施，也是目前大部分有噪声影响的企业主要采取的方法。

（1）对听觉和头部的防护　对听觉的防护措施主要有耳塞、耳罩、防护头盔和防护棉。它们主要利用隔声原理来阻挡噪声传入耳膜。耳塞是插入外耳道的护耳器，通常由软橡胶或软塑料制成，国产棉铁塑 1 型耳塞高频隔声量可达 30～48dB。耳塞的优点是隔声量大，体积小，携带方便且价格便宜，缺点是戴起来不舒服，有时还可能引起耳道疼痛。耳罩是将整个耳廓封闭起来的护耳装置。耳罩的外壳一般由硬质材料制成。如硬塑料、金属板、硬橡胶等，内衬以泡沫塑料。耳罩高频隔声量可达 15～30dB。耳罩的优点是只需要一种尺寸，形状也没有耳塞要求严格，缺点是高频率隔声量比耳塞小，而且体积大，佩戴不方便。为了保护头部免受噪声危害，常采用戴防声帽，防声帽隔声量一般在 30～50dB。其缺点是体积大，夏天闷热。隔声棉是一种塞入耳道的护耳道专用材料，它是直径为 1～3μm 的超细玻璃棉，经化学处理制成的，外形不定。防声棉的隔声量随频率增高而增加，隔声量为 15～20dB。

（2）对胸、腹部的防护　当噪声超过 140dB 以上，不但对听觉、头部有严重的危害，而且对胸部、腹部各器官也有极严重的危害，尤其是心脏。因此，在极强噪声的环境下，要考虑人们的胸部防护。防护衣是由玻璃钢或铝板、内衬多孔吸声材料组成，可以防噪、防冲击声波，以期对胸、腹部的保护。

此外采取轮换作业，缩短工人在强噪声环境中的工作时间，也是一种辅助办法。目前许多造纸厂在噪声设备的操作层都有为操作人员提供具有防噪声的控制室。对于听力保护装置提供的保护或噪声削减是根据噪声的频率而变化，在高频率下应提供更多的保护。对 500～1000Hz 的一般频率只提供耳塞。

二、环境噪声评价

环境噪声评价是指对人类生存空间中不同强度的噪声及其频谱特性以及噪声的时间特性所产生的危害与干扰程度进行的研究。噪声评价以测量分析为主要研究手段，同时也可结合一些较为成熟的预测评价模式进行较为全面科学的评价。目前环境噪声评价作为环境吸声控制方案选择的前提依据，通常用到的方法基本有两种。一种是在实验室进行测量的方法，即将已经录下的模拟声音重新播放，或另外产生一定强度和频率的声音，然后反复测量它对周围环境大多数人的影响；另一个方法是进行社会调查或现场试验。环境噪声评价的基本程序如下。

（一）污染源现状调查

现状调查主要是调查噪声源、频谱特性、传播途径、厂房和其他建筑所受的噪声影响、土地利用状况等，为预测和评价获得必要的基础资料。

1. 调查项目

① 噪声状况；② 土地利用状况；③ 主要污染源状况；④ 公害控制情况；⑤ 根据法令制定的标准等。

2. 调查区域

根据建设项目的类型、规模等，把建设项目开发和现有工矿企业对环境造成噪声影响的区域作为调查区域。如工厂装置噪声根据评价项目具体情况取距厂界外100～1000m范围。

（二）测量方案的确定

1. 测量项目

在确定了噪声源的类型之后，可根据具体情况，选择合适的能全面反映实际污染状况的测量项目，测量项目的选择可以是一项，也可以是多项结合。

（1）噪声源的测量　该项测量是为了掌握噪声源的声学特性而进行的。其测量项目大体包括：噪声源的声功率级、离声源单位距离处的声压级、频谱、指向性及变动性等。

（2）车间内的噪声测量　从噪声源发出的声音扩散到车间内的所有空间，通过墙体、门窗等开口处向外传播。车间内声场的噪声测量，对于评价噪声对车间工人的影响来说，是一个极重要的数据。

（3）工厂厂区的噪声测量　无论声源在工厂内部或工厂外部。通过了解声源的传播途径以及接收点处各种声源所给予的影响程度，就能确定有效的防治手段。厂区环境噪声测量数据，是厂区环境评价的重要指标之一。

（4）工厂周围环境噪声测量　工厂周围的环境噪声测量包括周围居民区的生活噪声和就近的交通噪声。

（5）其他噪声测量　除上述四项测量内容之外，同时根据特殊需要进行噪声接受点的测量以及施工噪声、突发噪声测量等，必要时项目延伸到噪声级、噪声频谱、混响时间、振动等。

2. 测量仪器

（1）声级计　是一种按频率计权和时间计权测量声音声级的仪器，是声学测量中最常用的基本仪器。声级计按用途可分为一般声级计、脉冲声级计、噪声暴露计、统计声级计和频谱声级计。按准确度分为四种类型：0型声级计作为标准声级计，固有误差为±0.4dB；1型声级计作为实验室精密声级计，固有误差±0.7dB；2型声级计作为一般用途的普通声级计，固有误差为±1.0dB；3型声级计作为噪声监测的普查型声级计，固

有误差为 ±1.5dB。

（2）频谱分析仪和滤波器　在实际测量中很少遇到单一频率的声音，一般都由多个频率组合而成的复合音，因此，常需要对声音进行频谱分析，具有对声信号进行频谱分析功能的设备称为频谱分析仪或频率分析仪。该设备通常分两类，一类是恒定带宽的分析仪，另一类是恒定百分比带宽的分析仪，噪声测量多用后者。对于恒定百分比带宽的分析仪，其滤波器的带宽是中心频率的一个恒定百分比值，故带宽随着中心频率的增加而增大，噪声测量中经常使用的滤波器是1/3倍频程和倍频程滤波器。

（3）电平记录仪　实验室经常使用的一种记录仪器。它可以把声级计、振动计、频谱仪等的电信号直接记录在坐标纸上，以便于保存和分析。常用的记录方式有两种：级—时间图形和级—频率图形。如果把频谱分析仪和电平记录仪联动，则可得到噪声的频谱。

（4）录音机　最好选择交直流两用多通道高质量录音机，将现场声音记录下来，以便于保存和在实验室里重新播放分析。

（5）噪声统计分析仪　又称统计声级计，是用来测量噪声级的统计分布，并直接指示 Ln 的一种声级计。这种仪器一般还能测量并用数字显示 A 声级、等效连续 A 声级、均方偏差等，并通过外接打印机将测量结果打印出来。此外，还能用来 24h 噪声环境监控，每小时测一次。噪声统计分析仪最适用于各级环境监测部门进行环境噪声自动监测。

3. 测点的选择

（1）工厂、车间环境噪声　测点位置的选择应按测员目的而定，一般都按测量规范的要求进行。

（2）机器噪声　测量现场机器噪声的目的，是为了控制机器噪声源并根据结果近似地比较和判定机器噪声大小等特性。

4. 评价标度

在评价噪声的地区反应时需要一种标度，这种标度与该噪声容易测得的某些性质的主观响应有关，目前国内常用的工厂噪声评价标度方法有以下几种。

（1）噪声质量等级法　将噪声测量和平均等效连续 A 声级分成五个等级，如表 5－4 所示。

其中指数
$$P_N = \frac{L_{eq}}{75}$$

（2）噪声污染级（L_{NP}）

$$L_{NP} = L_{eq} + K\sigma$$

式中　L_{NP}——在测量期间的 A 计权等效连续声级，dB（A）

σ——同时间瞬时声级的标准偏差

K——常数，取 2.56，此常数是由标度的创始者，英国国家研究物理所D. W. Robinson暂定的

表 5－4　噪声质量等级表

类型	分级名称	指数 P_N 范围	L_{eq}/dB（A）
一	很好	<0.6	<45
二	好	0.60～0.67	45～50
三	一般	0.67～0.75	50～56
四	坏	0.75～1.0	56～75
五	恶化	>1.0	>75

（3）噪声污染指数法（NPI），噪声污染指数见表5-5。

$$NPI = L_{eq}/SN$$

式中 NPI——噪声污染指数

L_{eq}——测得所在区域的平均等效连续A声级

SN——该评价区域的环境噪声标准

表5-5 噪声污染指数

污染级别	污染指数 NPI
符合标准	≤1.0
轻度污染	1.01~1.06
中度污染	1.07~1.13
重度污染	>1.13

三、隔 声

为了控制空气声的传播，利用墙体、门窗、隔声罩、屏等构件，使噪声在传播途径中受到阻挡，从而得到降低的过程称隔声。隔声是噪声控制工程中常用的主要技术措施之一。

（一）隔声效果评价量

1. 透声系数

反应隔声结构透声能力大小的物理量用透声系数（传声系数）τ来表示。它是指透射声功率与入射声功率之比。

$$\tau = W_t/W$$

τ值始终小于1，介于0~1之间，其值越小，表明透射过去的声能越少，即隔声效果越好，反之隔声性能就越差。

2. 隔声量

透声系数一般远小于1，约在10^{-5}~10^{-1}之间。为了计算方便，通常采用R来表示一个隔声构件的隔声能力，它称为隔声材料的固有隔声量或传声损失，记为R，单位为dB，定义为：

$$R = 10\lg\frac{1}{\tau}$$

R值越大，表示结构的隔声量越大。隔声量的大小与隔声构件的结构、性质和入射波的频率有关，同一构件对不同频率的声音，其隔声性能可能有很大差别，因此工程中常用125~4000Hz的6个倍频程或100~3150Hz的16个1/3倍频程的隔声量的算术平均值来表示某一构件的隔声性能，称为平均隔声量。

3. 隔声指数

国际标准化组织ISO/R717推荐用隔声指数I_a来评价构件的隔声性能。它是用标准折线来确定的，这条折线的走向规定为：100~400Hz，每倍频程增加9dB；400~1250Hz，每倍频程增加3dB；1250~3150Hz折线平直。在确定隔声指数时，首先将隔声构件的隔声频率特性曲线绘在坐标纸上，然后将绘有隔声指数的标准折线透明纸与其重合，使频率坐标位置对准，并沿垂直方向上下移动，至满足如下两个条件时为止：

隔声频率特性曲线的任一频带的隔声量在标准折线下方均不超过8dB。

各频带处于标准折线下的分贝数总和不大于32dB。

上述两条件仅运用于1/3倍频程坐标。若为倍频程坐标，上述两项条件相应改为不得超过5dB以及各频率总和不得大于10dB。满足上述两个条件后，从横坐标500Hz处向上引垂线与标准折线相交，通过交点作水平线与纵坐标相交，则该点的分贝数即为要求的隔声指数。

（二）隔声墙板

隔声中，通常将板状或墙状的隔声构件称作隔墙、隔板或简称为墙。仅有一层板的墙称作单层墙，有两层板或多层板、层间有空气等其他材料，则称作双层或多层墙。

1. 单层均质密实墙板的隔声性能

单层均质密实墙板是指一层质量分布均匀、内部没有空洞的墙板，这是一种理想化的板，可将钢板、玻璃板、石膏板、胶合板、纤维板看作单层均质密实墙板，也可将普通实砌砖墙、钢筋混凝土墙近似看作单层均质密实墙板。单层均质板材的隔声结构受声波作用后，其隔声性能主要由板的面密度、板的劲度和材料的内阻尼决定。

单层密实壁面的隔声性能受入射声波的频率影响很大，有一个吻合效应问题。所谓吻合效应，就是当某一频率的声波以某一角度 θ 入射到墙体上时，使墙体发生弯曲振动，如果声波的波长 λ 与墙体的固有弯曲波长 λ_B 发生吻合，恰好满足关系 $\lambda_B = \lambda/\sin\theta$，这时声波将激发墙体固有振动，墙体向另一侧辐射出大量的声能，墙体的隔声能力大大下降，这种现象叫吻合效应。能产生吻合效应的最低入射频率称为“临界吻合频率”，简称“临界频率”，常记为 f_c，f_c 的大小与构件本身固有性质有关。

单层均质密实壁的隔声量随入射波频率变化的规律可以分为四个区域：劲度控制区、阻尼控制区、质量控制区、吻合效应区。

（1）劲度控制区　在该区域，当入射声波频率低于板的共振频率 f_0 时，板的隔声量与劲度成正比，隔声量随着入射声波频率的增加逐渐下降，下降梯度约为每倍频程 6dB。

（2）阻尼控制区　在该区域，当入射波频率与构件的固有频率相同时，将引起构件振动，振幅和振速都很高，因此透射声能很大，形成若干个隔声低谷。增加阻尼可以抑制构件的振幅，提高隔声量，并降低该区域的频率上限，缩小该区范围。对于砖墙、混凝土墙，共振频率很低，可以不考虑增加阻尼，而对薄板制成的构件，共振频率高，阻尼控制区分布的声频区很宽必须采取措施加以防止。

（3）质量控制区　在该区域，隔声量随入射声波的频率直线上升，其斜率为 6dB 倍频程。而且墙板的面密度愈大，即质量越大，隔声量越高。其原因是，此时声波对墙板的作用如同一个力作用于质量块上，质量越大，惯性越大，墙板收声波激发产生的振动速度越小，因而隔声量越大。

（4）吻合效应区　在该区域，随着入射声波频率的增加隔声量下降，曲线上出现一个很深的低谷，这是出现了吻合效应的缘故。增加板的厚度和阻尼，可减少隔声量下降的趋势。超过低谷后，隔声量以每倍频程 10dB 的趋势上升，然后逐渐接近质量控制区。

2. 双层均质密实墙板的隔声性能

双层墙隔声结构相当于一个由双层墙与空气层组成的振动系统。当入射声波频率比双层墙共振频率低时，双层墙将作整体振动，隔声能力与同样重量的单层墙差不多。即此时空气层不起作用。当入射声波达至共振频率时，隔声量出现低谷，在超过 $\sqrt{2}f_0$ 后，隔声曲线以每倍频程 18dB 的斜率急剧上升，充分显示出双层墙隔声结构的优越性。

提高双层墙隔声量的方法：

（1）两板间距离尽量大　距离越大，隔声量提高越多，但提高值不与距离成正比，当两板间距离超过 10cm 后，隔声量增加缓慢，在工程上距离往往选择在 10cm 左右。

（2）两板间充填多孔吸声材料　两板间充填多孔吸声材料比空气层的隔声量有更大

提高，特别是中、高频隔声量增加更多。原因是吸声材料阻碍了两板间空气的振动，因而进一步削弱了对第二层板的影响；吸收材料吸收了一部分声能，特别是中、高频声能，因而传到第二层板声能减少；当吸声材料放在贴板内侧时，有阻尼作用，阻碍了墙板的振动，因而板振动更弱，辐射声能更少。

(3) 减少两板间的刚性连接　刚性物体传声严重。两板间的刚性连接，成为“声桥”。声桥多了，板隔声能力下降。因此，两板间接触点要尽量减少，如双层砖墙、它的基础也应分开。对于较薄的板，两板间需要一定数量的骨架支撑，这时可使用柔性材料隔声板与骨架。

（三）隔声间

在吵闹的环境中建造一个具有良好隔声性能的小房间，使工作人员有一个安静的环境，或将多个噪声源置于上述房间，以保护周围环境的安静，这种隔声结构称作隔声间，如图 5－1 所示。一般门窗的结构轻薄，而且存在着较多的缝隙，因此门窗是组合墙体隔声的薄弱环节。门窗的隔声能力取决于本身的面密度、构造和密封程度。门窗为了开启方便，一般采用轻质双层或多层复合隔声板制成，称作隔声门、隔声窗。

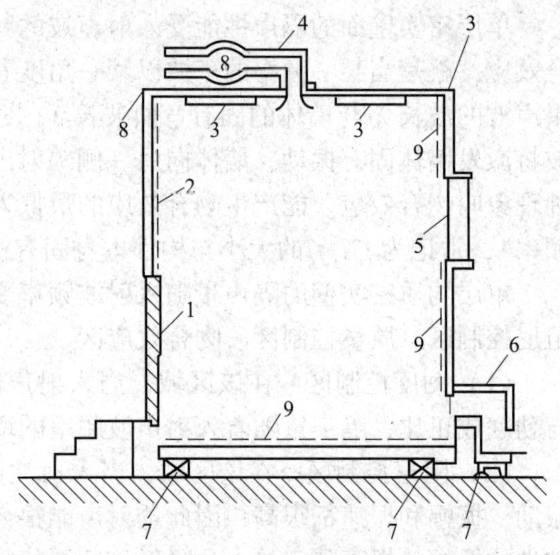

图 5－1　隔声间示意图

1—入口隔声门　2—隔声墙　3—照明器
4—排气管道（内衬吸声材料）和风扇　5—双层窗
6—吸声管道（内衬吸声材料）　7—隔振底座
8—接头的缝隙处理　9—内部吸声处理

1. 隔声门

要提高门的隔声能力，一方面要做好周边的密封处理；另一方面应避免采用轻、薄、单的门扇。提高门扇隔声量的做法有两种：一是采用厚而重的门扇，另一种是采用多层复合结构，即用性质相差较大的材料叠合而成。门扇边缘的密封可采用橡胶、泡沫塑料条及毛毡等。对于需经常开启的门，门扇重量不宜过大，门缝也难以密封，这时可设置双层门来提高隔声效果，双层门之间的空气层可带来较大的附加隔声量。如果加大两道门之间的空间，构成门斗，并且在门斗内表面布置强吸声材料，可进一步提高隔声效果。

2. 隔声窗

窗是外墙和围护结构中隔声量最薄弱的环节。可开启的窗往往很难有较高的隔声量，若提高隔声量需注意以下几点：保证玻璃与窗扇、窗扇与窗框、窗框与墙之间的良好密封；采用较厚的玻璃，或不同厚度的双层玻璃窗、三层玻璃窗，其中至少一层为固定式；两层玻璃间留有较大的距离，并且两层之间的边框四周贴吸声材料，为防止共振，两层玻璃不要平行，并且厚度要有较大差别；尽量少开窗，开窗尺寸也要尽量小或采用固定窗。

（四）隔声罩

隔声罩是降低机器噪声较好的装置。将噪声源封闭在一个相对小的空间内，以降低噪声源向周围环境辐射噪声的罩形结构称为隔声罩，其隔声量一般在 10～40dB。罩壁由罩板、阻尼涂层和吸声层组成。根据噪声源设备的操作、安装、维修、冷却、通风等具体要求，可采用适当的隔声罩形式。常用的隔声罩有活动密封型、固定密封型、局部外敞型等结构形式，如图 5－2 所示。

隔声罩设计需要注意的几个问题：

(1) 罩壳材料要有足够的隔声量，为便于制造安装和维修，一般采用 0.5～2mm 厚的钢板或铝板等轻薄密实的材料。有些大而固定的场合也可用砖或混凝土等厚重材料。

(2) 用钢或铝板等轻薄材料作罩壁时，须在壁面上加筋，涂贴阻尼层，以抑制或减弱共振和吻合效应的影响。

(3) 罩体与声源设备及其机座之间不能有刚性接触，以免形成声桥，导致隔声量降低，同时隔声罩与地面之间应采取隔振措施，以降低固体声。

(4) 罩壁上开有隔声门窗、通风与电缆等管线时，缝隙处必须密封，并且管线周围应有减震、密封措施。

(5) 罩内必须进行吸声处理，使用多孔疏松材料时，应有牢固的护面层。

(6) 罩壳形状恰当，尽量少用方形平行罩壁，同时在罩内壁面与设备之间应留有较大的空间，一般为设备所占空间的 1/3，各壁面与设备的空间距离不得小于 100mm，以避免耦合共振，使隔声量出现低谷。

(7) 隔声罩的设计必须与生产工艺相配合，便于操作、安装和检修。此外隔声罩必须考虑声源设备的通风、散热要求，通风口应装有消声器。

(五) 隔声屏

用来阻挡噪声源与接收者之间直达声的障板或帘幕称为隔声屏（帘）。一般对于人员多、强噪声源比较分散的大车间，在某些情况下，由于操作、维护、散热或厂房内有吊车作业等原因，不宜采用全封闭性的隔声措施，或者对隔声要求不高的情况下，可根据需要设置隔声屏，如图 5－3 所示。

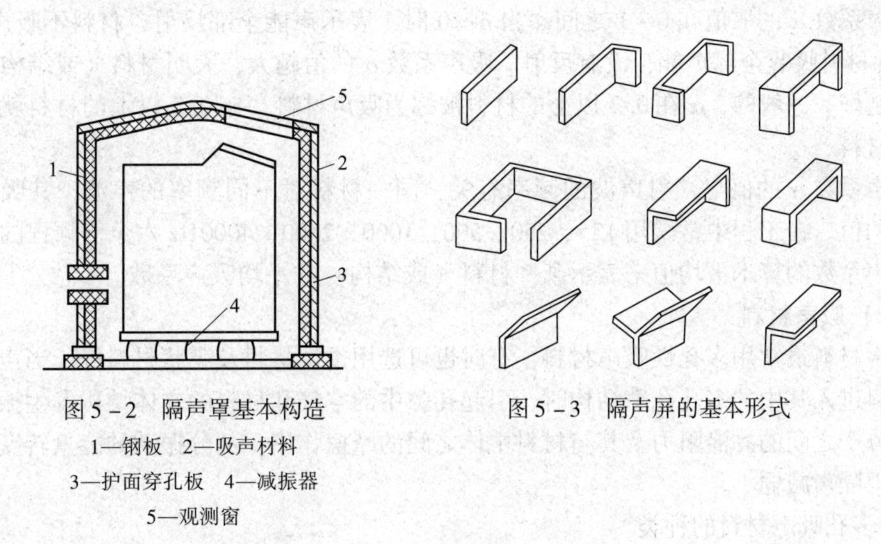

图 5－2　隔声罩基本构造

1—钢板　2—吸声材料
3—护面穿孔板　4—减振器
5—观测窗

图 5－3　隔声屏的基本形式

隔声屏设计的几点注意事项：

(1) 隔声屏本身须有足够的隔声量，其隔声量最少应比插入损失高出约 10dB。

(2) 设计隔声屏时，应尽可能配合吸声处理，以减少反射声能及绕射声能，尤其是在混响声明显的场合。吸声材料的平均吸声系数应大于0.5。

（3）隔声屏主要用于控制直达声。为了防止噪声的散发，其形式有二边形，三边形及遮檐式等，其中带遮檐的多边形隔声屏效果最为明显。

（4）作为交通道路的隔声屏，应注意景观。其造型和材质的选用应与周围环境相协调。

（5）隔声屏周边与其他构件的连接处，应注意密封。

（6）隔声屏设计时应保证其力学性能符合有关的国家标准。

（7）隔声屏的高度和长度应根据现场实际情况由相关公式计算确定。

四、吸　声

声波入射到物体表面时，部分能量被物体表面吸收，转变为其他形式的能量，这种现象称为吸声。同样的设备，安装在室内运转时的噪声远远大于室外。这是由于在室内不仅听到通过空气直接传来的声响，同时还有声波接触墙面、天花板及其他物体表面，多次反射形成的叠加声波，称为混响声。坚硬平滑的物体表面能够很好地反射声波，从而增加混响声。由于混响声的存在，建筑物内部的噪声级明显高于外部。显然，如果建筑物采用吸声设计，包括设置吸收结构、敷设吸声材料等，吸收混响声，就能够明显降低室内的噪声。

（一）吸声原理

声波在传播过程中遇到各种固体材料时，一部分声能被反射，另一部分声能进入到材料内部被吸收，还有很少一部分声能透射到另一侧。我们常将入射声能 E_i 和反射声能 E_r 的差值与入射声能 E_i 之比值称为吸声系数，记为 α，即

$$\alpha = \frac{E_i - E_r}{E_i}$$

吸声系数 α 的取值在 0～1 之间。当 $\alpha = 0$ 时，表示声能全部反射，材料不吸声；$\alpha = 1$ 时表示材料吸收全部声能，没有反射。吸声系数 α 的值越大，表明材料（或结构）的吸声性能越好。一般的，α 在 0.2 以上的材料被称为吸声材料，在 0.5 以上的材料就是理想的吸声材料。

吸声系数 α 的值与入射声波的频率有关，同一材料对不同频率的声波，其吸声系数有不同的值。在工程中常采用125，250，500，1000，2000，4000Hz 六个倍频程的中心频率的吸声系数的算术平均值来表示某一材料（或结构）的平均吸声系数。

（二）吸声材料

吸声材料最常用多孔性吸声材料，有时也可选用柔性材料及膜状材料等。当声波透过吸声材料进入其中的多孔孔隙结构时，引起孔隙中的空气和材料的主体结构发生振动，由于空气分子之间的黏滞阻力及其与材料主体之间的摩擦作用，部分振动的能量转变成为热能，使得噪声减弱。

1. 多孔吸声材料的种类

常用的吸声材料分为三种类型，包括纤维类、泡沫类和颗粒类。

纤维类分无机纤维和有机纤维两类。无机纤维类主要有玻璃棉、玻璃丝、矿油棉、岩棉及其制品等。玻璃丝可制成各种玻璃丝毡。玻璃棉分短棉、超细棉和中级纤维三种。超

细玻璃棉是最常用的吸声材料。具有质柔、容积密度小、不燃、防蛀、耐热、耐腐蚀、抗冻等优点。经过硅油处理的超细玻璃棉，具有防火、防水、防湿的特点；岩棉是一种较新的吸声材料，它价廉、隔热、耐高温（700℃），易于成型加工。有机纤维类的吸声材料主要有棉麻下脚料、棉絮、稻草、海草、棕丝等，还有甘蔗渣、麻丝等经过加工加压而制成的各种软质纤维板。这类有机材料具有价廉、吸声性能好的特点。

泡沫类吸声材料主要有脲醛泡沫塑料、氨基甲酸酯泡沫塑料、海绵乳胶、泡沫橡胶等。这类材料的特点是容积密度小、导热系数小、质地软。其缺点是易老化、耐火性差。目前用得最多的是聚氨酯泡沫塑料。

颗粒类主要有膨胀珍珠岩、多孔陶土砖、矿渣水泥、木屑石灰水泥等。具有保温、防潮、不燃、耐热、耐腐蚀、抗冻等优点。

2. 多孔吸声材料的特征及影响因素

多孔吸声材料的构造特征为：材料具有大量的微孔和间隙；内部孔隙率高，而且孔隙应尽可能细小，并在材料内部均匀分布；微孔之间要相互贯通；微孔向外敞开，使声波易于进入微孔中。

多孔吸声材料的吸声性能主要受入射声波和所用材料的性质影响。

其中声波性质除和入射角度有关外，主要和频率有关。多孔吸声材料对于不同频率的噪声，吸声效果是不同的，通常对于中频和高频具有良好的吸声效果，对于低频噪声的吸声效果较差。对于低频噪声通常采用共振吸声结构来降低噪声的影响。而材料的性质主要包括流阻、孔隙率、厚度、体积密度、背后空气层、面层等因素。

（1）流阻　流阻表示材料的透气性，定义为：在稳定的气流状态下，吸声材料中的压力梯度与气流线流速之比。通过调整材料的流阻，可以改变材料的声阻，从而调整材料的吸声频率特性。对于一定厚度的多孔性材料，有一个相应的合理流阻值，过高或过低都无法使材料有良好的吸声性能。

（2）孔隙率　孔隙率是材料内部空气体积与材料总体积之比，吸声材料孔隙率一般在70%以上，多数达90%左右。孔隙率与流阻有较好的对应关系。孔隙率大，流阻小。

（3）厚度　当多孔材料的厚度增加时，对低频声的吸收增加，对高频声影响不大。对一定的多孔材料，厚度增加一倍，吸声频率特性曲线的峰值向低频方向近似移动一个倍频程。若吸声材料层背后为刚性壁面，当材料层厚为入射声波的某一波长时，可得该声波的最大吸声系数。

（4）体积密度　在一定条件下，当厚度不变时，增大体积密度可提高低频吸声系数，但比增加厚度引起的变化要小。体积密度过大或过小，都将使吸声系数降低，因此，在一定条件下，材料体积密度存在最佳值。

（5）背后空气层　若在材料层与刚性壁之间留有一定距离的空腔，可以改善对低频声的吸声性能，作用相当于增加了多孔材料的厚度，且更为经济。一般当空气层深度为入射声波的1/4波长时，吸声系数最大；当空气层深度为1/2波长或其整数倍时，吸声系数最小。

（6）护面层　织物类护面透气性高，流阻率低，对材料吸声性能的影响可忽略，但在加工中要防止黏结剂或油漆阻塞布孔，避免全面粘贴；穿孔罩面板需与织物配合使用，孔径在10mm，穿孔板的穿孔率应比较高；常用的塑料薄膜用作护面层，主要用于防止掉渣、防水、防潮，没有透气孔，靠薄膜本身的振动传递声波，在低频段对吸声性能的影响可忽略，但在高频段将降低吸声系数，因而薄膜护面较适合中低频，安装时，注意不加拉力，不要与所覆盖的材料紧贴；罩网和装饰木条也是常用的护面层，其开口率远大于20%，对材料吸声性能无不利影响，一般需与织物配合使用，防止纤维飞散。

（7）温度和湿度　多孔吸声材料在使用中，外界温度升高，会使材料的吸声性能向高频方向移动，反之，则向低频方向移动。湿度增大，会使多孔吸声材料的孔隙内吸水量增加，阻塞材料中的细孔，使吸声系数下降，因此对于湿度大的车间作吸声处理时，应选用吸水量较小、耐潮湿的材料。

3. 空间吸声体

在工程中，为了充分发挥材料的吸声作用和节约材料，还常将多孔性吸声材料做成各种空间几何吸声体来使用，如图5-4所示。

空间吸声体在噪声控制工程中日益收到重视，不仅是由于它有良好的装饰效果，更主要的是它的吸声效率高，安装方便，而且节省经费。

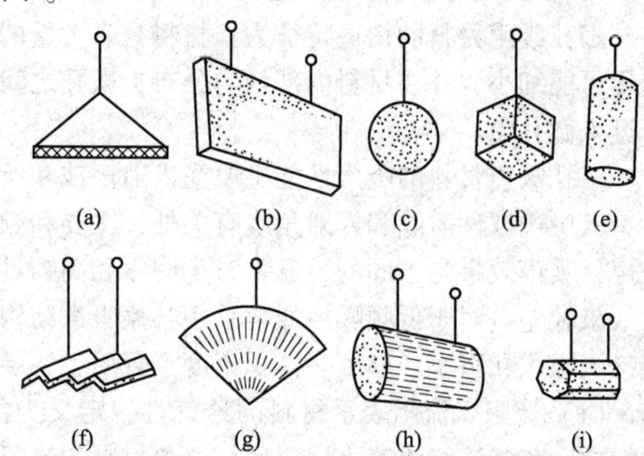

图5-4　几种形状的空间吸声体

（a）三角平板体　（b）平板矩形体　（c）球体　（d）正方体　（e）竖圆柱体　（f）波纹体　（g）圆锥体　（h）横圆柱体　（i）六棱体

（三）吸声结构

根据对多孔吸声材料吸声特性的研究，多孔材料对中、高频声吸收较好，而对低频声吸收性能较差，若采用共振吸声结构则可以改善低频吸声性能。

共振吸声结构是利用共振原理制成的，常用的吸声结构有：薄板共振吸声结构、穿孔板共振器吸声结构及微穿孔板共振吸声结构等。

1. 薄板共振吸声结构

用不钻孔的薄板（或膜）和后面留有一定的空腔构成薄板共振吸声结构，如图5-5所示。用作薄板共振吸声结构的材料有胶合板、硬质纤维板、石膏板、石棉水泥板、金属板等。根据其吸声原理不难理解，当入射声波频率 f 与结构的固有频率 f_r 一致时，即产生共振消耗声能。经研究，该结构的共振频率 f_r 一般在10～300Hz，若不考虑薄板本身刚度具有的弹性共振频率可用下式进行估算。

$$f_r = \frac{60}{\sqrt{Md}}$$

式中　M——薄板的面密度，kg/m^2

d——空气层厚度，m

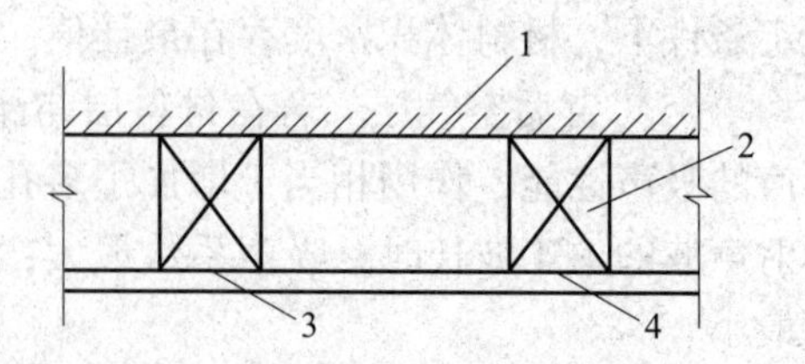

图5-5　薄板吸声结构示意图

1—墙体或天花板　2—龙骨　3—吸声材料　4—薄板

实际工程中薄板厚度常取3～6mm，空气层厚度30～100mm，共振频率在80～300Hz，吸声系数在0.2～0.5。这种结构吸收噪声的频率范围较窄，适宜于低频噪声的场所，在噪声波长远大于薄板之后空气层厚度时，具有良好的降噪效果。为了改善这种结构的吸声性能，可在空气层中填入一些多孔吸声材料，如玻璃棉、矿渣棉等，或者采用不同单元大小的薄板及不同腔深的吸声结构，来增大吸声频带的宽度。如果在空气层中，特别是在空气层一带填以多孔吸声材料，将会增加结构的系数，特别是在接近薄板共振频率的范围。

2. 穿孔板共振吸声结构

在薄板上打上小孔，在板后与刚性壁之间留一定深度的空腔就组成了穿孔板共振吸声结构。单孔共振吸声结构（亥姆霍兹共振器）和穿孔板共振吸声结构的区别在于穿孔共振吸声结构上穿孔的数目多少。

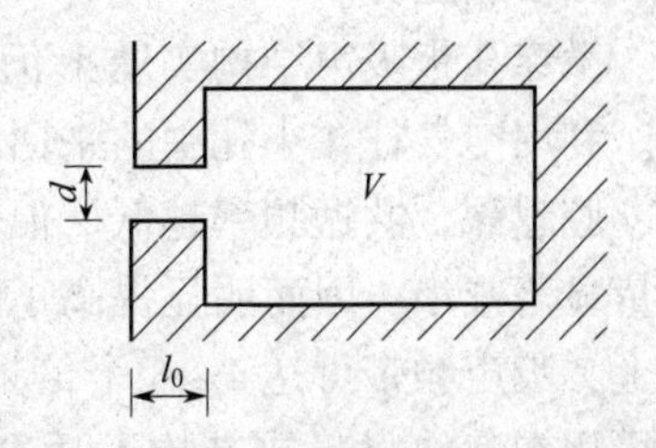

图 5-6　单孔共振吸声结构示意图

单孔共振吸声结构是一个封闭的空腔，如图 5-6 所示。腔体体积为 V，颈口颈长为 l_0，颈口直径为 d。腔体通过孔颈与腔外大气连通。

这种结构的腔体中空气具有弹性，相当于弹簧；孔颈中空气柱具有一定质量，相当于质量块，因此可以将它看作一个质量—弹簧共振系统。当声波入射到共振器上时，空气柱将在孔颈中往复运动，由于摩擦作用，使声能转变为热能而消耗。当入射声波频率与共振器固有频率一致时，产生共振。其共振频率为

$$f_{\mathrm{r}}=\frac{v}{2\pi}\sqrt{\frac{S_0}{Vl_{\mathrm{k}}}}$$

式中　v——声速，m/s，一般取 340m/s

S_0——颈口面积，m^2

V——空腔体积，m^3

l_{k}——颈的有效长度，用下式求取：

$$l_{\mathrm{k}}=l_0+0.85d$$

式中　l_0——颈的实际长度（即板厚），m

d——颈口直径，m

单孔共振吸声结构的使用条件必须是空腔小孔的尺寸比空腔尺寸小得多，并且外来声波波长大于空腔尺寸。这种吸声结构的特点是：吸收低频噪声且吸收频带较窄，对频率的选择性极强，因此多用于有明显单调的低频噪声场合。若在孔口处加一些诸如玻璃棉之类的多孔材料，或加贴一些尼龙布等透声织物，可以增加孔口部分的摩擦，增宽吸声频带。

对于穿孔板共振吸声结构的共振频率 f_{r} 可按下式计算

$$f_{\mathrm{r}}=\frac{v}{2\pi}\sqrt{\frac{P}{dl_{\mathrm{k}}}}$$

式中　P——穿孔率

d——空腔厚度，m

其余同单孔共振吸声结构。

多孔穿孔板共振吸声结构通常简称为穿孔板共振吸声结构，实际是单孔共振器的并联组合，故其吸声机理同单孔共振结构。但吸声状况大为改善，应用较广泛。其缺点也是频率的选择性很强，在共振频率附近具有很好的吸声效果，偏离共振频率时吸声效果明显变差。主要用于吸收低、中频噪声的峰值，吸声系数为 0.4～0.7。

3．微穿孔板共振吸声结构

微孔板吸声结构是我国著名声学专家马大猷教授于 1964 年首先提出来的。在厚度不超过 1mm 的薄金属板上开一些直径不超过 1mm 的微孔，开孔率控制在 1% ~4%，板后留下一定厚度的空腔，这样就构成了微穿孔吸声结构。薄板常用铝板或钢板制作，有单层、双层和多层之分。

微穿孔板吸声结构实质上仍属于共振吸声结构，因此其吸声机理与共振吸声机构相同。利用空气柱在小孔中的来回摩擦消耗声能，用板后的腔深大小控制吸声峰值的共振频率、腔越深，共振频率越低。但因为板薄、孔细，与普通穿孔板相比，声阻显著增加，声质量显著减小，因而明显提高了吸声系数，增宽了吸声频带宽度，有的吸声系数可达 0.9 以上，吸声频带可达 4 ~5 个倍频程以上，因此属于性能优良的宽频带吸声结构。特别是它可用在其他材料或结构不适合的场所（因为它完全不必使用吸声材料），如高温、潮湿、腐蚀性气体或高速气流等环境；同时它结构简单、设计理论成熟，其吸声特性的理论计算与实测值很接近，而一般吸声材料或结构的吸声系数则要靠试验测量，理论只起指导作用，因此微孔板共振吸声结构近年来已在噪声控制领域得到广泛应用，效果较好。但它的缺点是微孔加工较困难，且易被灰尘堵塞。在实际工程中还应针对实际情况合理选用。

五、消　　声

消声器是安装在空气设备（如鼓风机、空压机）气流通道上或进、排气系统中的降低噪声的装置。消声器既能允许气流顺利又能阻止声能或减弱声能向外传播，是控制噪声的有效工具。一个合适的消声器一般可使气流噪声降低 20 ~40dB，相应的响度能降低 75% ~93%。

1．消声器性能要求及评价量

评价消声器的性能主要从消声性能、空气动力性能、结构性能这三方面考虑。具体的要求是：消声器在一定的流速、温度、湿度、压力等工作状况下，具有较高的消声量和较宽的消声频率范围；对气流的阻力要小，阻力系数要低，气流通过消声器时所产生的气流再生噪声低，达到基本上不降低风量、保证气流畅通的目的；消声器的体积小，质量小，结构简单，便于加工、安装及维修，并且坚固耐用，使用寿命长，价格低廉。

评价消声器声学性能好坏的量有下列四种。

（1）插入损失（L_{IL}）　在系统中，装置消声器以前和装置消声器以后相对比较，通过管口辐射噪声的声功率级之差定义为消声器的插入损失，符号：L_{IL}，单位：分贝（dB）。

（2）传声损失（L_R）　消声器进口端入射声能与出口端透射声能相对比较，入射声与透射声声功率级之差，称为消声器的传声损失，用 L_R 表示，单位为分贝（dB）。以通常情况下消声器进口端与出口端的通道截面相同，声压沿截面近似均匀分布，这时传声损失等于入射声声压级之差。

（3）减噪量（L_{NR}）　在消声器进口端面测得的平均声压级与出口端面测得的平均声压级之差称为减噪量。

（4）衰减量（L_A）消声器内部两点间的声压级的差值称为衰减量，主要用来描述消声器内声传播的特性，通常以消声器单位长度的衰减量（dB/m）来表示。

消声器的种类很多，但究其消声机理，可以把它们分为6种主要类型，即阻性消声器、抗性梢声器、阻抗复合式消声器、微穿孔板消声器以及小孔消声器和有源消声器。按所配用的设备分，则有空压机消声器、内燃机消声器、风机消声器、锅炉蒸汽放空消声器等。

2. 阻性消声器

阻性消声器主要是利用多孔吸声材料来降低噪声的。把吸声材料固定在气流通道的内壁上，或使之按照一定的方式在管道中排列，就构成了阻性消声器。当声波进入阻性消声器时，由于摩擦阻力和黏滞阻力的作用，部分能量转化为热能散失，使通过消声器的声波减弱。这类消声装置的有效作用频率较宽，对于高频和中频噪声具有较好的降噪效果，特别是对于特别刺耳的高频声消声效果较好，对于低频噪声的处理效果较差，然而，只要适当合理地增加吸声材料的厚度和密度以及选用较低的穿孔率，低中频消声性能也能大大改善。

阻性消声器的消声量与消声器的形式、长度、通道截面积有关，同时与吸声材料的种类、密度和厚度等因素也有关。

阻性消声器一般有管式、片式、蜂窝式、折板式和声流式等几种（如图5－7所示）。

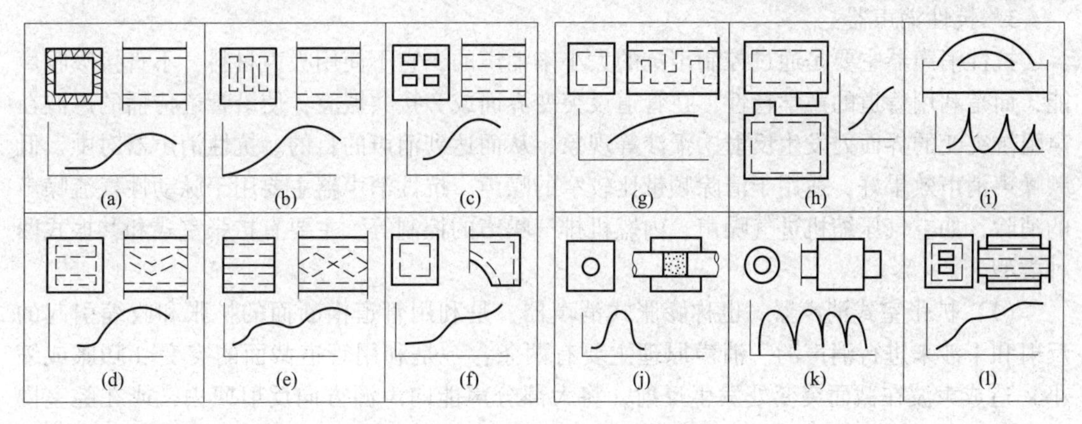

图5－7　几种消声器及其频谱特性

（a）直管式　（b）片式　（c）蜂窝式　（d）折板式　（e）声流式　（f）弯头　（g）室式

（h）消声箱　（i）干涉型　（j）共振式　（k）扩张室式　（l）阻抗复合式

（1）直管式消声器　是阻性消声器中结构最简单的一种消声装置，即在管道内壁衬附复合玻璃棉、复合矿渣棉、多孔纤维板等吸声材料，适用于管道截面尺寸不大的低风速管道。

（2）片式消声器　对于流量较大，需要足够大通风面积的通道时，为使消声器周长与截面积比增加，在直管内插入板状吸声片，将大通道分隔成几个小通道，设计成片式消声器。

（3）折板式消声器　由片式消声器演变而来的，将直板做成折弯状，可以增加声波在消声器通道内的反射次数，即增加声波与吸声材料的接触机会，从而使中高频的消声特性有明显改善。为了不过大地增加阻力损失，曲折度以不透光为佳。对风速过高的管道不宜采用。

（4）迷宫式消声器　通常由吸声砖砌筑而成，声波在其中多次反射并产生干涉而导致衰减，但是由于阻力损失很大，体积也大，仅用于气流速度较低、容许阻力损失较大的情况下。

（5）蜂窝式消声器　由若干个小型直管消声器并联组成，形似蜂窝。因管道周长与截面之比大于直管和片式，故消声量高，且小管的尺寸很小，使消声失效频率大大提高，从而改善了高频消声性能。由于构造复杂，阻力损失较大，通常使用于流速低、风量较大的情况。

（6）声流式消声器　由折板式消声器改进的，它是把消声片制成正弦波或流线型。气流通道由厚度连续变化的吸声材料层构成，这种结构能够显著降低阻力损失，改善对中频和低频噪声的消声效果。但该消声器结构较复杂，制造成本较高。

（7）盘式消声器　在装置消声器的纵向尺寸受到限制的条件下使用。其外形成一盘形，使消声器的轴向长度和体积比大为缩减，因消声通道截面是渐变的，气流速度也随之变化，阻力损失也较小。另外，因进出气方向垂直，使声波发生弯折，提高了中高频的消声效果。

（8）消声弯头　当管道内气流需要改变方向时，必须使用消声弯头。在弯道的壁面上衬贴上吸声材料就形成消声弯头。弯头的插入损失大致与弯折角度成正比。

3. 抗性消声器

抗性消声器主要是通过控制声抗的大小来消声的，它不使用吸声材料，不直接吸收声能，而是利用管道的声学特性，在管道设突变界面或旁接共振腔，使沿管道传播的声波在声阻抗突变的界面处发生反射、干涉等现象，从而达到消声的目的。抗性消声器对中、低频噪声消声效果好，适用于清除频带比较窄的噪声。抗性消声器主要用于脉动性气流噪声的消除，如空气压缩机进气噪声、内燃机排气噪声的控制等。主要有扩张室式和共振式两种类型。

（1）扩张室式消声器　也称膨胀式消声器，是利用管道横断面的扩张和收缩引起的反射和干涉来进行消声的。消声原理主要有两条：一是利用管道截面的突变（膨胀或缩小）造成声波在截面突变处发生反射，将大部分声能向声源方向反射回去，或在腔室内来回反射直至消失；二是利用扩张室和一定长度的内插管使向前传播的声波和遇到管子不同界面反射的声波相差一个180°的相位，使二者振幅相等，相位相反，互相干涉，从而达到理想的消声效果。扩张室消声器具有结构简单、消声量大等优点，主要用于消除低频噪声，若气流通道较小也可用于消除中低频噪声。其主要缺点是消声器阻力大，体积大。扩张室消声器单独使用时，一般多用在排气放空或对压力损失要求不严的场所，如用于内燃机、柴油机排气管道上以及各类机动车辆的排气消声。

（2）共振式消声器　又称共鸣式消声器，它的结构形式较多，按气流通道结构可分为单孔旁支共振式消声器、多孔旁支共振式消声器和多孔圆柱式共振消声器等。它是在气流通道的管壁上开有若干个小孔，与管外一个密闭空腔组成。实际上共振式消声器就是共振吸声结构的一种具体应用，其基本原理基于亥姆霍兹共振器。当外来声波频率与消声器的共振频率一致时，发生共振，在共振频率及其附近，空气震动速度达到最大值，同时克服摩擦阻力而消耗的声能也最大，固有最大消声量。其优点是结构简单，消声量大，气流阻力小，特别适宜低、中频成分突出的气流噪声的消声，缺点是体积较大，对频率选择性强，消声频带范围窄。实际应用中可以将共振型装置的共振腔分隔成两个或多个，设计为不同的尺寸，使其具有不同的共振频率，这样可以衰减传入噪声中的两个或多个峰值。

4. 阻抗复合式消声器

阻抗复合式消声器是把阻性与抗性两种消声原理通过适当结构复合起来而构成。常见的有扩张室—阻性复合式消声器、共振腔—阻性复合式消声器、扩张室 - 共振腔 - 阻性复合式消声器等三类。阻抗复合式消声器的消声原理，是利用阻性消声器消除中、高频噪声，利用抗性消声器消除低、中频以及某些特定频率的噪声，从而达到宽频带消声目的。

阻抗复合式消声器的复合形式，可以是以阻性为主，也可以是以抗性为主，这要视具体声源特性及消声要求而定。设计时要注意抗性部分放在气流入口端，阻性部分放在气流出口端。阻抗复合式消声器在实际工程中应用十分广泛。由于阻性复合消声装置含有吸声材料，因而在温度高、速度快、湿度大并且具有腐蚀性气体存在的噪声场所应用时，使用寿命受到限制。

5. 排气喷流消声器

排气喷流消声器在工业生产中普遍存在，如工厂中各种空气动力设备的排气、高压锅炉排气放风以及喷气发动机试车、火箭发射等都辐射出强烈的排气喷流噪声。这种噪声的特点是声级高，频带宽，传播远，严重危害人的身心健康，并污染环境。

排气喷流消声器是从声源上降低噪声的，在这一点上与阻性消声器不同。它是利用扩散降速、变频或改变喷注气流参数等达到消声效果的。

（1）小孔喷注消声器　小孔喷注消声器是以许多小喷口代替大截面喷口，适合于流速极高的放空排气噪声。它是利用移频的原理设计的，一般放空排气管的直径为几厘米，峰值频率较低，辐射的噪声主要在人耳听阈范围，而小孔消声器的小孔直径为 1mm，其峰值频率比普通排气管喷注噪声的峰值频率要高几十倍或几百倍，将喷注噪声移到了超声范围，使对人干扰的声频部分大幅度降低，从发生机理上使它的干扰噪声减小。从实用角度考虑，小孔的孔径不宜选得太小，否则不仅难以加工，同时易于堵塞，影响排气量。一般选择直径 1 ~ 3mm，尤以 1mm 为多。设计小孔消声器时，小孔间距应足够大，以保证各小孔的喷注是独立的，避免气流经过小孔形成小孔喷注后再汇合成大的喷注辐射噪声。一般要求小孔的总面积比排气口的截面积大 20% ~ 60%，以不影响设备的排气。小孔喷注消声器具有结构简单，消声效果好，占地体积小等优点，工程应用广泛。

（2）节流降压消声器　节流降压消声器是利用节流降压原理制成的。根据排气量的大小，设计通流面积，使高压气体通过节流孔板时，压力得到降低。如果多级节流孔板串联，就可以把原来高压气体直接排空的一次性压力降，分散成若干小的压降。由于排气噪声功率与压力降的高次方成正比，所以这种把压力突变排空改为压力渐变排空，便可取得消声效果。这种消声器主要用于高压、高温放空排气，节流级数实用上常取 2 ~ 6 级，消声量一般可达 15 ~ 25dB（A）。若进一步提高消声量，则可在节流降压段后附加阻性消声器。

6. 微穿孔板消声器

微穿孔板消声器是我国利用微穿孔板吸声结构研制的一种新型消声器。在厚度小于 1mm 的金属板上钻许多孔径为 0.5 ~ 1mm 的微孔，穿孔率一般为 1% ~ 3%，并在穿孔板后留有一定的空腔，即制成微穿孔板吸声结构。由此吸声结构制成的消声器称为微穿孔板消声器。微穿孔板是一种高声阻、低声质量的吸声元件。根据相关理论知道，声阻与穿孔板上的孔径成反比。与普通穿孔板相比，由于孔很小，声阻就大得多，从而提高了结构的吸声系数。低穿孔率降低了其声质量，使依赖于声阻与声质量比值的吸声频带宽度得到展宽，同时微穿孔板后面的空腔能够有效控制吸收峰的位置。为了保证在宽频带有较高的吸声系数，还可采用双层微穿孔板结构。因此微穿孔板消声器实质上是一种阻抗复合式消声器。

六、隔振与阻尼

1. 隔振

隔振是将振源（声源）与基础或其他物体的近于刚性连接改为弹性连接，防止或减弱振动能量的传播，达到减噪降振的目的。

隔振技术分为两类：积极隔振和消极隔振。所谓积极隔振就是为了减少动力设备产生的扰动力向外的传递，对动力设备所采取的措施，目的是减少振动的输出。所谓消极隔振，就是为了减少外来振动对防振对象的影响，对受振物体采取的隔振措施，目的是减少振动的输入。两者的原理是基本相同的。

从理论上说，凡是具有弹性的材料均能作为隔振元件，但在实际应用上还要考虑很多其他因素，如性能是否稳定、使用寿命长短等。隔振元件有隔振器、隔振垫、管道柔性接管、弹性吊钩及其他类型的元件。目前最常用的隔振器可分为：弹簧隔振器、金属丝网隔振器、橡胶隔振器、橡胶复合隔振器以及空气弹簧隔振器。隔振垫有橡胶隔振垫、毛毡、玻璃纤维、海绵橡胶及泡沫塑料等。

（1）钢弹簧隔振器　钢弹簧隔振器是最常用的一种隔振器，从结构上可分为螺旋弹簧隔振器和板条式隔振器，如图 5－8 所示。该隔振器的优点是：有较低的固有频率（5Hz 以下）和较大的静态压缩量（2cm 以上），能承受较大的负荷而且弹性稳定、耐高温、耐腐蚀、耐老化、体积小、经久耐用，在低频可以保持较好的隔振性能。它的缺点是：阻尼系数很小（0.01～0.05），在共振区有较高的传递率，而使设备产生摇摆；由于阻尼比低，在高频区隔振效果差，使用中往往要在弹簧和基础之间加橡胶、毛毡等内阻较大的垫，以及内插杆和弹簧盖等稳定装置。这种形式的隔振装置通常用于消极隔振和产生强烈振动设备的积极隔振，而不适用于精密仪器的隔振保护。

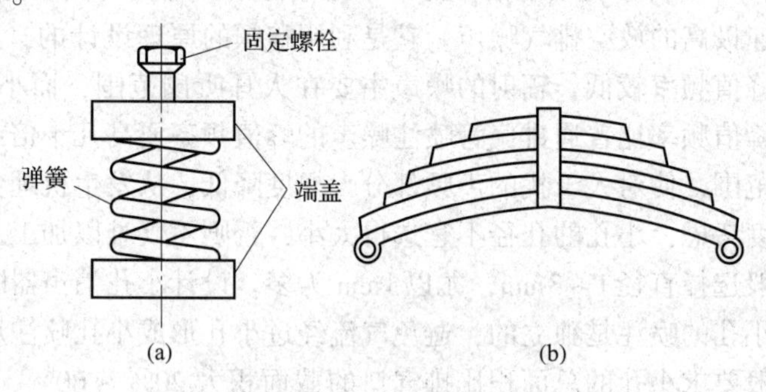

图 5－8　钢弹簧隔振器结构

（a）螺旋弹簧隔振器　（b）板条式隔振器

（2）橡胶隔振器　橡胶隔振器也是工程上常用的一种隔振装置。根据受力情况，分为压缩型、剪切型、压缩—剪切复合型等，如图 5－9 所示。橡胶隔振器最大的优点就是具有一定的阻尼，在共振频率附近有较好的减振效果，并适用于垂直、水平、旋转方向的隔振，阻尼系数较大（0.1～0.3），易于加工成各种形状，能够选择不同方向的刚度，适应受压、剪切或者剪压结合的隔振环境。与钢弹簧相比，其缺点是承载能力较低，隔振性能易受温度影响，在低温下使用，性能不好，静态压缩量低且固有频率高于 5Hz，因此其对具有较低的干扰频率而且重量特别大的设备不适用。这种形式的隔振装置通常用于产生振动设备的积极隔振。

橡胶部件与金属弹簧结合使用的组合隔振器，可以综合二者的特点，应用于高频振动情况下的效果更好。

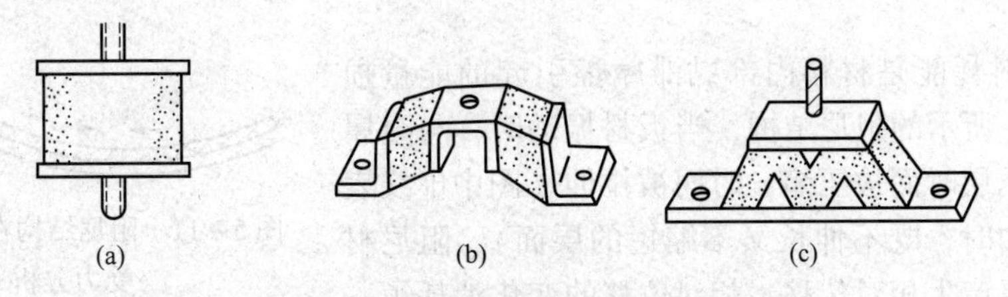

图5-9　橡胶隔振器结构

(a) 压缩性　(b) 剪切型　(c) 压缩—剪切复合型

(3) 空气弹簧　空气弹簧也称“气垫”，它的隔振效率高，固有频率低（1Hz 以下），而且具有黏滞性阻尼，因此也能隔绝高频振动。空气弹簧的组成原理如图5-10所示。当复合振动时，空气在A与B间流动，可通过阀门调节压力。这种减振器是在橡胶的空腔内压进一定的空气，使其具有一定的弹性，从而达到隔振的目的。空气弹簧多用于火车、汽车和一些消极隔振的场合。其缺点是需要有压缩气源及一套繁杂的辅助系统，造价高，并且荷重只限于一个方向，一般工程上采用较少。

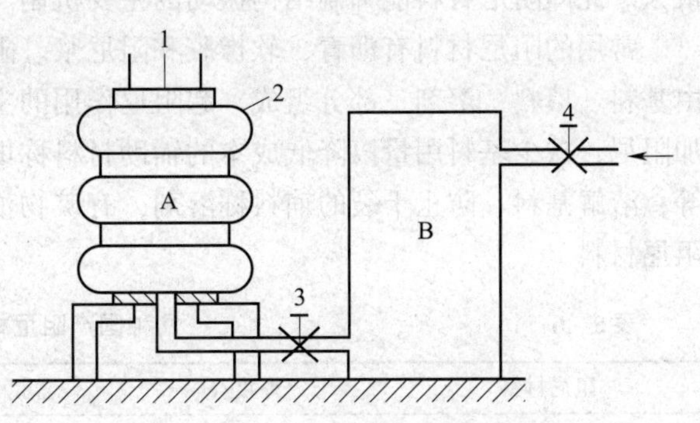

图5-10　空气弹簧的组成原理

1—负载　2—橡胶　3—节流阀

4—进压缩空气阀　A—空气室　B—贮气室

(4) 隔振垫　隔振垫有橡胶、软木、毛毡、玻璃纤维隔振垫等。橡胶隔振垫常见的有肋状垫、开孔的镂孔垫、凸台橡胶垫及WJ型橡胶垫等。凸台橡胶垫由于表面是凸台，故能增加压缩量，使得固有频率减小，在水平力的作用下，凸台起制动作用，可防止机器振动，并且荷载越大，越不易滑动。WJ型橡胶垫是在垫的一面或两面有纵横交错排列的圆形凸台，圆形凸台有四种不同的直径和高度，承重面积会随着荷载的增加而增大，当凸台受压时，隔振垫中层部分因受荷载而变成弯曲波形，振动通过交叉凸台和中间弯曲波形来传递，相比平板橡胶垫通过的距离增大，能较好地分散并吸收任意方向的振动，更有效地发挥橡胶的弹性。隔振用的软木使用天然软木经高温、高压、蒸汽烘干和压缩成的板状和块状物，其固有频率一般在20～30Hz，承受的最佳载荷为（5～20）$\times 10^4$Pa，阻尼比0.04～0.18，常用的厚度为5～15cm。软木质轻、耐腐蚀、保温性能好、加工方便，但由于厚度不能太厚，固有频率较高，不适宜低频隔振。毛毡类隔振材料在极广泛负荷范围内能保持自然频率，应用较多的是树脂胶结的玻璃纤维毡，具有良好的阻尼性质，即使附加的负荷超出最大的常用负荷，它的永久变形也很小。

2. 阻尼

阻尼是振动系统（或声学系统）的能量随时间或距离损耗的作用和现象。在噪声污染控制中，阻尼指阻碍振动物体做相对运动，把运动能量转变为热能的作用。

阻尼材料耗能是材料内部黏滞摩擦引起的能量损失。图5-11所示的阻尼结构，当板材振动时，与金属板紧贴的阻尼层时而被压缩，时而被拉伸（图中虚线表示在板材弯曲时，既不伸长又不缩短的层面），阻尼材料分子间反复产生相对位移，相对位移的变化消耗了一部分板材的振动能量。在共振状态，板材振幅与振动速度最大，因而黏滞摩擦损耗的能量最大。此即阻尼材料能抑制结构振动的主要机制。

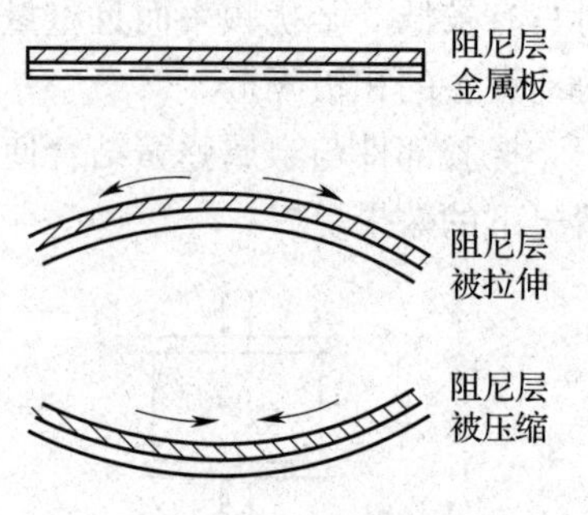

图5-11　阻尼结构在振动中的受力分析

常用的阻尼材料有沥青、软橡胶和阻尼浆。阻尼浆由多种高分子材料配合而成，主要由基料、填料、溶剂三部分组成。起阻尼作用的主要材料称基料，有橡胶沥青等；帮助增加阻尼，减少基料用量以降低成本的辅助材料称填料，有膨胀珍珠岩、软木粉、石棉纤维等；溶解基料、防止干裂的辅料称溶剂，有矿物油和植物油等。表5-6列出了几种国产阻尼材料。

表5-6　　几种国产阻尼材料

阻尼材料	厚度/mm	损耗因子 η	厂家
石棉漆	3	3.5×10^{-2}	上海造漆厂
硅石阻尼浆	4	1.4×10^{-2}	青海造漆厂
石棉沥青膏	2.5	1.1×10^{-2}	济南造漆厂
软木纸板	1.5	3.1×10^{-2}	上海软木纸厂

阻尼层与金属结构有两种形式：自由阻尼结构和约束阻尼结构。自由阻尼结构是将阻尼材料直接粘贴或涂敷在需要减振的金属板的一面或两面，当板振动和弯曲时，板和阻尼层可自由压缩和延伸，从而使部分机械能损耗。约束阻尼结构是将阻尼材料涂在两层金属板之间，当金属板振动和弯曲时，阻尼层受金属板约束不能伸缩变形，主要受剪切变形，可耗散更多的振动能，比自由阻尼结构有更好的减震效果，但造价高，一般只用在减振要求较高的场合。

厚度一定的金属板体，阻尼层的减振效果与涂料厚度相关，涂层厚度在一定范围内增加，衰减振动的能力增加。实际应用中，阻尼层厚度通常为金属板厚的3~4倍。一般来说，厚度在3mm以下的金属壳体，采用阻尼涂层的减振效果最为明显；厚度超过5mm以上的则减振效果降低。

七、造纸厂噪声的防治措施

制浆造纸工厂均采用连续化、自动化程度很高的机械设备，这些设备在生产过程中的运转和振动都会产生很强的噪声。可以说纸厂的噪声是仅次于废水的第二大污染源，尤其对厂内工人的危害远远大于废水、废气、废渣。因此制浆造纸厂噪声的控制与消除是应当受到充分重视的一个问题。

制浆造纸厂的噪声源主要有：备料车间的锯木机、削片机、木片筛、切草机以及拉木机等，以削片机的噪声最为严重；机浆车间的磨木机、圆盘磨、振动筛等；化学浆车间的蒸煮放气、振动筛、工艺用空压机和鼓风机等；造纸车间的磨浆机、水力碎浆机、抄纸机、真空泵、抽风机等。针对造纸厂噪声的来源、强度等情况，可采用各种防治措施，如隔声、吸声、消声、减振等。这些方法可归结为两类，其一是降低声源噪声；其二则是切断噪声的传播途径，前者是积极的，是治本，后者是消极的，是治标。

（一）改进设备结构、材料，减少噪声产生

降低声源噪声主要是从设备本身结构方面入手，使设备本身成为非发声体或使其辐射声功率降低。设备结构是否合理，所用材料是否合适，都与噪声的产生有很大关系。如盘磨机磨齿的倾斜角在很大程度上影响噪声的大小，当磨齿与盘的直径方向一致时，在磨浆过程中，两盘上的磨齿对纤维的剪切作用是间歇的，纤维的抗剪切力、抗挤压力也在一瞬间集中反作用于盘体，使两盘齿在瞬间产生硬冲，而在两次硬冲之间又有一个瞬间的间断，这就使磨片不断发生弹性形变和弹性恢复，产生高频振动，并由此发出噪声。若使磨齿与经向成一定角度，则可使两磨齿在剪切纤维时是连续形式，不会产生瞬时的硬冲，消除了强的脉动压差，噪声大大降低，再如噪声最为突出的真空泵，在安装时一定要注意不要让连接真空箱与真空泵的管子低于真空泵进口的地方，若存在这种情况，会使噪声提高10～20dB。真空泵的传动皮带也可以用V带组取代平皮带，会使噪声降至最低。

对于抄纸机，在不改变纸机车速、真空伏辊辊面开孔孔径及开孔率情况下，要降低振源强度，即降低单位时间真空突变量的大小，可以通过减缓真空突变（增设三角沟槽、减小剥离角）、减小真空突变量（减小辊筒壁厚）及增设消声结构（改变辊筒小孔结构）实现。再如在造纸机上采用沟纹压榨代替真空压榨，除去烘缸齿轮箱，在干燥部只驱动一个烘缸，然后用于毛毯或织物拉着烘缸转动，都可以从声源上降低噪声。

除设备结构外，在设备所用材料上加以注意，也可收到良好效果。如盘磨机磨室的机壳壁上也可涂上一层阻尼层（如玻璃纤维等），或直接采用哑金属制作；对能够产生噪声的风机、真空源等设备的外壳，防护罩等可以采用复合阻尼钢板制作，这种材料是将黏弹性高分子树脂夹在两片金属板中间，相当于约束阻尼层，靠树脂层的剪切变形减振，将外部传来的振动转变成热能吸收掉，从而达到减振、降噪的效果。还可以在设备某些允许的部位（或部件）直接采用吸声材料，如柔性材料、膜状材料、板状材料或多孔材料，使设备减少噪声或振动的产生；或将设备产生的噪声直接吸收转化，不再传播到外界。

（二）控制噪声传播

从根本上消除噪声是我们的愿望，但要纸厂运转的设备不产生噪声是很困难的，因此除前述降噪方法以外，还可以在噪声产生之后设法切断其传播途径，或在传播过程中使之减弱甚至消失。通常采取的措施有：在设备上安装消声器；用吸声或隔声材料隔离噪声源；安装减振装置；用吸声材料装修工作场所；此外还有现场工作人员的个人防护。

1. 消声器

消声器是安装在空气动力设备（如鼓风机）的气流通道上或进、排气系统中降低噪声的装置。消声器能够阻挡声波的传播，允许气流通过，是控制噪声的有效工具。

抗性消声器是在较适用于低频噪声，阻性消声器对中高频消声效果较好，对低频消声效果较差。对于纸厂使用来看，阻性消声器由于内衬多孔吸声材料，不适于应用在通过含尘较多的流体的设备上，如风送木片的风机、旋风除尘器风机、纸机上的水环真空泵等，因为尘埃或小纤维会使吸声材料的孔洞堵塞，而抗性消声器则不存在这个问题。

阻抗复合式消声器取前两者的优点，组成中既有吸声材料，又有扩张室、共振腔等声学滤波元件，具有宽频带、高吸收的消声效果，主要用于消除风机和空压机的噪声，但由于有吸声材料，所以一般不适宜在高温和含尘的环境中使用。在纸厂中可根据设备产生噪声的特点设计相应的消声器，也可以借用某些设备上效果较好的消声器。

当前在欧洲交货的所有纸机都带有许多消声器。一个新型低定量涂布纸（LWC）的生产线就装有80多个消声器。其典型配备如下：工艺设备通风21个；真空泵排气1～2个；纸机厂房排气27个；纸机厂房供风27个；风机隔音罩（新生产线一般没有）3～5个。

所设置的消声器有吸收型（或称隔板型，隔板内装吸声材料）和反应型（装有谐振器以抵消振动）两种。对于真空泵，常常需要将这两种消声器结合起来使用。美卓（Metso）公司已在其芬兰的声学实验室中开发出了各种吸收型（阻隔型）和反应型的消声器。

为了降低消声成本，考虑所有噪声源的总体情况以及它们对不同受点的方位是很重要的。这样就有可能确定每个噪声源的最大允许声压级。通常，各个噪声源的实际声压级允许波动在75～90dB（A），这也是纸机设备验收时的交货保证值。

在瑞典Stora Enso Hylte纸厂的4#纸机上，噪声保证值是距发声点1m处的声压级为79dB（A）。根据现场测量显示，反应式消声器适用于100Hz的频率，而隔板式消声器则可适用于全部频率范围。

2. 吸声与隔声

吸声和隔声常常是结合应用的。在纸厂中对盘磨、风机等设备采用前述方法降噪后，往往仍不能取得令人满意的效果，为进一步消除噪声，可在工作空间安装一些吸声材料或将这些设备隔离起来。在纸厂中吸声和隔声往往是用于使噪声源与环境隔离或用于整个工作环境。如风机一般是长期固定不动的设备，可以采用迷宫型吸声砖罩将其罩起来，这种罩采用的材料只有普通的钢筋混凝体和砖，只在结构上加以变化砌成迷宫型，内衬珍珠岩粉，便可达到吸声降噪的目的。空压机、磨浆机等设备可采用组装式轻型钢制隔声室，将其与外界分隔开，切断噪声向环境中的传播。这种隔声室可降低噪声20～35dB。还可做控制室，使外界噪声不能传入控制人员的工作空间。如在纸机部分，由于设备庞大，就可将操作人员隔离在隔声室内。同时可在车间内采用吸声体做棚顶及墙壁，以吸收设备产生的噪声。

除了做好设备的隔声工作外，还必须考虑建筑物的门和墙体的结构，使其有良好的隔声性能。因为这是为隔绝来自纸机厂房和生产设备的噪声，使之不外泄所必需的。国外有不少纸厂，办公室贴近车间，由于车间的门和墙体隔声工作做得好，在办公室可以丝毫听不到车间的噪声。

3. 减振措施

振动除对设备、建筑物本身结构会产生损害外，机械振动也是一个固体声源，机械振动产生的噪声在工厂中随处都有，因此，减振可采用减振阻尼和隔振两种方式。精浆机、筛浆机、风机等均是能产生强烈振动的设备，均可在其与基座接触处安装减振垫。减振垫可采用橡胶、软木、石棉板、矿渣棉板等材料。为隔离振动，还可在一些设备与管道的衔接处采用软接喉来减振。如打浆机的进浆口等处。

4. 个人防护

当采取了某些措施之后，噪声仍不能降到允许的标准，而工作人员又必须在该环境下工作时，就应该对现场工作人员进行个人防护。个人防护是控制噪声对人体危害的最经济最有效的措施，也是目前大部分有噪声影响的企业主要采取的方法。常用的防声用具有耳塞、防声棉、耳罩和防声头盔和隔声岗亭。它们主要利用隔声原理来阻挡噪声传入耳膜，减轻噪声危害。此外采取轮换作业，缩短工人在强噪声环境中的工作时间，也是一种辅助办法。目前许多造纸厂在噪声设备的操作层都有为操作人员提供具有防噪声的控制室。对于听力保护装置提供的保护或噪声削减是根据噪声的频率而变化，在高频率下应提供更多的保护。对500~1000Hz 的一般频率只提供耳塞，可防护大约 22dB（A）的噪声。

（三）真空伏辊气流噪声的降噪措施

纸机真空系统是由按一定规律分布的小孔组成的工作辊面（如真空伏辊、真空吸水箱、真空压榨辊）、真空室、真空室与各工作辊之间的密封条，以及真空源发生器（真空泵）等组成。该系统噪声产生的主要原因是辊面的小孔通过真空室后，孔内真空突然回复到大气压时，空气高速穿入小孔，造成振荡，形成声源的结果。辊面所需的真空度越大、车速越高、开孔越多时，这些发声的声源就越强，噪声也就越大。

这种真空辊在工作中有两种频率：一种是类似于一端封闭的小管内的空气振荡，其主振荡的波长为管长的1/4，即真空辊辊面上声源的频率与其辊筒的壁厚有关；另一种，在辊面的转动中，小孔是一排一排地通过真空室的密封条进入大气，造成振荡，这种振荡发生的频率和辊内壁的圆周速度和小孔的间距有关。上述两种振荡组成了真空辊噪声中强度最大的谐波。为了降低该噪声的强度，有效的方法是在气流由真空回复到大气压的密封条的外侧沿真空辊传动方向设置一个“三角沟槽”区域，要使伏辊沿旋转方向的空气振荡声控制在声压级 85dB（A）以内，那么，设置的“三角沟槽”结构的 a 角应控制在 100°之内，这样可获得较好的降噪效果。将真空伏辊的小孔按螺线形排列（即在横向与辊壳的母线有一个夹角盘，控制在 30°~45°）。真空伏辊的制造过程中，在辊面强度满足要求的条件下，应尽量考虑降低伏辊辊面的厚度。可在真空室内增加一个吸声结构，这样可吸收部分气流穿过真空小孔产生的噪声，从而降低噪声源。在设计吸声结构时还应该考虑其结构要不易被细小纤维、填料和胶料等堵塞。

（四）噪声防治的工作步骤

对于某一具体设备，可以根据具体情况，采取相应的措施，进行降噪治理。而制浆造纸工厂作为一个整体环境，包含了许多种类的可以成为噪声源的设备，这就需要进行全面调查，综合考虑，制定合理的防治噪声的方案。一般来说，制浆造纸厂的噪声防治工作可有两种情况：一种是新建和改、扩建工程；另外一种是现有的工厂、企业。前者应该按国家规定标准，在设计施工阶段就确定合理的噪声控制方案，从而保证获得较好的效果。

一般设计工作步骤如下：

（1）需要对噪声进行处理的设备列出清单并注明发生噪声的大小、特性等数据。

（2）验证工程可能产生的噪声干扰。

（3）按照国家颁布的有关噪声控制标准和本厂对噪声控制的要求，结合本厂具体情况，订立补充规定。

（4）分析工厂设备对厂内外的干扰程度和工厂噪声控制标准，确定设备噪声的降低目标值。

（5）制定工厂的噪声控制措施：① 工厂的总平面布置图，根据各车间的噪声强度等级尽可能将强噪声车间集中布置，利用仓库、屏障、绿化等方法降低强噪声对近邻的影响。② 根据降噪目标，选择符合规定要求的低噪声设备，或对现有设备采取治理措施，使之达到规定要求。③ 确定车间、办公室等建筑物声学特性。

（6）在工厂建造完成后，进行声学测量，以验证控制噪声是否达到规定的要求。

（7）确定剩余的噪声问题及需要进行的弥补工作。

对于现有工厂、企业的噪声问题、治理方案一般可按下列步骤进行：

（1）进行现场调查和测量：弄清现场中各种噪声源，哪些是主要的，哪些是次要的，它的发声机理、频谱特性和主要传播途径。测量时要选好有代表性的测点，测出各点的总噪声及其频谱。以便进一步分析研究声源的特性。

（2）用要求和国家颁布的工业企业噪声卫生标准的有关规定，与实际测得的噪声值进行比较。确定需要降低的分贝数值。

（3）根据测得的数据和需要降低的分贝数，考虑、设计具体的降噪措施，设计中要综合考虑声学效果和经济效果两方面，一般可综合运用几种措施，从几个方面同时进行治理，以期获得良好的效果。

思考题

1. 解释名词：空气动力噪声，机械噪声，电磁噪声，分贝（A），积极隔振，消极隔振。
2. 噪声的特点及危害是什么？
3. 控制噪声的基本途径是什么？
4. 隔声的装置有哪些？隔声的原理是什么？
5. 试比较薄板共振吸声结构、穿孔共振吸声结构和多孔吸声材料的吸声原理。
6. 试比较阻性消声器、抗性消声器、小孔消声器和有源消声器的消声原理。
7. 什么是自由阻尼？什么是约束阻尼？

参考文献

[1] 高红武主编. 噪声控制工程 [M]. 武汉：武汉理工大学出版社，2003.7.

[2] 奚旦立，孙裕生等. 环境监测. 第二版 [M]. 北京：高等教育出版社，1995.4.

[3] 李耀中. 噪声控制技术 [M]. 北京：化学工业出版社，2001.5.

[4] 陈淑梅，林建航等. 造纸机真空伏辊气流噪声的降噪研究 [J]. 噪声与振动控制，2000.6(3)：38－41.

[5] 联合国环境署. 制浆造纸工业环境管理 [M]. 北京：中国轻工业出版社，1998.

[6] 林开荣，蒋其昌等. 造纸工业环境保护概论 [M]. 北京：中国轻工业出版社，1992.

[7] 万金泉编著. 造纸工业安全生产 [M]. 北京：中国轻工业出版社，2010. 5.
[8] 万金泉，马邕文. 造纸工业环境工程导论 [M]. 北京：中国轻工业出版社，2005. 8.
[9] 刘一山主编. 造纸工业环境污染与控制 [M]. 北京：化学工业出版社，2008.
[10] 汪苹，宋云主编. 造纸工业节能减排技术指南 [M]. 北京：化学工业出版社，2010. 6.
[11] 曹邦威编著. 制浆造纸工业的环境治理 [M]. 北京：中国轻工业出版社. 2008. 3.
[12] 杜翠凤，宋波，蒋仲安. 物理污染控制工程 [M]. 北京：冶金工业出版社，2010. 01.
[13] 高艳玲张继有等. 物理污染控制 [M]. 北京：中国建材工业出版社，2005. 7.